[光盘使用说明]

光盘主要内容

本光盘为《计算机应用案例教程系列》丛书的配套多媒体教学光盘，光盘中的内容包括 18 小时与图书内容同步的视频教学录像和相关素材文件。光盘采用真实详细的操作演示方式，详细讲解了电脑以及各种应用软件的使用方法和技巧。此外，本光盘附赠大量学习资料，其中包括 3 ～ 5 套与本书内容相关的多媒体教学演示视频。

光盘操作方法

将 DVD 光盘放入 DVD 光驱，几秒钟后光盘将自动运行。如果光盘没有自动运行，可双击桌面上的【我的电脑】或【计算机】图标，在打开的窗口中双击 DVD 光驱所在盘符，或者右击该盘符，在弹出的快捷菜单中选择【自动播放】命令，即可启动光盘进入多媒体互动教学光盘主界面。

光盘运行后会自动播放一段片头动画，若您想直接进入主界面，可单击鼠标跳过片头动画。

光盘运行环境

- 赛扬 1.0GHz 以上 CPU
- 512MB 以上内存
- 500MB 以上硬盘空间
- Windows XP/Vista/7/8 操作系统
- 屏幕分辨率 1280×768 以上
- 8 倍速以上的 DVD 光驱

① 进入普通视频教学模式
② 进入学习进度查看模式
③ 进入自动播放演示模式
④ 阅读本书内容介绍
⑤ 打开赠送的学习资料文件夹
⑥ 打开素材文件夹
⑦ 进入云视频教学界面
⑧ 退出光盘学习

[光盘使用说明]

普通视频教学模式

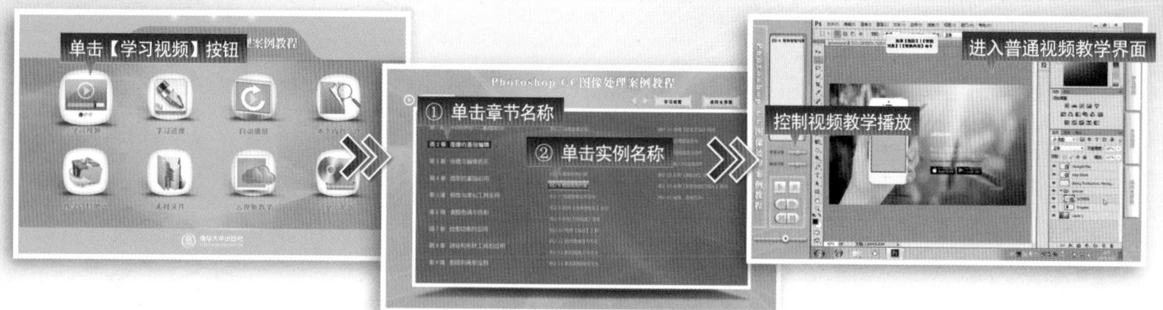

学习进度查看模式

自动播放演示模式

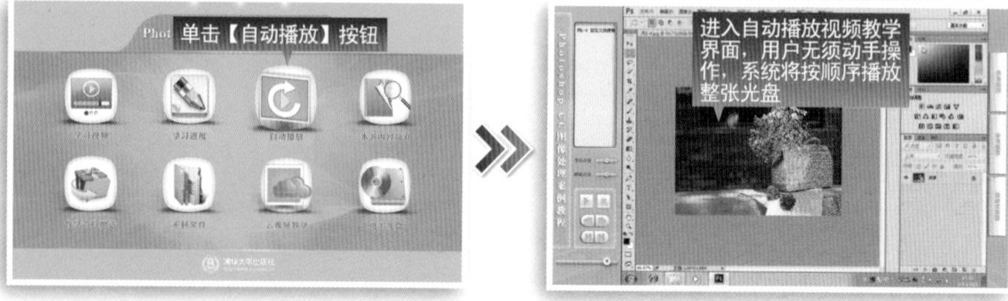

赠送的教学资料

▸ Windows 7桌面

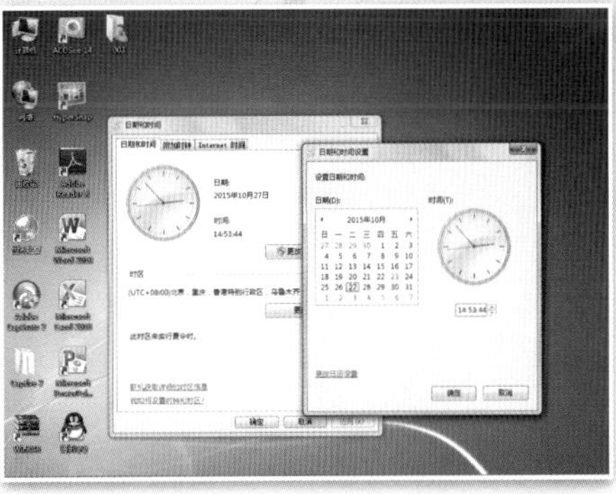

▸ 设置日期和时间

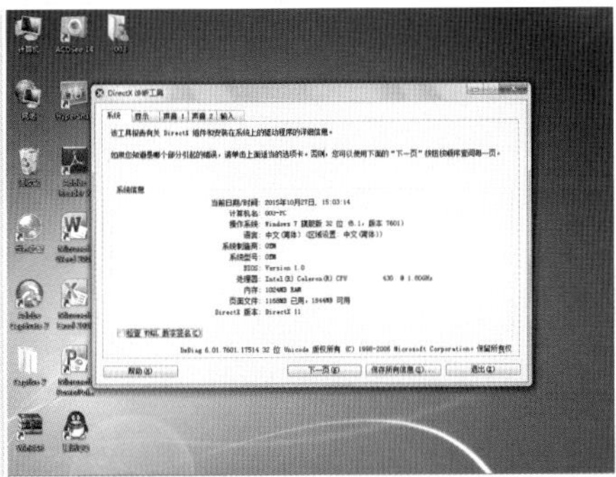

▸ 硬件系统诊断工具

▸ 使用ACDSee

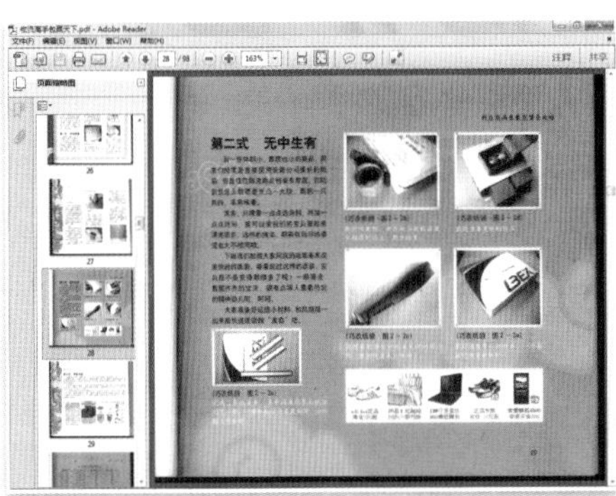

▸ 使用Adobe Reader

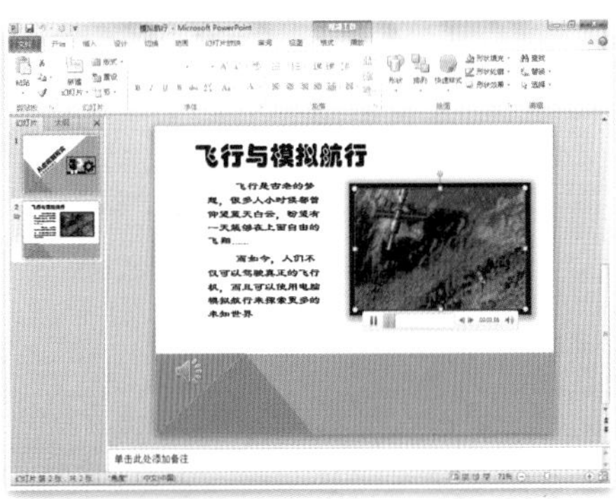

▸ 插入视频

▸ 添加动作路径动画

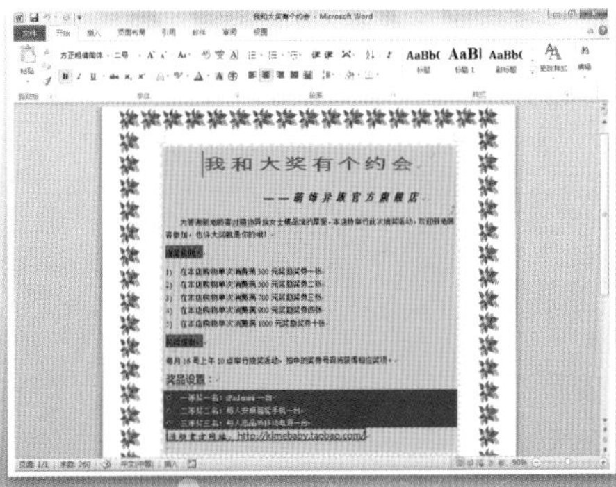

▸ 添加边框和底纹

[计算机基础案例教程]

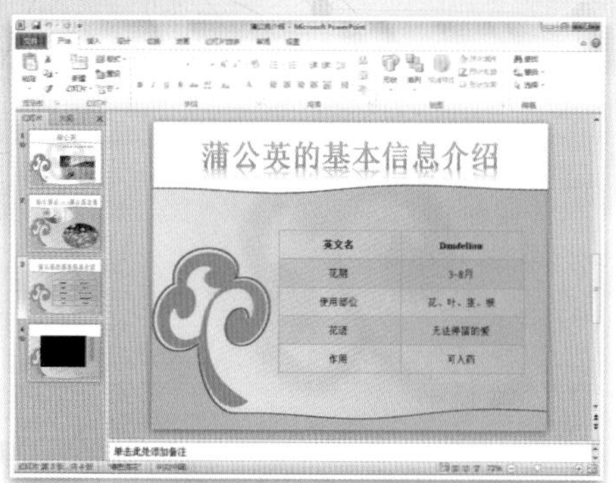

▶ 编辑幻灯片

▶ 设置边框

▶ 制作旅游行程

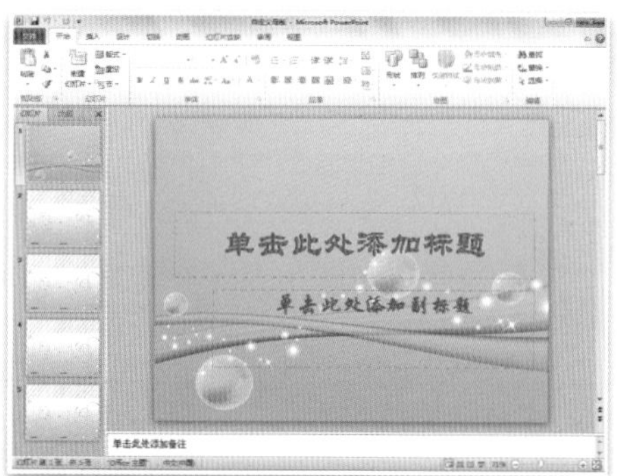

▶ 设置母版

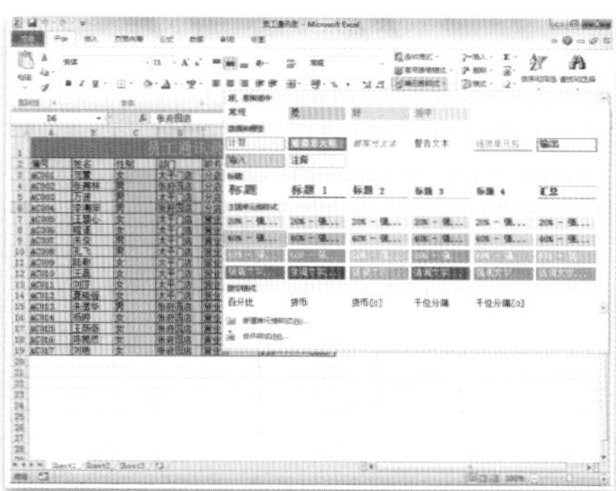

▶ 添加单元格样式

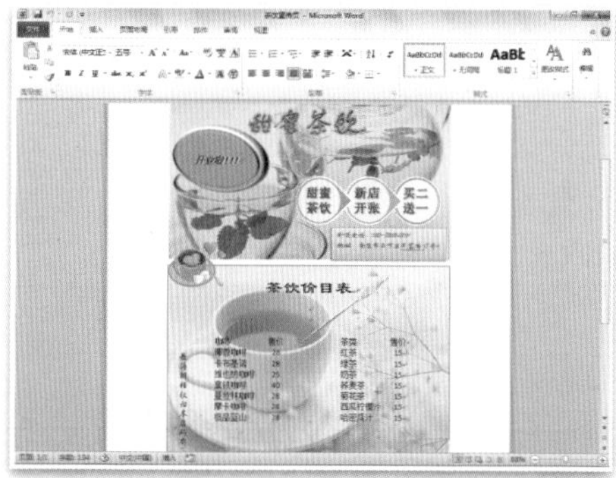

▶ 图文混排

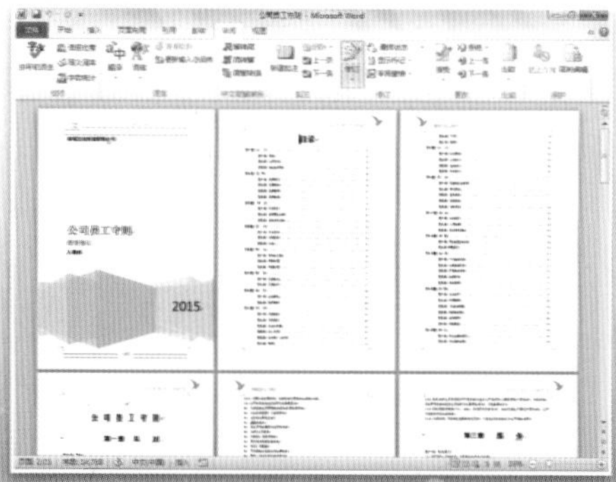

▶ 添加封面

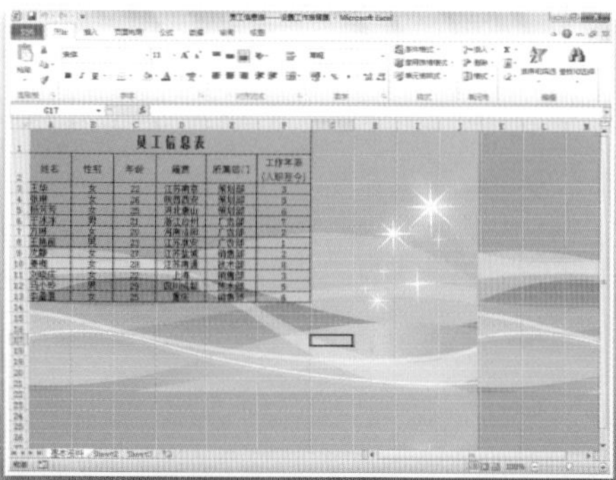

▶ 添加工作表背景

计算机应用案例教程系列

计算机基础案例教程

韩雪 于光华 宋晓明◎编著

清华大学出版社
北京

内 容 简 介

本书是《计算机应用案例教程系列》丛书之一，全书以通俗易懂的语言、翔实生动的案例，全面介绍了计算机应用操作知识和办公软件的应用等内容。本书共分 13 章，涵盖了计算机基础知识，安装软件与输入法应用，管理计算机中的文件，系统个性化设置，使用常用附件与工具软件，使用计算机上网冲浪，Word 2010 基础操作和高级应用，Excel 2010 基础操作和高级应用，PowerPoint 2010 基础操作和高级应用，计算机的维护与优化等内容。

本书内容丰富、图文并茂、双栏紧排，附赠的光盘中包含书中实例素材文件、18 小时与图书内容同步的视频教学录像以及 3～5 套与本书内容相关的多媒体教学视频，方便读者扩展学习。本书具有很强的实用性和可操作性，是一本适合于高等院校及各类社会培训学校的优秀教材，也是广大初中级计算机用户和不同年龄阶段计算机爱好者学习计算机知识的首选参考书。

本书对应的电子教案可以到 http://www.tupwk.com.cn/teaching 网站下载。

图书在版编目(CIP)数据

计算机基础案例教程 / 韩雪，于光华，宋晓明　编著.—北京：清华大学出版社，2016

(计算机应用案例教程系列)

ISBN 978-7-302-44538-8

Ⅰ.①计…　Ⅱ.①韩…　②于…　③宋…　Ⅲ.①电子计算机-教材　Ⅳ.①TP3

中国版本图书馆 CIP 数据核字(2016)第 174425 号

责任编辑：胡辰浩　袁建华
版式设计：妙思品位
封面设计：孔祥峰
责任校对：曹　阳
责任印制：何　芊

出版发行：清华大学出版社
　网　　址：http://www.tup.com.cn，http://www.wqbook.com
　地　　址：北京清华大学学研大厦 A 座　　**邮　　编**：100084
　社 总 机：010-62770175　　**邮　　购**：010-62786544
　投稿与读者服务：010-62776969，c-service@tup.tsinghua.edu.cn
　质 量 反 馈：010-62772015，zhiliang@tup.tsinghua.edu.cn
　课 件 下 载：http://www.tup.com.cn，010-62781730
印 装 者：清华大学印刷厂
经　　销：全国新华书店
开　　本：185mm×260mm　　**印　张**：19　　**插页**：2　　**字　　数**：486 千字
　(附光盘 1 张)
版　　次：2016 年 7 月第 1 版　　**印　　次**：2016 年 7 月第 1 次印刷
印　　数：1～3500
定　　价：45.00 元

产品编号：065433-01

前言

熟练使用计算机已经成为当今社会不同年龄层次的人群必须掌握的一门技能。为了使读者在短时间内轻松掌握计算机各方面应用的基本知识，并快速解决生活和工作中遇到的各种问题，清华大学出版社组织了一批教学精英和业内专家特别为计算机学习用户量身定制了这套“计算机应用案例教程系列”丛书。

丛书、光盘和教案定制特色

➢ 选题新颖，结构合理，为计算机教学量身打造

本套丛书注重理论知识与实践操作的紧密结合，同时贯彻“理论+实例+实战”3 阶段教学模式，在内容选择、结构安排上更加符合读者的认知习惯，从而达到老师易教、学生易学的目的。丛书完全以高等院校、职业学校及各类社会培训学校的教学需要为出发点，紧密结合学科的教学特点，由浅入深地安排章节内容，循序渐进地完成各种复杂知识的讲解，使学生能够一学就会、即学即用。

➢ 版式紧凑，内容精炼，案例技巧精彩实用

本套丛书采用双栏紧排的格式，合理安排图与文字的占用空间，其中 290 多页的篇幅容纳了传统图书一倍以上的内容，从而在有限的篇幅内为读者奉献更多的计算机知识和实战案例。丛书内容丰富，信息量大，章节结构完全按照教学大纲的要求来安排，并细化了每一章内容，符合教学需要和计算机用户的学习习惯。书中的案例通过添加大量的“知识点滴”和“实用技巧”的注释方式突出重要知识点，使读者轻松领悟每一个案例的精髓所在。

➢ 书盘结合，素材丰富，全方位扩展知识能力

本套丛书附赠一张精心开发的多媒体教学光盘，其中包含了 18 小时左右与图书内容同步的视频教学录像。光盘采用真实详细的操作演示方式，紧密结合书中的内容对各个知识点进行深入的讲解，读者只需要单击相应的按钮，即可方便地进入相关程序或执行相关操作。附赠光盘收录书中实例视频、素材文件以及 3～5 套与本书内容相关的多媒体教学视频。

➢ 在线服务，贴心周到，方便老师定制教案

本套丛书精心创建的技术交流 QQ 群(101617400、2463548)为读者提供 24 小时便捷的在线交流服务和免费教学资源。便捷的教材专用通道(QQ：22800898)为老师量身定制实用的教学课件。老师也可以登录本丛书的信息支持网站(http://www.tupwk.com.cn/teaching)下载图书的相关教学资源。

本书内容介绍

《计算机基础案例教程》是这套丛书中的一本，该书从读者的学习兴趣和实际需求出发，合理安排知识结构，由浅入深、循序渐进，通过图文并茂的方式讲解在学习计算机的过程中需要掌握的操作和技巧。全书共分为 13 章，主要内容如下。

第 1 章：介绍电脑的启动和关闭以及 Windows 窗口、菜单和对话框等内容。

第 2 章：介绍软件的安装和卸载以及汉字输入法等内容。

第 3 章：介绍如何管理文件、文件夹以及文件的安全等内容。
第 4 章：介绍设置 Windows 外观和主题以及个性化设置任务栏等内容。
第 5 章：介绍常用软件的使用方法，包括看图软件和影音播放软件等内容。
第 6 章：介绍如何浏览网页、查找资料、下载网络资源、聊天和发邮件等内容。
第 7 章：介绍 Word 2010 基础操作的方法和技巧。
第 8 章：介绍 Word 2010 高级应用的方法和技巧。
第 9 章：介绍 Excel 2010 基础操作的方法和技巧。
第 10 章：介绍 Excel 2010 高级应用的方法和技巧。
第 11 章：介绍 PowerPoint 2010 基础操作的方法和技巧。
第 12 章：介绍 PowerPoint 2010 高级应用的方法和技巧。
第 13 章：介绍计算机维护与优化的操作方法和技巧。

读者定位和售后服务

本套丛书为从事计算机教学的老师和自学人员而编写，是一套适合于高等院校及各类社会培训学校的优秀教材，也可作为计算机初中级用户和计算机爱好者学习计算机知识的首选参考书。

如果您在阅读图书或使用电脑的过程中有疑惑或需要帮助，可以登录本丛书的信息支持网站(http://www.tupwk.com.cn/teaching)或通过 E-mail(wkservice@vip.163.com)联系，本套丛书的作者或技术人员会提供相应的技术支持。

本书分为 13 章，其中黑河学院的韩雪编写了第 1～7 章，于光华编写了第 8～10 章，宋晓明编写了第 11～13 章。另外，参加本书编写的人员还有陈笑、曹小震、高娟妮、李亮辉、洪妍、孔祥亮、陈跃华、杜思明、熊晓磊、曹汉鸣、陶晓云、王通、方峻、李小凤、曹晓松、蒋晓冬、邱培强等。由于作者水平所限，本书难免有不足之处，欢迎广大读者批评指正。我们的邮箱是 huchenhao@263.net，电话是 010-62796045。

最后感谢您对本套丛书的支持和信任，我们将再接再厉，继续为读者奉献更多更好的优秀图书，并祝愿您早日成为计算机应用高手！

《计算机应用案例教程系列》丛书编委会
2016 年 2 月

目录

第5章 常用附件与工具软件的使用

第6章 使用计算机上网冲浪

第 11 章 PowerPoint 2010 基础操作

第 12 章 PowerPoint 2010 高级应用

第1章

计算机基础知识

随着社会的进步和发展，计算机已经成为人们工作、学习和生活中一个不可或缺的帮手，越来越多的人希望能掌握计算机的基本操作方法。本章从最基础的知识入手，向读者介绍计算机的入门级常识。

对应光盘视频

例 1-3　添加系统图标
例 1-4　排列桌面图标
例 1-5　启动 QQ
例 1-6　启动 Word 2010
例 1-7　调整窗口大小
例 1-8　重命名桌面图标
例 1-9　清除最近打开的程序记录

1.1 认识常见计算机

计算机的种类很多，在日常生活和工作中比较常见的主要有三种，分别是台式计算机、笔记本计算机和平板电脑，下面我们先来认识一下这几类计算机。

1.1.1 台式计算机

台式计算机的外观如下图所示，主要由显示器、机箱、键盘和鼠标组成。

台式计算机的优点主要是耐用、价格实惠。和笔记本计算机相比，在相同价格前提下，台式计算机配置较好，散热性也较好，配件更换的价格也相对便宜。缺点是笨重、耗电量大。

> 知识点滴
>
> 台式计算机常见于家庭使用，或者是固定办公场合使用。

1.1.2 笔记本计算机

笔记本计算机的外观如下图所示，其显著特点是：显示器、主机箱、键盘和鼠标(触控板)全部集成于一体。

与台式计算机相比，笔记本计算机的优点是机身小巧轻便、方便携带。缺点是散热效果较差，同等性能的硬件配置下价格比台式计算机稍贵。

> 知识点滴
>
> 对于经常出差，并且需要使用计算机进行办公的人们来说，笔记本计算机无疑是最佳选择。

1.1.3 平板电脑

平板电脑是最近几年才兴起的一种小型并方便携带的个人计算机，其外观如下图所示(iPad2)。

平板电脑以触摸屏作为基本的输入设备。用户主要通过使用手指或触控笔来代替鼠标和键盘进行输入操作。

> 知识点滴
>
> 除了商用外，平板电脑还有极强的娱乐功能。无论在何时何地，使用平板电脑来看视频、听音乐或者是玩游戏，都是一种绝佳的享受。

1.2　启动与关闭计算机

在对计算机的各个组成部件有了一定的认识以后，下面来了解一下什么是操作系统，并学习如何启动和关闭计算机。

1.2.1　认识操作系统

计算机仅有硬件还不能够正常使用，还要为其安装操作系统。

操作系统(Operating System，简称 OS)是计算机运行时的一种必不可少的系统软件，它不仅可以管理系统中的资源，还可以为用户提供各种操作界面。操作系统是所有应用软件运行的平台，只有在操作系统的支持下，整个计算机系统才能正常运行。

目前比较常用的操作系统是 Windows 7 操作系统。它于 2009 年 10 月 23 日正式在中国发布，并迅速得到了广大用户的热烈追捧。

Windows 7 与其之前的版本相比，Windows 7 不仅具有靓丽的外观和桌面，而且操作更方便、功能更强大。本书将在后面的章节中详细介绍 Windows 7 操作系统。

1.2.2　启动计算机

在启动计算机前，首先应确保在通电情况下将主机和显示器接通电源，然后按下主机箱上的 Power 按钮，即可进入操作系统。下面以装有 Windows 7 操作系统的计算机为例来介绍计算机的启动过程。

【例 1-1】 启动计算机。

step 1 按下显示器的电源开关，一般会标符号或写 Power 字样。当显示器的电源指示灯亮时，表示显示器已经开启。

step 2 按下机箱的电源按钮，一般也会标符号或写 Power 字样。当机箱上的电源指示灯亮时，说明主机已开始启动。

step 3 主机启动后，计算机开始自检并进入操作系统，显示器将显示下图所示画面。

step 4 如果系统设置有密码，将显示如下图所示的画面。

step 5 输入密码后，按 Enter 键，稍后即可进入 Windows 7 系统的桌面。

1.2.3 关闭计算机

当不再使用计算机工作时，可以将计算机关闭。在关闭计算机前，应先关闭所有的应用程序，以免造成数据的丢失。

【例 1-2】 关闭计算机。

step 1 单击【开始】按钮，在弹出的【开始】菜单中选择【关机】命令。

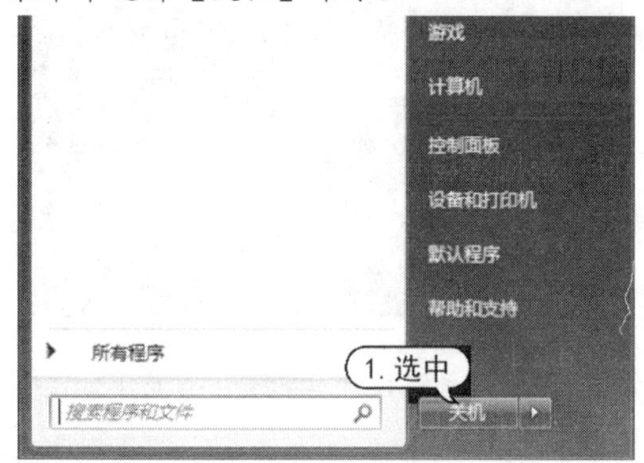

step 2 Windows 7 开始关闭操作系统，如下图所示。

step 3 如果系统检测到了更新，则会自动安装更新文件，如下图所示。此时不需任何操作，等待即可。

step 4 更新安装完成后，即可自动关闭操作系统，如下图所示。

1.2.4 解决死机问题

计算机在使用的过程中，如果操作不当或者遇到某种特殊情况，往往会出现屏幕卡死、鼠标无法移动和键盘失灵的现象，这种现象被称为“死机”。

“死机”时将无法通过【开始】菜单来关闭计算机，只能通过长按机箱上的电源按钮来实现。若用户还要继续使用计算机，可按机箱上的【重启】按钮，计算机即可重新启动。

1.3 学会使用鼠标和键盘

在操作计算机的过程中，使用最频繁的输入工具就是鼠标和键盘了。本节就来学习鼠标和键盘的使用方法。

1.3.1 正确使用鼠标

在 Windows 操作系统中，鼠标是必不可少的输入设备，被称为计算机的指挥棒。如果想熟练地操作计算机，首先需要熟练地使用鼠标。

计算机中最为常用的鼠标是带滚轮的三键光电鼠标。它共分为左右两键和中间的滚轮，其中间的滚轮也可称为中键。

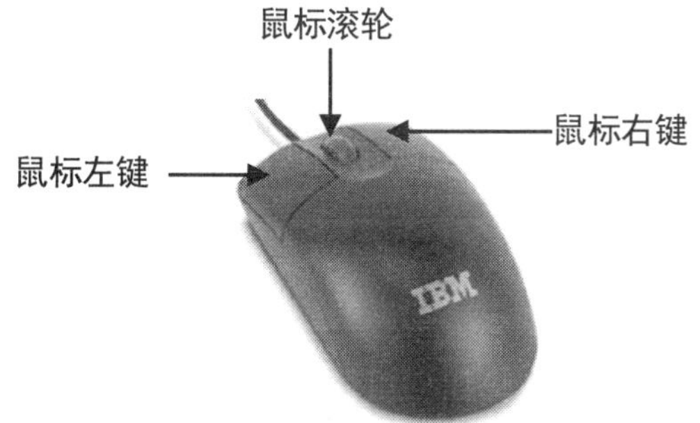

正确使用鼠标的方法如下：用手掌心轻压鼠标，拇指和小指抓在鼠标的两侧，再将食指和中指自然弯曲，轻贴在鼠标的左键和右键上，无名指自然落下跟小指一起压在侧面，此时拇指、食指和中指的指肚贴着鼠标，无名指和小指的内侧面接触鼠标侧面，重量落在手臂上，保持手臂不动，左右晃动手腕，即握住了鼠标。

1.3.2 认识鼠标指针的形状

在使用鼠标操作计算机的过程中，鼠标指针的形状会随着用户操作的不同或者系统工作状态的不同，而呈现出不同的形态，不同形态的鼠标指针代表着不同的操作。了解这些鼠标指针形态所表示的含义，可使用户更加方便快捷地操作计算机。

如下表所示为几种常见的鼠标指针形态及其表示的含义。

指针形状	表示的操作
	正常选择
	帮助选择
	后台运行
	忙碌状态
	移动对象
	调整对象垂直大小
	调整对象水平大小
	沿对角线调整 1
	沿对角线调整 2
	候选
	精确选择
	文本选择或输入
	不可用状态
	手写状态
	链接选择

1.3.3 鼠标的常用操作

鼠标的常用操作主要有 5 种：单击、双击、右击、拖动和范围选取。下面分别对这 5 种操作进行详细介绍。

- 单击：指的是用右手食指轻点鼠标左键并快速释放，此操作通常用于选择对象。单击操作是最常用的鼠标操作。
- 双击：指的是用右手食指在鼠标左键上快速单击两次，此操作用于执行命令或打开文件等。例如，在桌面上双击【计算机】图标，即可打开【计算机】窗口。
- 右击：指的是用右手中指按下鼠标右键并快速释放，此操作一般用于弹出当前对象的快捷菜单，便于快速选择相关的命令。右击的对象不同，弹出的快捷菜单也不同。

例如，在桌面空白处右击鼠标可弹出下图所示的右键快捷菜单。

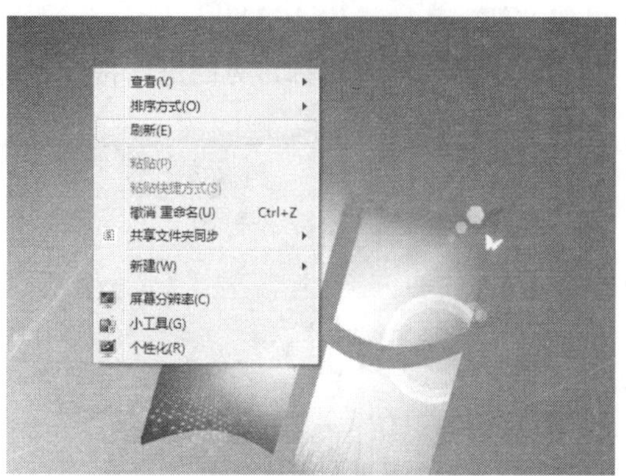

➤ 拖动：指的是将鼠标指针移动至需要移动的对象上，然后按住鼠标左键不放，将该对象从屏幕的一个位置拖到另一个位置，然后释放鼠标左键。例如，可将【计算机】图标从“位置 1”拖动至“位置 2”，如下图所示。

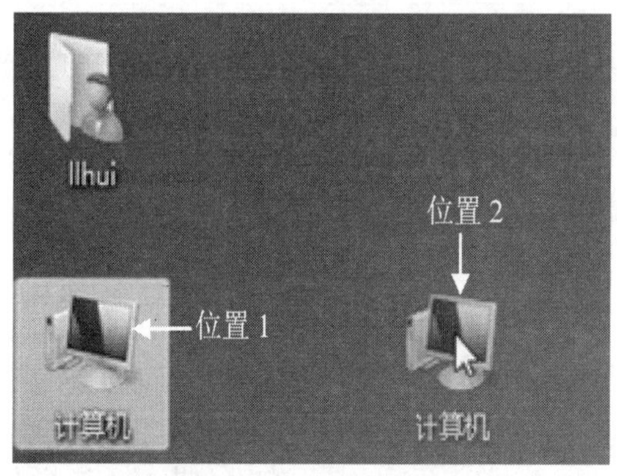

知识点滴

使用鼠标拖动对象时，可一次拖动一个对象，也可以一次拖动多个对象。拖动多个对象时，应先将多个对象选定，然后再进行拖动。

➤ 范围选取：主要指的是用鼠标指针选定集中在一起的多个对象。操作方法是单击需选定对象外的一点并按住鼠标左键不放，移动鼠标将需要选中的所有对象包括在虚线框中，此时选中的所有对象呈深色显示，表示处于选定状态，选定后释放鼠标左键即可。

如下图所示为使用拖动的方法选定当前文件夹中的多个图片。

1.3.4 键盘的外观

键盘是计算机最常用的输入设备。用户向计算机发出的命令、编写的程序等都要通过键盘输入到计算机中，使计算机能够按照用户发出的指令来操作，实现人机对话。

目前常用的键盘在原有的标准键盘基础上，增加了许多新的功能键。不同的键盘新增的功能键也不相同。本节主要以 107 键的标准键盘为例来介绍键盘的按键组成以及功能。

107 键的标准键盘共分为 5 个区，如下图所示，上排为功能键区，下方左侧为标准键区，中间为光标控制键区，右侧为小键盘区，右上侧为 3 个状态指示灯。

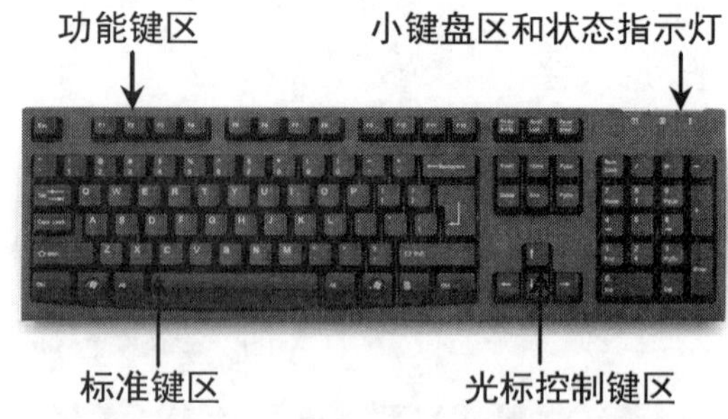

1.3.5 十指的完美分工

键盘手指的分工是指键位和手指的搭配，即把键盘上的全部字符合理地分配

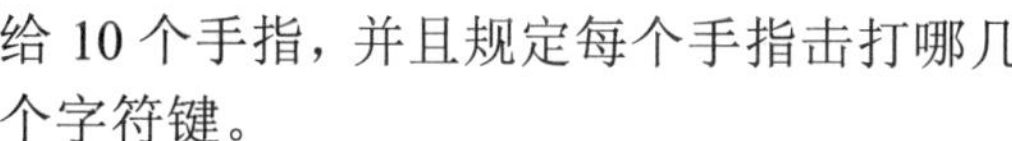

给 10 个手指，并且规定每个手指击打哪几个字符键。

- 左手小指主要分管 5 个键：1、Q、A、Z 和左 Shift 键，此外还分管左边的一些控制键。
- 左手无名指分管 4 个键：2、W、S 和 X。
- 左手中指分管 4 个键：3、E、D 和 C。
- 左手食指分管 8 个键：4、R、F、V 和 5、T、G、B。
- 右手小指主要分管 5 个键：0、P、“；”、“/”和右 Shift 键，此外还分管右边的一些控制键。
- 右手无名指分管 4 个键：9、O、L、“.”。
- 右手中指分管 4 个键：8、I、K、“，”。
- 右手食指分管 8 个键：6、Y、H、N 和 7、U、J、M。
- 大拇指专门击打空格键。

1.3.6　手指的定位和击键要点

位于打字键区第 3 行的 A、S、D、F、J、K、L 和“；”键，这 8 个键称为基本键。其中的 F 键和 J 键称为原点键。这 8 个基本键位是左右手指固定的位置。

将左手的小指、无名指、中指和食指分别放在 A、S、D、F 键上；将右手的食指、中指、无名指和小指分别放在 J、K、L 和“；”键上；将左右拇指轻放在空格键上，如下图所示。

在击键时，主要用力的部位不是手腕，而是手指关节。当练到一定阶段时，手指敏感度加强，可以过渡到指力和腕力并用。击键时应注意以下要点：

- 手腕保持平直，手臂保持静止，全部动作只限于手指部分。
- 手指保持弯曲，并稍微拱起，指尖的第一关节略成弧形，轻放在基本键的中央位置。
- 击键时，只允许伸出要击键的手指，击键完毕必须立即回位，切忌触摸键或停留在非基本键键位上。
- 以相同的节拍轻轻击键，不可用力过猛。以指尖垂直向键盘瞬间发力，并立即反弹，切不可用手指按键。
- 用右手小指击打 Enter 键后，右手立即返回到基本键键位，返回时右手小指应避免触到“；”键。

1.3.7　键盘常用按键的功能

- Esc 键：强行退出键。功能是退出当前环境，返回到原菜单。
- Power 键：按此键可关闭或打开计算机电源。
- Sleep 键：按此键可以使计算机进入睡眠状态。
- Wake Up 键：按此键可以使计算机从睡眠状态恢复到初始状态。
- F1~F12 键：在不同的程序软件中功能会有所不同。例如，F1 键通常为打开【帮助】窗口。
- 字母键：字母键的键面为英文大写字母，从 A 到 Z。运用 Shift 键可以进行大小写切换。在使用键盘输入文字时，主要通过字母键来实现。

➢ 数字和符号键：数字和符号键的键面上有上下两种符号，故又称为双字符键。上面的符号称为上档符号，下面的符号称为下档符号。

➢ Back Space 键：退格键，位于标准键区的右上角。按下此键可删除当前光标位置左边字符，并使光标向左移动一个位置。

➢ Tab 键：制表定位键。按此键后光标向右移动 8 个字符。

➢ Enter 键：又叫回车键。按此键表示开始执行输入的命令，在输入字符时，按下此键表示换行。

➢ Caps Lock 键：大写锁定键。按此键可将字母键锁定为大写状态，对其他键没有影响。再次按此键时可解除大写锁定状态。

➢ Ctrl 键：控制键。此键一般和其他键组合使用，可完成特定的功能。

➢ Alt 键：转换键。此键和 Ctrl 键相同，也不单独使用，在和其他键组合使用时产生一种转换状态。在不同的工作环境下，Alt 键转换的状态也不同。

➢ Windows 徽标键：按此键可以快速打开【开始】菜单。此键也可和其他键组合使用，以实现特殊的功能。

➢ 空格键：键盘上最长的键。单击此键一次，光标向右移动一个空格。

➢ 快捷菜单键：此键位于标准键区右下角的 Windows 徽标键和 Ctrl 键之间。按此键后会弹出当前窗口的右键快捷菜单。

➢ Home 键：起始键。按此键，光标移至当前行的行首。按 Ctrl+Home 组合键，光标移至首行行首。

➢ End 键：终止键。按此键，光标移至当前行的行尾。按 Ctrl+End 组合键，光标移至末行行尾。

➢ Page Up 键：向前翻页键。按此键可以翻到上一页。

➢ Page Down 键：向后翻页键。按此键可以翻到下一页。

➢ Delete 键：删除键。每次按此键，可删除光标后面的一个字符，同时光标右边的所有字符向左移动一个字符位。

➢ ↑、←、↓、→键：光标移动键。分别控制光标向 4 个不同的方向移动。

➢ 小键盘区：一共有 17 个键，其中包括 Num Lock 键、数字键、双字符键、Enter 键和符号键。其中数字键大部分为双字符键，上档符号是数字，下档符号具有光标控制功能。Num Lock 键为数字锁定键，该键是小键盘上数字键的控制键。按此键，键盘右上角第一个指示灯亮，表明此时处于数字锁定状态。再次按此键，指示灯灭，此时为光标控制状态。

1.4 认识 Windows 7 桌面

在 Windows 操作系统中，“桌面”是一个重要的概念，指的是当用户启动并登录操作系统后，用户所看到的一个主屏幕区域。桌面是用户进行工作的一个平面，形象地说，就像人们平时用的办公桌，可以在上面展开工作。

1.4.1　桌面图标

桌面图标就是整齐排列在桌面上的一系列图片，这些图片由图标和图标名称两部分组成。有的图标左下角有一个箭头，这些图标被称为“快捷方式”，双击这些图标可以快速启动相应的程序。

常用的桌面图标有【计算机】、【网络】、【回收站】和【控制面板】等。

- 【计算机】图标：用来管理磁盘、文件和文件夹等。双击该图标可打开【计算机】窗口。在该窗口中可以查看计算机中的磁盘分区以及文件和文件夹等，如下图所示。

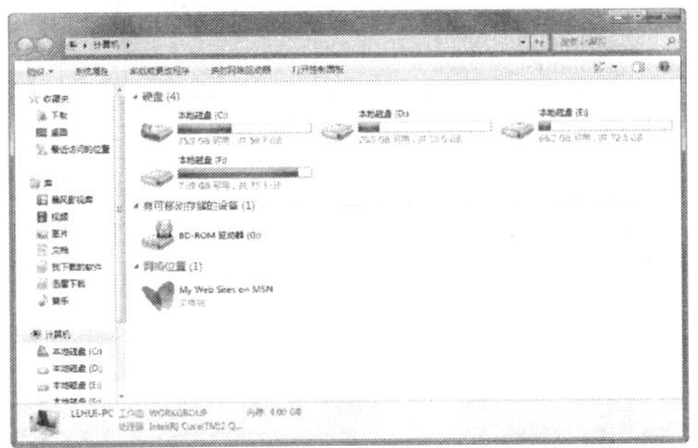

- 【网络】图标：主要用来查看网络中的其他计算机，访问网络中的共享资源，进行网络设置等。双击此图标即可查看本地网络中共享的文件夹和局域网中的计算机，如下图所示。

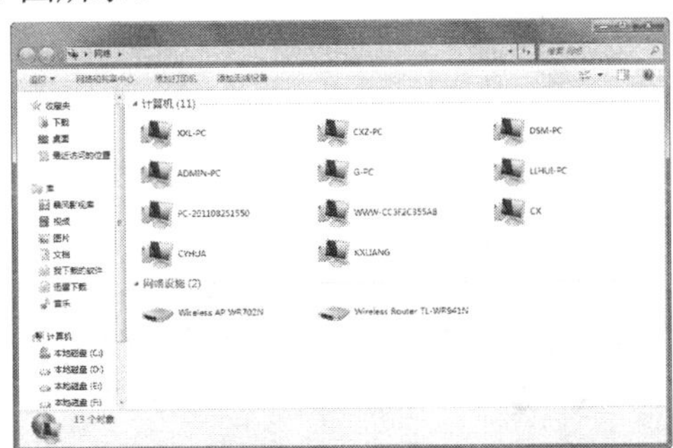

- 【回收站】图标：用来暂时存放被用户删除的文件。如果用户误删了某些重要文件，可在【回收站】中还原。双击该图标便可打开【回收站】窗口，在该窗口中可以看到用户最近删除的文件，如下图所示。

- 【控制面板】图标：【控制面板】图标是 Windows 图形用户界面的一部分，可通过【开始】菜单访问。它允许用户查看并操作基本的系统设置和控制，比如添加硬件、添加/删除软件、控制用户账户和更改辅助功能选项等。

1. 添加系统图标

用户第一次进入 Windows 7 操作系统的时候，会发现桌面上只有一个回收站图标，诸如计算机、网络、用户的文件和控制面板这些常用的系统图标都没有显示在桌面上，因此需要在桌面上添加这些常用系统快捷方式图标。

【例 1-3】 在桌面上添加【用户的文件】系统图标。
视频

step 1　在桌面上右击鼠标，在弹出的快捷菜单中选择【个性化】命令，打开【个性化】窗口。

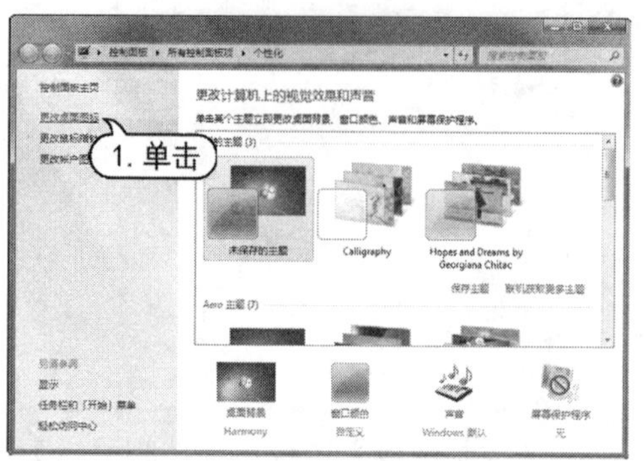

step 2 单击【个性化】窗口左侧的【更改桌面图标】按钮，打开【桌面图标设置】对话框。

step 3 选中【用户的文件】复选框，然后单击【确定】按钮，即可在桌面上添加【用户的文件】图标。

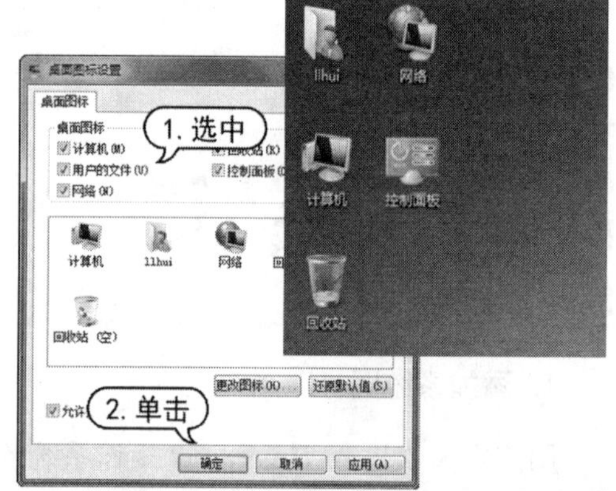

实用技巧

【用户的文件】图标通常以当前登录的系统账户名命名。另外，用户若要删除系统图标，可在【桌面图标设置】对话框中取消选中相应图标前方的复选框即可。

2. 添加其他快捷方式图标

除了可以在桌面上添加系统快捷方式图标外，还可以添加其他应用程序或文件夹的快捷方式图标。

一般情况下，安装了一个新的应用程序后，都会自动在桌面上建立相应的快捷方式图标。如果该程序没有自动建立快捷方式图标，可采用以下方法来添加。

在程序的启动图标上右击鼠标，选择【发送到】|【桌面快捷方式】命令，即可创建一个快捷方式，并将其显示在桌面上。

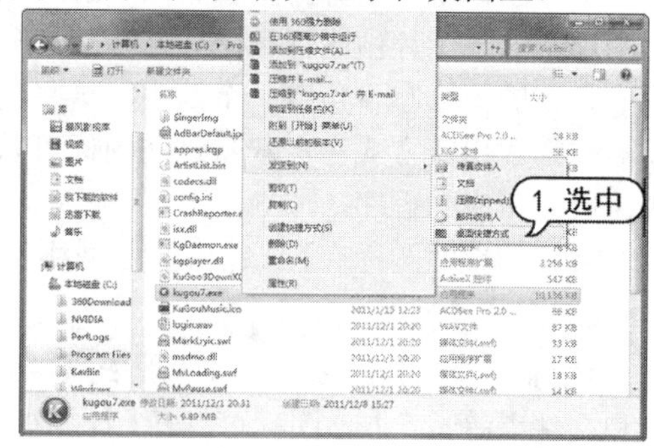

3. 阅读版式视图

当桌面上的图标杂乱无章地排列时，用户可以按照名称、大小、类型和修改日期来排列桌面图标。

【例 1-4】 将桌面图标按照修改日期进行排列。

视频

step 1 在桌面上右击鼠标，在弹出的快捷菜单中选择【排序方式】|【修改日期】命令。

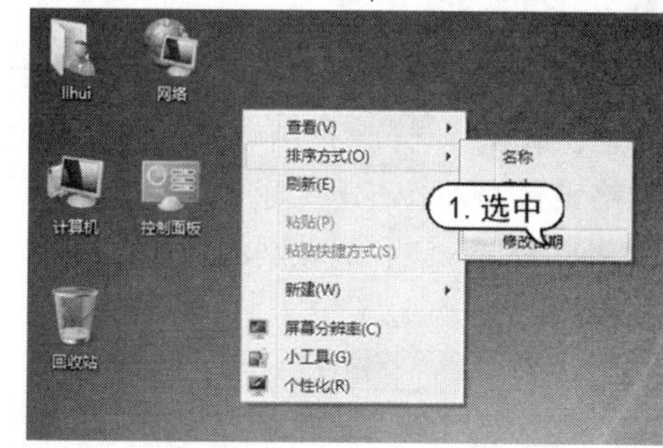

step 2 此时桌面图标即可按照修改日期的先后顺序进行排列。

1.4.2 【开始】菜单

【开始】菜单是 Windows 操作系统中的重要元素，其中存放了操作系统或系统设置的绝大多数命令，而且还可以使用当前操作系统中安装的所有程序。因此，【开始】菜单被称为操作系统的中央控制区域。本节就来介绍一下【开始】菜单。

1. 【开始】菜单的组成

在 Windows 7 操作系统中，【开始】菜单主要由固定程序列表、常用程序列表、所有程序列表、启动菜单列表、搜索文本框、关闭和锁定计算机按钮组等组成。

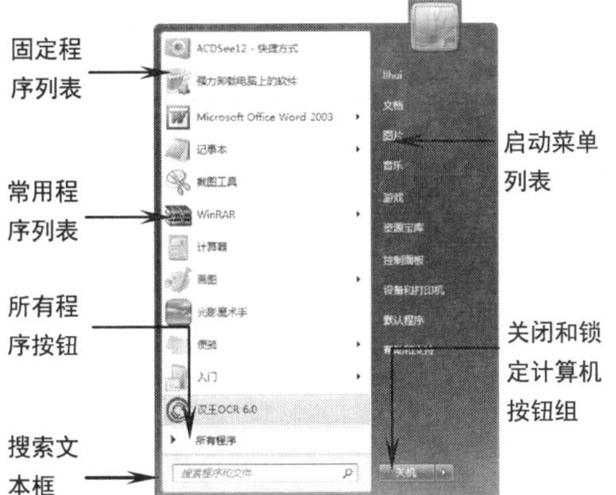

其中，搜索文本框是 Windows 7 新增的功能。它不仅可以搜索系统中的程序，还可以搜索系统中的任意文件。用户只要在文本框中输入关键词，单击右侧的按钮即可进行搜索，搜索结果将显示在【开始】菜单上方的列表中。

2. 所有程序列表

通过【开始】菜单启动应用程序，既方便又快捷，Windows 7 中的【所有程序】列表会以树形文件夹结构来显示计算机中所有安装的程序的快捷方式，使用户查找程序更加方便。

【例 1-5】 通过【开始】菜单启动 QQ 聊天程序。
视频

step 1 单击【开始】按钮，在弹出的【开始】菜单中单击【所有程序】按钮。

step 2 展开【所有程序】列表后，单击其中的【腾讯软件】按钮，然后单击 QQ 2013 按钮，如下图所示。

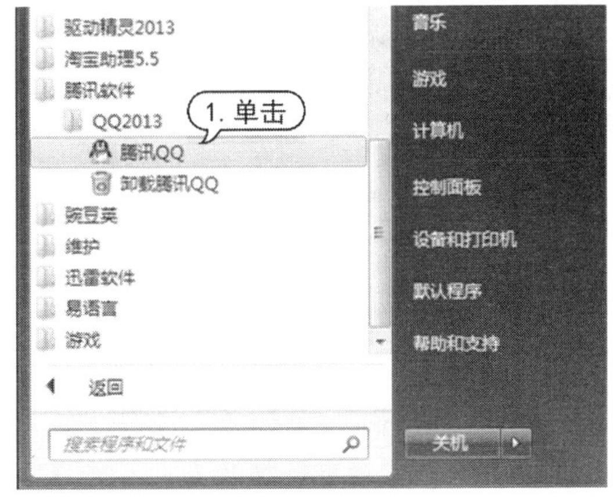

step 3 在 QQ 2013 选项的子列表中单击【腾讯 QQ】按钮，即可启动该程序。

实用技巧

打开【所有程序】列表还有另一种方法，用户无须单击，只需将鼠标指针在【所有程序】按钮上稍停片刻，即可展开【所有程序】列表。

3. 搜索文本框

Windows 7 的【开始】菜单中加入了强大的搜索功能。使用该功能，可使查找程序更加方便，这就是搜索文本框。

【例 1-6】 通过搜索功能启动 Word 2010。

视频

step 1 单击【开始】按钮，在【开始】菜单最下方的搜索文本框中输入 Word。

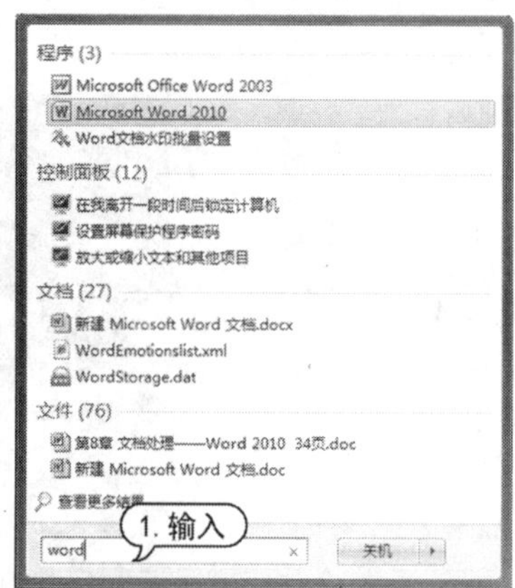

step 2 此时，系统会自动搜索出与关键字 Word 相匹配的内容，并将结果显示在【开始】菜单中，其中 Word 2010 应用程序位于列表的上端。

step 3 直接单击 Microsoft Word 2010 按钮，即可启动 Word 2010 应用程序，如下图所示。

1.4.3 任务栏

任务栏是位于桌面下方的一个条形区域。它显示了系统正在运行的程序、打开的窗口和当前时间等内容。用户通过任务栏可以完成许多操作。Windows 7 采用了大图标显示模式的任务栏，并且还增强了任务栏的功能。例如，任务栏图标的灵活排序、任务进度监视和预览功能等。

1. 认识任务栏

任务栏主要包括【开始】按钮、快速启动栏、已打开的应用程序区、语言栏、时间及常驻内存的应用程序区等几部分。

- 【开始】按钮：单击【开始】按钮，可打开【开始】菜单，用户可从其中选择需要的菜单命令或启动相应的应用程序。关于【开始】菜单，上一节中已做过详细介绍。
- 快速启动栏：单击该栏中的某个图标，可快速地启动相应的应用程序。例如，单击【库】按钮，可打开【库】管理界面。

- 已打开的应用程序区：该区域显示当前正在运行的所有程序，其中的每个按钮都代表了一个已经打开的窗口，单击这些按钮即可在不同的窗口之间进行切换。另外，按住 Alt 键不放，然后依次按 Tab 键，可在不同的窗口之间进行快速切换。

- 语言栏：该栏用来显示系统中当前正在使用的输入法和语言。
- 时间及常驻内存的应用程序区：该区域显示系统当前的时间和后台运行的程序。

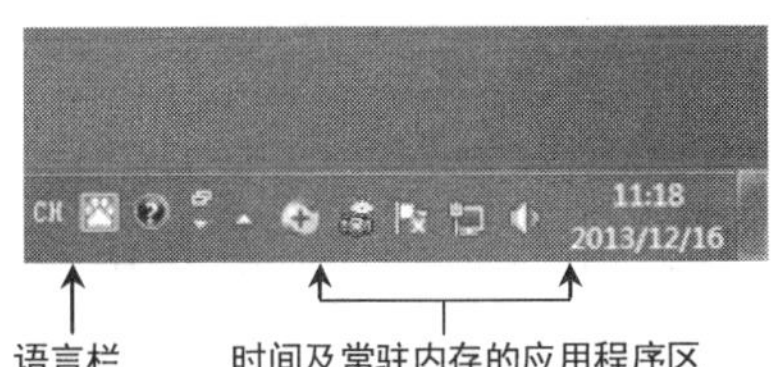

单击【显示隐藏的图标】按钮，可查看当前正在运行的程序。

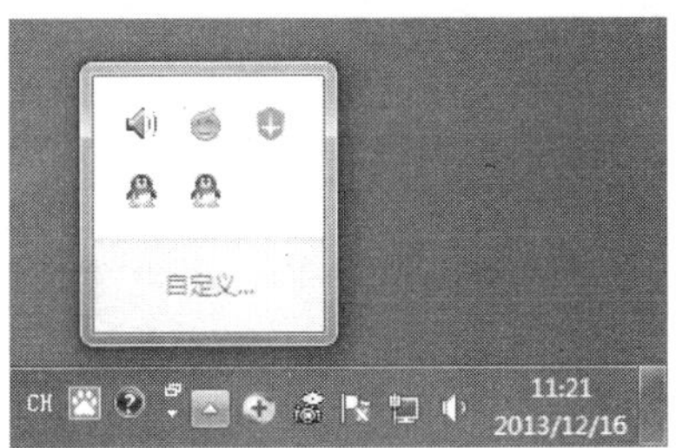

2. 任务栏图标灵活排序

在 Windows 7 操作系统中，任务栏中图标的位置不再是固定不变的，用户可根据需要任意拖动改变图标的位置。

如下图所示，用户使用鼠标拖动的方法即可更改图标在任务栏中的位置。

另外，在 Windows 7 中，快速启动栏中的程序图标比以往版本都大。Windows 7 将快速启动栏的功能和传统程序窗口对应的按钮进行了整合。单击这些图标即可打开对应的应用程序，并由图标转化为按钮的外观，用户可根据按钮的外观来分辨未运行的程序图标和已运行程序窗口按钮的区别，如下图所示。

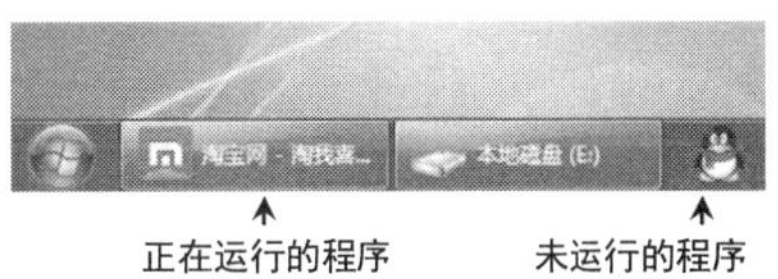

3. 显示桌面

当桌面上打开的窗口比较多时，用户若要返回到桌面，则要将这些窗口一一关闭或者最小化，这样不但操作麻烦，而且浪费时间。Windows 7 操作系统在任务栏的右侧设置了一个矩形按钮，如下图所示，当用户单击该按钮时，即可快速返回桌面。

知识点滴

将该按钮设置在这里的好处是用户可以实现盲操作，即用户只需凭感觉将鼠标指针大致移动到屏幕的最右下角，然后直接单击鼠标即可快速显示桌面。

4. 任务进度监视

在 Windows 7 操作系统中，任务栏中的按钮具有任务进度监视的功能。例如，用户在复制某个文件时，在任务栏的按钮中同样会显示复制的进度，如下图所示。

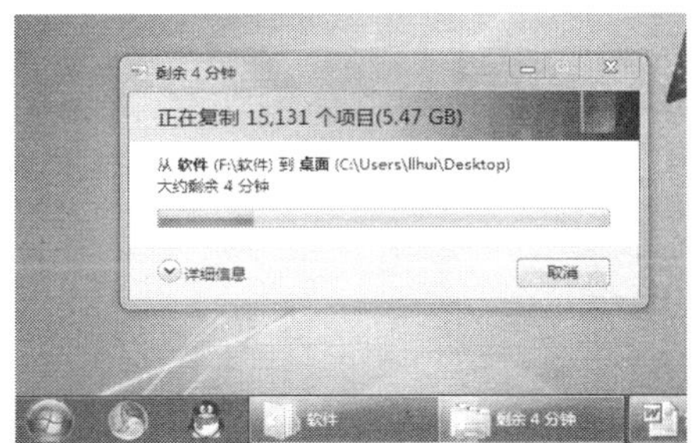

1.5　认识 Windows 7 窗口

窗口是 Windows 操作系统中的重要组成部分，很多操作都是通过窗口来完成的。窗口相当于桌面上的一个工作区域，用户可以在窗口中对文件、文件夹或者某个程序进行操作。

1.5.1 窗口的组成元素

在 Windows 7 中最为常用的就是【计算机】窗口和一些应用程序的窗口，这些窗口的组成元素基本相同。

以【计算机】窗口为例，窗口的组成元素如下图所示。一般由标题栏、菜单栏、控制按钮、控制菜单按钮、垂直边框、水平边框、状态栏和树形目录等组成。

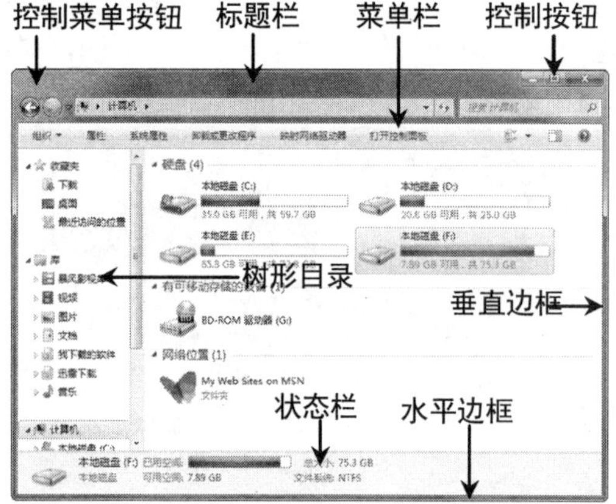

其中，控制菜单按钮是隐藏的。当用户在窗口的左上角单击时，可打开该按钮的菜单，其中包含【还原】、【移动】、【大小】、【最小化】、【最大化】和【关闭】命令。另外，双击控制菜单按钮，可快速关闭当前窗口。

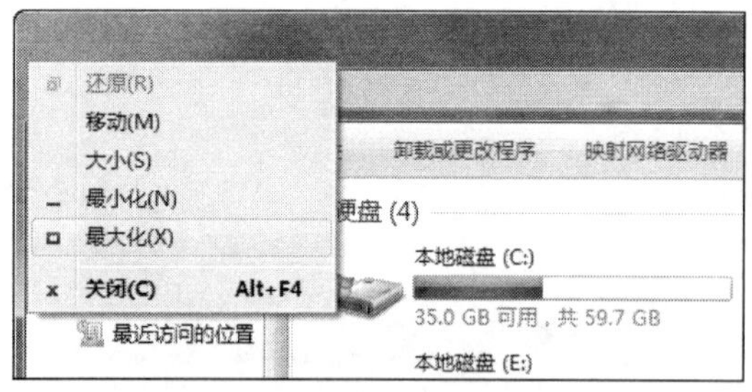

1.5.2 窗口的同步预览与切换

当用户打开了多个窗口时，经常需要在各个窗口之间切换。Windows 7 提供了窗口切换时的同步预览功能，可以实现丰富实用的界面效果，方便用户切换窗口。

1. Alt+Tab 键预览和切换窗口

当用户使用了 Aero 主题时，在按 Alt+Tab 组合键后，用户会发现切换面板中会显示当前打开窗口的缩略图，并且除了当前选定的窗口外，其他窗口都呈透明状。

2. Win+Tab 键的 3D 切换效果

当用户使用 Win+Tab 组合键切换窗口时，可以看到窗口的 3D 切换效果，如下图所示。

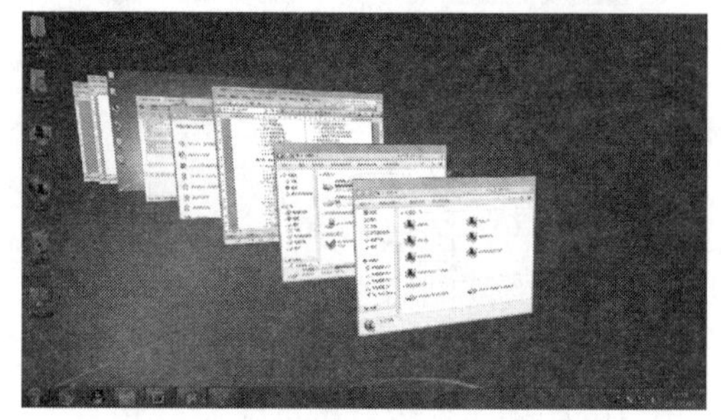

3. 通过任务栏图标预览窗口

当用户将鼠标指针移至任务栏中的某个程序按钮上时，在该按钮的上方会显示与该程序相关的所有打开窗口的预览窗格，如下图所示。单击其中的某一个预览窗格，即可切换至该窗口。

1.5.3 调整窗口大小

窗口大小的调整包括最小化、最大化和还原窗口等操作：

- 最小化是将窗口以标题按钮的形式最小化到任务栏中，不显示在桌面上。
- 最大化是将当前窗口放大显示在整个屏幕上。
- 还原窗口是将窗口恢复到上次的显示效果。

用户可以通过 Windows 窗口右上角的最小化、最大化和还原按钮来实现这些操作。

另外，在 Windows 7 中，用户可拖动窗口来实现窗口的最大化和还原功能。

【例 1-7】 通过拖动的方法最大化【计算机】窗口然后还原。

视频

step 1 在桌面上双击【计算机】图标，打开【计算机】窗口。

step 2 拖动【计算机】窗口至屏幕的最上方。当鼠标指针碰到屏幕的边缘时，会出现放大的"气泡"，同时将会看到 Aero Peek 效果填充桌面，此时释放鼠标左键，【计算机】窗口即可全屏显示。

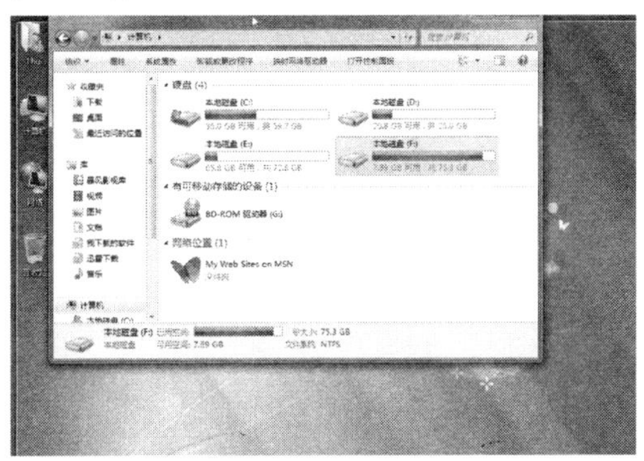

step 3 若要还原窗口，只需将最大化的窗口向下拖动即可。

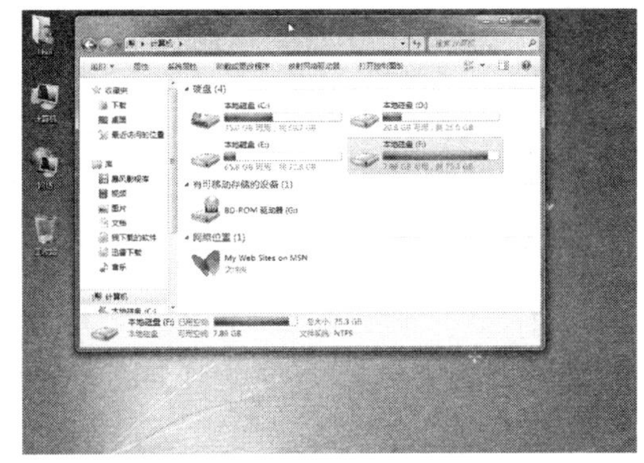

1.6 认识 Windows 7 对话框

对话框是 Windows 操作系统中的一个重要元素，是用户在操作计算机的过程中系统弹出的一个特殊窗口。对话框是用户与计算机之间进行信息交流的窗口。在对话框中，用户通过对选项的选择和设置，可以对相应的对象进行某项特定的操作。

1.6.1 对话框的组成元素

Windows 7 中的对话框多种多样，一般来说，对话框中的可操作元素主要包括命令按钮、选项卡、单选按钮、复选框、文本框、下拉列表框和数值框等，但要注意，并不是所有的对话框都包含以上所有的元素。本节将对这些主要元素逐一进行介绍。

1. 命令按钮

命令按钮指的是在对话框中形状类似于矩形的按钮。在该按钮上会显示按钮的名称。例如，在【任务栏和「开始」菜单属性】对话框中就包含【自定义】、【确定】和【取消】3 个命令按钮。

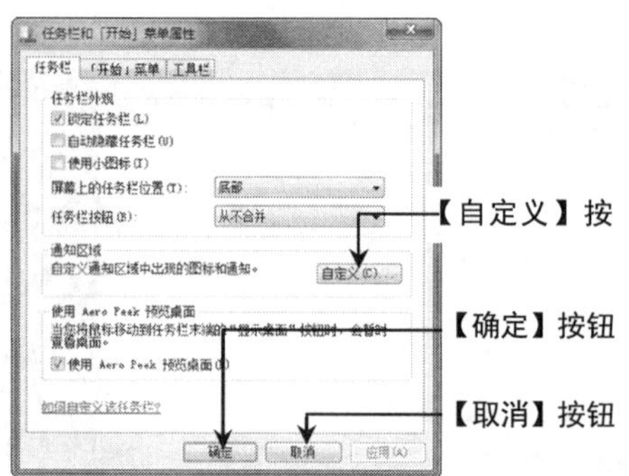

这些按钮的作用分别如下：

- 单击【自定义】按钮，系统会打开另外一个对话框。
- 单击【确定】按钮，保存设置并关闭对话框。
- 单击【取消】按钮，不保存设置，直接关闭对话框。

2. 选项卡

当对话框中包含多项内容时，对话框通常会将内容分类归入不同的选项卡，这些选项卡按照一定的顺序排列在一起。例如，在【鼠标属性】对话框中就包含【鼠标键】、【指针】、【指针选项】、【滑轮】和【硬件】5 个选项卡，单击其中的某个选项卡便可打开该选项卡。

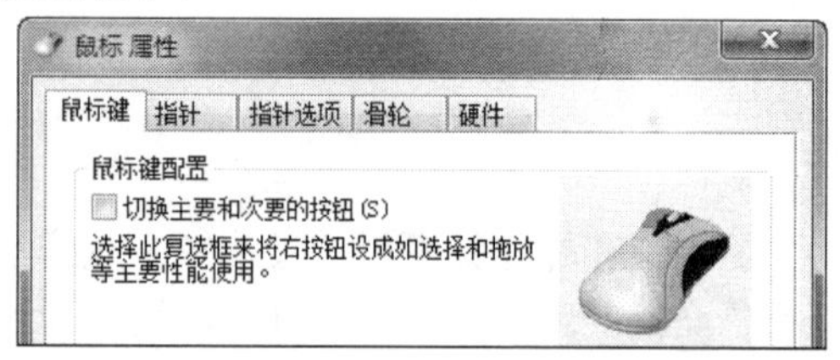

3. 单选按钮

单选按钮是一些互相排斥的选项，每次只能选择其中的一个选项，被选中的圆圈中将会有个黑点。

在【页面设置】对话框的【文档网格】选项卡中就包含多个单选按钮，如下图所示。同一选项组中的单选按钮在任何时候都只能选择其中的一个选项，不能用的选项呈灰色显示。若要选中该单选按钮，只需在该单选按钮上单击即可。

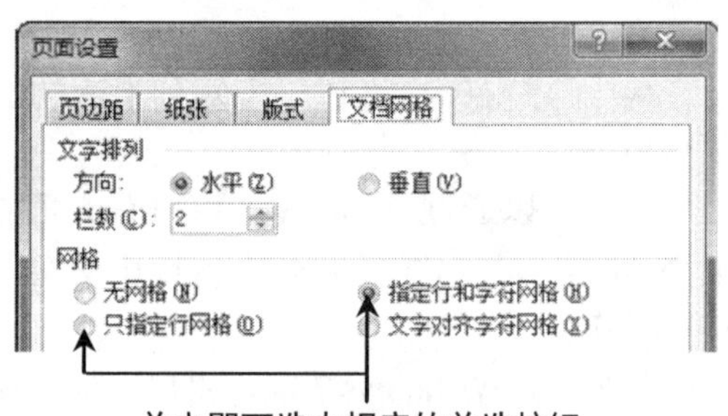

单击即可选中相应的单选按钮

4. 复选框

复选框中所列出的各个选项是互相不排斥的，用户可根据需要选择其中的一个或多个选项。每个选项的左边有一个小正方形作为选择框，一个选择框代表一个可以打开或关闭的选项。当选中某个复选框时，框内出现一个√标记。在空白选择框上单击便可选中它，再次单击这个选择框便可取消选中状态。

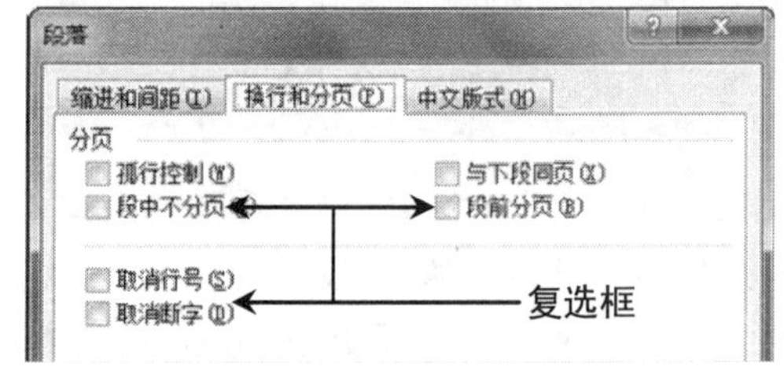

5. 文本框

文本框主要用来接受用户输入的信息。当在空白文本框中单击时，鼠标指针变为闪烁的竖条(文本光标)状，表示等待用户的输入，输入的正文从该插入点开始。如果文本框内已有正文，则单击时正文将被选中，此时输入的内容将替代原有的正文。用户也可用 Delete 键或 Backspace 键删除文本框中已有的正文。如下图所示，【打开】文本后方的矩形白色区域即为文本框。

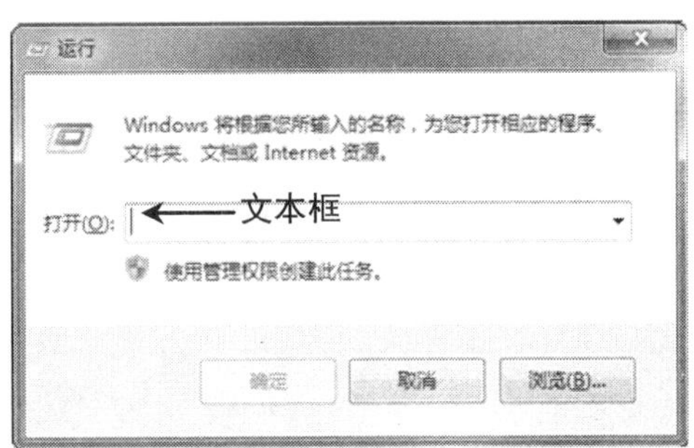

6. 下拉列表框

下拉列表框是一个带有下拉按钮的文本框，用来在多个项目中选择一个，选中的项目将在下拉列表框内显示。当单击下拉列表框右边的下三角按钮时，将出现一个下拉列表框供用户选择。

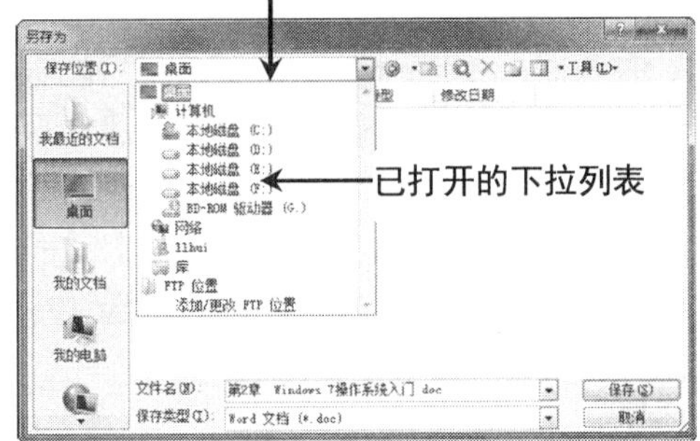

7. 数值框

数值框用于输入或选中一个数值。它由文本框和微调按钮组成。在微调框中，单击上三角的微调按钮可增加数值，单击下三角的微调按钮可减少数值，也可以在文本框中直接输入需要的数值。如下图所示，在【内部边距】选项区域有【左】、【右】、【上】、【下】4 个数值框。

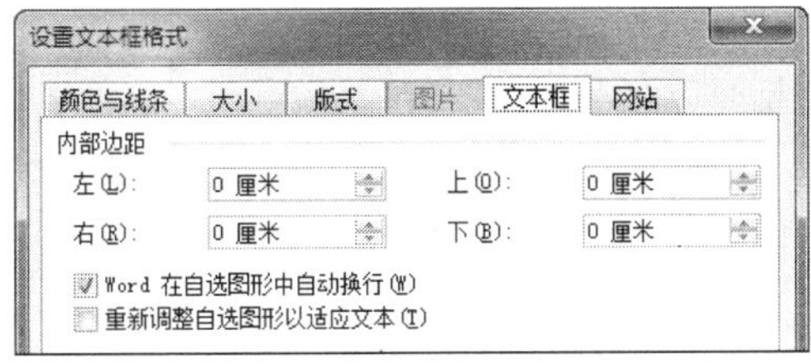

1.6.2 对话框的基本操作

用户在使用对话框的过程中，经常会用到的操作包括：对话框的移动和关闭，以及获取对话框中的帮助信息等。

1. 对话框的移动

移动对话框和移动窗口一样，用户可将鼠标指针放在对话框的标题栏上，然后按住鼠标左键不放，拖动鼠标，即可改变对话框的位置。

2. 对话框的关闭

关闭对话框的方法很多，主要有以下几种方法。

- 单击对话框右上角的【关闭】按钮 。
- 单击对话框中的【确定】按钮，确认设置并关闭对话框。
- 单击对话框中的【取消】按钮，保持原有设置并关闭对话框。

3. 使用对话框的帮助

对话框不能像窗口那样任意改变大小，在其标题栏上也没有【最小化】、【最大化】按钮，取而代之的是【帮助】按钮 。

用户在对话框中进行操作时，如果不清楚某选项组或者按钮的含义，可以使用【帮助】按钮，打开【帮助】窗口获得相关的技术支持，如下图所示。

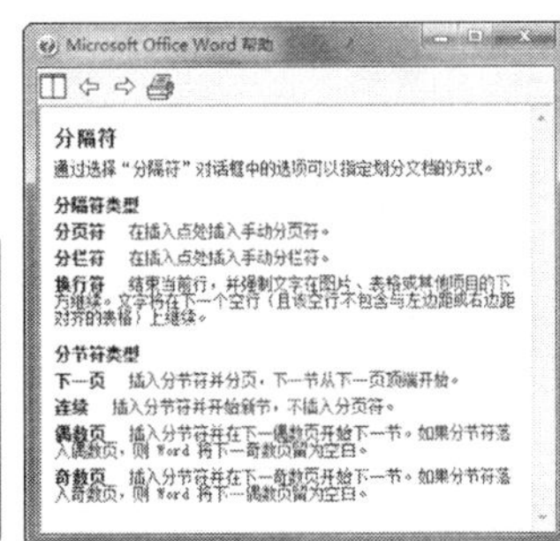

1.7 认识 Windows 7 的菜单

菜单位于 Windows 窗口的菜单栏中，是应用程序中命令的集合。菜单栏通常由多层菜单组成，每个菜单又包含若干个子命令。要打开菜单，只需单击需要打开的菜单项即可。本节来认识 Windows 7 的菜单。

1.7.1 认识菜单中的命令

在菜单中，有些命令在某些时候可用，而在某些时候不可用，有些命令后面还有级联的子命令。

1. 可用命令与暂时不可用命令

菜单中可选用的命令以黑色字符显示，不可选用的命令以灰色字符显示。命令不可选用是因为暂时不需要或无法执行这些命令，单击这些灰色字符显示的命令将没有任何反应。

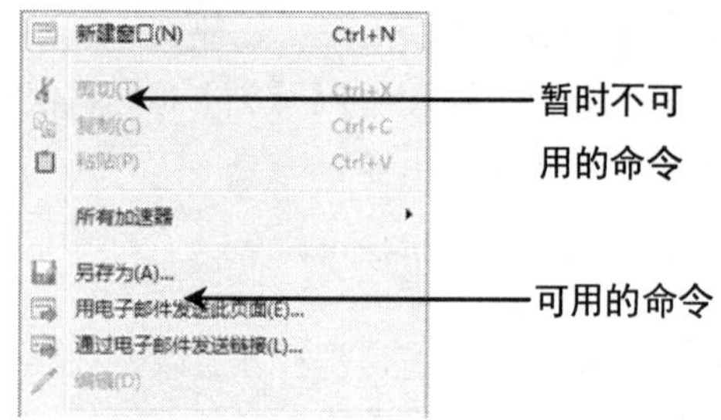

2. 快捷键

有些命令的右边有快捷键，用户通过使用这些快捷键，可以快速直接地执行相应的菜单命令。例如，【新建窗口】命令的快捷键是 Ctrl+N、【另存为】命令的快捷键是 Ctrl+S 等。

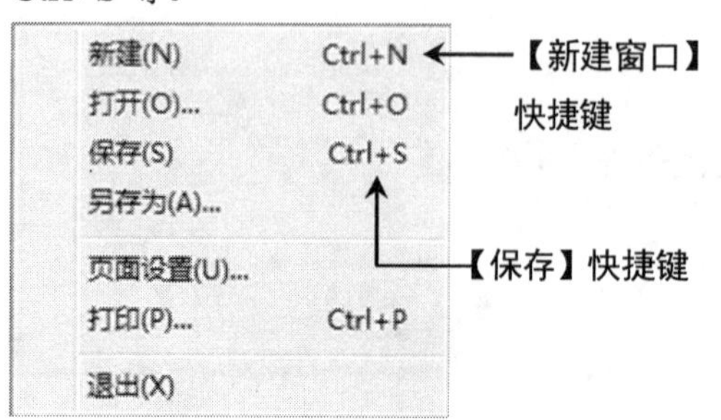

> **知识点滴**
>
> 通常情况下，相同意义的操作命令在不同窗口中具有相同的快捷键，如 Ctrl+C(复制)和 Ctrl+V(粘贴)等。因此熟练使用这些快捷键，将有助于加快操作。

3. 复选命令和单选命令

当选择某个命令后，该命令的左边出现一个复选标记√，表示此命令正在发挥作用；再次选择该命令，命令左边的标记√消失，表示该命令不起作用。这类命令被称为复选命令。

有些菜单中有一组命令，每次只能有一个命令被选中，当前选中的命令左边出现一个单选标记●；选择该组的其他命令，标记●出现在选中命令的左边，原来命令前面的标记●将消失，这类命令被称为单选命令。

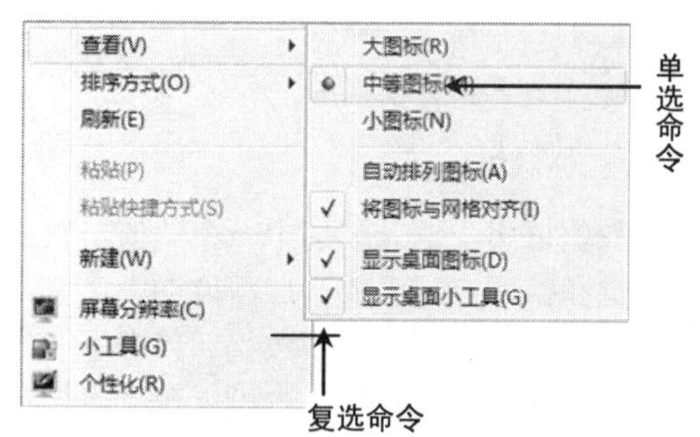

4. 带有字母的命令

在菜单命令中，许多命令的后面都有一个括号，括号中有一个字母。当菜单处于激活状态时，在键盘上键入该字母，即可执行该命令。

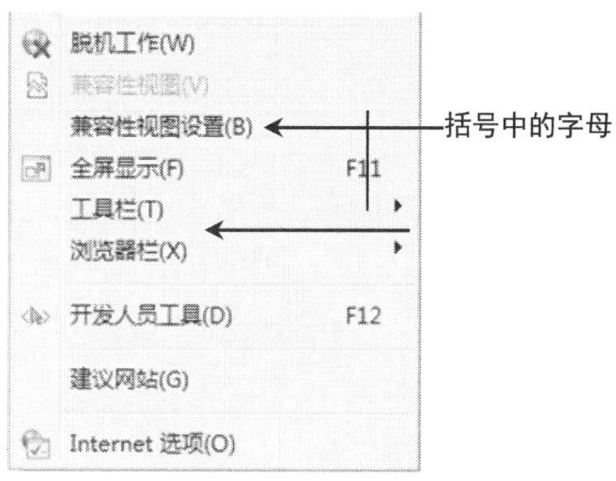

5. 带省略号的命令

如果命令的后面有省略号…，表示选择此命令后，将打开一个对话框或者一个设置向导。这种形式的命令表示可以完成一些设置或者更多的操作。

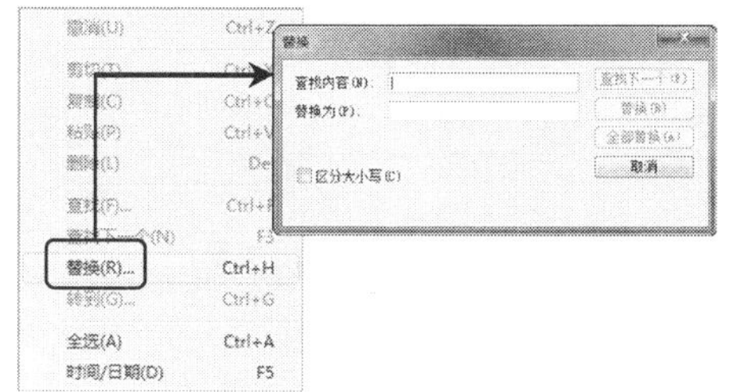

6. 快捷菜单和级联菜单

在某些应用程序中右击，系统将会弹出一个快捷菜单，该菜单被称为右键快捷菜单。它主要提供对相应对象的各种操作功能。使用右键快捷菜单可对某些功能进行快速操作，如下图所示为桌面上的右键快捷菜单。如果命令的右边有一个向右箭头，则鼠标光标指向此命令后，会弹出一个级联菜单，级联菜单通常给出某一类选项或命令，有时是一组应用程序。

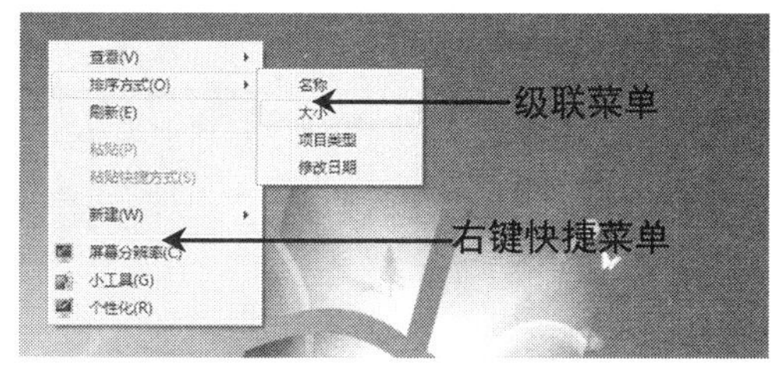

1.7.2　菜单的基本操作

对菜单的操作主要包括选择、撤销和打开控制菜单等内容。

1. 选择菜单

使用鼠标选择 Windows 窗口的菜单时，只需单击菜单栏上的菜单名称，即可打开该菜单。将鼠标指针移动至所需的命令处单击，即可执行所选的命令。在使用键盘选择菜单时，用户可按下列步骤进行操作。

第一步：按 Alt 键或 F10 键时，菜单栏的第一个菜单项被选中，然后利用左、右光标键选择需要的菜单项。

第二步：选中后，按 Enter 键打开选择的菜单项。

第三步：利用上、下光标键选择其中的命令，然后按 Enter 键即可执行该命令。

2. 撤销菜单

打开 Windows 窗口的菜单之后，如果不进行菜单命令的操作，可选择撤销菜单。使用鼠标单击菜单外的任何地方，即可撤销菜单。使用键盘撤销菜单时，可以按 Alt 或 F10 键返回到文档编辑窗口，或连续按 Esc 键逐渐退回到上级菜单，直到返回到文档编辑窗口。

知识点滴

如果用户选择的菜单具有级联菜单，使用右方向键→可打开级联菜单，按左方向键←可收起级联菜单。另外，按 Home 键可选择菜单的第一个命令，按 End 键可选择最后一个命令。

1.8 案例演练

本章主要介绍了计算机的基本知识，包括启动和关闭计算机、使用鼠标和键盘、认识 Windows 的桌面、窗口、对话框和菜单等内容。本次实战演练通过具体实例来使读者进一步巩固本章所学的内容。

1.8.1 重命名桌面图标

用户可以根据自己的需要和喜好为桌面图标重新命名。

一般来说，重命名的目的是为了让图标的功能表达得更明确，以方便用户使用。本例为【计算机】图标重命名。

【例 1-8】将桌面上的【计算机】图标重命名为【资源管理】。
视频

step 1 右击【计算机】图标，在弹出的快捷菜单中选择【重命名】命令。

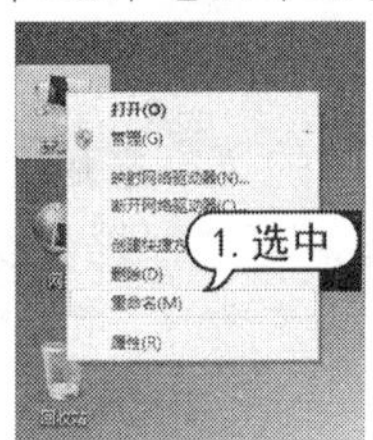

step 2 此时图标的名称会显示为可编辑状态。

step 3 直接使用键盘输入新的图标名称，然后按 Enter 键或者在桌面的其他位置单击，即可完成图标的重命名。设置前后对比，如下图所示。

输入新名称　　重命名后的状态

1.8.2 清除最近打开的程序记录

【开始】菜单左侧的最近打开程序列表和跳转列表会记录用户最近打开的程序和文档，如果用户不希望保留这些记录，可通过设置来清除这些记录。

【例 1-9】清除【开始】菜单中最近打开的程序记录。
视频

step 1 右击桌面左下角的【开始】按钮图标。如下图所示，在弹出的快捷菜单中选择【属性】命令，打开【任务栏和「开始」菜单属性】对话框。

step 2 取消选中如下图所示的两个复选框，然后单击【应用】按钮，即可清除最近打开的程序和文档记录。

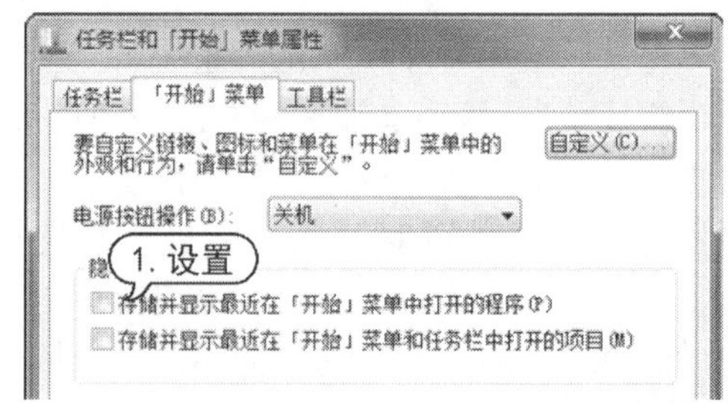

step 3 清除前后的【开始】菜单效果对比如下图所示。

清除前　　清除后

第 2 章

安装软件与输入法应用

安装软件和打字是计算机操作者的必备技能。本章主要介绍安装软件和卸载软件的基本方法、输入法的基本常识、添加和删除输入法以及常用拼音输入法的使用等内容。

对应光盘视频

例 2-1　安装 Office 2010
例 2-2　卸载暴风影音 5
例 2-3　升级软件
例 2-4　输入英文字母
例 2-5　输入数字
例 2-6　输入字符
例 2-7　添加输入法
例 2-8　删除输入法
例 2-9　使用搜狗拼音输入古诗
例 2-10　使用笔画输入法输入词语

2.1 安装应用软件

在使用计算机时，如果想要使用某个软件，首先需要将该软件安装到计算机中。本节将介绍应用软件的基本常识，以及安装应用软件的方法。

2.1.1 应用软件概述

在使用计算机的过程中用户经常要用到一些软件，例如使用计算机办公就要使用 Office 软件，使用计算机处理图片就要使用图片处理软件等，这些软件统称为应用软件。

常见的应用软件按照其用途大致可分为以下几大类。

1. 办公类应用软件

办公软件是指可以进行文字处理、表格制作、幻灯片制作和简单数据库处理等方面工作的软件，主要包括微软的 Office 系列、金山 WPS 系列等。目前办公软件的应用范围很广，大到社会统计，小到会议记录，数字化的办公都离不开办公软件的协助。如下图所示为 Office 系列办公软件中 Word 2010 的工作界面。

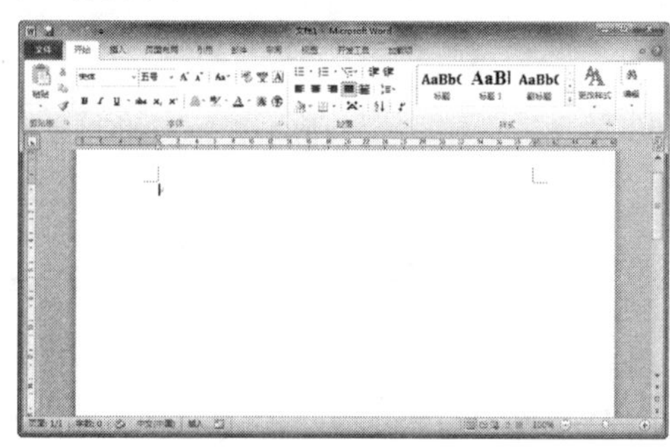

2. 多媒体类应用软件

多媒体类应用软件主要包括影音播放软件和图片浏览软件等。常用的影音播放软件主要有暴风影音、迅雷看看、千千静听和酷狗音乐等。

图片浏览软件主要有 ACDSee、Google Picasa 和美图看看等。如下图所示为暴风影音的主界面。

3. 下载类应用软件

下载类应用软件主要用于从网络中下载文件。常用的下载类软件主要有迅雷、QQ 旋风、电驴、比特精灵和网际快车等。如下图所示为迅雷下载软件的主界面。

4. 杀毒防毒类应用软件

杀毒防毒类应用软件主要用于维护计算机的安全，防止病毒入侵。常用的杀毒软件有卡巴斯基、瑞星、金山毒霸、360 安全卫士和诺顿防病毒软件等。

5. 其他工具类应用软件

除了以上几大类应用软件外，在日常使用计算机的过程中还会用到很多不同的工具软件，这些工具软件可以帮助用户满足各种不同的任务需求。

例如，要压缩文件可以使用压缩软件 WinRAR；要处理图片可以使用 Photoshop；要浏览网页可以使用 IE 浏览器；要网上聊天可以使用 QQ 等。

知识点滴

计算机软件种类繁多，各种软件应有尽有，本书将在后面的章节中对常用软件进行详细介绍。

2.1.2 安装软件前的准备工作

任何事情要想做好，都要做好充分的准备工作。安装软件也一样，只有做足了准备工作，才能保证安装过程的顺利。

1. 获得安装文件

要想安装某个软件，首先要获得该软件的安装文件。一般来说，获得安装文件的方法有以下几种。

- 从相应的应用软件销售商那里购买安装光盘。
- 直接从网上下载，大多数软件直接从网上下载后就能够使用，但有些软件需要购买激活码或注册才能够使用。

2. 找到安装的序列号

为了防止盗版，维护知识产权，正版的软件一般都有安装的序列号，也叫注册码。安装软件时必须要输入正确的序列号，才能够正常安装。

序列号一般可通过以下途径找到：

- 大部分的应用软件会将安装的序列号印刷在光盘的包装盒上，用户可在包装盒上直接找到该软件的安装序列号。
- 某些应用软件可能会通过网站或手机注册的方法来获得安装序列号。
- 大部分免费的软件不需要安装序列号，例如 QQ 和 360 安全卫士等。

3. 找到安装文件

安装程序一般都有特殊的名称。将应用软件的安装光盘放在光驱中，然后进入光盘驱动器所在的文件夹，可发现其中有后缀名为.exe 的文件，其名称一般为 Setup、Install 或者是“软件名称”.exe，这就是安装文件了。双击该文件，即可启动应用软件的安装程序，然后按照提示逐步进行操作就可以安装了。

2.1.3 安装应用软件

用户第一次进入 Windows 7 操作系统的时候，会发现桌面上只有一个回收站图标，诸如计算机、网络、用户的文件和控制面板这些常用的系统图标都没有显示在桌面上，因此需要在桌面上添加这些常用系统图标。

【例 2-1】 在 Windows 7 中安装 Office 2010。

视频

step 1 首先用户应获取 Microsoft Office 2010 的安装光盘或者安装包，然后找到安装程序(一般来说，软件安装程序的文件名为 Setup.exe)。

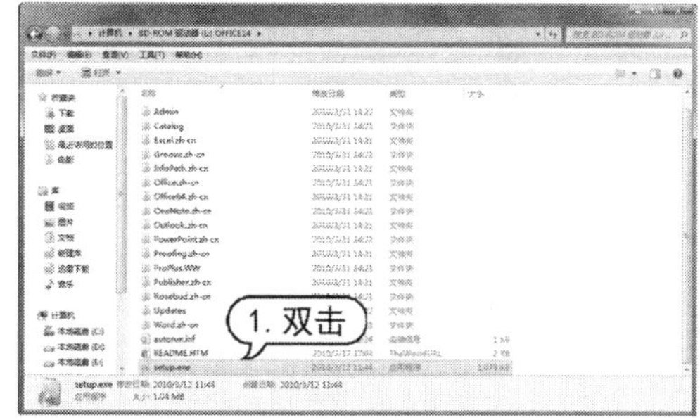

step 2 双击此安装程序，系统将弹出【用户账户控制】对话框。

step 3 单击【是】按钮，系统开始初始化软件的安装程序，界面如下图所示。

step 4 如果系统中安装有旧版本的 Office 软件，稍候系统会弹出【选择所需的安装】对话框，用户可在该对话框中选择安装方式。

知识点滴

如果选择【升级】安装方式，那么旧的 Office 版本就会被覆盖，安装完成后将只能使用新版本的 Office。

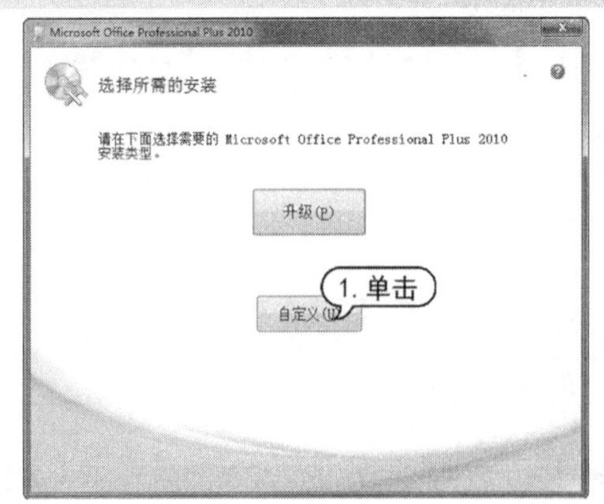

step 5 本例选择【自定义】安装方式。单击【自定义】按钮，在【升级】选项卡中，可选择是否保留前期的版本。本例选中【保留所有早期版本】单选按钮，如下图所示。

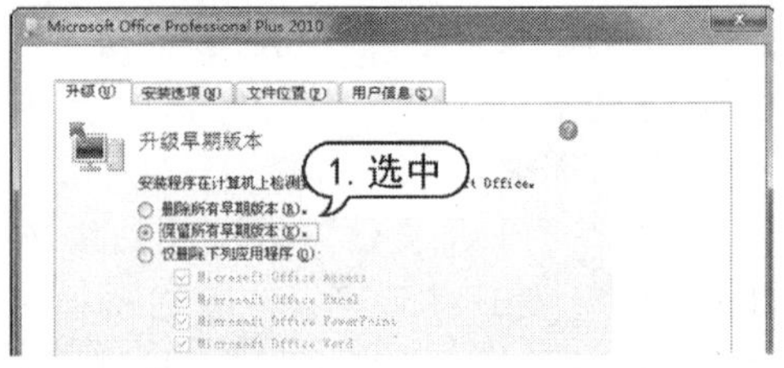

step 6 切换至【安装选项】选项卡，可选择关闭不需要安装的文件，如下图所示。

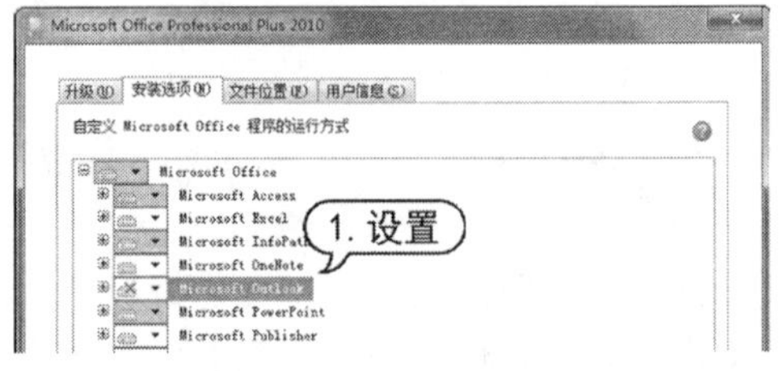

step 7 切换至【文件位置】选项卡，单击【浏览】按钮，可设置文件安装的位置，如下图所示。

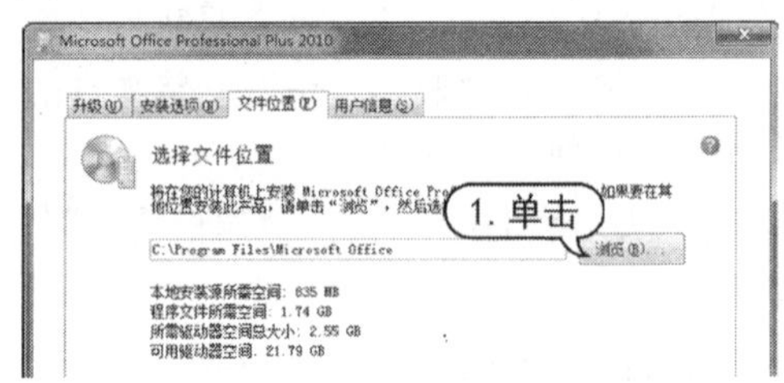

step 8 切换至【用户信息】选项卡，在该选项卡中可设置用户的相关信息，如下图所示。

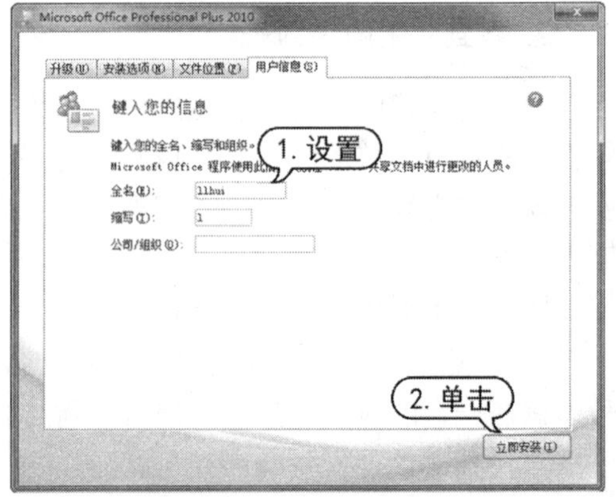

step 9 设置完成后，单击【立即安装】按钮，

系统即可按照用户的设置开始安装 Office 2010，并显示安装进度和安装信息。界面如下图所示。

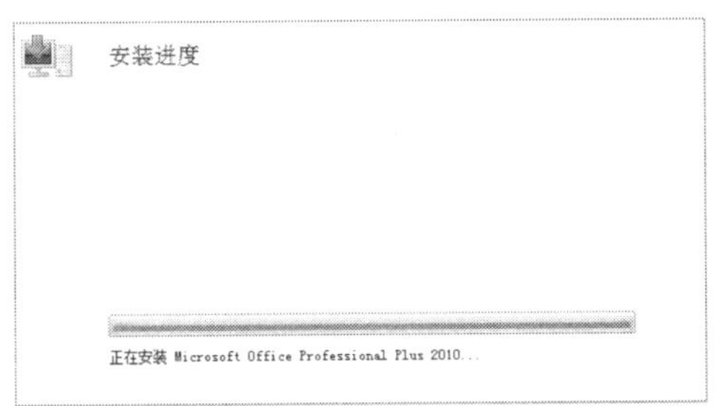

step 10 安装完成后，系统将自动打开安装完成的对话框。

step 11 单击【关闭】按钮，系统提示用户需重启系统才能完成安装。如下图所示，单击【是】按钮，重启系统后，完成 Office 2010 的安装。

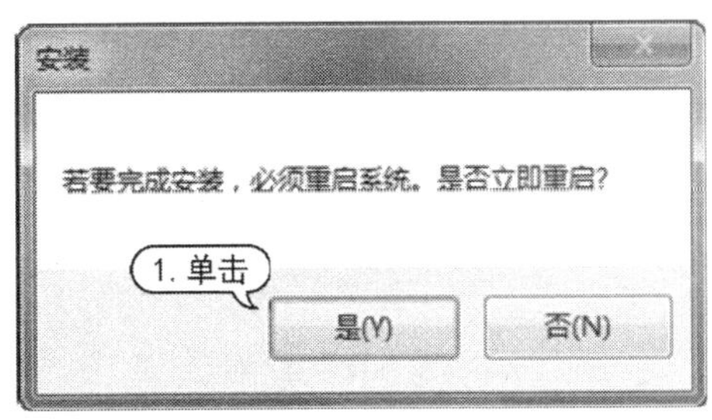

step 12 Office 2010 成功安装后，在【开始】菜单和桌面上都将自动添加相应程序的快捷方式，以方便用户使用。

知识点滴

目前大多数应用软件的安装方法都很简单。用户只需仔细阅读安装界面中的提示，进行适当的设置后，单击【下一步】按钮，即可顺利完成软件的安装。

2.2　卸载应用软件

如果用户不需要某个软件了，可以将其卸载以节省磁盘空间。卸载软件可采用两种方法：一种是通过软件自身提供的卸载功能；另一种是通过【程序和功能】界面来完成。

2.2.1　使用软件自带程序卸载

大部分软件都提供了内置的卸载功能。利用该功能，可以方便地卸载软件。

例如，用户要卸载【360 安全卫士】，可单击【开始】按钮，选择【所有程序】|【360 安全中心】|【360 安全卫士】|【卸载 360 安全卫士】命令。

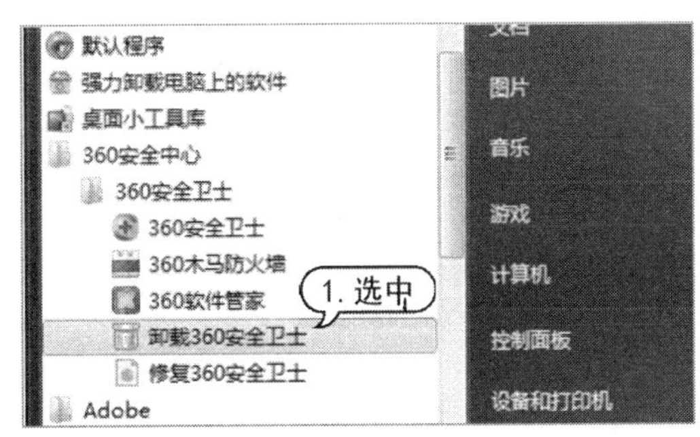

打开下图所示的对话框，选择卸载的原因，然后单击【立即卸载】按钮。

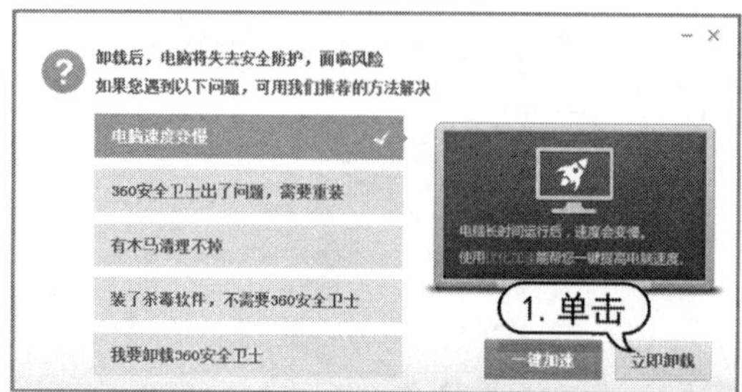

打开如下图所示的对话框，然后单击【是】按钮，即可开始卸载 360 安全卫士。

知识点滴

用户应注意区分删除文件和卸载程序的区别。删除程序安装的文件夹并不等于卸载，删除文件只是删除了和软件相关的文件和文件夹，但该软件在安装时写入到注册表等文件中的信息并没有被删除。而卸载则能将与该软件相关的信息全部删除。

2.2.2 通过系统自带功能卸载

本节通过具体实例，介绍如何通过系统自带的【程序和功能】界面来卸载软件。

【例 2-2】 在 Windows 7 中通过【程序和功能】界面卸载【暴风影音 5】。

视频

step 1 选择【开始】|【控制面板】命令，打开【控制面板】窗口。

step 2 单击【程序和功能】图标，打开【程序和功能】界面。

知识点滴

在【卸载或更改程序】列表中双击要卸载的软件，也可打开软件的卸载界面，之后按照提示操作即可。

step 3 在【卸载或更改程序】列表中，右击【暴风影音 5】选项。

step 4 在弹出的快捷菜单中选择【卸载/更改】命令，如下图所示。

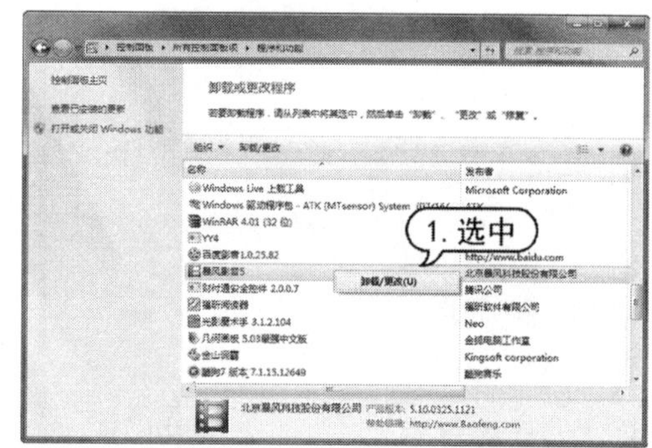

step 5 随即系统弹出下图对话框。

step 6 选中【直接卸载】单选按钮，然后单击【下一步】按钮，系统即可开始卸载【暴风影音 5】软件。

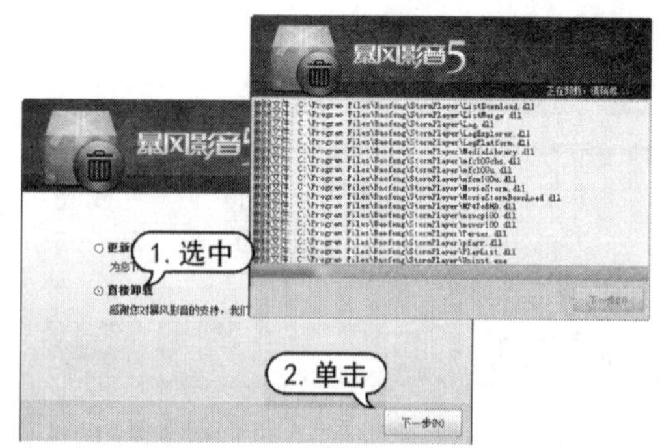

step 7 卸载完成后，【暴风影音 5】选项将自动从【程序和功能】界面的【卸载或更改程序】列表中删除。

2.3　升级软件

软件的更新速度非常迅速，更新后的软件一般会比旧版本的软件拥有更多功能。使用 360 软件管家可方便地对软件进行升级，以随时更新最新版本。

【例 2-3】 使用软件管家升级软件。

视频

step 1 启动 360 安全卫士，单击其主界面中的【软件管家】按钮，打开【360 软件管家】的主界面。

step 2 在【360 软件管家】界面中，单击【软件升级】按钮，软件会自动对系统中已安装的应用软件进行检测。

step 3 检测完成后，在检测结果中会显示出需要更新的软件的名称和需要下载的文件的大小，如下图所示。

step 4 例如，用户要升级【PPS 影音】，可在列表中单击【PPS 影音】选项后方的【一键升级】按钮，下载最新的安装文件。

step 5 下载完成后，软件会自动进行智能安装，如下图所示。安装完成后，即可完成软件的升级。

实用技巧

选择多个软件，然后单击【升级全部已选】按钮，可同时升级多个软件。

2.4　输入字母、数字和符号

输入字符的主要工具是键盘，在前面章节中已经介绍了键盘的基本操作方法。本章用户可通过输入字符来练习键盘的操作。

2.4.1 输入英文字母

目前，英语已经成为国际性的通用语言，而键盘又是以 26 个英文字母为基础进行布局的，因此输入英文字母是学习输入字符的基础。

【例 2-4】 在记事本中输入英文 Happy New Year。
视频

step 1 选择【开始】|【所有程序】|【附件】|【记事本】命令，打开记事本窗口。

step 2 此时在记事本编辑区的第一行的行首处会出现一个闪烁的竖线|，该竖线被称为光标，光标所在的位置即是文本插入点。如下图所示。

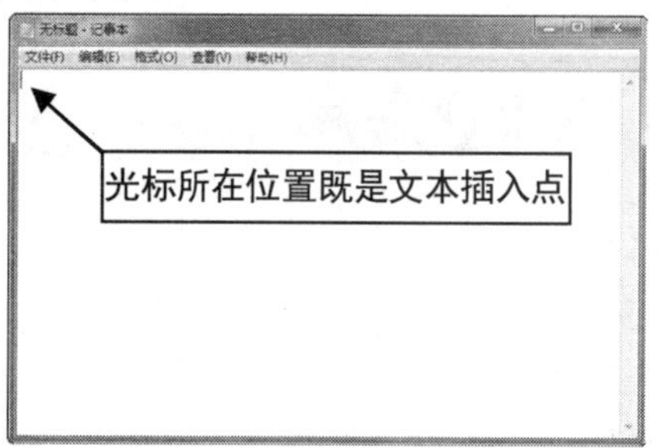

step 3 在默认情况下，系统的输入法是英文小写输入状态，在键盘上按 Caps Lock 键，切换至大写状态，然后按 H 键，在光标闪动处输入大写字母 H。如下图所示。

step 4 再次按下 Caps Lock 键，切换至小写字母状态，然后依次按下 A、P、P、Y 键，输入小写字母 appy。

step 5 按下空格键，输入一个空格，然后按照同样的方法输入大写字母 N，小写字母 ew，再次按下空格键后输入大写字母 Y，小写字母 ear。

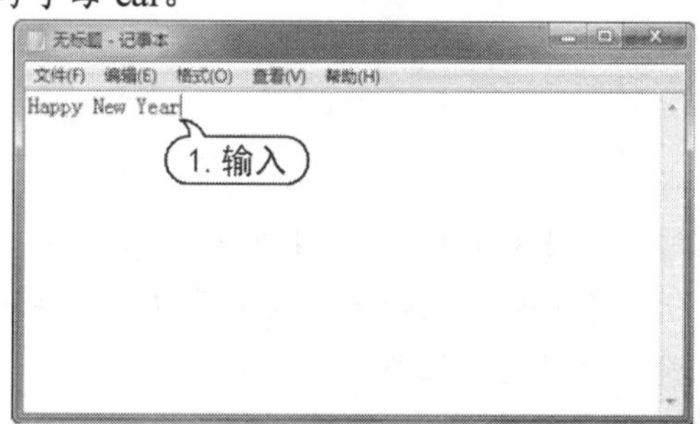

实用技巧

在小写字母输入状态时，按下 Shift 键的同时按下字母键，可输入相应的大写字母。

2.4.2 输入数字

要输入数字，用户可使用键盘上的数字键，在标准键区和小键盘区都有数字键，而对于从事某些行业如银行等的工作人员，使用小键盘输入数据将更加方便。

【例 2-5】 在记事本中输入数字 3.1415926。
视频

step 1 选择【开始】|【所有程序】|【附件】|【记事本】命令，打开记事本窗口。

step 2 将光标定位在记事本中，然后按下小键盘上的 Num Lock 键，当左数第一个状态指示灯(Num Lock 灯)亮时，按下小键盘上的

3 键，输入数字 3。如下图所示。

实用技巧

只有当 Num Lock 指示灯亮时，小键盘上的数字键才有效。

step 3 接下来按下小键盘上的 Del 键输入小数点“.”，然后使用同样的方法依次输入数字 1415926。如下图所示。

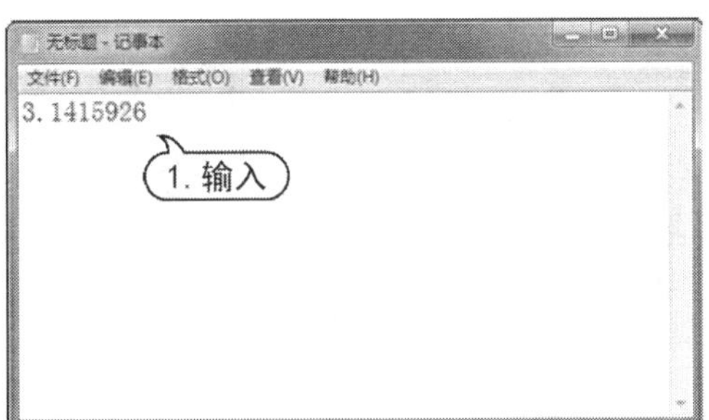

2.4.3 输入符号

相对于输入字母和数字来说，输入某些特殊符号稍微复杂一些，这是因为某些特殊符号处于双字符键上，需要配合使用上档键来输入。

【例 2-6】 在记事本中输入字符@$%&。
视频

step 1 选择【开始】|【所有程序】|【附件】|【记事本】命令，打开记事本窗口。

step 2 将光标定位在记事本中，然后在按住 Shift 键的同时按下标准键区中的 2 键，输入字符@，如下图所示。

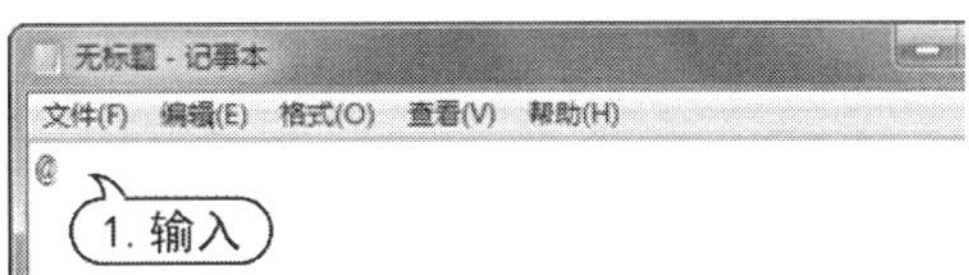

step 3 使用同样的方法，在按住 Shift 键的同时，依次按下 4、5 键和 7 键，输入字符$%&。如下图所示。

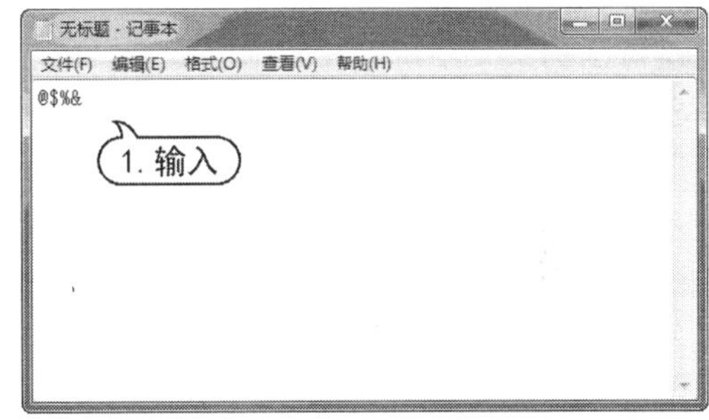

知识点滴

在某些输入法状态下，这些双字符键输出的字符可能会有所不同。例如在搜狗拼音输入法状态下，按下 Shift+4 键将输入字符￥。

2.5 汉字输入法基础

要想输入汉字，就要使用汉字输入法。本节介绍汉字输入法的基本知识以及如何添加、选择和删除输入法。

2.5.1 汉字输入法简介

常用的汉字输入法总体上来说可以分为两大类：拼音输入法和五笔字型输入法。

1. 拼音输入法

拼音输入法是以汉语拼音为基础的输入法，用户只要会用汉语拼音，就可以使用拼音输入法轻松地输入汉字。

目前常见的拼音输入法有：紫光拼音输入法、微软拼音输入法和搜狗拼音输入法等。如下图所示为搜狗拼音输入法。

2. 五笔字型输入法

五笔字型输入法是一种以汉字的构字结构为基础的输入法。它将汉字拆分成为一些基本结构，并称其为“字根”，每个字根都与键盘上的某个字母键相对应。要在计算机上输入汉字，就要先找到构成这个汉字的基本字根，然后按下相应的按键，即可输入。

常见的五笔字型输入法有：智能五笔输入法、万能五笔输入法、王码五笔输入法和极品五笔输入法等。如下图所示为王码五笔输入法。

五笔型

3. 两种输入法的比较

拼音输入法上手容易，只要会用汉语拼音，就能使用拼音输入法输入汉字。但是由于汉字的同音字比较多，因此使用拼音输入法输入汉字时，重码率会比较高。

五笔字型输入法是根据汉字结构来输入的，因此重码率比较低，输入汉字比较快。但是要想熟练地使用五笔字型输入法，必须要花大量的时间来记忆繁琐的字根和键位分布，还要学习汉字的拆分方法，因此该种输入法一般为专业打字工作者使用，不太适合新手使用。

2.5.2 添加一种输入法

中文版 Windows 7 操作系统自带了几种常用的输入法供用户选用，如果用户想要使用其他类型的输入法，可使用添加输入法的功能，将所需的输入法添加到输入法循环列表中。

【例 2-7】 在输入法列表中添加【简体中文全拼】输入法。

视频

step 1 在任务栏的语言栏上右击，在弹出的快捷菜单中选择【设置】命令，如下图所示。

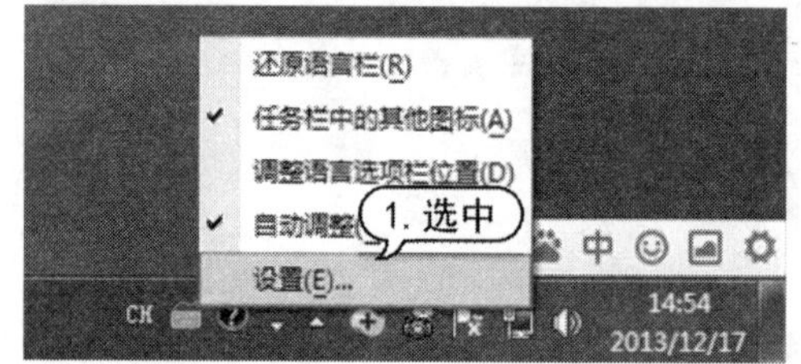

step 2 打开【文字服务和输入语言】对话框，单击【已安装的服务】选项组中的【添加】按钮，打开【添加输入语言】对话框。

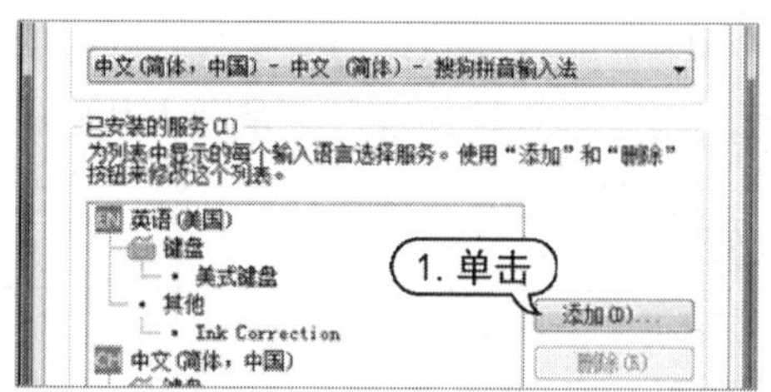

step 3 在该对话框中选中【简体中文全拼】复选框，复选框前面将显示√标记，如下图所示。

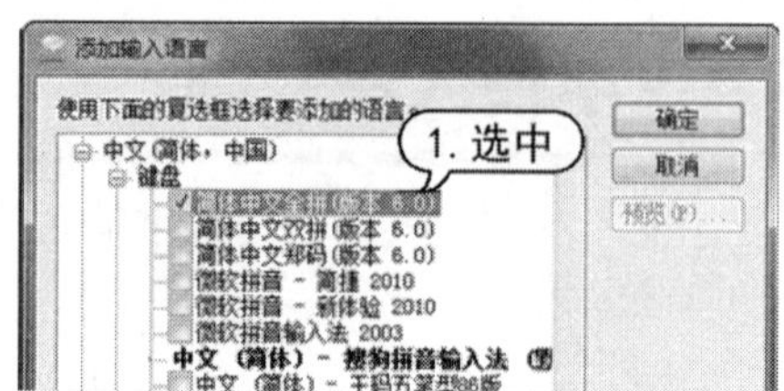

step 4　设置完成后，单击【确定】按钮，返回【文字服务和输入语言】对话框，此时可在【已安装的服务】选项组中的输入法列表框中看到刚刚添加的输入法。

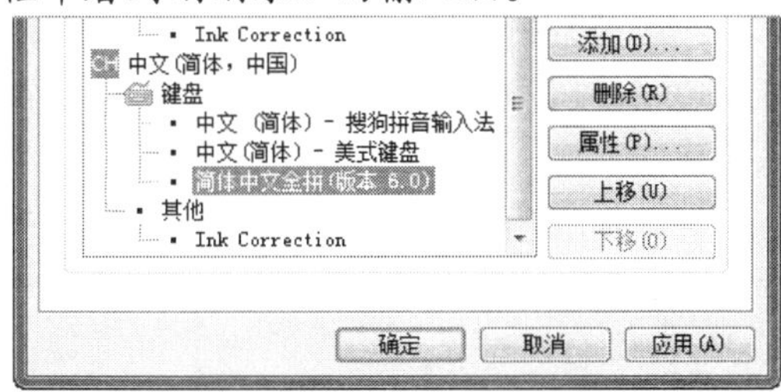

step 5　单击【确定】按钮，关闭该对话框，完成输入法的添加。

2.5.3　选择输入法

在 Windows 7 操作系统中，默认状态下，用户可以使用 Ctrl+空格键在中文输入法和英文输入法之间进行切换，使用 Ctrl+Shift 组合键来切换输入法。Ctrl+Shift 组合键采用循环切换的形式，在各个输入法和英文输入方式之间依次进行转换。

选择中文输入法也可以通过单击任务栏上的输入法指示图标来完成，这种方法比较直接。在 Windows 的任务栏中，单击代表输入法的图标，在弹出的输入法列表中单击要使用的输入法即可。当前使用的输入法名称前面将显示√标记。如下图所示。

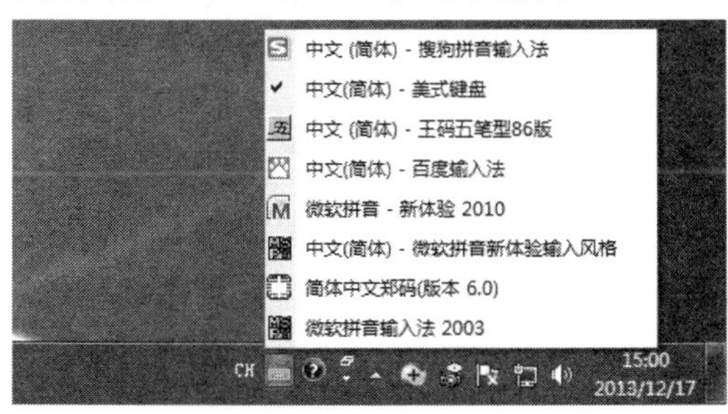

2.5.4　删除输入法

用户如果习惯于使用某种输入法，可将其他输入法全部删除，这样可避免在多种输入法之间来回切换的麻烦。

【例 2-8】 从输入法列表中删除【简体中文全拼】输入法。

视频

step 1　在任务栏的语言栏上右击，在弹出的快捷菜单中选择【设置】命令，如下图所示。

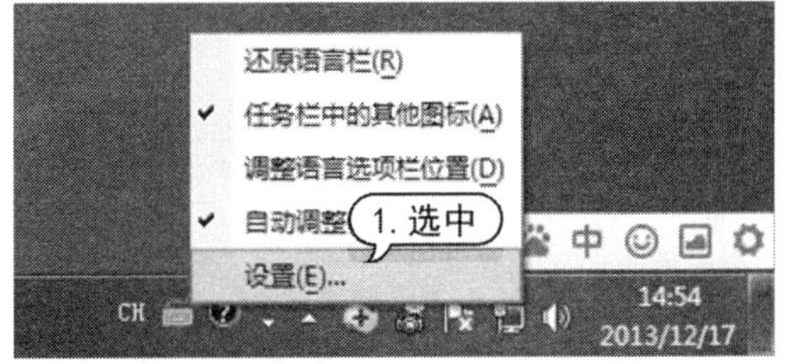

step 2　打开【文字服务和输入语言】对话框，在【常规】选项卡中，选择【已安装的服务】选项组中的【简体中文全拼】选项，然后单击【删除】按钮，即可删除【简体中文全拼】输入法。

step 3　操作完成后，单击【确定】按钮，完成输入法的删除操作，如下上图所示。

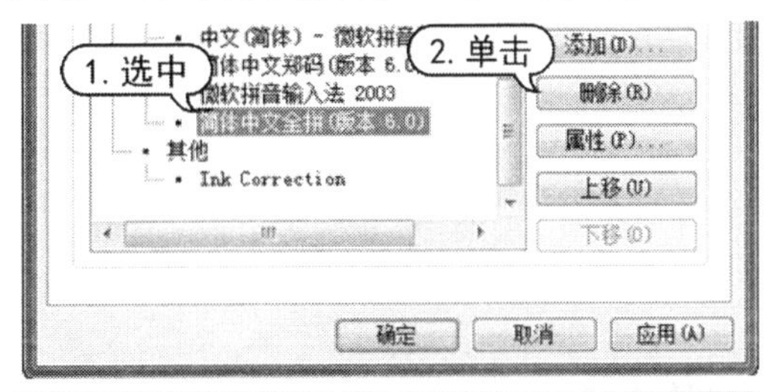

知识点滴

在【文字服务和输入语言】对话框【常规】选项卡的【默认输入语言】选项区域，可设置系统默认使用的输入法。

2.6　使用搜狗拼音输入法

搜狗拼音输入法是目前主流的拼音输入法之一。它采用了搜索引擎技术，与传统输入法相比，输入速度有了质的飞跃，在词语的准确度上，都远远领先于其他拼音输入法。

2.6.1 安装搜狗拼音输入法

由于标准版的操作系统中不含搜狗拼音输入法，因此用户要使用搜狗拼音输入法，必须先安装搜狗拼音输入法。

搜狗拼音输入法的参考下载地址为：http://pinyin.sogou.com/。

启动 IE 浏览器，在地址栏中输入网址 http://pinyin.sogou.com/，然后按下 Enter 键，打开下图所示的页面。

单击【正式版下载】按钮，下载搜狗拼音输入法的安装包。下载完成后，双击安装包，打开下图所示对话框。

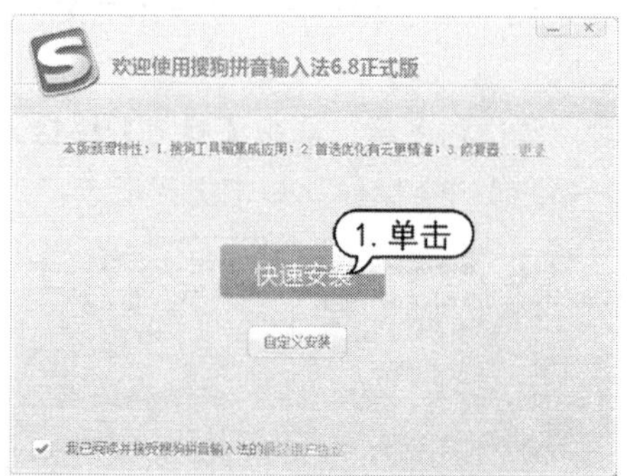

单击【快速安装】按钮，开始安装搜狗拼音输入法，如下图所示。

安装完成后，将搜狗拼音输入法设置为当前使用的输入法。

2.6.2 输入单个汉字

使用搜狗拼音输入法输入单个汉字时，可以使用简拼输入方式，也可以使用全拼输入方式。

例如，用户要输入一个汉字“和”，可按 H 键，此时输入法会自动显示首个拼音为 H 的所有汉字，并将最常用的汉字显示在前面。

此时“和”字位于第二个位置，因此直接按数字键 2，即可输入“和”字。

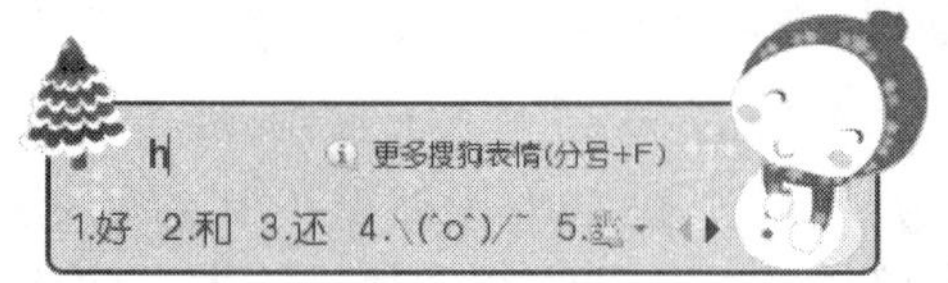

另外用户还可使用全拼输入方式，直接输入拼音 HE，此时“和”字位于第一个位置，直接按空格键即可完成输入。

如果用户要输入英文，在输入拼音后直接按 Enter 键即可输入相应的英文。

2.6.3 输入词组

搜狗拼音输入法具有丰富的专业词库，并能根据最新的网络流行语更新词库，极大地方便了用户的输入。

例如，用户要输入一个词组“天空”，可按 T、K 两个字母键，如下图所示。

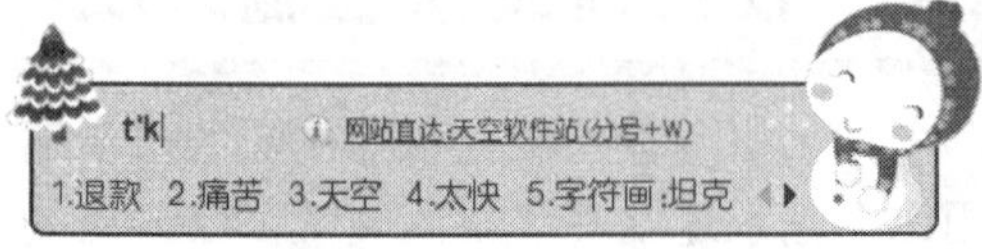

此时输入法会自动显示拼音首字母为 T 和 K 的所有词组，并将最常用的汉字显示在前面，如下图所示，此时用户按数字 3 键即可输入“天空”。

搜狗拼音输入法丰富的专业词库可以帮助用户快速地输入一些专业词汇，例如，股票基金、计算机名词、医学大全和诗词名句大全等。另外，对于一些游戏爱好者，还提供了专门的游戏词库。下面利用诗词名句大全词库来输入一首古诗。

【例 2-9】 使用搜狗拼音输入法输入古诗《枫桥夜泊》。

视频

step 1 启动记事本程序，切换至搜狗拼音输入法，如下图所示。

step 2 依次输入诗歌第一句话的前4个字的声母：Y、L、W、T，此时在输入法的候选词语中出现诗句“月落乌啼霜满天”，如下图所示。

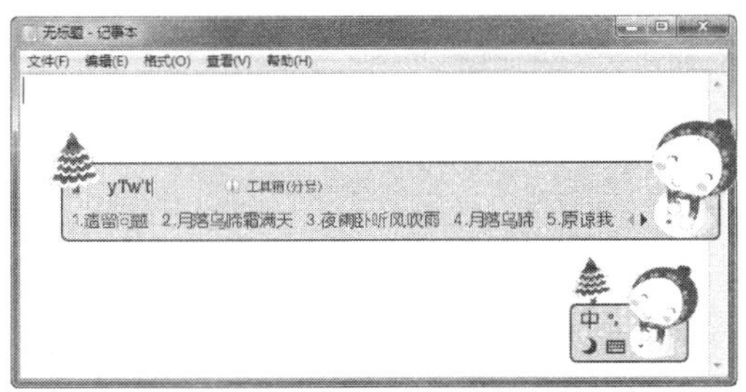

step 3 直接按数字键 2 即可输入该句。按下 Enter 键换行，然后输入诗歌第二句的前 4 个字的声母：J、F、Y、H，此时在输入法的候选词语中出现诗句“江枫渔火对愁眠”。如右上图所示。

step 4 直接按下数字键 3 输入该句。

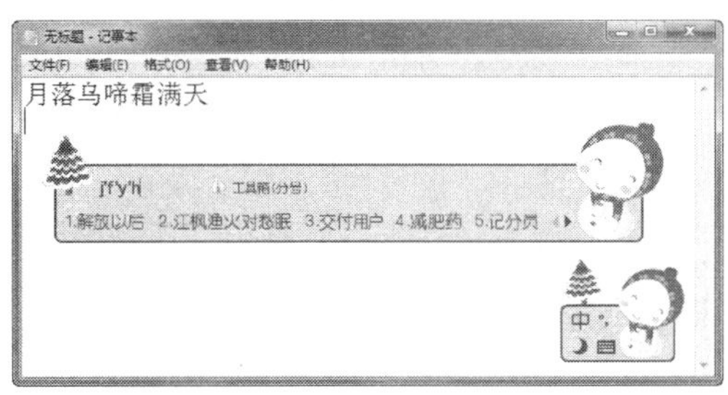

step 5 按照同样的方法输入诗歌的后两句。如下图所示。

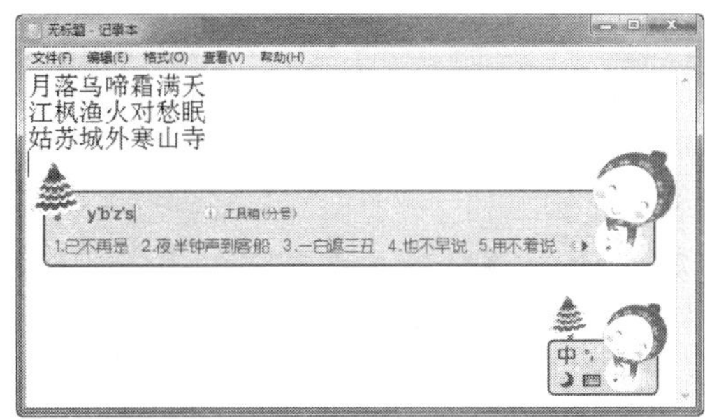

2.6.4 快速输入符号

搜狗拼音输入法可以输入多种特殊符号，如三角形(△▲)、五角形(☆★)、对勾(√)、叉号(×)等。如果每次输入这种符号都要去特殊符号库中寻找，未免过于麻烦，其实用户只要输入这些特殊符号的名称就可快速输入相应的符号了。

例如，用户要输入★，可直接输入拼音 Wujiaoxing，然后在候选词语中即可显示★符号，如下图所示，用户直接按数字键 6 即可完成输入。

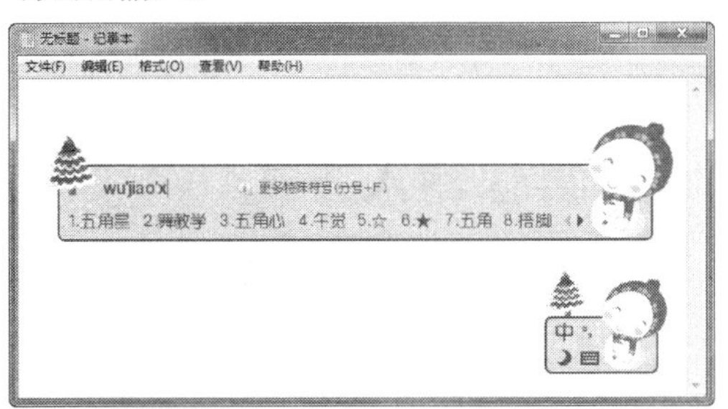

2.6.5 V模式下的妙用

使用V模式可以快速输入英文，另外可以快速输入中文数字，当用户直接输入字母V时，会显示如下图所示的提示。

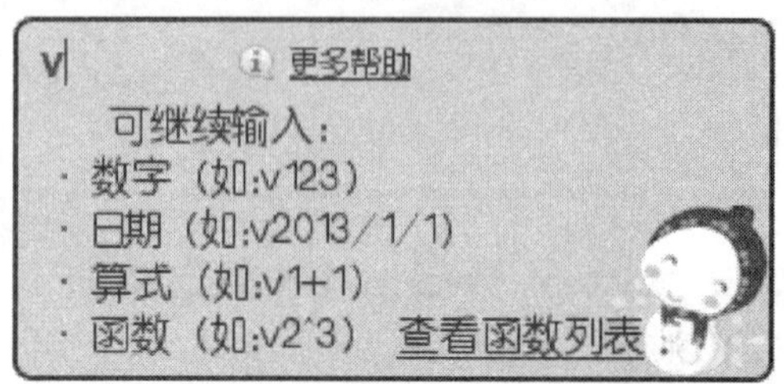

- 中文数字金额大小写：输入V128.86，可得如下结果："一百二十八元八角六分"或者"壹佰贰拾捌元捌角陆分"，如下图所示。

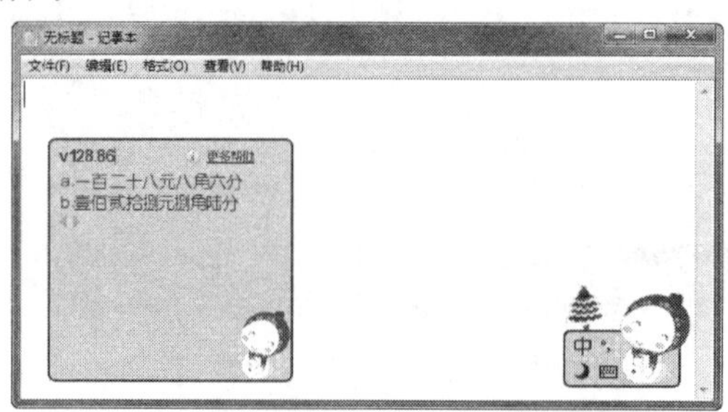

- 输入罗马数字(99以内)：输入V26，可得到多个结果，包括中文数字的大小写等，其中可选择需要的罗马数字。如下图所示。

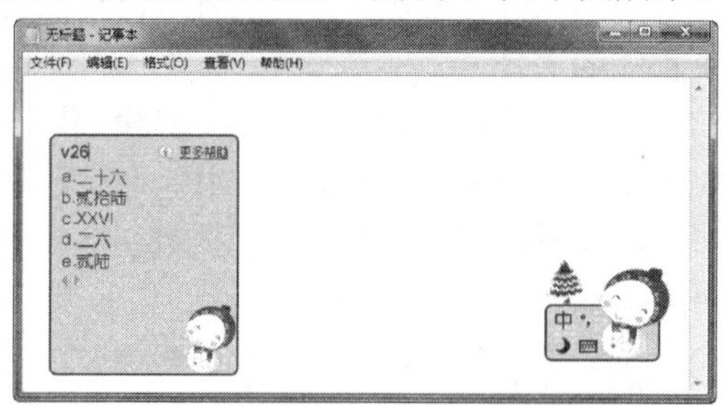

- 日期自动转换：输入V2016-12-28，可快速将其转化为相应的日期格式，包括星期几，如下图所示。

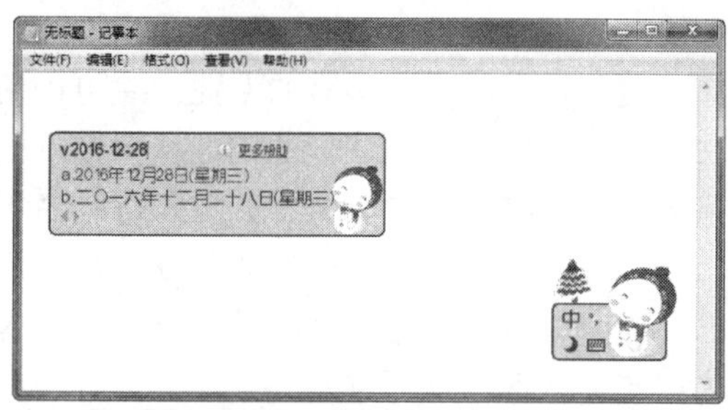

- 计算结果快速输入：搜狗拼音输入法还提供了简单的数字计算功能，例如，输入"V8+6*6+56"，将得到算式和结果，如下图所示。

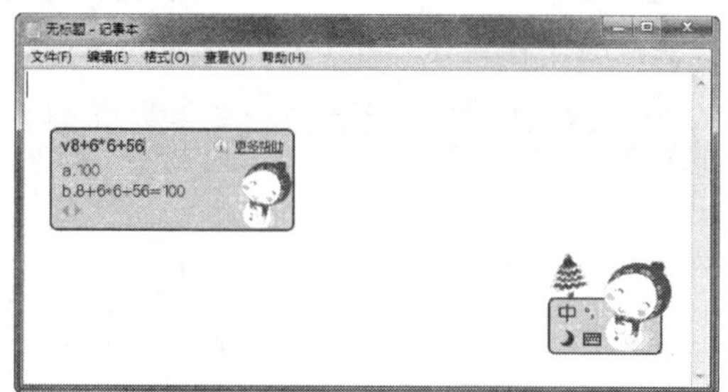

- 简单函数计算：搜狗拼音输入法还提供了简单的函数计算功能，例如，输入"Vsqrt100"，将得到数字100的开平方计算结果，如下图所示。

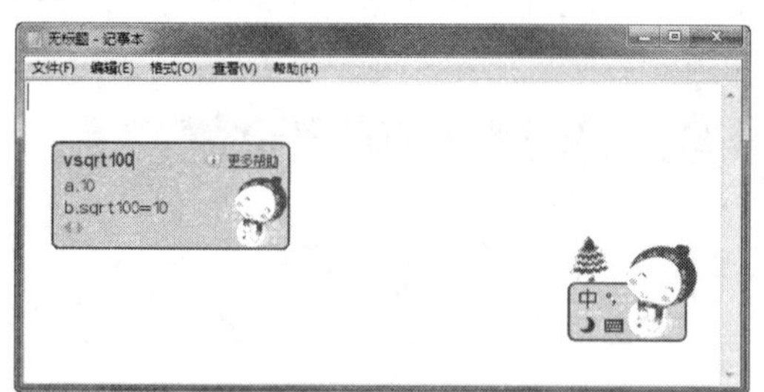

2.7 其他输入方式

对于初学打字的读者来说，如果懂得汉语拼音，那么搜狗拼音输入法无疑是最好的选择了。如果不懂得拼音也没有关系，我们还可以采用其他输入方式，如笔画输入、手写输入或利用手写板输入等。

2.7.1 笔画输入法

笔画输入法是目前最简单易学的一种汉字输入法。对于不懂汉语拼音，而又希望在最短时间内学会计算机打字，以快速进入计算机实际应用阶段的新手用户来说，使用笔画输入法是一条不错的捷径。

搜狗拼音输入法自带了笔画输入法功能。在搜狗拼音输入法状态下，按下键盘上的字母键 U，即可开启笔画输入状态，如下图所示。

1. 笔画输入法的 5 种笔画分类

笔画是汉字结构的最低层次，根据书写方向将其归纳为以下 5 类：

- 从左到右(一)的笔画为横。
- 从上到下(丨)的笔画为竖。
- 从右上到左下(丿)的笔画为撇。
- 从左上到右下(丶)的笔画为捺和点。
- 带转折弯钩的笔画(乙或乛)为折。

2. 5 种笔画分类的说明

笔画输入法中 5 种基本笔画包含的范围说明如下。

- 横：“一”，包括“提”笔。
- 竖：“丨”，包括“竖左钩”，例如和“直”字的第二笔一样的笔画也是竖。
- 撇：“丿”，从右上到左下的笔画都算是撇。
- 捺和点：“丶”从左上到右下的都归为点，不论是捺还是点。
- 折：“乙或乛”，除竖左钩外所有带折的笔画，都算是折。特别注意以下 3 种也属于折，例如：“横勾”、“竖右勾”和“弯钩”。

3. 搜狗拼音输入法中对应的按键

在搜狗拼音输入法中，5 种笔画对应的键盘按键如下。

- (一)横：对应字母键 H 或小键盘上的数字键 1。
- (丨)竖：对应字母键 S 或小键盘上的数字键 2。
- (丿)撇：对应字母键 P 或小键盘上的数字键 3。
- (丶)捺和点：对应字母键 N 或小键盘上的数字键 4。
- (乙或乛)折：对应字母键 Z 或小键盘上的数字键 5。

4. 常见难点偏旁和难点字

常见的难点偏旁及书写顺序有以下这些。

- 竖心旁(如“情”)：点、点、竖。

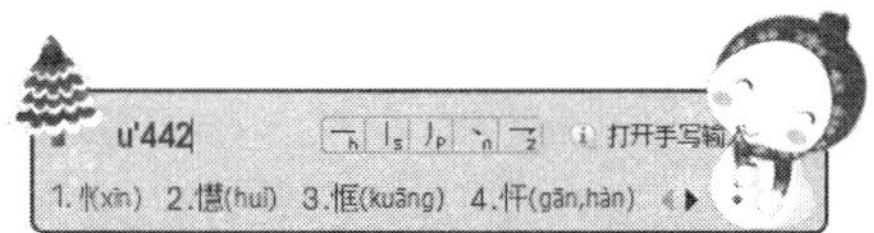

- 雨字头(如“雪”)：横、竖、折、竖、点。

- 臼字头(如“舅”)：撇、竖、横、折、横、横。

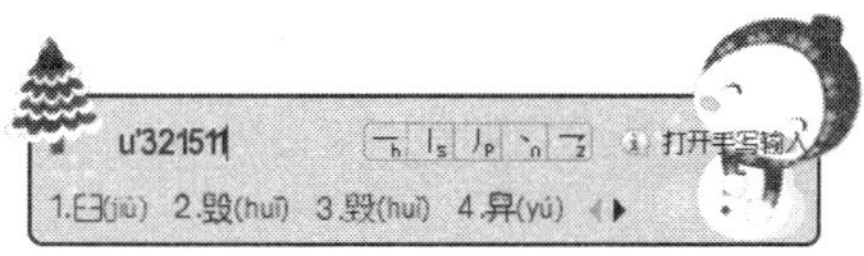

- 宝盖头(如“宝”)：点、点、折。

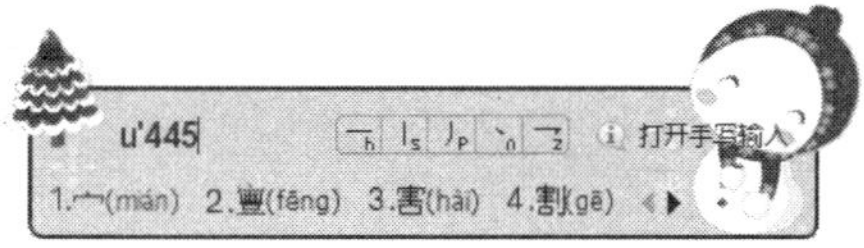

- 反犬旁(如“狼”)：撇、折、撇。

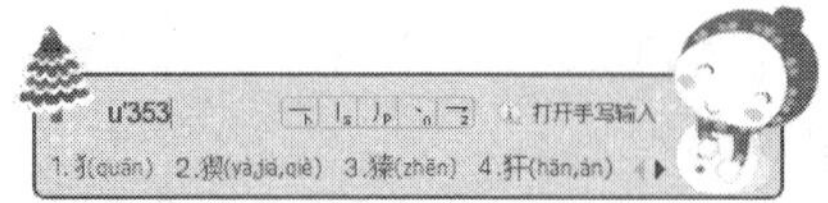

常见的难点字有以下这些。

- 那：折、横、横、撇、折。

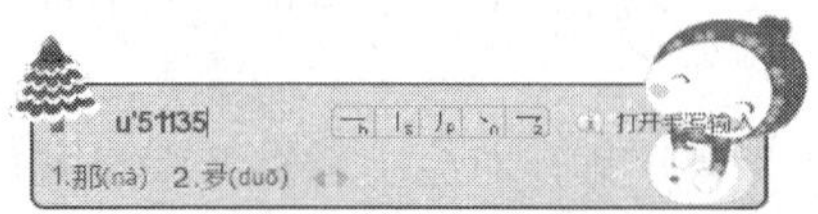

- 比：横、折、撇、折。

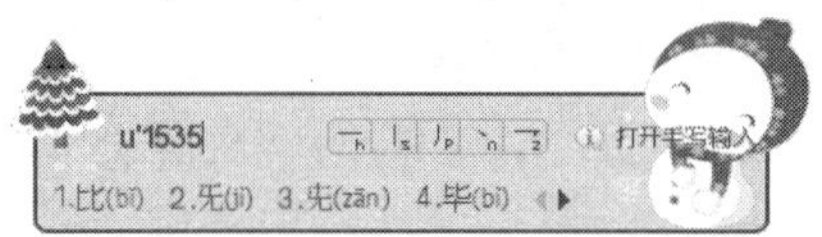

- 皮：折、撇、竖、折、点。

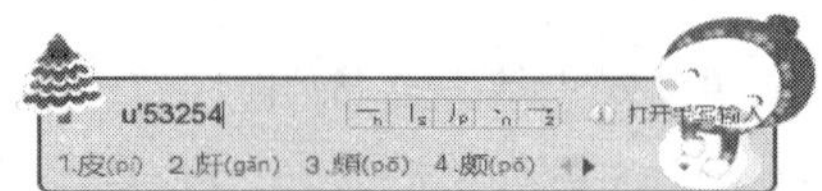

- 与：横、折、横。

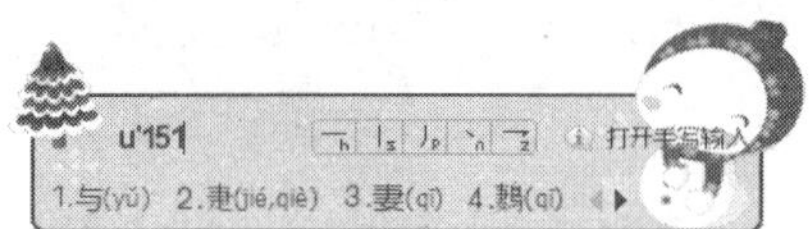

- 以：折、点、撇、点。

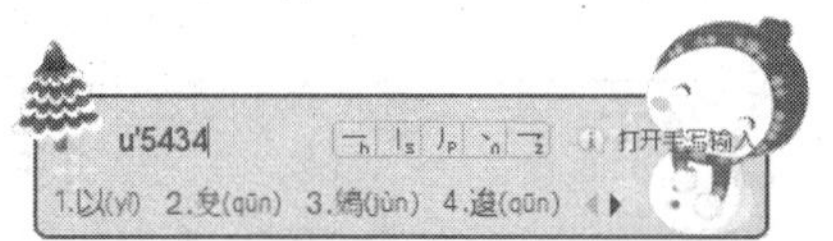

- 非：竖、横、横、横。

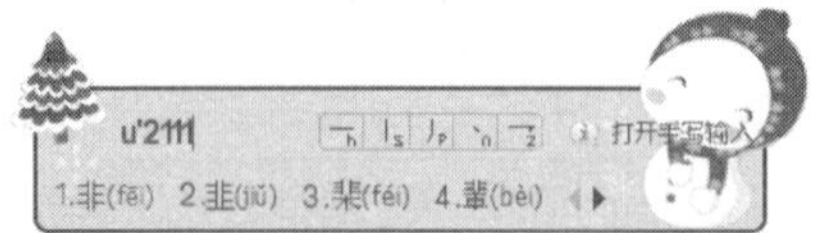

- 北：竖、横、横、撇、折。

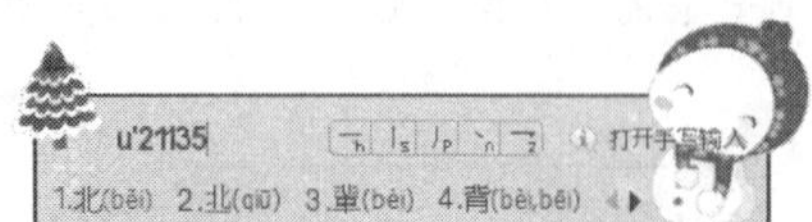

2.7.2 手写输入法

除了笔画输入法以外，还可以使用另一种更加简便的输入方式：手写输入。它类似于用笔在纸上写字，只不过“笔”被换成了鼠标，“纸”被换成了屏幕上的写字板区域。

搜狗拼音输入法带有手写输入的附加功能，该功能需要用户自行安装。

在搜狗拼音输入法状态下，按下字母键U，打开如下图所示的界面，然后单击【打开手写输入】链接。

如果用户的计算机中尚未安装手写输入插件，则单击该链接后，会自动安装该插件。安装完成后会打开如下图所示的【手写输入】界面。

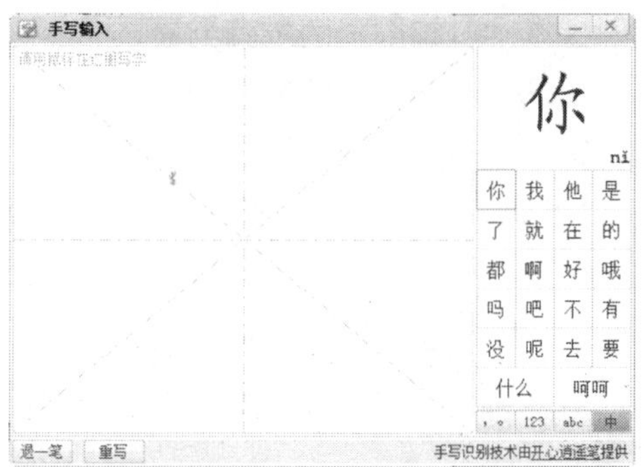

在【手写输入】界面中，中间最大的区域是手写区域，右上部是预览区域，右下部是候选字区域。

左下角有两个按钮。

- 【退一笔】按钮：单击该按钮可撤销上一笔的输入。
- 【重写】按钮：单击该按钮，可清空手写区域。

用户若要输入汉字，可先将光标定位在输入点，例如，将光标定位在写字板中，然后使用鼠标指针在【手写输入】面板中书写汉字。

书写完成后，在【手写输入】界面的右上角会显示与书写者“写入”的汉字最接近的一个汉字，直接单击该汉字即可完成该汉字的输入。

在界面的右下部分会显示与书写者输入汉字比较接近的其他多个汉字，供用户选择。如下图所示。

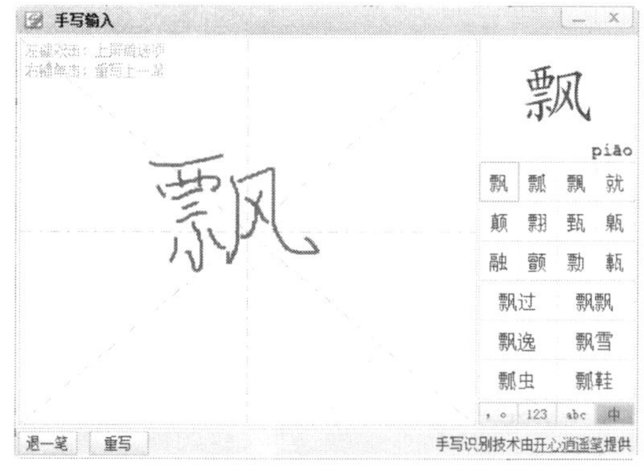

> **知识点滴**
>
> 搜狗拼音输入法的手写功能具有很高的识别率，即使是书写者的字迹比较潦草，也可很好地识别，但是为了提高输入效率，在书写时应尽量工整。

2.7.3　使用手写板

手写板是计算机的一种输入设备，主要用于输入文字或者绘画，另外还带有一些鼠标的功能。

市场上常见的手写板通常使用 USB 接口与计算机连接。

手写板一般是使用一支专用的笔或者手指在特定的区域内书写文字。手写板通过各种方法将笔或者手指走过的轨迹记录下来，然后识别为文字。

手写板对于不喜欢使用键盘或者不习惯使用中文输入法的人来说是非常适用的，因为它不需要学习输入法。

2.8　案例演练

本章主要介绍了安装和卸载软件，以及计算机打字的方法。本次实战演练使用笔画输入法来输入汉字，使读者进一步掌握笔画输入法的使用方法。

【例 2-10】 使用笔画输入法输入词语“可爱”。
视频

step 1 启动记事本程序，切换至搜狗拼音输入法，然后按下键盘上的 U 键，开启笔画输入模式，如下图所示。

step 2 输入“可”字的第一笔“一”，可按下小键盘上的数字键 1。

step 3 输入“可”字的第二笔“丨”(写“口”字)，可按下小键盘上的数字键2。

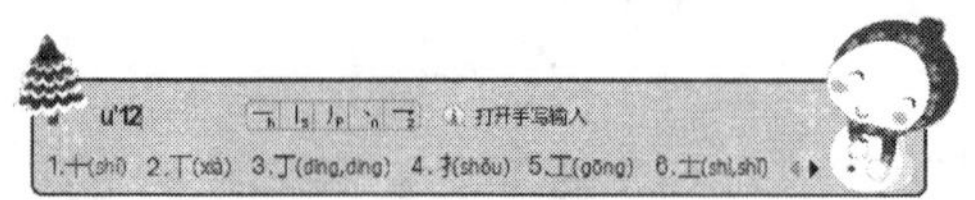

step 4 接下来依次按笔画输入各个数字键，顺序依次是5、1、2，如下图所示。

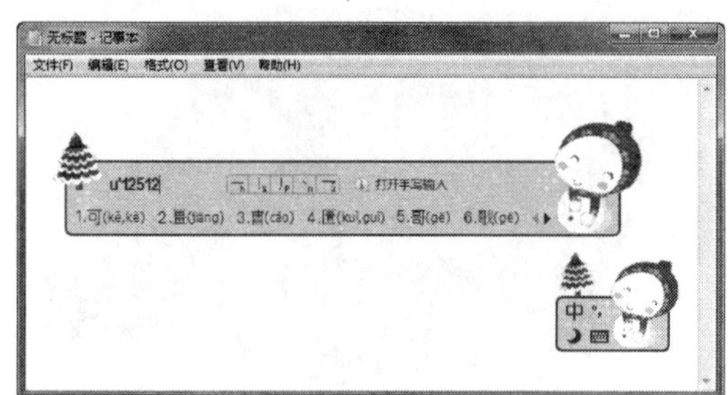

step 5 其中“可”字位于第一位，直接按下空格键，即可输入“可”。

step 6 接下来输入“爱”字，笔画顺序依次为：3、4、4、3、4、5、1、3、5、4。

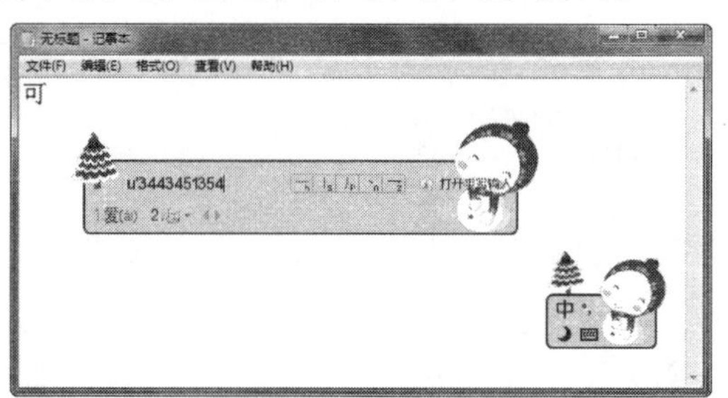

step 7 直接按下空格键，完成“可爱”的输入，如下图所示。

第 3 章

管理计算机中的文件

文件和文件夹是计算机中最基本的两个概念。计算机中存储着大量的文件和文件夹，如果这些文件和文件夹胡乱地存放在计算机中，不但看起来杂乱无章，还给查找文件造成了极大的困难，因此用户需要掌握如何管理文件和文件夹。

对应光盘视频

例 3-1　通过地址栏访问系统资源
例 3-2　使用搜索框搜索文件
例 3-3　将文件夹加入收藏夹节点
例 3-4　创建文件和文件夹
例 3-5　重命名文件和文件夹
例 3-6　复制文件和文件夹
例 3-7　移动文件和文件夹
例 3-8　文件和文件夹的排序
例 3-9　设置隐藏属性
例 3-10　显示隐藏文件和文件夹
例 3-11　在回收站中还原文件
例 3-12　清空回收站
例 3-13　设置显示菜单栏
例 3-14　在系统中新建库

3.1 认识文件和文件夹

计算机中的一切数据都是以文件的形式存放的，而文件夹则是文件的集合。文件和文件夹是 Windows 操作系统中的两个重要的概念。本节就来认识文件和文件夹。

3.1.1 认识文件

文件是 Windows 中最基本的存储单位，包含文本、图像及数值数据等信息。不同的信息种类保存在不同的文件类型中。Windows 中的任何文件都由文件名来标识的。文件名的格式为“文件名.扩展名”。通常，文件类型是用文件的扩展名来区分的，根据保存的信息和方式的不同，将文件分为不同的类型，并在计算机中以不同的图标显示。

例如：在下图所示的图片文件中，“企鹅”表示文件的名称；jpg 表示文件的扩展名，代表该文件是 jpg 格式的图片文件。

Windows 文件的最大改进是使用长文件名，使文件名更容易识别，文件的命名规则如下。

- 在文件或文件夹名字中，用户最多可使用 255 个字符。
- 用户可使用多个间隔符“.”的扩展名，例如“report.lj.oct98”。
- 名字可以有空格但不能有字符“\”、“/”、“:”、“*”、“ ”、“"”、“ <”、“ >”和“ | ”等。
- Windows 保留文件名的大小写格式，但不能利用大小写区分文件名。例如，README.TXT 和 readme.txt 被认为是同一文件名字。
- 当搜索和显示文件时，用户可使用通配符？和*。其中，问号？代表一个任意字符，星号*代表一系列字符。

在 Windows 中常用的文件扩展名及其表示的文件类型如下表所示。

扩展名	文件类型
AVI	视频文件
BAK	备份文件
BAT	批处理文件
BMP	位图文件
EXE	可执行文件
DAT	数据文件
DCX	传真文件
DLL	动态链接库
DOC	Word 文件
DRV	驱动程序文件
FON	字体文件
HLP	帮助文件
INF	信息文件
MID	乐器数字接口文件
MMF	mail 文件
RTF	文本格式文件
SCR	屏幕文件
TTF	TrueType 字体文件
TXT	文本文件
WAV	声音文件

3.1.2 认识文件夹

为了便于管理文件，在 Windows 系列操作系统中引入了文件夹的概念。

简单地说，文件夹就是文件的集合。如果计算机中的文件过多，则会显得杂乱无章，要想查找某个文件也不太方便，这时用户可将相似类型的文件整理起来，统一地放置在一个文件夹中。这样不仅可以方便用户查找文件，还能有效地管理好计算机中的资源。

文件夹的外观由文件夹图标和文件夹名称组成，如下图所示。

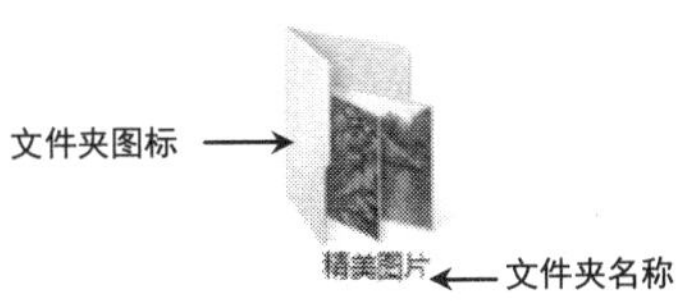

3.1.3 文件和文件夹的关系

文件和文件夹都是存放在计算机的磁盘中的。文件夹中可以包含文件和子文件夹，子文件夹中又可以包含文件和子文件夹。依此类推，即可形成文件和文件夹的树形关系，如下图所示。

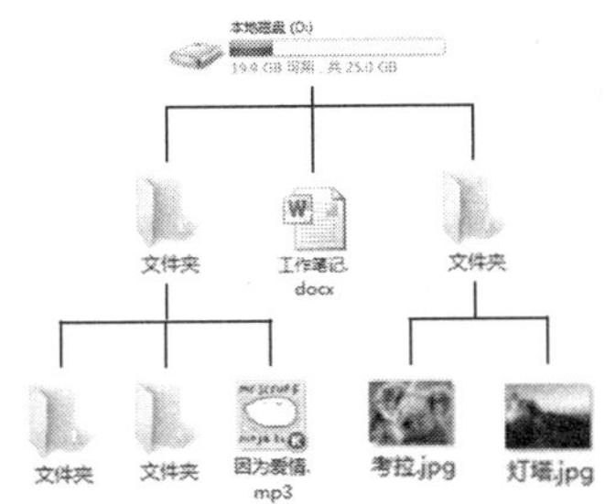

文件夹中可以包含多个文件和文件夹，也可以不包含任何文件和文件夹。不包含任何文件和文件夹的文件夹称为空文件夹。

3.1.4 文件和文件夹的路径

路径指的是文件或文件夹在计算机中存储的位置。

当打开某个文件夹时，在资源管理器的地址栏中即可看到该文件夹的路径。

路径的结构一般包括磁盘名称、文件夹名称和文件名称，各部分之间用\隔开。例如，在下图中，“画心.mp3”音乐文件的路径为“D:\我的音乐\画心.mp3”。

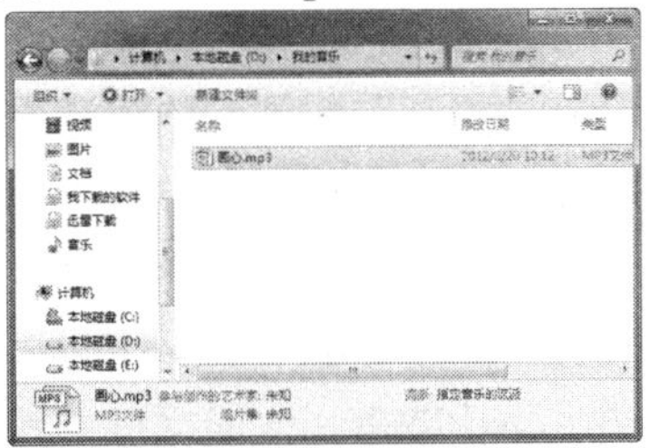

> **知识点滴**
>
> 在地址栏的空白处单击鼠标，路径即可以标准格式显示。

3.2 认识管理文件的场所

在 Windows 7 中要管理文件和文件夹就离不开【计算机】窗口、【资源管理器】窗口和用户文件夹窗口，它们是文件和文件夹管理的核心窗口。

3.2.1 【计算机】窗口

【计算机】窗口是管理文件和文件夹的主要场所，它的功能与 Windows XP 系统中的【我的计算机】窗口相似。在 Windows 7 中打开【计算机】窗口的方法有以下几种。

- 双击桌面上的【计算机】图标。
- 右击桌面上的【计算机】图标，选择【打开】命令。
- 单击【开始】按钮，选择【计算机】命令。

【计算机】窗口如下页图所示，主要由两部分组成：导航窗格和工作区域。

- 导航窗格：以树形目录的形式列出了当前磁盘中包含的文件类型，其默认选择【计算机】选项，并显示该选项下的所有磁盘。单击磁盘左侧的三角形图标，可展开该磁盘，并显示其中的文件夹，单击某一文件夹左侧的三角形图标，可展开该文件夹中的所有文件列表。

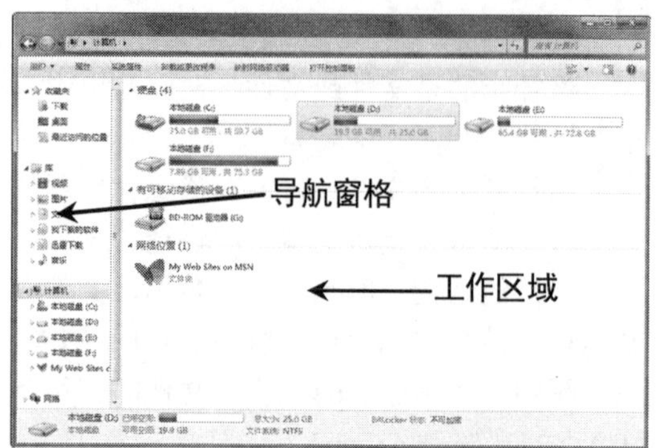

▶ 工作区域：一般分为【硬盘】、【有可移动存储的设备】和【网络位置】3 栏。其中，【硬盘】栏中显示了计算机当前的所有磁盘分区，双击任意一个磁盘分区，可在打开的窗口中显示该磁盘分区下包含的文件和文件夹。再次双击文件或文件夹图标，可打开应用程序的操作窗口或者该文件夹下的子文件和子文件夹。在【有可移动存储的设备】栏中，显示当前计算机中连接的可移动存储设备，包括光驱和 U 盘等。

3.2.2 【资源管理器】窗口

Windows 7 的资源管理器功能十分强大，与以往的 Windows 操作系统相比，在界面和功能上有了很大的改进，例如增加了“预览窗格”以及内容更加丰富的“详细信息栏”等。

打开【资源管理器】窗口的方法主要有以下两种。

▶ 右击【开始】按钮，选择【打开 Windows 资源管理器】命令，如下图所示。

▶ 单击任务栏快速启动区中的【Windows 资源管理器】图标。

Windows 7 全新的资源管理器如下图所示。

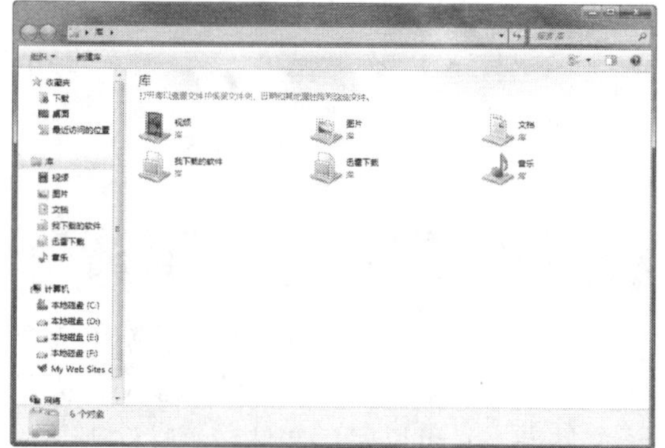

单击资源管理器右上角的【显示预览窗格】按钮，可打开【预览窗格】，效果如下图所示。

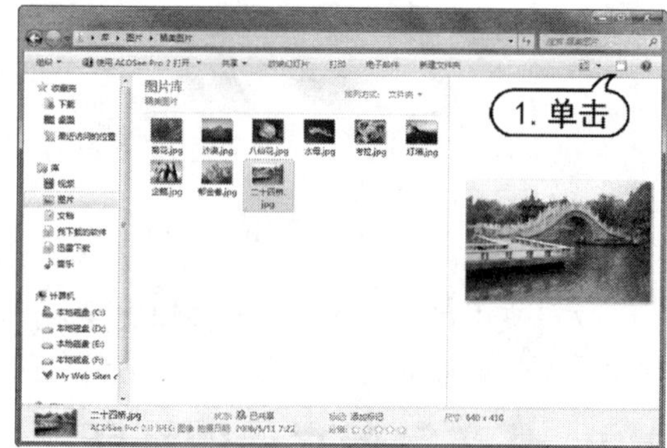

【资源管理器】窗口和【计算机】窗口类似，但是两者的打开方式不同，并且在打开后，两者左侧导航窗格中默认选择的选项也不同。【资源管理器】的导航窗格中默认选中的是【库】选项，其中包含了【视频】、【图片】、【文档】和【音乐】文件夹，并且每个文件夹中都包含了 Windows 7 自带的相应文件。另外，用户也可单击导航窗格中的【计算机】选项，对文件进行管理。本节将对【资源管理器】窗口进行详细的介绍，其内容同样适用于【计算机】窗口。

1. 别致的地址栏

Windows 7 默认的地址栏用【按钮】的形式取代了传统的纯文本方式，并且在地址栏的周围取消了【向上】按钮，仅有【前进】和【后退】按钮。

按钮形式的地址栏的好处是，用户可以轻松地实现跨越性目录跳转和并行目录快速切换，这也是 Windows 7 中取消【向上】按钮的原因。下面以具体实例说明新地址栏的用法。

【例 3-1】在 Windows 7 中通过地址栏访问系统中的资源。

视频

step 1　在桌面上双击【计算机】图标，打开【计算机】窗口。

step 2　双击【本地磁盘(D:)】图标，进入到 D 盘界面。

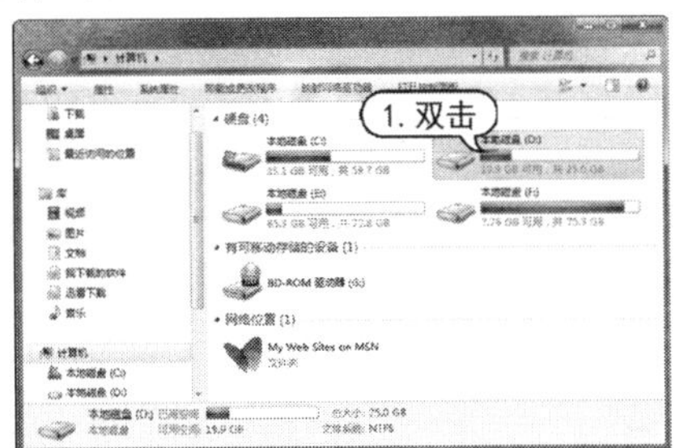

step 3　双击【图片收藏】图标，查看【图片收藏】文件夹的内容。

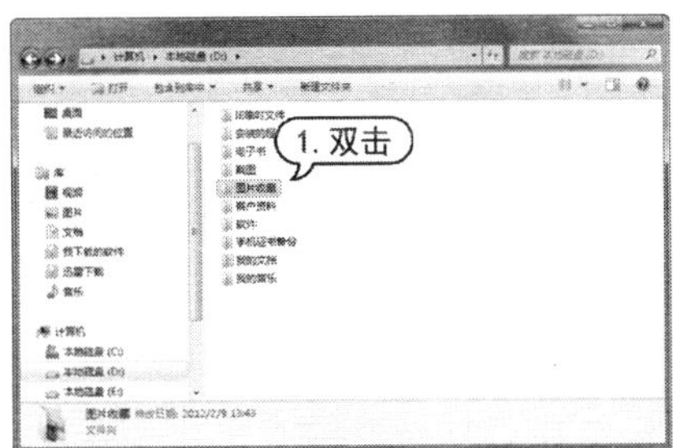

step 4　当前文件夹的目录为【D:\图片收藏】，在地址栏中共有 3 个按钮，分别是【计算机】、【本地磁盘(D:)】和【图片收藏】，如右上图所示。

step 5　用户若要返回 D 盘的根目录，只需按下按钮即可，若要返回【计算机】界面可直接单击【计算机】按钮，即可实现跨越式跳转。

step 6　若要直接进入 C 盘的根目录，可单击【计算机】按钮右边的三角形按钮，在弹出的下拉菜单中选择【本地磁盘(C:)】即可，如下图所示。

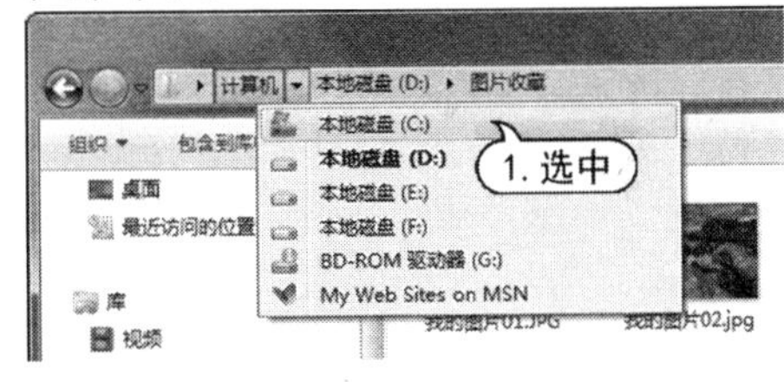

2. 便捷的搜索框

在 Windows 7 中，搜索框遍布资源管理器的各种视图的右上角，当用户需要查找某个文件时，无须像在 Windows XP 中那样要先打开搜索面板，直接在搜索框中输入要查找的内容即可。

【例 3-2】使用搜索框搜索与“报表”相关的文件或文件夹。

视频

step 1　打开资源管理器，在导航窗格中单击【计算机】选项，然后在搜索框中输入“报表”。

step 2 输入完成后，用户无须其他操作，系统即可自动搜索出与“报表”相关的文件和文件夹，搜索结果中数据名称与搜索关键词相匹配的部分会以黄色高亮显示，如下图所示。

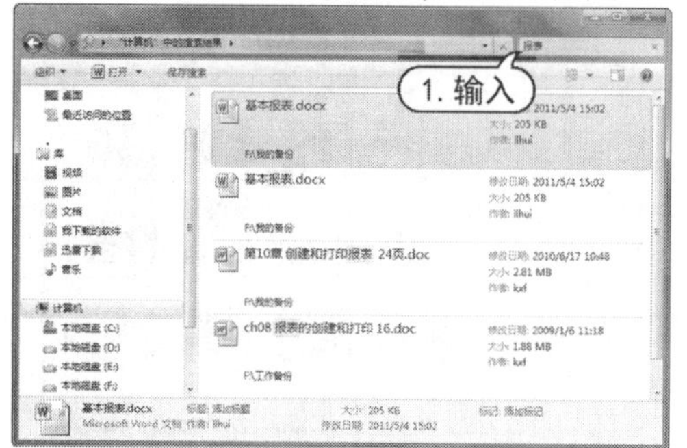

3. 变化的工具栏

工具栏位于地址栏的下方，当用户打开不同的窗口或选择不同类型的文件时，工具栏中的按钮也会有所变化，但是其中有 3 项按钮始终不变，分别是【组织】按钮、【更改您的视图】按钮和【显示预览窗格】按钮。

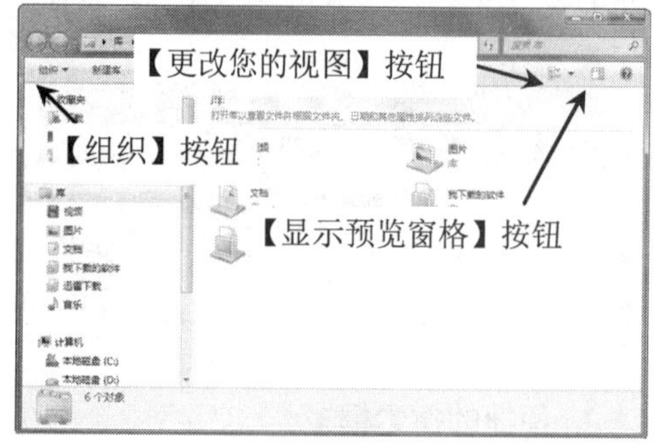

- 通过【组织】按钮，用户可完成对文件和文件夹的许多常用操作，例如剪切、复制、粘贴和删除等。
- 通过【更改您的视图】按钮，用户可调整文件和文件夹的显示方式。
- 通过单击【显示预览窗格】按钮，可打开或关闭【预览窗格】。

另外，工具栏中除了上述通用的按钮外，当选中不同类型的文件或文件夹时，会出现一些对应的功能按钮，例如【打开】、【包含到库中】和【共享】等。

4. 强大的导航窗格

相对于 Windows XP 的资源管理器来说，Windows 7 资源管理器中的导航窗格功能更加强大和实用。新增加了【收藏夹】、【库】、【家庭组】和【网络】等节点，用户可通过这些节点快速地切换到需要跳转的目录。其中，比较值得一提的功能是【收藏夹】节点，它允许用户将常用的文件夹以链接的形式加入到此节点，可通过它快速地访问常用的文件夹。

【收藏夹节点】中默认有【下载】、【桌面】和【最近访问的位置】几个目录。用户可根据需要将不同的文件夹加入到相应的目录中。

【例 3-3】将 D 盘中的【学生资料】文件夹加入到【收藏夹】节点中。

视频

step 1 打开资源管理器，双击【本地磁盘 (D:)】图标，进入到 D 盘目录。

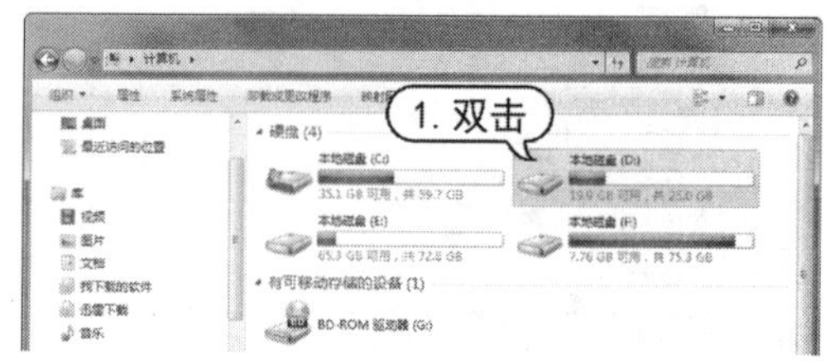

step 2 拖动【学生资料】文件夹图标到【收藏夹】节点中，即可将【学生资料】文件夹以链接的形式加入到【收藏夹】节点中。

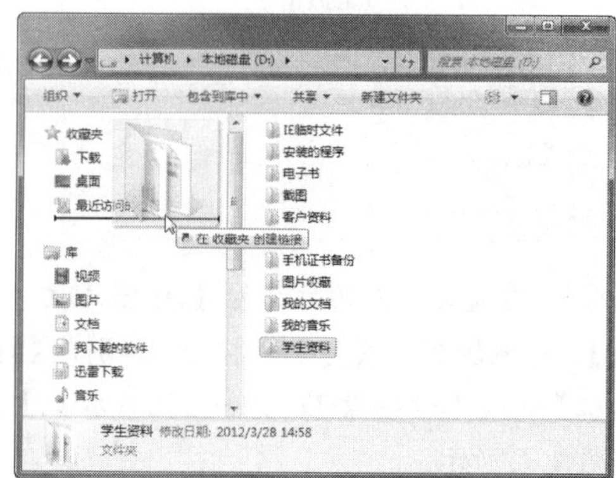

step 3 单击【收藏夹】节点中的【学生资料】链接，即可查看【学生资料】文件夹中的内容。

5. 详细信息栏

Windows 7 的详细信息栏可以看做是 Windows XP 系统中状态栏的升级版，它能够为用户提供更为丰富的文件信息。

另外，通过详细信息栏，用户还可直接修改文件的各种附加信息并添加标记，非常方便。

3.2.3 用户文件夹窗口

在 Windows 7 操作系统中，每一个用户账户都有对应的文件夹窗口，其打开方法有如下几种。

- 当桌面上显示了用户文件夹图标后，双击以当前用户名命名的文件夹图标。
- 单击【开始】按钮，选择【开始】菜单右上角的当前用户名命名的命令。

打开用户文件夹窗口后，默认显示的是【收藏夹】中的内容。单击导航窗格中的【库】和【计算机】选项，将会切换到相应的【资源管理器】窗口或【计算机】窗口。

3.3 文件和文件夹的基本操作

要想把计算机中的资源管理得井然有序，首先要掌握文件和文件夹的基本操作方法。文件和文件夹的基本操作主要包括新建文件和文件夹、文件和文件夹的选定、重命名、移动、复制、删除和排序等。

3.3.1 创建文件和文件夹

在使用应用程序编辑文件时，通常需要新建文件。例如，用户需要编辑文本文件，可以在要创建文件的窗口中右击鼠标，在弹出的快捷菜单中选择【新建】|【文本文档】命令，即可新建一个【记事本】文件。

要创建文件夹，用户可在想要创建文件夹的地方直接右击鼠标，然后在弹出的快捷菜单中选择【新建】|【文件夹】命令即可。

【例 3-4】在 D 盘根目录下创建一个名为【我的备忘录】的文件夹，并在该文件夹中创建一个名为【日程安排】的文本文档。

视频

step 1 打开资源管理器，双击【本地磁盘(D:)】图标，进入到 D 盘目录。

step 2 在 D 盘的空白处右击鼠标，在弹出的快捷菜单中选择【新建】|【文件夹】命令，如下图所示。

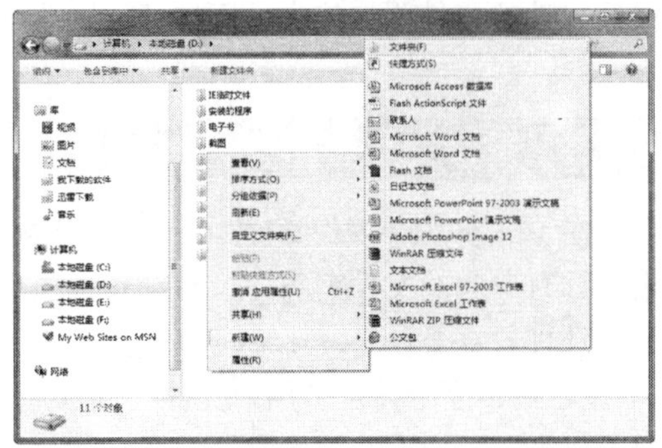

step 3 此时在 D 盘中即可新建一个文件夹，并且该文件夹的名称以高亮状态显示。直接输入文件夹的名称“我的备忘录”，然后按 Enter 键即可完成文件夹的新建和重命名。

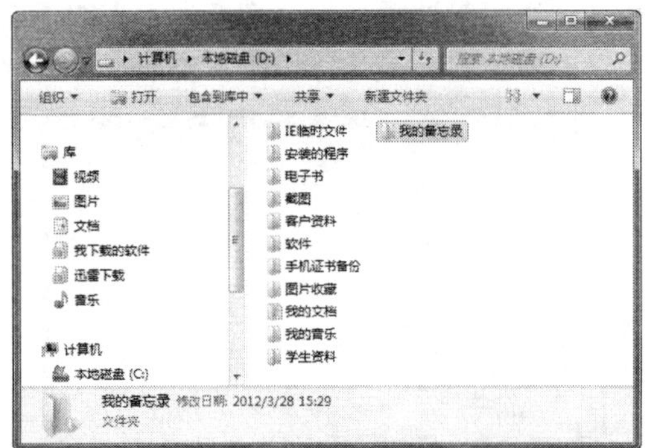

step 4 双击该文件夹，然后在空白处右击鼠标，在弹出的快捷菜单中选择【新建】|【文本文档】命令，新建一个文本文档。

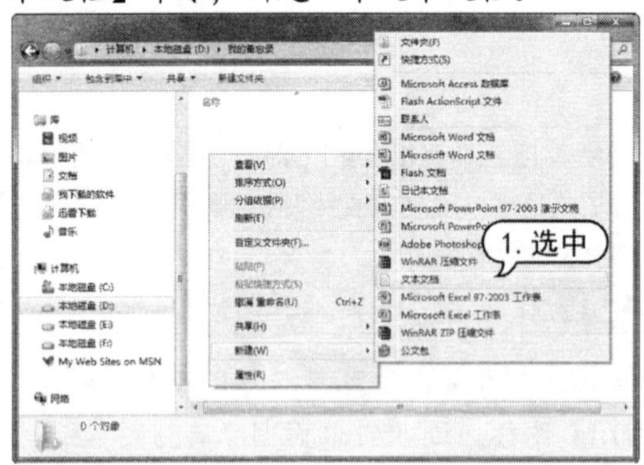

step 5 此时该文本文档的名称以高亮状态显示。直接输入文件的名称“日程安排”，然后按 Enter 键即可完成文本文档的创建。

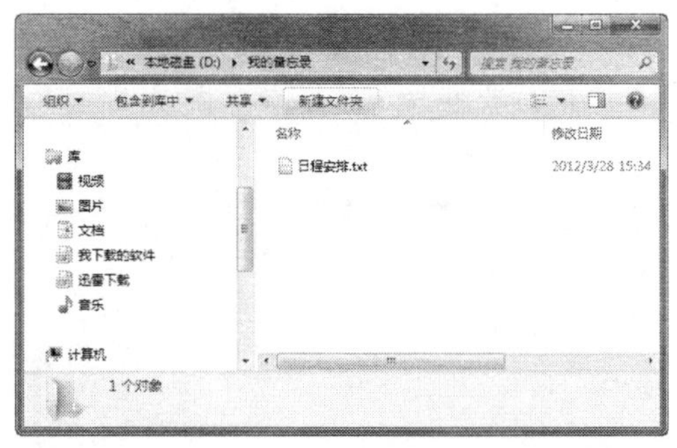

3.3.2 选择文件和文件夹

要对文件或文件夹进行操作，首先要选定文件或文件夹。为了便于用户快速选择文件和文件夹，Windows 系统提供了多种文件和文件夹的选择方法。

- 选择一个文件或者文件夹：直接用鼠标单击要选定的文件或文件夹即可。
- 选择文件夹窗口中的所有文件和文件夹：选择【组织】|【全选】命令或者按 Ctrl+A 组合键，这样系统会自动选定所有非隐藏属性的文件与文件夹。

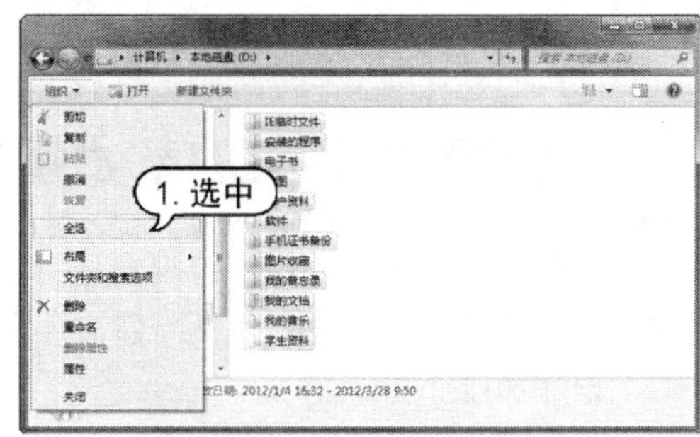

- 选择某一区域连续的文件和文件夹：可以在按住鼠标左键不放的同时进行拖拉操作来完成选择。

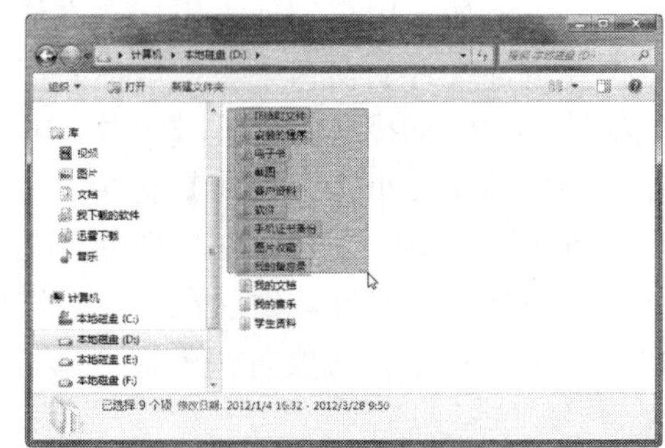

➤ 选择文件夹窗口中多个不连续的文件和文件夹：按住 Ctrl 键，然后单击要选择的文件和文件夹。

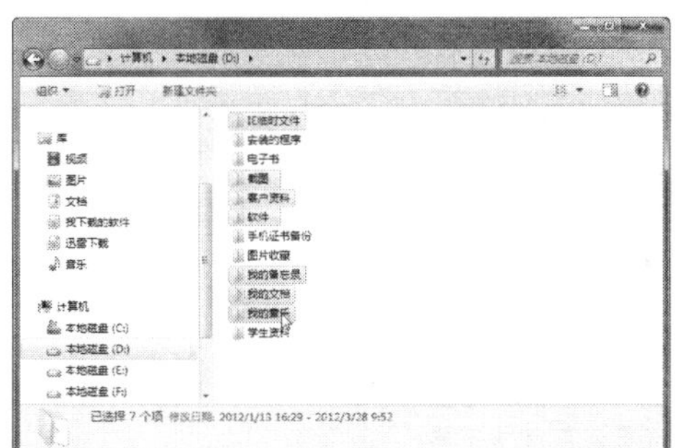

➤ 选择图标排列连续的多个文件和文件夹：可先按下 Shift 键，并单击第一个文件或文件夹图标，然后单击最后一个文件或文件夹图标即可选定它们之间的所有文件或文件夹。另外，用户还可以使用 Shift 键配合键盘上的方向键来选定。

3.3.3 重命名文件和文件夹

在 Windows 中，允许用户根据实际需要更改文件和文件夹的名称，以方便对文件和文件夹进行统一的管理。

【例 3-5】将 D 盘中的【音乐】文件夹重新命名为【古典音乐】。
视频

step 1 打开资源管理器，双击【本地磁盘(D:)】图标，进入到 D 盘目录。

step 2 右击【音乐】文件夹，在弹出的快捷菜单中选择【重命名】命令。

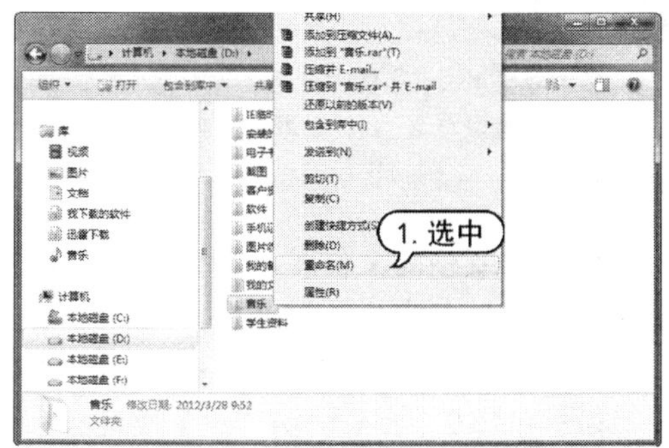

step 3 此时【音乐】文件夹的名称以高亮状态显示。直接输入新的文件夹名称“古典音乐”，然后按 Enter 键即可完成对文件夹的重命名。

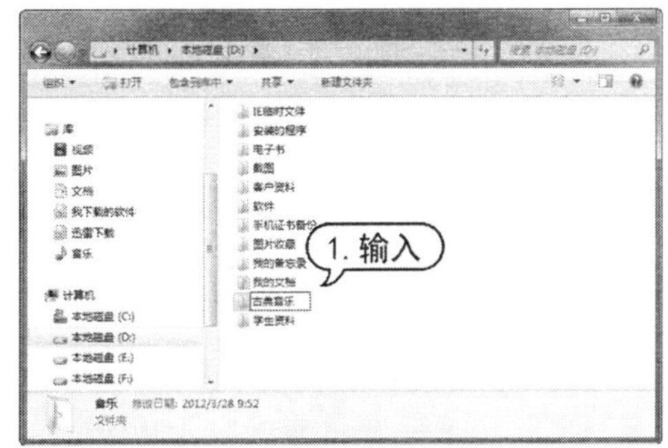

知识点滴

在重命名文件或文件夹时需要注意的是，如果文件已经被打开或正在被使用，则不能被重命名；不要对系统中自带的文件或文件夹以及其他程序安装时所创建的文件或文件夹重命名，否则有可能引起系统或其他程序的运行错误。

3.3.4 复制文件和文件夹

复制文件和文件夹是为了将一些比较重要的文件和文件夹加以备份，也就是将文件或文件夹复制一份到硬盘的其他位置上，使文件或文件夹更加安全，以免发生意外的丢失，而造成不必要的损失。

【例 3-6】将桌面上的【租赁协议】文档备份至 D 盘【重要文件】文件夹中。
视频

step 1 右击【租赁协议】文档，在弹出的快捷菜单中选择【复制】命令。

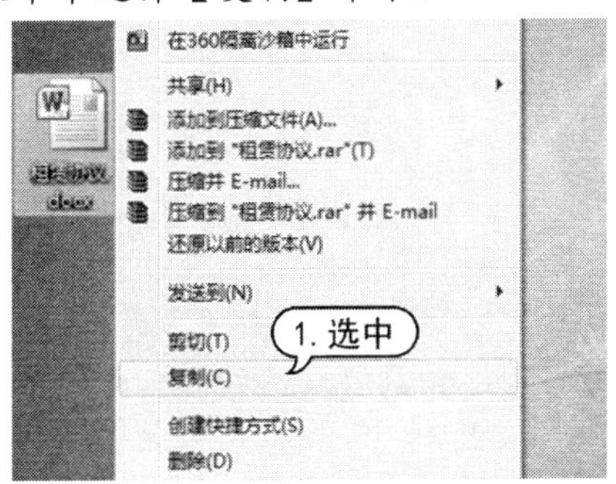

step 2 双击桌面上的【计算机】图标，打开计算机窗口，然后双击【本地磁盘(D:)】进入到D盘根目录。

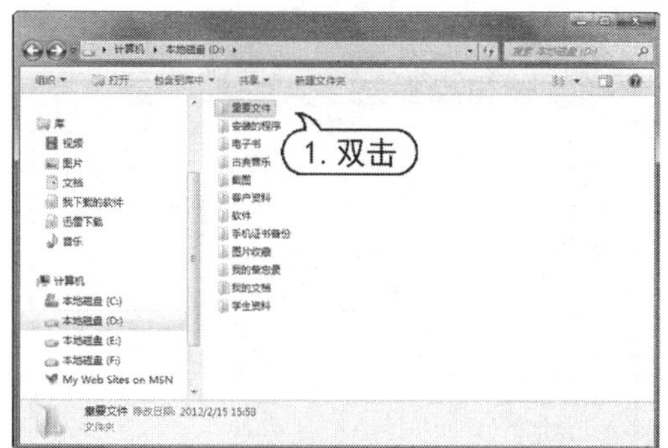

step 3 双击【重要文件】文件夹，在打开的【重要文件】窗口的空白处右击鼠标，在弹出的快捷菜单中选择【粘贴】命令。

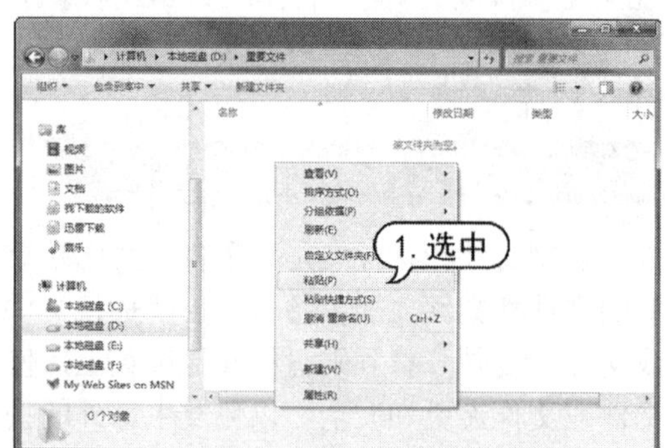

step 4 此时【租赁协议】文档已经被备份到D盘【重要文件】文件夹中。

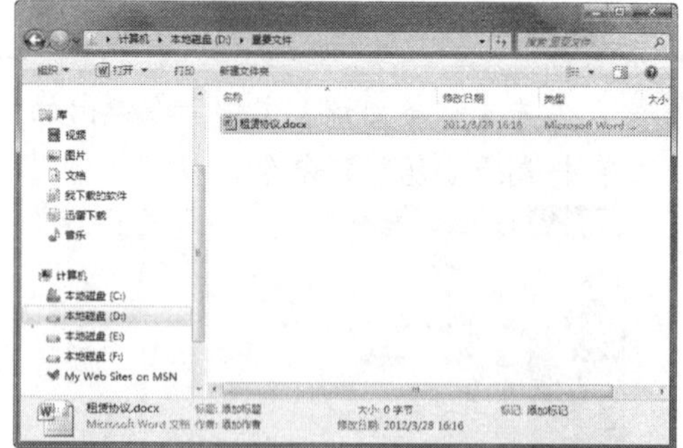

3.3.5 移动文件和文件夹

在Windows中，用户可以使用鼠标拖动的方法，或菜单中的【剪切】和【粘贴】命令，对文件或文件夹进行移动操作。

【例3-7】将桌面上的【租赁协议】文档移动至D盘【重要文件】文件夹中。

视频

step 1 右击【租赁协议】文档，在弹出的快捷菜单中选择【剪切】命令。

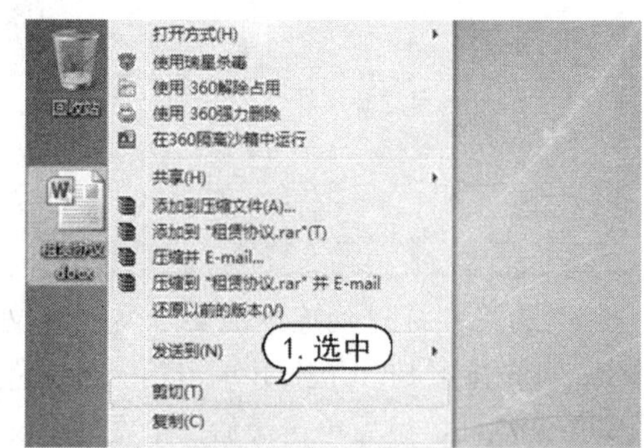

step 2 打开资源管理器，并进入到【重要文件】文件夹中。在空白处右击鼠标，在弹出的快捷菜单中选择【粘贴】命令。

step 3 此时【租赁协议】文档已经被移动到D盘【重要文件】文件夹中，原桌面上的【租赁协议】文档将消失。

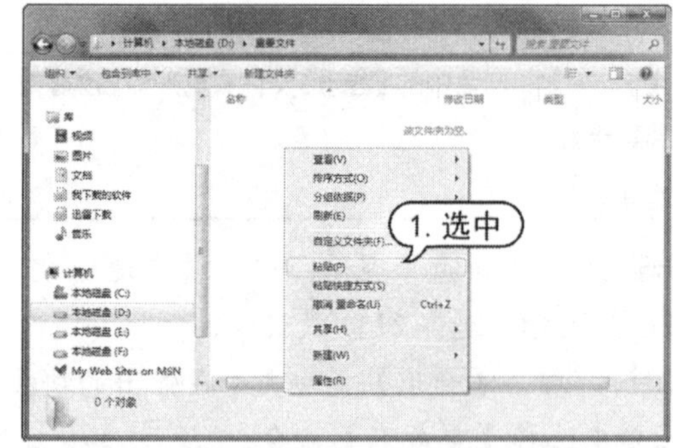

知识点滴

需要注意的是，这里所说的移动不是指改变文件或文件夹的摆放位置，而是指改变文件或文件夹的存储路径。

在复制或移动文件时，如果目标位置有相同类型并且名字相同的文件，系统会发出提示，用户可在弹出的对话框中选择【移动和替换】同名文件、【请勿移动】或者是【移动，但保留这两个文件】3个选项。

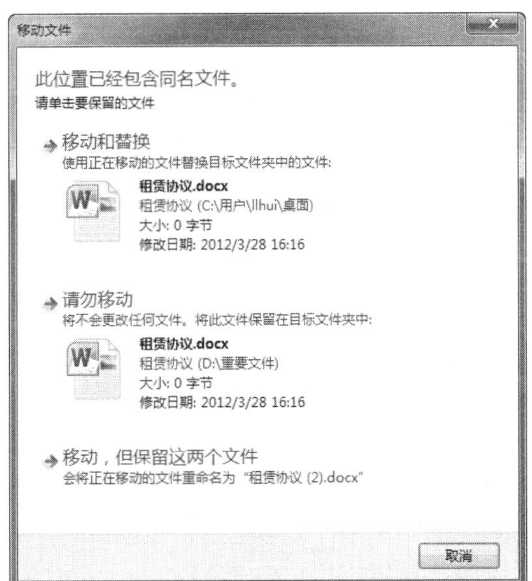

另外，用户还可以使用鼠标拖动的方法，移动文件或文件夹。例如，用户可将D盘【家庭健康营养全书】文件拖动至【电子书】文件夹中，如下图所示。

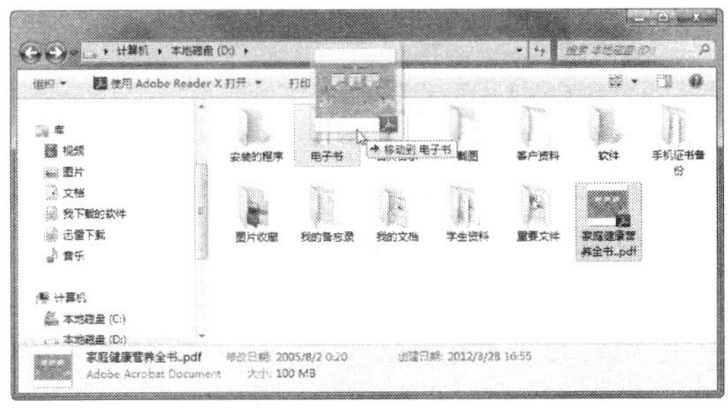

要在不同的磁盘之间或文件夹之间执行拖动操作，可同时打开两个窗口，然后将文件从一个窗口拖动至另一个窗口。例如，可以将 F 盘的【国学】文件夹拖动到 D 盘的【电子书】文件夹中，如下图所示。

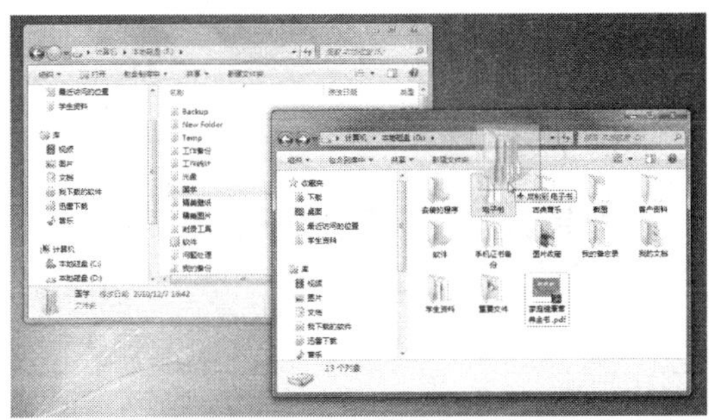

知识点滴

将文件和文件夹在不同磁盘分区之间进行拖动时，Windows 的默认操作是复制；在同一分区中拖动时，Windows 的默认操作是移动。如果要在同一分区中从一个文件夹复制对象到另一个文件夹，必须在拖动时按住 Ctrl 键，否则将会移动文件。同样，若要在不同的磁盘分区之间移动文件，必须要在拖动的同时按下 Shift 键。

3.3.6　删除文件和文件夹

为了保持计算机中文件系统的整洁、有条理，同时也为了节省磁盘空间，用户经常需要删除一些已经没有用的或损坏的文件和文件夹。要删除文件或文件夹，可以执行下列操作之一。

- 用鼠标右击要删除的文件或文件夹(可以是选中的多个文件或文件夹)，然后在弹出的快捷菜单中选择【删除】命令。
- 在【Windows 资源管理器】中选择要删除的文件或文件夹，然后选择【组织】|【删除】命令。
- 选择想要删除的文件或文件夹，然后按键盘上的 Delete 键。
- 用鼠标将要删除的文件或文件夹直接拖动到桌面的【回收站】图标上。

按以上方式执行删除操作后，文件或文件夹并没有被彻底删除，而是放在了回收站中。若误删了某些文件或文件夹，可在回收站中将其恢复。若想彻底删除这些文件，可清空回收站。回收站清空后，这些文件将不可用一般的方法恢复。

知识点滴

需要注意的是，正在使用的文件或文件夹，系统不允许对其进行删除、移动和修改操作。若要删除这些文件和文件夹，应先将其关闭。

3.4 查看文件和文件夹

通过 Windows 7 操作系统的资源管理器可以查看计算机中的文件和文件夹，在查看的过程中可以更改文件和文件夹的显示方式与排列方式，以满足用户的不同需求。

3.4.1 设置显示方式

在【资源管理器】窗口中查看文件或文件夹时，系统提供了多种文件和文件夹的显示方式。用户可单击工具栏中的图标，在弹出的快捷菜单中有 8 种排列方式可供选择。下面就以其中常用的几种进行简单介绍。

1. 超大图标、大图标和中等图标

【超大图标】、【大图标】和【中等图标】这 3 种方式类似于 Windows XP 中的【缩略图】显示方式。它们将文件夹中所包含的图像文件显示在文件夹图标上，以方便用户快速识别文件夹中的内容。这 3 种排列方式的区别只是图标大小的不同，如下图所示为【大图标】显示方式。

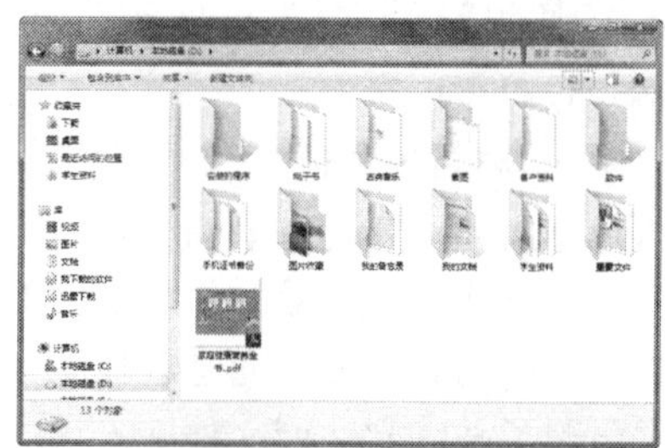

2. 小图标方式

【小图标】方式类似于 Windows XP 中的【图标】方式，以图标形式显示文件和文件夹，并在图标的右侧显示文件或文件夹的名称、类型和大小等信息，如下图所示。

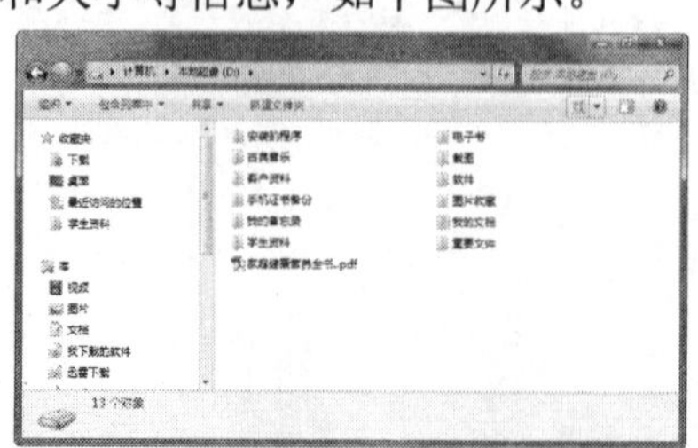

3. 列表方式

在【列表】方式下，文件或文件夹以列表的方式显示，文件夹的顺序按纵向方式排列，文件或文件夹的名称显示在图标的右侧，如下图所示。

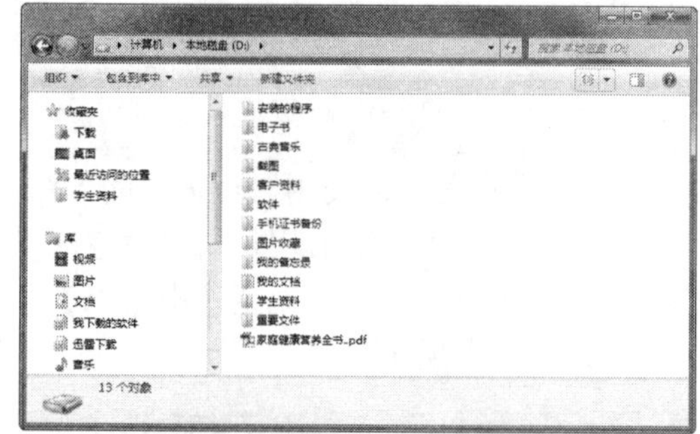

4. 详细信息方式

在【详细信息】方式下，文件或文件夹整体以列表形式显示，除了显示文件图标和名称外，还显示文件的类型、修改日期等相关信息，如下图所示。

5. 平铺方式

【平铺】类似于【中等图标】显示方式，只是比【中等图标】显示更多的文件信息。文件和文件夹的名称显示在图标的右侧，如下图所示。

6. 内容方式

【内容】显示方式是【详细信息】显示方式的增强版，文件和文件夹将以缩略图的方式显示，如下图所示。

3.4.2　文件和文件夹排序

在 Windows 中，用户可方便地对文件或文件夹进行排序，如按【名称】排序、按【修改日期】排序、按【类型】排序和按【大小】排序等。具体排序方法是在【资源管理器】窗口的空白处右击鼠标，在弹出的快捷菜单中，选择【排序方式】子菜单中的某个选项即可实现对文件和文件夹的排序。

【例 3-8】将 D 盘中的文件和文件夹按照修改时间递增的方式进行排序。 视频

step 1　打开资源管理器，然后双击【本地磁盘(D:)】图标，进入到 D 盘的根目录。

step 2　在 D 盘的空白处右击鼠标，在弹出的快捷菜单中选择【排序方式】|【修改日期】选项，如右上图所示。

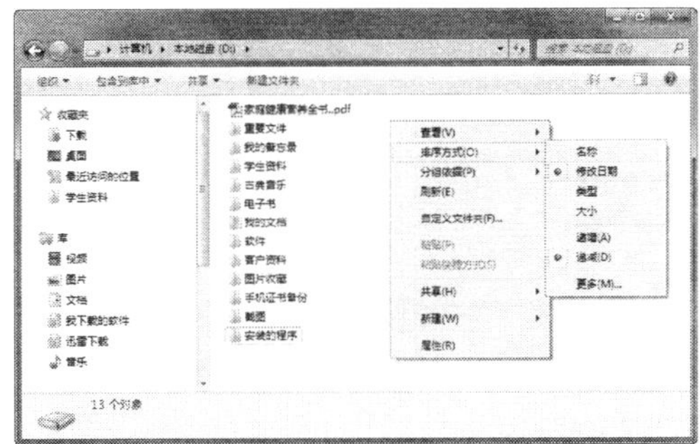

step 3　按照同样的方法选择【排序方式】|【递增】命令，可将 D 盘中的文件和文件夹按照修改时间递增的方式进行排序。

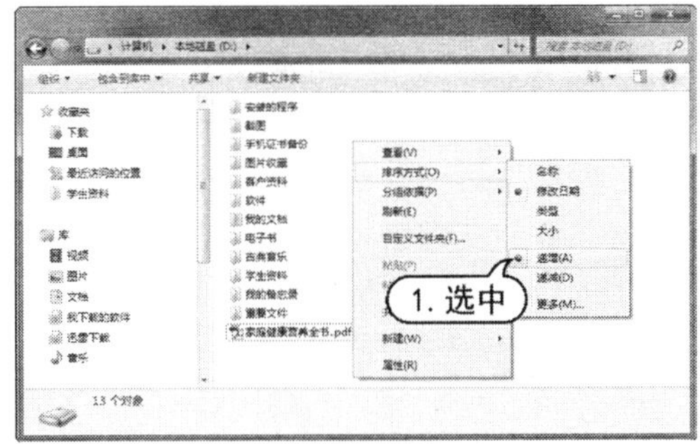

知识点滴

选择【排序方式】|【更多】命令，可以在打开的【选择详细信息】对话框中设置更多的排序方式。

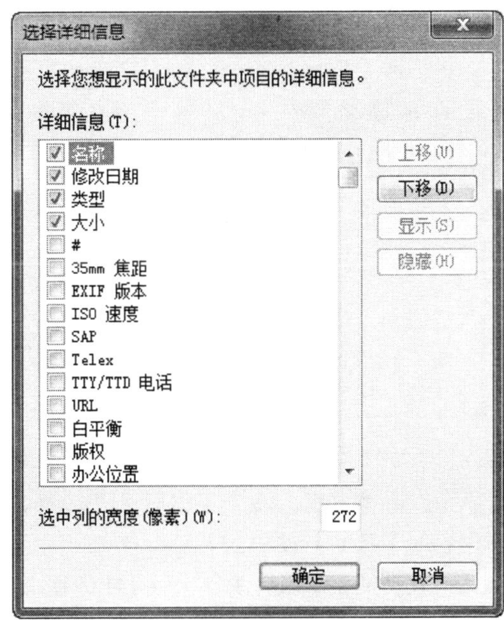

3.5 文件和文件夹的安全

计算机中有一些比较重要的文件，例如系统文件、用户的密码文件或个人资料等。如果用户不想让别人看到并更改这些文件，可以将它们隐藏起来，等到需要时再显示它们。

3.5.1 隐藏文件和文件夹

Windows 7 为文件和文件夹提供了两种属性，即只读和隐藏。它们的含义如下。

- 只读：用户只能对文件或文件夹的内容进行查看而不能进行修改。
- 隐藏：在默认设置下，设置为隐藏属性的文件或文件夹将不可见。

当用户采用隐藏功能将文件或文件夹设置为隐藏属性后，默认情况下被设置为隐藏属性的文件或文件夹将不再显示在资源管理器窗口中，从一定程度上保护了这些文件资源的安全。

【例 3-9】将 D 盘的【重要文件】文件夹设置为隐藏属性。

视频

step 1 打开资源管理器，然后双击【本地磁盘(D:)】图标，进入到 E 盘的根目录。

step 2 右击【重要文件】文件夹，在弹出的快捷菜单中选择【属性】命令，如下图所示。

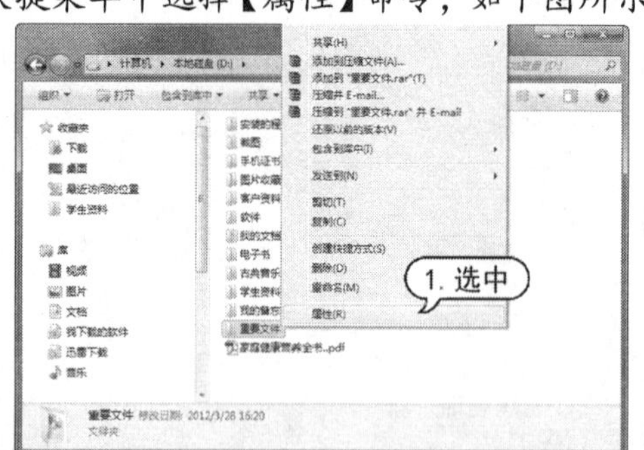

step 3 在打开的【重要文件属性】对话框的【常规】选项卡中，选中【隐藏】复选框，然后单击【确定】按钮。

step 4 在弹出的【确认属性更改】对话框中，选中【将更改应用于此文件夹、子文件夹和文件】单选按钮，然后单击【确定】按钮，即可完成属性的更改。

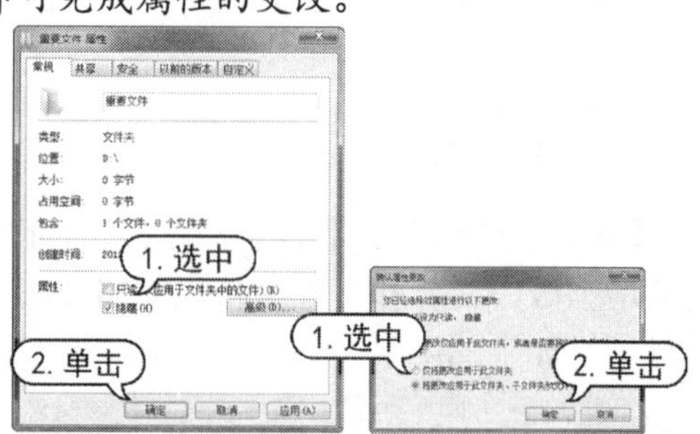

3.5.2 显示隐藏文件和文件夹

文件和文件夹被隐藏后，如果想再次访问它们，那么可以在 Windows 7 系统中开启查看隐藏文件功能。

【例 3-10】显示隐藏的文件和文件夹。

视频

step 1 打开资源管理器，选择【组织】|【文件夹和搜索选项】命令，打开【文件夹选项】对话框。

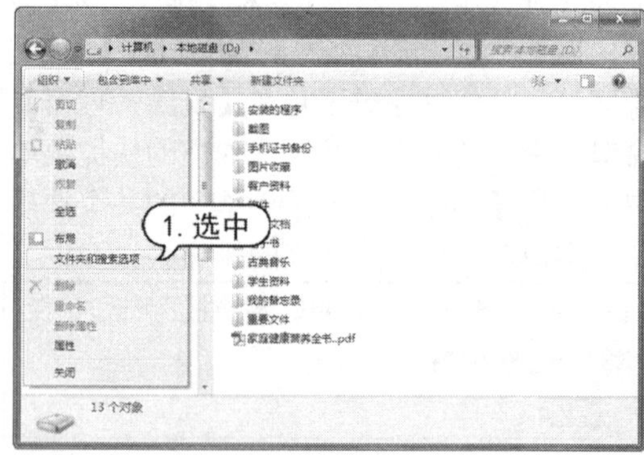

step 2 切换至【查看】选项卡，在【高级设置】列表中选中【显示隐藏的文件、文件夹和驱动器】单选按钮。

step 3 单击【确定】按钮，完成显示隐藏文件和文件夹的设置。

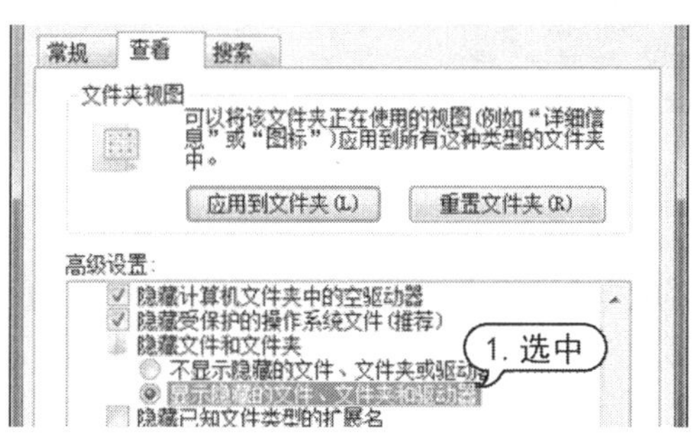

step 4 双击打开【本地磁盘(D:)】窗口，此时用户即可看到已被隐藏的文件或文件夹呈半透明状显示，如右上图所示。

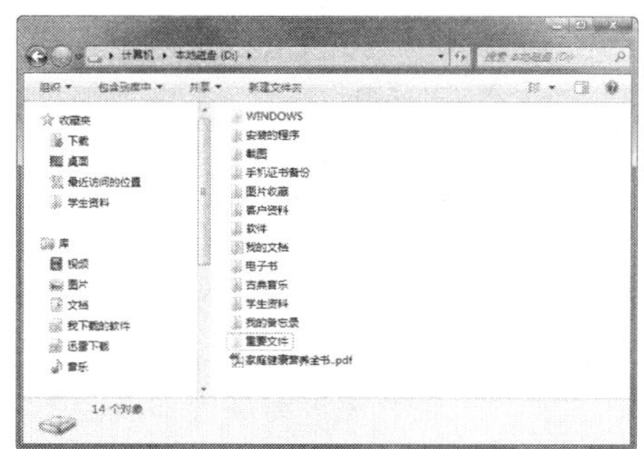

知识点滴

另外，用户在【控制面板】窗口中单击【文件夹选项】图标，也可打开【文件夹选项】对话框。可在该对话框中对文件夹进行设置，默认情况下新的设置将应用到所有文件和文件夹中。

3.6 使用回收站

回收站是 Windows 7 系统用来存储被删除文件的场所。在管理文件和文件夹过程中，系统将被删除的文件自动移动到回收站中，可以根据需要选择将回收站中的文件彻底删除或者恢复到原来的位置，这样可以保证数据的安全性和可恢复性，避免因误操作而带来的麻烦。

3.6.1 在回收站中还原文件

从回收站中还原文件有两种方法：一种是右击准备还原的文件，在弹出的快捷菜单中选择【还原】命令，即可将该文件还原到被删除之前文件所在的位置；另一种是直接使用回收站窗口中的菜单命令还原文件。

【例 3-11】在回收站中还原文件。

视频

step 1 双击桌面上的【回收站】图标，打开【回收站】窗口。

step 2 右击【回收站】中要还原的文件，在弹出的快捷菜单中选择【还原】命令，即可将该文件还原到删除前的位置。

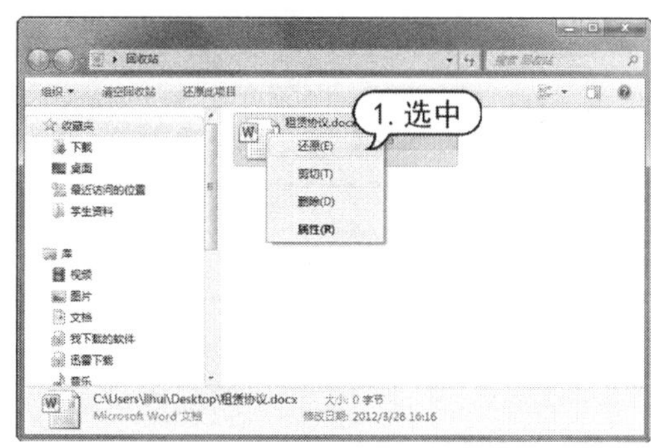

step 3 另外，选中要还原的文件后，单击【还原此项目】按钮，也可将文件还原。

3.6.2 清空回收站

如果回收站中的文件太多，会占用大量的磁盘空间。这时可以将回收站清空，以释放磁盘空间。

【例 3-12】清空回收站。
视频

step 1 右击桌面上的【回收站】图标，在弹出的快捷菜单中选择【清空回收站】命令，如下左图所示。

step 2 另外，用户还可打开【回收站】，通过单击【清空回收站】按钮，来清空回收站，如下右图所示。

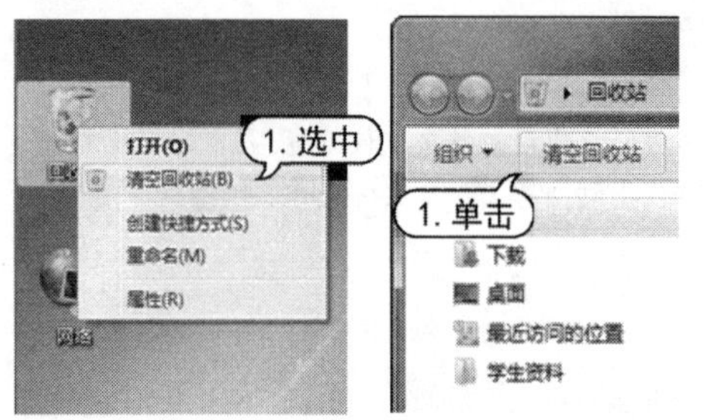

step 3 在清空回收站时，系统会打开【删除多个项目】对话框，单击【是】按钮，即可完成删除操作，如下图所示。

3.6.3 在回收站中删除文件

在回收站中，不仅可以清空所有的内容，还可以对某些文件做针对性的删除。

要删除特定文件，只需右击该文件，然后选择【删除】命令。此时，系统会打开【删除文件】对话框，单击【是】按钮，即可将文件删除，如下图所示。

3.7 案例演练

本章主要介绍在 Windows 7 操作系统中如何管理文件和文件夹，其主要包括【资源管理器】的介绍、文件和文件夹的基本操作等内容。本次实战演练通过几个具体实例来使读者进一步巩固本章所学的内容。

3.7.1 恢复资源管理器菜单栏

对于熟悉 Windows XP 操作系统的用户来说，系统中的很多文件夹操作都可以通过菜单完成。Windows 7 系统的资源管理器中默认不显示菜单栏，使操作很不方便。其实用户可通过以下方式来重新显示菜单栏。

【例 3-13】在 Windows 7 的资源管理器中重新显示菜单栏。
视频

step 1 打开资源管理器，选择【组织】|【布局】|【菜单栏】命令。

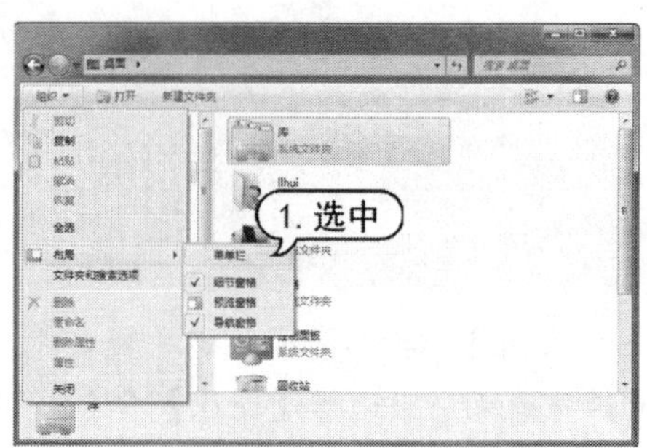

step 2 此时即可在资源管理器中重新显示菜单栏，如下图所示。

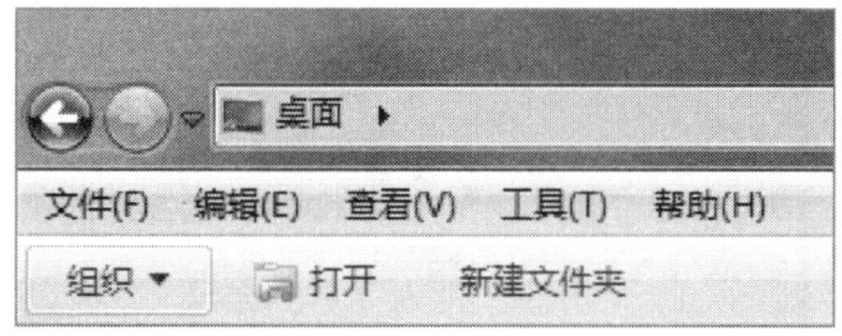

3.7.2 使用 Windows 7 的库

在 Windows 7 中新引入了一个库的概念，它具有强大的功能，运用它可以大大提高用户使用计算机的方便程度，它被称为是“Windows 资源管理器的革命”。

简单地讲，Windows 7 文件库可以将用户需要的文件和文件夹全部集中到一起，就像是网页收藏夹一样，只要单击库中的链接，就能快速打开添加到库中的文件夹(不管这些文件夹原来深藏在本地计算机或局域网当中的哪个位置)。另外，库中的链接会随着原始文件夹的变化而自动更新，并且可以以同名的形式存在于文件库中。

在默认情况下，Windows 7 系统取消了快速启动栏，【库】文件夹(也称为【资源管理器】按钮)显示在任务栏左侧的位置，这样方便用户快速启动【库】。在各个文件夹或计算机窗口的左侧任务窗格中也可以快速启动【库】或【库】文件夹。另外，在保存文件的时候，也可以清楚看到保存到【库】的选项。可以说，在 Windows 7 中，【库】无处不在。

如果用户觉得系统默认提供的库目录不够使用，还可以新建库目录。下面通过一个具体实例来介绍如何新建库。

【例 3-14】在 Windows 7 操作系统中新建一个【素材】库。

视频

step 1 单击任务栏中的【库】按钮，打开【库】窗口，在空白处右击鼠标，在弹出的快捷菜单中选择【新建】|【库】命令。

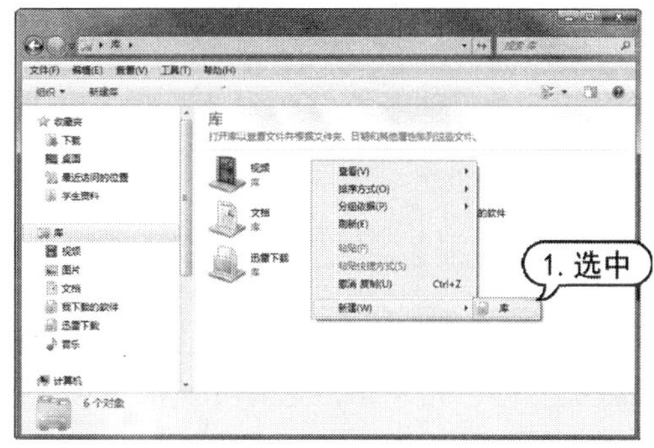

step 2 此时，在【库】窗口中即可自动出现一个名为【新建库】的库图标，并且其名称处于可编辑状态，如下图所示。

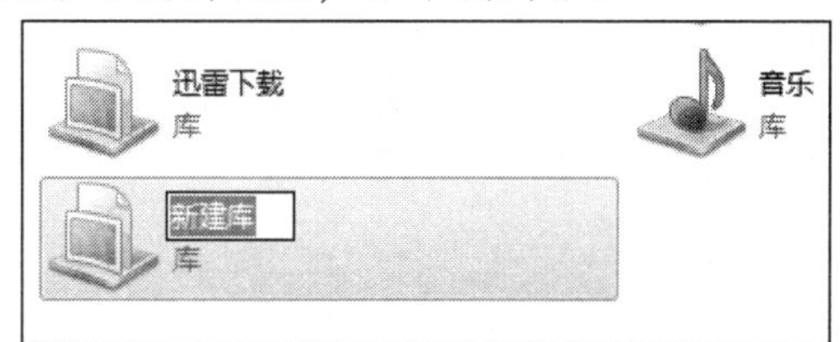

step 3 直接输入新库的名称“素材”，然后按下 Enter 键，即可新建一个库，此时在左侧的导航窗格中也会显示【素材】选项。

step 4 单击导航窗格中的【素材】选项，进入素材库，此时新建的库中并未包含任何文件夹，用户可单击【包括一个文件夹】按钮，打开【将文件夹包含在“素材”中】对话框。

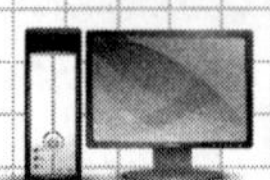

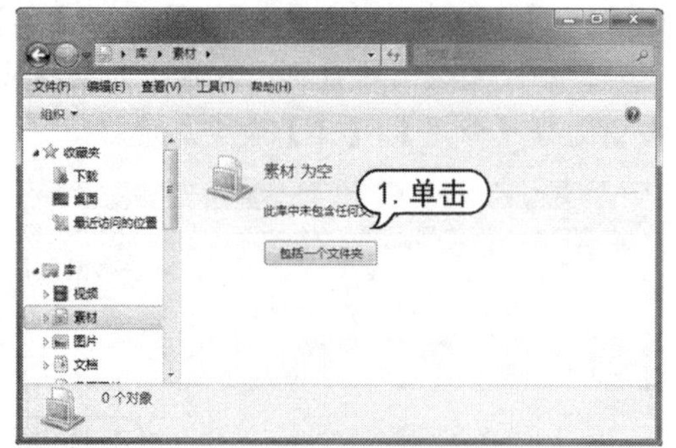

step 5 在该对话框中选择一个想要包括的文件夹。如下图所示，选择【我的视频】文件夹，然后单击【包括文件夹】按钮。

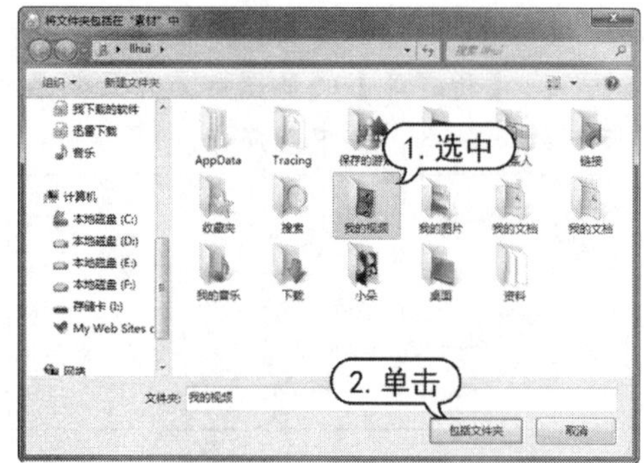

step 6 此时【我的视频】文件夹被包括在【素材】库中，单击导航窗格中的【素材】选项，即可查看【我的视频】文件夹中的所有文件，如右上图所示。

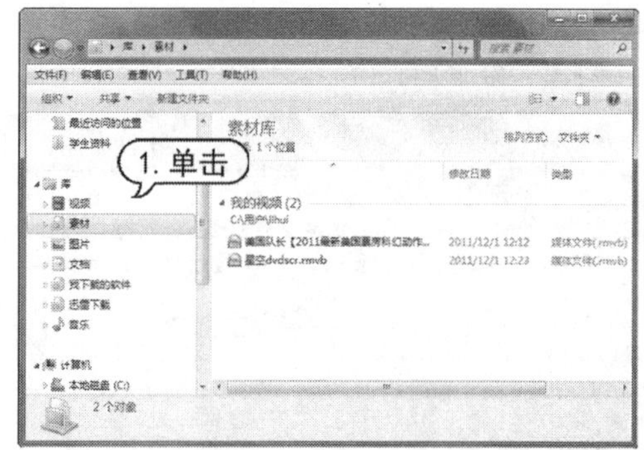

step 7 如果用户想在【素材】库中包括更多的文件夹，可在导航窗格中右击【素材】选项，选择【属性】命令，打开【素材属性】对话框。

step 8 在【素材属性】对话框中单击【包含文件夹】按钮，可在打开的对话框中继续设置所要包含的文件夹。

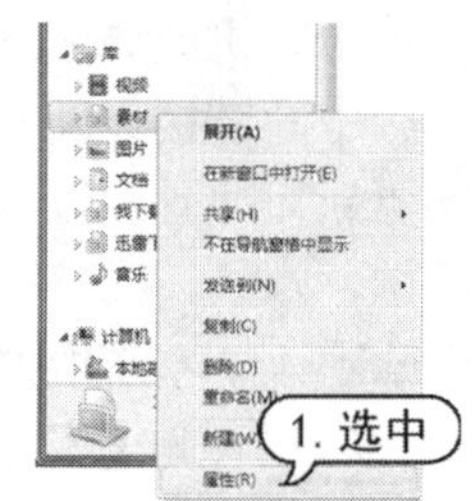

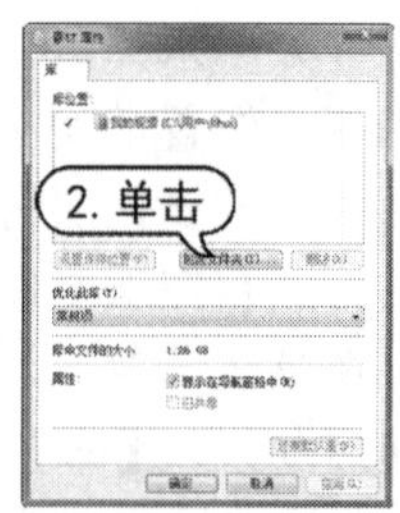

第 4 章

系统个性化设置

Windows 7 允许用户对操作系统进行个性化设置。例如将自己喜欢的图片作为计算机的桌面，定制窗口的颜色和外观，使用桌面小工具，设置用户账户等。这些设置使用户能够创建一个完全属于自己的操作环境，让计算机更显个性化。

对应光盘视频

例 4-1　设置单一图片的背景

例 4-2　设置幻灯片效果的背景

例 4-3　更改桌面图标的样式

例 4-4　设置屏幕保护程序

例 4-5　设置显示器分辨率

例 4-6　更换 Windows 7 主题

例 4-7　使用桌面时钟

例 4-8　使用货币换算

例 4-9　设置任务栏自动隐藏

例 4-10　在任务栏上显示小图标

例 4-11　设置任务栏按钮不合并

例 4-12　设置通知区域图标显示方式

例 4-13　更改系统时间

例 4-14　添加附加时钟

例 4-15　下载并使用 Windows 7 主题

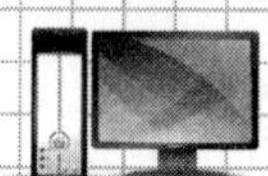

4.1 设置外观和主题

外观和主题是操作系统带给用户最直接的视觉元素。用户可以根据自己的审美喜好来为操作系统设置外观和主题。

4.1.1 设置桌面背景

桌面背景就是Windows 7系统桌面的背景图案，又叫做墙纸。启动Windows 7操作系统后，桌面背景采用的是系统安装时默认的设置，用户可以根据自己的喜好更换桌面背景。

1. 使用单一图片

用户可选择一张自己喜欢的图片作为桌面背景，如下例所示。

【例4-1】将D盘【我的壁纸】文件夹中的【唯美山水】图片设置为桌面背景。

视频

step 1 在桌面上右击，在弹出的快捷菜单中选择【个性化】命令，打开【个性化】窗口，如下图所示。

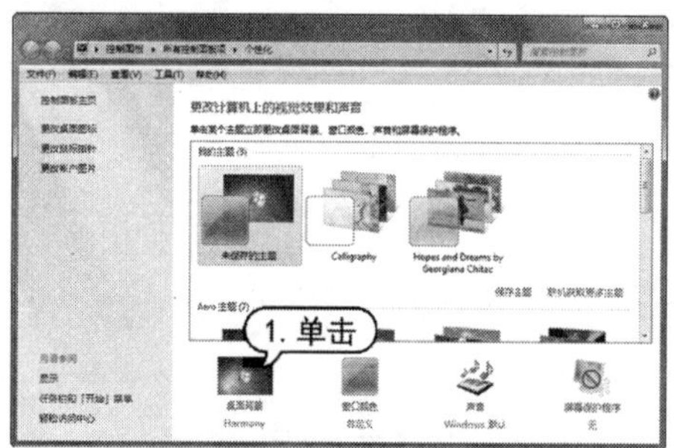

step 2 单击【个性化】窗口下方的【桌面背景】图标，打开【桌面背景】窗口。

step 3 单击【图片位置】下拉列表框右侧的【浏览】按钮，打开【浏览文件夹】对话框。

step 4 在【浏览文件夹】对话框中选择D盘的【我的壁纸】文件夹，然后单击【确定】按钮，如下图所示。

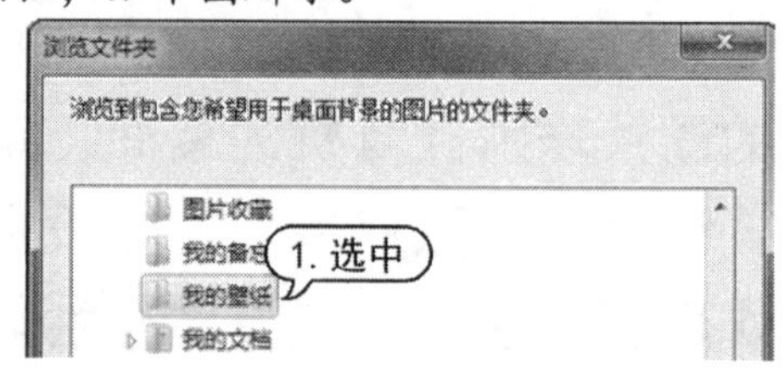

step 5 此时，在预览窗口中将看到【我的壁纸】文件夹的所有图片的缩略图。

step 6 在默认设置下，所有的图片都处于选定状态，用户可单击【全部清除】按钮，清除图片的选定状态。

step 7 然后将光标移至要设置为桌面背景的图片上，并选中其左上角的复选框。

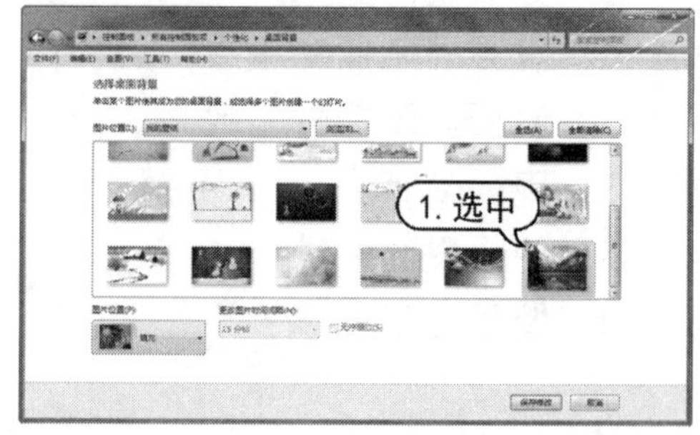

step 8　单击【保存修改】按钮，即可将该图片设置为桌面壁纸。

知识点滴

要将单一图片设置为桌面背景，还可直接右击该图片文件，在弹出的快捷菜单中选择【设置为桌面背景】命令即可。

2. 使用幻灯片效果

在 Windows 7 中，用户不仅可以使用单张图片作为桌面背景，还可同时使用多张图片的幻灯片效果来作为桌面背景。

【例 4-2】将 D 盘【我的壁纸】文件夹中的所有图片设置为桌面背景。

视频

step 1　继续【例 4-1】步骤的操作，在默认设置下，【我的壁纸】文件夹中的所有图片都处于选定状态。

step 2　保持默认设置，在【更改图片时间间隔】下拉菜单中，可设置图片切换的时间间隔，例如本例选择【1 分钟】选项。

知识点滴

若用户选中【无序播放】复选框，图片将随机切换，否则图片将按顺序切换。

step 3　单击【保存修改】按钮，即可将【我的壁纸】文件夹中的所有图片以幻灯片的形式设置为桌面背景。

4.1.2　更改桌面图标

Windows 7 系统中的图标多种多样。如果用户对系统默认的图标不满意，可以根据自己的喜好来更换图标的样式。

【例 4-3】在 Windows 7 桌面上更改【计算机】和【网络】图标的样式。

视频

step 1　在桌面上右击，在弹出的快捷菜单中选择【个性化】命令，打开【个性化】窗口，如下图所示。

step 2　单击【个性化】窗口左侧的【更改桌面图标】链接，打开【桌面图标设置】对话框。

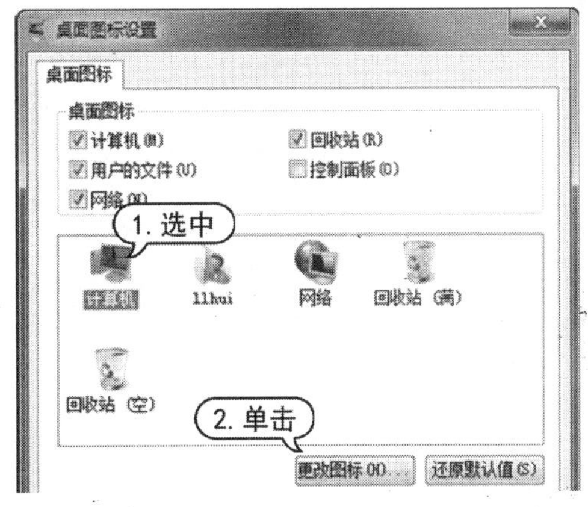

step 3　选中【计算机】图标，单击【更改图标】按钮，打开【更改图标】对话框。

step 4 选中一个想要使用的图标，然后单击【确定】按钮，返回【桌面图标设置】对话框。

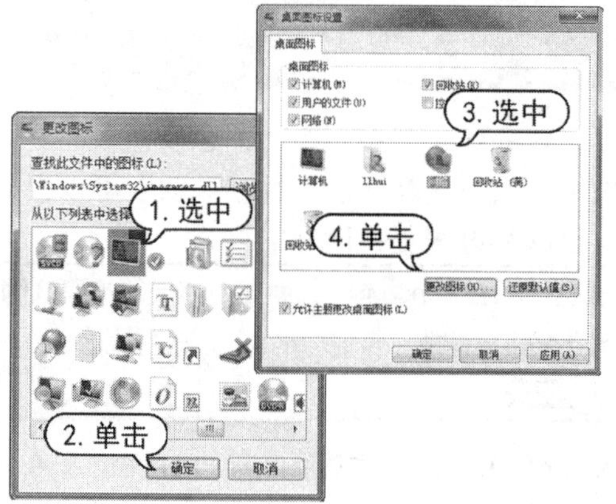

step 5 选中【网络】图标，然后单击【更改图标】按钮，打开【更改图标】对话框。

step 6 选中一个想要使用的图标，然后单击【确定】按钮，返回【桌面图标设置】对话框。

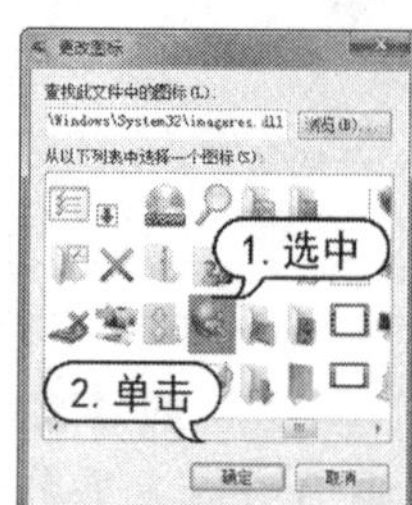

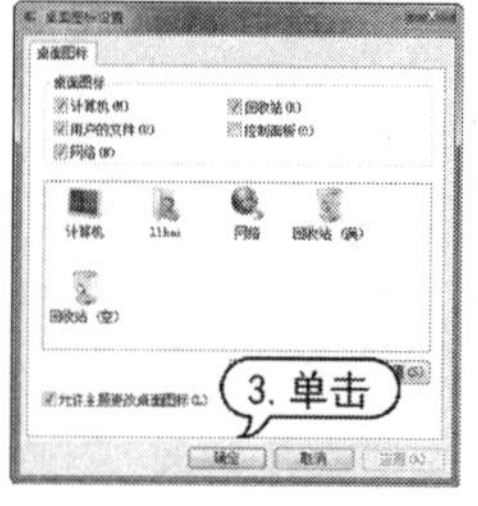

step 7 单击【确定】按钮，完成对【计算机】和【网络】图标的更改操作。

知识点滴

如果用户想改回 Windows 7 的默认图标样式，只需在【桌面图标设置】对话框中单击【还原默认值】按钮即可。

4.1.3 设置屏幕保护程序

屏幕保护程序是指在一定时间内没有使用鼠标或键盘进行任何操作而自动在屏幕上显示的画面。

设置屏幕保护程序可以对显示器起到保护作用，使显示器处于节能状态。

【例 4-4】在 Windows 7 中，使用【气泡】作为屏幕保护程序。

视频

step 1 在桌面上右击，从弹出的快捷菜单中选择【个性化】命令，打开【个性化】窗口，如下图所示。

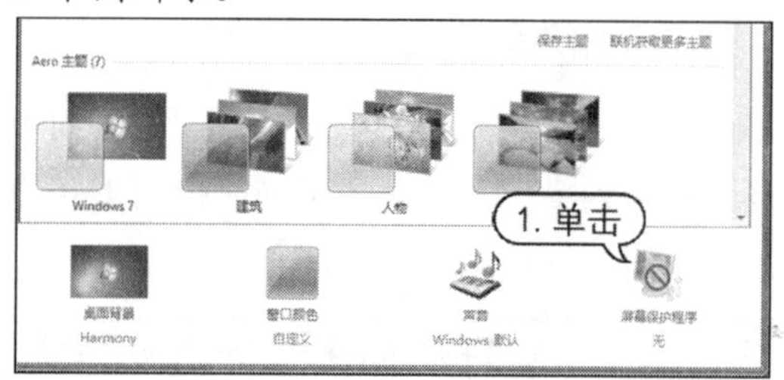

step 2 单击【个性化】窗口下方的【屏幕保护程序】图标，打开【屏幕保护程序设置】对话框。

step 3 在【屏幕保护程序】下拉菜单中选择【气泡】选项，在【等待】微调框中设置时间为 1 分钟，设置完成后，单击【确定】按钮，完成屏幕保护程序的设置。

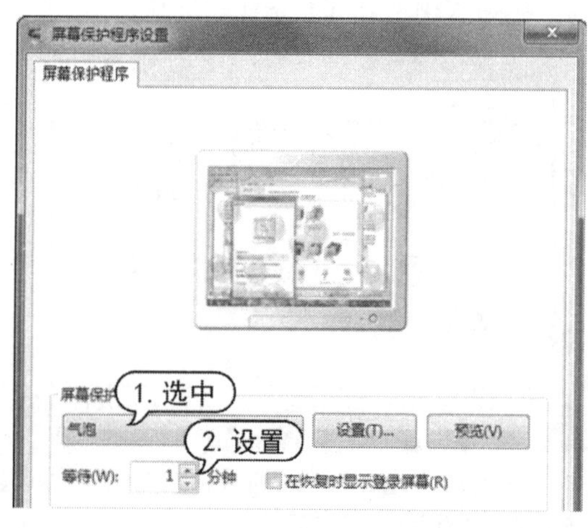

知识点滴

用户还可为屏幕保护程序设置密码，当从屏幕保护程序返回工作界面时，需要验证密码才可正常返回。

step 4 当屏幕静止时间超过设定的等待时间时(鼠标键盘均没有任何动作)，系统即可自动启动屏幕保护程序。

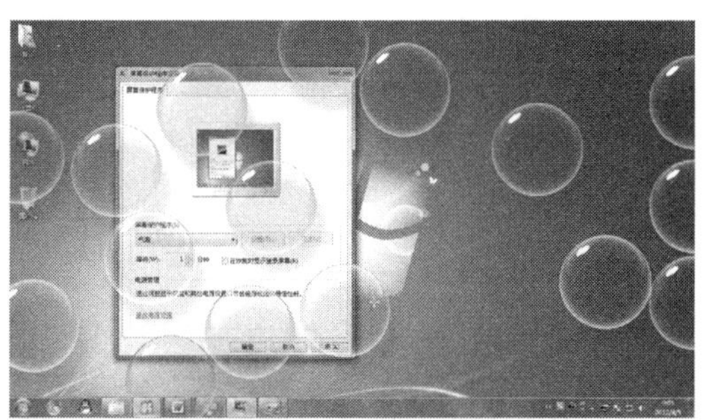

4.1.4 设置分辨率

显示器分辨率是指显示器所能显示的像素点的数量。显示器可显示的像素点数越多，画面就越清晰，屏幕区域内能够显示的信息也就越多。

【例 4-5】设置屏幕的显示分辨率为 1360× 768。
视频

step 1 在桌面上右击，在弹出的快捷菜单中选择【个性化】命令，打开【个性化】窗口，如下图所示。

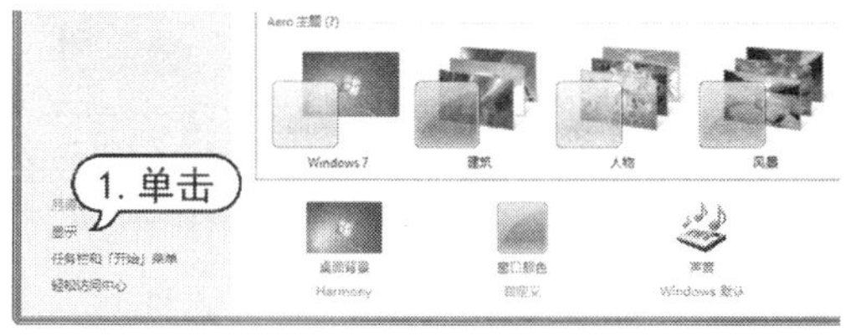

step 2 单击【个性化】窗口左边的【显示】按钮，打开【显示】窗口。

step 3 单击【显示】窗口左侧的【调整分辨率】按钮，打开【屏幕分辨率】窗口。

step 4 拖动【分辨率】下拉菜单中的滑块，调整至 1360×768。

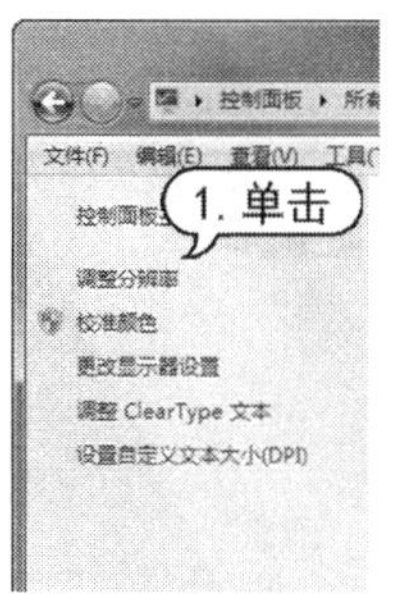

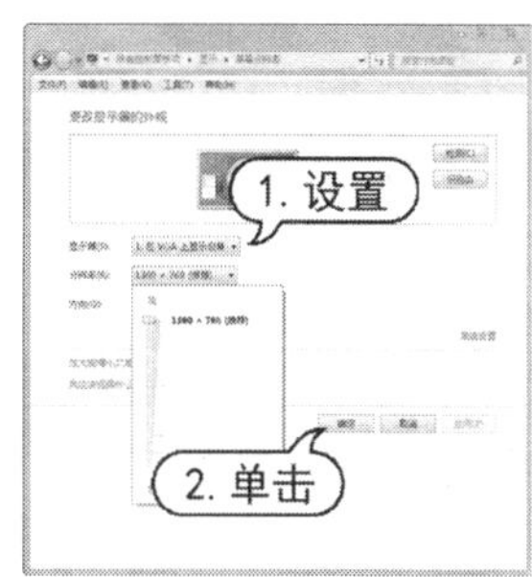

step 5 单击【确定】按钮，完成屏幕分辨率的设置。

4.1.5 更换 Windows 7 主题

在 Windows 7 操作系统中，系统为用户提供了多种风格的桌面主题，共分为【Aero 主题】和【基本和高对比度主题】两大类。其中，Aero 主题可为用户提供高品质的视觉体验，它独有的 3D 渲染和半透明效果，可使桌面看起来更加美观流畅。

【例 4-6】在 Windows 7 操作系统中使用【风景】风格的 Aero 主题。
视频

step 1 在桌面上右击，选择【个性化】命令，打开【个性化】窗口，如下图所示。

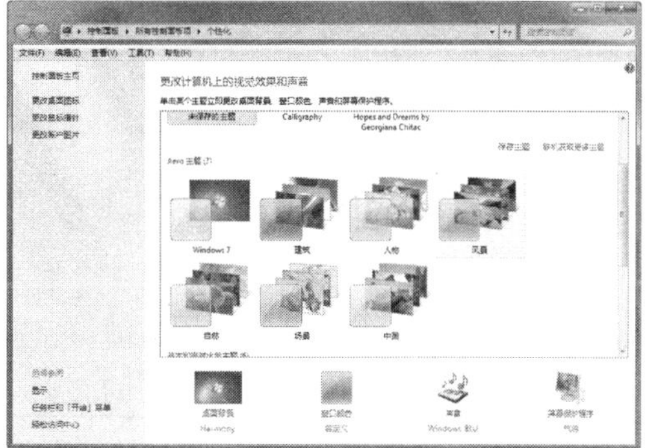

step 2 在【Aero 主题】选项区域中单击【风景】，即可应用该主题。

step 3 此时在桌面上右击，在弹出的快捷菜单中选择【下一个背景】命令，即可更换该系列主题中的壁纸。

知识点滴

用户可以对主题进行个性化设置，使其更符合自己的使用习惯。另外用户还可保存自己喜欢的主题样式。

4.2 使用桌面小工具

Windows 7 操作系统中新增了一些桌面小工具，它们是一组便捷的小程序，用户可使用这些小程序方便地完成一些常用的操作。

4.2.1 打开桌面小工具

在桌面上右击，在弹出的快捷菜单中选择【小工具】命令，即可打开桌面小工具窗口。默认状态下系统提供 9 种桌面小工具，如下图所示。

4.2.2 桌面时钟

任务栏右边默认的时间显示是不是看起来很吃力，而且还没有特色呢？那就来试试桌面时钟吧，它一定会带来不一样的感受。

【例 4-7】使用桌面时钟并设置其属性。

视频

step 1 在桌面上右击，在弹出的快捷菜单中选择【小工具】命令，打开【桌面小工具】窗口，如下左图所示。

step 2 双击【时钟】图标，将时钟添加到桌面上，如下右图所示。

step 3 单击时钟右上角的【设置】按钮，打开【时钟】对话框。

step 4 单击时钟下方的三角箭头，可以设置时钟的外观；在【时钟名称】文本框中可以输入时钟的名称；在【时区】下拉列表框中可以选择当前的时区；选中【显示秒针】复选框，可以显示秒针的轨迹。

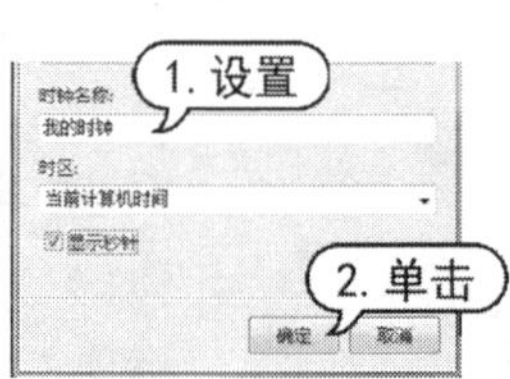

step 5 设置完成后，单击【确定】按钮，效果如下图所示。用户可使用鼠标将时钟拖动到桌面上的任意位置。

4.2.3　货币换算

在桌面小工具中提供了一个货币换算功能，它支持多种货币之间的换算，并且其汇率会通过网络自动更新，可以帮助用户方便地转换货币单位。

【例 4-8】使用货币换算功能，将 336 元人民币换算为美元。
视频

step 1　在桌面上右击，在弹出的快捷菜单中选择【小工具】命令，打开【桌面小工具】窗口，如下图所示。

step 2　双击【货币】图标，将货币换算功能添加到桌面上。

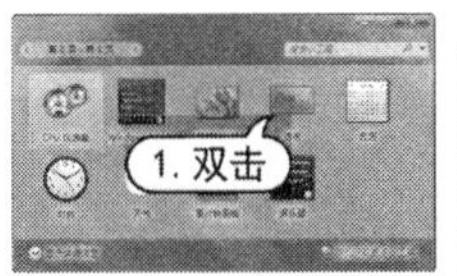

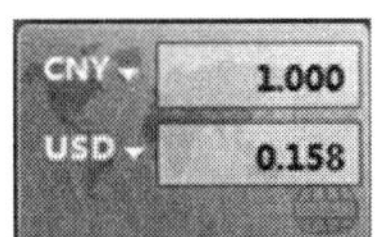

step 3　在第一个下拉菜单中选择【人民币】选项，在第二个下拉菜单中选择【美元】选项。

step 4　选择完成后，在【人民币】文本框中输入 336，此时在【美元】文本框中即可自动显示 336 元人民币所折合的美元值，如下图(左)所示。

step 5　另外，用户还可单击小工具右下角的【添加】按钮，同时进行多种货币的换算，如下图(右)所示。

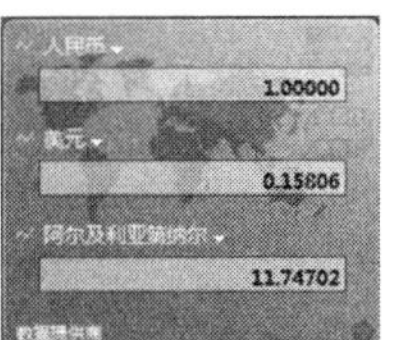

4.3　个性化设置任务栏

任务栏就是位于桌面下方的小长条。作为 Windows 系统的超级助手，用户可以对任务栏进行个性化的设置，使其更加符合用户的使用习惯。

4.3.1　自动隐藏任务栏

如果用户打开的窗口过大，窗口的下方将被任务栏覆盖，因此需要将任务栏隐藏，这样可以给桌面提供更多的视觉显示空间。

【例 4-9】在 Windows 7 中将任务栏设置为自动隐藏。
视频

step 1　在任务栏的空白处右击，在弹出的快捷菜单中选择【属性】命令，打开【任务栏和「开始」菜单属性】对话框。

step 2　在【任务栏】选项卡中选中【自动隐藏任务栏】复选框，然后单击【确定】按钮完成设置。

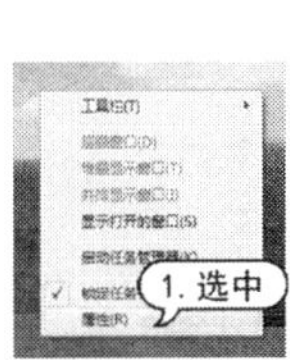

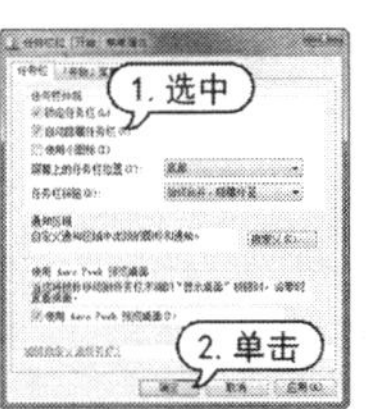

step 3　此时任务栏即可自动隐藏，如下图所示。若要显示任务栏，只需将鼠标指针移动至原任务栏的位置，任务栏即可自动显示出来。当鼠标指针离开时，任务栏会重新隐藏。

4.3.2 在任务栏使用小图标

Windows 7 操作系统的任务栏中，默认设置下显示的都是大图标，如果用户习惯了 Windows XP 系统中的小图标模式，可以重新设置任务栏，使其显示为小图标。

【例 4-10】在 Windows 7 中，使任务栏重新显示小图标模式。

视频

step 1 在任务栏的空白处右击，在弹出的快捷菜单中选择【属性】命令，打开【任务栏和「开始」菜单属性】对话框。

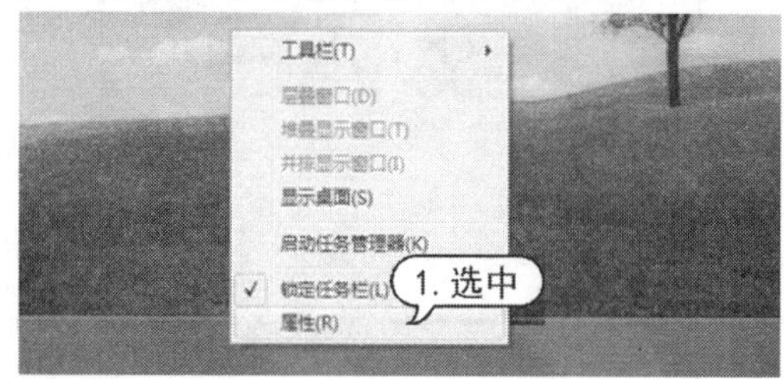

step 2 在【任务栏】选项卡中选中【使用小图标】复选框，然后单击【确定】按钮完成设置。

step 3 此时任务栏中将重新显示小图标，如下图所示。

4.3.3 调整任务栏位置

任务栏的位置并非只能摆放在桌面的最下方，用户可根据喜好将任务栏摆放到桌面的上方、左侧或右侧。

要调整任务栏的位置，应先右击任务栏的空白处，在弹出的快捷菜单中取消选中【锁定任务栏】选项，如下图所示。

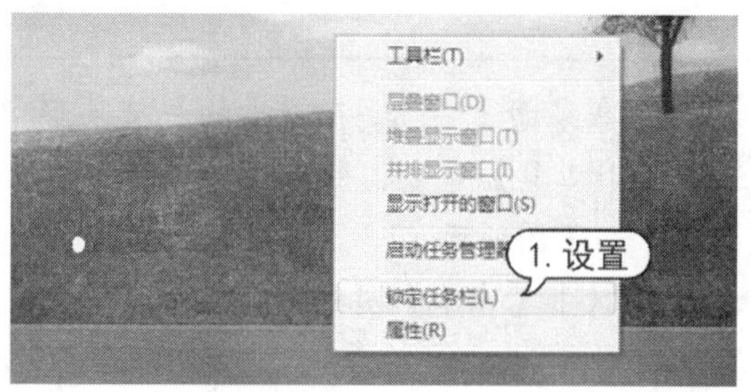

取消锁定任务栏后，就可以将任务栏任意摆放了。

例如，要将任务栏摆放在桌面的左侧，可将鼠标指针移至任务栏的空白处，按住鼠标左键不放并拖动鼠标至桌面的左侧，即可将任务栏放置在桌面的左侧。

4.3.4 更改按钮显示方式

Windows 7 任务栏中的应用程序按钮会默认合并。如果用户觉得这种方式不符合以前的使用习惯，可通过设置来更改任务栏中按钮的显示方式。下面以一个具体实例来加以说明。

【例 4-11】使 Windows 7 任务栏中的按钮不再自动合并。

step 1 在任务栏的空白处右击，在弹出的快捷菜单中选择【属性】命令，打开【任务栏和「开始」菜单属性】对话框。

step 2 在【任务栏】选项卡的【任务栏按钮】下拉菜单中选择【从不合并】选项，然后单击【确定】按钮完成设置。

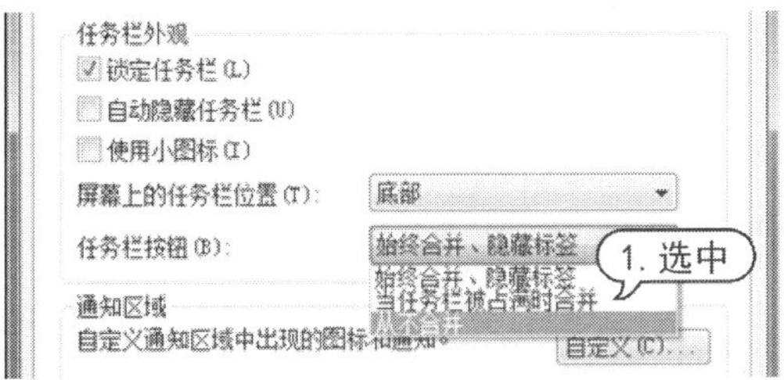

step 3 此时，任务栏中相似的任务栏按钮将不再自动合并。

4.3.5 自定义通知区域

任务栏的通知区域显示的是电脑中当前运行的某些程序的图标，例如 QQ、迅雷、瑞星杀毒软件等。

如果打开的程序过多，通知区域会显得杂乱无章。Windows 7 操作系统为通知区域设置了一个小面板，程序的图标都存放在这个小面板中，这为任务栏节省了大量的空间。另外，用户还可自定义任务栏通知区域中图标的显示方式，以方便操作。

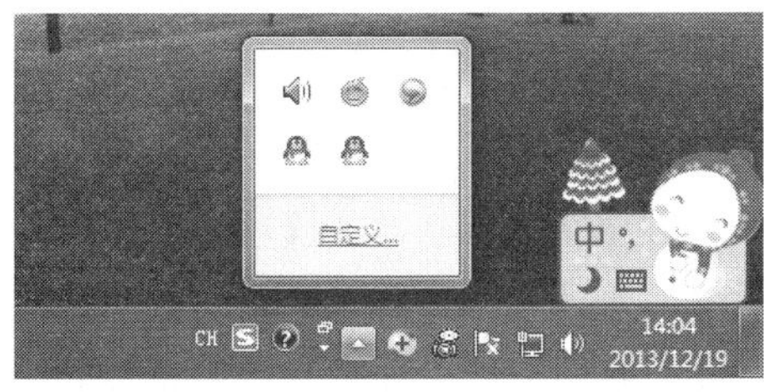

【例 4-12】自定义通知区域中图标的显示方式。
视频

step 1 单击通知区域的【显示隐藏的图标】按钮，打开通知区域面板。

step 2 单击【自定义】链接，打开【通知区域图标】窗口。

step 3 如果想要在通知区域重新显示QQ图标，可在QQ选项后方的下拉菜单中选择【显示图标和通知】选项即可。

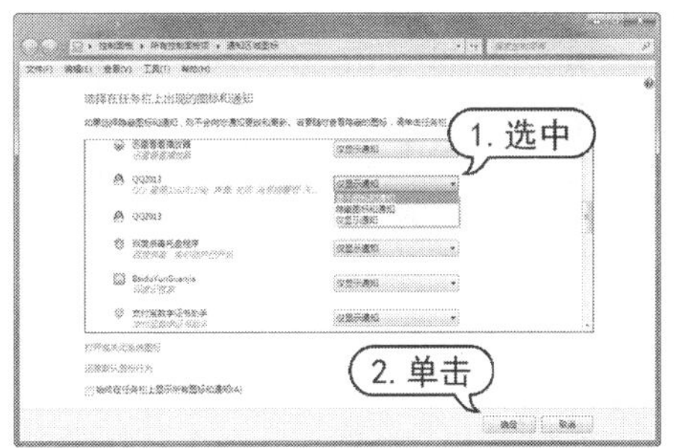

step 4 设置完成后，通知区域中将重新显示QQ图标，如下图所示。

step 5 另外，若想隐藏QQ图标，直接将QQ图标拖动至小面板中即可。

4.4 设置系统日期和时间

当启动计算机后，便可以通过任务栏的通知区域查看当前系统的时间。此外，还可以根据需要重新设置系统的日期和时间以及选择适合自己的时区。

4.4.1 更改系统时间

默认情况下，系统日期和时间将显示在任务栏的通知区域，用户可以根据实际情况更改系统的日期和时间设置。

【例 4-13】将系统的时间更改为 2016 年 12 月 25 日 0:00:00。

视频

step 1 单击任务栏最右侧的时间显示区域，打开日期和时间窗口。

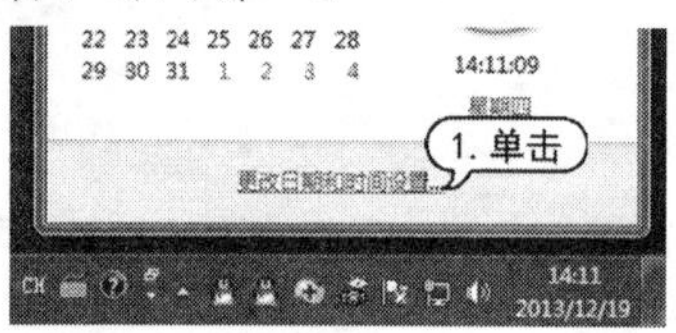

step 2 单击【更改日期和时间设置】链接，打开【日期和时间】对话框。

step 3 单击【更改日期和时间】按钮，打开【日期和时间设置】对话框。

step 4 在日期选项区域设置系统的日期为 2016 年 12 月 25 日，在时间文本框中设置时间为 0:00:00。

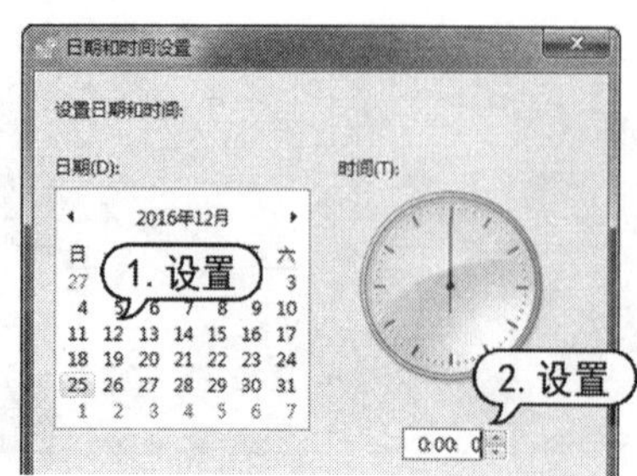

step 5 设置完成后，单击【确定】按钮，返回【日期和时间】对话框，再次单击【确定】按钮，完成日期和时间的更改。

4.4.2 添加附加时钟

在 Windows 7 操作系统中可以设置多个时钟的显示，设置了多个时钟后可以同时查看多个不同时区的时间。

【例 4-14】在 Windows 7 中添加一个附加时钟。

视频

step 1 单击任务栏最右侧的时间显示区域，打开日期和时间窗口。

step 2 单击【更改日期和时间设置】链接，打开【日期和时间】对话框。

step 3 切换至【附加时钟】选项卡，选中【显示此时钟】复选框，然后在【选择时区】下拉菜单中选择一个时区，在【输入显示名称】文本框中输入时钟的名称。

step 4 使用同样的方法设置第二个时钟，如下图所示。

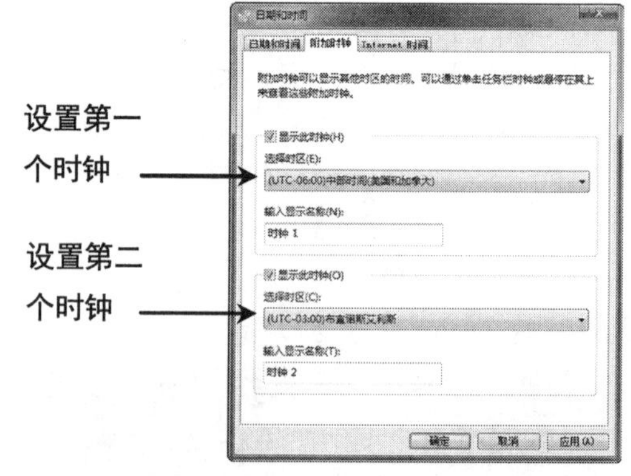

step 5 设置完成后，单击【确定】按钮关闭对话框，此时单击任务栏右边的时间区域。在打开的时间窗口中可看到同时显示的 3 个

时钟，其中最大的一个显示的是本地时间，另外两个是刚刚添加的附加时钟。

知识点滴

若要取消这些时钟的显示，只需在操作的第 3 步所示的【日期和时间】对话框中取消选中【显示此时钟】复选框即可。

4.4.3　设置时间同步

在 Windows 7 操作系统中可将系统的时间和 Internet 的时间同步。操作方法是在【日期和时间】对话框中切换至【Internet 时间】选项卡，然后单击【更改设置】按钮。

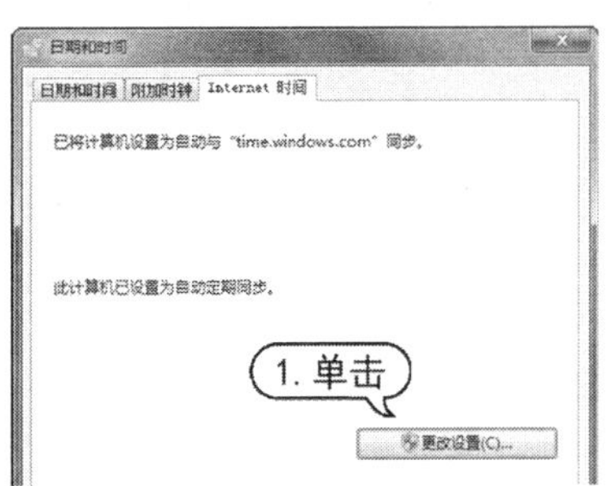

打开【Internet 时间设置】对话框，选中其中的【与 Internet 时间服务器同步】复选框，然后单击【立即更新】按钮即可。

通过设置可以使计算机时钟与 Internet 时间服务器同步。这意味着可以更新计算机上的时钟，以便与时间服务器上的时钟匹配。时钟通常每周更新一次，如果要进行同步，必须将计算机连接到 Internet。

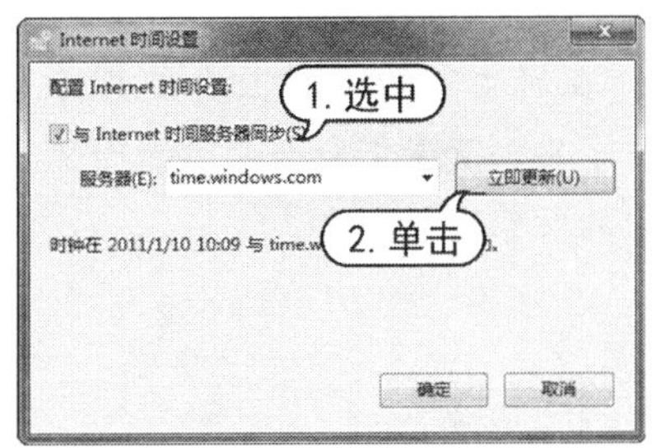

4.5　案例演练

本章主要介绍了如何在 Windows 7 中进行个性化设置，包括设置系统的外观和主题、使用桌面小工具、个性化设置任务栏以及设置日期和时间等操作。本次实战演练通过一个具体实例来使读者进一步掌握个性化设置操作系统的方法。

默认情况下，系统日期和时间将显示在任务栏的通知区域，用户可以根据实际情况更改系统的日期和时间设置。

【例 4-15】通过互联网下载和使用 Windows 7 主题。
视频

step 1　在桌面上右击鼠标，选择【个性化】命令，打开【个性化】窗口，然后单击【联机获取更多主题】超链接，如右图所示。

step 2　打开微软官方网站的【Windows 7 主题】板块。在网页左侧选择【植物和花卉】

选项，然后单击右侧列表中【捷克之春】主题下方的【下载】按钮。

step 3 随后开始下载该主题。下载完成后，双击已下载的文件，即可自动安装并应用新的主题(如果想要还原以前的主题，只需在【个性化】设置窗口中选择相应的主题即可)。

step 4 在新主题的桌面上右击鼠标，选择【下一个桌面背景】命令，可随时更换该主题包中的背景。

第 5 章

常用附件与工具软件的使用

Windows 7 操作系统提供了许多实用的小程序，例如写字板和计算器等，这些统称为 Windows 附件。另外，用户在使用计算机时常常会用到一些实用的工具软件，例如压缩软件和看图程序等。本章将介绍 Windows 附件和常用工具软件的基本使用方法。

对应光盘视频

例 5-1　使用写字板制作文档	例 5-7　管理压缩文件
例 5-2　使用标准型计算器	例 5-8　浏览图片
例 5-3　使用科学型计算器	例 5-9　编辑图片
例 5-4　安装 WinRAR	例 5-10　批量重命名图片
例 5-5　通过主界面压缩文件	例 5-11　设置暴风影音
例 5-6　通过右键菜单压缩文件	本章其他视频文件参见配套光盘

5.1 使用写字板

写字板是包含在 Windows 7 系统中的一个基本文字处理程序。使用写字板可以编写信笺、读书报告和其他简单文档，还可以更改文本的外观、设置文本的段落、在段落以及文档内部和文档之间复制并粘贴文本等。

5.1.1 打开写字板

写字板程序沿用了 Office 2010 的界面风格，和以往 Windows 版本的写字板相比，界面和功能都有了较大的改观。

单击【开始】按钮，选择【所有程序】|【附件】|【写字板】命令，即可打开写字板程序，其主界面如下图所示。

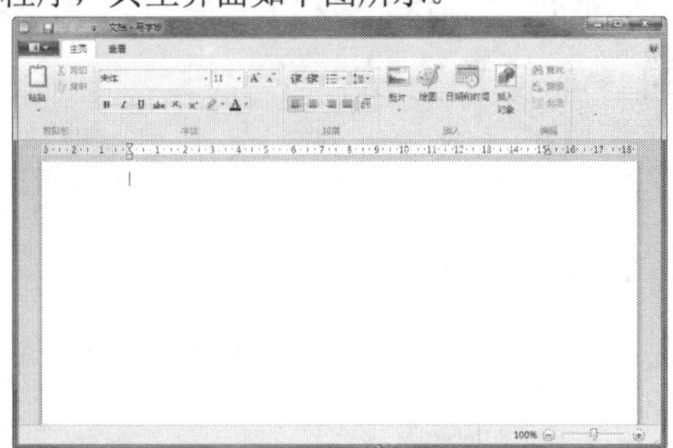

5.1.2 创建和编辑文档

本节将使用写字板程序创建一个简单的文档，然后对其进行编辑，通过实例介绍写字板的使用方法。

【例 5-1】使用写字板程序制作一个图文并茂的文档。
视频

step 1 启动写字板，将光标定位在写字板中，然后输入文本“提拉米苏”。

step 2 选中输入的文本，将文本的格式设置为【华文行楷】、【加粗】、28 号、【居中】，如下图所示。

step 3 按 Enter 键换行，然后输入对“提拉米苏”的简介，并设置其字体为【华文细黑】、字号为 12，对齐方式为【左对齐】，如下图所示。

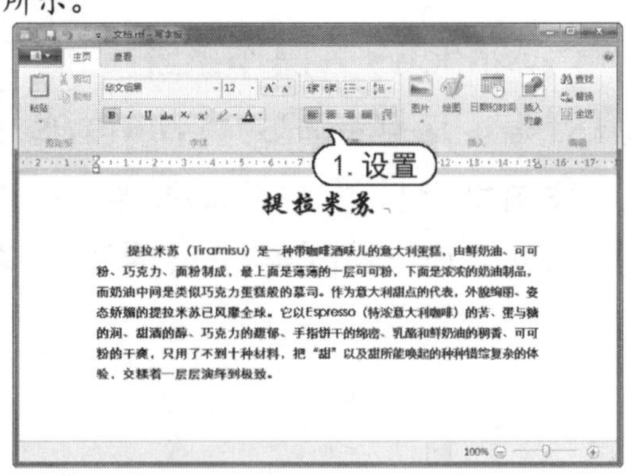

step 4 选中正文部分，在【字体】组中单击【文本颜色】下拉按钮，选择【鲜蓝】选项，为正文文本设置字体颜色，效果如下图所示。

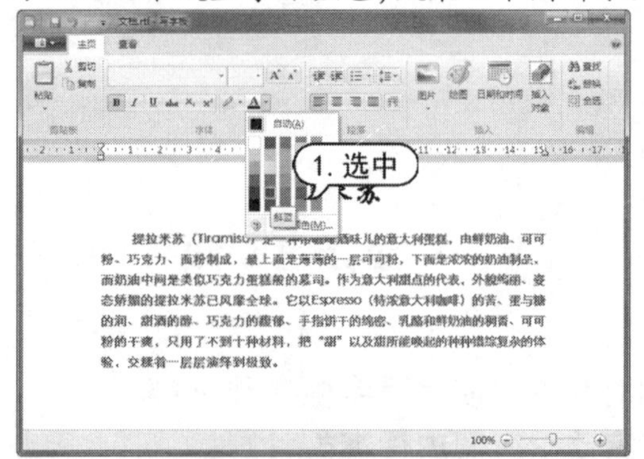

step 5 将光标定位在正文的末尾，然后按 Enter 键换行。在【插入】区域单击【图片】按钮，打开【选择图片】对话框。

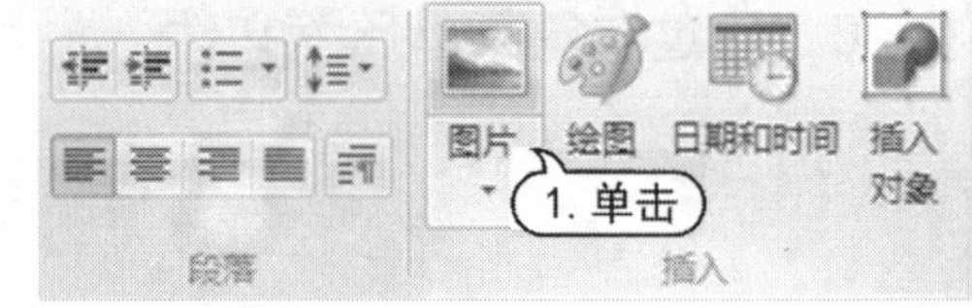

step 6　在该对话框中选择一幅图片，然后单击【打开】按钮，插入图片。

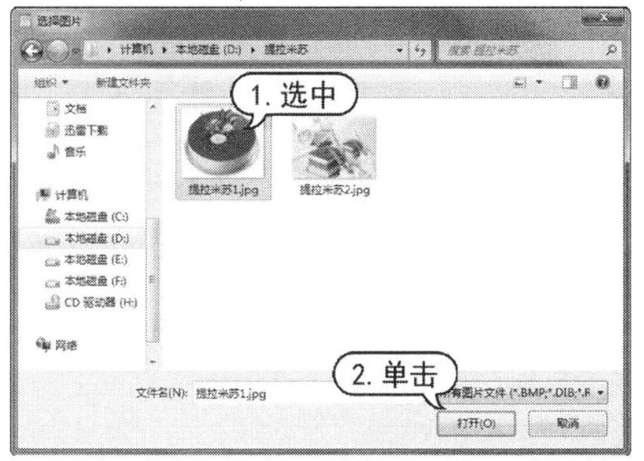

step 7　调整插入图片的大小，然后使用同样的操作方法插入第 2 张图片，并调整两张图片的大小和位置，最终效果如下图所示。

提拉米苏

提拉米苏（Tiramisu）是一种带咖啡酒味儿的意大利蛋糕，由鲜奶油、可可粉、巧克力、面粉制成，最上面是薄薄的一层可可粉，下面是浓浓的奶油制品，而奶油中间是类似巧克力蛋糕般的基司。作为意大利甜点的代表，外貌绚丽、姿态娇媚的提拉米苏已风靡全球。它以Espresso（特浓意大利咖啡）的苦、蛋与糖的润、甜酒的醇、巧克力的馥郁、手指饼干的绵密、乳酪和鲜奶油的稠香、可可粉的干爽，只用了不到十种材料，把“甜”以及甜所能唤起的种种错综复杂的体验，交糅着一层层演绎到极致。

5.1.3　保存文档

文档编辑完成后，就需要对文档进行保存，否则一旦断电或关闭计算机，辛辛苦苦编辑的文档就丢失掉了。

要保存文档，用户可单击【写字板】按钮，选择【保存】命令；或者直接单击快速访问工具栏中的【保存】按钮。

1. 选中

如果文档是第一次保存，则会打开【保存为】对话框，在最上端的地址栏下拉列表中可选择文档保存的位置；在【文件名】下拉列表中可设置文档的保存名称；在【保存类型】下拉列表中可设置文档的保存类型。设置完成后，单击【保存】按钮，即可保存文档。

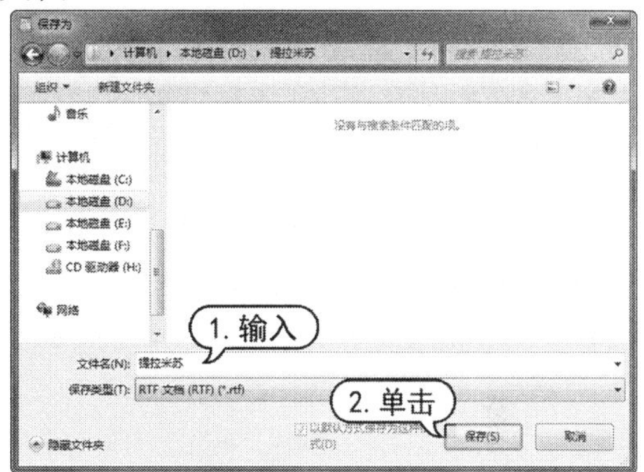

如果想把已经更改过的文档保存到其他位置，或者更改文档的名称，可单击【写字板】按钮，选择【另存为】命令，在打开的【保存为】对话框中进行设置即可。

5.2　使用计算器

计算器是 Windows 7 系统中的一个数学计算工具，功能和日常生活中的小型计算器类似。计算器程序具有标准型和科学型等多种模式，用户可根据需要选择特定的模式进行计算。本节来介绍计算器的使用方法。

5.2.1 启动计算器

选择【开始】|【所有程序】|【附件】|【计算器】命令，即可启动计算器，如下图所示。

5.2.2 使用标准型计算器

第一次打开计算器程序时，计算器默认在标准型模式下工作。这个模式可以满足用户大部分日常简单计算的要求。

【例 5-2】使用标准型计算器计算算式 62×8 +75.8×20 的结果。
视频

step 1 首先计算 62×8 的值，单击数字按钮 6，在计算器的显示区域会显示数字 6。

step 2 然后依次单击数字键 2、乘号*、数字 8 和等号=，即可计算出 62×8 的值为 496。

step 3 单击存储按钮 MS，将显示区域中的数字保存在存储区域中，然后开始计算 75.8×20 的值。

step 4 依次单击 7、5、.、8、*、2、0 和=按钮，计算出 75.8×20 的值为 1516。

step 5 单击 M+按钮，将显示区域中的数字和存储区域中的数字相加，然后单击 MR 按钮，将存储区域中的数字调出至显示区域，得到结果为 2012。

5.2.3 使用科学型计算器

当用户进行比较专业的计算工作时，科学型计算器模式就可以更好发挥它的功能。在使用科学型计算器之前，需要将计算器设置为科学型模式。

【例 5-3】使用科学型计算器计算 128° 角的正弦值。
视频

step 1 在标准型计算器中选择【查看】|【科学型】命令，将计算器切换到科学型模式。

step 2 系统默认的输入方式是十进制的角度输入，因此直接依次单击 1、2 和 8 这 3 个按钮输入角度 128。

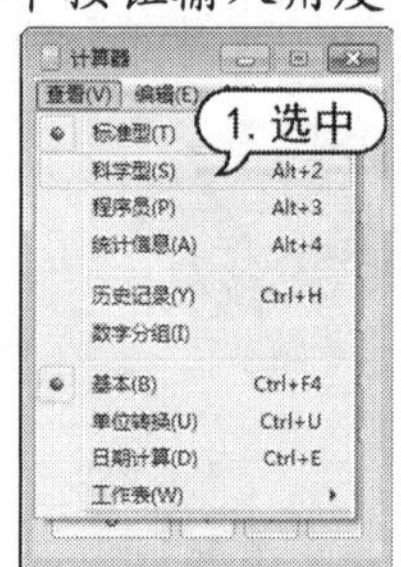

step 3 单击计算正弦函数的按钮 sin，即可计算出 128° 角的正弦值，并显示在显示区域中，如下图所示。

5.2.4　使用日期计算功能

计算器还提供了一个日期计算功能，能够帮助用户方便地计算两个日期之间相差的天数。例如要计算2016年的8月20日到2016年的12月28日之间相差几天，可执行以下操作。

在计算器的主界面中选择【查看】|【日期计算】命令，打开日期计算面板。

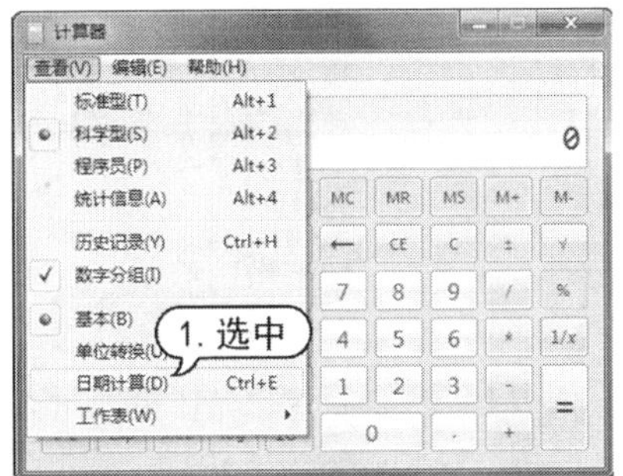

在【选择所需的日期计算】下拉菜单中选择【计算两个日期之差】选项，然后分别设置两个日期，设置完成后单击【计算】按钮，即可计算出这两个日期之间相差的天数。

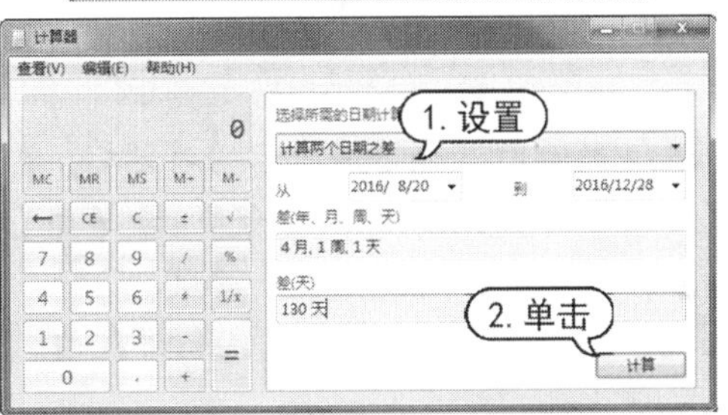

5.3　使用压缩软件

在使用计算机的过程中，经常会碰到一些体积比较大的文件或者是比较零碎的文件，这些文件放在计算机中会占据比较大的空间，也不利于计算机中文件的整理。此时可以使用WinRAR将这些文件压缩，以便管理和查看。

5.3.1　安装 WinRAR

WinRAR是目前最流行的一款文件压缩软件，其界面友好，使用方便，能够创建自释放文件，修复损坏的压缩文件，并支持加密功能。

要想使用WinRAR，就先要安装该软件。WinRAR 的安装文件的参考下载地址为：http://www.winrar.com.cn/。

【例 5-4】在 Windows 7 操作系统中安装压缩与解压缩软件 WinRAR。
视频

step 1 双击 WinRAR 的安装文件图标，打开如下图所示的界面。

step 2 在【目标文件夹】下拉列表框中，可设置软件安装的路径(本例保持默认设置)。

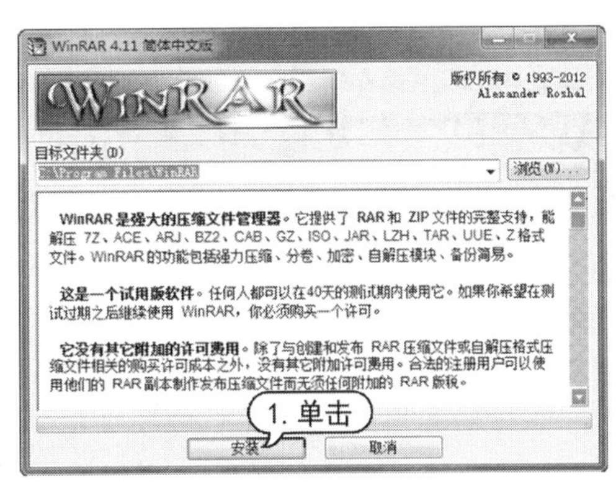

step 3 单击【安装】按钮，开始安装WinRAR。

step 4 安装完成后，弹出如下图所示的对话框，要求用户对 WinRAR 做一些基本设置。如果用户对这些设置不熟悉，保持默认选项并单击【确定】按钮即可。

step 5 随后打开如下图所示的对话框，单击【阅读帮助】按钮，可以查看帮助，单击【完成】按钮，完成 WinRAR 的安装。

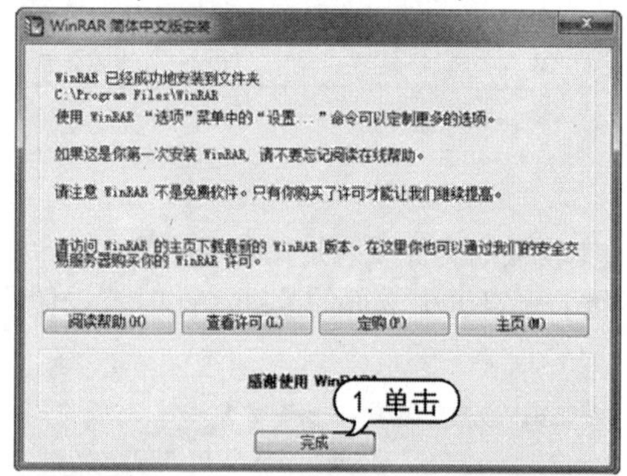

5.3.2 压缩文件

使用 WinRAR 压缩软件有两种操作方法：一种是通过 WinRAR 的主界面来压缩；另一种是直接使用右键快捷菜单来压缩。

1. 通过 WinRAR 主界面压缩

本节通过一个具体实例介绍如何通过 WinRAR 的主界面压缩文件。

【例5-5】使用WinRAR将多个文件压缩成一个文件。
视频

step 1 选择【开始】|【所有程序】|【WinRAR】|【WinRAR】命令，打开 WinRAR 程序的主界面。

step 2 选择要压缩的文件夹的路径，然后在下面的列表中选中要压缩的多个文件。

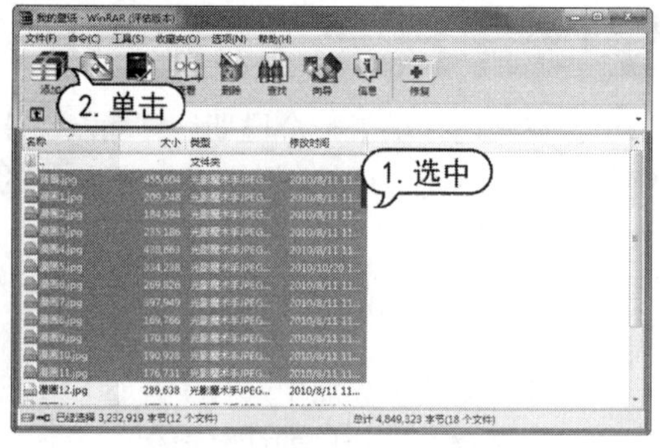

step 3 单击工具栏中的【添加】按钮，打开【压缩文件名和参数】对话框。

step 4 在【压缩文件名】文本框中输入“我的壁纸”，然后单击【确定】按钮，即可开始压缩文件。

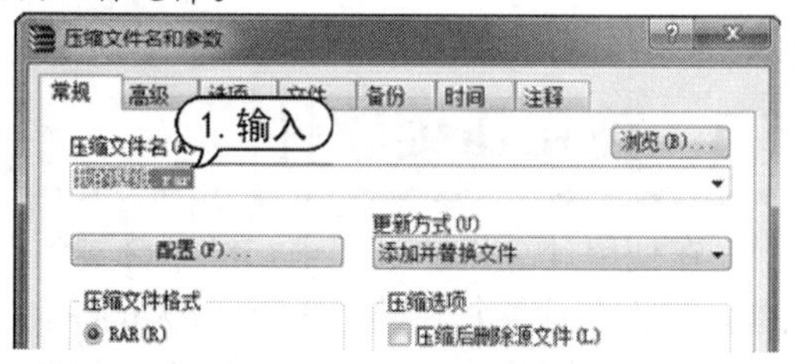

step 5 压缩完成后，压缩后的文件按新的文件名保存，并将默认和源文件存放在同一目录下。

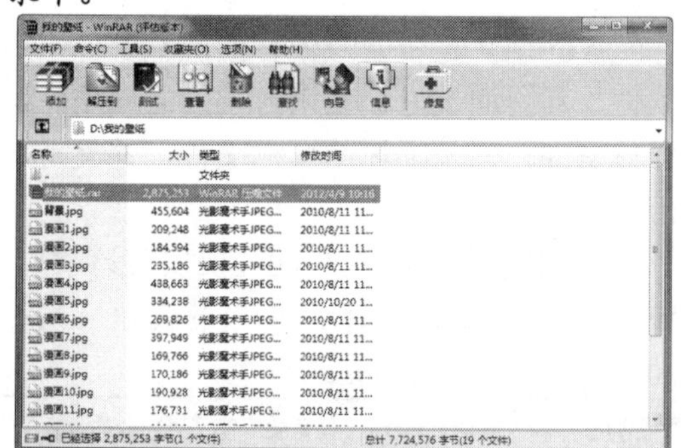

在【压缩文件名和参数】对话框的【常规】选项卡中有【压缩文件名】、【压缩文件格式】、【压缩方式】、【压缩分卷大小、字节】、【更新方式】和【压缩选项】几个选项区域，它们的含义分别如下。

- 【压缩文件名】：单击【浏览】按钮，可选择一个已经存在的压缩文件，此时 WinRAR 会将新添加的文件压缩到这个已经存在的压缩文件中，另外，用户还可输入新的压缩文件名。

➤ 【压缩文件格式】：选择 RAR 格式可得到较大的压缩率，选择 ZIP 格式可得到较快的压缩速度。

➤ 【压缩方式】：选择标准选项即可。

➤ 【压缩分卷大小、字节】：当把一个较大的文件分成几部分来压缩时，可在这里指定每一部分文件的大小。

➤ 【更新方式】：选择压缩文件的更新方式。

➤ 【压缩选项】：可进行多项设置，例如压缩完成后是否删除源文件等。

2. 通过右键快捷菜单压缩文件

WinRAR 成功安装后，系统会自动在右键快捷菜单中添加压缩和解压缩文件的命令，以方便用户使用。

【例 5-6】使用右键快捷菜单将多本电子书压缩为一个压缩文件，并命名为【电子书备份】。

视频

step 1 打开要压缩的电子书所在的文件夹。按 Ctrl+A 组合键选中这些电子书，然后在选中的电子书上右击，在弹出的快捷菜单中选择【添加到压缩文件】命令。

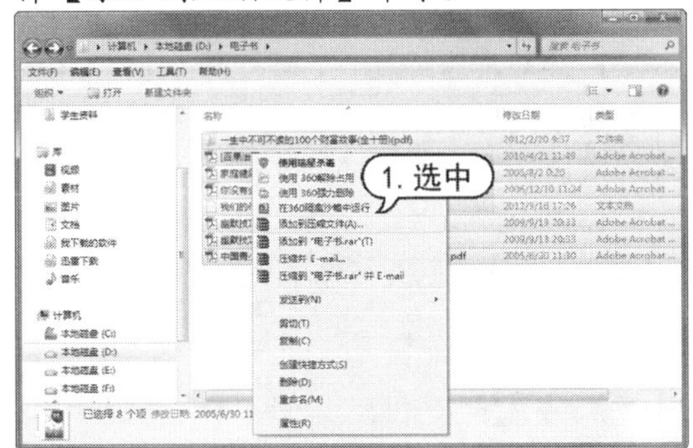

step 2 在打开的【压缩文件名和参数】对话框中输入“电子书备份”。

step 3 单击【确定】按钮，即可开始压缩文件。

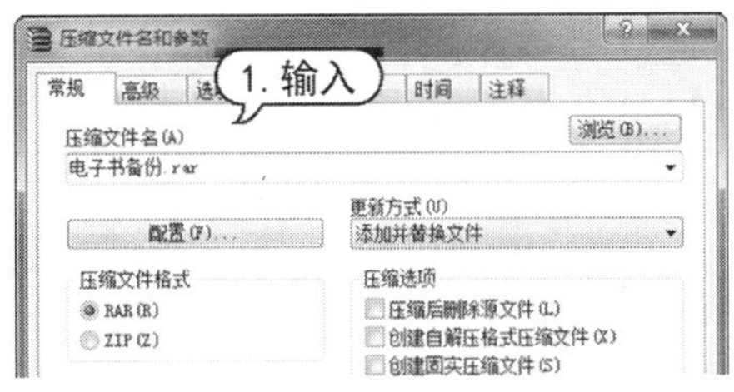

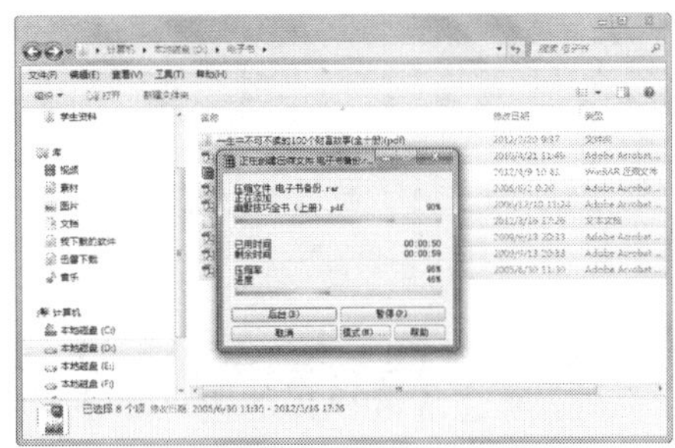

step 4 文件压缩完成后，仍然将压缩文件默认和源文件存放在同一目录中。

5.3.3 解压文件

压缩文件必须要解压才能查看。要解压文件，可采用以下几种方法。

1. 通过 WinRAR 主界面解压文件

启动 WinRAR，选择【文件】|【打开压缩文件】命令，打开【查找压缩文件】对话框。

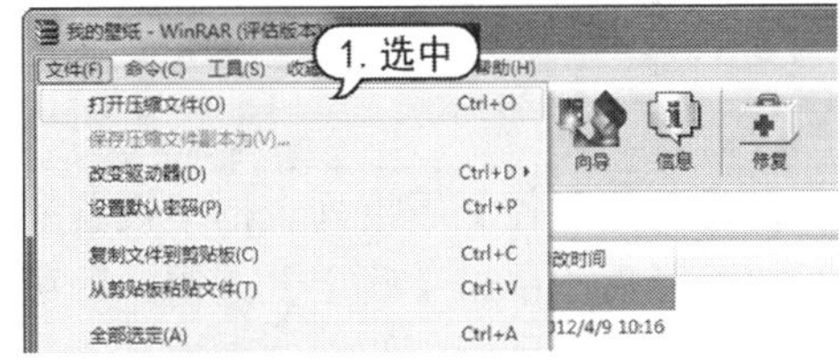

选择要解压的文件，然后单击【打开】按钮，如下图所示。

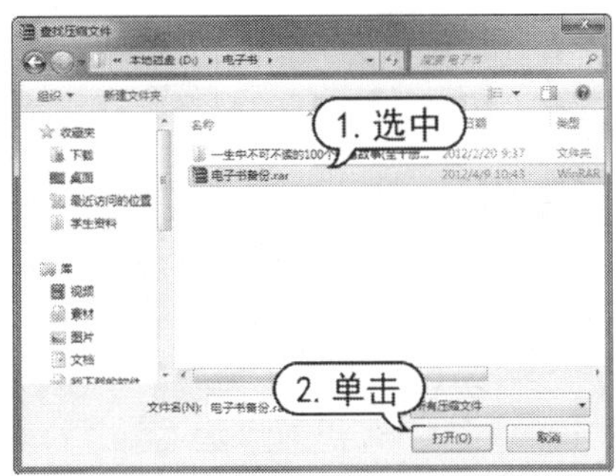

选定的压缩文件将会被解压，并将解压的结果显示在 WinRAR 主界面的文件列表中，如下图所示。

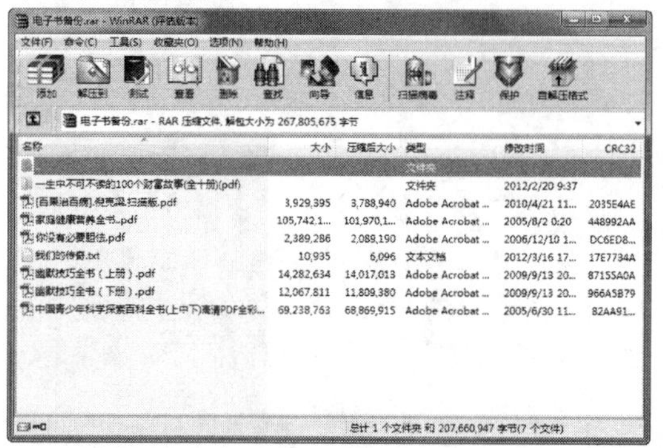

另外，通过 WinRAR 的主界面还可将压缩文件解压到指定的文件夹中。操作方法是单击【路径】文本框最右侧的按钮，选择压缩文件的路径，并在下面的列表中选中要解压的文件，然后单击【解压到】按钮，打开【解压路径和选项】对话框。

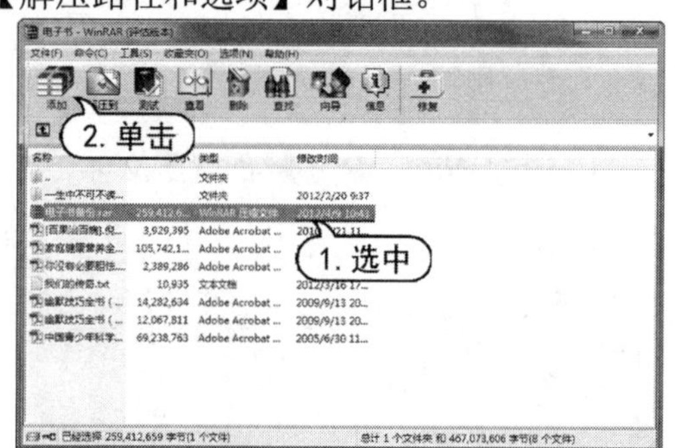

在【目标路径】下拉列表框中设置解压的目标路径后，单击【确定】按钮，即可将该压缩文件解压到指定的文件夹中。

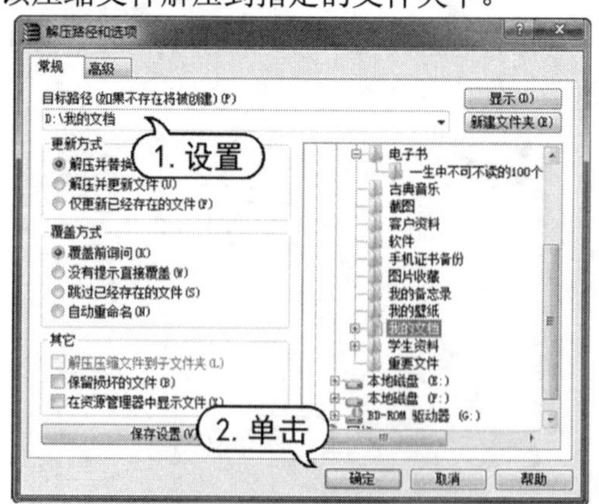

2. 使用右键快捷菜单解压文件

直接右击要解压的文件，在弹出的快捷菜单中有【解压文件】、【解压到当前文件夹】和【解压到】3 个相关命令可供选择。它们的具体功能分别如下：

- 选择【解压文件】命令，可打开【解压路径和选项】对话框。用户可对解压后文件的具体参数进行设置，例如【目标路径】、【更新方式】等。设置完成后，单击【确定】按钮，即可开始解压文件。
- 选择【解压到当前文件夹】命令，系统将按照默认设置，将该压缩文件解压到当前的目录中。
- 选择【解压到】命令，可将压缩文件解压到当前的目录中，并将解压后的文件保存在和压缩文件同名的文件夹中。

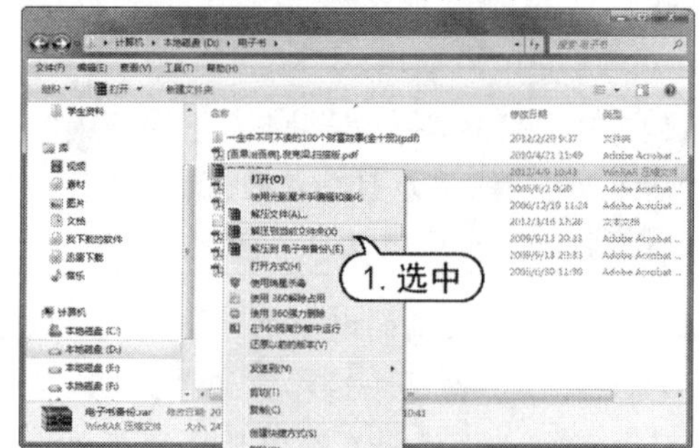

3. 直接双击压缩文件解压

直接双击压缩文件，可打开 WinRAR 的主界面，同时该压缩文件会被自动解压，并将解压后的文件显示在 WinRAR 主界面的文件列表中。

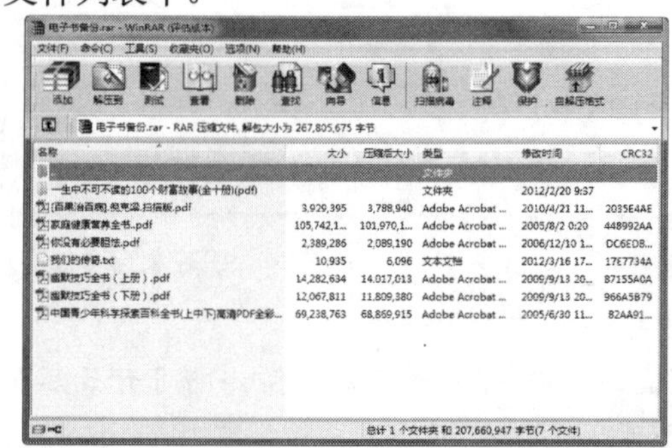

5.3.4　管理压缩文件

在创建压缩文件时，用户可能会遗漏所要压缩的文件或多选了无需压缩的文件。这时可以使用 WinRAR 管理文件，无需重新进行压缩操作，只需要在原有的已压缩好的文件里添加或删除文件即可。

【例 5-7】在创建好的压缩文件中添加新的文件。

视频

step 1 双击压缩文件，打开 WinRAR 窗口，单击【添加】按钮。

step 2 打开【请选择要添加的文件】对话框，选择所需添加到压缩文件中的电子书，然后单击【确定】按钮，打开【压缩文件名和参数】对话框。

step 3 继续单击【确定】按钮，即可将文件添加到压缩文件中。

step 4 如果要删除压缩文件中的文件，在 WinRAR 窗口中选中要删除的文件，单击【删除】按钮即可删除。

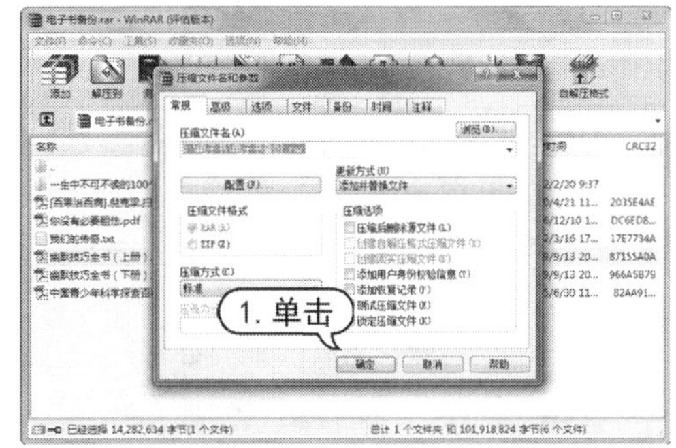

5.4　使用图片浏览工具

要查看计算机中的图片，就要使用图片查看软件。ACDSee 是一款非常好用的图像查看处理软件，被广泛地应用在图像获取、管理以及优化等各个方面。另外，使用软件内置的图片编辑工具还可以轻松处理各类数码图片。

5.4.1　浏览图片

ACDSee 提供了多种查看方式供用户浏览图片，用户在安装 ACDSee 软件后，双击桌面上的软件图标启动软件，即可启动 ACDSee，如下图所示为 ACDSee 的主界面。

知识点滴

目前，ACDSee 的最新版本为 ACDSee 15。它完全采用了最新兼容 Windows 7 的架构，在 Windows 7 下的显示效果令人非常满意。无论是窗口还是对话框，都表现得非常协调。

在主界面左侧的【文件夹】列表框中选择图片的存放位置，然后双击某幅图片的缩略图，即可查看该图片。

【例 5-8】使用 ACDSee 浏览 D 盘【我的壁纸】文件夹中的【风景 9】图片。

视频

step 1 启动 ACDSee，在其主界面左侧的【文件夹】列表框中依次展开【计算机】|【本地磁盘(D:)】|【我的壁纸】选项。

step 2 此时，软件主界面中间的文件区域将显示【我的壁纸】文件夹中的所有图片，如下图所示。

step 3 双击其中的【风景 9】图片，即可放大查看该图片。

5.4.2 编辑图片

使用 ACDSee 不仅能够浏览图片，还可以对图片进行简单的编辑。

【例 5-9】使用 ACDSee 对 D 盘【我的壁纸】文件夹中的【童话】图片进行编辑。
视频

step 1 启动 ACDSee，在其主界面左侧的【文件夹】列表框中依次展开【计算机】|【本地磁盘(D:)】|【我的壁纸】选项。

step 2 双击名为【童话】的图片，打开图片查看窗口。

step 3 单击图片查看窗口左上方的【编辑图像】按钮，打开图片编辑面板。

step 4 选择左侧的【曝光】选项，打开其参数设置面板。

step 5 在【预设值】下拉列表框中选择【提高对比度】选项，然后拖动其下方的【曝光】、【对比度】和【填充光线】滑块，调整曝光的相应参数值，如下图所示。

step 6 设置完成后，单击【完成】按钮，返回图片管理器窗口。

step 7 单击左侧工具条中的【裁剪】按钮，打开【裁剪】面板。

step 8 在该窗口的右侧，可拖动图片显示区域的 8 个控制点来选择图像的裁剪范围。选择完成后，单击【完成】按钮，完成图片的裁剪，如下图所示。

step 9 图片编辑完成后，单击【保存】按钮，选择【保存】命令，即可对编辑后的图片进行保存。

5.4.3 批量重命名图片

如果用户需要一次对大量的图片进行统一的命名，可以使用 ACDSee 的批量重命名功能。

【例 5-10】使用 ACDSee 对 D 盘【图片收藏】文件夹的所有图片进行统一命名。
视频

step 1 启动 ACDSee，在其主界面左侧的【文件夹】列表框中依次展开【计算机】|【本地磁盘(D:)】|【图片收藏】选项。

step 2 在软件主界面中间的文件区域将显示【图片收藏】文件夹中的所有图片。

step 3 按 Ctrl+A 组合键，选定该文件夹中的所有图片，选择【工具】|【批量】|【重命名】命令，打开【批量重命名】对话框。

step 4 选中【使用模板重命名文件】复选框，在【模板】文本框中输入新图片的名称“我的图片##”，然后选中【使用数字替换#】单选按钮。

step 5 在【开始于】微调框中设置数值为 1，此时，在【预览】列表框中将会显示重命名后的图片名称。

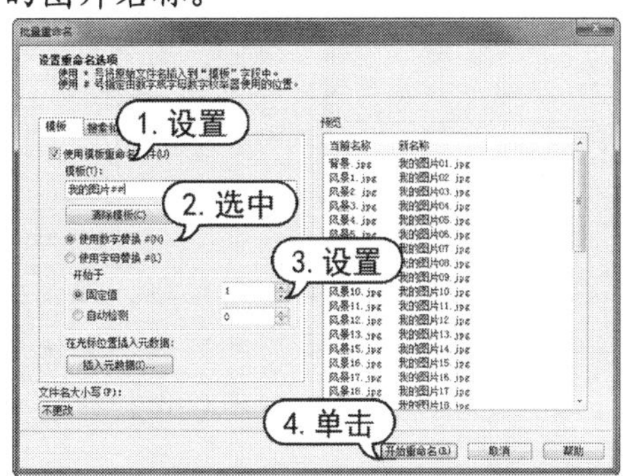

step 6 设置完成后，单击【开始重命名】命令，系统开始批量重命名图片。

step 7 命名完成后，打开【正在重命名文件】对话框，单击【完成】按钮，完成图片的批量重命名。

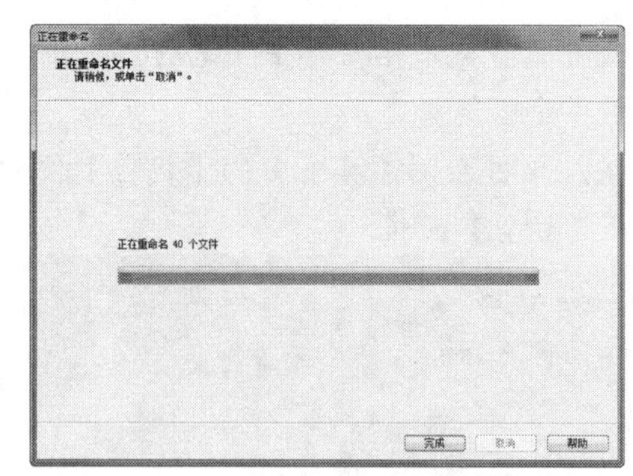

5.5 使用暴风影音看视频

暴风影音是目前最为流行的影音播放软件。它支持多种视频文件格式的播放，使用领先的 MEE 播放引擎，使播放更加清晰流畅。在用户日常使用中，暴风影音无疑是播放视频文件的理想选择。

5.5.1 播放本地影音文件

安装暴风影音后，系统中视频文件的默认打开方式一般会自动变更为使用暴风影音打开。此时直接双击该视频文件，即可开始使用暴风影音进行播放。

如果默认打开方式不是暴风影音，用户可将默认打开方式设置为暴风影音。

【例 5-11】将系统中视频文件的默认打开方式修改为使用暴风影音打开。

视频

step 1 右击视频文件，选择【打开方式】|【选择默认程序】命令。

step 2 打开【打开方式】对话框，在【推荐的程序】列表中选择【暴风影音 5】选项，然后选中【始终使用选择的程序打开这种文件】复选框。

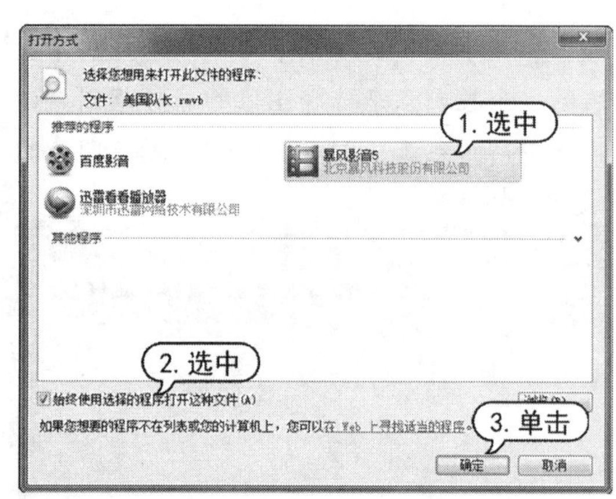

step 3 单击【确定】按钮，即可将视频文件的默认打开方式设置为使用暴风影音打开，此时视频文件的图标也会变成暴风影音的格式，如下图所示。

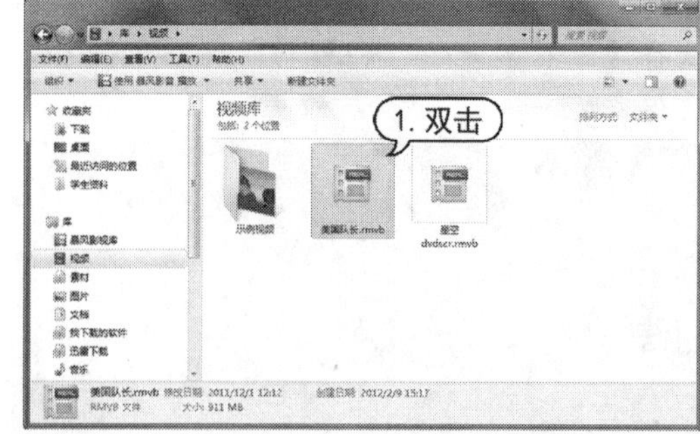

step 4 双击视频文件，即可使用暴风影音播放该视频文件。

5.5.2 播放网络影音文件

为了方便用户通过网络观看影片，暴风影音提供了一个【在线影视】功能。使用该功能，用户可方便地通过网络观看自己想看的电影。

【例 5-12】通过暴风影音的【在线影视】功能观看网络影片。

视频

step 1 启动暴风影音播放器，默认情况下会自动在播放器右侧打开播放列表。如果没有打开播放列表，可在播放器主界面的右下角单击【打开播放列表】按钮。

step 2 打开播放列表后，切换至【在线影视】选项卡。在该列表中双击想要观看的影片，稍作缓冲后，即可开始播放。

5.5.3 常用快捷操作

在使用暴风影音看电影时，如果能熟记一些常用的快捷键操作，则可增添更多的视听乐趣。常用的快捷键如下。

- 全屏显示影片：按 Enter 键，可以全屏显示影片，再次按下 Enter 键即可恢复原始大小。
- 暂停播放：按 Space(空格)键或单击影片，可以暂停播放。
- 快进：按右方向键→，或者向右拖动播放控制条，可以快进。
- 快退：按左方向键←，或者向左拖动播放控制条，可以快退。
- 加速/减速播放：按 Ctrl+↑键或 Ctrl+↓键，可使影片加速/减速播放。
- 截图：按 F5 键，可以截取当前影片显示的画面。
- 升高音量：按向上方向键↑或者向前滚动鼠标滚轮。
- 减小音量：按向下方向键↓或者向后滚动鼠标滚轮。
- 静音：按 Ctrl+M 可关闭声音。

5.6 使用 PDF 阅读工具

PDF 全称为 Portable Document Format，译为可移植文档格式，是一种电子文件格式。要阅读该种格式的文档，需要特有的阅读工具即 Adobe Reader。Adobe Reader(也称为 Acrobat

Reader)是美国 Adobe 公司开发的一款优秀的 PDF 文档阅读软件，除了可以完成电子书的阅读外，还增加了朗读、阅读 eBook 及管理 PDF 文档等多种功能。

5.6.1 阅读 PDF 电子书

安装 Adobe Reader 后，PDF 格式的文档会自动通过 Adobe Reader 打开。另外，还可通过【文件】菜单来打开 PDF 文档。

启动 Adobe Reader，选择【文件】|【打开】命令，或者单击【打开】链接，打开【打开】对话框。在【打开】对话框中选择一个 PDF 文档，然后单击【打开】按钮，即可打开该文档。

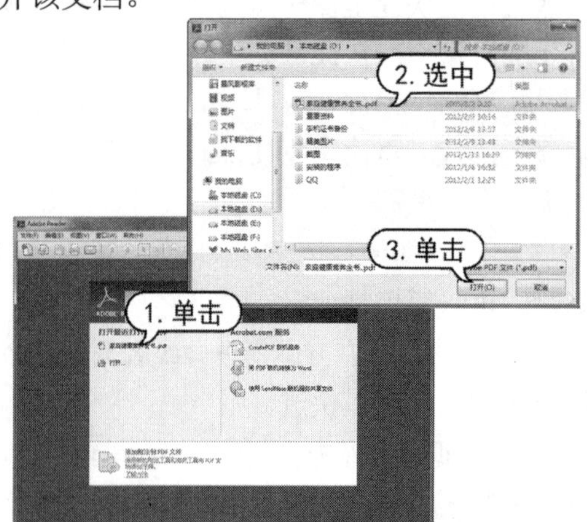

在阅读文档时，用户可在文档中右击，在弹出的快捷菜单中选择【手形工具】命令，如下图所示。

使用手形工具可拖动文档以方便阅读，如右上图所示。

5.6.2 选择和复制文字

用户可将 PDF 中的文字复制下来，以方便用作其他用途。要复制 PDF 中的文字，可在文档中右击，在弹出的快捷菜单中选择【选择工具】命令，如下图所示。

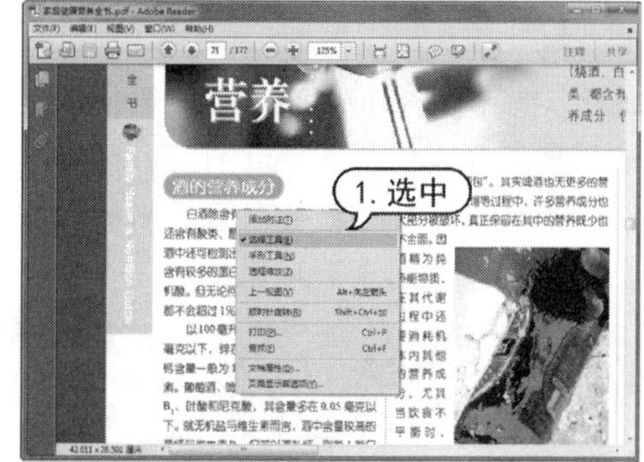

然后按住鼠标左键不放拖动鼠标选中要复制的文字，释放鼠标。接着在选定的文字上右击，然后选择【复制】命令，即可将选定的文字复制到剪贴板中。

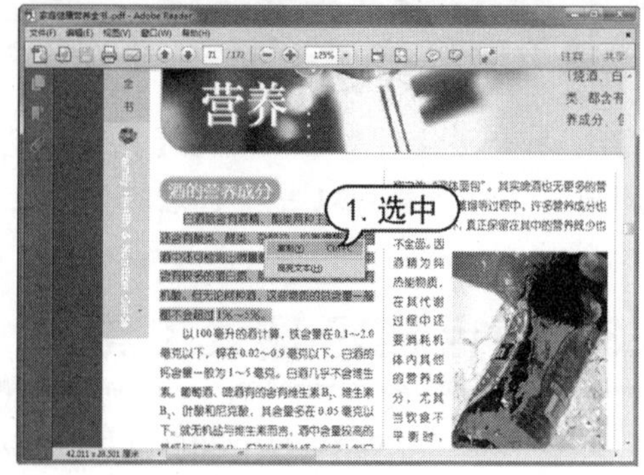

5.6.3　选择和复制图片

许多 PDF 文档中都包含精美的图片，如果想要得到这些图片，可将其从 Adobe Reader 中直接复制出来。首先在文档中右击，在弹出的快捷菜单中选择【选择工具】命令，然后单击选中要保存的图片，接着在该图片上右击，在弹出的快捷菜单中选择【复制图像】命令，即可将该图片复制到剪贴板中。

此时可打开另一程序(如 Windows 7 自带的【画图】程序)，使用【粘贴】命令，即可将复制的图像复制到新的文档中。

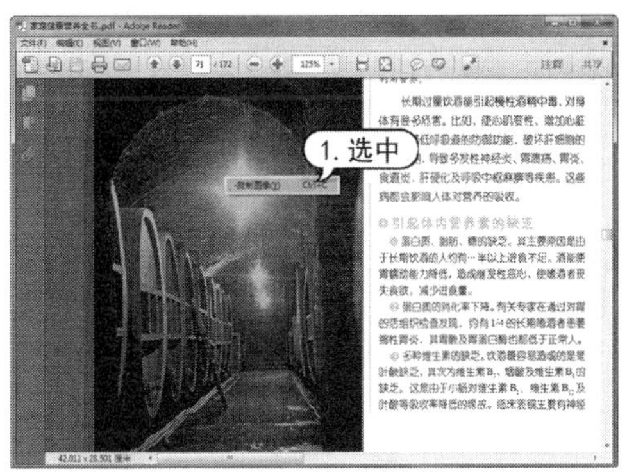

5.7　使用翻译软件

有道词典是目前最流行的英语翻译软件之一。该软件可以实现中英文互译、单词发声、屏幕取词、定时更新词库以及生词本辅助学习等功能，是不可多得的实用软件。

5.7.1　查询中英文单词

有道词典的主界面如下图所示。在窗口上方的输入文本框中输入要查询的英文单词 apple，系统即可自动显示 apple 的汉语意思和与 apple 相关的词语。

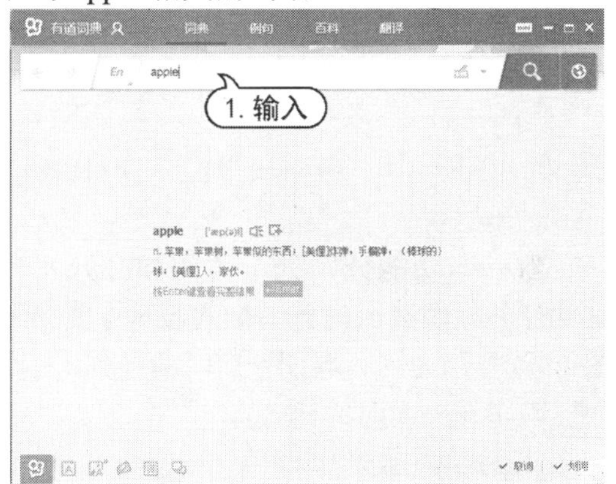

按下 Enter 键，可查看更完整的单词释义，如右上图所示。

若在输入文本框中输入汉字“丰富”，则系统会自动显示“丰富”的英文单词和与“丰富”相关的汉语词组。

按下 Enter 键，仍然可查看更完整的词语释义，如右下图所示。

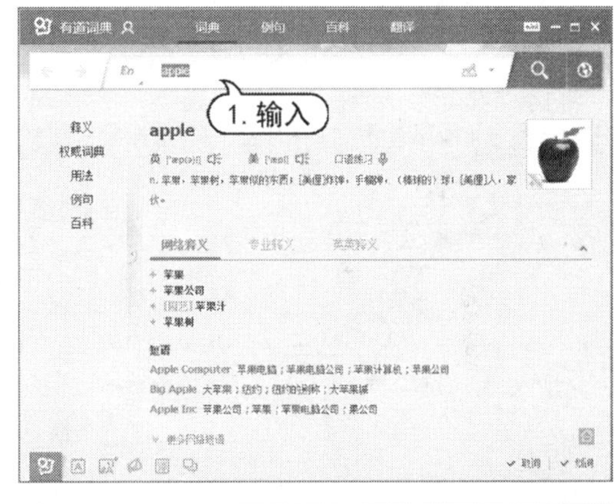

另外，单击【例句】按钮，可显示与查询的单词相关的中英文例句，如下图所示。

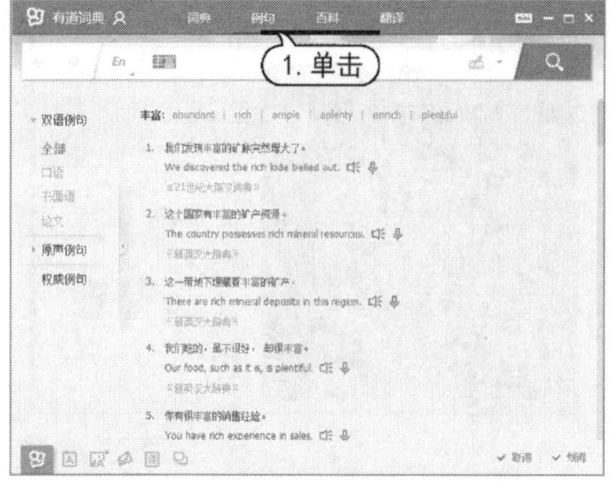

5.7.2 整句完整翻译

在有道词典的主界面中，单击【翻译】按钮，可打开翻译界面，在该界面中可进行中英文整句完整互译。

例如在【原文】文本框中输入“我想和你在一起”，然后单击【自动翻译】按钮，即可自动将该句翻译成英文。

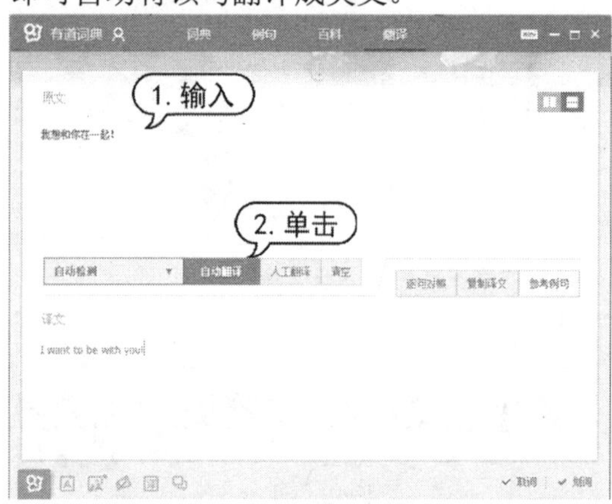

> **知识点滴**
>
> 单击【复制译文】按钮，可复制翻译好的句子，单击【参考例句】按钮，可打开【参考例句】窗口，显示相关例句。

5.7.3 使用屏幕取词功能

有道词典的屏幕取词功能是非常人性化的一个附加功能。只要将鼠标指针指向屏幕中的任何中、英字词，有道词典就会出现浮动的取词条。用户可以方便地看到单词的音标、注释等相关内容。屏幕取词窗口如下图所示。

其中，单击【发音】按钮，有道词典会自动朗读当前显示的单词；单击▣按钮，可以全部复制取词框中的内容；单击▣按钮，可将取词框固定在某个位置，不随鼠标指针的移动而移动。

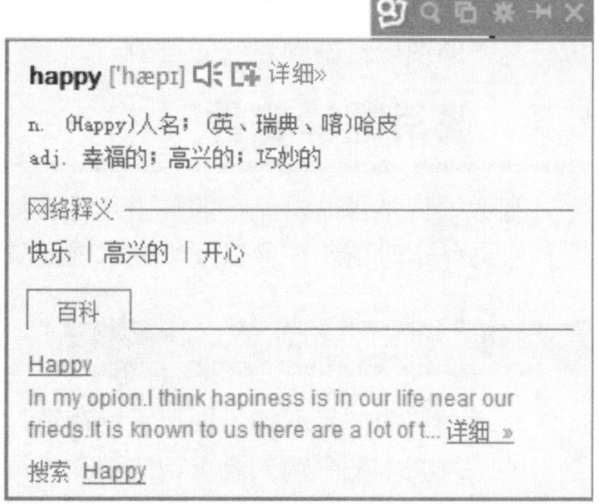

如果不小心关闭了屏幕取词功能，可在软件主界面的右下角单击【取词】按钮，重新开启屏幕取词功能，如下图所示。

✔ 取词 | ✔ 划词

当取词功能分别处于关闭和打开状态时，任务栏中有道词典图标的显示方式如下图所示(左侧为屏幕取词开启时的样式，右侧为屏幕取词关闭时的样式)。

5.8　使用照片处理软件

自己照出来的照片难免会有不满意之处，这时可利用计算机对照片进行处理，以达到一个完美的效果。这里向大家介绍一款非常好用的照片画质改善和个性化处理的软件——光影魔术手。它不要求用户有非常专业的知识，只要懂得操作计算机就能够将一张普通的照片轻松地 DIY 出具有专业水准的效果。

5.8.1　调整照片大小

将数码相机照出的照片复制到计算机中进行浏览时，其大小往往不会如人愿，此时可使用光影魔术手来调整照片的大小。

【例 5-13】使用光影魔术手调整照片的大小。

视频

step 1　启动光影魔术手，单击【打开】按钮，打开【打开】对话框，在该对话框中选择要调整大小的照片后，单击【打开】按钮，打开照片。

step 2　单击【尺寸】下拉按钮，在打开的常用尺寸下拉列表中，可选择照片的尺寸大小，如下图所示。

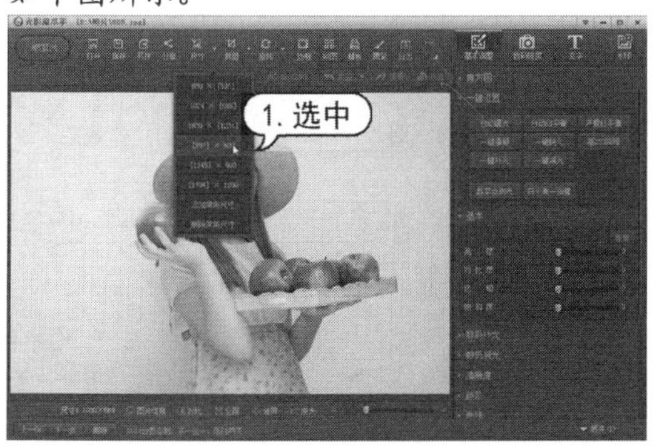

step 3　选择完成后，单击【保存】按钮，打开【保存提示】对话框，询问用户是否覆盖原图，单击【确定】按钮，覆盖原图保存调整大小后的图片。

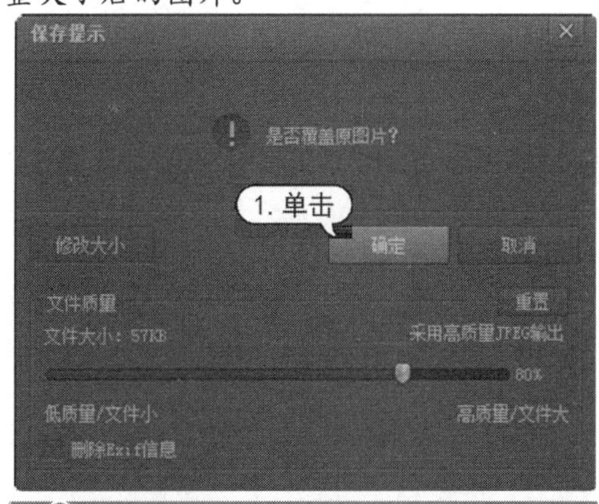

知识点滴

如果想保留原图，可单击【另存】按钮，将修改后的图片另存为一个新文件。另外，选中【采用高质量 JPEG 输出】复选框，可保证输出照片的质量。

5.8.2　裁剪照片

如果想在照片中突出某个主题，或者去掉不想要的部分，则可以使用光影魔术手的裁剪功能，对照片进行裁剪。

【例 5-14】使用光影魔术手裁剪照片。

视频

step 1　启动光影魔术手，单击【打开】按钮，打开【打开】对话框，选择需要裁剪的数码照片，单击【打开】按钮，即可打开照片，如下图所示。

step 2　单击工具栏中的【裁剪】按钮，打开图像裁剪界面。

step 3 将鼠标指针移至照片上，当变成形状时，按下鼠标左键并在图片上拖动出一个矩形选框，框选需要裁剪的部分，释放鼠标左键，此时被框选的部分周围将有虚线显示，而其他部分将会以羽化状态显示。

step 4 调节界面右侧的【圆角】滑竿，可以将裁剪区域设置为圆角，如下图所示。

step 5 单击【确定】按钮，裁剪照片，返回主界面，显示裁剪后的图像。

step 6 在工具栏中单击【另存】按钮，不删除原照片的情况下保存裁剪后的照片。

5.8.3 使用数码暗房

光影魔术手的真正强大之处在于对照片的加工和处理功能。相比于 Photoshop 等专业图片处理软件而言，光影魔术手对于数码照片的针对性更强，而加工程序却更为简单，即使是没有任何基础的新手也可以迅速上手。本节来介绍如何使用数码暗房来调整照片的色彩和风格。

【例 5-15】使用光影魔术手的数码暗房功能为照片添加特效。

视频

step 1 启动光影魔术手，单击【打开】按钮，打开要加工的照片。

step 2 单击主界面中的【数码暗房】按钮，打开数码暗访列表框。

step 3 单击【黑白效果】按钮，可使图片变为黑白效果。

知识点滴

此时会打开黑白效果的参数设置面板，在该面板中可对黑白效果的参数进行设置，效果如下图所示。

step 4 使用【柔光镜】效果，可柔化照片，使照片更加细腻，如下图所示。

step 5 使用【铅笔素描】功能，可使照片呈现铅笔素描效果，如下图所示。

step 6 使用【人像美容】功能，可通过调节【磨皮力度】、【亮白】和【范围】三个参数来美化照片。

step 7 调节到满意的效果后，单击【确定】按钮，返回到软件主界面，单击【保存】按钮，保存调节后的照片。

5.8.4 使用边框效果

使用光影魔术手的边框功能，可以通过简单的步骤对照片添加边框修饰效果，达到美化照片的目的。

【例5-16】使用光影魔术手为数码照片添加边框。

step 1 启动光影魔术手，单击【打开】按钮，打开要添加边框的照片。

step 2 单击主界面中的【边框】按钮，选择【多图边框】命令。

step 3 打开【多图边框】界面，选择一个自己喜欢的多图边框效果。

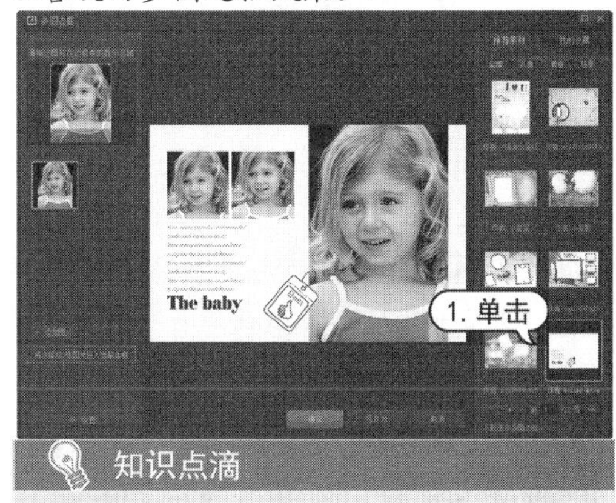

知识点滴

在【多图边框】界面的左上角，可调整照片在边框中的显示区域。

step 4 调整完成后，单击【确定】按钮使用该边框，并返回软件主界面。单击【保存】按钮，保存应用了边框效果的照片。

5.8.5 为照片添加文字

使用光影魔手术可以方便地为照片添加文字，丰富照片内容。

【例 5-17】使用光影魔术手为数码照片添加文字。
视频

step 1 启动光影魔术手，单击【打开】按钮，打开要添加文字的照片。

step 2 单击主界面右上角的【文字】按钮，打开添加文字界面。

step 3 在【文字】文本框中输入要添加的文字，该文字会自动显示在照片中，如下图所示。

step 4 在【字体】下拉列表框中设置字体为【方正剪纸简体】，设置字号为【39】号，设置字体颜色为【橙色】。

step 5 调节【透明度】滑竿，设置透明度为26%，调节【旋转角度】滑竿，设置旋转角度为18°。

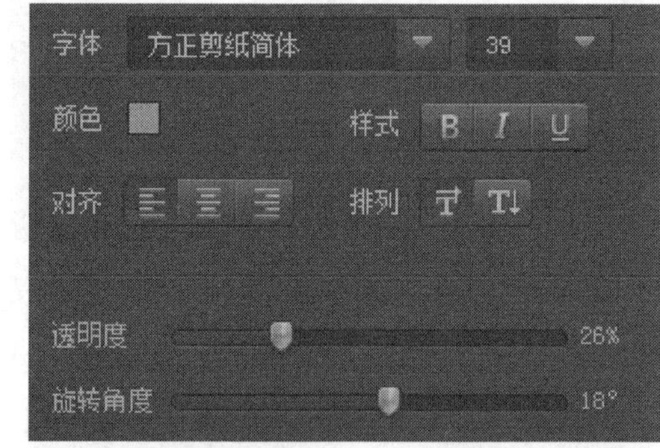

step 6 打开【高级设置】选项，选中【发光】复选框，设置发光效果为【白色】；选中【阴影】复选框，设置【上下】参数为 5，【左右】参数为-5。

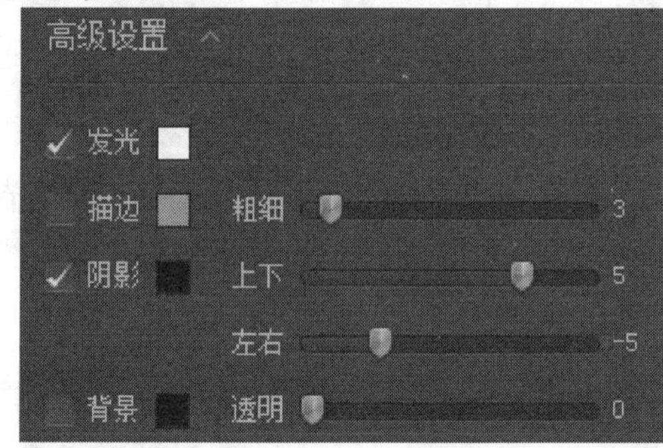

step 7 使用鼠标将文字拖动到照片的合适位置，然后单击【保存】按钮，保存添加文字后的照片。

5.9　案例演练

本章主要介绍了 Windows 7 中的常用附件和常用工具软件的使用方法。本次实战演练将通过几个具体实例来使读者进一步掌握本章所学的内容。

5.9.1　使用计算器转换单位

Windows 7 的计算器不仅能够进行一般的数学运算，还能进行单位转换。

【例 5-18】使用计算器计算 86 华氏度相当于多少摄氏度。

视频

step 1　启动计算器程序，选择【查看】|【单位转换】命令，打开单位转换面板。

step 2　在【选择要转换的单位类型】下拉列表中选择【温度】选项，在【从】文本框中输入 86，在下面的下拉列表框中选择【华氏度】选项，在【到】下拉列表框中选择【摄氏度】选项，此时在【到】文本框中即可看到转换的结果，如下图所示。

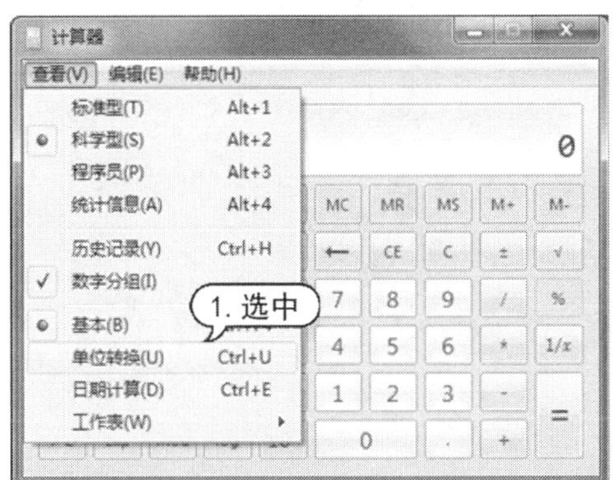

5.9.2　为压缩文件添加密码

对于一些不想让别人看到的文件，用户可将其压缩并进行加密，其他用户要想查看必须先输入正确的密码。下面以加密【我的备忘录】文件夹为例来介绍压缩文件的加密方法。

【例 5-19】将【我的备忘录】文件夹压缩为同名文件，并进行加密。

视频

step 1　右击【我的备忘录】文件夹，在弹出的快捷菜单中选择【添加到压缩文件】命令，打开【压缩文件名和参数】对话框。

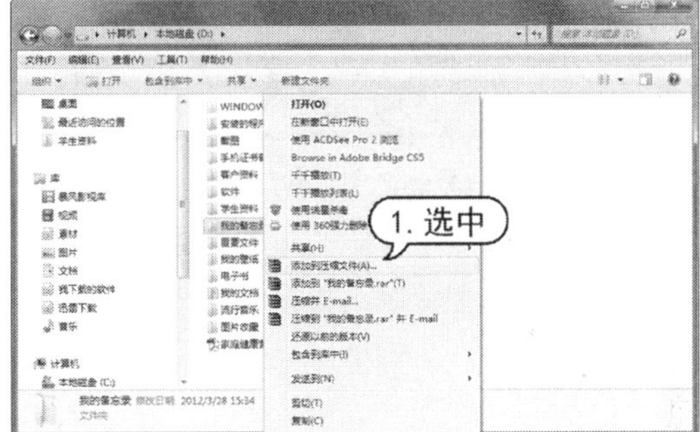

step 2　切换至【高级】选项卡，单击【设置密码】按钮，打开【输入密码】对话框。

step 3　在相应的文本框中输入两次相同的密码，然后选中【加密文件名】复选框。

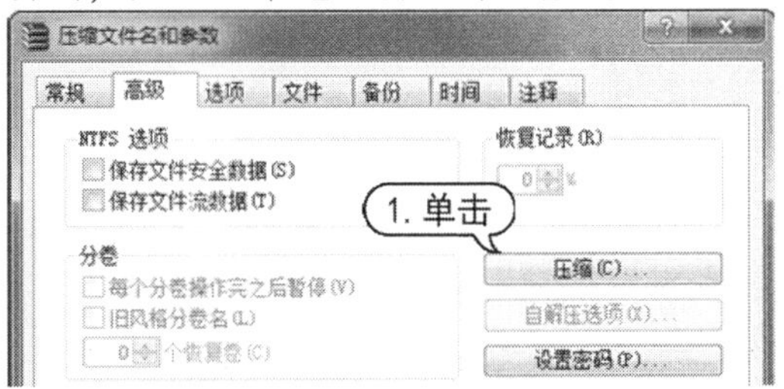

step 4　单击【确定】按钮，返回【压缩文件名和参数】对话框，接着单击【确定】按钮，开始压缩文件。

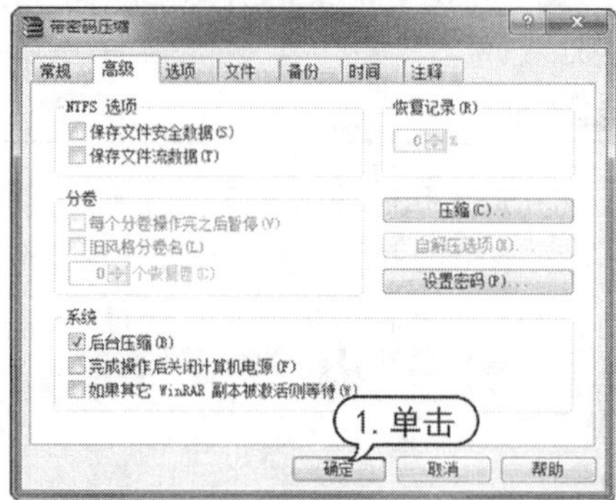

step 5 文件压缩完成后，当要查看此压缩文件时，系统会打开【输入密码】对话框。用户必须输入正确的密码才能查看文件，单击【确定】按钮，如下图所示。

第6章

使用计算机上网冲浪

在信息化时代的今天，上网不仅可以帮助人们更好地获取信息、进行交流，还能丰富人们的日常生活，可以说网络已经成为人们生活中必不可少的一部分。本章将向大家介绍上网的基本常识，包括如何浏览网页、上网聊天和收发电子邮件等操作。

对应光盘视频

例 6-1　建立拨号连接
例 6-2　访问网易首页
例 6-3　使用 IE 选项卡
例 6-4　使用 IE 收藏夹
例 6-5　整理收藏夹
例 6-6　保存网页中的文本
例 6-7　保存整个网页
例 6-8　使用百度搜索网页
例 6-9　使用百度搜索新闻
例 6-10　使用百度搜索图片
例 6-11　使用百度搜索歌曲
本章其他视频文件参见配套光盘

6.1 连接网络

在上网冲浪之前，用户必须建立 Internet 连接，将自己的计算机同 Internet 连接起来，否则无法获取网络上的信息。目前，我国个人用户上网接入方式主要有电话拨号、ADSL 宽带上网、小区宽带上网、专线上网和无线上网等几种。本节主要来介绍如何使用 ADSL 宽带上网。

6.1.1 安装 ADSL Modem

要安装 ADSL，用户首先要到当地电信局办理 ADSL 业务。填表、交费后会有专业人员在规定的时间内上门为用户调试好网络连接。

ADSL 的硬件安装非常简单，只需先将电信部门提供的电话线接入到调制解调器(Modem)输入接口中，然后使用双绞线将调制解调器的输出端口和计算机的网卡接口相连即可。

下面来介绍如何安装 ADSL Modem。ADSL Modem 的外观及其所需主要附件如下图所示。

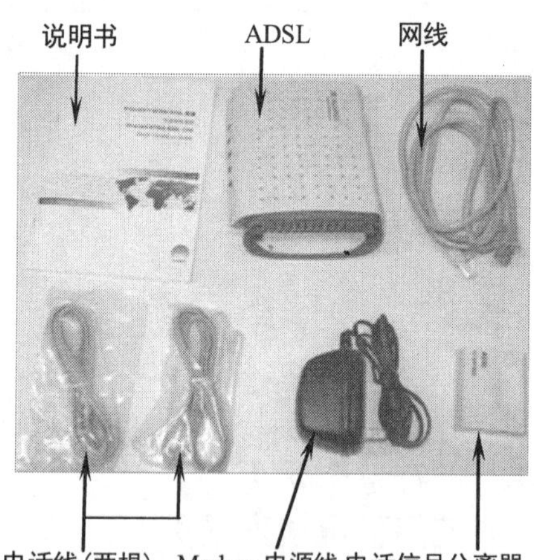

安装 ADSL Modem 的步骤如下：

step 1 首先拔下电话机上的电话线，将它与电话信号分离器相连；

step 2 然后使用 ADSL Modem 附件中的两根电话线分别连接电话机、电话信号分离器和 Modem 的 Line 接口；

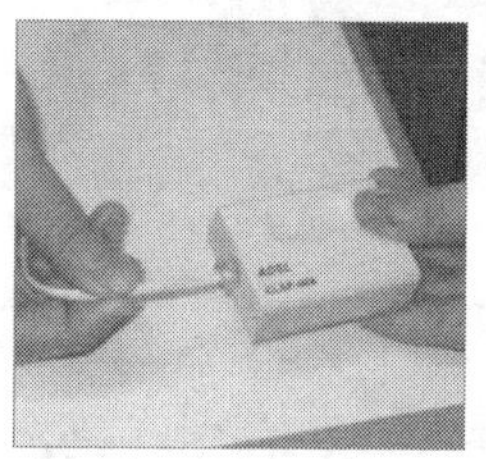

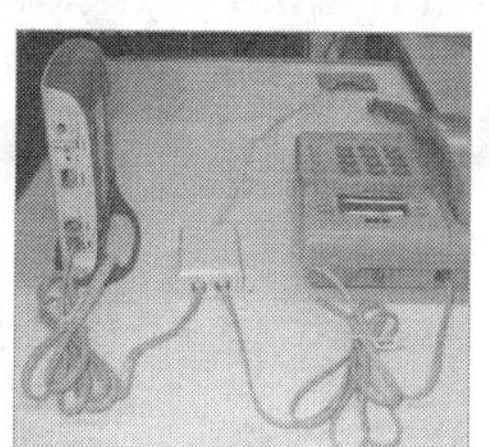

step 3 将 ADSL Modem 附件中网线的一头连接在 Modem 的 Ethernet 接口上，另一头连接在计算机的网卡接口上。

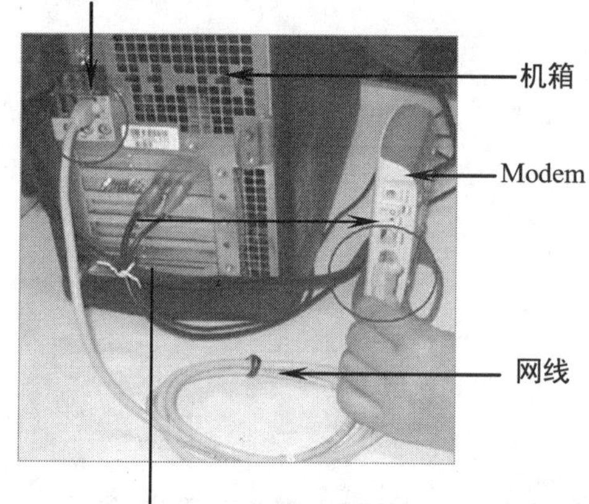

6.1.2 建立拨号连接

完成 ADSL Modem 的安装工作之后，用户可以在 Windows 系统中创建一个 ADSL 宽带连接，并使用该连接和申请的 ADSL 宽带账号接入 Internet。

【例 6-1】在 Windows 7 系统中建立拨号连接。

视频

step 1　单击任务栏中的网络图标，在打开的面板中单击【打开网络和共享中心】链接，打开【网络和共享中心】窗口。

step 2　单击【更改网络设置】区域的【设置新的连接或网络】链接，打开【设置连接或网络】对话框。

step 3　选择其中的【连接到 Internet】选项，然后单击【下一步】按钮，打开【你想如何连接？】对话框。

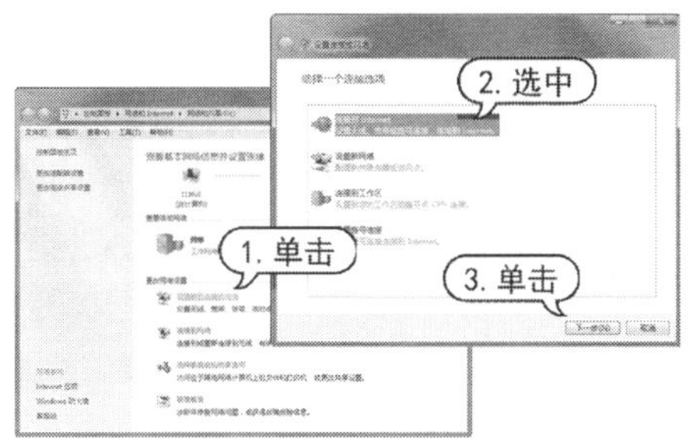

step 4　单击【宽带(PPPoE)】按钮，打开设置用户名和密码的对话框。

step 5　在该对话框中输入 ADSL 账号和密码，如下图所示。

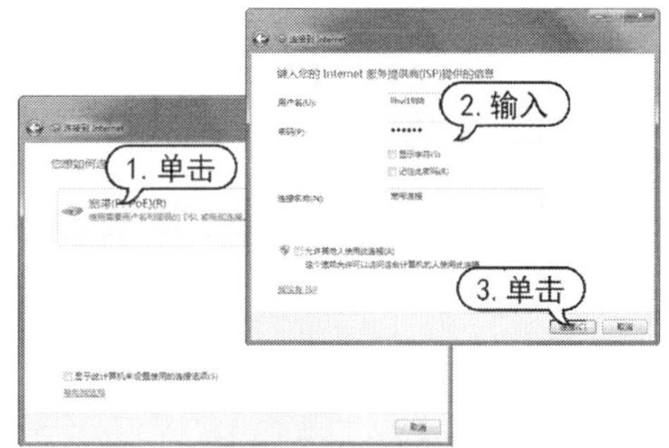

step 6　单击【连接】按钮，开始建立拨号连接。连接成功后，每次访问 Internet 时，只需单击任务栏通知区域的网络图标，然后选择之前建立的【宽带连接】即可。

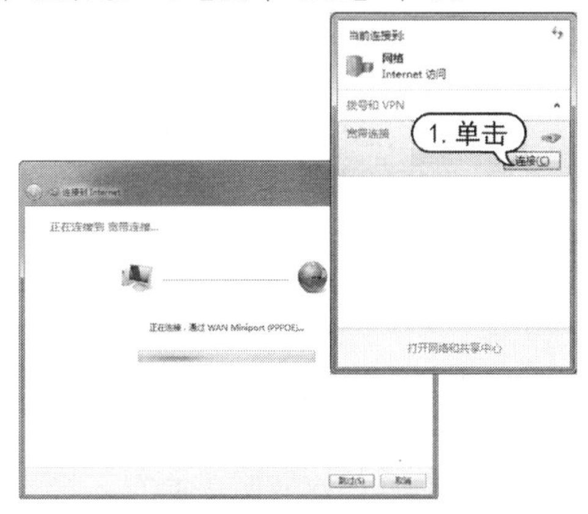

6.2　使用 IE 浏览网页

网络成功连接后就可以上网了，要上网浏览信息必须要用到浏览器。IE 浏览器的全称是 Internet Explorer，绑定于 Windows 7 操作系统中。这款浏览器功能强大、使用简单，是目前最常用的浏览器之一。用户可以使用它在 Internet 上浏览网页，还能够利用其内置的功能在网上进行多种操作。

6.2.1　认识 IE 浏览器

IE 浏览器的最新版本为 IE11，它的操作界面主要由标题栏、地址栏、选项卡、状态栏和滚动条等几个部分组成。

1. 地址栏

地址栏用于输入要访问网页的网址。此外，在地址栏附近还提供了一些 IE 浏览器常用功能按钮，如【前进】、【后退】、【刷新】等。

2. 选项卡

IE 浏览器支持多页面功能，用户可以在一个操作界面中的不同选项卡中打开多个网页，单击选项卡标签即可轻松切换网页页面。

3. 滚动条

若访问网页的内容过多，无法在浏览器的一个窗口中完全显示时，则可以通过拖动滚动条来查看网页的其他内容。

6.2.2 使用 IE 浏览网页

浏览网页是上网中最常见的操作。通过浏览网页，可以查阅资料和信息。

【例 6-2】使用 IE 浏览器访问网易的首页。

视频

step 1 启动 IE 浏览器，在地址栏中输入要访问的网站网址 www.163.com。

step 2 按下 Enter 键，即可打开网易的首页。

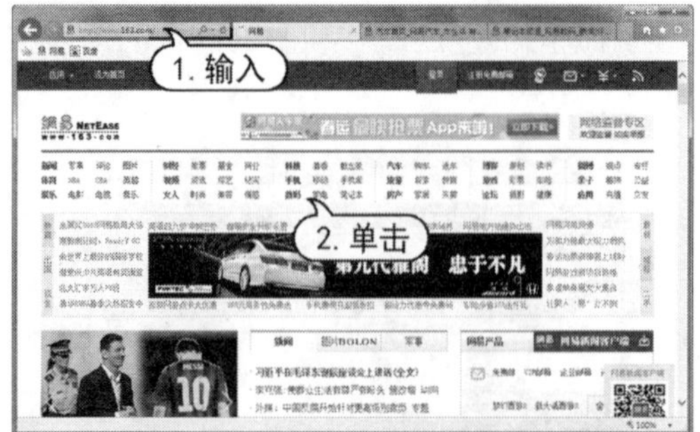

step 3 单击页面上的链接，可以继续访问对应的网页。例如，在网易首页单击【数码】超链接，在 IE 浏览器会自动打开网易的数码信息页面，如下图所示。

step 4 在打开的网页中，用户可以通过单击某个报道标题的超链接，打开对应的报道页面，查看报道的具体内容。

知识点滴

用户在使用 IE 浏览器浏览网页时，当光标移动至网页上某处变为手指形状时，表示该处有超链接，单击该处可以打开对应的网页。

6.2.3 使用 IE 选项卡

IE 浏览器自带了选项卡功能，可以在同一个浏览器中通过不同的选项卡来浏览多个网页，从而可以避免启动多个浏览器，节省内存占用率。

【例 6-3】使用 IE 选项卡，在浏览器中同时打开多个网页。

视频

step 1 启动 IE 浏览器，并访问百度首页，然后单击网站标签右侧的【新选项卡】按钮。

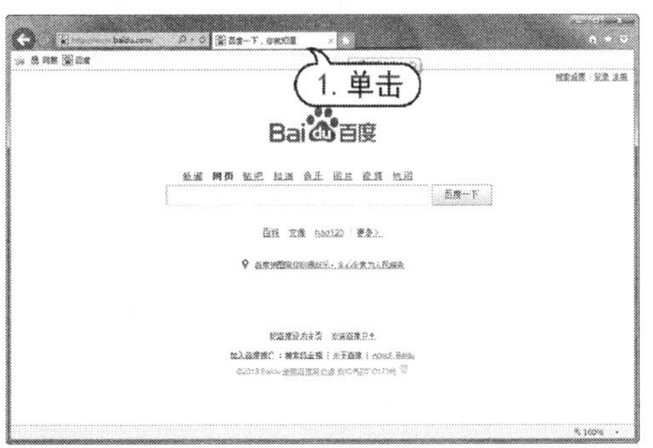

step 2 IE 浏览器即可打开一个新的选项卡，其中会显示用户经常访问的网站名称，如下图所示。

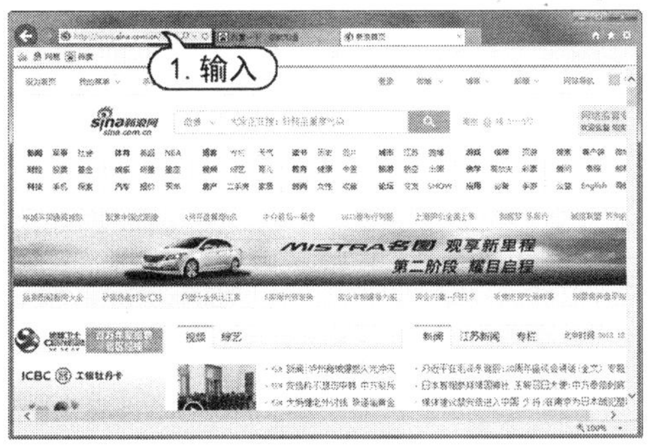

step 3 在新选项卡的地址栏中输入网址，按下 Enter 键，即可在该选项卡中打开网页。例如，本例输入 www.sina.com.cn，然后按下 Enter 键，即可在该选项卡中访问新浪的首页，如下图所示。

step 4 另外右击超链接，在弹出的快捷菜单中选择【在新选项卡中打开】命令，如右上图所示，即可在一个新的选项卡打开该链接网页。

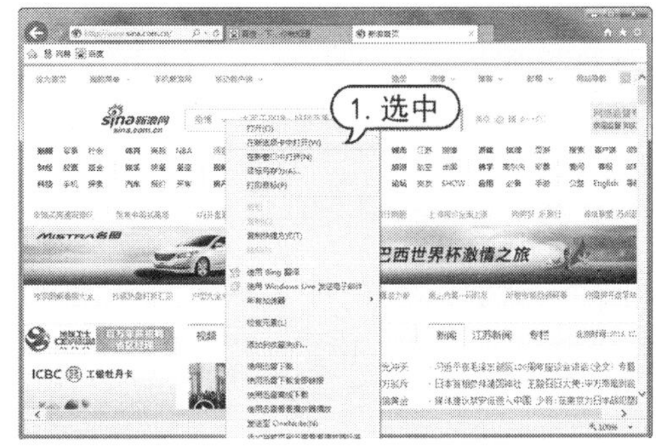

6.2.4 使用 IE 收藏夹

在使用浏览器浏览网页时，常常会有一些经常需要访问或比较喜欢的网页，用户可以将这些网页保存到 IE 收藏夹中。当下次需要打开收藏的网页时，直接在收藏夹中选择该网页选项即可。

1. 将网页加入收藏夹

在 IE 浏览器中，将网页添加到收藏夹的操作方法十分简单。下面通过一个实例介绍将网页添加到收藏夹的方法。

【例 6-4】将新浪网页添加到 IE 浏览器的收藏夹中。

视频

step 1 启动 IE 浏览器，并访问新浪首页。右击网页空白处，在弹出的快捷菜单中选择【添加到收藏夹】命令。

step 2 打开【添加收藏】对话框，在【名称】文本框中输入添加到收藏夹的网页名称，在【创建位置】下拉列表中选择添加到收藏夹

的位置，然后单击【添加】按钮，即可添加网址到收藏夹。

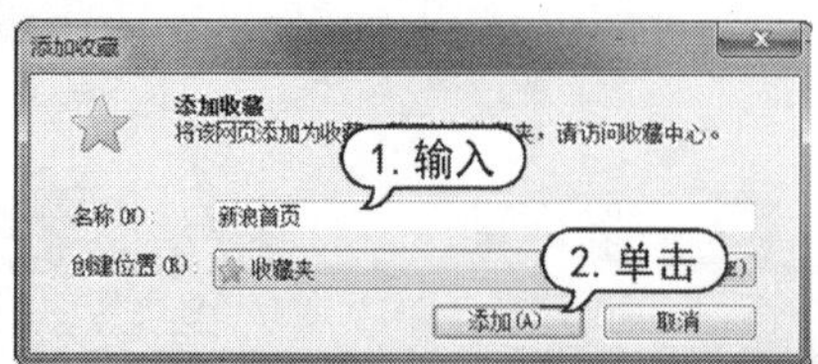

知识点滴

在【添加收藏】对话框中，单击【新建文件夹】按钮，可以创建新的收藏文件夹，方便用户分类管理收藏夹中的网页。

step 3 在 IE11 浏览器界面的左上角，单击【添加到收藏夹栏】按钮，可直接将当前页面的网址添加到收藏夹栏中。

知识点滴

在收藏夹栏中，单击保存的网页名称图标即可快速访问该网页。

2. 整理收藏夹

将网页添加到收藏夹后，可以根据实际需要整理收藏夹，包括在收藏夹中创建文件夹、重命名文件夹或网页等。

【例 6-5】在收藏夹中创建一个名称为【门户网站】的文件夹，并将收藏夹中的新浪网页添加到该文件夹中。

视频

step 1 在 IE 浏览器中单击【查看收藏夹、源和历史记录】按钮，打开【收藏夹】窗格。

step 2 单击【添加到收藏夹】后的倒三角按钮，选择【整理收藏夹】命令。

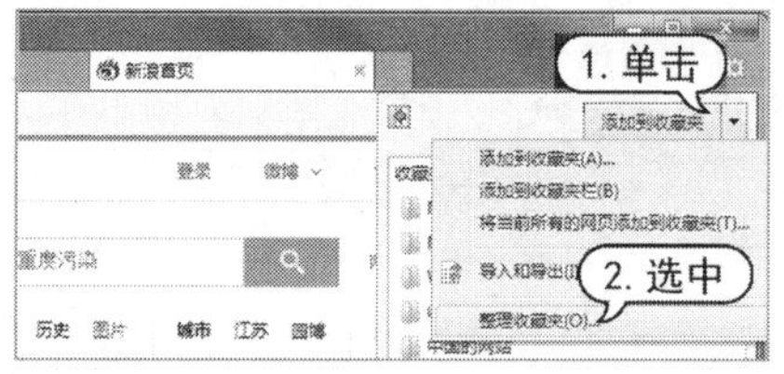

step 3 打开【整理收藏夹】对话框，单击【新建文件夹】按钮，可以新建一个文件夹，输入文件夹名称“门户网站”，按下 Enter 键即可。

step 4 在【整理收藏夹】对话框的列表中，选择要移动的网页或文件夹，这里选择的是【新浪】网页，然后单击【移动】按钮。

step 5 打开【浏览文件夹】对话框，单击要移至的文件夹名称，这里选择【门户网站】文件夹，然后单击【确定】按钮。

step 6 返回【整理收藏夹】对话框，在收藏夹列表中即可看到【新浪】网页已移动至【门户网站】文件夹下。

step 7 另外，在【整理收藏夹】对话框中，选择不想要收藏的网页后，单击【删除】按钮，可以删除收藏夹中已经保存的网页。单击【重命名】按钮，可以重新命名已收藏的文件夹名称。

知识点滴

用户若将收藏夹中收藏的网页移动到【收藏夹栏】文件夹中，则该网页的超链接会显示在 IE11 浏览器的收藏夹栏中，方便用户访问。

6.2.5　保存网页中的资料

在浏览网页的过程中，如果看到有用的资料，可以将其保存下来，以方便日后使用。这些资料包括网页中的文本、图片等。为了方便用户保存网络中的资源，IE 浏览器本身提供了一些简单的资源下载功能，用户可方便地下载网页中的文本、图片等信息。

1. 保存网页中的文本

用户在浏览网页时经常会碰到自己比较喜欢的文章或者是对自己比较有用的文字信息，此时可以将这些信息保存下来以供日后使用。

要保存网页中的文本，最简单的方法就是选定该文本，然后在该文本上右击，在弹出的快捷菜单中选择【复制】命令，然后再打开文档编辑软件(记事本、Word 等)，将其粘贴并保存即可。另外，用户还可以通过以下方法来保存网页中的文本。

【例 6-6】保存网页中的文本信息。
视频

step 1 在要保存的网页中单击【工具】按钮，选择【文件】|【另存为】命令，如右上图所示。

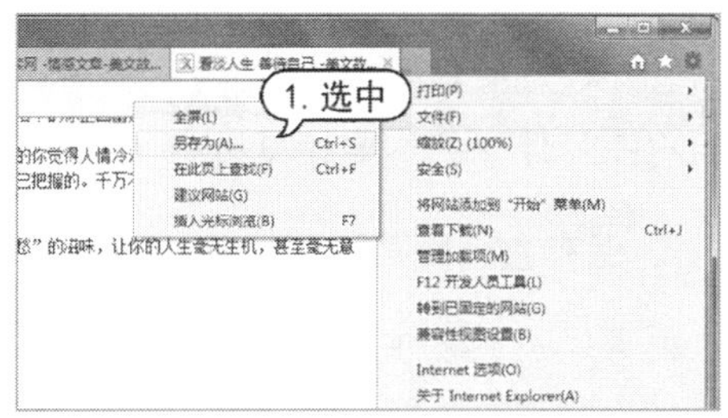

step 2 打开【保存网页】对话框，在该对话框中设置网页的保存位置，然后在【保存类型】下拉列表中选择【文本文件】选项。

step 3 选择完成后，单击【保存】按钮，即可将该网页保存为文本文件的形式。

step 4 双击保存后的文本文件，即可查看已经保存的网页内容。

2. 保存网页中的图片

网页中具有大量精美的图片，这些图片往往使人爱不释手，用户可将这些图片保存在自己的计算机中。

要保存网页中的图片，可在该图片上右击，在弹出的快捷菜单中选择【图片另存为】命令，打开【保存图片】对话框。

在【保存图片】对话框中设置图片的保存位置和保存名称，然后单击【保存】按钮，即可将图片保存到本地计算机中。

3. 保存整个网页

如果用户想要在网络断开的情况下也能浏览某个网页，可将该网页整个保存下来。这样即使在没有网络的情况下，用户也可以对该网页进行浏览。

【例6-7】在IE11浏览器中保存整个网页。
视频

step 1 在要保存的网页中单击【工具】按钮，选择【文件】|【另存为】命令，如下图所示。

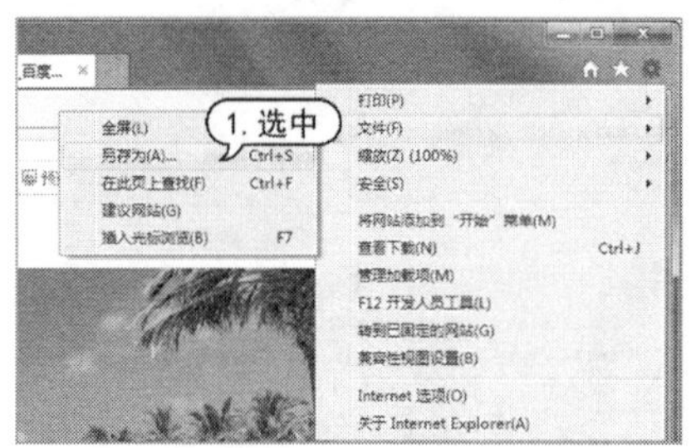

step 2 打开【保存网页】对话框，在该对话框中设置网页的保存位置，然后在【保存类型】下拉列表中选择【网页，全部】选项。选择完成后，单击【保存】按钮，即可将整个网页保存下来。

step 3 找到该网页的保存位置，双击保存的网页文件，即可打开该网页。

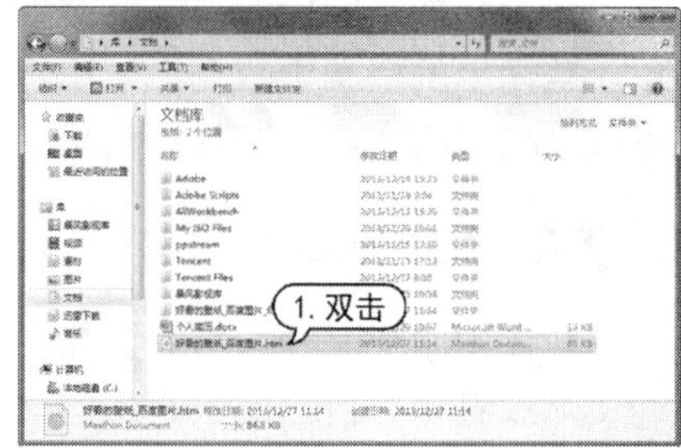

6.3 搜索网络资源

Internet是知识和信息的海洋，几乎可以找到所需的任何资源，那么如何才能快速找到自己需要的信息呢？这就需要使用到搜索引擎。目前常见的搜索引擎有百度和Google等，使用它们可以从海量的网络信息中快速、准确地找出需要的信息，提高查找的效率。

6.3.1 常见搜索引擎

搜索引擎是一个能够对Internet中的资源进行搜索整理，然后提供给用户查询的网站系统。它可以在一个简单的网页中帮助用户对网页、网站、图像、音乐和电影等众多资源进行搜索和定位。目前网上最常用的搜索引擎主要有以下几种。

网站名称	网　址
百度	www.baidu.com
Google	www.google.com.hk
搜狗	www.sogou.com
雅虎	www.yahoo.com

知识点滴

百度是全球最大的中文搜索引擎网站，通过百度几乎可以查到所有需要的信息。“有问题，百度一下”，已经成为广大网络用户的习惯。下面将主要介绍使用百度搜索资源的方法。

6.3.2 使用百度搜索网页

搜索网页是百度最基本，也是用户最常用的功能。百度拥有全球最大的中文网页库，收录中文网页已超过20亿，这些网页的数量每天正以千万计的速度在增长。同时，百度在中国各地分布的服务器，能直接从最近的服务器上把所搜索到的信息返回给当地用户，使用户享受到极快的搜索传输速度。

【例 6-8】使用百度搜索关于【平板电脑】方面的网页。

视频

step 1　启动 IE 浏览器，在地址栏中输入百度的网址：www.baidu.com，访问百度页面。

知识点滴

使用百度搜索时，若一个关键字无法准确描述要搜索的信息时，则可以同时输入多个关键字，关键字之间以空格隔开。此外，百度对于一些常见的错别字输入，在搜索结果上方有纠错提示。

step 2　在页面的文本框中输入要搜索网页的关键字，本例输入“平板电脑”，然后单击【百度一下】按钮。

step 3　百度会根据搜索关键字自动查找相关网页，查找完成后，在新页面中以列表形式显示相关网页，如下图所示。

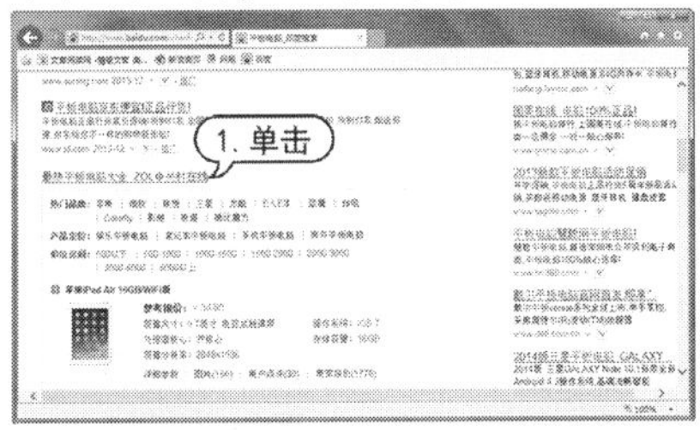

step 4　在列表中单击超链接，即可打开对应的网页。例如，单击【最热平板电脑大全 ZOL 中关村在线】超链接，即可在浏览器中访问对应的网页。

6.3.3　使用百度搜索新闻

百度新闻是包含海量资讯的新闻服务平台，真实反映每时每刻的新闻热点。

用户可以搜索新闻事件、热点话题、人物动态或产品资讯等，快速了解它们的最新进展。

【例 6-9】在百度新闻中，搜索关于【南京青奥会】方面的新闻。

视频

step 1　启动 IE 浏览器，打开百度页面，在其中单击【新闻】超链接。

step 2　打开百度新闻的首页，在其中可以查看到百度整理归纳的重要新闻。

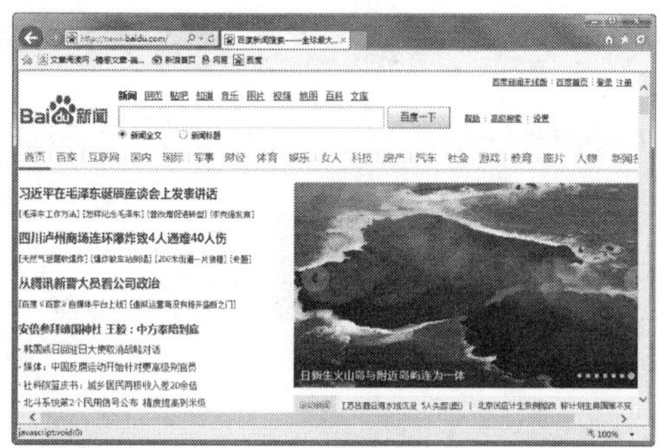

step 3 在百度新闻页面上方的文本框中可以输入要搜索的新闻关键字，本例输入关键字“南京青奥会”，然后单击【百度一下】按钮。

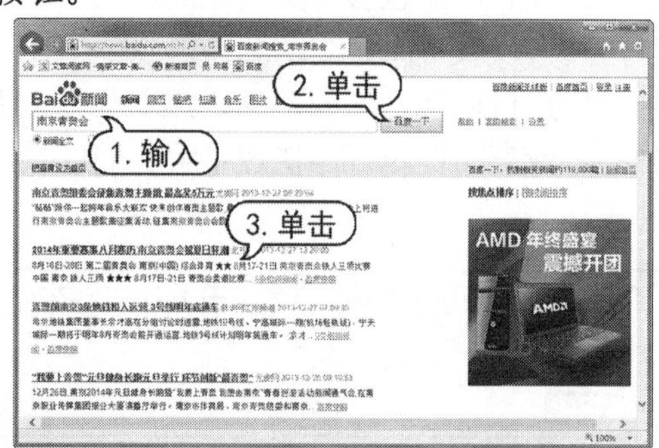

step 4 百度将以列表的形式显示关于南京青奥会方面的新闻。单击新闻标题超链接，即可查看新闻的具体内容。

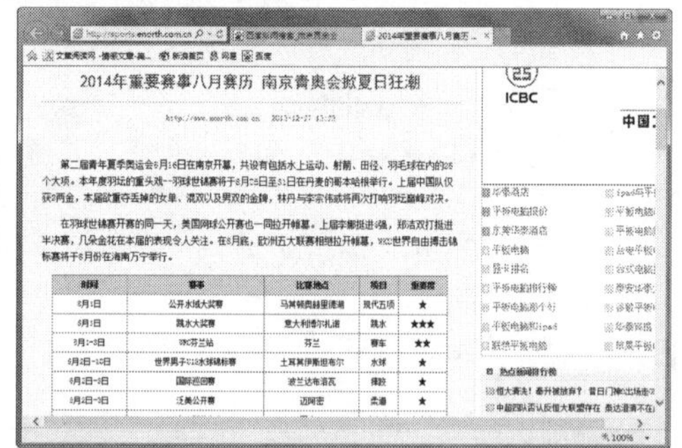

6.3.4 使用百度搜索图片

百度图片拥有来自几十亿中文网页的海量图库，收录数亿张图片，并在不断增加中。用户可以在其中搜索想要的壁纸、写真、动漫、表情或素材等。

【例 6-10】在百度图库中，搜索有关【星际传奇】的图片。

视频

step 1 启动 IE 浏览器，打开百度首页，在其中单击【图片】超链接，切换到图片搜索页面。

step 2 在页面的文本框中输入图片关键字，这里输入“星际传奇”，然后单击【百度一下】按钮。

step 3 百度将搜索出满足要求的图片，并在网页中显示图片的缩略图。

step 4 在页面中单击图片的缩略图，可以显示大图，使用户能够更好地查看图片。

6.3.5 使用百度搜索歌曲

在百度音乐中，用户可以便捷地找到最新、最热门的歌曲，更有丰富、权威的音乐排行榜，指引华语音乐的流行方向。

【例 6-11】在百度 MP3 中，搜索【爸爸去哪儿】主题曲。

视频

step 1 启动 IE 浏览器，打开百度首页，在其中单击【音乐】超链接。

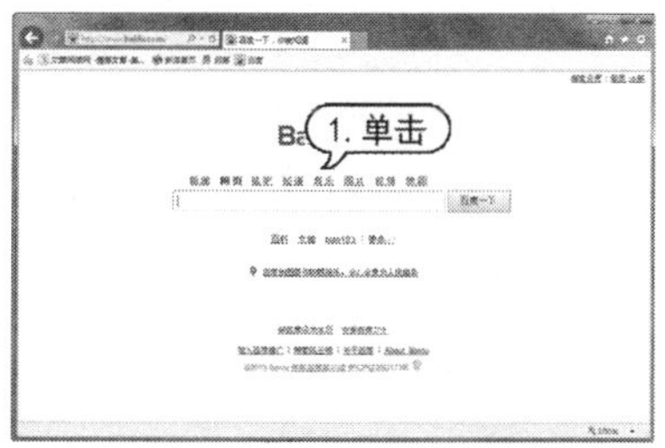

step 2 打开百度音乐页面，在页面中显示了各类音乐的排行榜。

step 3 在百度音乐的页面上方，输入要搜索歌曲的关键字，此例输入“爸爸去哪儿”，然后单击【百度一下】按钮。

step 4 在打开的页面中，显示有关【爸爸去哪儿】的相关歌曲列表。

知识点滴

在歌曲列表页面中，单击【播放】按钮 ▶，可以在线试听对应的歌曲。

6.3.6 使用 Google 搜索引擎

Google 是目前全球规模最大的搜索引擎之一。它提供了简单易用的免费服务，用户可以在瞬间得到相关的搜索结果。与百度一样，Google 也提供了全方位的搜索服务，可以快速搜索到需要的网页、新闻、歌曲或图片等。

知识点滴

除了搜索功能以外，Google 还提供了更多附加功能，例如 Gmail 电子邮箱、Chrome 谷歌浏览器、Google 工具栏等。

百度与 Google 这两种搜索引擎都拥有非常快的搜索速度。搜索范围方面，百度仅仅面向中文搜索，而 Google 的中文搜索只占其服务的四分之一，所以，如果要搜索中文网站，使用百度会快一点；如果要搜索包括英文网页在内的内容，则使用 Google 比较好些。

6.3.7 使用网站导航

网站大全是一个集合较多网址，并按照一定条件进行分类的一种网站。网站大全方便上网用户快速找到自己需要的网站，而不用去记住各类网站的网址。单击网站链接就可以直接进到所需的网站。

例如，hao123 网址之家(http://www.hao123.com/)就是目前使用最为频繁的网站大全类网站。它及时收录了包括音乐、视频、小说、游戏等热门分类的优秀网站，并与搜索完美结合，提供最简单便捷的网上导航服务。对于一些对网络不熟悉的用户而言，将 hao123 网址之家设为浏览器首页是一个非常不错的选择。

6.4 下载网络资源

网上具有丰富的资源，包括文本、图片、音频和视频以及软件等。用户可将自己需要的资源下载到自己的计算机中将其“据为己有”，以方便日后查看或使用。

6.4.1 使用 IE 下载网络资源

IE 浏览器提供了一个文件下载的功能。当用户单击网页中有下载功能的超链接时，IE 浏览器即可自动开始下载文件。

【例 6-12】使用 IE 浏览器下载音乐播放软件【酷狗音乐】。
视频

step 1 打开 IE 浏览器，在地址栏中输入网址：http://download.kugou.com，然后按 Enter 键，打开该网页。

step 2 单击【立即下载】按钮，在浏览器的最下方将自动打开下载提示框。

step 3 单击【保存】按钮右侧的倒三角按钮，选择【另存为】命令。

step 4 打开【另存为】对话框，在该对话框中可设置软件在计算机中保存的位置和名称。

step 5 设置完成后，单击【保存】按钮，即可开始下载文件。

step 6 下载完成后，显示【下载已完成】提示框，如下图所示。单击【运行】按钮，可直接运行该安装程序；单击【打开文件夹】按钮，可打开软件所在的文件夹。

kugou7550.exe 下载已完成。 运行(R) 打开文件夹(P) 查看下载(V)

6.4.2 使用迅雷下载网络资源

迅雷是一款比较出色的下载工具。它使用多资源超线程技术，能够将网络上存在的服务器和计算机资源进行有效的整合，构成独特的迅雷网络。通过迅雷网络，各种数据文件能够以最快的速度进行传递。本节就来介绍迅雷的使用方法。

1. 下载文件

下载并安装迅雷后，即可使用迅雷来下载网络资源。

【例 6-13】使用迅雷下载聊天软件【腾讯 QQ】。
视频

step 1 启动 IE 浏览器，在地址栏中输入网址：http://im.qq.com/，然后按下 Enter 键，打开该网页。

step 2 单击页面上方的【下载】链接，进入下载页面。在该页面中选择要下载的版本，然后右击【下载】按钮，在弹出的快捷菜单中选择【使用迅雷下载】命令。

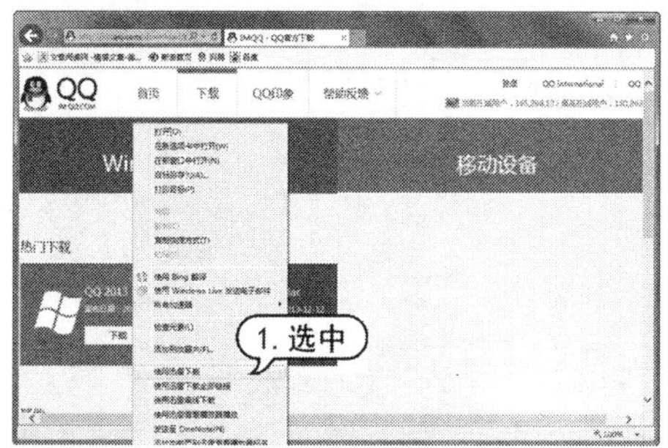

step 3 打开【新建任务】对话框，单击对话框右侧的 按钮。

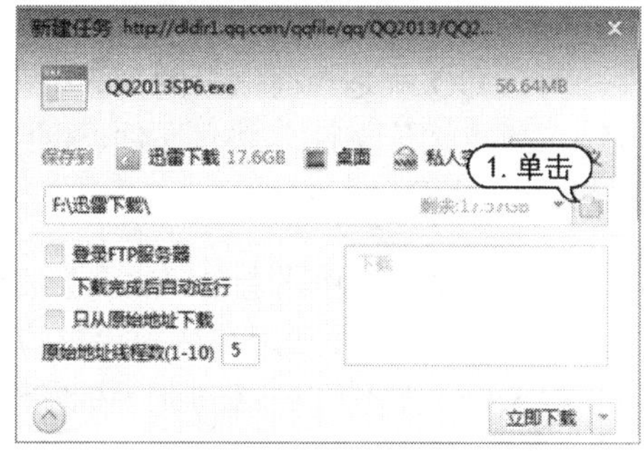

step 4 打开【浏览文件夹】对话框，在其中选择下载文件的保存位置，然后单击【确定】按钮。

step 5 返回【新建任务】对话框，单击【立即下载】按钮。

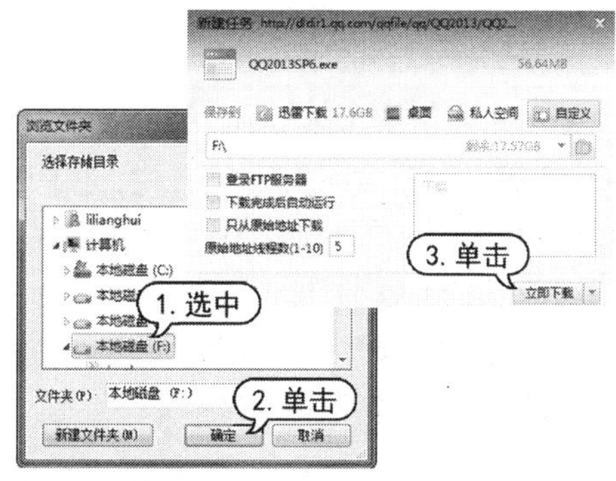

step 6 迅雷开始下载文件后，在主界面中可以查看与下载相关的信息与进度。

step 7 右击下载项，在弹出的快捷菜单中可以选择【暂停任务】、【删除任务】命令来暂停下载项或删除下载项。

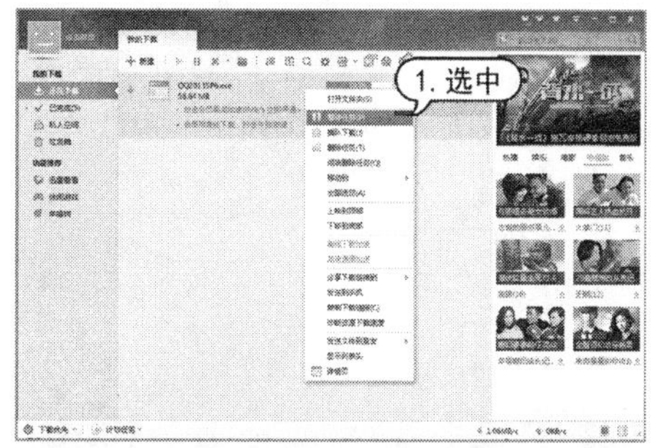

知识点滴

如果迅雷是系统默认的下载工具，则直接单击具有下载功能的超链接，即可自动启动迅雷程序，而无需右击选择迅雷软件下载。

2. 更改默认下载目录

下载并安装迅雷后，即可使用迅雷来下载网络资源。

【例 6-14】将迅雷的默认存储目录更改为“D:\软件”。视频

step 1 启动迅雷，然后单击工具栏中的【配置】按钮，打开【系统设置】界面。

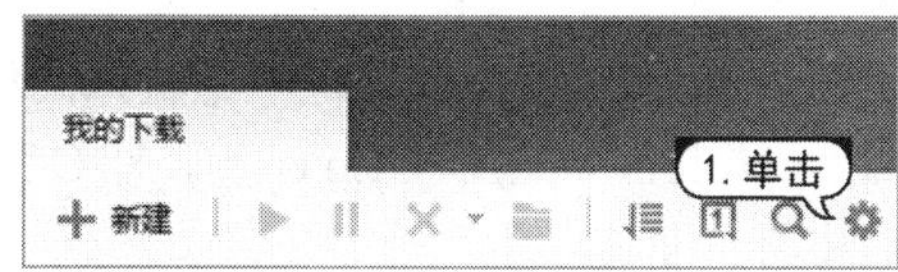

step 2 单击左侧的【常规设置】选项，然后单击右侧的【选择目录】按钮。

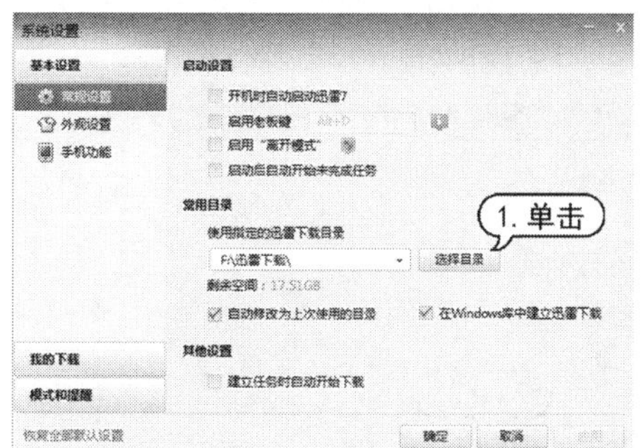

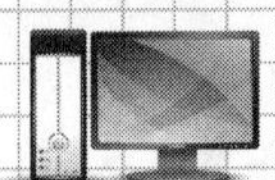

step 3 打开【浏览文件夹】对话框，选择D盘的【软件】文件夹，然后单击【确定】按钮，返回【系统设置】对话框。

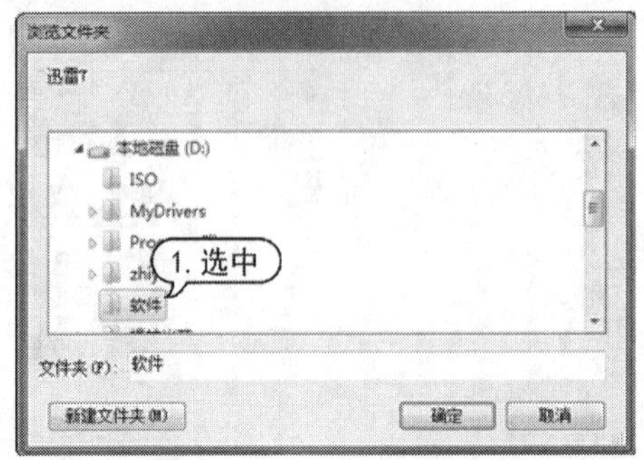

step 4 单击【确定】按钮，完成迅雷默认下载目录的修改。

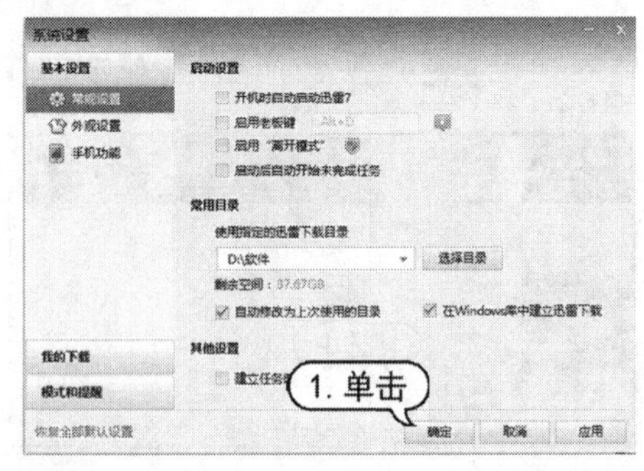

6.5 使用 QQ 上网聊天

要想在网上与别人聊天，就要有专门的聊天软件。腾讯 QQ 就是当前众多的聊天软件中比较出色的一款。QQ 提供在线聊天、视频聊天、点对点断点续传文件、共享文件、网络硬盘、自定义面板、QQ 邮箱等多种功能，是目前使用最为广泛的聊天软件之一。

6.5.1 申请 QQ 号码

打电话需要一个电话号码，同样，要使用 QQ 与他人聊天，首先要有一个 QQ 号码，这是用户在网上与他人聊天时对个人身份的特别标识。本节就来介绍如何免费申请 QQ 号码。

打开 IE 浏览器，在地址栏中输入网址：http://zc.qq.com/，然后按 Enter 键，打 QQ 号码的注册页面。

在该页面中根据提示输入个人的昵称和密码等信息，然后在【验证码】文本框中输入页面上显示的验证码(验证码不区分大小写)，如下图所示。

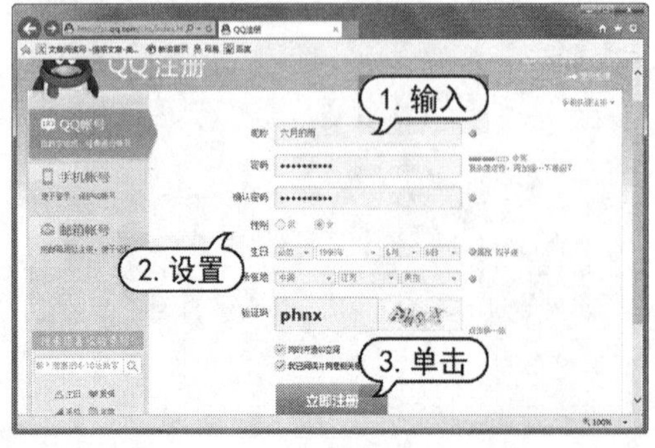

输入完成后，单击【立即注册】按钮，打开下图所示页面，要求用户使用手机验证。输入手机号码，然后单击【向此手机发送验证码】按钮。

输入手机收到的验证码，然后单击【提交验证码】按钮。申请成功后，打开下图所示页面，其中显示的号码 2100165593 就是刚刚申请成功的 QQ 号码。

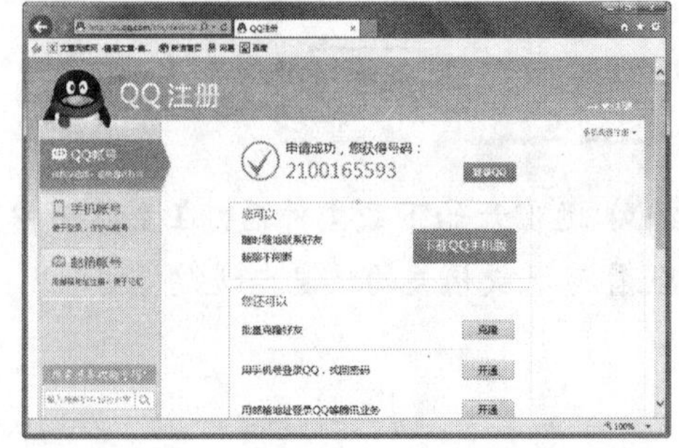

6.5.2　登录 QQ

QQ 号码申请成功后，就可以使用该 QQ 号码了。

在使用 QQ 前，首先要登录 QQ。双击 QQ 的启动图标，打开 QQ 的登录界面。在【账号】文本框中输入刚刚申请到的 QQ 号码，在【密码】文本框中输入申请 QQ 时设置的密码。

输入完成后，按 Enter 键或单击【登录】按钮，即可开始登录 QQ。登录成功后将显示 QQ 的主界面。

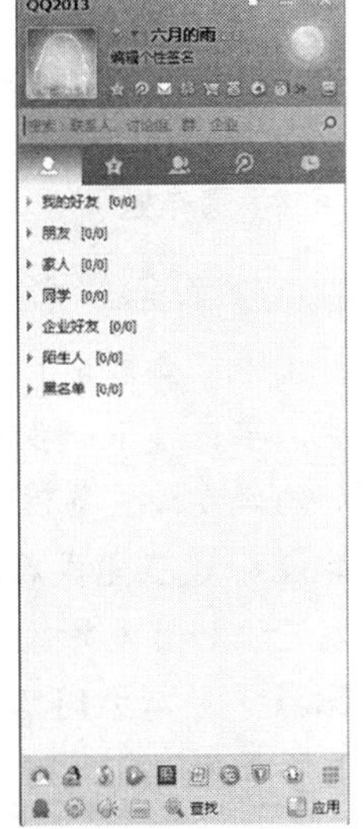

6.5.3　设置个人资料

在申请 QQ 的过程中，用户已经填写了部分资料，为了能使好友更加了解自己，用户可在登录 QQ 后，对个人资料进行更加详细的设置。

【例 6-15】设置 QQ 的个人资料。
视频

step 1 QQ 登录成功后，在 QQ 的主界面中，单击其左上角的头像图标，可打开个人资料界面，如右上图所示。

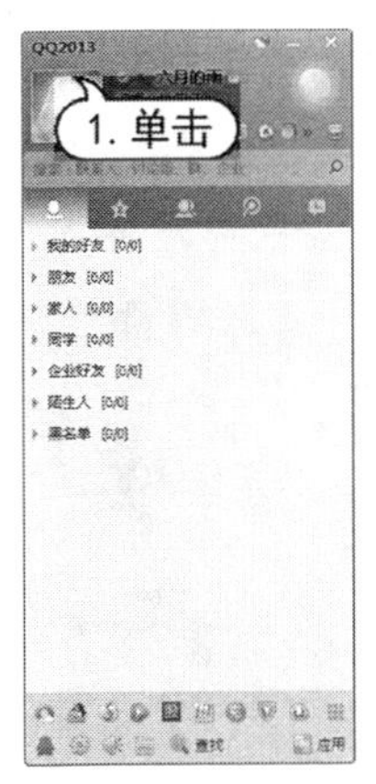

step 2 单击【编辑资料】按钮，可以对个人资料进行设置。例如：个性签名、个人说明、昵称、姓名等，如下图所示。

step 3 设置完成后，单击【保存】按钮，将设置进行保存。

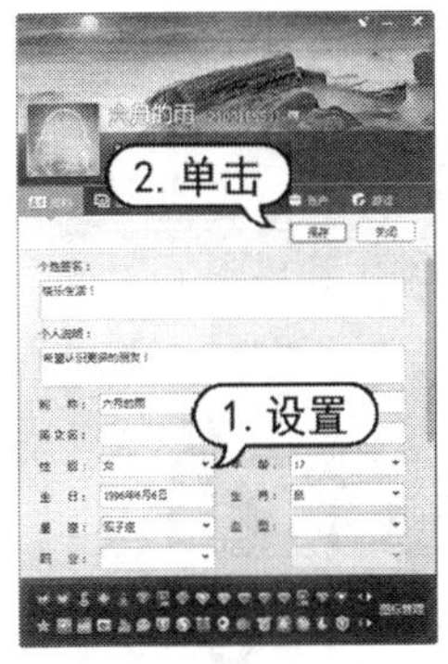

step 4 单击头像图标，打开【更换头像】对话框。在【自定义头像】选项卡中，单击【本地照片】按钮，打开【打开】对话框，用户可选择一幅自己喜欢的图片作为 QQ 的头像，如下图所示。

step 5 选择头像后，单击【打开】按钮，设置头像的大小范围。

step 6 设置完成后，单击【确定】按钮，完成头像的更改。更改资料后的QQ主界面如下图所示。

6.5.4 查找与添加好友

资料填写完成后，用户也许已经迫不及待地要和好友聊天了。先不要着急，QQ首次登录后还没有好友，因此，需要先来添加好友。

1. 精确查找并添加好友

如果知道要添加好友的QQ号码，可使用精确查找的方法来查找并添加好友。

【例6-16】添加QQ号码为116381166的用户为好友。
视频

step 1 QQ登录成功后，单击主界面最下方的【查找】按钮，打开【查找】对话框。

step 2 在【查找】标签的【查找】文本框中输入116381166。

step 3 单击【查找】按钮，即可查找出账号为116381166的用户，如下图所示。

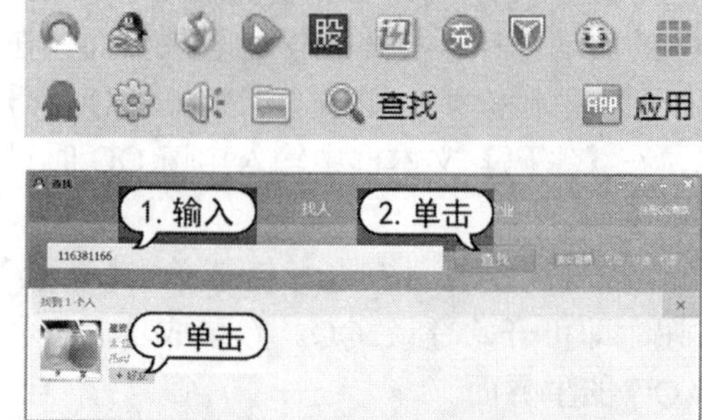

知识点滴

用户还可通过昵称来查找用户。但由于QQ允许昵称重复，因此使用昵称查找并不一定能找到用户指定要找的好友。

step 4 单击 + 好友 按钮，打开【添加好友】对话框，要求用户输入验证信息。输入完成后，单击【下一步】按钮，用户可为即将添加的好友设置备注名称和分组。

step 5 设置完成后，单击【下一步】按钮，发送添加好友的验证信息。

step 6 等对方同意验证后，就可以成功地将其添加为自己的好友了。

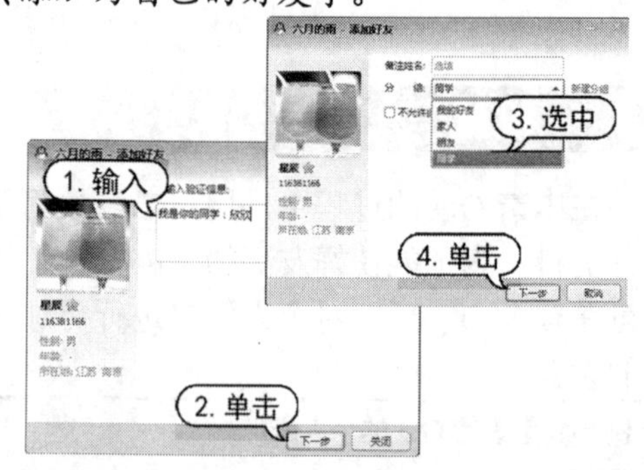

2. 条件查找

如果想要添加一个陌生人，结识新朋友，可以使用QQ的条件查找功能。

例如，用户想要查找“江苏省南京市，年龄在16-22岁之间的女性”用户，可在【查找】对话框中打开【找人】选项卡，在【性别】下拉列表框中选择【女】；在【所在地】下拉列表框中选择【中国 江苏 南京】；在【年龄】下拉列表框中选择【16-22 岁】；然后单击【查找】按钮，即可查找出所有符合条件的用户，如下图所示。

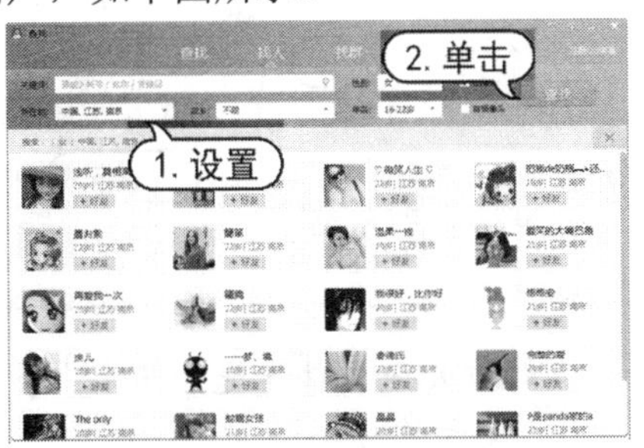

在搜索结果中，单击用户头像右侧的 + 好友 按钮，然后按照【例 6-16】的方法给对方发送验证信息。等对方通过验证后，即可将其添加为好友。

> **知识点滴**
>
> 在添加好友时，如果对方没有设置验证信息，则可以直接将其加为好友，而无须等待验证。

6.5.5　与好友聊天

QQ 中有了好友之后，就可以与好友进行聊天了。用户可在好友列表中双击对方的头像，打开聊天窗口。

1. 文字聊天

在聊天窗口下方的文本区域中输入聊天的内容，然后按 Ctrl+Enter 快捷键或者单击【发送】按钮，即可将消息发送给对方，同时该消息将以聊天记录的形式出现在聊天窗口上方的区域中。

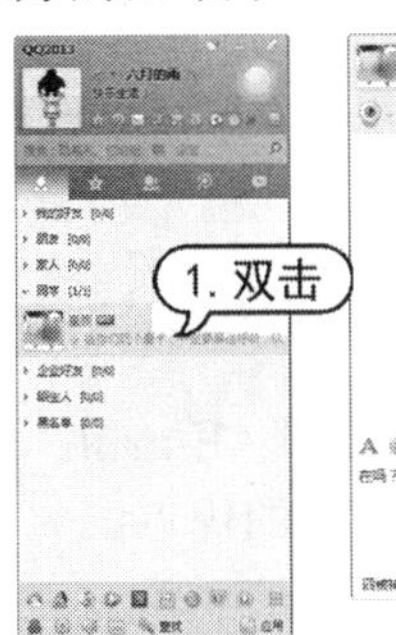

对方收到消息后，若进行了回复，则回复的内容会出现在聊天窗口上方的区域中，如下图所示。

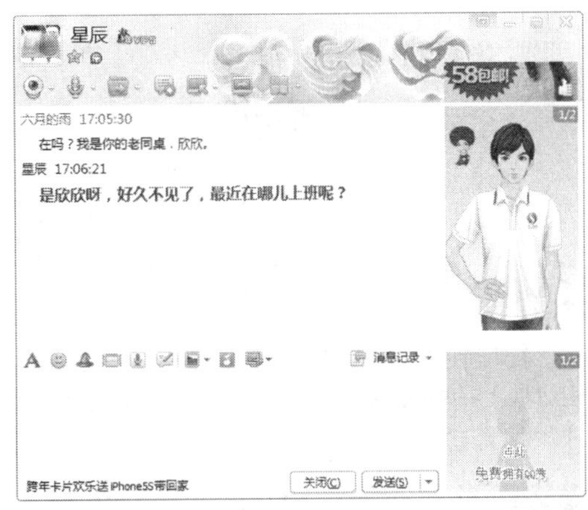

如果用户关闭了聊天窗口，则对方再次发来信息时，任务栏通知区域中的 QQ 图标会变成对方的头像并不断闪动，单击该头像即可打开聊天窗口并查看信息。

2. 视频聊天

QQ 不仅支持文字聊天，还支持视频聊天。要与好友进行视频聊天，必须要安装摄像头。将摄像头与计算机正确地连接后，就可以与好友进行视频聊天了。

打开聊天窗口，单击窗口上方的【开始视频会话】按钮，给好友发送视频聊天请求。

等对方接受视频聊天请求后，双方就可以进行视频聊天了。

在视频聊天的过程中，如果计算机安装了耳麦，还可同时进行语音聊天。

知识点滴

默认情况下，聊天窗口右侧的大窗格中显示的是对方摄像头中的画面，小窗格中显示的是本地摄像头中的画面，可单击按钮进行双方画面的切换。

6.5.6 使用 QQ 传输文件

QQ 不仅可以用于聊天，还可以用于传输文件。用户可通过 QQ 把本地计算机中的资料发送给好友。

【例 6-17】通过 QQ 给好友发送一个压缩文件。
视频

step 1 双击好友的头像，打开聊天窗口，单击上方的【传送文件】按钮，在打开的下拉列表中选择【发送文件/文件夹】命令，如下图所示。

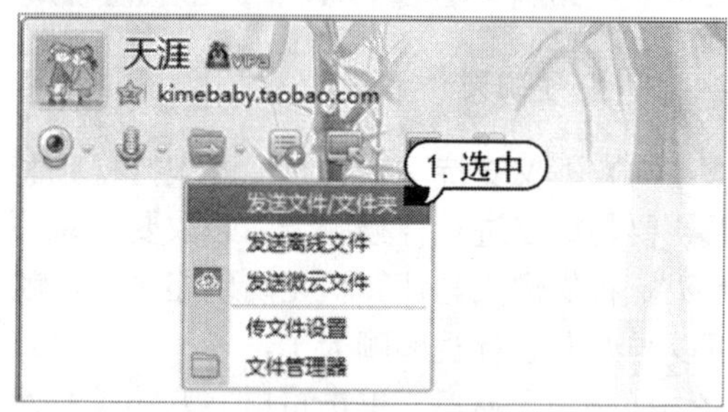

step 2 打开【选择文件/文件夹】对话框，选中要发送的文件，然后单击【发送】按钮。

step 3 向对方发送文件传送的请求，等待对方的回应，如下图所示。

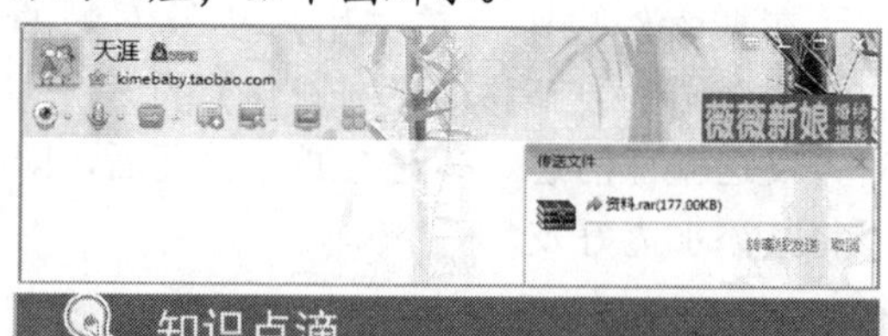

知识点滴

如果对方长时间没有接收文件，可以单击【转离线发送】选项，将文件上传到中转服务器，服务器会为用户免费保存 7 天，7 天之内，对方都可以从服务器接收该文件。

step 4 当对方接受发送文件的请求后，即可开始发送文件。发送成功后，将显示发送成功的提示信息，如下图所示。

6.6 收发电子邮件

通过网络不仅可以和好友聊天，还可以方便地发送电子邮件。电子邮件又叫 E-mail，是指通过网络发送的邮件。和传统的邮件相比，电子邮件具有方便、快捷和廉价的优点。

6.6.1 申请电子邮箱

要发送电子邮件，首先要有电子邮箱。目前国内的很多网站都提供了各有特色的免费邮箱服务。它们的共同特点是免费，并能够提供一定容量的存储空间。对于不同的网站来说，申请免费电子邮箱的步骤基本上是一样的。本节以 126 免费邮箱为例，介绍申请电子邮箱的方法和步骤。

打开 IE 浏览器，在地址栏中输入网址：http://www.126.com/，然后按 Enter 键，进入 126 电子邮箱的首页。

单击首页中的【注册】按钮，打开注册页面。

在【邮件地址】文本框中输入想要使用的邮件地址，在【密码】和【确认密码】文本框中输入邮箱的登录密码。

在【验证码】文本框中输入验证码，然后选中【同意“服务条款”和“隐私相关政策”】复选框。

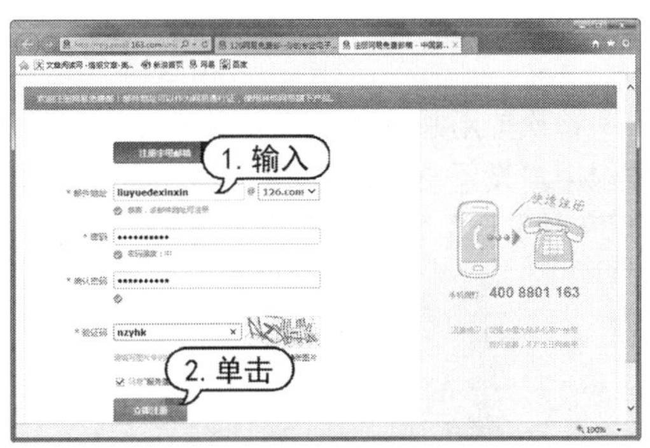

单击【立即注册】按钮，提交个人资料，注册成功后显示如上图所示的界面。

从上图可以看出新注册的电子邮箱地址为：liuyuedexinxin@126.com。

> **知识点滴**
>
> 电子邮件地址的格式为：用户名@主机域名。主机域名指的是 POP3 服务器的域名，用户名指的是用户在该 POP3 服务器上申请的电子邮件账号。例如，用户在 126 网站上申请了用户名为 kimebaby 的电子邮箱，那么该邮箱的地址就是：kimebaby@126.com。

6.6.2 登录电子邮箱

要使用电子邮箱发送电子邮件，首先要登录电子邮箱。用户只需输入用户名和密码，然后按 Enter 键即可登录电子邮箱。

【例 6-18】登录电子邮箱。视频

step 1 打开 IE 浏览器，在地址栏中输入网址：http://www.126.com/，然后按 Enter 键，进入 126 电子邮箱的首页。

step 2 在【用户名】文本框中输入 liuyuedexinxin，在【密码】文本框中输入邮箱的密码。

step 3 输入完成后，按 Enter 键或者单击【登录】按钮，即可登录邮箱。

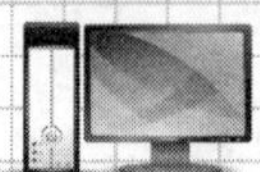

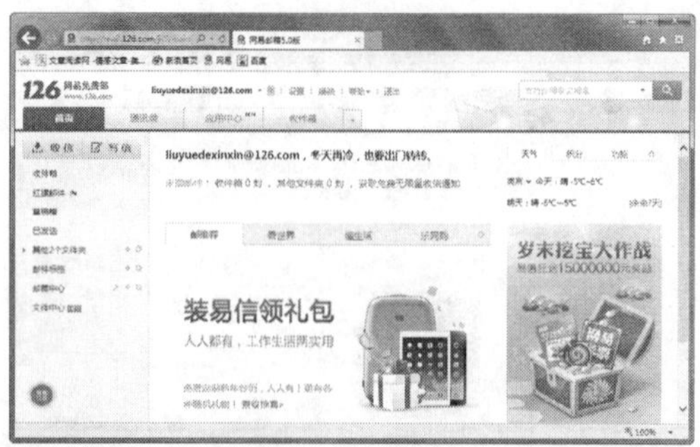

6.6.3 阅读与回复电子邮件

登录电子邮箱后，如果邮箱中有邮件，就可以阅读电子邮件了。如果想要给发信人回复邮件，直接单击【回复】按钮输入回复内容即可。

1. 阅读电子邮件

电子邮箱登录成功后，如果邮箱中有新邮件，则系统会在邮箱的主界面中向用户提示，同时在界面左侧的【收件箱】按钮后面会显示新邮件的数量。

单击【收件箱】按钮，将打开邮件列表。在该列表中单击新邮件的名称，即可打开并阅读该邮件。

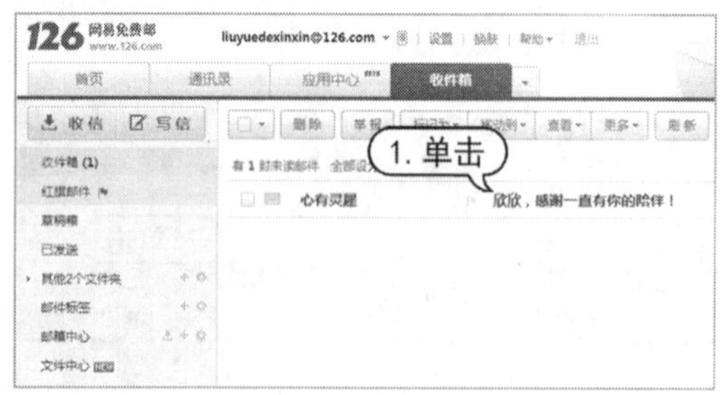

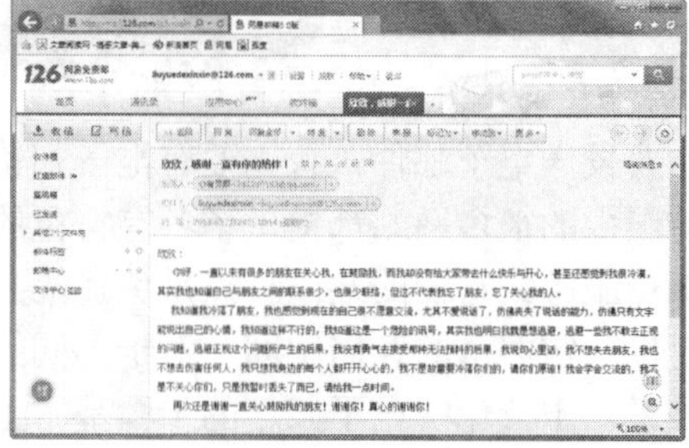

2. 回复电子邮件

单击邮件上方的【回复】按钮，可打开回复邮件的页面。系统会自动在【收件人】和【主题】文本框中添加收件人的地址和邮件的主题(如果用户不想使用系统自动添加的主题，还可对其进行修改)。

用户只需在写信区域中输入要回复的内容，然后单击【发送】按钮。

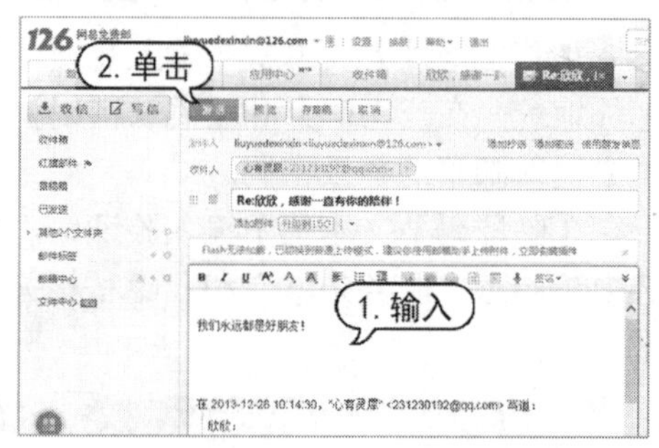

首次使用邮箱会打开下图所示对话框，要求用户设置一个姓名。设置完成后，单击【保存并发送】按钮，开始发送邮件。

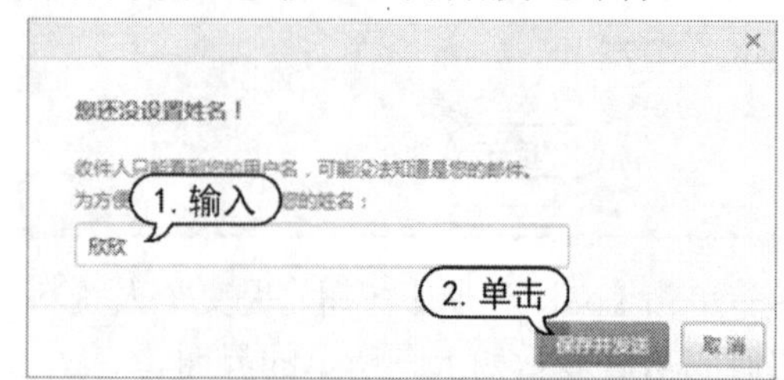

稍后会打开【发送成功】的提示页面，此时已完成邮件的回复。

6.6.4 撰写与发送电子邮件

登录电子邮箱后，就可以给其他人发送电子邮件了。电子邮件分为普通的电子邮件和带有附件的电子邮件两种。

1. 发送普通电子邮件

登录电子邮箱，然后单击邮箱主界面左侧的【写信】按钮，打开写信的页面。

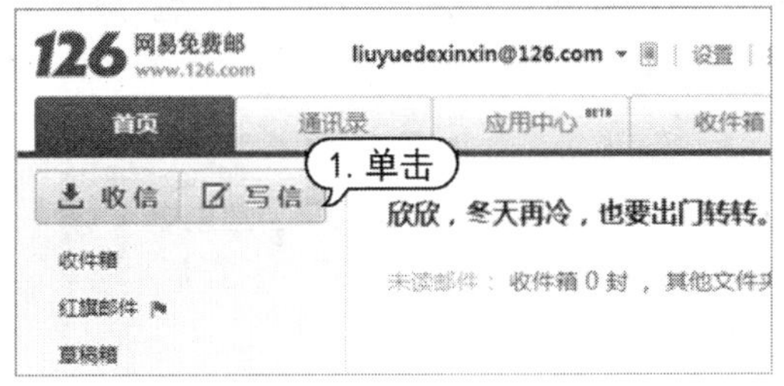

在【收件人】文本框中输入收件人的邮件地址，例如输入 231230192@qq.com。

在【主题】文本框中输入邮件的主题。例如，输入“下个月我们去旅游吧！”，然后在邮件内容区域中输入邮件的正文，如下图所示。

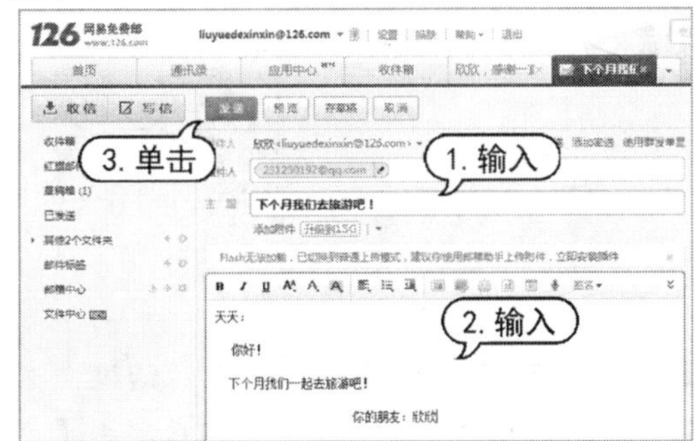

输入完成后，单击【发送】按钮，即可发送电子邮件。稍后系统会打开【邮件发送成功】的提示页面。

2. 发送带附件的电子邮件

用户不仅可以发送纯文本形式的电子邮件，还可以发送带有附件的电子邮件。这个附件可以是图片、音频、视频或压缩文件等。具体操作方法如下：

登录电子邮箱，然后单击邮箱主界面左侧的【写信】按钮，打开写信的页面。

在【收件人】文本框中输入收件人的邮件地址，例如输入 231230192@qq.com。

在【主题】文本框中输入邮件的主题“这是你要的资料，请查收！”，在邮件内容区域中输入邮件的正文。

输入完成后，单击【添加附件】按钮，打开【选择要加载的文件】对话框。在该对话框中选择要发送给对方的文件，然后单击【打开】按钮。

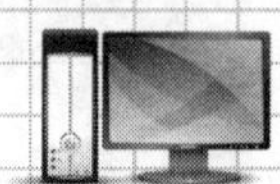

此时将自动上传所要发送的文件，上传成功后，单击【发送】按钮，即可发送带有附件的电子邮件。

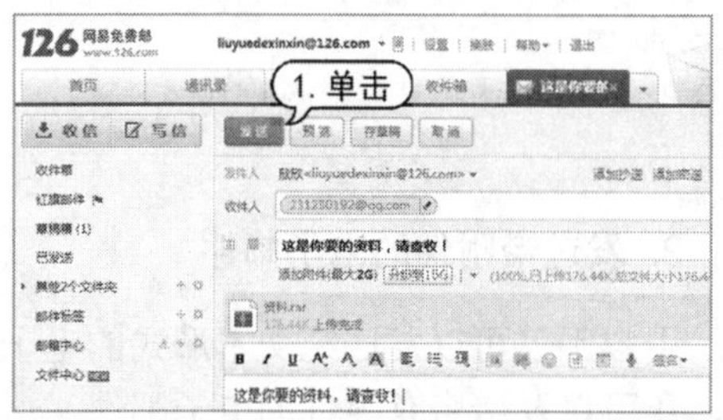

6.6.5 转发与删除电子邮件

如果想将别人发给自己的邮件再发给别人，只需使用电子邮件的转发功能即可。

要转发电子邮件，可先打开该邮件，然后单击邮件上方的【转发】按钮，打开转发邮件的页面。

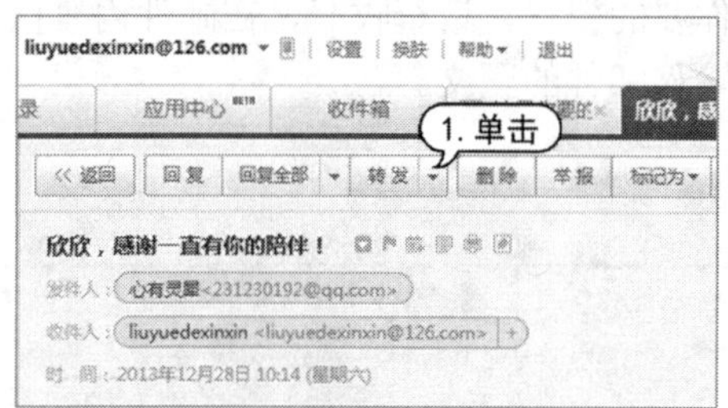

在转发页面中，系统已自动添加邮件的主题和正文内容，可根据需要对其进行修改。

修改完成后，在【收件人】文本框中输入收件人的地址，然后单击【发送】按钮，即可转发电子邮件。

如果邮箱中的邮件过多，可将一些不重要的邮件删除。

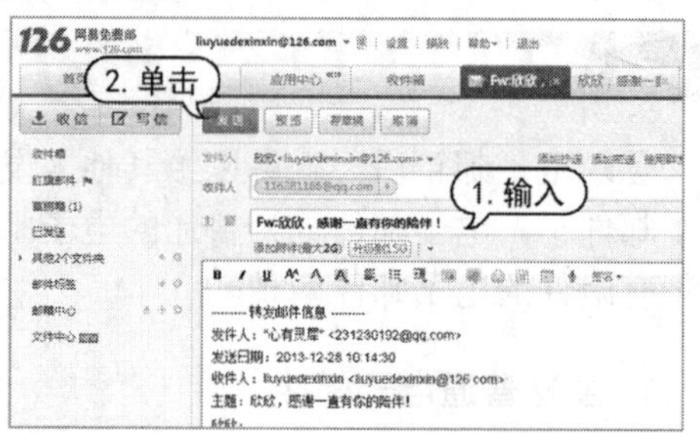

要删除邮件，可在收件箱的列表中，选中要删除的邮件左侧的复选框，然后单击【删除】按钮即可。使用此方法也可一次删除多封邮件。

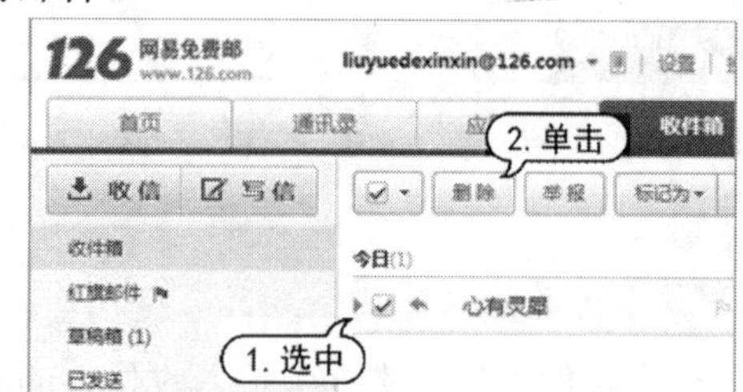

6.7 案例演练

本章主要介绍了上网的基本常识，包括浏览网页、查找和下载网络资源、网上聊天和收发电子邮件等。本次实战演练将通过几个具体实例来使读者进一步掌握本章所学的内容。

6.7.1 导出 IE 收藏夹

IE 浏览器提供了收藏夹的导入和导出功能。使用该功能可方便地对收藏夹进行备份和恢复。

【例 6-19】在 IE 中导出收藏夹。视频

step 1 启动 IE 浏览器，直接按 Alt+Z 快捷键，在弹出的下拉快捷菜单中选择【导入和导出】命令。

step 2 打开【导入/导出设置】对话框，选中【导出到文件】单选按钮，然后单击【下一步】按钮。

step 3 打开【您希望导出哪些内容？】对话框，在该对话框中选中想要导出的内容，例如【收藏夹】、【源】或 Cookie。

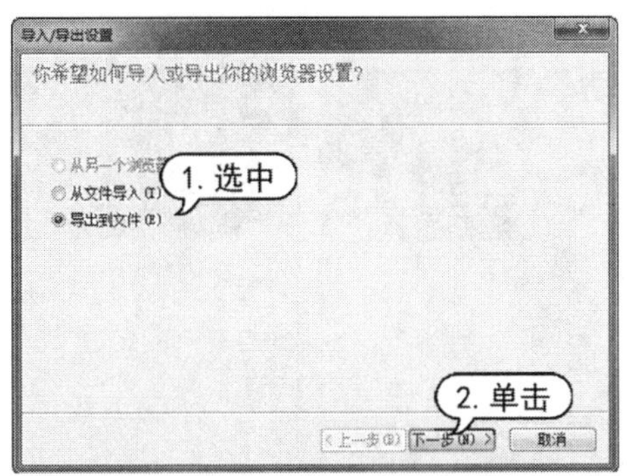

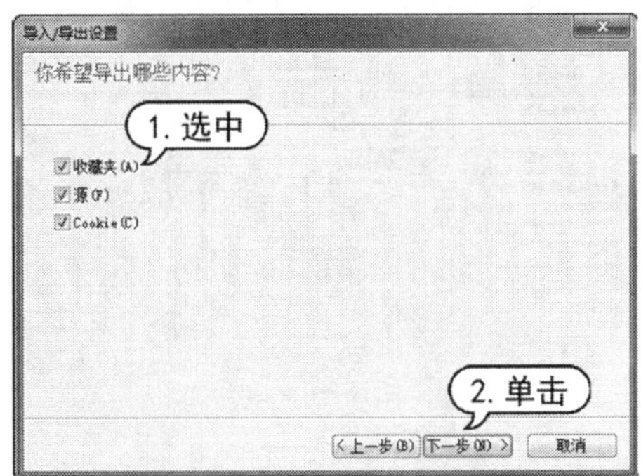

step 4 单击【下一步】按钮，打开【选择您希望从哪个文件夹导出收藏夹】对话框。在此可选择导出整个收藏夹或导出部分收藏夹。

step 5 单击【下一步】按钮，打开【您希望将收藏夹导出至何处？】对话框，在此可选择收藏夹的导出路径。

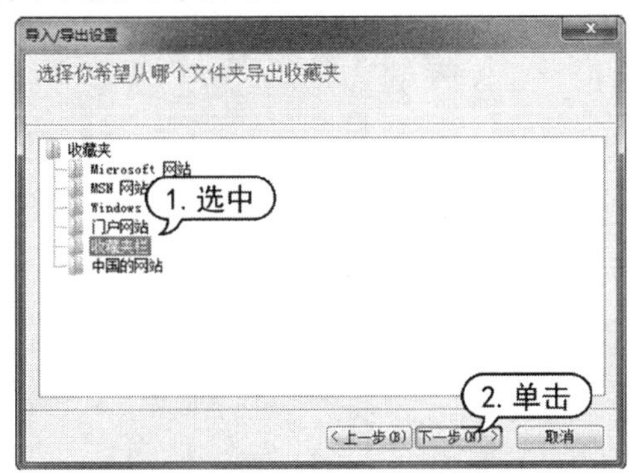

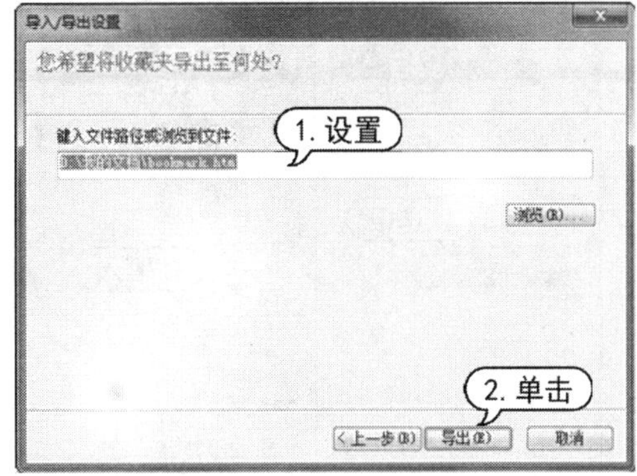

step 6 单击【导出】按钮，开始导出收藏夹，随后提示导出成功。单击【完成】按钮，完成收藏夹的导出。

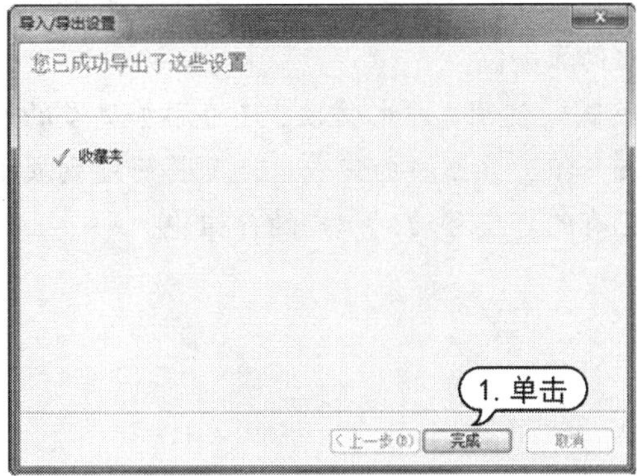

6.7.2 为 QQ 好友分组

当 QQ 中的好友比较多时，要查找某个好友可能会比较困难。此时可将好友进行分组，这样要找某个好友就方便多了。

【例 6-20】将 QQ 好友进行分组。视频

step 1 登录 QQ，在 QQ 主界面的好友列表中，右击【我的好友】选项，在弹出的快捷菜单中选择【添加分组】命令。

step 2 此时，在好友列表中将出现一个长方形的文本框，在该文本框中输入想要添加的分组名称，例如“我的同事”，如下图所示。

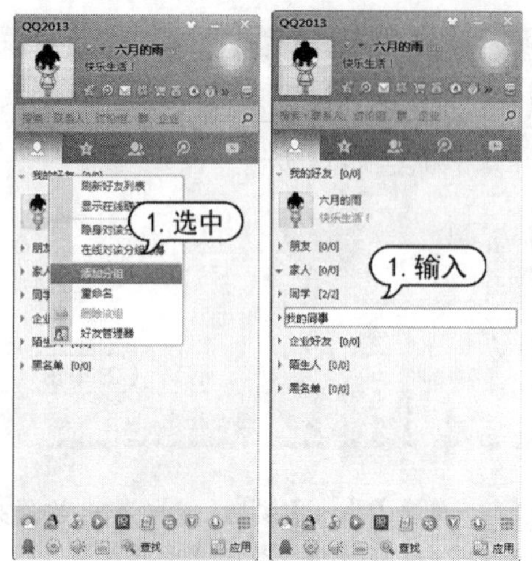

step 3 输入完成后，按 Enter 键，或者在文本框以外的任意位置单击，即可完成好友分组的添加。

step 4 使用同样的方法，还可添加更多的好友分组。分组添加完成后，可将好友列表中已有的好友移动到相应的分组中。

step 5 右击好友的头像，在弹出的快捷菜单中选择【移动联系人至】|【我的同事】命令，即可将该好友移动到【我的同事】分组中，如下图所示。

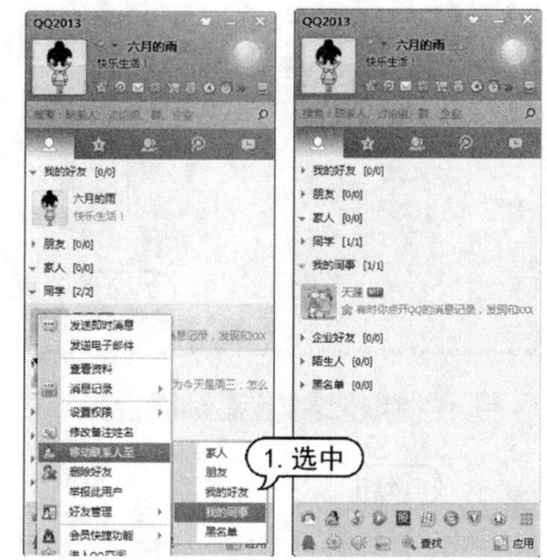

第 7 章

Word 2010 基础操作

Word 2010 是 Office 2010 系列软件中专业进行文字处理的软件，可以方便地进行文字、图形、图像和数据处理，是最常使用的文档处理软件之一，本章将主要介绍 Word 2010 文档处理的基础操作和知识。

对应光盘视频

例 7-1 创建新文档
例 7-2 设置自动保存文档
例 7-3 输入文本
例 7-4 移动和复制文本
例 7-5 查找和替换文本
例 7-6 设置文本格式
例 7-7 设置段落对齐方式
例 7-8 设置段落缩进
例 7-9 设置段落间距
例 7-10 添加项目符号和编号
例 7-11 自定义项目符号
例 7-12 为文字和段落设置边框
例 7-13 为文本和段落设置底纹
例 7-14 制作会议演讲稿

7.1 Word 2010 办公基础

Word 2010 是 Office 2010 的组件之一，也是目前文字处理软件中最受欢迎的、用户最多的文字处理软件。使用 Word 2010 来处理文件，大大提高了企业办公自动化的效率。

7.1.1 Word 2010 办公应用

Word 2010 是一个功能强大的文档处理软件。它既能够制作各种简单的办公商务和个人文档，又能满足专业人员制作用于印刷的版式复杂的文档。使用 Word 2010 来处理文件，大大提高了企业办公自动化的效率。

Word 2010 主要有以下几种办公应用。

- 文字处理功能：Word 2010 是一个功能强大的文字处理软件，利用它可以输入文字，并可设置不同的字体样式和大小。
- 表格制作功能：Word 2010 不仅能处理文字，还能制作各种表格。

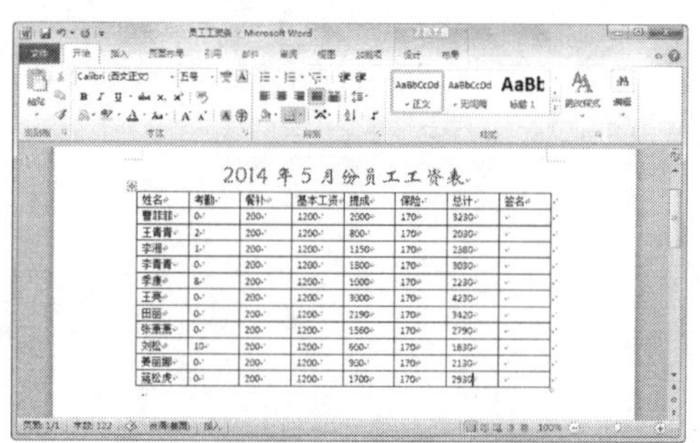

- 图形图像处理功能：在 Word 2010 中可以插入图形图像对象，例如文本框、艺术字和图表等，制作出图文并茂的文档。

- 文档组织功能：在 Word 2010 中可以建立任意长度的文档，还能对长文档进行各种管理。
- 页面设置及打印功能：在 Word 2010 中可以设置各种大小不一的版式，以满足不同用户的需求。使用打印功能可轻松地将电子文本转换到纸上。

7.1.2 Word 2010 的启动和退出

当用户安装完 Office 2010 之后，Word 2010 也将自动安装到系统中，这时用户就可以正常启动和退出 Word 2010。

1. 启动 Word 2010

启动 Word 2010 的方法很多，最常用的有以下几种：

- 从【开始】菜单启动：启动 Windows 7 后，单击【开始】按钮，从弹出的【开始】菜单中选择【所有程序】| Microsoft Office | Microsoft Word 2010 命令，启动 Word 2010；

- 通过桌面快捷方式启动：当 Word 2010 安装完后，桌面上将自动创建 Word 2010 快捷图标。双击该快捷图标，就可以启动 Word 2010 了；

➤ 通过 Word 文档启动：双击后缀名为.docx 的文件，即可打开该文档，启动 Word 2010 应用程序。

2. 退出 Word 2010

退出 Word 2010 有很多方法，常用的主要有以下几种：

➤ 单击 Word 2010 窗口右上角的【关闭】按钮。

➤ 单击【文件】按钮，从弹出的【文件】菜单中选择【退出】命令；

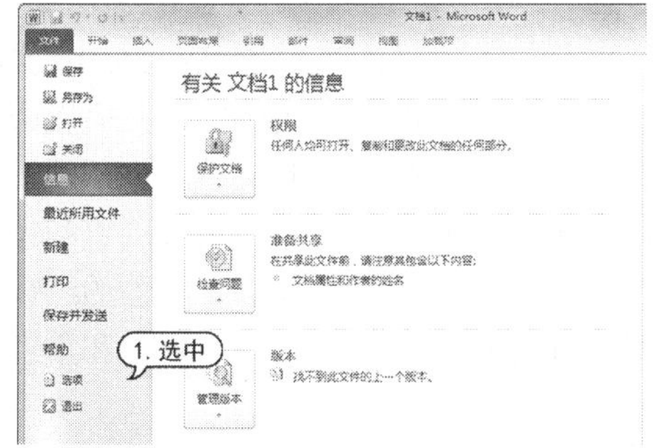

➤ 双击快速访问工具栏左侧的【程序图标】按钮；

➤ 单击【程序图标】按钮，从弹出的快捷菜单中选择【关闭】命令。

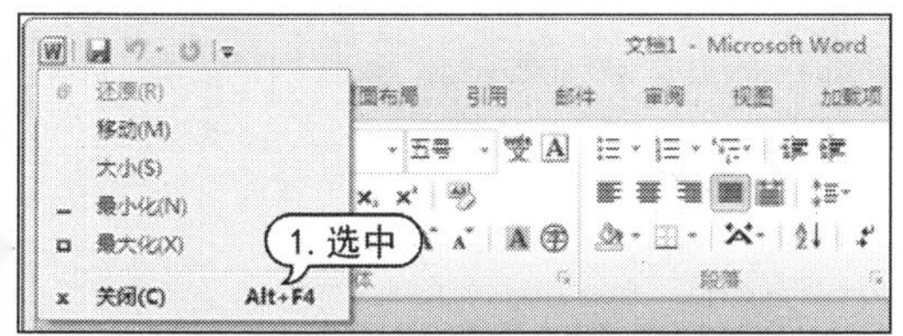

7.1.3 Word 2010 的工作界面

启动 Word 2010 后，桌面上就会出现 Word 2010 的工作界面，该界面主要由标题栏、快速访问工具栏、功能选项卡、功能区、文档编辑区、滚动条和状态与视图栏组成。

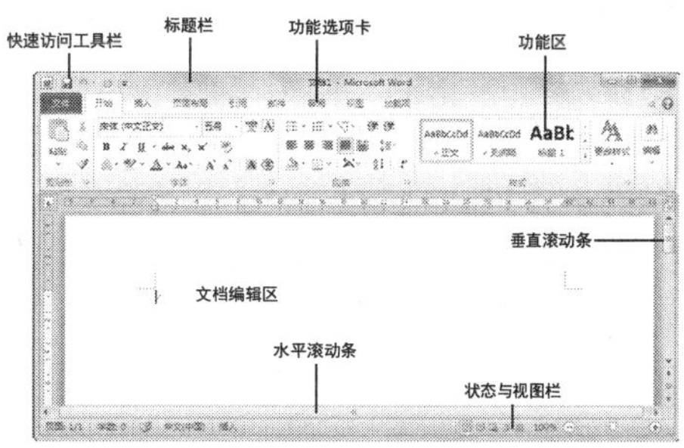

Word 2010 的工作界面主要组成部分的各自作用如下。

➤ 标题栏：标题栏位于窗口的顶端，用于显示当前正在运行的程序名及文件名等信息。标题栏最右端有 3 个按钮，分别用来控制窗口的最小化、最大化和关闭。

➤ 快速访问工具栏：快速访问工具栏中包含最常用的快捷按钮，方便用户使用。在默认状态中，快速访问工具栏中包含 3 个快捷按钮，分别为【保存】按钮、【撤消】按钮和【恢复】按钮。

➤ 功能选项卡：单击相应的标签，即可打开对应的功能选项卡，如【开始】、【插入】、【页面布局】等选项卡。

➤ 文档编辑区：它是 Word 中最重要的部分，所有的文本操作都将在该区域中进行，用来显示和编辑文档、表格等。

➤ 状态栏：位于 Word 窗口的底部，显示了当前的文档信息，如当前显示的文档是第几页、当前文档的总页数和当前文档的字数等；还提供有视图方式、显示比例和缩放滑块等辅助功能，以显示当前的各种编辑状态。

7.1.4 Word 2010 的视图模式

Word 2010 提供了 5 种文档显示的方式，即页面视图、Web 版式视图、阅读版式视图、大纲视图和草稿视图。

1. 页面视图

页面视图是 Word 2010 的默认视图方

式，该视图方式是按照文档的打印效果显示文档，显示与实际打印效果完全相同的文件样式。

打开【视图】选项卡，在【文档视图】组中单击【页面视图】按钮，或者在视图栏中的视图按钮组中单击【页面视图】按钮▤，即可切换至页面视图模式。

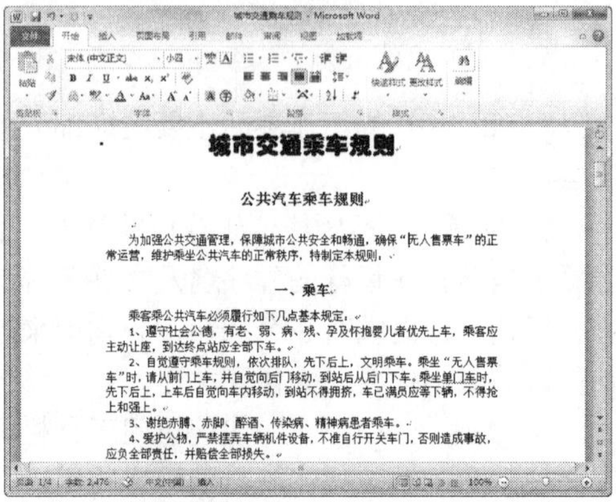

2. Web 版式视图

Web 版式视图以网页的形式显示 Word 2010 文档，适用于发送电子邮件、创建和编辑 Web 页。在 Web 版式视图模式下，可以看到背景和为适应窗口而换行显示的文本，且图形位置与在 Web 浏览器中的位置一致。

Web 版式视图主要用于 HTML 文档的编辑，HTML（*.htm）是 Web 网页格式文件，在 Web 版式视图方式下编辑文档，可以更准确地看到其在 Web 浏览器中显示的效果。

打开【视图】选项卡，在【文档视图】组中单击【Web 版式视图】按钮，或者在视图栏中的视图按钮组中单击【Web 版式视图】按钮▤，即可切换至 Web 版式视图模式。

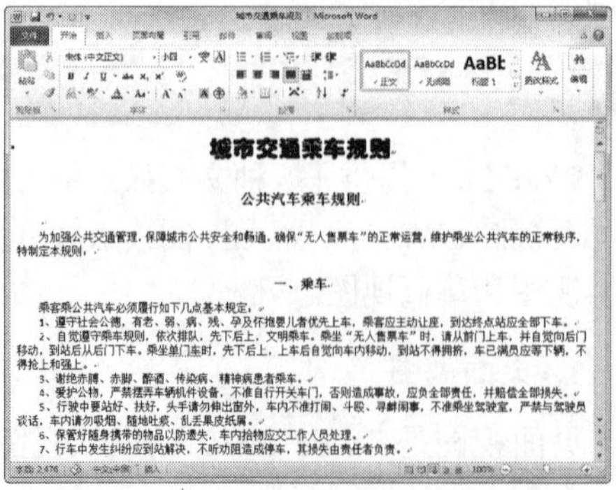

3. 阅读版式视图

阅读版式视图是模拟书本阅读方式，即以图书的分栏样式显示，将两页文档同时显示在一个视图窗口的一种视图方式。

打开【视图】选项卡，在【文档视图】组中单击【阅读版式视图】按钮，或者在视图栏中的视图按钮组中单击【阅读版式视图】按钮▤，即可切换至阅读版式视图，它以最大的空间来阅读或批注文档。

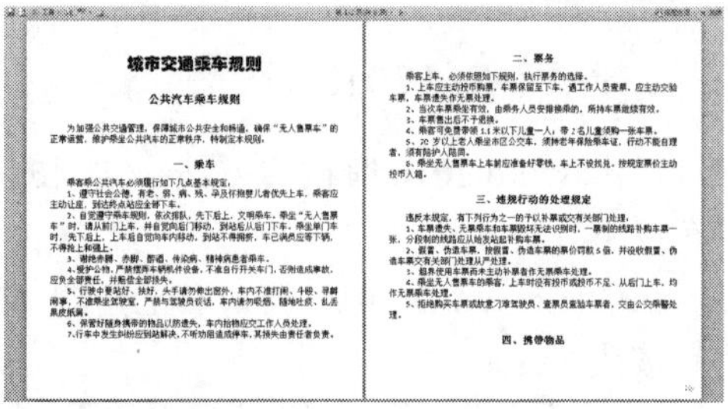

4. 大纲视图

大纲视图主要用于设置 Word 2010 文档的设置和显示标题的层级结构，并可以方便地折叠和展开各种层级的文档。大纲视图广泛用于 Word 2010 长文档的快速浏览和设置中。使用大纲视图，可以查看文档的结构，还可以通过拖动标题来移动、复制和重新组织文本。

打开【视图】选项卡，在【文档视图】组单击【大纲视图】按钮，或者在视图栏中的视图按钮组中单击【大纲视图】按钮▤，即可切换至大纲视图。

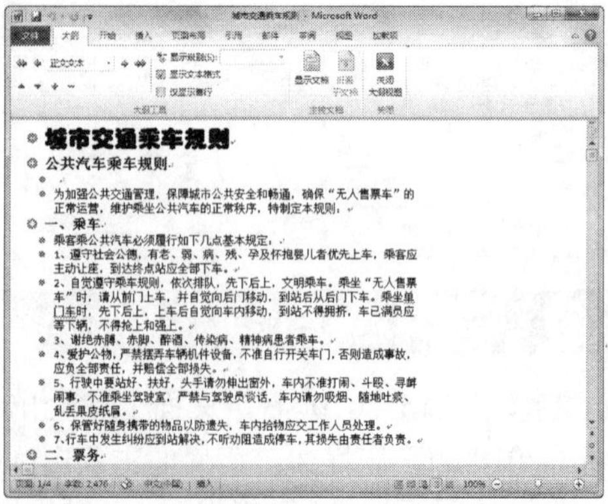

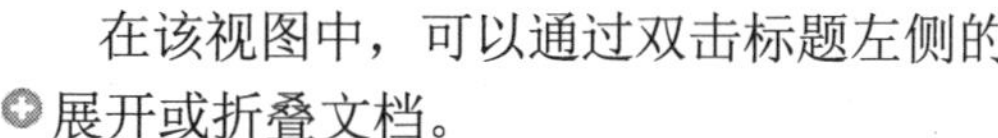

在该视图中，可以通过双击标题左侧的 ⊕ 展开或折叠文档。

5. 草稿视图

草稿视图主要用于查看草稿形式的文档，便于快速编辑文本。草稿视图取消了页面边距、分栏、页眉页脚和图片等元素，仅显示标题和正文，是最节省计算机系统硬件资源的视图方式。当然现在计算机系统的硬件配置都比较高，基本上不存在由于硬件配置偏低而使 Word 2010 运行遇到障碍的问题。

打开【视图】选项卡，在【文档视图】组中单击【草稿】按钮，或者在视图栏中的视图按钮组中单击【草稿】按钮，即可切换至草稿视图模式。

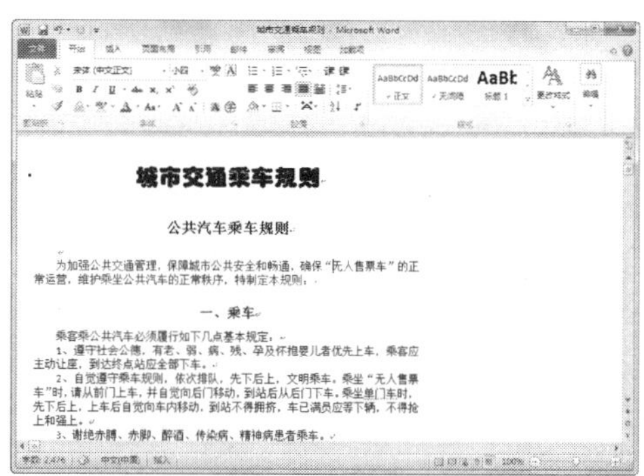

7.2　Word 文档基本操作

在使用 Word 2010 编辑处理文档前，应先掌握 Word 文档的基本操作，如创建新文档、保存文档、打开文档和关闭文档等。

7.2.1　新建文档

Word 文档是文本、图片等对象的载体，要在文档中进行输入或编辑等操作，首先必须创建新的文档。在 Word 2010 中，创建的文档可以是空白文档，也可以是基于模板的文档。

1. 新建空白文档

启动 Word 2010 后，系统会默认自动建立一个名为“文档 1”的空白文档。

另外，用户还可以单击【文件】按钮，从弹出的菜单中选择【新建】命令，在【可用模板】列表框中选择【空白文档】选项，单击【创建】按钮，即可创建一个名为【文档 2】的空白文档。

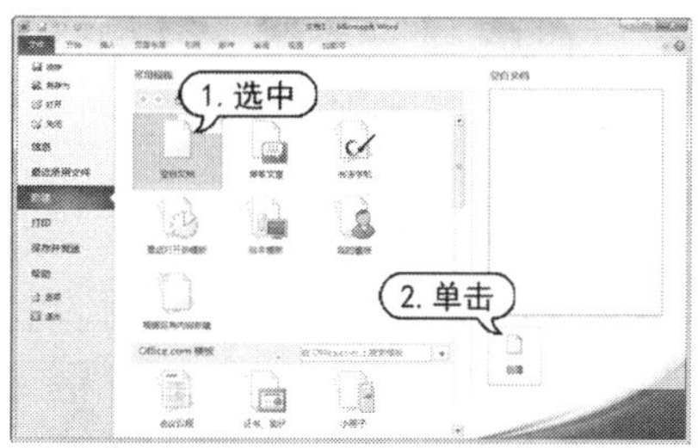

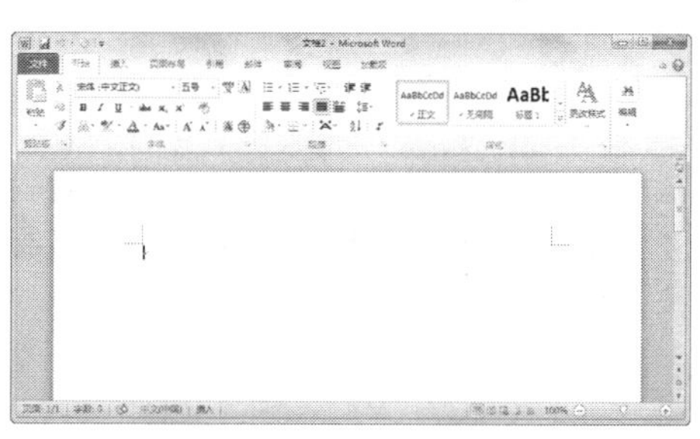

2. 新建基于模板的文档

模板是 Word 预先设置好内容格式的文档。Word 2010 为用户提供了多种具有统一规格、统一框架的文档模板，如传真、信函或简历等。使用它们可以快速地创建基于模板的文档。

【例 7-1】根据【平衡报告】模板来创建新文档。
视频

step 1 启动 Word 2010 应用程序，新建一个名为“文档 1”文档。

step 2 单击【文件】按钮，从弹出的菜单中选择【新建】命令，在【可用模板】列表框中选择【样本模板】选项。

step 3 此时系统会自动显示Word 2010提供的所有样本模板，在样本模板列表框中选择【平衡报告】选项，并在右侧窗口中预览该模板的样式，选中【文档】单选按钮，单击【创建】按钮。

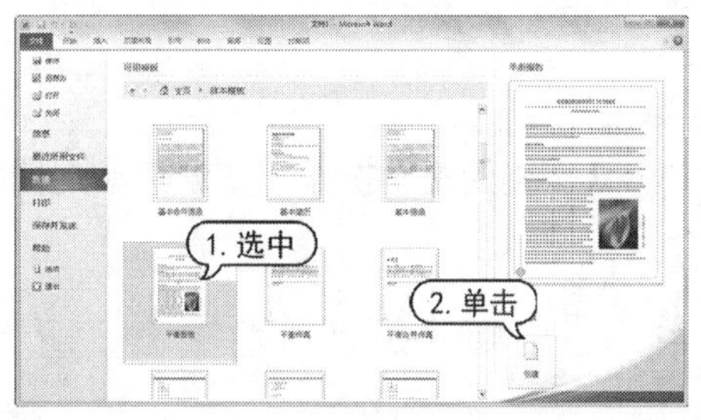

step 4 此时即可新建一个名为“文档2”的新文档，并自动套用所选择的【平衡报告】模板的样式。

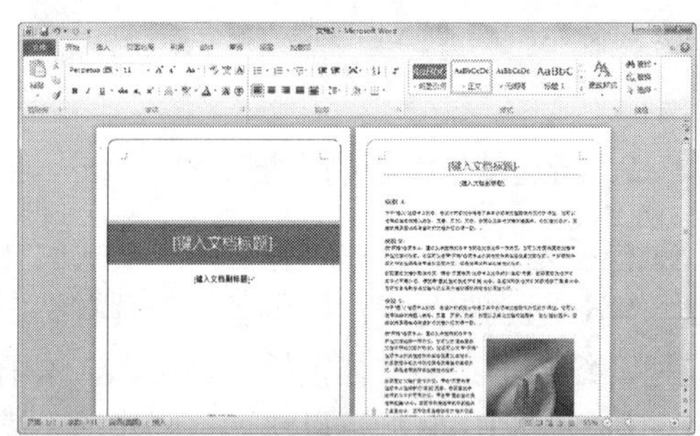

7.2.2 打开和关闭文档

打开文档是 Word 的一项基本的操作，对于任何文档来说都需要先将其打开，然后才能对其进行编辑。编辑完成后，可将文档关闭。

1. 打开文档

对于已经存在的 Word 文档，只需双击该文档的图标即可打开该文档。另外，用户还可在一个已打开的文档中打开另外一个文档。例如，单击【文件】按钮，在打开的页面中选择【打开】命令，打开【打开】对话框。在【打开】对话框中，选中所需的文件，然后单击【打开】按钮即可将其打开。

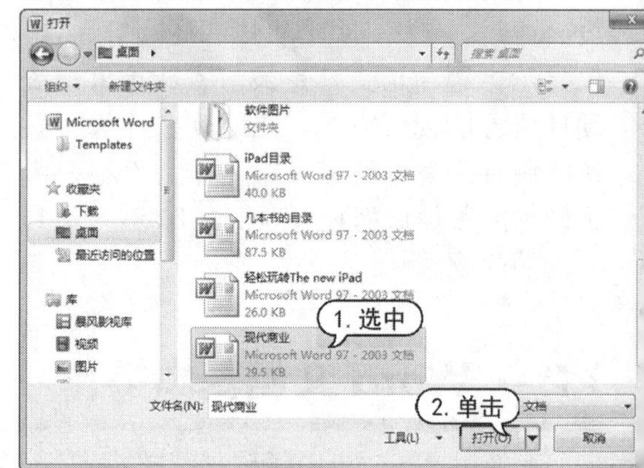

2. 关闭文档

不使用文档时，应将其关闭。关闭文档的方法非常简单，常用的关闭文档的方法如下：

- 单击标题栏右侧的【关闭】按钮；
- 按 Alt+F4 组合键；
- 单击【开始】按钮，从弹出的菜单中选择【关闭】命令；
- 右击标题栏，从弹出的快捷菜单中选择【关闭】命令。

7.2.3 保存文档

新建好文档后，可通过 Word 的保存功能将其存储到计算机中，便于以后打开和编辑使用。保存文档分为保存新建的文档、保存已存档过的文档、将现有的文档另存为其他文档和自动保存 4 种方式。

1. 保存新建的文档

在第一次保存编辑好的文档时，需要指定文件名、文件的保存位置和保存格式等信息。保存新建文档的常用操作如下：

- 单击【文件】按钮，从弹出的菜单中选择【保存】命令。打开【另存为】对话框，在该对话框中设置保存路径、名称及保存格式后，单击【保存】按钮即可保存新建的 Word 文档；

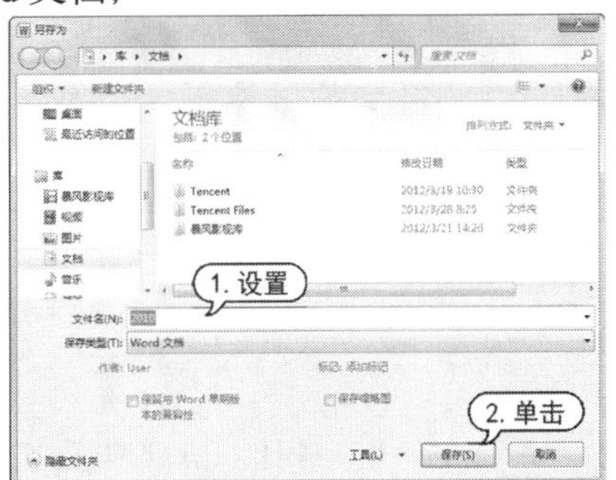

- 单击快速访问工具栏上的【保存】按钮；
- 按 Ctrl+S 快捷键。

2. 保存已存档的文档

要对已保存过的文档进行保存时，可单击【文件】按钮，在弹出的【文件】菜单中选择【保存】命令，或单击快速访问工具栏上的【保存】按钮，或按 Ctrl+S 快捷键，即可按照原有的路径、名称以及格式进行保存。

3. 另存为其他格式的文档

要将当前文档另存为其他文档，可单击【文件】按钮，在打开的页面中选择【另存为】命令，打开【另存为】对话框，在其中设置保存格式为 PDF 文档或网页等多种格式，然后单击【保存】按钮即可。

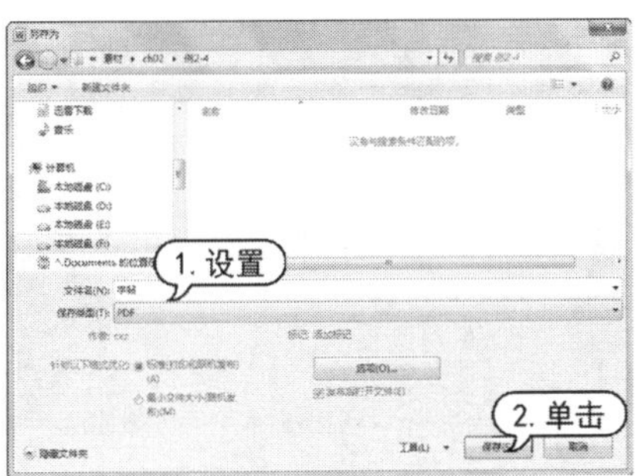

4. 自动保存文档

用户若不习惯于随时对修改的文档进行保存操作，则可以将文档设置为自动保存。设置自动保存后，无论文档是否进行修改，系统会根据设置的时间间隔在指定的时间自动对文档进行自动保存。

【例 7-2】启动 Word 2010 应用程序，将文档的自动保存的时间间隔设置为 5 分钟。 视频

step 1　启动 Word 2010 应用程序，打开一个名为“文档 1”文档。

step 2　单击【文件】按钮，从弹出的【文件】菜单中选择【选项】命令。

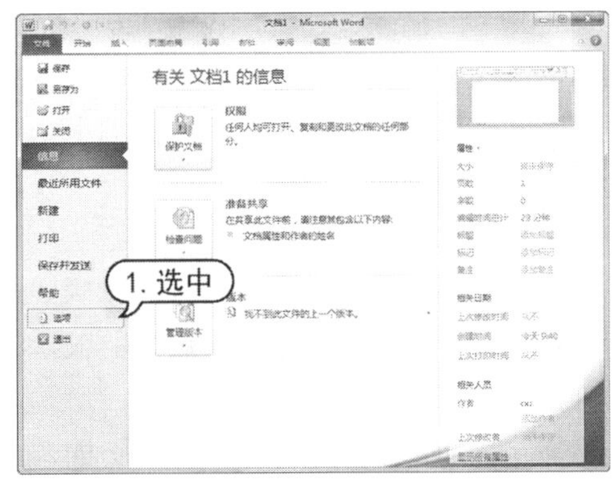

step 3　打开【Word 选项】对话框的【保存】选项卡，在【保存文档】选项区域中选中【保存自动恢复信息时间间隔】复选框，并在其右侧的微调框中输入 5，单击【确定】按钮，完成设置。

7.3 Word 文本的输入和编辑

在 Word 2010 中，建立文档的目的是为了输入文本内容。输入文本后，还需要对文本进行选取、复制、移动、删除、查找和替换等编辑操作，熟练地运用文本的简单编辑功能，可以极大地提高办公的效率。

7.3.1 输入文本

在输入文本前，文档编辑区的开始位置将会出现一个闪烁的光标，将其称为“插入点”。在 Word 文档输入的过程中，任何文本将会在插入点处出现。当定位了插入点的位置后，切换五笔输入法成拼音输入法即可开始进行文本的输入。

在文本的输入过程中，Word 2010 将遵循以下原则。

- 按下 Enter 键，将在插入点的下一行处重新创建一个新的段落，并在上一个段落的结束处显示↵符号。
- 按下空格键，将在插入点的左侧插入一个空格符号，它的大小将根据当前输入法的全半角状态而定。
- 按下 Back Space 键，将删除插入点左侧的一个字符，按下 Delete 键，将删除插入点右侧的一个字符。
- 按下 Caps Lock 键可输入英文大写字母，再按下该键输入英文小写字母。

下面以具体实例来介绍输入中英文、特殊符号、日期和时间的方法。

【例 7-3】新建一个名为“大学生问卷调查表”文档，并输入文本内容。

视频+素材 (光盘素材\第 07 章\例 7-3)

step 1 启动 Word 2010 应用程序，新建名为“大学生问卷调查表”的文档。按空格键，将插入点移至页面中央位置，切换输入法，输入标题“大学生问卷调查”。

step 2 按 Enter 键，将插入点跳转至下一行的行首，继续输入中文文本。

step 3 切换至美式键盘状态，按下 Caps Lock 键，输入英文大写字母，再按下 Caps Lock 键，继续输入英文小写字母。

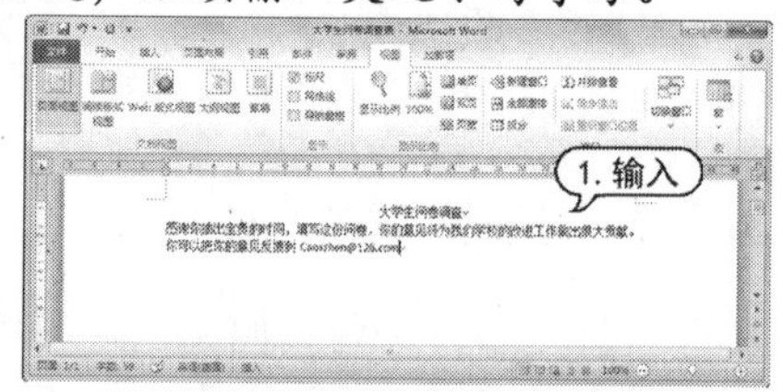

step 4 切换至中文输入法，继续输入文本，按 Enter 键换行，使用同样的方法输入文本内容。

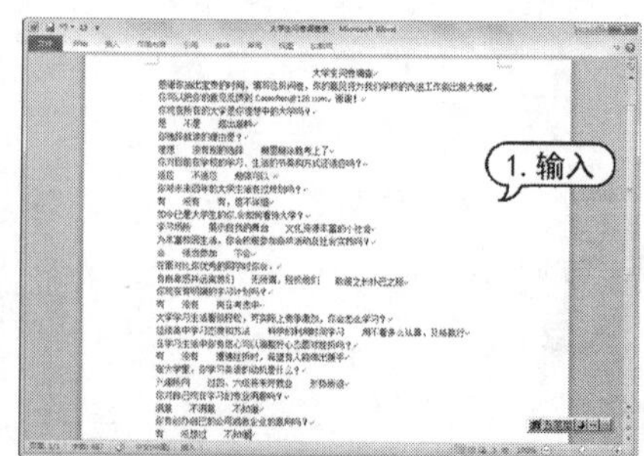

step 5 按 Enter 键换行，按空格键将插入点定位到页面右下角合适位置，打开【插入】选项卡，在【文本】组中单击【日期和时间】按钮，打开【日期和时间】对话框。在【语言(国家/地区)】下拉列表框中选择【中文(国家)】选项，在【可用格式】列表框中选择一种日期格式，单击【确定】按钮，此时即可在文档中插入日期。

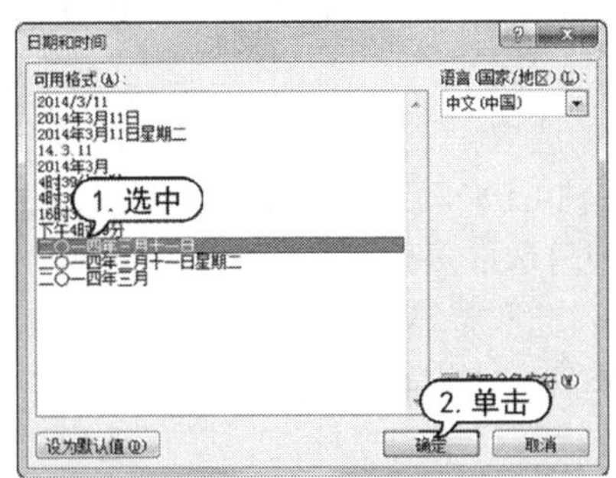

step 6 将插入点定位在第 5 行文本“是”前，打开【插入】选项卡，在【符号】组中单击【符号】按钮，从弹出的菜单中选择【其他符号】命令，打开【符号】对话框。打开【符号】选项卡，在【字体】下拉列表框中选择 Wingdings 选项，在其下的列表框中选择空心圆形符号，然后单击【插入】按钮，输入符号。

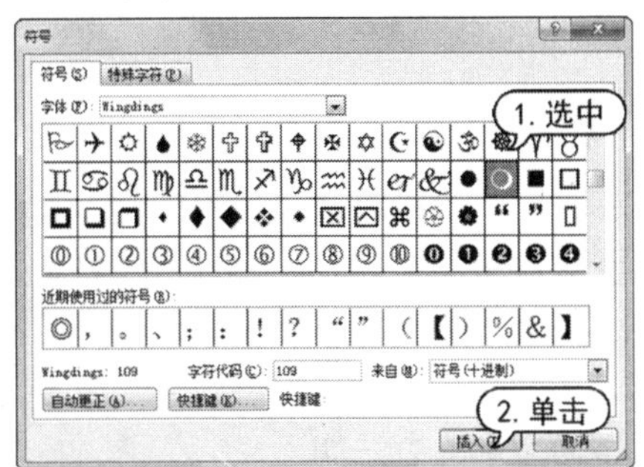

step 7 使用同样的方法，在文本中插入相同符号。

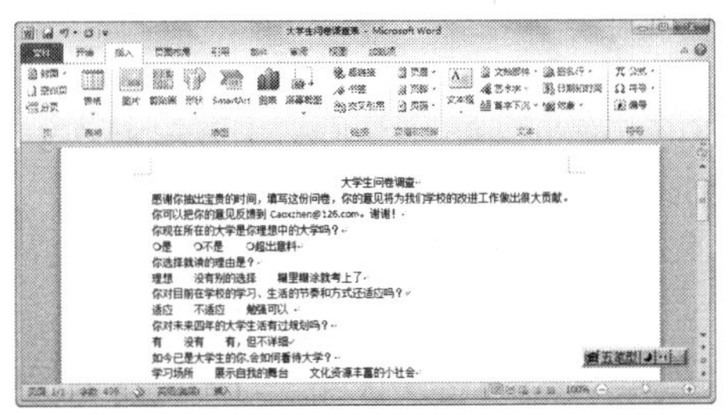

step 8 将插入点定位在第 8 行文本后，打开【加载项】选项卡，在【菜单命令】组中单击【特殊符号】按钮，打开【插入特殊符号】对话框。打开【特殊符号】选项卡，在其中选择星形特殊符号，单击【确定】按钮，在文档中输入特殊符号。

step 9 使用同样的方法，在其他文本后插入星形特殊符号。

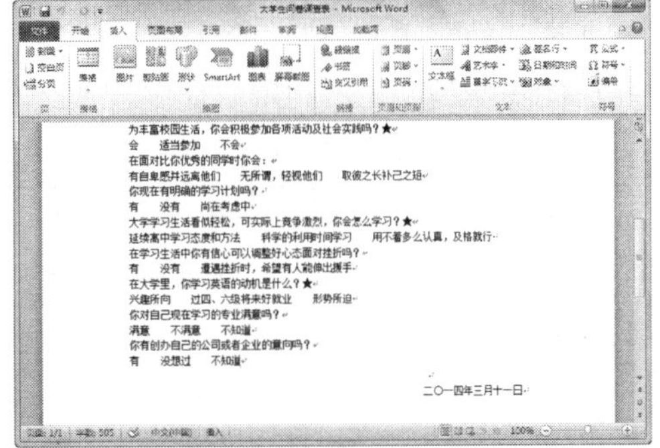

step 10 在快速访问工具栏中单击【保存】按钮，将输入文本内容后的“大学生问卷调查表”文档保存。

7.3.2 选择文本

在 Word 2010 中进行文本编辑操作之前，必须选取或选中需要进行编辑操作的文本。选取文本既可以使用鼠标，也可以使用键盘，还可以结合鼠标和键盘进行选取。

1. 使用鼠标选取文本

使用鼠标选择文本是最基本、最常用的方法。使用鼠标选择文本十分方便。

- 拖动选择：将鼠标指针定位在起始位置，按住鼠标左键不放，向目的位置拖动鼠标以选择文本。

▶ 单击选择：将鼠标光标移到要选定行的左侧空白处，当鼠标光标变成↗形状时，单击鼠标选择该行文本内容。

▶ 双击选择：将鼠标光标移到文本编辑区左侧，当鼠标光标变成↗形状时，双击鼠标左键，即可选择该段的文本内容；将鼠标光标定位到词组中间或左侧，双击鼠标选择该单字或词。

▶ 三击选择：将鼠标光标定位到要选择的段落，三击鼠标选中该段的所有文本；将鼠标光标移到文档左侧空白处，当光标变成↗形状时，三击鼠标选中整篇文档。

2. 使用键盘选取文本

使用键盘选择文本时，需先将插入点移动到要选择的文本的开始位置，然后按键盘上相应的快捷键即可。利用快捷键选择文本内容的功能如下表所示。

快捷键	作 用
Shift+→	选择光标右侧的一个字符
Shift+←	选择光标左侧的一个字符
Shift+↑	选择光标位置至上一行相同位置之间的文本
Shift+↓	选择光标位置至下一行相同位置之间的文本
Shift+Home	选择光标位置至行首
Shift+End	选择光标位置至行尾
Shift+PageDown	选择光标位置至下一屏之间的文本
Shift+PageUp	选择光标位置至上一屏之间的文本
Ctrl+Shift+Home	选择光标位置至文档开始之间的文本
Ctrl+Shift+End	选择光标位置至文档结尾之间的文本
Ctrl+A	选中整篇文档

3. 使用键盘+鼠标选取文本

使用鼠标和键盘结合的方式，不仅可以选择连续的文本，还可以选择不连续的文本。

▶ 选择连续的较长文本：将插入点定位到要选择区域的开始位置，按住 Shift 键不放，再移动光标至要选择区域的结尾处，单击鼠标左键即可选择该区域之间的所有文本内容。

▶ 选取不连续的文本：选取任意一段文本，按住 Ctrl 键，再拖动鼠标选取其他文本，即可同时选取多段不连续的文本。

▶ 选取整篇文档：按住 Ctrl 键不放，将光标移到文本编辑区左侧空白处，当光标变成↗形状时，单击鼠标左键即可选取整篇文档。

▶ 选取矩形文本：将插入点定位到开始位置，按住 Alt 键并拖动鼠标，即可选取矩形文本。

7.3.3 移动和复制文本

在文档中经常需要重复输入文本时，可以使用移动或复制文本的方法进行操作，以节省时间，加快输入和编辑的速度。

1. 移动文本

移动文本是指将当前位置的文本移到其他位置，在移动的同时，会删除原来位置上的原版文本。移动文本后，原来位置的文本消失。

移动文本的方法如下。

▶ 选择需要移动的文本，按 Ctrl+X 组合键剪切文本，在目标位置处按 Ctrl+V 组合键粘贴文本。

▶ 选择需要移动的文本，在【开始】选项卡的【剪贴板】组中，单击【剪切】按钮，在目标位置处，单击【粘贴】按钮。

▶ 选择需要移动的文本，按下鼠标右键拖动至目标位置，松开鼠标后弹出一个快捷菜单，在其中选择【移动到此位置】命令。

➤ 选择需要移动的文本后，右击，在弹出的快捷菜单中选择【剪切】命令，在目标位置处右击，在弹出的快捷菜单中选择【粘贴】命令。

➤ 选择需要移动的文本后，按下鼠标左键不放，此时鼠标光标变为形状，并出现一条虚线，移动鼠标光标，当虚线移动到目标位置时，释放鼠标即可将选取的文本移动到该处。

2. 复制文本

文本的复制，是指将要复制的文本移动到其他的位置，而原版文本仍然保留在原来的位置。

复制文本的方法如下。

➤ 选取需要复制的文本，按 Ctrl+C 组合键，把插入点移到目标位置，再按 Ctrl+V 组合键。

➤ 选择需要复制的文本，在【开始】选项卡的【剪贴板】组中，单击【复制】按钮，将插入点移到目标位置处，单击【粘贴】按钮。

➤ 选取需要复制的文本，按下鼠标右键拖动到目标位置，松开鼠标会弹出一个快捷菜单，在其中选择【复制到此位置】命令。

➤ 选取需要复制的文本，右击，从弹出的快捷菜单中选择【复制】命令，把插入点移到目标位置，右击，从弹出的快捷菜单中选择【粘贴】命令。

【例 7-4】在“大学生问卷调查表”文档中，进行移动和复制操作。

视频+素材 (光盘素材\第 07 章\例 7-4)

step 1 启动 Word 2010 应用程序，打开“大学生问卷调查表”文档。

step 2 选择文档倒数第 4、5 行的文本，按住鼠标左键不放，此时鼠标光标变为形状，并出现一条虚线，移动鼠标光标至第 8 行文本开始处。

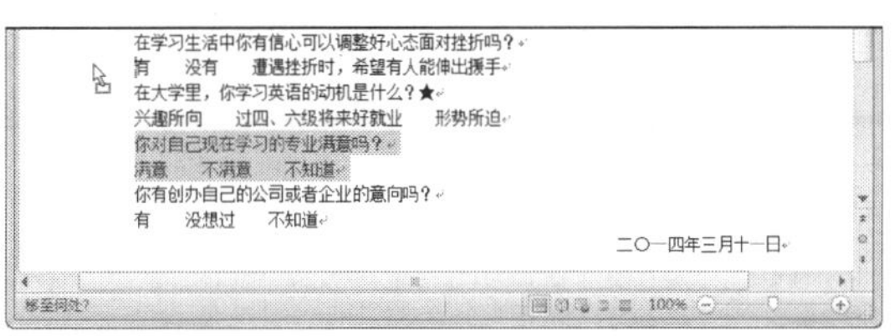

step 3 释放鼠标，即可将选取的文本移动到目标位置处。

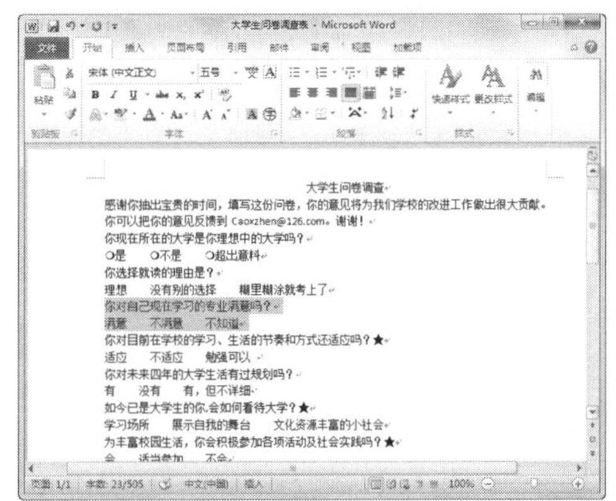

step 4 选取标题文本“大学生”，在【开始】选项卡的【剪切板】组中，单击【复制】按钮。将插入点移到文档第 1 行文本“填写这份”后，单击【粘贴】按钮，完成文本的复制。

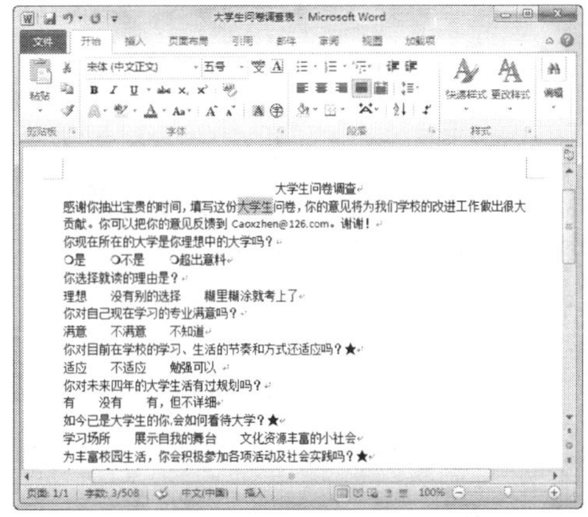

step 5 选中第 5 行的符号，按 Ctrl+C 快捷键，将插入点定位到第 7 行文本“理想”前，按 Ctrl+V 快捷键，复制符号。

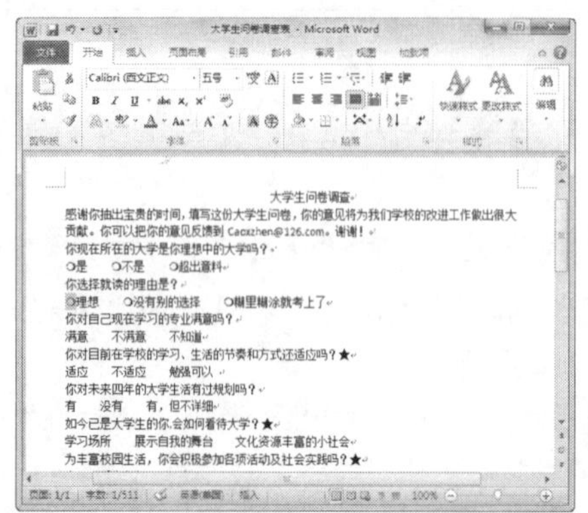

step 6 多次按 Ctrl+V 快捷键，复制粘贴多个圆形符号。

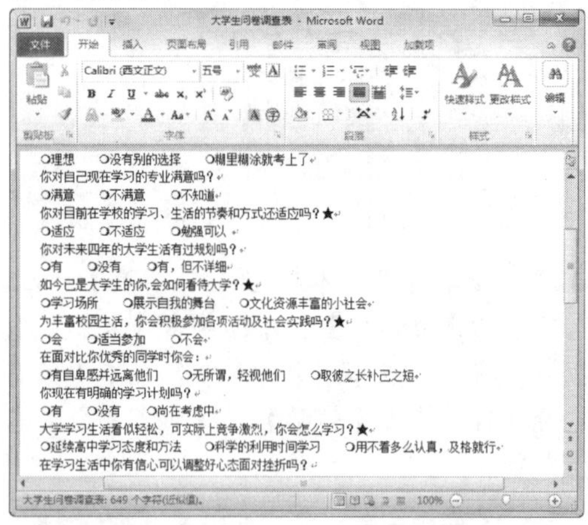

7.3.4 查找和替换文本

使用 Word 2010 提供的查找与替换功能可以快速地找到文档中某个信息或更改全文中多次出现的词语，从而无需反复地查找文本，使操作变得较为简单，节约办公时间，提高工作效率。

【例 7-5】在“大学生问卷调查表”文档中，进行查找和替换操作。

视频+素材 (光盘素材\第 07 章\例 7-5)

step 1 启动 Word 2010 应用程序，打开“大学生问卷调查表”文档。

step 2 在【开始】选项卡的【编辑】组中单击【查找】按钮，打开导航窗格。在【导航】文本框中输入文本“你”，此时 Word 2010 自动在文档编辑区中以黄色高亮显示所查找到的文本。

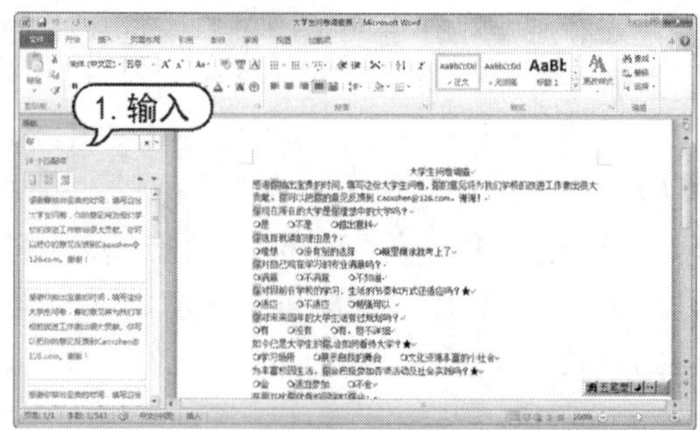

step 3 在【开始】选项卡的【编辑】组中，单击【替换】按钮，打开【查找和替换】对话框。此时，自动打开【替换】选项卡，此时【查找内容】文本框中显示文本“你”，在【替换为】文本框中输入文本“您”，然后单击【全部替换】按钮。

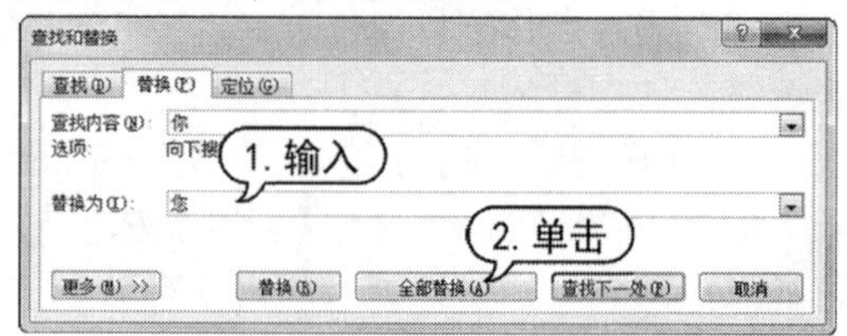

step 4 系统自动打开提示对话框，单击【是】按钮，执行全部替换操作。

step 5 替换完成后，系统自动打开完成替换提示框，单击【确定】按钮。

step 6 返回至【查找和替换】对话框，单击【关闭】按钮，返回文档窗口，查看替换的文本。

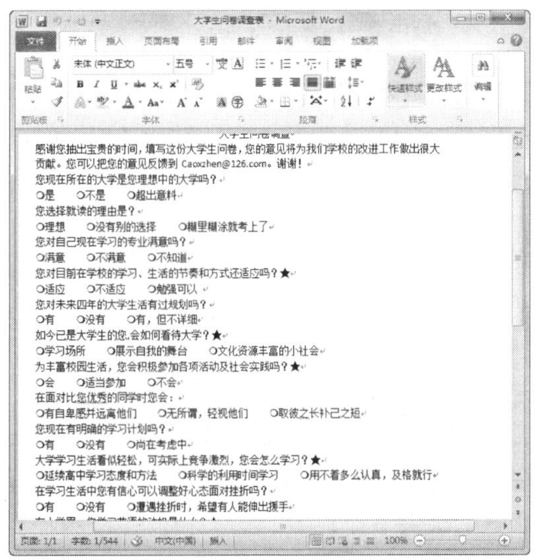

7.3.5 删除文本

在编辑文档的过程中，需要对多余或错误的文本进行删除操作。删除文本的操作方法如下。

- 按 Backspace 键，删除光标左侧的文本，按 Delete 键，删除光标右侧的文本。
- 选择需要删除的文本，在【开始】选项卡的【剪贴板】组中，单击【剪切】按钮即可。
- 选择文本，按 Back Space 键或 Delete 键均可删除所选文本。

此外，Word 2010 状态栏中有【改写】和【插入】两种状态。在改写状态下，输入的文本将会覆盖其后的文本，而在插入状态下，会自动将插入位置后的文本向后移动。Word 默认的状态是插入，若要更改状态，可以在状态栏中单击【插入】按钮，此时将显示【改写】按钮，单击该按钮，返回至插入状态。按 Insert 键，同样可以在这两种状态下切换。

7.3.6 撤销和恢复操作

编辑文档时，Word 2010 会自动记录最近执行的操作，因此当操作错误时，可以通过撤销功能将错误操作撤销。如果误撤销了某些操作，还可以使用恢复操作将其恢复。

1. 撤销操作

常用的撤销操作主要有以下两种。

- 在快速访问工具栏中单击【撤销】按钮，撤销上一次的操作。单击按钮右侧的下拉按钮，可以在弹出列表中选择要撤销的操作。
- 按 Ctrl+Z 组合键，撤销最近的操作。

2. 恢复操作

恢复操作用来还原撤销操作，恢复以前撤销的文档。

常用的恢复操作主要有以下两种。

- 在快速访问工具栏中单击【恢复】按钮，恢复操作。
- 按 Ctrl+Y 组合键，恢复最近的撤销操作，这是 Ctrl+Z 的逆操作。

7.4 设置 Word 文本和段落格式

在 Word 2010 中，为了使文档更加美观、条理更加清晰，通常需要对文本和段落格式进行设置。

7.4.1 设置文本格式

在 Word 文档中输入文本的默认字体为宋体，默认字号为五号，为了使文档更加美观、条理更加清晰，通常需要对文本进行格式化操作，如设置字体、字号、字体颜色、字形、字体效果和字符间距等。

1. 使用【字体】组

选中要设置格式的文本，在功能区中打开【开始】选项卡，使用【字体】组中提供的按钮即可设置文本格式。

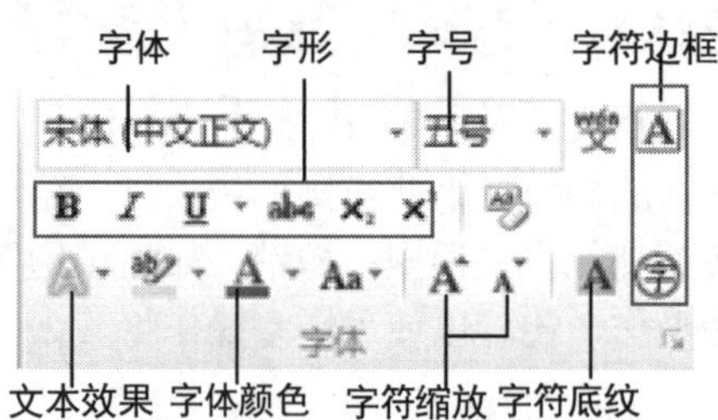

- 字体：指文字的外观，Word 2010 提供了多种字体，默认字体为宋体。
- 字形：指文字的一些特殊外观，例如加粗、倾斜、下划线、上标和下标等，单击【删除线】按钮，可以为文本添加删除线效果。
- 字号：指文字的大小，Word 2010 提供了多种字号。
- 字符边框：为文本添加边框，带圈字符按钮，可为字符添加圆圈效果。
- 文本效果：为文本添加特殊效果，单击该按钮，从弹出的菜单中可以为文本设置轮廓、阴影、映像和发光等效果。
- 字体颜色：指文字的颜色，单击【字体颜色】按钮右侧的下拉箭头，在弹出的菜单中选择需要的颜色命令。
- 字符缩放：增大或者缩小字符。
- 字符底纹：为文本添加底纹效果。

2. 使用浮动工具栏

选中要设置格式的文本，此时选中文本区域的右上角将出现浮动工具栏，使用工具栏提供的命令按钮可以进行文本格式的设置。

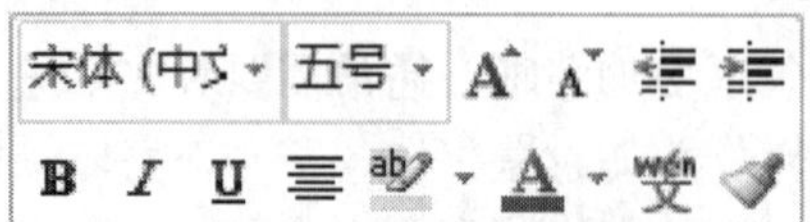

3. 使用【字体】对话框

打开【开始】选项卡，单击【字体】对话框启动器，打开【字体】对话框，即可进行文本格式的相关设置。其中，【字体】选项卡可以设置字体、字形、字号、字体颜色和效果等，【高级】选项卡可以设置文本之间的间隔距离和位置。

【例 7-6】创建“我和大奖有个约会”文档，在其中输入文本，并设置文本格式。

视频+素材 (光盘素材\第 07 章\例 7-6)

step 1 启动 Word 2010 应用程序，新建名为“我和大奖有个约会”的文档，并输入文本内容。

step 2 选中正标题文本“我和大奖有个约会”，打开【开始】选项卡。在【字体】组中单击【字体】下拉按钮，在弹出的下拉列表框中选择【方正粗倩简体】选项；单击【字号】下拉按钮，在弹出的下拉列表框中，选择【二号】选项；单击【字体颜色】下拉按钮，从弹出的颜色面板中选择【红色】色块。

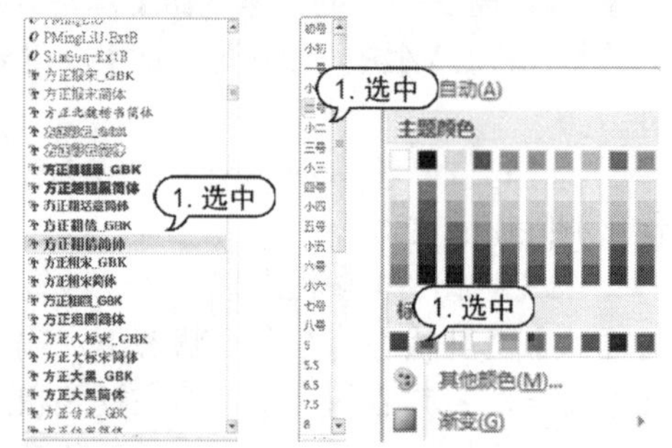

step 3 单击【加粗】按钮，此时标题文本效果如下图所示。

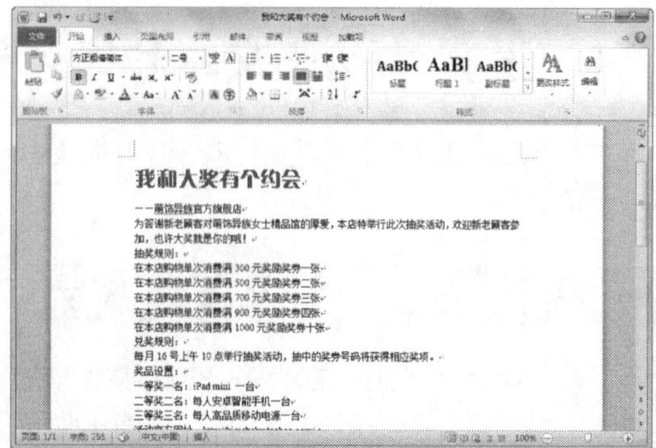

step 4 选中副标题文本“——萌饰异族官方旗舰店”，打开浮动工具栏，在【字体】下拉列表框中选择【汉仪中圆简】选项，在【字号】下拉列表框中选择【三号】选项，然后单击【加粗】和【倾斜】按钮。

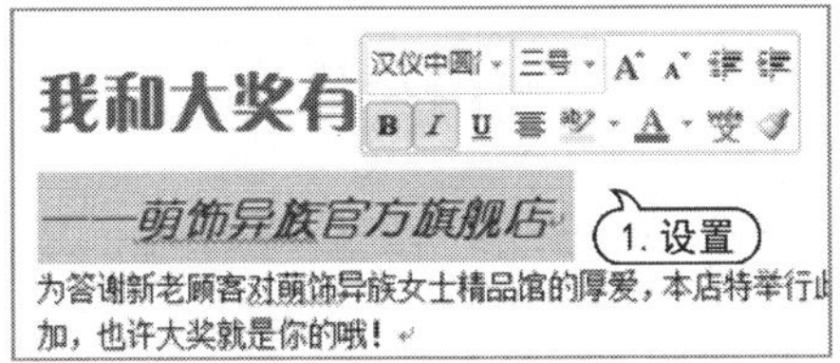

step 5 选中第 10 段正文文本，打开【开始】选项卡，在【字体】组中单击对话框启动器按钮，打开【字体】对话框。

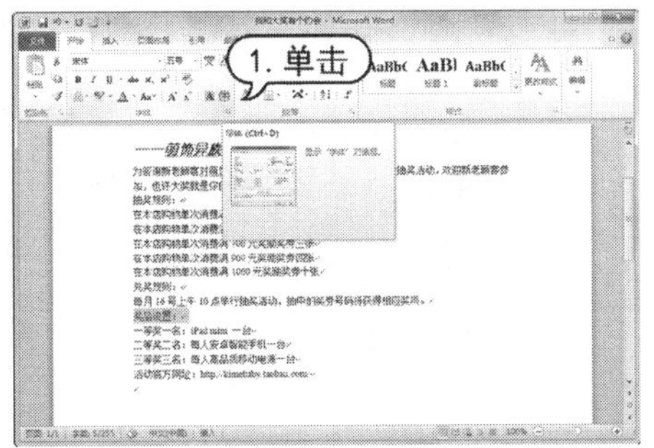

step 6 打开【字体】选项卡，单击【中文字体】下拉按钮，从弹出的列表框中选择【微软雅黑】选项；在【字形】列表框中选择【加粗】选项；在【字号】列表框中选择【四号】选项；单击【字体颜色】下拉按钮，在弹出的颜色面板中选择【深红】色块，单击【确定】按钮。

step 7 在【字体】组中单击【文本效果】按钮，从弹出的菜单中选择【映像】|【紧密映像，4pt 偏移量】选项，为文本应用效果。

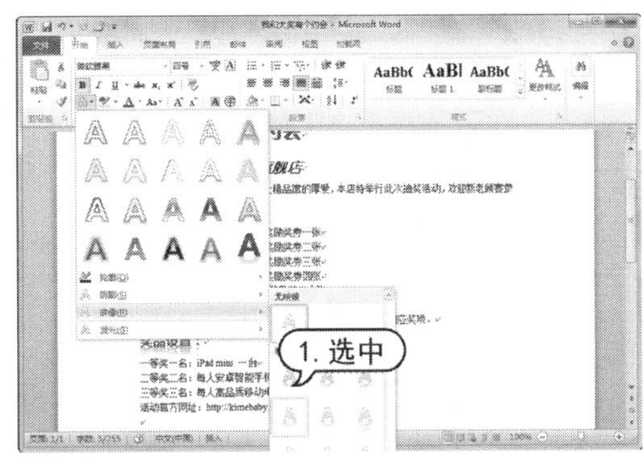

step 8 使用同样的方法，设置最后一段文本字体为【华文新魏】，字号为【四号】，字体颜色为【深蓝】，效果如下图所示。

在本店购物单次消费满 900 元奖励奖券四张
在本店购物单次消费满 1000 元奖励奖券十张
兑奖规则：
每月 16 号上午 10 点举行抽奖活动，抽中的奖券号码将获得相应奖项。
奖品设置：
一等奖一名：iPad mini 一台
二等奖二名：每人安卓智能手机一台
三等奖三名：每人高品质移动电源一台
活动官方网址：http://kimebaby.taobao.com/

step 9 选中正标题文本“我和大奖有个约会”，在【开始】选项卡中单击【字体】对话框启动器，打开【字体】对话框，打开【高级】选项卡，在【缩放】下拉列表框中选择 150%选项，在【间距】下拉列表框中选择【加宽】选项，并在其后的【磅值】微调框中输入“2 磅”；在【位置】下拉列表中选择【降低】选项，并在其后的【磅值】微调框中输入“2 磅”，单击【确定】按钮，完成字符间距设置。

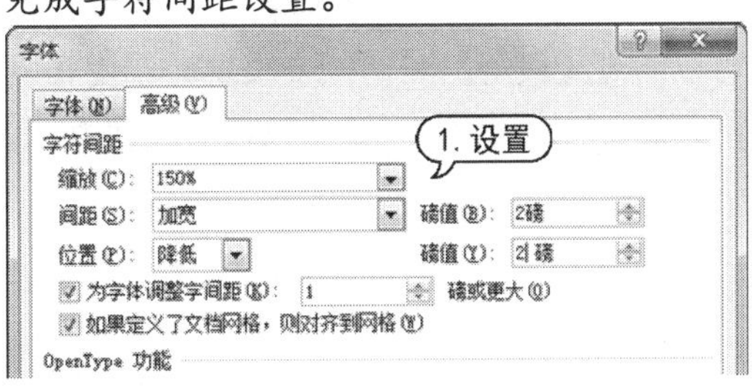

step 10 使用同样的方法，设置副标题文本的缩放比例为80%，字符间距为加宽3磅，然后调整副标题文本的位置，效果如下图所示。

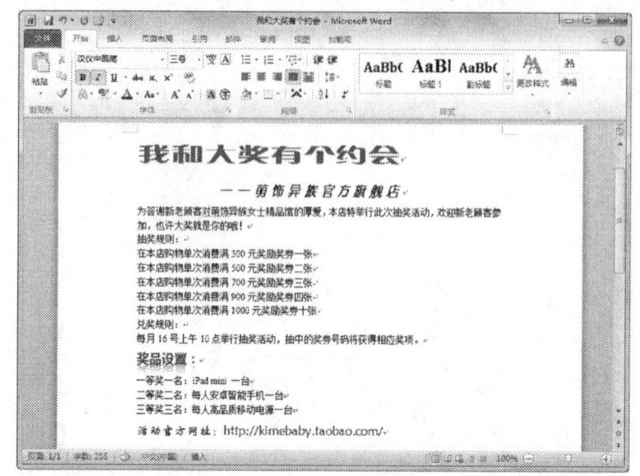

7.4.2 设置段落对齐方式

段落对齐指文档边缘的对齐方式，包括两端对齐、居中对齐、左对齐、右对齐和分散对齐。这5种对齐方式的说明如下。

- 两端对齐：为系统默认设置，两端对齐时文本左右两端均对齐，但是段落最后不满一行的文字右边是不对齐的。
- 左对齐：文本的左边对齐，右边参差不齐。
- 右对齐：文本的右边对齐，左边参差不齐。
- 居中对齐：文本居中排列。
- 分散对齐：文本左右两边均对齐，而且每个段落的最后一行不满一行时，将拉开字符间距使该行均匀分布。

设置段落对齐方式时，先选定要对齐的段落，或将插入点定位到新段落的任意位置，然后可以通过单击【开始】选项卡的【段落】组(或浮动工具栏)中的相应按钮来实现，也可以通过【段落】对话框来实现。使用【段落】组是最快捷方便，也是最常使用的方法。

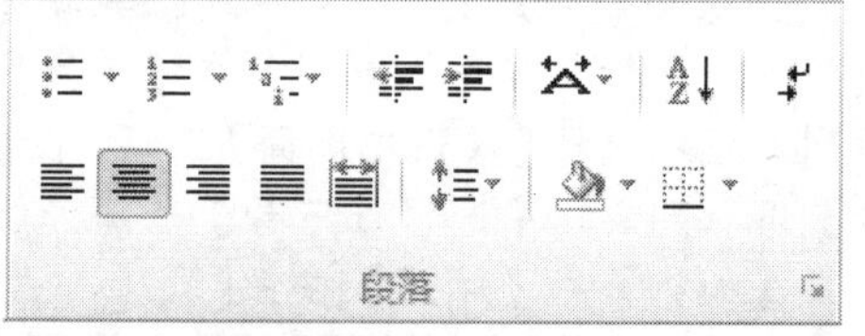

【例 7-7】在“我和大奖有个约会”文档中，设置段落对齐方式。

视频+素材 (光盘素材\第 07 章\例 7-7)

step 1 启动Word 2010应用程序，打开“我和大奖有个约会”文档。

step 2 选取正标题，在弹出的浮动工具栏中单击【居中】按钮，设置正标题居中对齐。

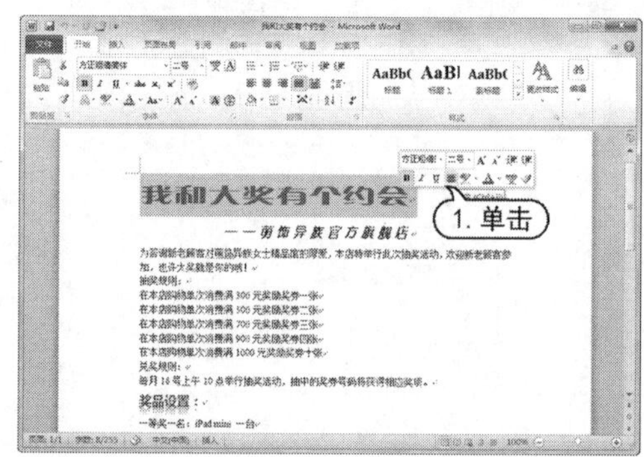

step 3 将插入点定位在副标题段，在【开始】选项卡的【段落】组中单击【居中】按钮，设置副标题居中对齐显示。

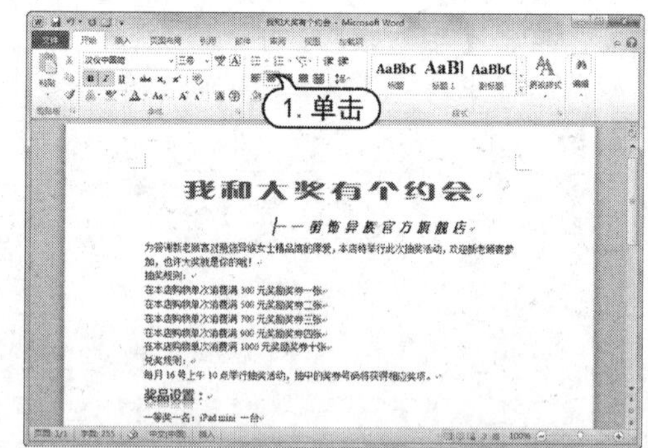

实用技巧

按Ctrl+E组合键，可以设置段落居中对齐；按Ctrl+Shift+J组合键，可以设置段落分散对齐；按Ctrl+L组合键，可以设置段落左对齐；按Ctrl+R组合键，可以设置段落右对齐；按Ctrl+J组合键，可以设置段落两端对齐。

7.4.3 设置段落缩进

段落缩进是指设置段落中的文本与页边距之间的距离。Word 2010 提供了以下 4 种段落缩进的方式。

- 左缩进：设置整个段落左边界的缩进位置。
- 右缩进：设置整个段落右边界的缩进位置。
- 悬挂缩进：设置段落中除首行以外的其他行的起始位置。
- 首行缩进：设置段落中首行的起始位置。

用户一般可以用标尺或者【段落】对话框设置段落缩进。

1. 使用标尺设置缩进量

通过水平标尺可以快速设置段落的缩进方式及缩进量。水平标尺中包括首行缩进、悬挂缩进、左缩进和右缩进 4 个标记。

拖动各标记就可以设置相应的段落缩进方式。

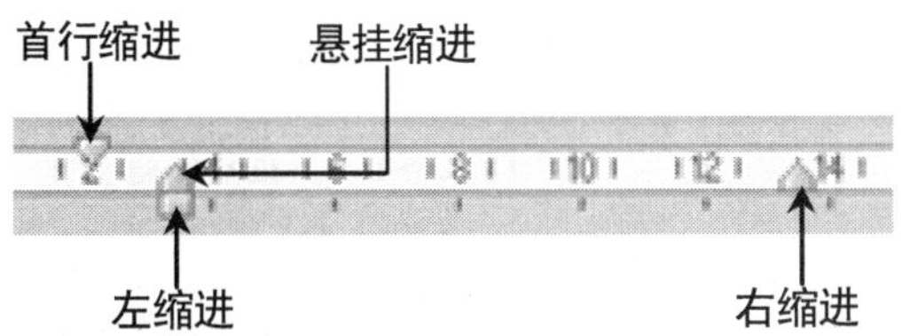

使用标尺设置段落缩进时，先在文档中选择要改变缩进的段落，然后拖动缩进标记到缩进位置，可以使某些行缩进。在拖动鼠标时，整个页面上出现一条垂直虚线，以显示新边距的位置。

在使用水平标尺格式化段落时，按住 Alt 键不放，使用鼠标拖动标记，水平标尺上将显示具体的度量值，用户可以根据该值设置缩进量。

2. 使用【段落】对话框设置缩进量

使用【段落】对话框可以准确地设置缩进尺寸。打开【开始】选项卡，在【段落】组中单击对话框启动器，打开【段落】对话框的【缩进和间距】选项卡，在【缩进】选项区域中可以设置段落缩进。

大纲级别(O)：正文文本
缩进
左侧(L)：0 字符　特殊格式(S)：　磅值(Y)：
右侧(R)：0 字符
对称缩进(M)
如果定义了文档网格，则自动调整右缩进(D)

【例 7-8】在“我和大奖有个约会”文档中，设置部分文本段落的首行缩进 2 个字符。

视频+素材 (光盘素材\第 07 章\例 7-8)

step 1 启动 Word 2010 应用程序，打开“我和大奖有个约会”文档。

step 2 选取正文第一段文本，打开【开始】选项卡，在【段落】组中单击对话框启动器按钮，打开【段落】对话框。打开【缩进和间距】选项卡，在【段落】选项区域的【特殊格式】下拉列表中选择【首行缩进】选项，并在【磅值】微调框中输入“2 字符”，单击【确定】按钮，完成设置。

对齐方式(G)：两端对齐　1. 设置
大纲级别(O)：正文文本
缩进
左侧(L)：0 字符　特殊格式(S)：　磅值(Y)：
右侧(R)：0 字符　首行缩进　2 字符

实用技巧

在【段落】对话框的【缩进】选项区域的【左】文本框中输入左缩进的值，则所有行按指定值从左边缩进；在【右】文本框中输入右缩进的值，则所有行按指定值从右边缩进。

step 3 此时段落缩进效果如下图所示。

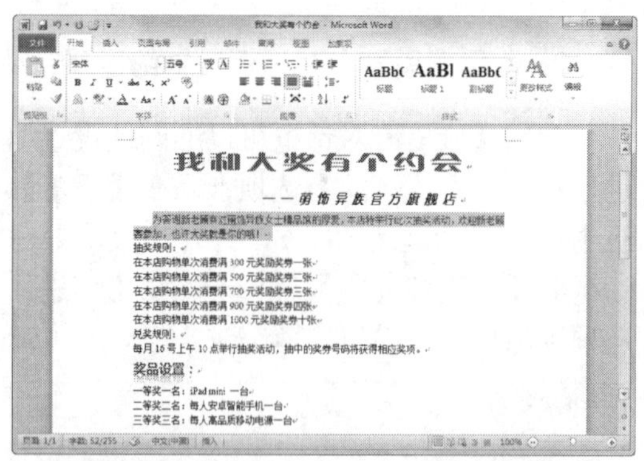

7.4.4 设置段落间距

段落间距的设置包括对文档行间距与段间距的设置。其中，行间距是指段落中行与行之间的距离；段间距是指前后相邻的段落之间的距离。

Word 2010 默认的行间距值是单倍行距。打开【段落】对话框的【缩进和间距】选项卡，在【行距】下拉列表中选择【单倍行距】选项，并在【设置值】微调框中输入值，可以重新设置行间距。在【段前】和【段后】微调框中输入值，可以设置段间距。

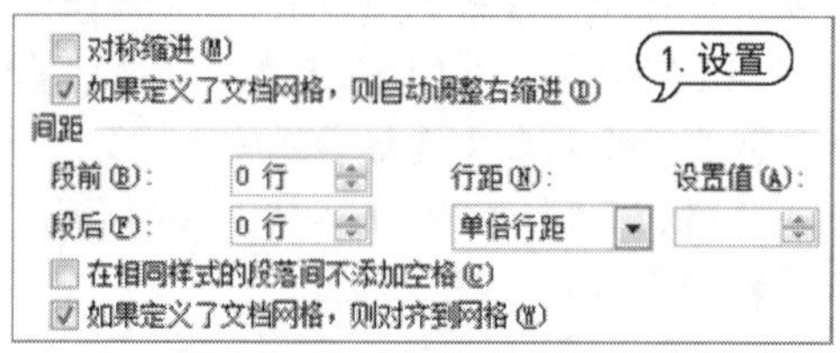

【例 7-9】在“我和大奖有个约会”文档中，设置段落间距。

视频+素材 (光盘素材\第 07 章\例 7-9)

step 1 启动 Word 2010 应用程序，打开“我和大奖有个约会”文档。

step 2 将插入点定位在副标题段落，打开【开始】选项卡，在【段落】组中单击对话框启动器，打开【段落】对话框，打开【缩进和间距】选项卡，在【间距】选项区域中的【段前】和【段后】微调框中输入“0.5 行”，单击【确定】按钮。

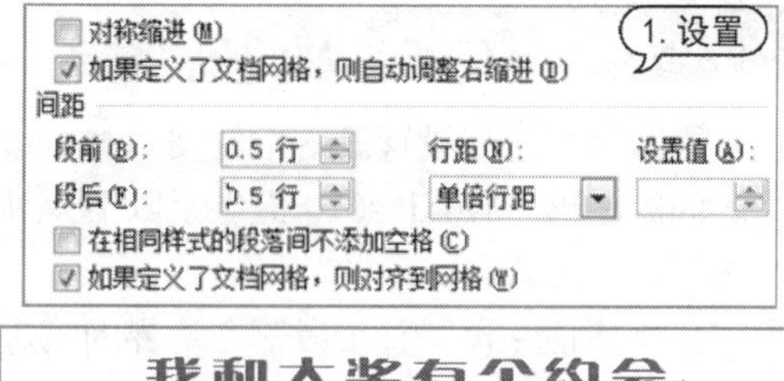

step 3 选取所有正文文本，使用同样的方法，打开【段落】对话框的【缩进和间距】选项卡，在【行距】下拉列表中选择【固定值】选项，在其后的【设置值】微调框中输入“18 磅”，单击【确定】按钮，完成行距的设置。

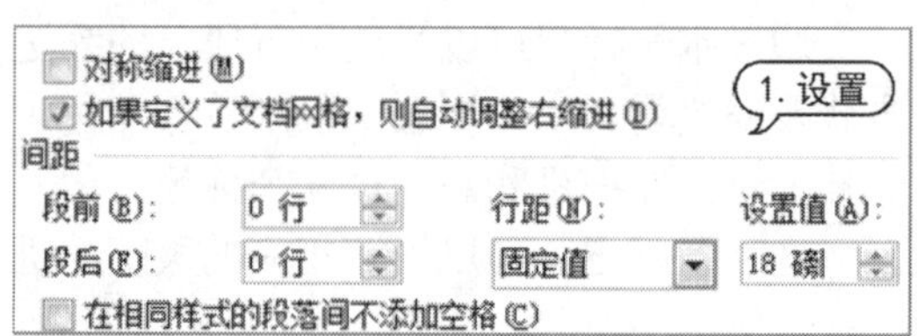

step 4 使用同样的方法，设置第 2 段、第 8 段和第 10 段文本的段前、段后间距均为【0.5 行】，效果如下图所示。

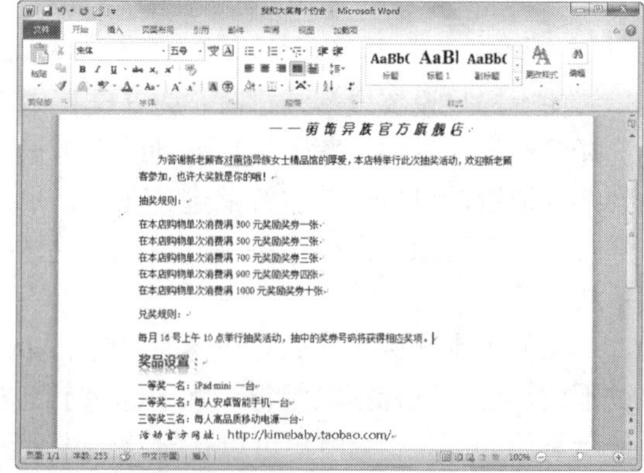

7.5 设置项目符号和编号

在 Word 2010 中使用项目符号和编号列表，可以对文档中并列的项目进行组织，或者将顺序排列的内容进行编号，以使这些项目的层次结构更有条理。

7.5.1 添加项目符号和编号

Word 2010 提供了自动添加项目符号和编号的功能。在以“1.”、“(1)”、“a”等字符开始的段落中按下 Enter 键，下一段开头将会自动出现“2.”、“(2)”、“b”等字符。

除了使用 Word 2010 的自动添加项目符号和编号功能，也可以在输入文本之后，选中要添加项目符号或编号的段落，打开【开始】选项卡，在【段落】组中单击【项目符号】按钮，将自动在每一段落前面添加项目符号；单击【编号】按钮，将以“1.”、“2.”、“3.”的形式为各个文本段编号。

【例 7-10】在“我和大奖有个约会”文档中，添加项目符号和编号。

视频+素材 (光盘素材第 07 章\例 7-10)

step 1 启动 Word 2010 应用程序，打开“我和大奖有个约会”文档。

step 2 选取第 3~7 段文本，打开【开始】选项卡，在【段落】组中单击【编号】下拉按钮，从列表框中选择一种编号样式。

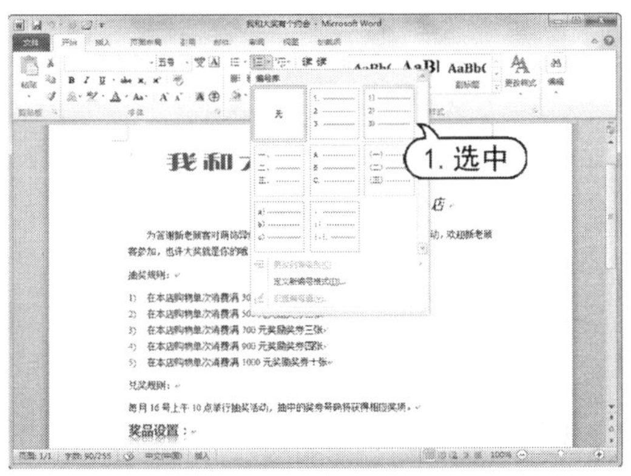

step 3 此时，将根据所选的编号样式，自动为所选段落添加编号。

我和大奖有个约会

——萌饰异族官方旗舰店

为答谢新老顾客对萌饰异族女士精品馆的厚爱，本店特举行此次抽奖活动，欢迎新老顾客参加，也许大奖就是你的哦！

抽奖规则：

1) 在本店购物单次消费满 300 元奖励奖券一张
2) 在本店购物单次消费满 500 元奖励奖券二张
3) 在本店购物单次消费满 700 元奖励奖券三张
4) 在本店购物单次消费满 900 元奖励奖券四张
5) 在本店购物单次消费满 1000 元奖励奖券十张

step 4 选取第 11~13 段文本，在【段落】组中单击【项目符号】下拉按钮，从弹出的列表框中选择一种项目符号样式，为段落自动添加项目符号。

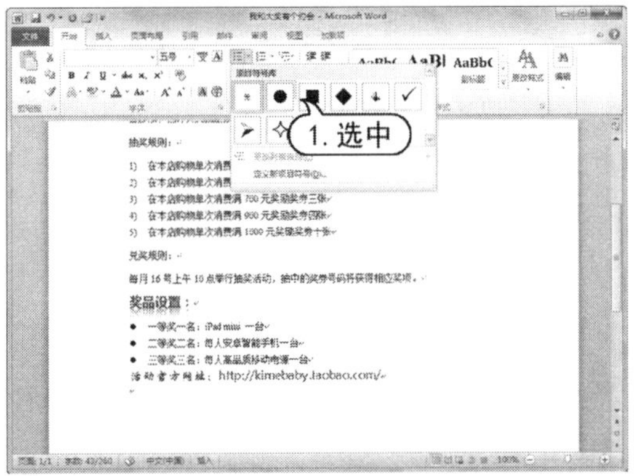

step 5 在快速访问工具栏中单击【保存】按钮，保存修改后的文档。

实用技巧

在创建的项目符号或编号段下，按下 Enter 键后，可以自动生成项目符号或编号，然后输入文本，再按下 Enter 键继续自动生成项目符号或编号；要结束自动创建项目符号或编号，可以连续按两次 Enter 键，也可以按 Back space 键删除新创建的项目符号或编号。

7.5.2 自定义项目符号和编号

在使用项目符号和编号功能时，用户除了可以使用系统自带的项目符号和编号样式外，还可以对项目符号和编号进行自定义设置，以满足不同用户的需求。

1. 自定义项目符号

选取项目符号段落，打开【开始】选项卡，在【段落】组中单击【项目符号】下拉按钮，从弹出的快捷菜单中选择【定义新项目符号】命令，打开【定义新项目符号】对话框，在该对话框中可以自定义一种新项目符号。

【例 7-11】在“我和大奖有个约会”文档中，自定义项目符号。

视频+素材 (光盘素材\第 07 章\例 7-11)

step 1 启动 Word 2010 应用程序，打开“我和大奖有个约会”文档。

step 2 选取项目符号段，打开【开始】选项卡，在【段落】组中单击【项目符号】下拉按钮，从弹出的下拉菜单中选择【定义新项目符号】命令。

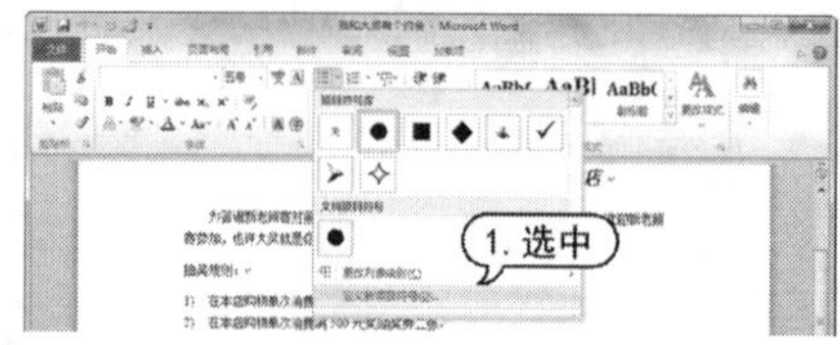

step 3 打开【定义新项目符号】对话框，单击【图片】按钮。

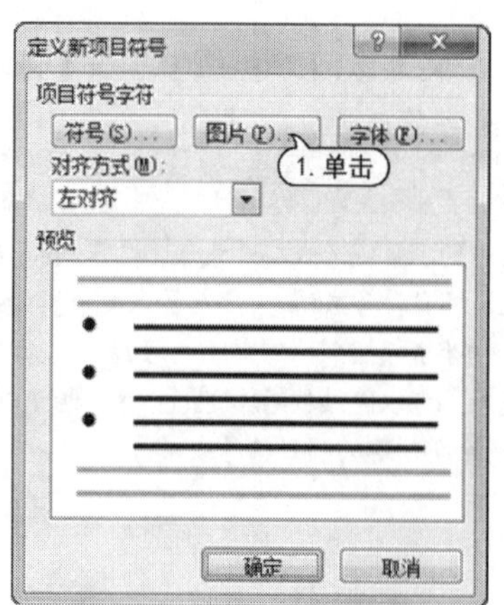

step 4 打开【图片项目符号】对话框。在该对话框中显示了许多图片项目符号，用户可以根据需要在选择图片后，单击【确定】按钮。

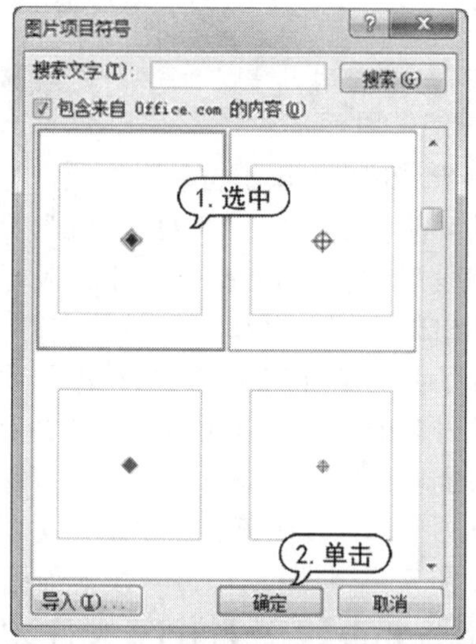

知识点滴

在【图片项目符号】对话框中，单击【导入】按钮，打开【将剪辑添加到管理器】对话框，选中图片，单击【添加】按钮，将自己喜欢的图片添加到图片项目符号中。

step 5 返回至【定义新项目符号】对话框，在【预览】选项区域中查看添加项目符号后的效果，满意后，单击【确定】按钮。

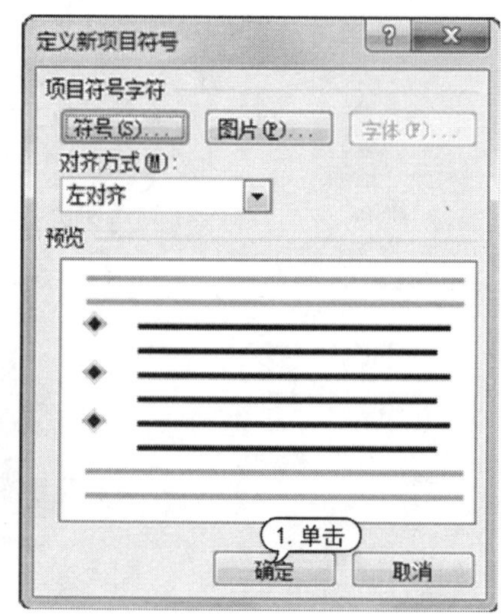

step 6　返回至文档窗口，此时在文档中将显示自定义的图片项目符号。

1)　在本店购物单次消费满 300 元奖励奖券一张
2)　在本店购物单次消费满 500 元奖励奖券二张
3)　在本店购物单次消费满 700 元奖励奖券三张
4)　在本店购物单次消费满 900 元奖励奖券四张
5)　在本店购物单次消费满 1000 元奖励奖券十张

兑奖规则：

每月 16 号上午 10 点举行抽奖活动，抽中的奖券号码将获得相应

奖品设置：

- 一等奖一名：iPad mini 一台
- 二等奖二名：每人安卓智能手机一台
- 三等奖三名：每人高品质移动电源一台

活动官方网址：http://kimebaby.taobao.com/

step 7　在快速访问工具栏中单击【保存】按钮，保存自定义后的“我和大奖有个约会”文档。

2. 自定义编号

选取编号段落，打开【开始】选项卡，在【段落】组中单击【编号】下拉按钮，从弹出的下拉菜单中选择【定义新编号格式】命令，打开【定义新编号格式】对话框。在【编号样式】下拉列表中选择一种编号的样式；单击【字体】按钮，可以在打开的【字体】对话框中设置项目编号的字体格式；在【对齐方式】下拉列表中选择编号的对齐方式。

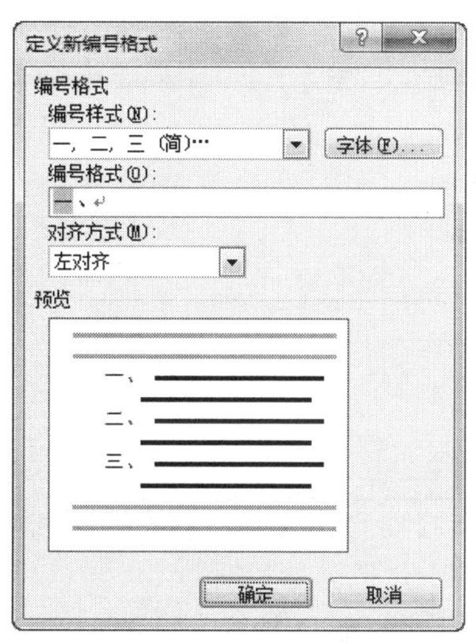

另外，在【开始】选项卡的【段落】组中单击【编号】按钮，从弹出的下拉菜单中选择【设置编号值】命令，打开【起始编号】对话框，在其中可以自定义编号的起始数值。

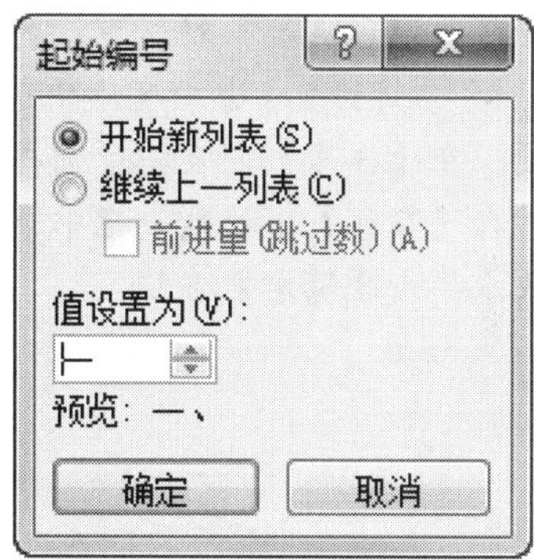

7.6　设置边框和底纹

在使用 Word 2010 进行文字处理时，为了使文档更加引人注目，则可根据需要为文字和段落添加各种各样的边框和底纹，以增加文档的生动性和实用性。

7.6.1　设置边框

Word 2010 提供了多种边框供用户选择，用来强调或美化文档内容。在 Word 2010 中可以为字符、段落、整个页面设置边框。

1. 为文字或段落设置边框

选择要添加边框的文本或的段落，在【开始】选项卡的【段落】组中单击【下框线】下拉按钮，在弹出的菜单中选择【边框和底纹】命令，打开【边框和底纹】对话框的【边框】选项卡，在其中进行相关设置。

【例 7-12】在“我和大奖有个约会”文档中，为文本和段落设置边框。

视频+素材 (光盘素材\第 07 章\例 7-12)

step 1 启动 Word 2010 应用程序，打开“我和大奖有个约会”文档。

step 2 选取所有的文本，打开【开始】选项卡，在【段落】组中单击【下框线】下拉按钮，在弹出的菜单中选择【边框和底纹】命令，打开【边框和底纹】对话框。打开【边框】选项卡，在【设置】选项区域中选择【三维】选项；在【样式】列表框中选择一种线型样式；在【颜色】下拉列表框中选择【橙色】色块，单击【确定】按钮。

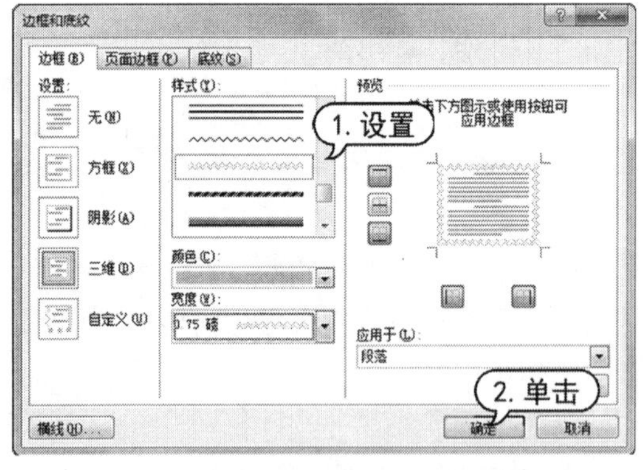

step 3 此时，即可为文档中所有段落添加一个边框效果，如右上图所示。

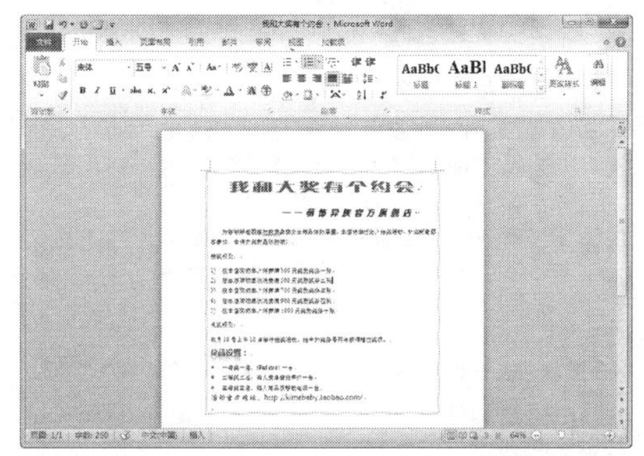

step 4 选取最后一段文本，使用同样的方法，打开【边框和底纹】对话框的【边框】选项卡，在【设置】选项区域中选择【方框】选项；在【样式】列表框中选择一种样式；在【颜色】下拉列表框中选择【深红】色块，单击【确定】按钮。

实用技巧

除了使用上述方法对文字边框进行设置外，用户还可以打开【开始】选项卡，在【字体】组中使用【字符边框】按钮A，对文字边框进行快速设置。

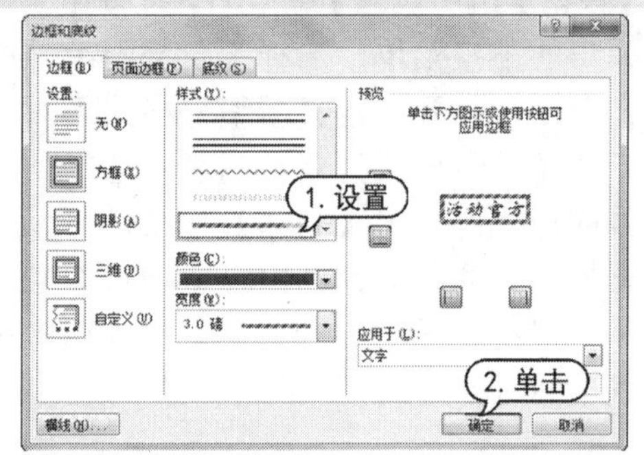

step 5 此时即可在该段文本上添加边框效果，如下图所示。

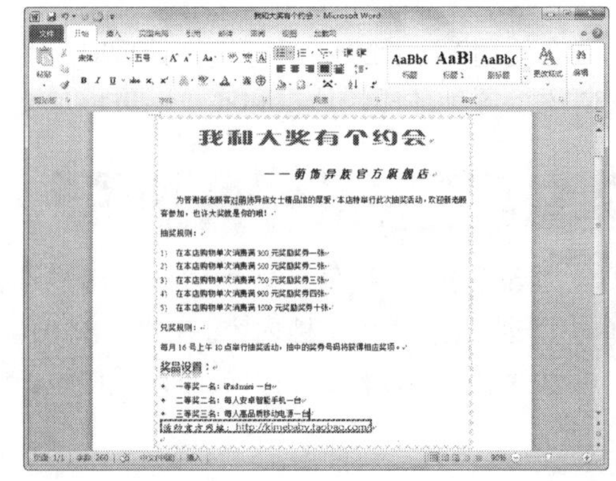

2. 设置页面边框

设置页面边框可以使打印出的文档更加美观。如果需要设置一篇显示精美的文档，添加页面边框是一个很好的办法。

打开【边框和底纹】对话框的【页面边框】选项卡，在其中进行设置，只需在【艺术型】下拉列表中选择一种艺术型样式后，单击【确定】按钮，为页面应用艺术型边框。

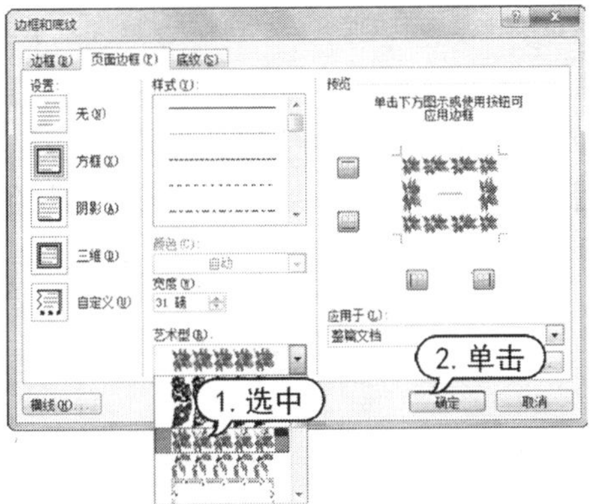

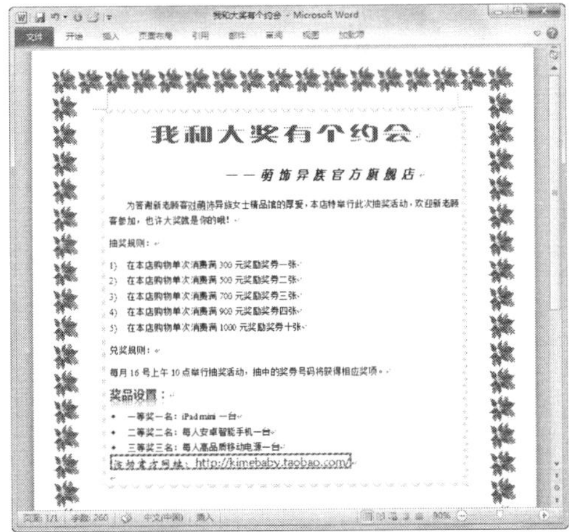

> **实用技巧**
>
> 在【应用于】下拉列表框中选择【整篇文档】选项，为所有页面应用边框效果；选择【本节】选项，为当前页面应用边框效果。

7.6.2 设置底纹

设置底纹不同于设置边框，底纹只能对文字、段落添加，而不能对页面添加。

打开【边框和底纹】对话框的【底纹】选项卡，在其中对填充的颜色和图案等进行相关设置。

需要注意的是，在【应用于】下拉列表中可以设置添加底纹的对象、文本或段落。

> **实用技巧**
>
> 打开【开始】选项卡，在【字体】组中使用【字符底纹】按钮和【以不同颜色突出显示文本】按钮可为文字添加底纹。

【例 7-13】在“我和大奖有个约会”文档中，为文本和段落设置底纹。

视频+素材 (光盘素材\第 07 章\例 7-13)

step 1 启动 Word 2010 应用程序，打开“我和大奖有个约会”文档。

step 2 选取第 2 段和第 8 段文本，打开【开始】选项卡，在【字体】组中单击【以不同颜色突出显示文本】下拉按钮，选择【红色】选项，即可快速为文本添加红色底纹。

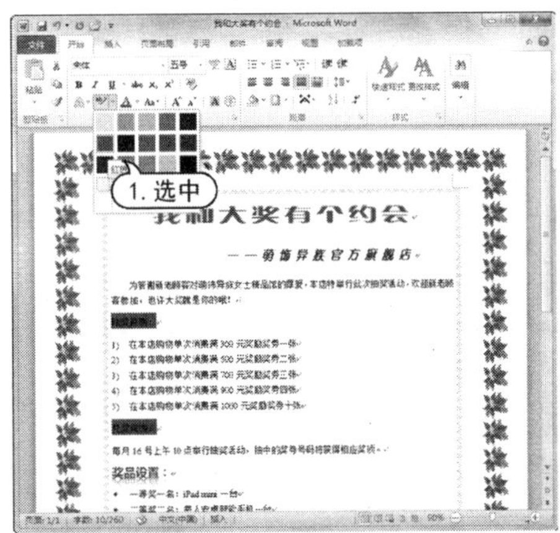

step 3 选取所有的文本，打开【开始】选项卡，在【段落】组中单击【下框线】下拉按钮，在弹出的菜单中选择【边框和底纹】命令，打开【边框和底纹】对话框。打开【底纹】选项卡，单击【填充】下拉按钮，从弹出的颜色面板中选择【橙色】色块，然后单击【确定】按钮。

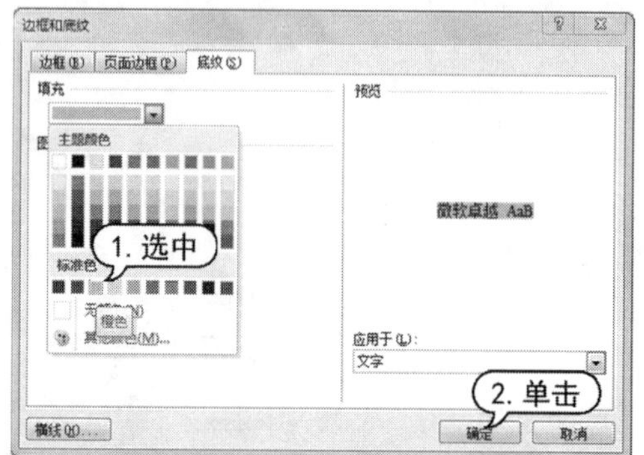

step 4 此时，即可为文档中所有段落添加一种橙色的底纹，如下图所示。

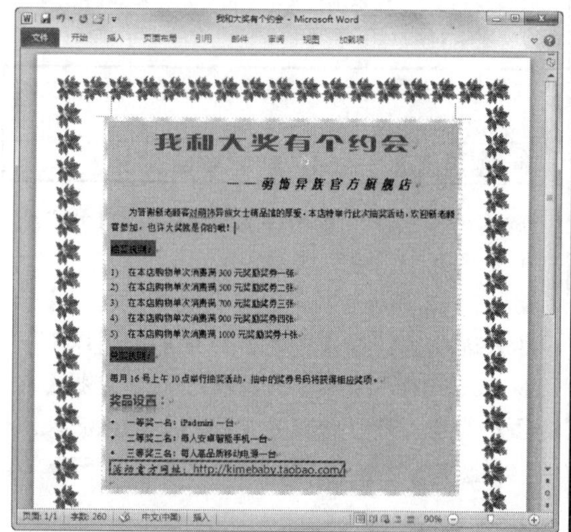

step 5 使用同样的方法，为第11~13段落文本添加【深红】底纹，如下图所示。

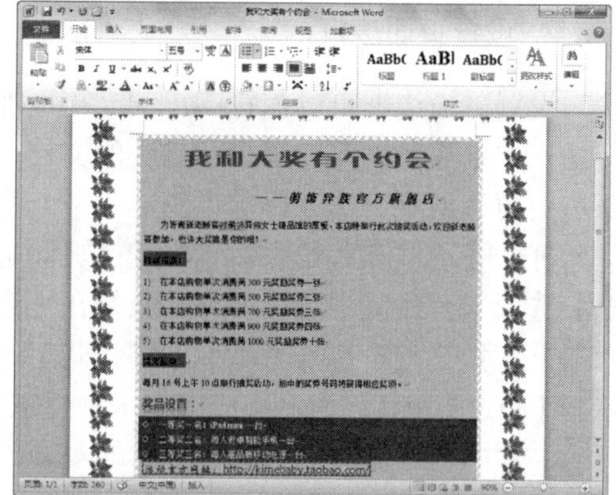

此外在【底纹】选项卡中的【颜色】下拉列表中选择【其他颜色】选项，打开【颜色】对话框，在其中可自定义所需的颜色。

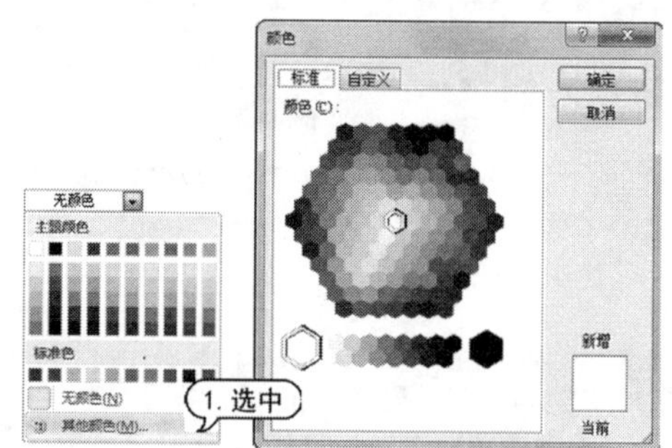

7.7 案例演练

本章的案例演练部分为制作会议演讲稿这个综合实例操作，用户通过练习从而巩固本章所学知识。

【例7-14】使用Word 2010制作会议演讲稿。
视频+素材 (光盘素材\第07章\例7-14)

step 1 启动Word 2010应用程序，新建一个名为“会议演讲稿”的文档，并输入文本。

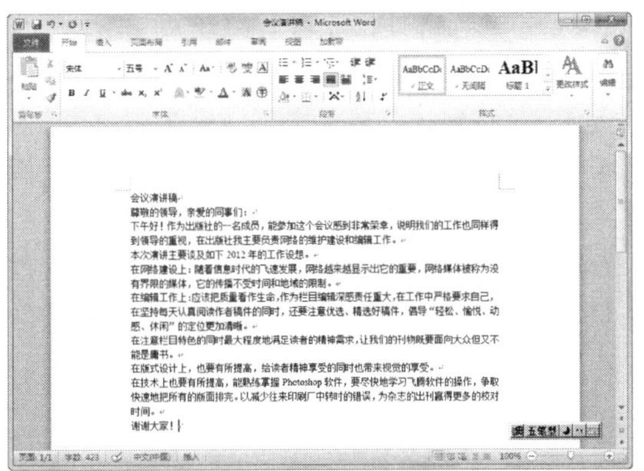

step 2 选取标题文本“会议演讲稿”，打开【开始】选项卡，单击【字体】对话框启动器，打开【字体】对话框。

step 3 在【字体】选项卡中设置字体为【黑体】，字号为【二号】，字体颜色为【深红】。

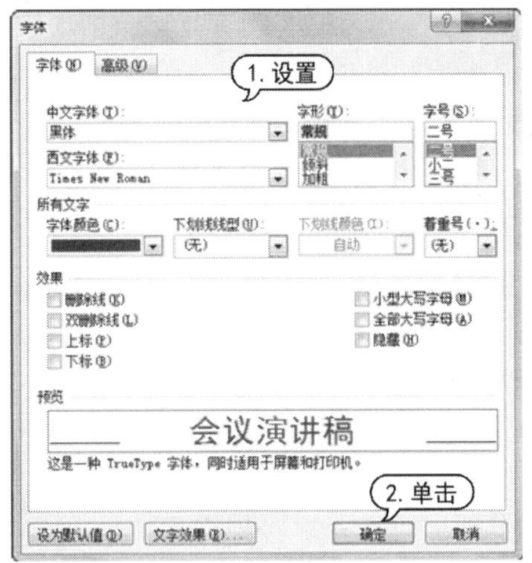

step 4 打开【高级】选项卡，设置标题文本字符间距为加宽 6 磅，单击【确定】按钮。

step 5 在【开始】选项卡【段落】组中单击【居中】按钮，设置标题文本居中对齐。

step 6 按 Enter 键，换行，按 Shift+~组合键，在正文和报头之间插入~符号。

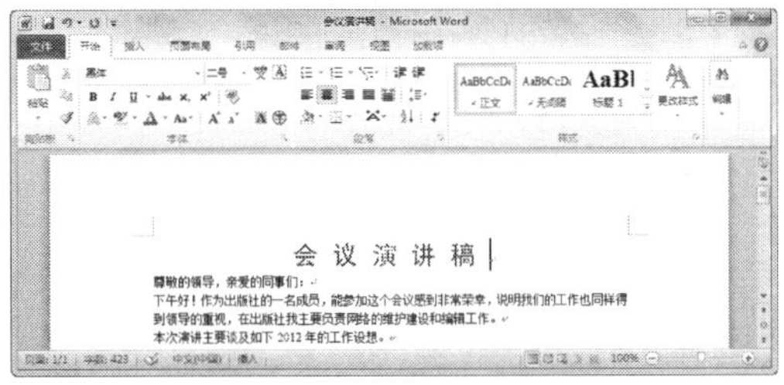

step 7 选取第 2、3 和最后一段文本，单击【段落】组对话框启动器，打开【段落】对话框的【缩进和间距】选项卡。

step 8 在【特殊格式】下拉列表中选择【首行缩进】选项，【磅值】文本框中自动输入“2 字符”，单击【确定】按钮，设置段落首行缩进 2 个字符。

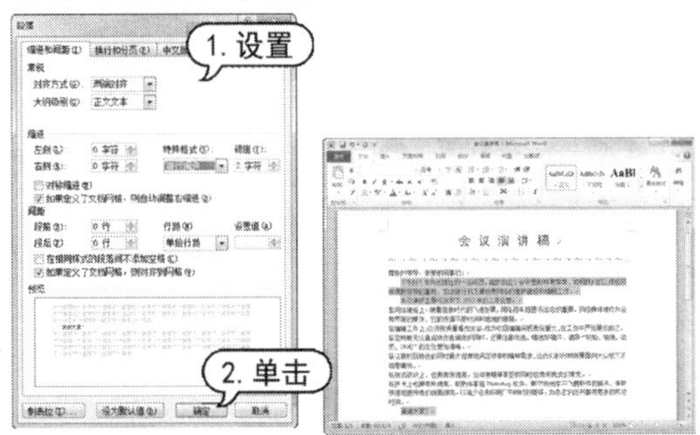

step 9 将插入点定位在标题段中，使用同样的方法，打开【段落】对话框的【缩进和间距】选项卡，在【间距】选项区域的【段前】和【段后】微调框中输入“1 行”。单击【确定】按钮，将标题段间距设置为 1 行。

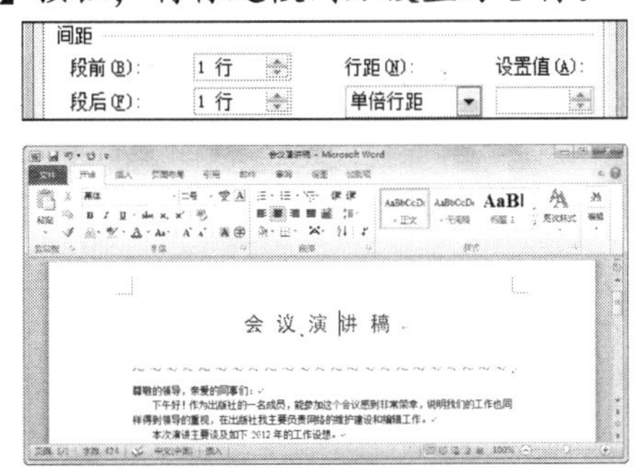

step 10 选择段落“工作设想”后面的并列项目，打开【开始】选项卡，在【段落】组中单击【项目符号】下拉按钮，从弹出的下拉菜单中选择【定义新项目符号】命令，打开【定义新项目符号】对话框。

step 11 单击【图片】按钮，打开【图片项目符号】对话框。

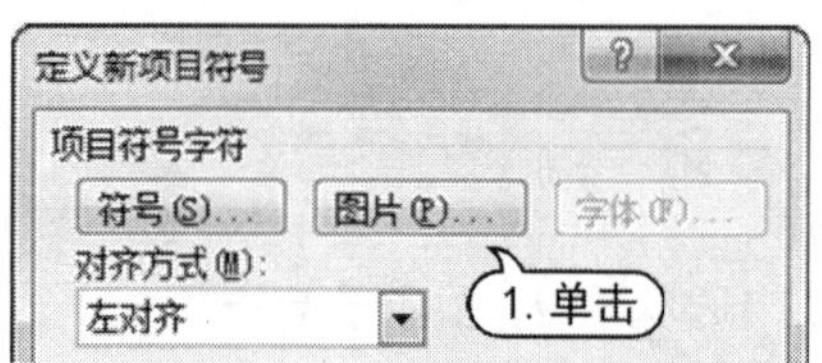

step 12 单击【导入】按钮，打开【将剪辑添加到管理器】对话框，查找图片所在位置，选中图片。

step 13 单击【添加】按钮，返回至【图片项目符号】对话框，预览导入的图片。

step 14 单击【确定】按钮，此时在文档中显示自定义的图片项目符号。

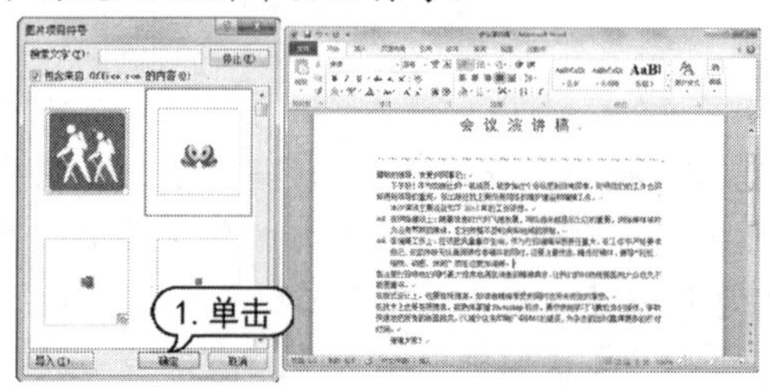

step 15 选取项目符号后面的并列文本，然后在【开始】选项卡的【段落】组中单击【编号】下拉按钮，从弹出下拉菜单中选择【定义新编号格式】命令，打开【定义新编号格式】对话框。

step 16 在【编号样式】下拉列表中选择一种样式，设置对齐方式为【右对齐】，单击【确定】按钮，即可为所选段落添加编号。

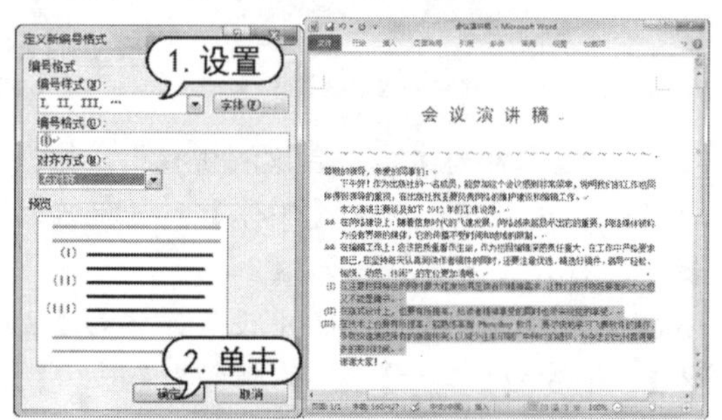

step 17 选取第 3 段文本，在【开始】选项卡【字体】组中单击【以不同颜色突出显示文本】按钮，即可为文本添加黄色底纹。

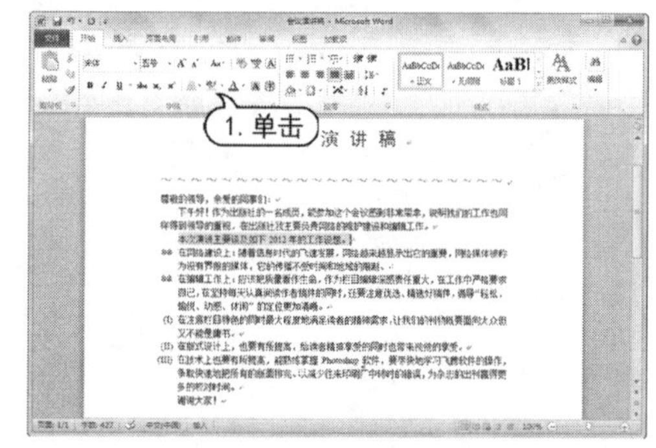

第 8 章

Word 2010 高级应用

在 Word 文档中应用特定样式，插入表格、图形和图片，使文档显得生动有趣，还能帮助用户方便、轻松地阅读文档。本章主要介绍在 Word 2010 中进行图文混排、设置特殊版式、页面设置等高级引用。

对应光盘视频

例 8-1	首字下沉	例 8-11	插入文本框
例 8-2	分栏排版	例 8-12	添加首页页眉页脚
例 8-3	文字竖排	例 8-13	添加奇偶页页眉
例 8-4	创建表格	例 8-14	插入页码
例 8-5	编辑表格	例 8-15	设置页码
例 8-6	设置表格样式	例 8-16	设置纯色背景
例 8-7	插入图片	例 8-17	设置背景填充
例 8-8	插入艺术字	例 8-18	预览文档
例 8-9	插入 Smartart 图形	例 8-19	设置打印文档
例 8-10	插入自选图形	例 8-20	制作抵用券

8.1 设置特殊版式

一般报刊杂志都需要创建带有特殊效果的文档，这就需要使用一些特殊的版式。Word 2010 提供了多种特殊版式，常用的为首字下沉、分栏排版和文字竖排。

8.1.1 首字下沉

首字下沉是报刊杂志中较为常用的一种文本修饰方式，使用该方式可以很好地改善文档的外观，使文档更美观、更引人注目。

设置首字下沉，就是使第一段开头的第一个字放大。放大的程度用户可以自行设定，占据两行或者三行的位置均可，而其他字符围绕在它的右下方。

在 Word 2010 中，首字下沉共有 2 种不同的方式，一个是普通的下沉，另外一个是悬挂下沉。两种方式区别之处就在于【下沉】方式设置的下沉字符紧靠其他的文字；而【悬挂】方式设置的字符可以随意地移动其位置。

打开【插入】选项卡，在【文本】组中单击【首字下沉】按钮，在弹出的菜单中选择默认的首字下沉样式，若选择【首字下沉选项】命令，将打开【首字下沉】对话框，在其中进行相关的首字下沉设置。

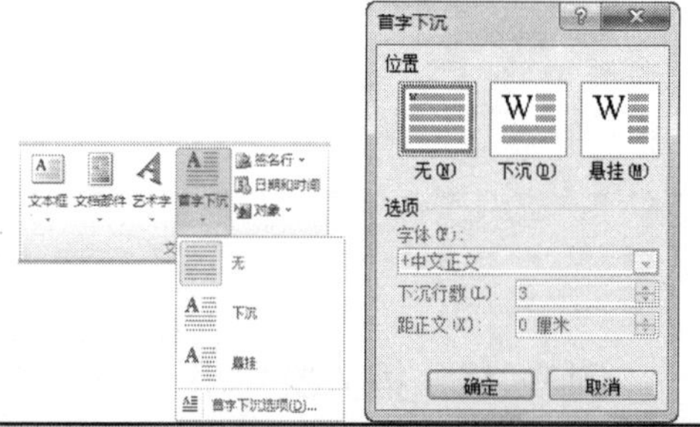

【例 8-1】打开“小编寄语”文档，将正文第 1 段中的首字设置为首字下沉 3 行，距正文 0.5 厘米。

视频+素材 (光盘素材\第 08 章\例 8-1)

step 1 启动 Word 2010 应用程序，打开“小编寄语”素材文档，将插入点定位在正文文本开头位置。

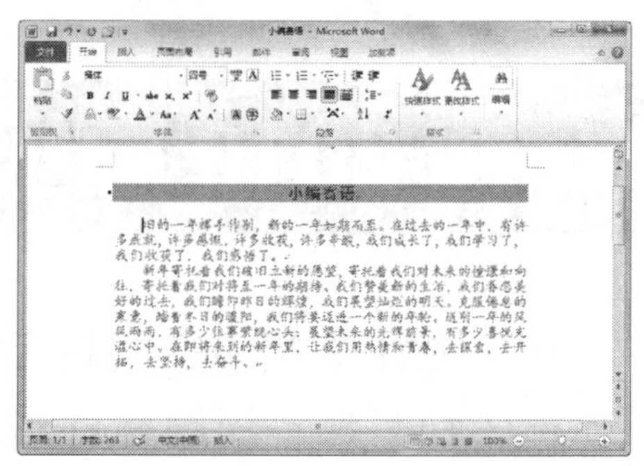

step 2 打开【插入】选项卡，在【文本】组中单击【首字下沉】按钮，在弹出的菜单中选择【首字下沉选项】命令。

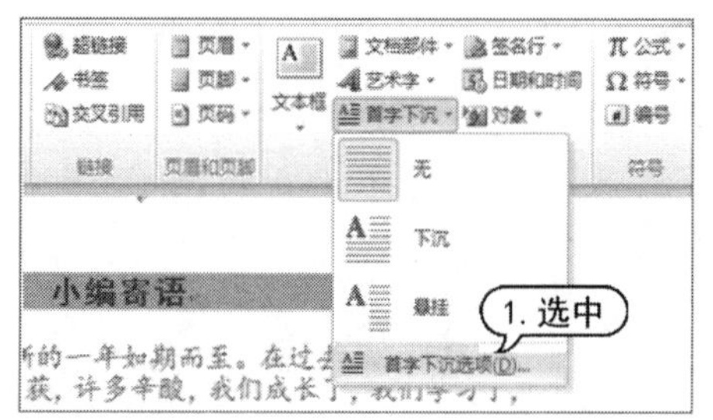

step 3 打开【首字下沉】对话框，选择【下沉】选项，在【字体】下拉列表框中选择【华文彩云】选项，在【下沉行数】微调框中输入 3，在【距正文】微调框中输入“0.5 厘米”，单击【确定】按钮。

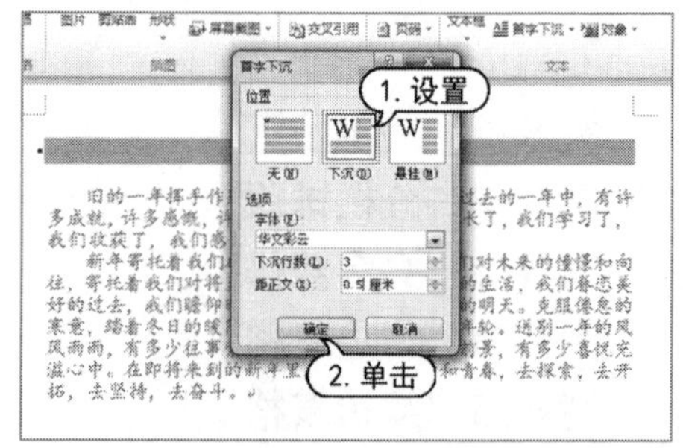

step 4 此时，正文第 1 段中的首字将以华文彩云字体下沉 3 行的形式显示在文档中，效果如下图所示。

小编寄语

旧的一年挥手作别，新的一年如期而至。在过去的一年中，有许多成就，许多感慨，许多收获，许多辛酸，我们成长了，我们学习了，我们收获了，我们感悟了。

新年寄托着我们破旧立新的愿望，寄托着我们对未来的憧憬和向往，寄托着我们对将至一年的期待。我们赞美新的生活，我们眷恋美好的过去，我们瞻仰昨日的辉煌，我们展望灿烂的明天。克服倦怠的寒意，踏着冬日的暖阳，我们将要迈进一个新的年轮。送别一年的风风雨雨，有多少往事萦绕心头；展望未来的光辉前景，有多少喜悦充溢心中。在即将来到的新年里，让我们用热情和青春，去探索，去开拓，去坚持，去奋斗。

step 5 在快速访问工具栏中单击【保存】按钮，快速保存设置后的“小编寄语”文档。

8.1.2 分栏排版

分栏，是指按实际排版需求将文本分成若干个条块，使版面更为美观。在阅读报刊杂志时，常常会发现许多页面被分成多个栏目。这些栏目有的是等宽的，有的是不等宽的，使得整个页面布局显得错落有致，易于读者阅读。

Word 2010 具有分栏功能，用户可以把每一栏都视为一节，这样就可以对每一栏文本内容单独进行格式化和版面设计。

要为文档设置分栏，打开【页面布局】选项卡，在【页面设置】组中单击【分栏】按钮，在弹出的菜单中选择【更多分栏】命令，打开【分栏】对话框。在其中进行相关分栏设置，如栏数、宽度、间距和分割线等。

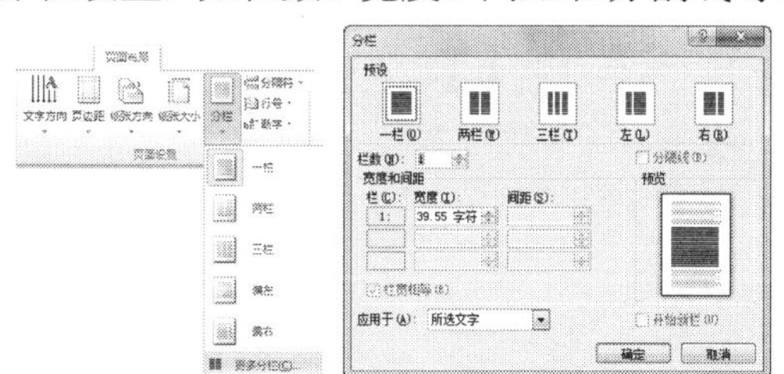

【例 8-2】打开“小编寄语”文档，设置分两栏显示部分正文文本，并绘制分割线。

视频+素材 (光盘素材\第 08 章\例 8-2)

step 1 启动 Word 2010 应用程序，打开“小编寄语”文档。

step 2 选取正文第 2 段文本，打开【页面布局】选项卡，在【页面设置】组中单击【分栏】按钮，在弹出的快捷菜单中选择【更多分栏】命令。

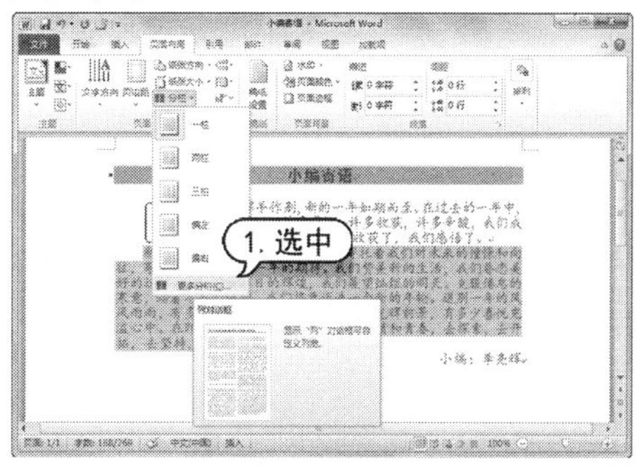

step 3 打开【分栏】对话框，在【预设】选项区域中选择【两栏】选项，保持选中【栏宽相等】复选框，单击【确定】按钮。

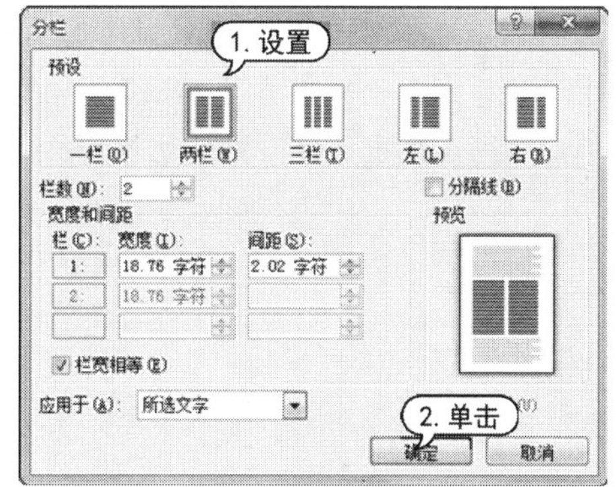

step 4 此时选中的正文文本将以两栏的形式显示。

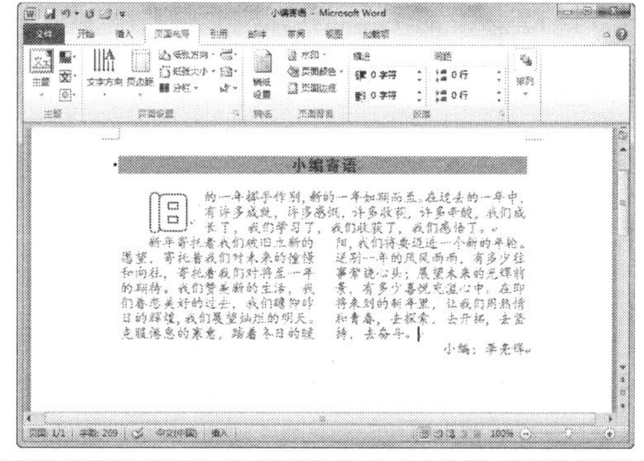

知识点滴

在【分栏】对话框中选中【分割线】复选框，即可为分栏的文本添加一条程序自带分割线，此分割线并无任何格式。

step 5 打开【插入】选项卡，在【插图】组中单击【形状】按钮，从弹出的列表框中选择【直线】选项，拖动鼠标在分栏后的文本中央绘制一条直线。

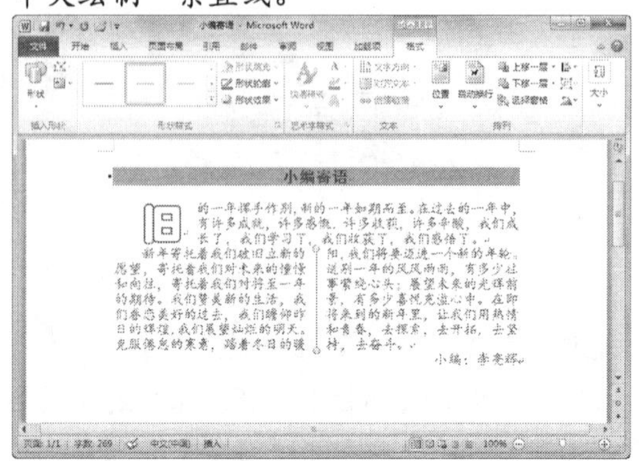

step 6 打开【绘图工具】的【格式】选项卡，在【形状样式】组中单击【其他】按钮，在弹出的列表框中选择一种橙色线型样式。

step 7 单击【形状轮廓】按钮，从弹出的菜单中选择【虚线】命令，并在弹出的列表框中选择一种虚线样式。

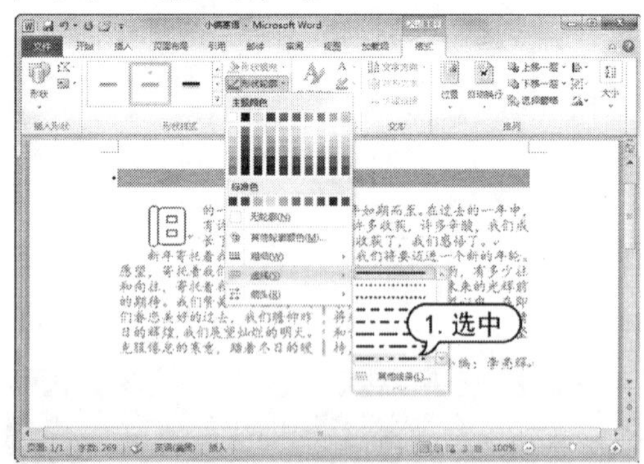

step 8 此时即可为分栏文本中央的直线应用形状样式和虚线效果。

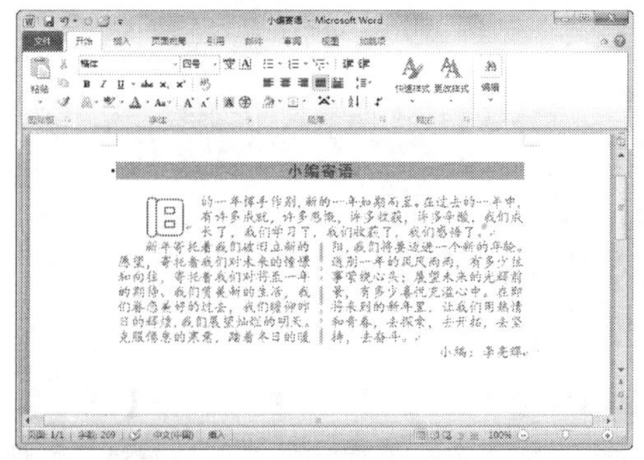

step 9 在快速访问工具栏中单击【保存】按钮，快速保存“小编寄语”文档。

8.1.3 文字竖排

古人写字都是以从右至左、从上至下的方式进行竖排书写，但现代人一般都以从左至右的方式书写文字。使用 Word 2010 的文字竖排功能，可以轻松输入古代诗词，从而达到复古的显示效果。

【例 8-3】创建“诗词鉴赏”文档，对输入的文本进行垂直排列。

视频+素材 (光盘素材\第 08 章\例 8-3)

step 1 启动 Word 2010 应用程序，新建一个名为“诗词鉴赏”的文档，然后在其中输入文本内容。

step 2 按 Ctrl+A 快捷键，选中所有的文本，设置文本的字体为【华文行楷】，字号为【二号】，字体颜色为【橙色】，效果如下图所示。

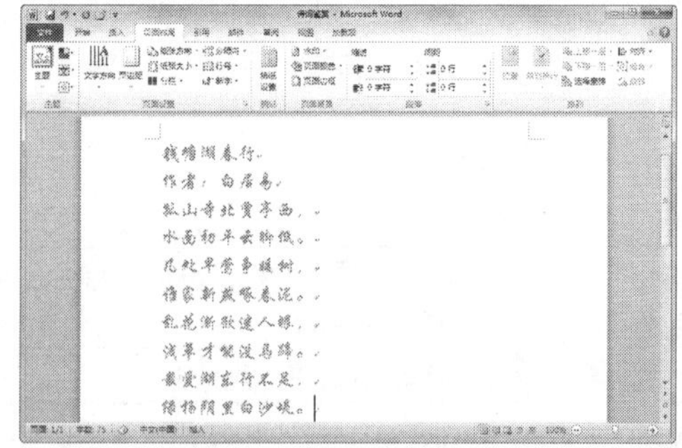

step 3 选中文本，打开【页面布局】选项卡，在【页面设置】组中单击【文字方向】按钮，从弹出的菜单中选择【垂直】命令。

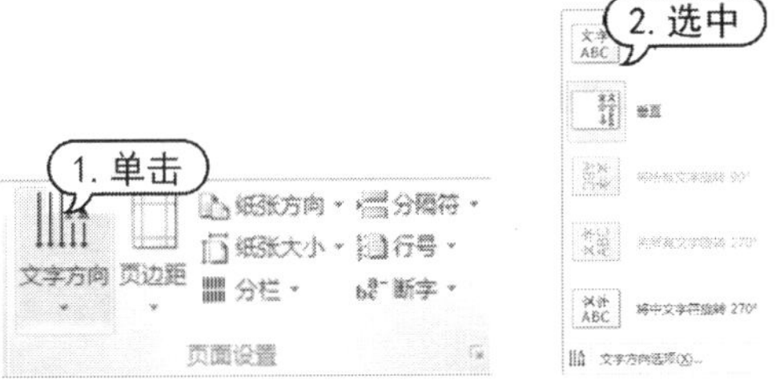

step 4 此时即可以从上至下，从右到左的方式排列诗歌内容。

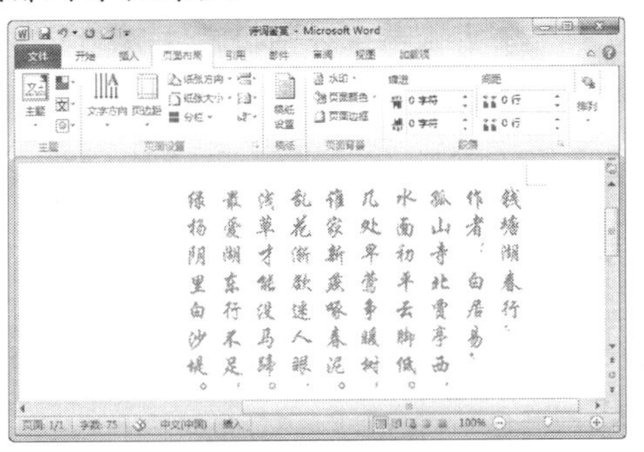

实用技巧

此外，还可以在【页面布局】选项卡的【页面设置】组中单击【文字方向】按钮，从弹出的菜单中选择【文字方向选项】命令，打开【文字方向-主文档】对话框，在【方向】选项区域中可以设置文字的其他排列方式，如从上至下、从下至上等。

8.2 插入表格

表格可以在文档中起到详细说明的用处，内容简洁，一目了然。Word 2010 提供了强大的表格功能，可以快速创建与编辑表格。

8.2.1 创建表格

在 Word 2010 中可以使用多种方法来创建表格。

➤ 使用表格网格框创建表格：打开【插入】选项卡，单击【表格】组中的【表格】按钮，在弹出的菜单中会出现一个网格框。在其中，按下左键并拖动鼠标确定要创建表格的行数和列数，然后单击，即可创建一个规则表格。

➤ 使用对话框创建表格：打开【插入】选项卡，在【表格】组中单击【表格】按钮，在弹出的菜单中选择【插入表格】命令，打开【插入表格】对话框。在【列数】和【行数】微调框中可以指定表格的列数和行数，单击【确定】按钮即可。

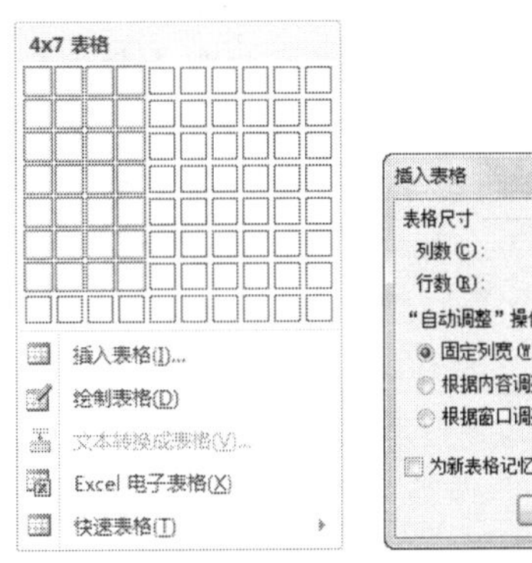

➤ 绘制不规则表格：打开【插入】选项卡，在【表格】组中单击【表格】按钮，从弹出的菜单中选择【绘制表格】命令，此时鼠标光标变为✎形状，按住鼠标左键不放并拖动鼠标，会出现一个表格的虚框，待达到合适大小后，释放鼠标即可生成表格的边框，然后在表格边框的任意位置，用鼠标单击选

择一个起点，按住鼠标左键不放并向右(或向下)拖动绘制出表格中的横线(或竖线)。

- 插入内置表格：打开【插入】选项卡，在【表格】组中单击【表格】按钮，在弹出的菜单中选择【快速表格】命令的子命令即可。

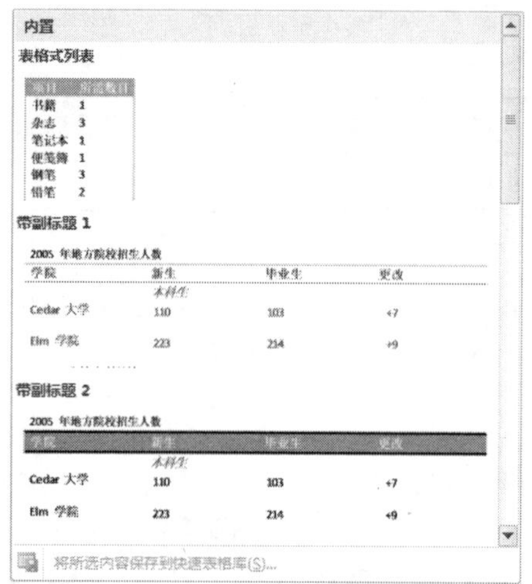

【例 8-4】创建“课程表”文档，插入一个 11 行 7 列的表格。

视频+素材 (光盘素材\第 08 章\例 8-4)

step 1 启动 Word 2010 应用程序，新建一个名为“课程表”的文档，在插入点处输入表格标题“课程表”，并设置字体为【隶书】，字号为【小一】，字体颜色为【红色，强调文字颜色 2】，设置文本【居中对齐】。

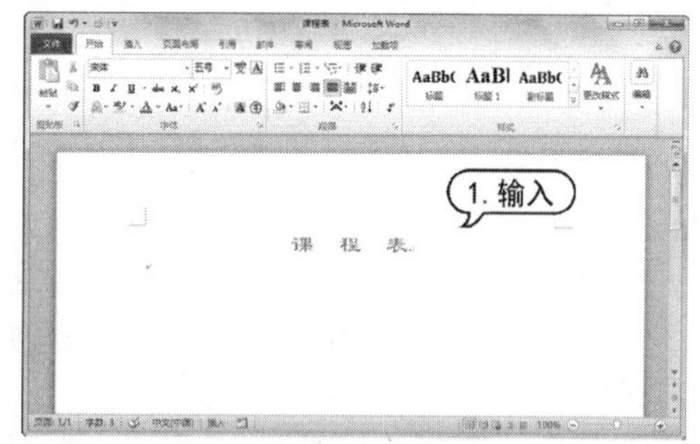

step 2 将插入点定位到表格标题下一行，打开【插入】选项卡，在【表格】组中单击【表格】按钮，从弹出的菜单中选择【插入表格】命令。

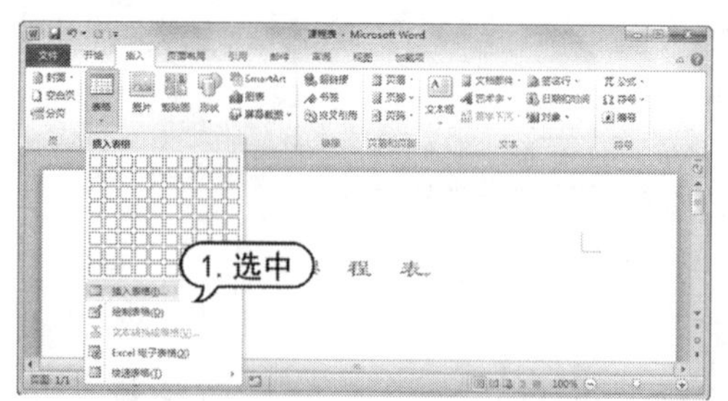

step 3 打开【插入表格】对话框，在【列数】和【行数】文本框中分别输入 7 和 11，单击【确定】按钮。

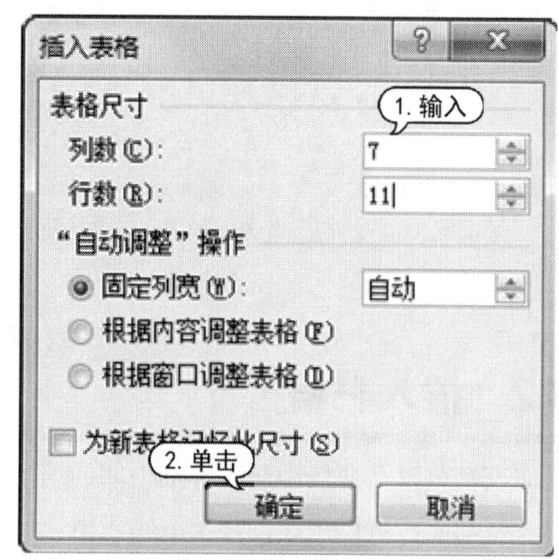

step 4 此时即可在文档中插入一个 11×7 的规则表格。

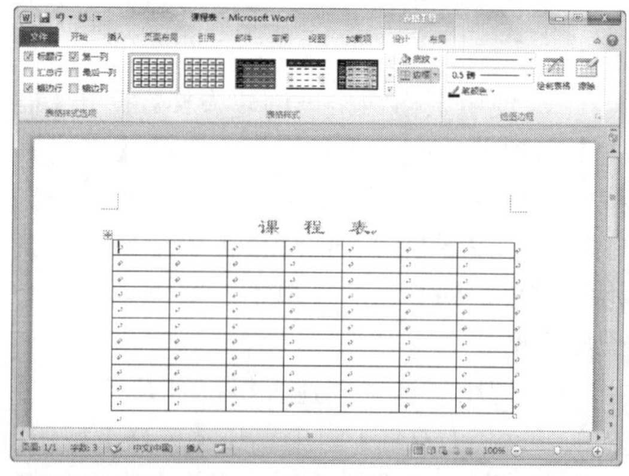

8.2.2 编辑表格

表格创建完成后，还需要对其进行编辑修改操作，以满足不同的用户需要。Word

2010 中编辑表格操作包括表格的编辑操作和表格内容的编辑操作，其具体操作包括行与列的插入、删除、合并、拆分、高度/宽度的调整以及文本的输入等。

【例 8-5】在“课程表”文档中，对表格进行编辑操作。

视频+素材 (光盘素材\第 08 章\例 8-5)

step 1 启动 Word 2010 应用程序，打开“课程表”文档。

step 2 选中第 1 行第 1 列的单元格到第 2 行第 2 列的单元格，打开【表格工具】的【布局】选项卡，在【合并】组中单击【合并单元格】按钮，将其合并为一个单元格。

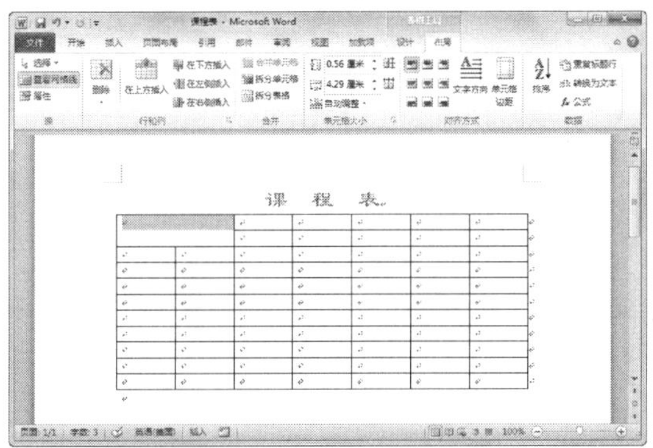

step 3 使用同样的方法，合并其他的单元格。

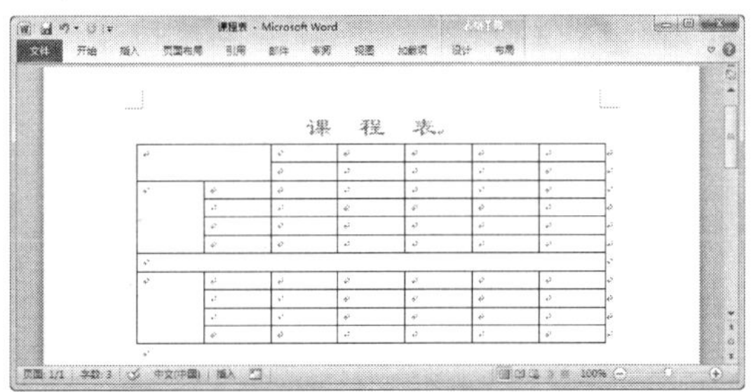

step 4 将插入点定位在第 1 行第 1 列的单元格中，打开【表格工具】的【设计】选项卡，在【绘图边框】组中单击【绘制表格】按钮，将鼠标指针移动到第一个单元格中，待鼠标指针变为铅笔形状时，单击鼠标左键并拖动绘制表头斜线，并单击，即可绘制斜线表头。

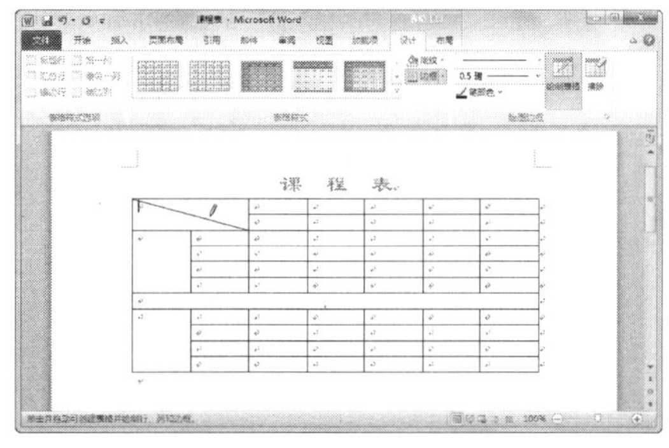

step 5 此时插入点定位在合并后的第 1 个单元格中，在斜线表头中输入文本内容，并按空格键将文本调整到合适的位置。

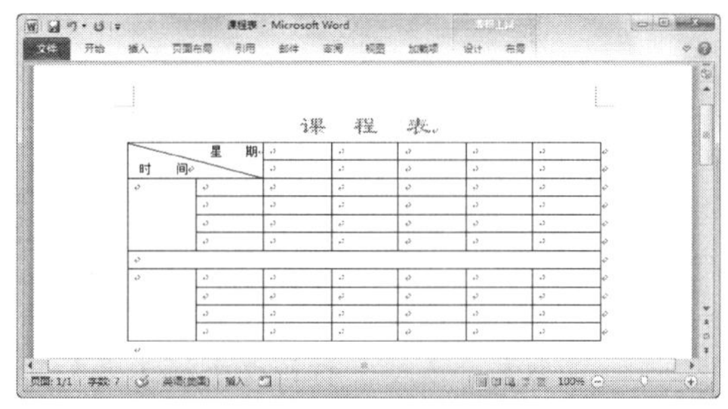

step 6 将插入点定位到第 1 行第 2 列的单元格输入表格文本，然后按 Tab 键，继续输入表格内容。

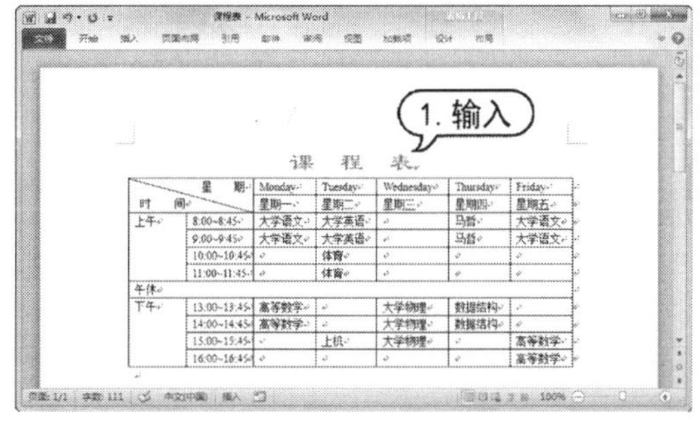

step 7 选取文本“上午”和“下午”单元格，右击，从弹出的快捷菜单中选择【文字方向】命令，打开【文字方向-表格单元格】对话框，选择垂直排列第二种方式，单击【确定】按钮。

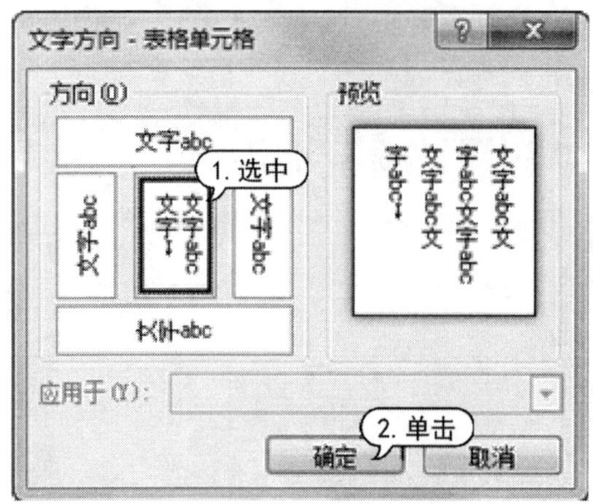

step 8 此时，文本将以竖直形式显示在单元格中。

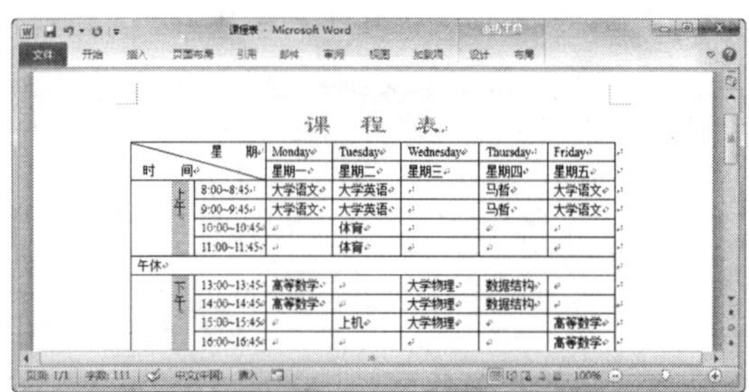

step 9 选取整个表格，打开【表格工具】的【布局】选项卡，在【单元格大小】组中单击【自动调整】按钮，从弹出的菜单中选择【根据窗口调整表格】命令，调整表格的尺寸。

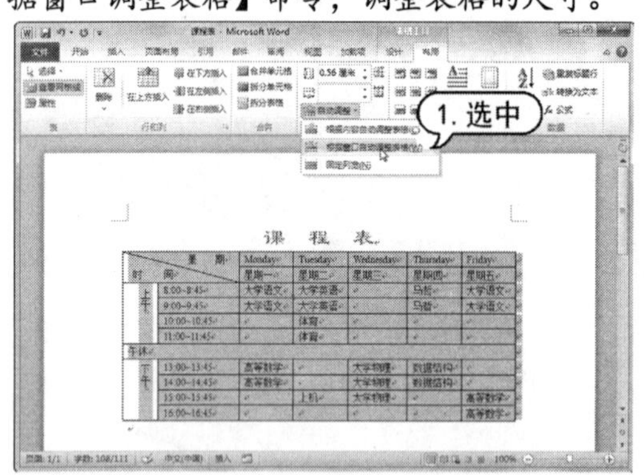

step 10 选中表格，打开【表格工具】的【布局】选项卡，在【对齐方式】组中单击【水平居中】按钮，设置文本【中部居中】对齐。

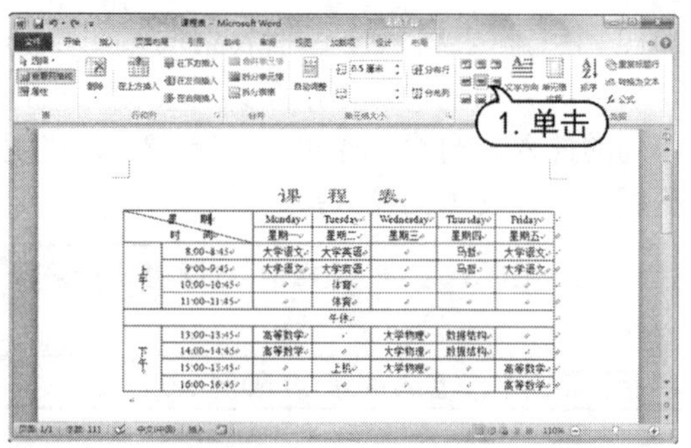

step 11 选取第 1、2 和 7 行的文本和文本“上午”、“下午”，打开【开始】选项卡，在【字体】组中的【字体】下拉列表框中选择【华文中宋】选项，设置表格文本的字体，然后设置表头文本“星期”为【右对齐】，表头文本“时间”为【左对齐】。

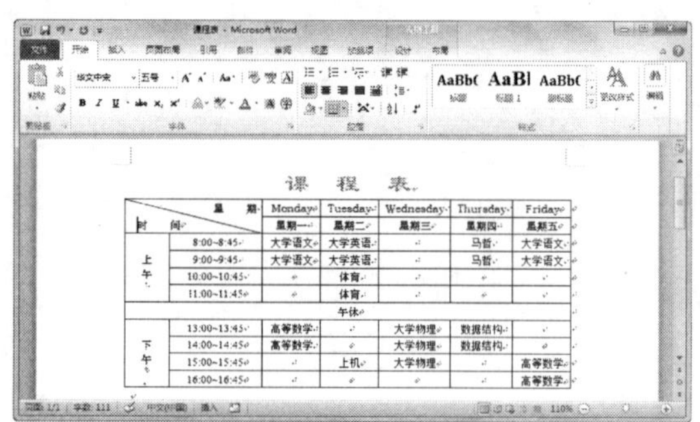

step 12 在快速访问工具栏中单击【保存】按钮，保存“课程表”文档。

8.2.3 设置表格样式

在制作表格时，用户可以通过功能区【表格工具】的【设计】选项卡的操作命令对表格外观进行设置，如应用表格样式、设置表格边框和底纹等，使表格结构更为合理、外观更为美观。

【例 8-6】在“课程表”文档中，设置表格的边框和底纹。

视频+素材 (光盘素材\第 08 章\例 8-6)

step 1 启动 Word 2010 应用程序，打开“课程表”文档。

step 2 将鼠标指针定位在表格中，打开【表格工具】的【设计】选项卡，在【表格样式】组中单击【边框】按钮，从弹出的菜单中选择【边框和底纹】命令。

step 3 打开【边框和底纹】对话框，切换至【边框】选项卡，在【设置】选项区域中选择【虚框】选项，在【颜色】下拉列表框中选择【红色，强调文字颜色 2】色块，在【线型】列表框中选择【双线型】，在【宽度】下拉列表框中选择 1.5 磅，并在【预览】选项区域中选择【外边框】，单击【确定】按钮。

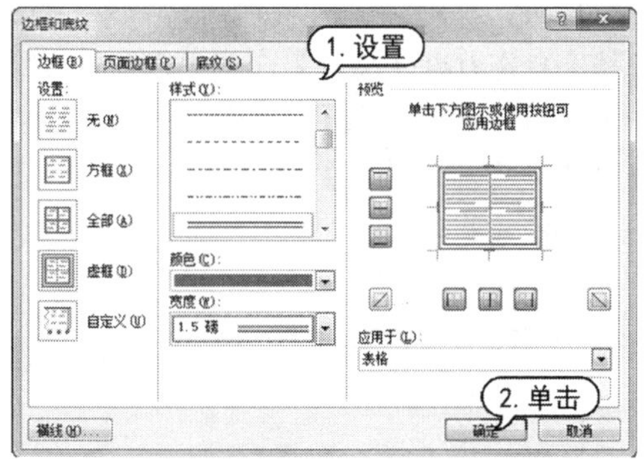

step 4 此时即可完成边框的设置，效果如下图所示。

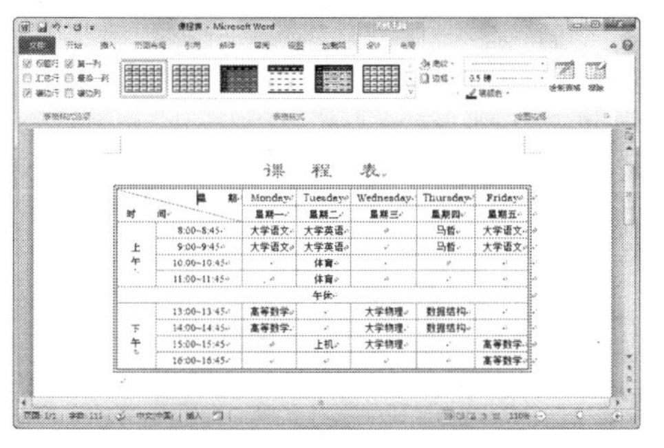

step 5 选中表格的第 1、2、7 行，在【表格样式】组中单击【底纹】按钮，从弹出的颜色面板中选择【红色，强调文字颜色 2，淡色 60%】色块。

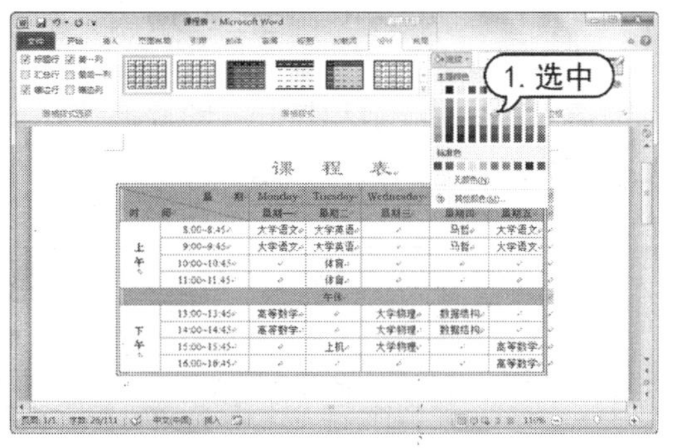

step 6 此时即可完成底纹的设置，效果如下图所示。

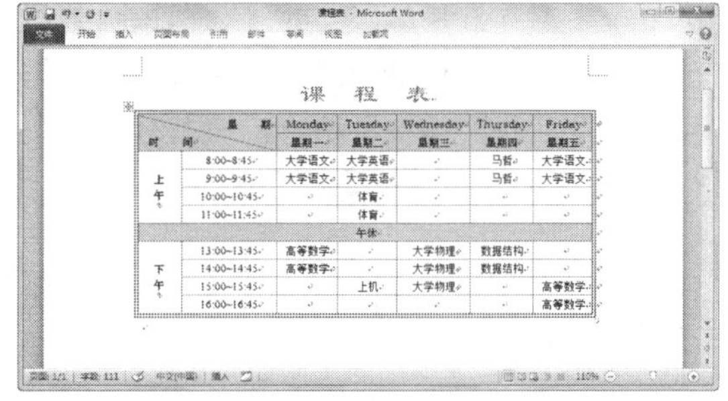

step 7 在快速访问工具栏中单击【保存】按钮，保存“课程表”文档。

实用技巧

Word 2010 提供多种内置的表格样式，使用该功能用户可以快速套用内置表格样式。将鼠标指针定位在表格内，打开【表格工具】的【设计】选项卡，在【表格样式】组中单击【其他】按钮，从弹出的表格样式列表框中选择一种样式即可。

8.3 使用图文混排

图文混排是 Word 2010 的主要特色之一，通过在文档中插入多种对象，如艺术字、SmartArt 图形、图片、表格和自选图形等，能起到美化文档的作用。

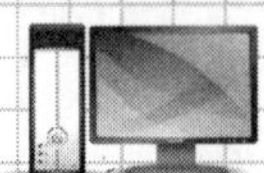

8.3.1 插入图片

在 Word 2010 中，不仅可以插入系统提供的图片剪贴画，还可以从其他程序或位置导入图片，甚至可以使用屏幕截图功能直接从屏幕中截取画面。

插入图片后，自动打开【图片工具】的【格式】选项卡，使用相应功能工具，可以设置图片颜色、大小、版式和样式等属性。

【例 8-7】创建“茶饮宣传页”文档，在其中插入图片，并设置图片格式。

视频+素材 (光盘素材\第 08 章\例 8-7)

step 1 启动 Word 2010 应用程序，新建一个名为“茶饮宣传页”的文档。

step 2 打开【插入】选项卡，在【插图】组中单击【图片】按钮，打开【插入图片】对话框。选中计算机中的图片，单击【插入】按钮，即可将其插入文档中。

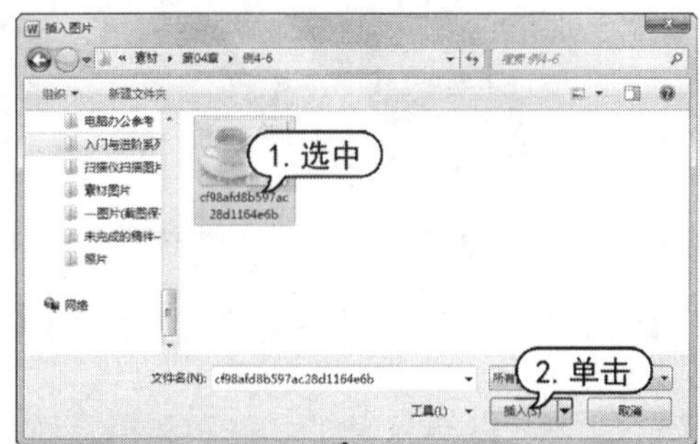

step 3 此时在文档中，可以拖拽图片四周的控制点，调整大小和位置。

step 4 自动打开【图片工具】的【格式】选项卡，在【排列】组中单击【自动换行】按钮，从弹出的菜单中选择【衬于文字下方】命令，为图片设置环绕方式。

step 5 此时拖动鼠标调节图片至合适的位置。

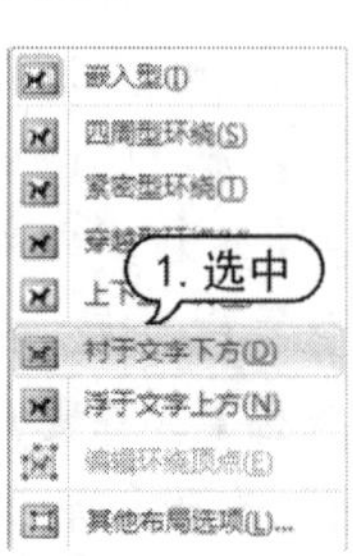

step 6 启动浏览器，在百度图片库中搜索所需的网页，并打开图片页面。切换到 Word 文档窗口，打开【插入】选项卡，在【插图】组中单击【屏幕截图】按钮，从弹出的列表框中选择【屏幕剪辑】选项。

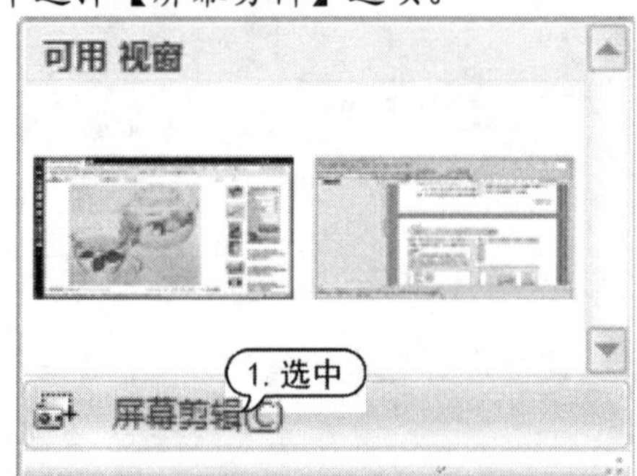

step 7 拖动至合适的位置后，释放鼠标，截图完毕，在文档中显示所截取的图片。

step 8 使用同样的方法设置图片的环绕方式为【衬于文字下方】。

step 9 打开【插入】选项卡，在【插图】组中单击【剪贴画】按钮，打开【剪贴画】任务窗格。在【搜索文字】文本框中输入“咖啡”，单击【搜索】按钮，自动查找计算机与网络上与咖啡相关的剪贴画文件。搜索完毕后，将在其下的列表框中显示搜索结果，单击所需的剪贴画图片，即可将其插入到文档中。

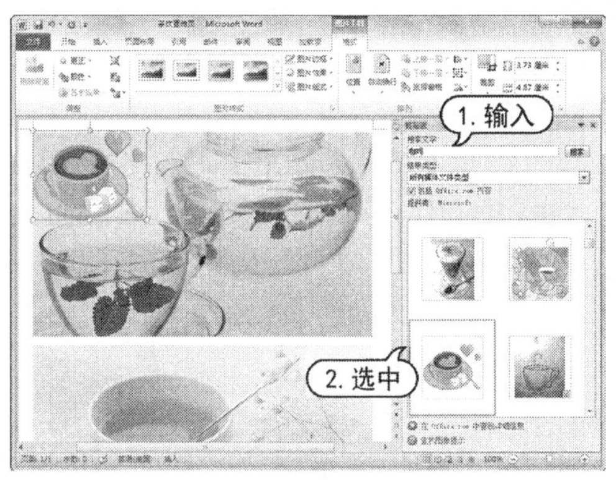

step 10 在【格式】选项卡的【大小】组中，设置宽度为“3.0 厘米”，按 Enter 键，即可自动调节图片的高度。

step 11 在【排列】组中单击【自动换行】按钮，从弹出的菜单中选择【浮于文字上方】命令，为图片设置环绕方式。拖动鼠标调节图片至合适的位置。

step 12 按 Ctrl+S 快捷键，保存“茶饮宣传页”文档。

8.3.2 插入艺术字

Word 2010 提供了艺术字功能，可以把文档的标题以及需要特别突出的地方用艺术字显示出来，使文章显得更加生动。

【例 8-8】在“茶饮宣传页”文档中，插入艺术字，并设置艺术字的样式、大小和版式。

视频+素材 (光盘素材\第 08 章\例 8-8)

step 1 启动 Word 2010 应用程序，打开“茶饮宣传页”的文档。

step 2 打开【插入】选项卡，在【文本】组中，单击【艺术字】按钮，打开艺术字列表框，选择第 4 行第 2 列样式，即可在插入点处插入所选的艺术字样式。

step 3 在提示文本“请在此放置您的文字”处输入文本“甜蜜茶饮”，设置字体为【方正舒体】，字号为【初号】。打开【绘图工具】

的【格式】选项卡，在【排列】组中单击【自动换行】按钮，从弹出的菜单中选择【浮于文字上方】命令，为艺术字应用该版式。

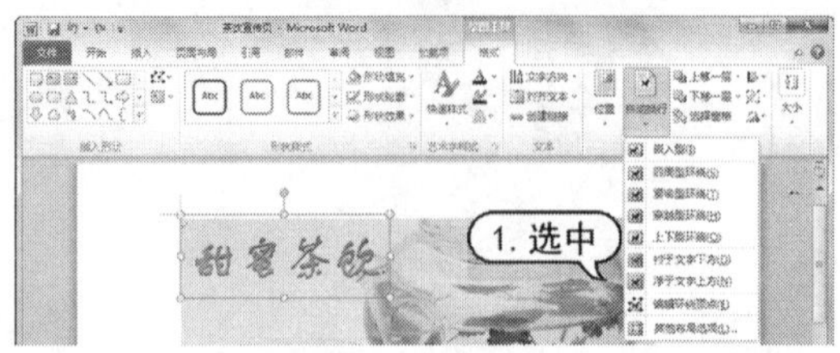

step 4 在【艺术字样式】组中单击【文本效果】按钮，从弹出的菜单中选择【发光】命令，然后在【发光变体】选项区域中选择【橙色，5pt 发光，强调文字颜色 6】选项，为艺术字应用该发光效果。

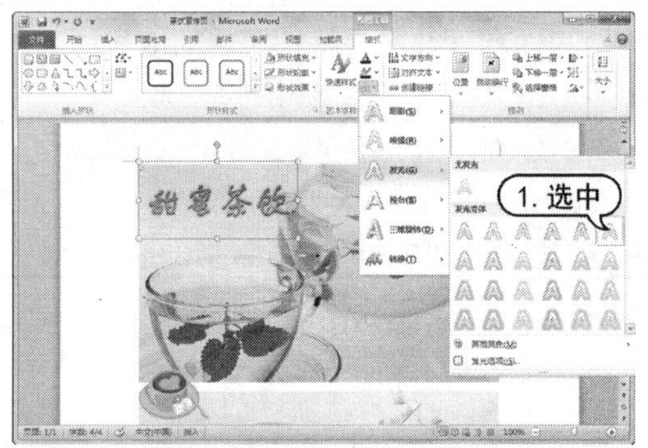

step 5 将鼠标指针移到选中的艺术字上，待鼠标指针变成形状时，拖动鼠标，将艺术字移到合适的位置。

step 6 在快速访问工具栏中单击【保存】按钮，保存“茶饮宣传页”文档。

8.3.3 插入 SmartArt 图形

Word 2010 提供了 SmartArt 图形的功能，用来说明各种概念性的内容，突出显示并增强美观性。要插入 SmartArt 图形，打开【插入】选项卡，在【插图】组中单击 SmartArt 按钮，打开【选择 SmartArt 图形】对话框，根据需要选择合适的类型即可。

【例 8-9】在“茶饮宣传页”文档中，插入 SmartArt 图形，并设置其格式。

视频+素材 (光盘素材\第 08 章\例 8-9)

step 1 启动 Word 2010 应用程序，打开“茶饮宣传页”的文档。

step 2 打开【插入】选项卡，在【插图】组中单击【SmartArt】按钮，打开【选择 SmartArt 图形】对话框。打开【Office.com】选项卡，在右侧的列表框中选择【循环流程】选项，单击【确定】按钮。

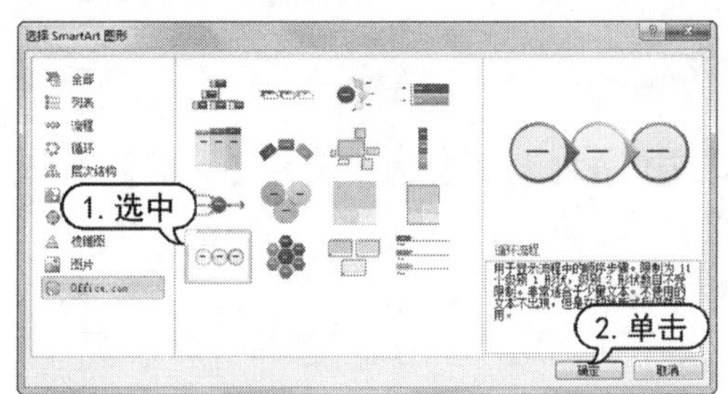

step 3 打开【SmartArt 工具】的【格式】选项卡，在【排列】组中单击【自动换行】按钮，从弹出的菜单中选择【浮于文字上方】命令，设置 SmartArt 图形浮于文字上方。

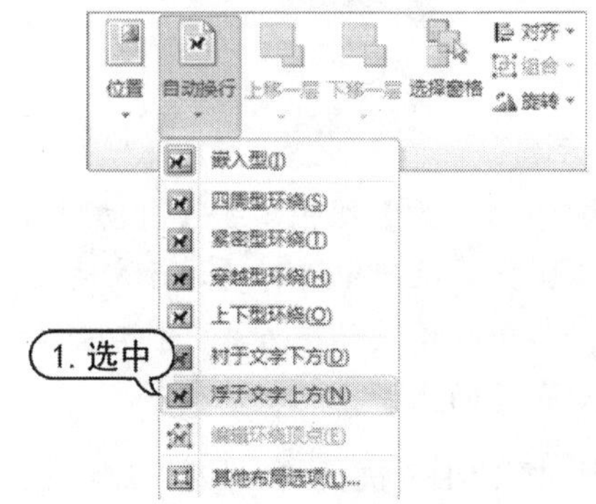

step 4 拖动鼠标调整 SmartArt 图形的大小和位置，并在“[文本]”占位符中分别输入文字。

step 5 选中 SmartArt 图形，在【设计】选项卡的【SmartArt 样式】组中单击【更改颜色】按钮，在打开的颜色列表中选择【彩色填充-强调文字颜色 5 至 6】选项，为图形更改颜色。

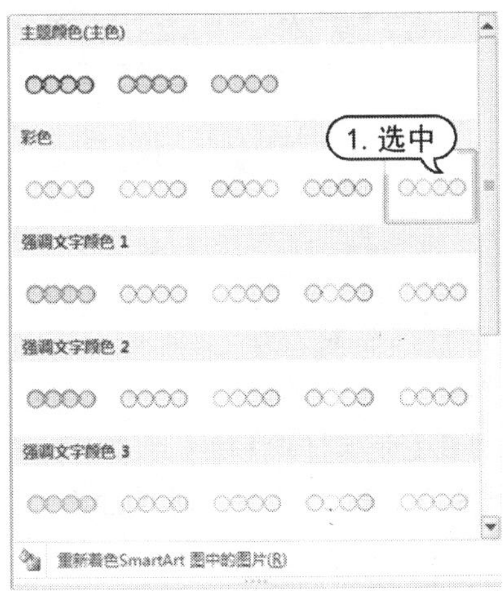

step 6 此时为 SmartArt 图形更改颜色，效果如下图所示。

step 7 打开【SmartArt 工具】的【格式】选项卡，在【艺术字样式】组中单击【其他】按钮，打开艺术字样式列表框，选择第 5 行第 3 列样式。

step 8 此时为 SmartArt 图形中的文本应用该艺术字样式。

step 9 在快速访问工具栏中单击【保存】按钮，保存“茶饮宣传页”文档。

8.3.4 插入自选图形

Word 2010 提供了一套可用的自选图形，包括直线、箭头、流程图、星与旗帜、标注等。在文档中，用户可以在这些图形中添加一个形状，或合并多个形状生成一个绘图或一个更为复杂的形状。

【例 8-10】在“茶饮宣传页”文档中，插入自选图形，并设置其格式。

视频+素材 (光盘素材\第 08 章\例 8-10)

step 1 启动 Word 2010 应用程序，打开“茶饮宣传页”的文档。

step 2 打开【插入】选项卡，在【插图】组中单击【形状】下拉按钮，从弹出的列表框的【基本形状】区域中选择【折角形】选项。

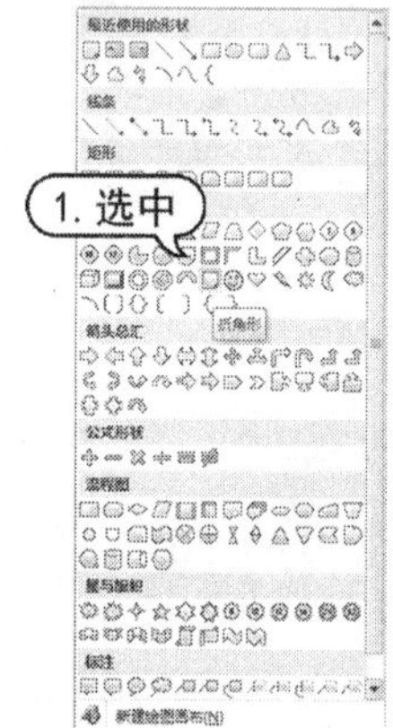

step 3 将鼠标指针移至文档中，按住左键并拖动鼠标绘制自选图形至合适大小。

step 4 选中自选图形，右击，从弹出的快捷菜单中选择【添加文字】命令，此时即可在自选图形中输入文字。

step 5 设置标题字体为【隶书】，字号为【一号】，字体颜色为【深蓝】；设置正文文本字号为【小四】、字体颜色为【深红】。

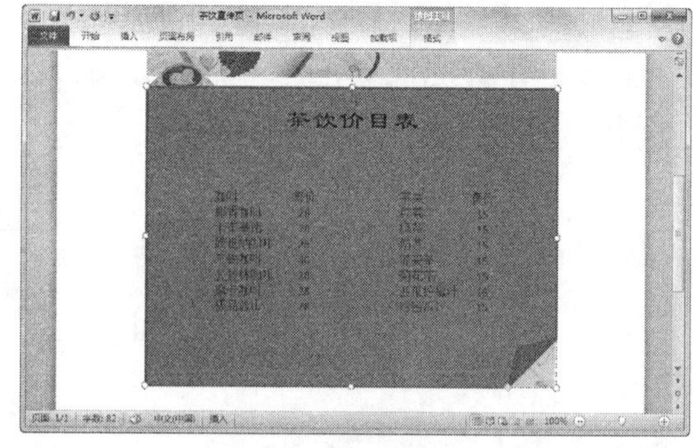

step 6 选中【折角形】图形，自动打开【绘图工具】的【格式】选项卡，在【形状样式】组中单击【形状填充】按钮，从弹出的菜单中选择【无填充颜色】选项，设置自选图形无填充色。

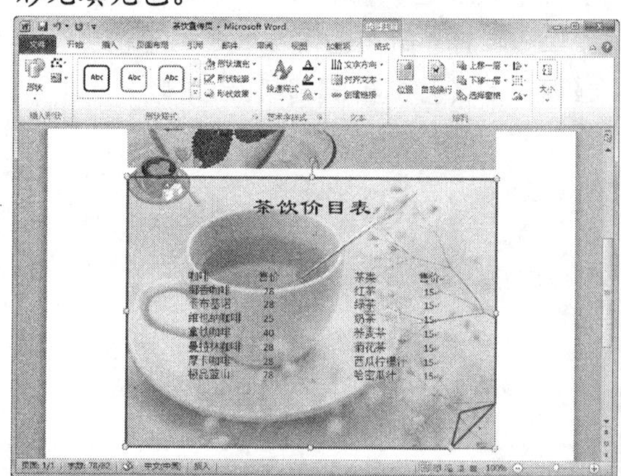

step 7 在【形状样式】组中单击【形状轮廓】按钮，从弹出的菜单中选择【橙色，强调文字颜色 6】选项。

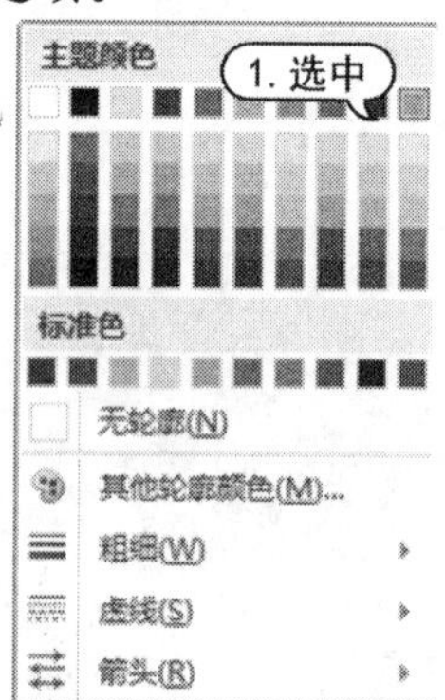

step 8 此时为折角形设置线条颜色，效果如下图所示。

step 9　在快速访问工具栏中单击【保存】按钮，保存“茶饮宣传页”文档。

8.3.5　插入文本框

文本框是一种图形对象，它作为存放文本或图形的容器，可置于页面中的任何位置，并可随意地调整其大小。在 Word 2010 中，文本框用来建立特殊的文本，并且可以对其进行一些特殊的处理，如设置边框、颜色、版式格式。

【例 8-11】在“茶饮宣传页”文档中，插入文本框，并设置其格式。

视频+素材 (光盘素材\第 08 章\例 8-11)

step 1　启动 Word 2010 应用程序，打开“茶饮宣传页”的文档。

step 2　将插入点定位在文档末尾处，打开【插入】选项卡，在【文本】组中单击【文本框】下拉按钮，从弹出的列表框中选择【现代型引述】选项，将其插入到文档中。

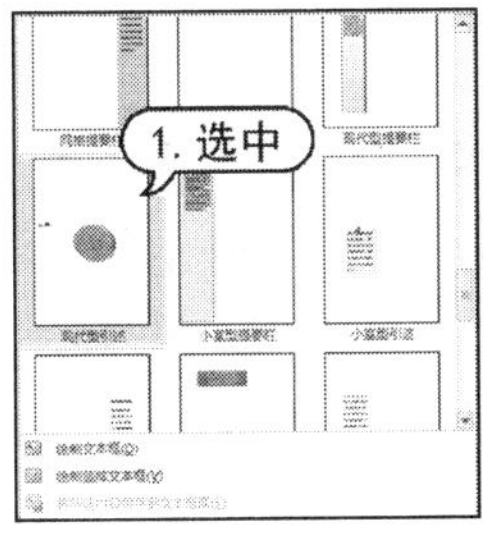

step 3　在文本框中输入文本，设置字体为【幼圆】，字号为【四号】，字体颜色为【红色】，并拖动鼠标调整其大小和位置。

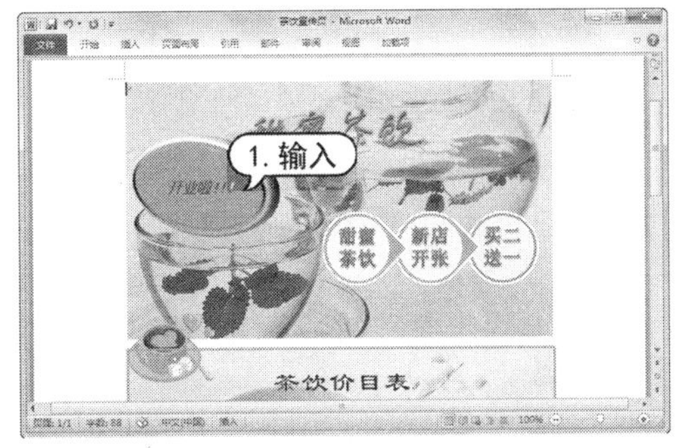

step 4　打开【插入】选项卡，在【文本】组中单击【文本框】按钮，从弹出的菜单中选择【绘制文本框】选项。将鼠标移动到合适的位置，此时鼠标指针变成十字形时，拖动鼠标指针绘制横排文本框，释放鼠标，完成绘制操作。

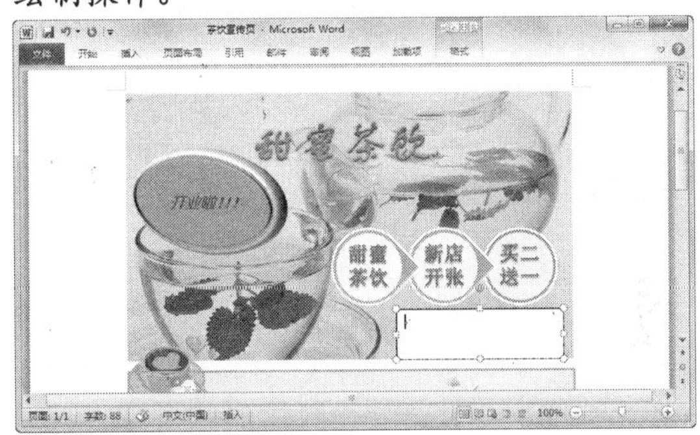

step 5　在文本框中输入文本，设置其字体为【华文行楷】，字号为【五号】，字体颜色为【蓝色】。

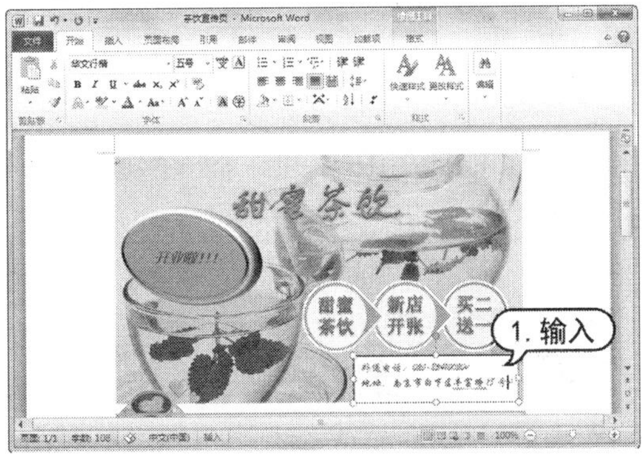

step 6 打开【绘图工具】的【格式】选项卡，在【形状样式】组中单击【其他】按钮，在打开的形状样式列表框选择一种样式。

step 7 使用同样的方法，插入一个横排文本框和一个竖排文本框，并设置文本框无填充颜色和无轮廓效果。

step 8 在快速访问工具栏中单击【保存】按钮，保存“茶饮宣传页”文档。

8.4 设置文档页面

在编辑文档的过程中，为了使文档页面更加美观，用户可以根据需求对文档的页面进行设置，如插入封面、插入页眉和页脚、插入页码等。

8.4.1 插入页眉和页脚

页眉和页脚是文档中每个页面的顶部、底部和两侧页边距(即页面上打印区域之外的空白空间)中的区域。许多文稿，特别是比较正式的文稿都需要设置页眉和页脚。

1. 首页插入封面、页眉和页脚

页眉和页脚通常用于显示文档的附加信息，例如页码、时间和日期、作者名称、单位名称、徽标或章节名称等内容。通常情况下，在书籍的章首页，需要创建独特的页眉和页脚。Word 2010 提供了插入封面功能，用于说明文档的主要内容和特点。

【例 8-12】为“公司员工守则”文档添加封面，并在封面中创建页眉和页脚。

视频+素材 (光盘素材\第 08 章\例 8-12)

step 1 启动 Word 2010 应用程序，打开“公司员工守则”文档，打开【审阅】选项卡，在【修订】组中单击【显示标记】按钮，从弹出的菜单中取消选中【批注】命令，隐藏文档中的批注文本框。

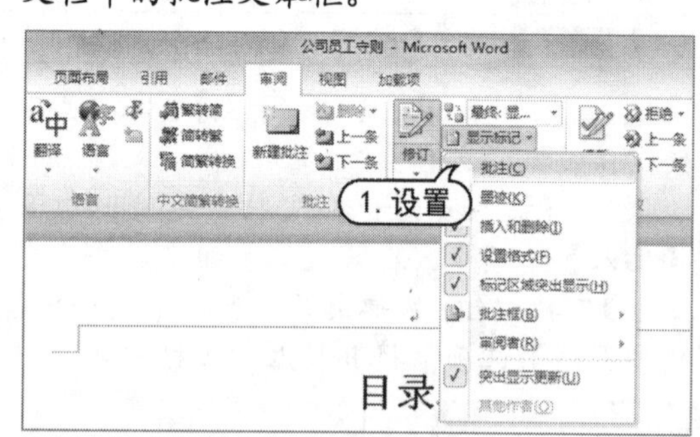

step 2 打开【插入】选项卡，在【页】组中单击【封面】按钮，在弹出的列表框中选择【小室型】选项，即可插入基于该样式的封面。

step 3 在封面页的占位符中根据提示修改或添加文字，如下图所示。

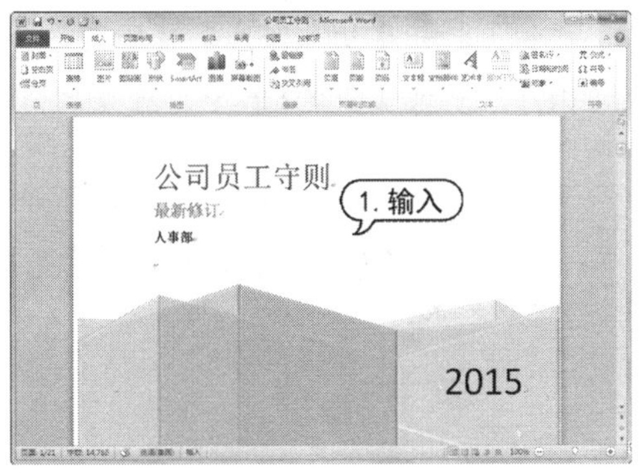

step 4 打开【插入】选项卡，在【页眉和页脚】组中单击【页眉】按钮，在弹出的列表中选择【边线型】选项，插入该样式的页眉。

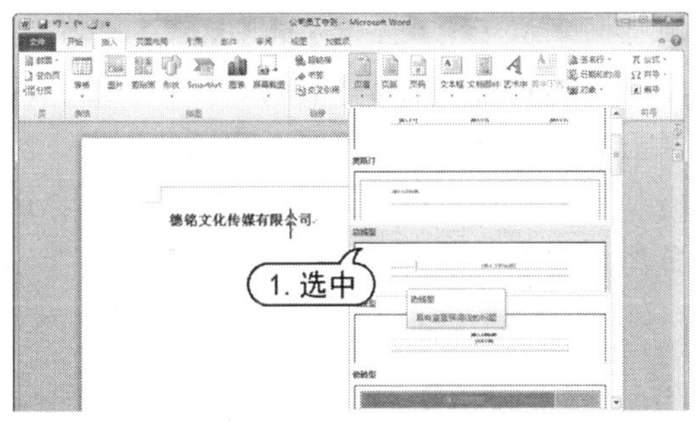

step 5 在页眉处输入页眉文本，如下图所示。

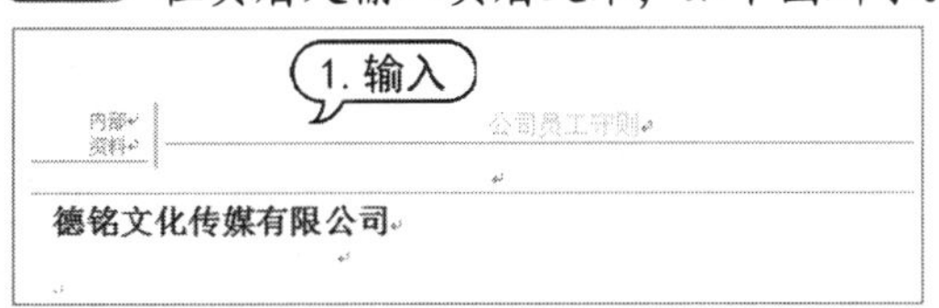

step 6 打开【插入】选项卡，在【页眉和页脚】组中单击【页脚】按钮，在弹出的列表中选择【传统型】选项，插入该样式的页脚。

step 7 在页脚处删除首页页码，并输入文本，设置字体颜色为【蓝色】。

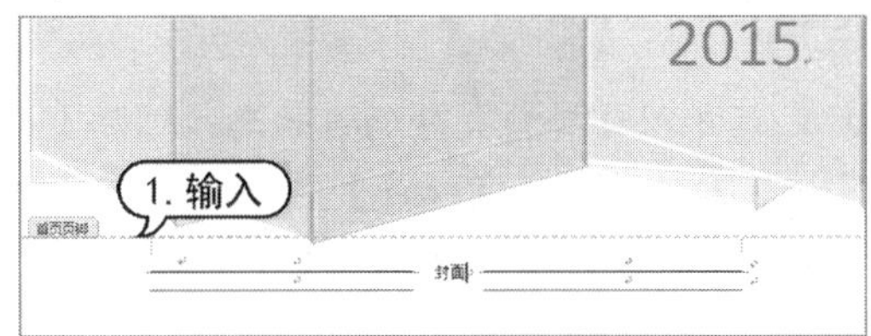

step 8 打开【页眉和页脚】工具的【设计】选项卡，在【关闭】组中单击【关闭页眉和页脚】按钮，完成页眉和页脚的添加。

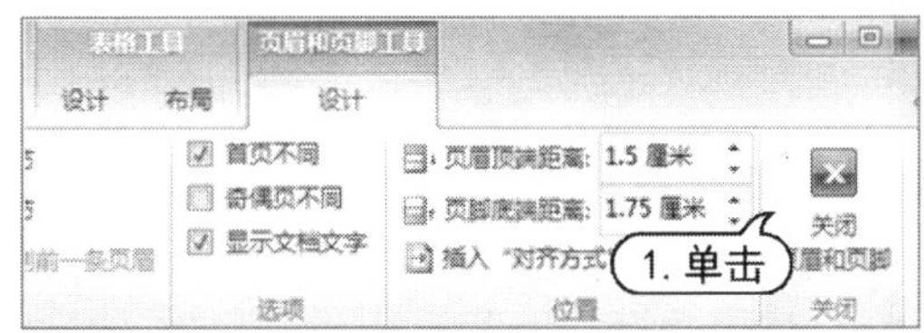

step 9 在快速访问工具栏中单击【保存】按钮，保存"公司员工守则"文档。

2. 奇、偶页创建页眉和页脚

书籍中奇偶页的页眉和页脚通常是不同的。在 Word 2010 中，可以为文档中的奇、偶页分别设计不同的页眉和页脚。

【例 8-13】在"公司员工守则"文档中，分别为奇、偶页创建不同的页眉。

视频+素材 (光盘素材\第 08 章\例 8-13)

step 1 启动 Word 2010 应用程序，打开“公司员工守则”文档，将插入点定位在文档第 1 页任意位置。

step 2 打开【插入】选项卡，在【页眉和页脚】组中单击【页眉】按钮，在弹出的菜单中选择【编辑页眉】命令。

step 3 进入页眉和页脚编辑状态，打开【页眉和页脚工具】的【设计】选项卡，在【选项】组中选中【奇偶页不同】复选框。

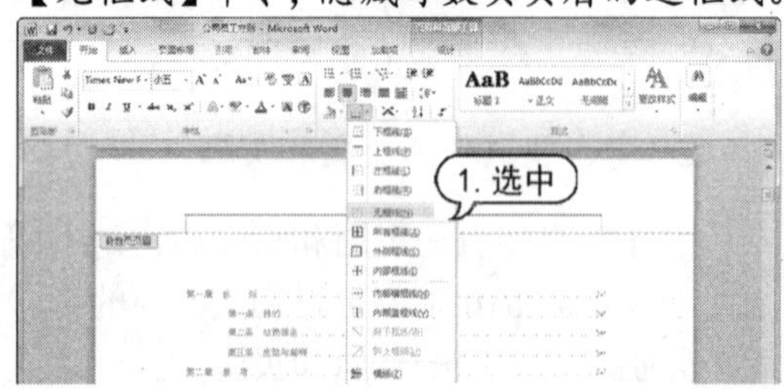

step 4 在奇数页的页眉区选中段落标记符，打开【开始】选项卡，在【段落】组中单击【下框线】按钮，在弹出的菜单中选择【无框线】命令，隐藏奇数页页眉的边框线。

step 5 将插入点定位在页眉文本编辑区，输入文字“公司员工守则——德铭文化”，设置文字字体为【宋体】，字号为【小四】，字体颜色为【蓝色，强调文字颜色 1】，文本【右对齐】显示，如下图所示。

step 6 将插入点定位在页眉文本右侧，打开【插入】选项卡，在【插图】组中单击【图片】按钮，打开【插入图片】对话框，选择一张图片，单击【插入】按钮，即可将图片插入到目标位置。

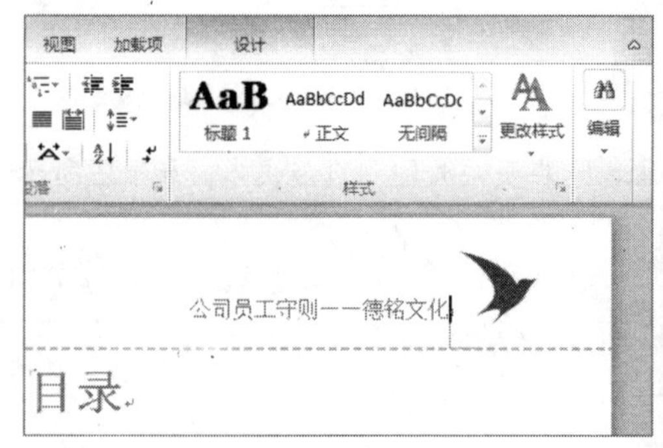

step 7 打开【图片工具】的【格式】选项卡，在【排列】组中单击【自动换行】按钮，从弹出的菜单中选择【浮于文字上方】命令，为页眉图片设置环绕方式，然后拖动鼠标调节图片大小和位置。

step 8 使用同样的方法，设置偶数页的页眉，效果如下图所示。

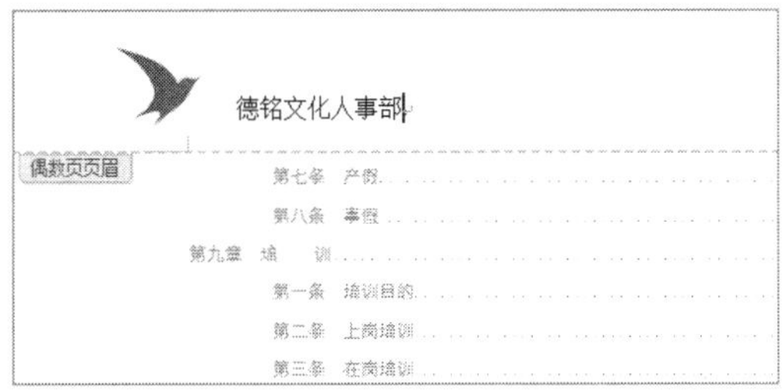

step 9 打开【页眉和页脚工具】的【设计】选项卡，在【关闭】组中单击【关闭页眉和页脚】按钮，退出页眉和页脚编辑状态。

step 10 返回至文档编辑窗口中查看奇数、偶数页的页眉。

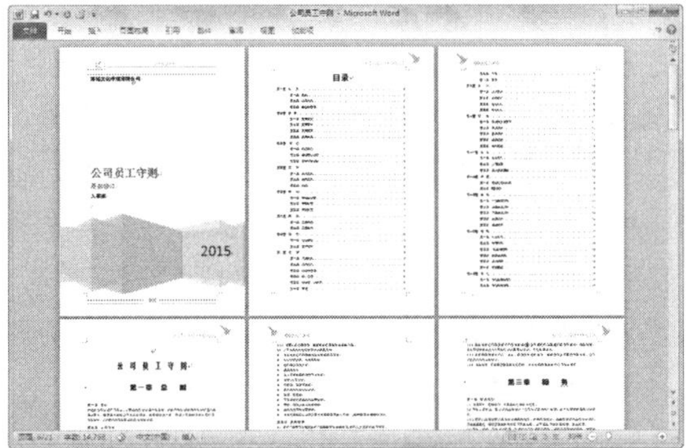

8.4.2 插入页码

页码，就是书籍每一页面上标明次序的号码或其他数字，用于统计书籍的面数，以便于读者的阅读和检索。页码一般都被添加在页眉或页脚中，但也不排除其他特殊情况，有时页码也可以被添加到其他位置。

1. 添加页码

要添加页码，可以打开【插入】选项卡，在【页眉和页脚】组中单击【页码】按钮，从弹出的菜单中选择页码的位置和样式。

【例 8-14】在“公司员工守则”文档中，插入页码。

视频+素材 (光盘素材\第 08 章\例 8-14)

step 1 启动 Word 2010 应用程序，打开“公司员工守则”文档，将插入点定位在奇数页面中。

step 2 打开【插入】选项卡，在【页眉和页脚】组中单击【页码】按钮，在弹出的菜单中选择【页面底端】命令，然后选择【三角形 2】选项。

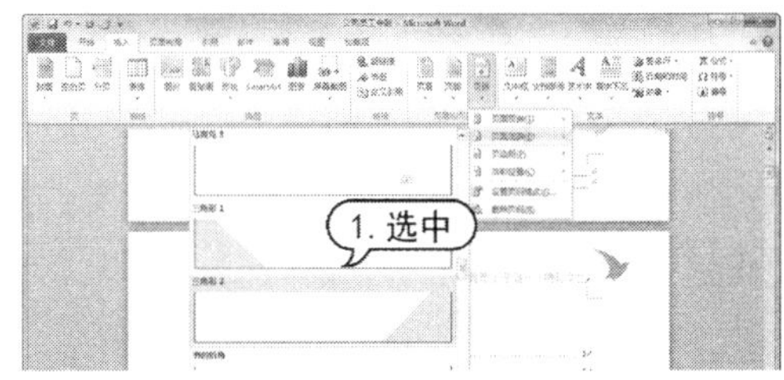

step 3 此时，即可在奇数页面底端右侧插入具有三角形样式的页码。

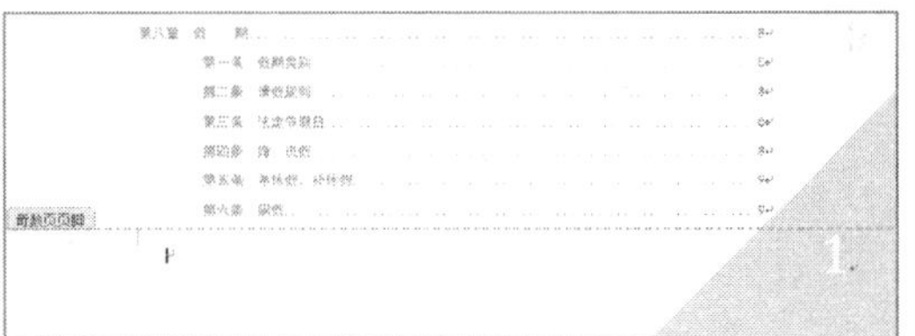

step 4 将插入点定位在偶数页，使用同样的方法，在页面底端左侧插入【三角形 1】样式的页码，如下图所示。

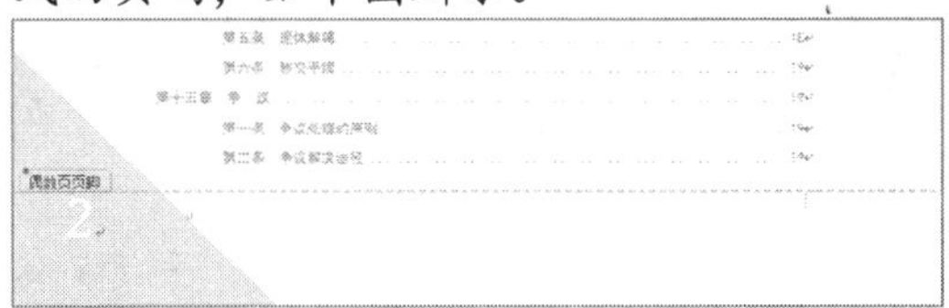

step 5 打开【页眉和页脚工具】的【设计】选项卡，在【关闭】组中单击【关闭页眉和页脚】按钮，退出页码编辑状态。

step 6 返回至文档编辑窗口，查看插入页码后的整体效果。

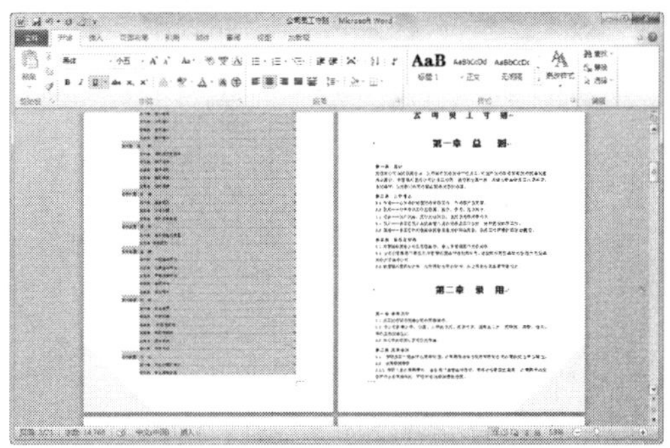

step 7 在快速访问工具栏中单击【保存】按钮，保存插入页码后的文档。

2. 设置页码

在文档中，如果需要使用不同于默认格式的页码，如 i 或 a 等，就需要对页码的格式进行设置。打开【插入】选项卡，在【页眉和页脚】组中单击【页码】按钮，从弹出的菜单中选择【设置页码格式】命令，打开【页码格式】对话框，在该对话框中进行相关设置。

【例 8-15】在“公司员工守则”文档中，设置页码格式。

视频+素材 (光盘素材\第 08 章\例 8-15)

step 1 启动 Word 2010 应用程序，打开“公司员工守则”文档。

step 2 在任意页码的页眉或页脚处双击，使文档进入页眉和页脚编辑状态。

step 3 打开【页眉和页脚工具】的【设计】选项卡，在【页眉和页脚】组中单击【页码】按钮，从弹出的菜单中选择【设置页码格式】命令，打开【页码格式】对话框。

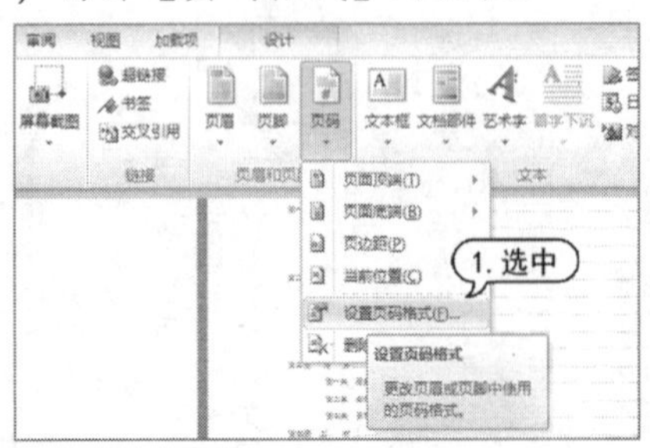

step 4 在【编号样式】下拉列表框中选择【1, 2, 3, …】选项，并保持选中【起始页码】单选按钮，在其后的文本框中输入 1，单击【确定】按钮，设置编码样式。

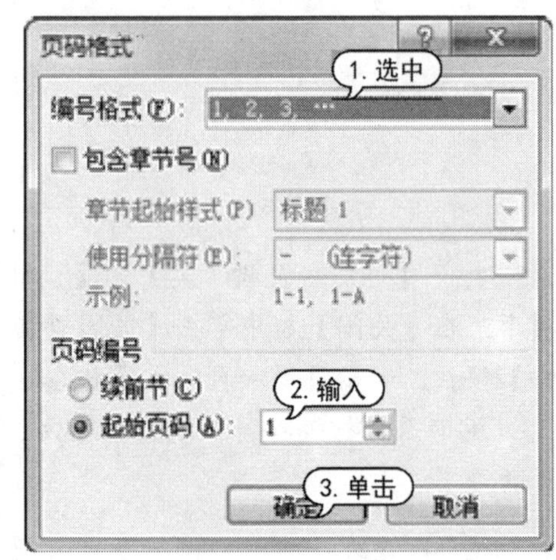

step 5 选中奇数页的页码框，打开【绘图工具】的【格式】选项卡，在【形状样式】组中单击【其他】按钮，从弹出的列表框中选择【中等效果-水绿色，强调颜色 5】选项，为页码方框填充颜色，然后使用鼠标拖动调节页码框的位置。

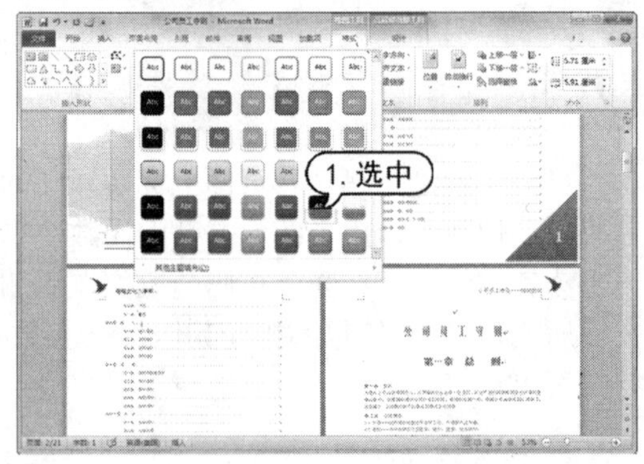

step 6 使用同样的方法，设置偶数页页码框的形状样式。

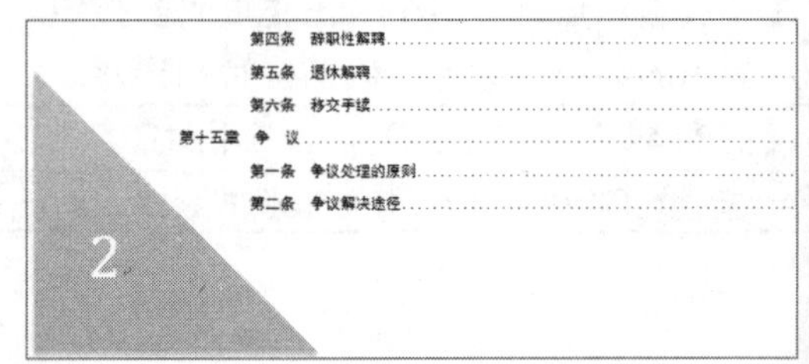

step 7 打开【页眉和页脚工具】的【设计】选项卡，在【关闭】组中单击【关闭页眉和页脚】按钮，即可退出页眉和页脚编辑状态。

step 8 返回至文档编辑窗口，查看设置格式后的页码效果。

step 9 在快速访问工具栏中单击【保存】按钮，保存“公司员工守则”文档。

8.4.3 设置页面背景

为文档添加上丰富多彩的背景，可以使文档更加的生动和美观。在 Word 2010 中，可以为文档设置页面颜色和添加图片背景。

1. 设置纯色背景

Word 2010 提供了 70 多种内置颜色，可以选择这些颜色作为文档背景，也可以自定义其他颜色作为背景。

要为文档设置背景颜色，可以打开【页面布局】选项卡，在【页面背景】选项组中，单击【页面颜色】按钮，将打开【页面颜色】子菜单。在【主题颜色】和【标准色】选项区域中，单击其中的任何一个色块，都可以把选择的颜色作为背景。

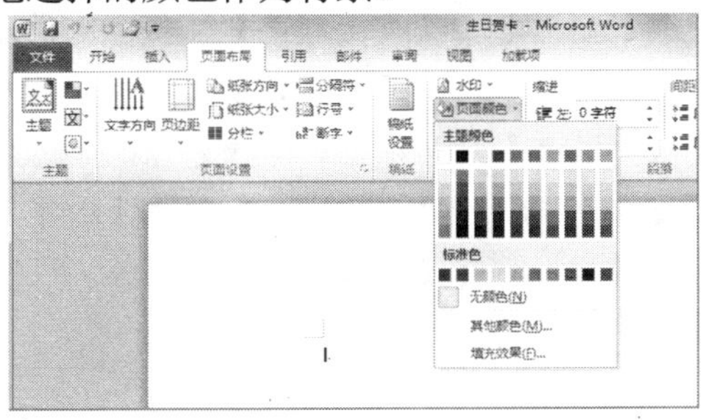

如果对系统提供的颜色不满意，用户还可以在【页面颜色】子菜单中选择【其他颜色】命令，打开【颜色】对话框，在【标准】选项卡中，选择六边形中的任意色块，即可将选中的颜色作为文档页面背景。

另外，打开【自定义】选项卡，拖动鼠标指针在【颜色】选项区域中选择所需的背景色，或者在【颜色模式】选项区域中通过设置具体数值来精确选择颜色。

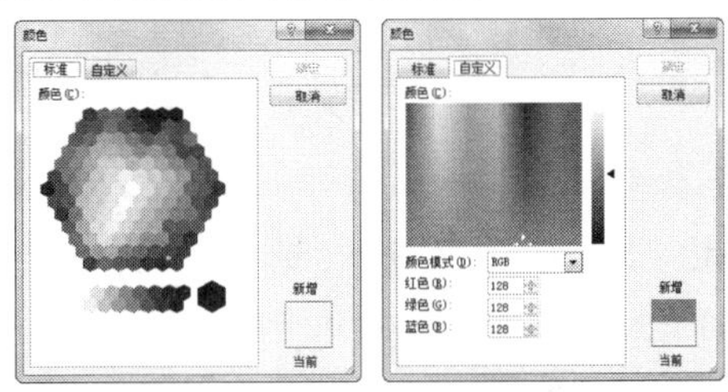

【例 8-16】在“生日贺卡”文档中设置纯色背景。

视频+素材 (光盘素材\第 08 章\例 8-16)

step 1 启动 Word 2010 应用程序，打开“生日贺卡”文档。

step 2 打开【页面布局】选项卡，在【页面背景】组中单击【页面颜色】按钮，从弹出的快捷菜单中选择【其他颜色】命令，打开【颜色】对话框。

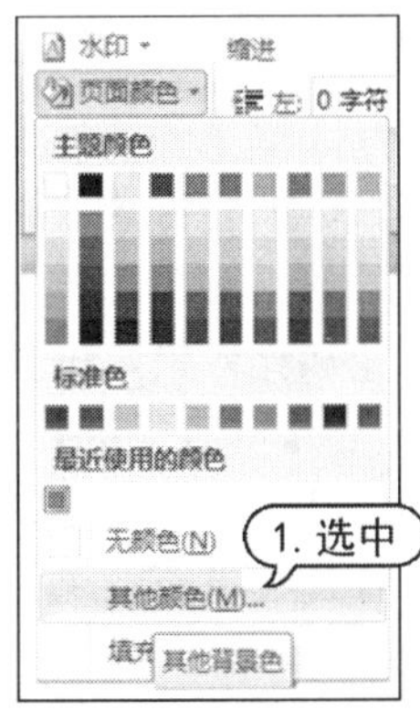

step 3 打开【自定义】选项卡，在【颜色模式】下拉列表中选择 RGB 选项；在【红色】、【绿色】、【蓝色】微调框中分别输入 234、85、4，单击【确定】按钮，完成设置。

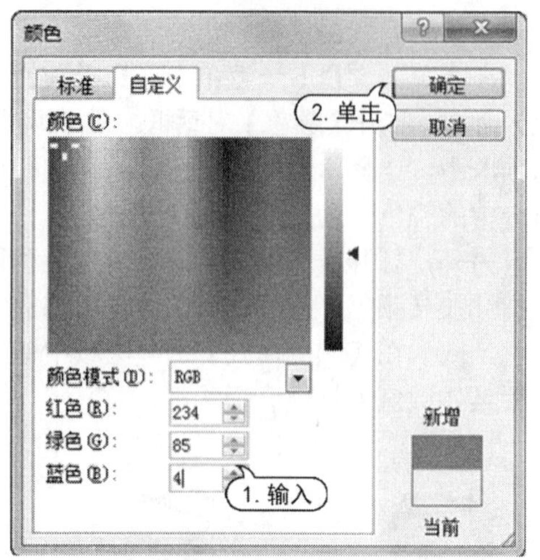

step 4 按 Ctrl+S 快捷键，保存设置背景颜色后的“生日贺卡”文档。

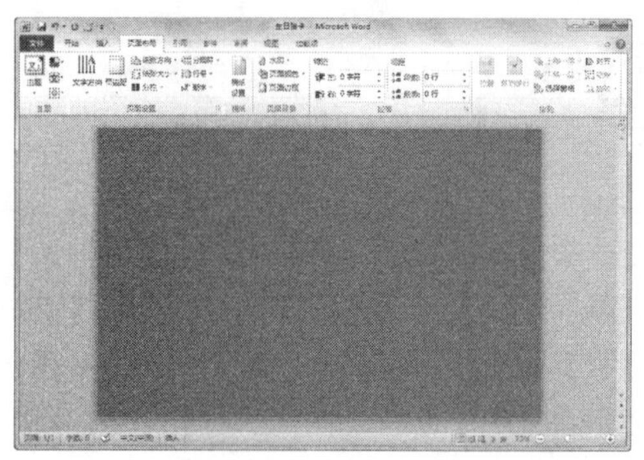

2. 设置背景填充

Word 2010 还提供了其他多种文档背景填充效果。例如，渐变背景效果、纹理背景效果、图案背景效果及图片背景效果等。

要设置背景填充效果，可以打开【页面布局】选项卡，在【页面背景】组中单击【页面颜色】按钮，从弹出的菜单中选择【填充效果】命令，打开【填充效果】对话框，其中包括以下 4 个选项卡。

- 【渐变】选项卡：可以通过选中【单色】或【双色】单选按钮来创建不同类型的渐变效果，在【底纹样式】选项区域中选择渐变的样式。
- 【纹理】选项卡：可以在【纹理】选项区域中，选择一种纹理作为文档页面的背景，单击【其他纹理】按钮，可以添加自定义的纹理作为文档的页面背景。

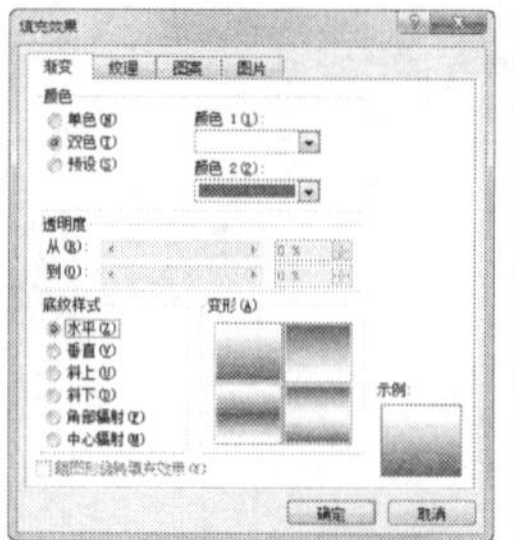

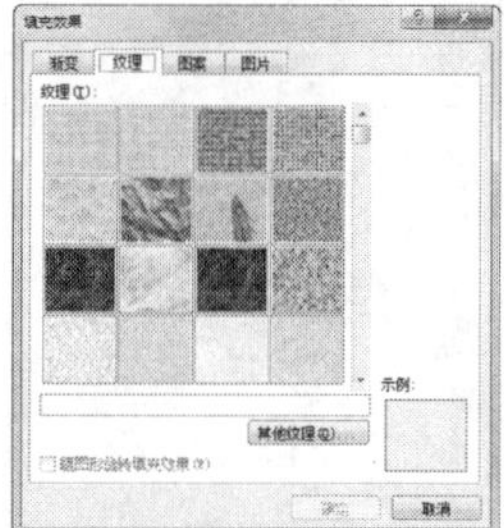

- 【图案】选项卡：可以在【图案】选项区域中选择一种基准图案，并在【前景】和【背景】下拉列表框中选择图案的前景和背景颜色。
- 【图片】选项卡：单击【选择图片】按钮，从打开的【选择图片】对话框中选择一张图片作为文档的背景。

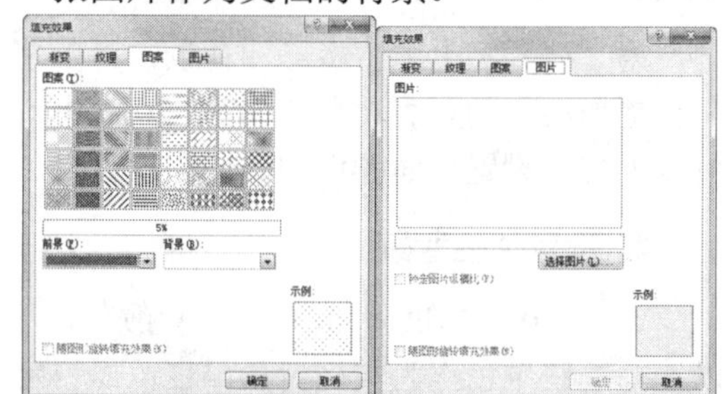

【例 8-17】在“生日贺卡”文档中，设置图片填充背景。

视频+素材 (光盘素材\第 08 章\例 8-17)

step 1 启动 Word 2010 应用程序，打开“生日贺卡”文档。

step 2 打开【页面布局】选项卡，在【页面背景】组中单击【页面颜色】按钮，从弹出的快捷菜单中选择【填充效果】命令，打开【填充效果】对话框。

step 3 打开【图片】选项卡，单击【选择图片】按钮，打开【选择图片】对话框。

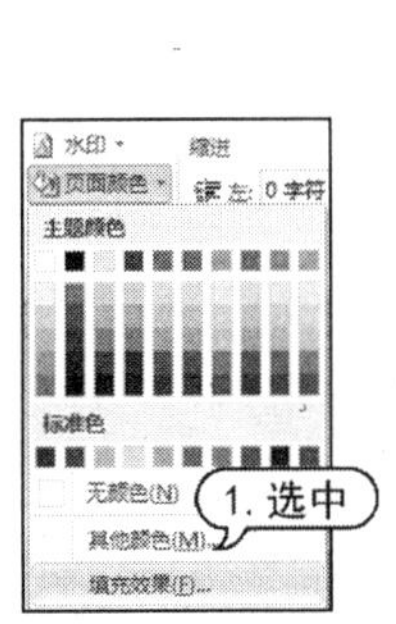

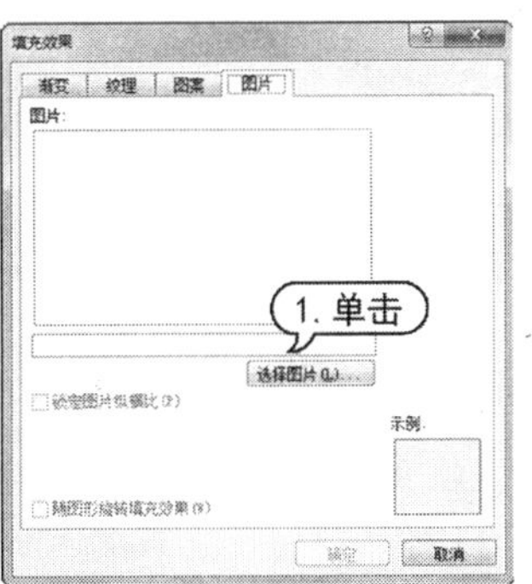

step 4 打开图片的存放路径，选择需要插入的图片，单击【插入】按钮。

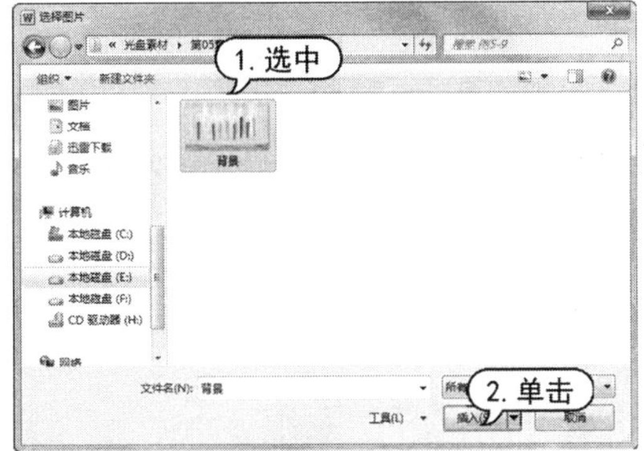

step 5 返回至【图片】选项卡，查看图片的整体效果，单击【确定】按钮。

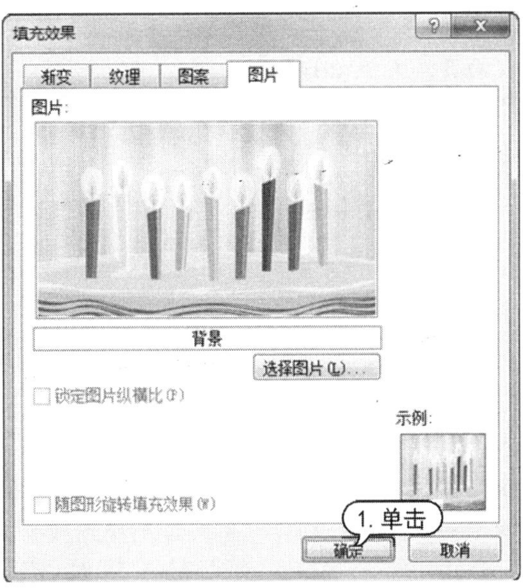

step 6 此时，即可在“生日贺卡”文档中显示图片背景效果。

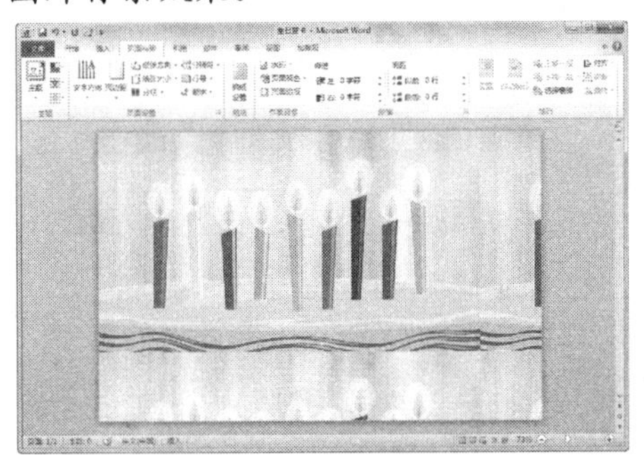

8.5 打印 Word 文档

完成 Word 文档的制作后，可以先对其进行打印预览，按照用户的不同需求进行修改和调整，然后对打印文档的页面范围、打印份数和纸张大小等参数进行设置，最后将文档打印出来。

8.5.1 预览文档

在打印文档之前，如果希望预览打印效果，可以使用 Word 2010 提供的打印预览功能查看文档的整体效果。

打印浏览的效果与实际上打印的真实效果非常相近。使用打印预览功能可以避免打印失误和不必要的纸张浪费。

【例 8-18】预览“公司员工守则”文档，查看该文档的总页数和显示比例分别为 70%、25%、36%和 12%时的状态。

视频+素材 (光盘素材\第 08 章\例 8-18)

step 1 启动 Word 2010 应用程序，打开“公司员工守则”文档。

step 2 单击【文件】按钮，选择【打印】命令，打开 Microsoft Office Backstage 视图的【打印预览】窗格，在窗格底端显示文档的总页数为 20 页，当前所在的第 1 页显示的是封面页，文档大小为 50%。

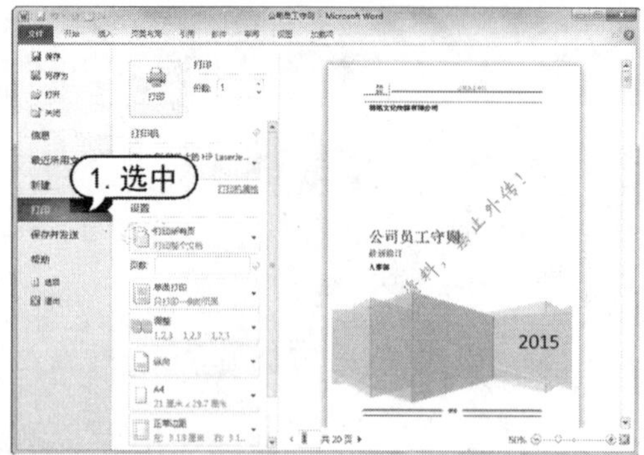

step 3 单击【下一页】按钮▶，切换至文档的下一页，查看该页(即目录页)的整体效果。

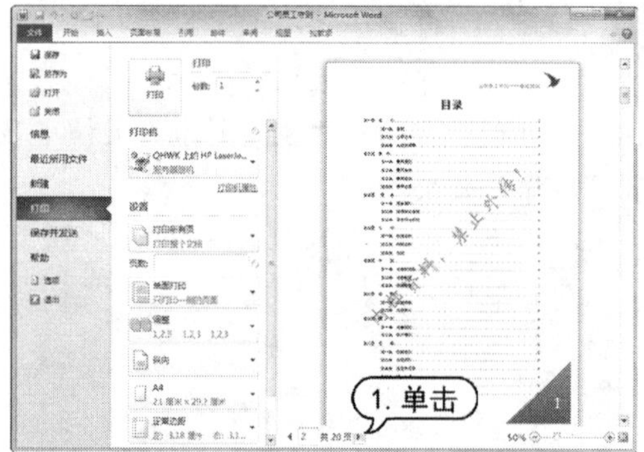

step 4 单击两下按钮⊕，将页面的显示比例调节到 70%的状态，查看该页中的内容。

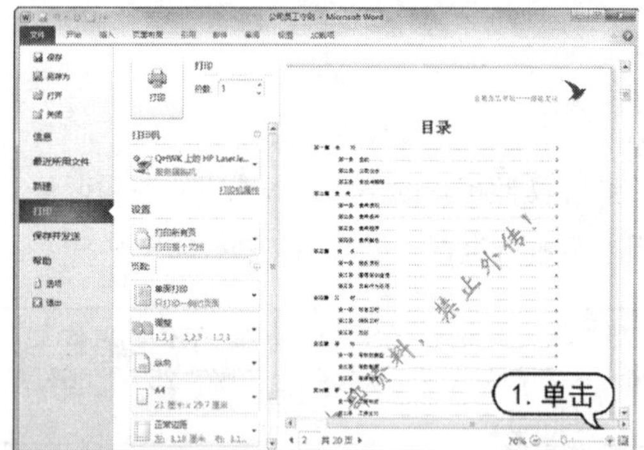

step 5 单击【下一页】按钮▶，查看后面目录页的效果。

step 6 在当前页文本框中输入 9，按 Enter 键。此时，即可切换到第 9 页中查看该页中的文本内容。

step 7 在预览窗格的右侧上下拖动垂直滚动条，可逐页查看文本内容。

step 8 在缩放比例工具中向左拖动滑块至 25%，此时文档将以 4 页方式显示在预览窗格中。

step 9　使用同样的方法，设置显示比例为36%，此时将以双页方式来预览文档效果。

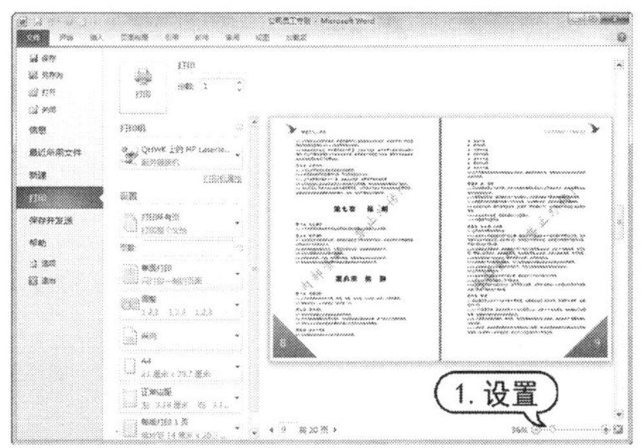

step 10　使用同样的方法，设置显示比例为12%，此时将以多页方式来预览文档效果。

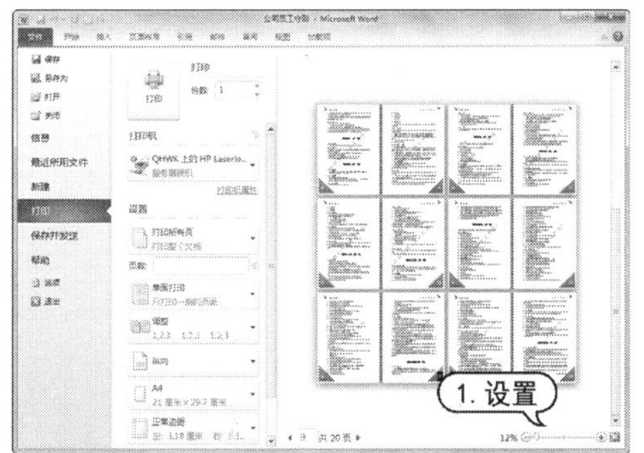

知识点滴

显示比例的设置因窗口大小的改变而改变，用户可以根据窗口大小来设置显示比例。在预览窗格中单击【缩放到页面】按钮，可将文档自动调节到当前窗格合适的大小。

8.5.2　设置打印文档

如果一台打印机与计算机已正常连接，并且安装了所需的驱动程序，就可以在 Word 2010 中将所需的文档直接输出。

在 Word 2010 文档中，单击【文件】按钮，在弹出的菜单中选择【打印】命令，打开 Microsoft Office Backstage 视图。

在该视图中部的【打印】窗格中可以设置打印份数、打印机属性、打印页数和双页打印等内容，如右上图所示。

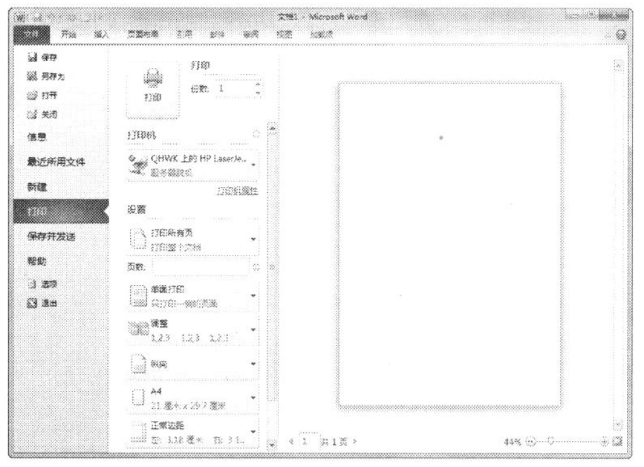

【例 8-19】打印“公司员工守则”文档指定的页面，份数为 3 份，设置在打印一份完整的文档后，再开始打印下一份。

视频+素材 (光盘素材\第 08 章\例 8-19)

step 1　启动 Word 2010 应用程序，打开“公司员工守则”文档。

step 2　单击【文件】按钮，选择【打印】命令，打开 Microsoft Office Backstage 视图，在【打印】窗格的【份数】微调框中输入 3；在【打印机】列表框中自动显示默认的打印机，此处设置为“QHWK 上的 HP LaserJet 1018”，状态显示为就绪，表示该打印机处于空闲状态。

实用技巧

如果用户需要对打印机属性进行设置，则单击【打印机属性】链接，打开【\\QHWK\HP LaserJet 1018 属性】对话框，在该对话框中可以设置纸张尺寸、水印效果、打印份数、纸张方向和旋转打印等参数。

step 3　在【设置】选项区域的【打印所有页】下拉列表框中选择【打印自定义范围】选项，在其下的文本框中输入 3-或者 3-19，表示打印范围为第 3~19 页文档内容。

step 4 单击【单页打印】下拉按钮，从弹出的下拉菜单中选择【手动双面打印】选项。

step 5 在【调整】下拉菜单中可以设置逐份打印，如果选择【取消排序】选项，则表示多份一起打印。这里保持默认设置，即选择【调整】选项。

step 6 设置完打印参数后，单击【打印】按钮，即可开始打印文档。

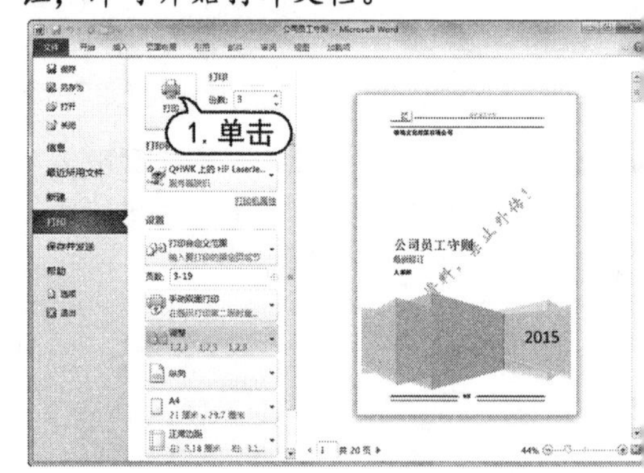

8.6 案例演练

本章的案例演练部分为使用 Word 2010 制作抵用券这个综合实例操作，用户通过练习从而巩固本章所学知识。

【例 8-20】新建“商品抵用券”文档，在其中插入图片、艺术字和文本框等。
视频+素材 (光盘素材\第 08 章\例 8-20)

step 1 启动 Word 2010 应用程序，新建一个空白文档，并将其以“商品抵用券”为名保存。

step 2 打开【插入】选项卡，在【插图】组中单击【形状】按钮，从弹出的菜单的【矩形】选项区域中单击【矩形】按钮。

step 3 将鼠标指针移至文档中，待鼠标指针变为十字形，拖动鼠标绘制圆角矩形，如右图所示。

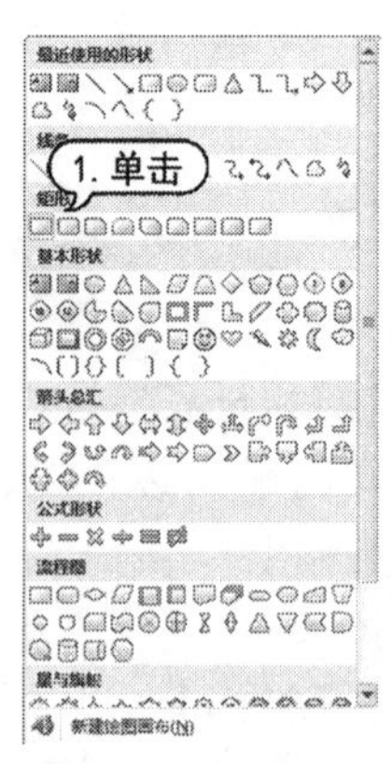

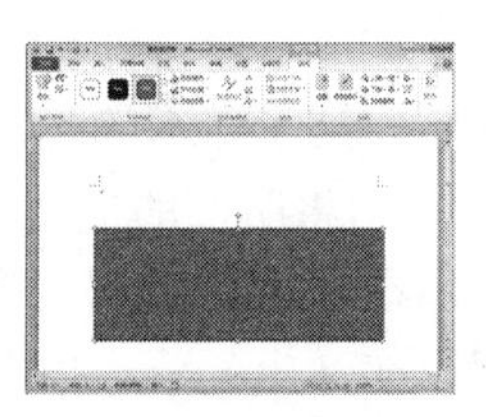

step 4 打开【绘图工具】的【格式】选项卡在【大小】组中设置形状的【高度】为“厘米”，【宽度】为“16 厘米”。

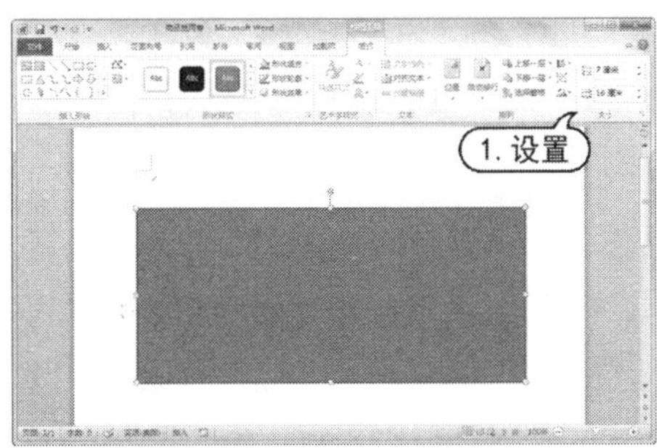

step 5 在【形状样式】组中单击【形状填充】按钮，从弹出的菜单中选择【图片】命令，打开【插入图片】对话框，选择需要的图片，单击【插入】按钮。

step 6 此时将选中的图片填充到矩形中，如下图所示。

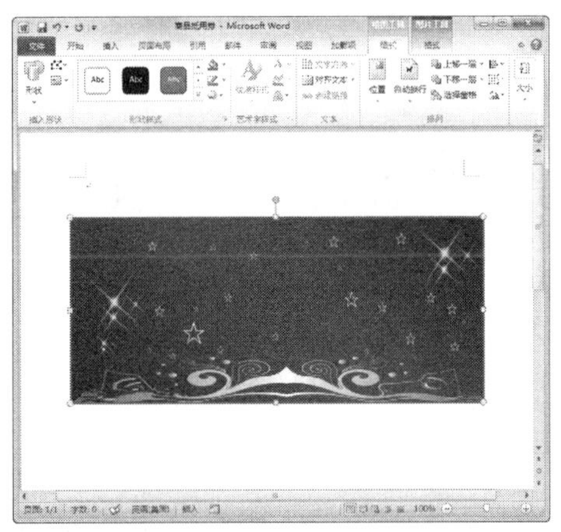

step 7 打开【插入】选项卡，在【文本】组中单击【艺术字】按钮，从弹出的列表框中选择第4行第2列的艺术字样式，即可在文当中插入艺术字。

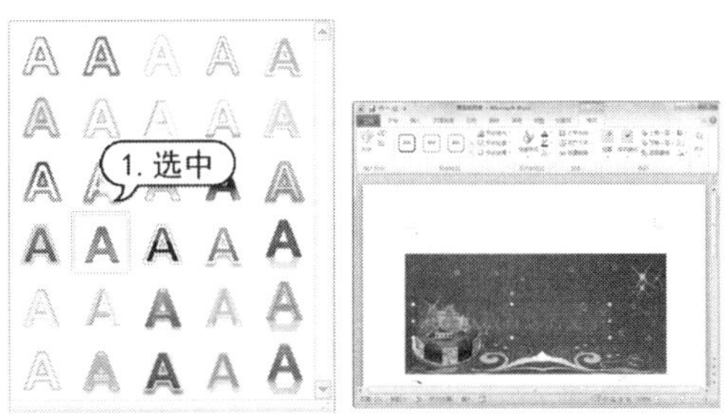

step 8 在艺术字框中输入文本“现金抵用券”，设置字体为【华文琥珀】，字号为【小初】，字形为【加粗】，然后拖动鼠标调节其位置。

step 9 使用同样的方法，插入其他艺术字“50元”，设置字体为【华文楷体】，数字字号为80，文本字号为【小初】，并将其移动到合适的位置。

step 10 打开【插入】选项卡，在【文本】组中单击【文本框】按钮，从弹出的快捷菜单中选择【绘制文本框】命令。

step 11 拖动鼠标在矩形中绘制横排文本框，并输入文本内容。

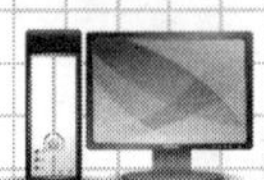

step 12 右击选中的文本框，从弹出的快捷菜单中选择【设置形状格式】命令，打开【设置形状格式】对话框。打开【填充】选项卡，选中【无填充】单选按钮。

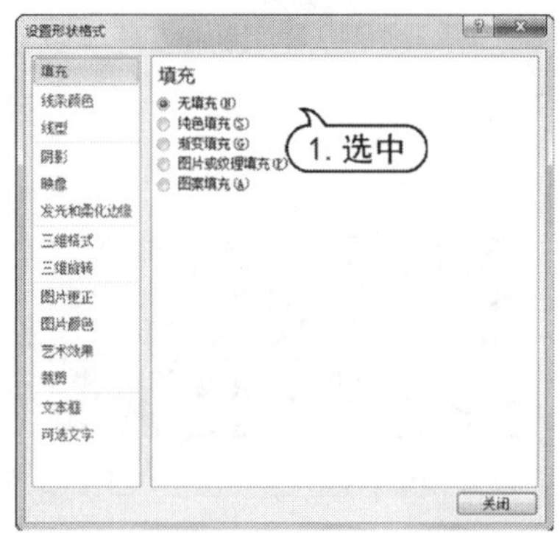

step 13 打开【线条颜色】选项卡，选中【无线条】单选按钮，然后单击【关闭】按钮，完成设置。

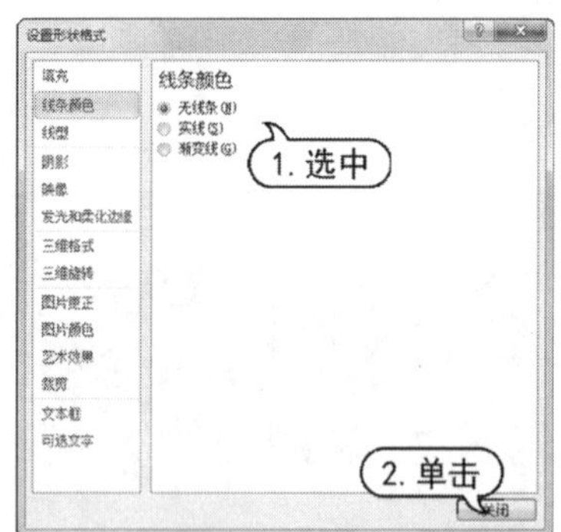

step 14 选中文本框中的文本，设置其字体为【华文楷体】，字号为【五号】，字体颜色为【白色，背景 1】，在【开始】选项卡的【段落】组中单击【项目符号】下拉按钮，从弹出的列表框中选择一种星形，为文本框中的文本添加项目符号。

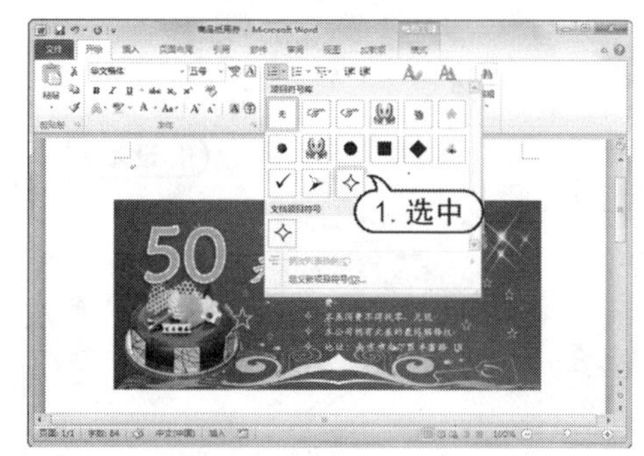

step 15 打开【插入】选项卡，在【文本】组中单击【文本框】按钮，从弹出的快捷菜单中选择【绘制竖排文本框】命令，拖动鼠标在矩形中绘制竖排文本框。在文本框中输入文本内容，并设置文本字体为 Times New Roman，字号为【小三】。

step 16 选中竖排文本框，打开【绘图工具】的【格式】选项卡，在【形状样式】组中单击【形状填充】按钮，从弹出的菜单中选择【无填充颜色】命令；单击【形状轮廓】按钮，从弹出的菜单中选择【无轮廓】命令，为其应用无填充色和无轮廓效果。

step 17 使用同样的方法，在文档中插入另一个横排文本框，最后保存文档。

第 9 章

Excel 2010 基础操作

Excel 2010 是 Office 软件系列中的电子表格处理软件，广泛地应用于办公自动化领域。本章将介绍 Excel 2010 的使用工作簿、工作表、单元格以及输入数据等基本操作内容。

对应光盘视频

例 9-1　新建工作簿
例 9-2　以只读方式打开工作簿
例 9-3　保护工作簿
例 9-4　保护工作表
例 9-5　移动和复制单元格
例 9-6　输入文本型数据
例 9-7　输入数字型数据
例 9-8　填充相同数据
例 9-9　填充等差数列编号
例 9-10　设置字体格式
例 9-11　设置对齐方式
例 9-12　设置边框
例 9-13　设置背景颜色和底纹
例 9-14　套用工作表样式
例 9-15　添加背景图片
例 9-16　设置并打印表格

9.1 Excel 2010 办公基础

Excel 2010 是专门用于制作电子表格、计算与分析数据以及创建报表或图表的软件，常用于计算办公数据等方面。

9.1.1 Excel 2010 办公应用

Excel 2010 是电子表格制作软件，它不仅具有强大的数据组织、计算、分析和统计功能，还可以通过图表、图形等多种形式直观、形象地显示处理结果。

Excel 2010 在办公应用中主要有以下几种功能。

- 创建统计表格：Excel 2010 的制表功能就是把用户所需的数据输入到 Excel 中以形成表格。

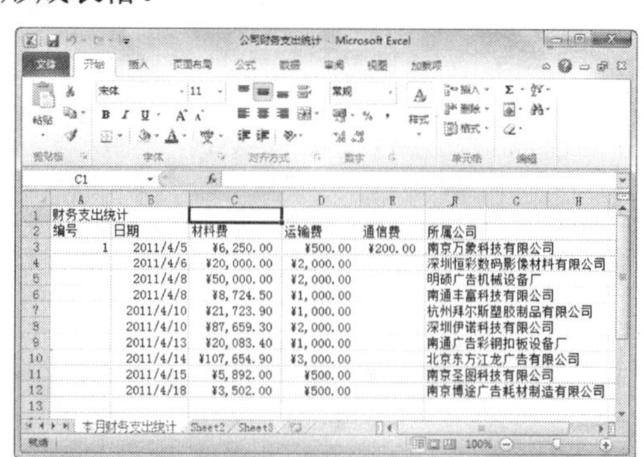

- 进行数据计算：在 Excel 2010 的工作表中输入完数据后，还可以对用户所输入的数据进行计算，例如求和、求平均值、求最大值以及最小值等。此外，Excel 2010 还提供强大的公式运算与函数处理功能，可以对数据进行更复杂的计算工作。

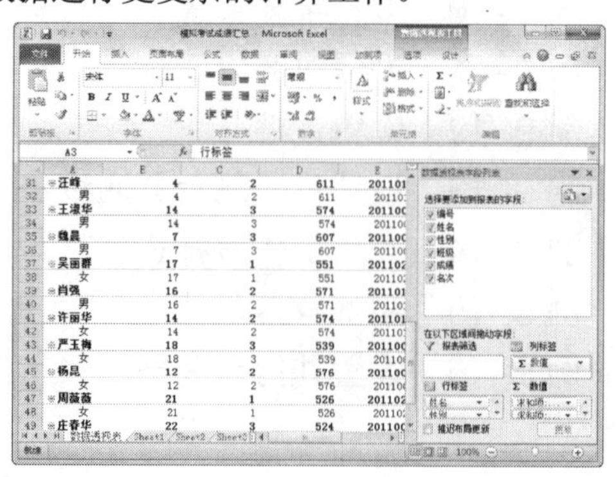

- 建立多样化的统计图表：在 Excel 2010 中，可以根据输入的数据来建立统计图表，以便更加直观地显示数据之间的关系，让用户可以快速比较数据之间的变动、成长关系以及趋势等。

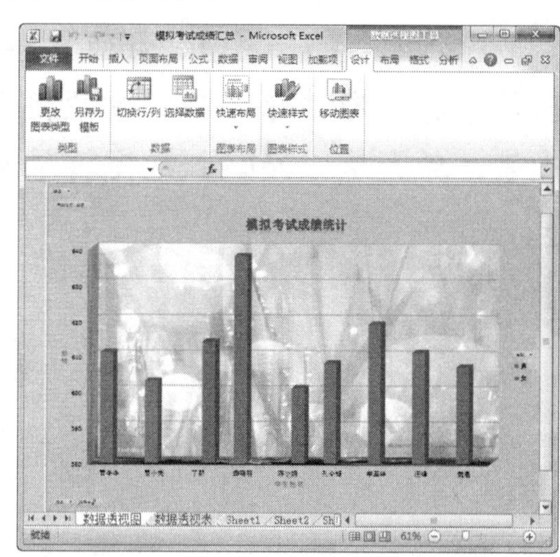

9.1.2 Excel 2010 工作界面

在 Excel 2010 的工作主界面中，除了包含与其他 Office 软件相同的界面元素外，还有许多其他特有的组件，如编辑栏、工作表编辑区、工作表标签、行号与列标等，如下图所示。

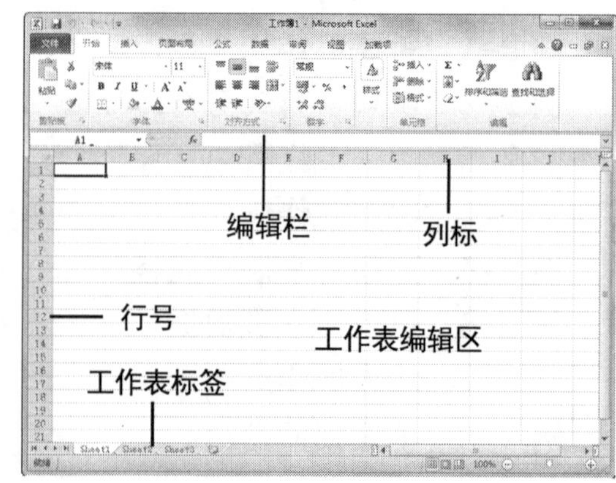

Excel 2010 的工作界面和 Word 2010 相似，其中相似的元素在此不再重复介绍，仅介绍 Excel 特有的编辑栏、工作表编辑区、行号、列标和工作表标签这 5 个元素。

1. 编辑栏

编辑栏中主要显示的是当前单元格中的数据，可在编辑框中对数据直接进行编辑，其结构如下图所示。

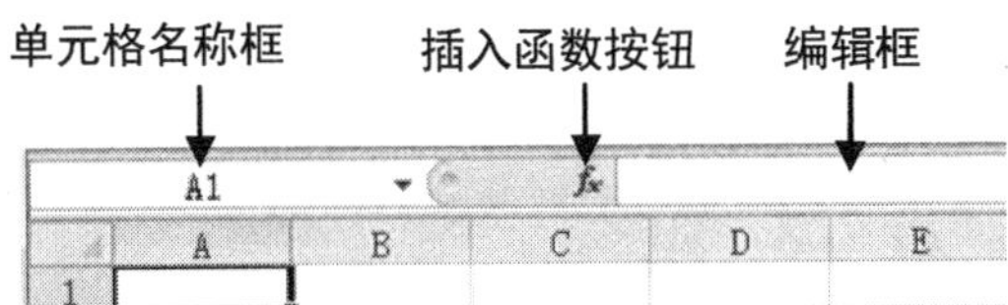

- 单元格名称框：显示当前单元格的名称，这个名称可以是程序默认的，也可以是用户自己设置的。
- 插入函数按钮：默认状态下只有一个按钮fx，当在单元格中输入数据时会自动出现另外两个按钮×和√。单击×按钮可取消当前在单元格中的设置；单击√按钮可确定单元格中输入的公式或函数；单击fx按钮可在打开的【插入函数】对话框中快速选择需在当前单元格中插入的函数。
- 编辑框：用来显示或编辑当前单元格中的内容，有公式和函数时则显示公式和函数。

2. 工作表编辑区

工作表编辑区相当于 Word 的文档编辑区，是 Excel 的工作平台和编辑表格的重要场所，位于操作界面的中间位置，呈网格状。

3. 行号和列标

Excel 中的行号和列标是确定单元格位置的重要依据，也是显示工作状态的一种导航工具。其中，行号由阿拉伯数字组成，列标由大写的英文字母组成。单元格的命名规则是：列标号+行号，例如第 A 列的第 7 行即称为 A7 单元格。

4. 工作表标签

在一个工作簿中可以有多个工作表，工作表标签表示的是每个对应工作表的名称。

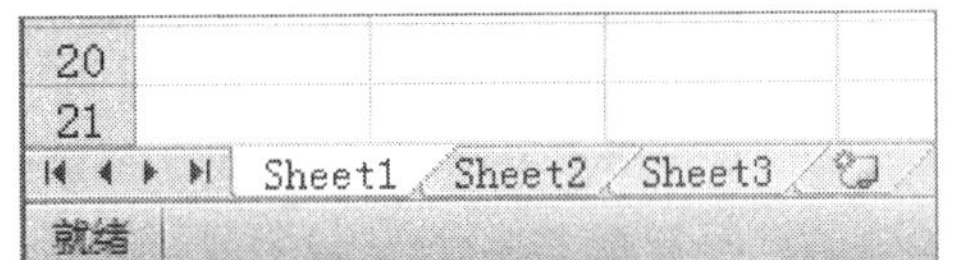

9.1.3 Excel 2010 视图模式

Excel 2010 为用户提供了普通视图、页面布局视图和分页预览视图 3 种视图模式。打开【视图】选项卡，在【工作簿视图】组中单击相应的视图按钮，或者在视图栏中单击视图按钮，即可将当前操作界面切换至相应的视图。

- 普通视图：普通视图是 Excel 2010 的默认视图，在该视图下无法查看页边距、页眉和页脚，仅可对表格进行设计和编辑。

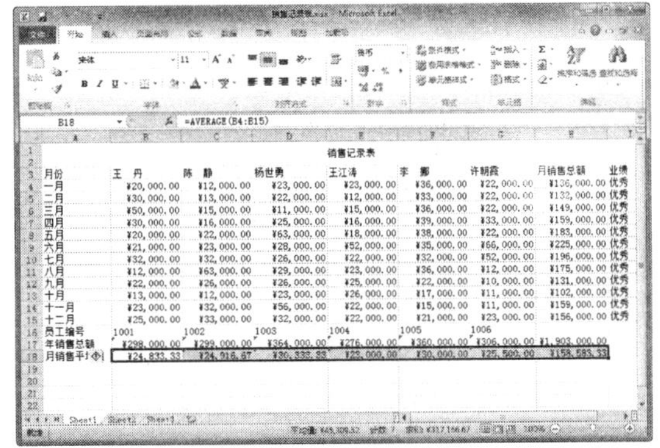

- 页面布局视图：页面布局视图兼有打印预览和普通视图的特点，在该视图中，既可对表格进行编辑修改，也可查看和修改页边距、页眉和页脚，同时显示水平和垂直标尺，方便用户测量和对齐表格中的对象。

▶ 分页预览视图：在分页预览视图中，Excel 2010 自动将表格分成多页，通过拖动界面右侧或者下方的滚动条，可分别查看各页面中的数据内容。

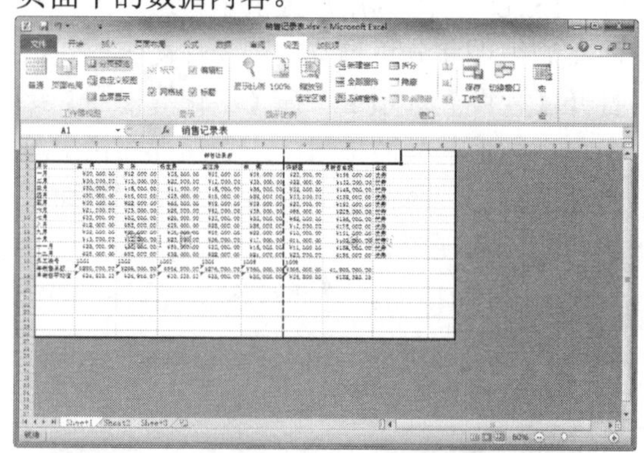

9.1.4 工作簿、工作表、单元格

一个完整的 Excel 电子表格文档主要由 3 个部分组成，分别是工作簿、工作表和单元格，这 3 个部分相辅相成缺一不可。在学习 Excel 制作表格之前，首先了解工作簿、工作表和单元格的概念，以及它们之间的关系。

1. 工作簿

工作簿文件是 Excel 存储在磁盘上的最小独立单位，其扩展名为.xlsx。工作簿窗口是 Excel 打开的工作簿文档窗口，它由多个工作表组成。刚启动 Excel 2010 时，系统默认打开一个名为【工作簿 1】的空白工作簿。

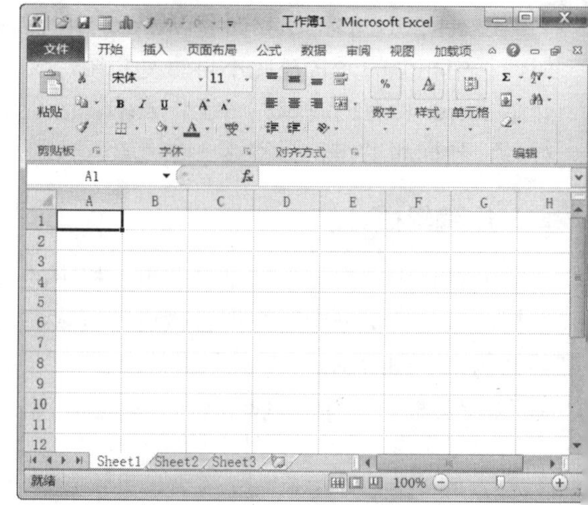

2. 工作表

工作表是在 Excel 中用于存储和处理数据的主要文档，是工作簿中的重要组成部分。在默认情况下，一个工作簿由 3 个工作表构成，其名字是 Sheet1、Sheet2 和 Sheet3，单击不同的工作表标签可以在工作表中进行切换。

3. 单元格

工作表是由单元格组成的，每个单元格都有其独一无二的名称，在 Excel 中，对单元格的命名主要是通过行号和列标来完成的，其中又分为单个单元格的命名和单元格区域的命名两种。

单个单元格的命名是选取列标＋行号的方法，例如 A3 单元格指的是第 A 列，第 3 行的单元格。

单元格区域的命名规则是，单元格区域中左上角的单元格名称:单元格区域中右下角的单元格名称。例如，在下图中，选定单元格区域的名称为 A1:F12。

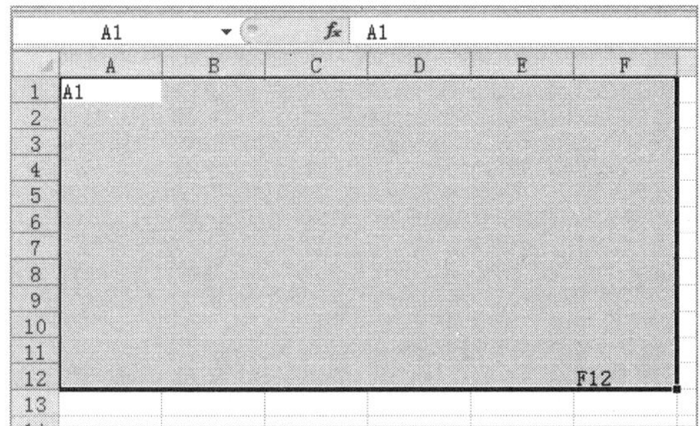

4. 三者的关系

工作簿、工作表与单元格之间的关系是包含与被包含的关系，即工作表由多个单元格组成，而工作簿又包含一个或多个工作表。Excel 2010 的一个工作簿中理论上可以制作无限的工作表，不过受计算机内存大小的限制。

为了能够使用户更加明白工作簿和工作表的含义，可以把工作簿看成是一本书，一本书是由若干页组成的，同样，一个工作簿也是由许多“页”组成。在 Excel 2010 中，把“书”称为工作簿，把“页”称为工作表(Sheet)。

9.2 工作簿基本操作

工作簿是保存 Excel 文件的基本单位，在 Excel 2010 中，用户的所有的操作都是在工作簿中进行的，本节将详细介绍工作簿的相关基本操作，包括创建新工作簿、保存工作簿、打开和关闭工作簿等。

9.2.1 新建工作簿

运行 Excel 2010 应用程序后，系统会自动创建一个新的工作簿。除此之外，用户还可以通过【文件】按钮来创建新的工作簿。

【例 9-1】在 Excel 2010 中，创建一个新空白工作簿。
视频

step 1 单击【开始】按钮，从弹出的菜单中选择【所有程序】|【Microsoft Office】|【Microsoft Excel 2010】命令，启动 Excel 2010 应用程序。

step 2 单击【文件】按钮，打开【文件】菜单，选择【新建】命令。

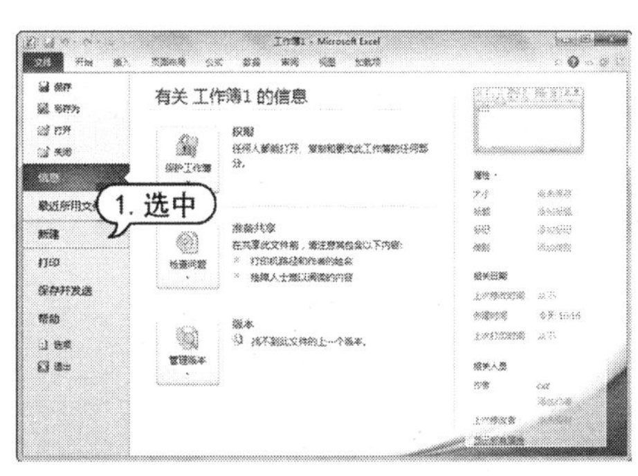

step 3 在中间的【可用模板】列表框中选择【空白工作簿】选项，然后单击【创建】按钮。

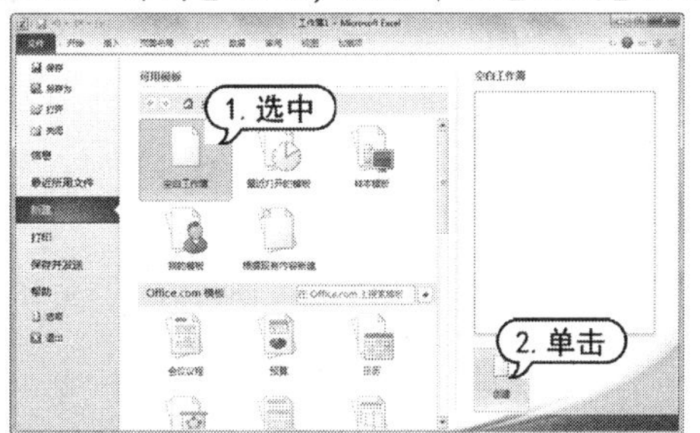

step 4 此时，即可新建一个名为“工作簿 2”的工作簿。

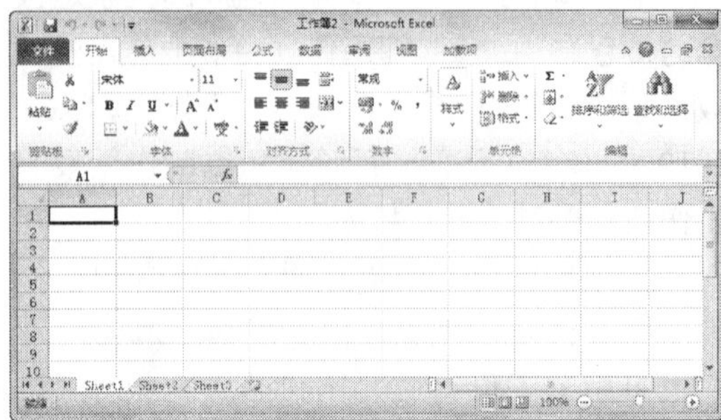

此外，还可以通过模板新建工作簿：单击【文件】按钮，在打开的【文件】菜单中选择【新建】命令。在【可用模板】列表框中选择【样本模板】选项，然后在该模板列表框中选择一个 Excel 模板，在右侧会显示该模板的预览效果，单击【创建】按钮，即可根据所选的模板新建一个工作簿。

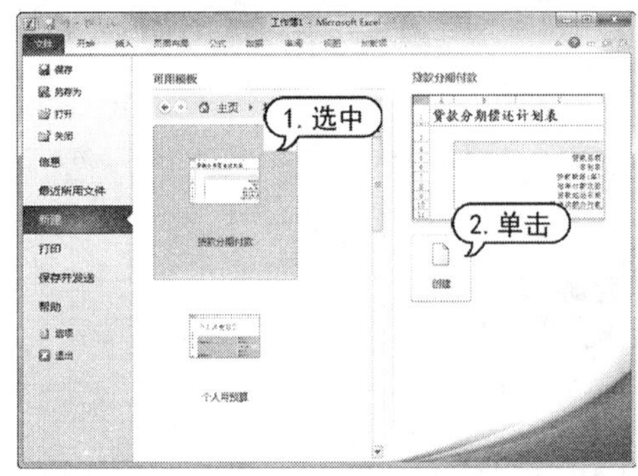

9.2.2 保存工作簿

在对工作表进行操作时，应记住经常保存 Excel 工作簿，以免因一些突发状况而丢失数据。常用的保存 Excel 工作簿方法有以下 3 种：

- 在快速访问工具栏中单击【保存】按钮；
- 单击【文件】按钮，从弹出的菜单中选择【保存】命令；
- 使用 Ctrl+S 快捷键。

当 Excel 工作簿第一次被保存时，会自动打开【另存为】对话框。在其中设置工作簿的保存名称、位置以及格式等，然后单击【保存】按钮即可保存该工作簿。

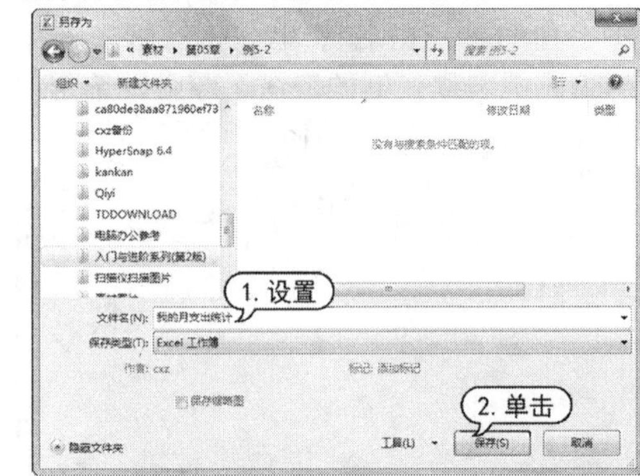

9.2.3 打开和关闭工作簿

当工作簿被保存后，即可在 Excel 2010 中再次打开该工作簿。在不需要该工作簿时，可将其关闭。

1. 打开工作簿

打开工作簿的常用方法有如下几种：

- 单击【文件】按钮，从弹出的菜单中选择【打开】命令；
- 直接双击创建的 Excel 文件图标；
- 按 Ctrl+O 快捷键。

此外，还可以使用只读方式打开工作簿，下面用实例介绍说明。

【例 9-2】在 Excel 2010 中，以只读方式打开工作簿。

视频

step 1 启动 Excel 2010 应用程序，打开一个名为【工作簿 1】的空白工作簿，单击【开始】按钮，在弹出的【开始】菜单中选择【打开】命令。

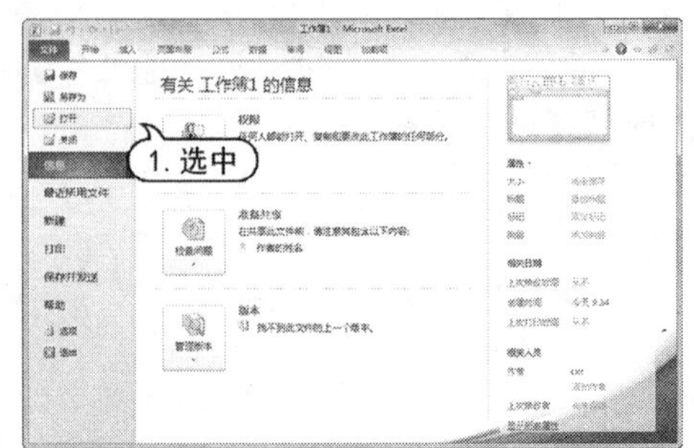

step 2 打开【打开】对话框，选择要打开的工作簿文件，然后单击【打开】下拉按钮，从弹出的快捷菜单中选择【以只读方式打开】命令。

step 3 此时即可以只读方式打开素材工作簿，在标题栏工作簿名称后显示“只读”二字。

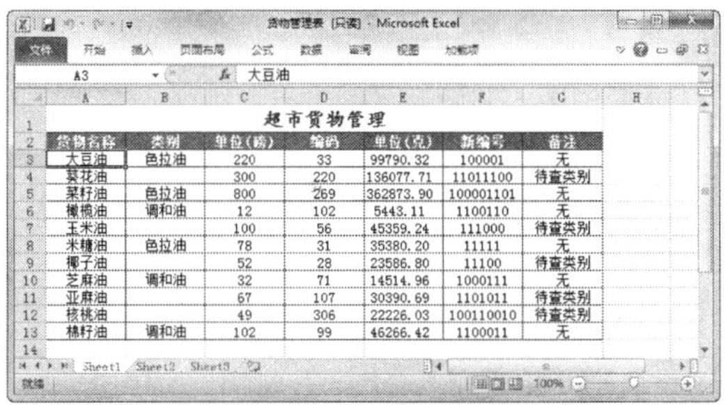

货物名称	类别	单位(磅)	编码	单位(克)	新编号	备注
大豆油	色拉油	220	33	99790.32	100001	无
葵花油		300	220	136077.71	11011100	待查类别
菜籽油	色拉油	800	269	362873.90	100001101	无
橄榄油	调和油	12	102	5443.11	1100110	无
玉米油		100	56	45359.24	111000	待查类别
米糠油	色拉油	78	31	35380.20	11111	无
椰子油		52	28	23586.80	11100	待查类别
芝麻油	调和油	32	71	14514.96	1000111	无
亚麻油		67	107	30390.69	1101011	待查类别
核桃油		49	306	22226.03	100110010	待查类别
棉籽油	调和油	102	99	46266.42	1100011	无

知识点滴

以只读方式打开的工作簿，用户只能进行查看，不能做任何修改。

2. 关闭工作簿

在对工作簿中的工作表编辑完成以后，可以将工作簿关闭。在 Excel 2010 中，关闭工作簿主要有以下几种方法：

- 选择【文件】|【关闭】命令；
- 单击工作簿窗口右上角的【关闭】按钮；
- 按下 Ctrl+W 组合键；
- 按下 Ctrl+F4 组合键。

如果工作簿经过了修改但还没有保存，那么 Excel 在关闭工作簿之前会提示是否保存现有的修改，如下图所示。

9.2.4 保护工作簿

存放在工作簿中的一些数据十分重要，如果由于操作不慎而改变了其中的某些数据，或者被他人改动或复制，将造成损失。在 Excel 2010 中用户可以为重要的工作簿添加密码，保护工作簿的结构与窗口。

【例 9-3】为“个人预算”工作簿设置密码。
视频

step 1 启动 Excel2010，打开【个人预算】工作簿，选择【审阅】选项卡，在【更改】组中单击【保护工作簿】按钮。

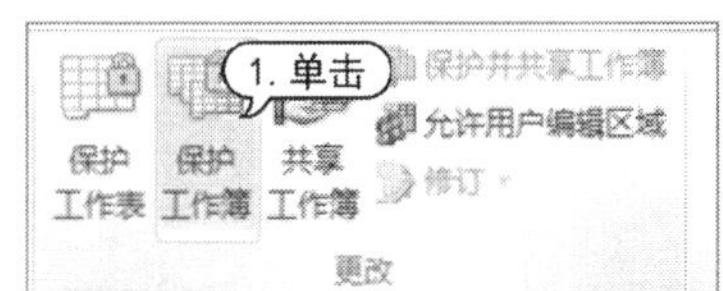

step 2 打开【保护结构和窗口】对话框，选中【结构】与【窗口】复选框，在【密码】文本框中输入密码 123456，然后单击【确定】按钮。

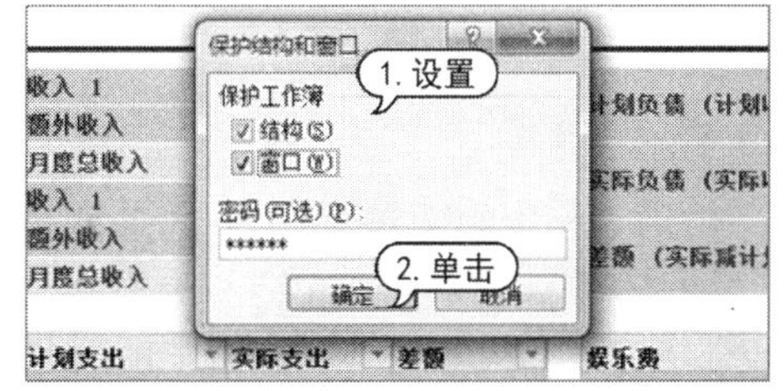

step 3 打开【确认密码】对话框，在【重新输入密码】文本框中再次输入该密码，单击【确定】按钮。

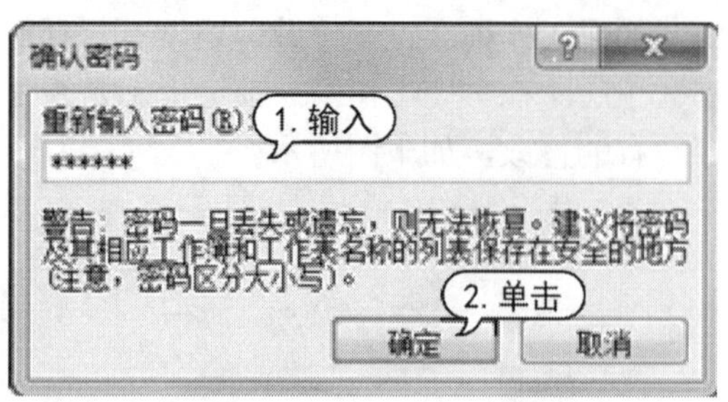

step 4 工作簿被保护后，将无法完成调整工作簿结构与窗口的相关操作。

step 5 若想撤销保护工作簿，在【审阅】选项卡的【更改】组中单击【保护工作簿】按钮，打开【撤销工作簿保护】对话框。

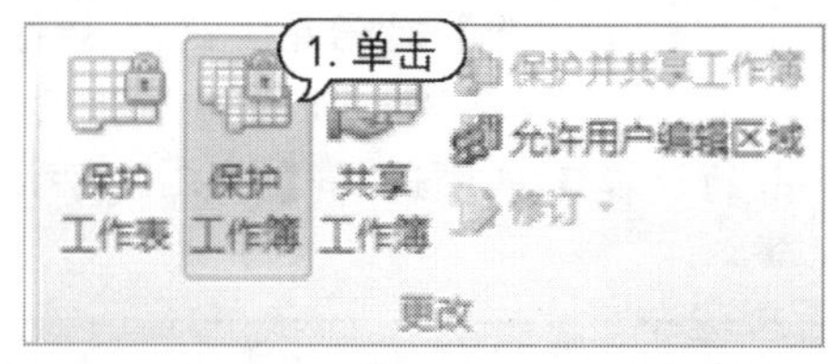

step 6 在【密码】文本框中输入工作簿的保护密码，然后单击【确定】按钮，即可撤销保护工作簿。

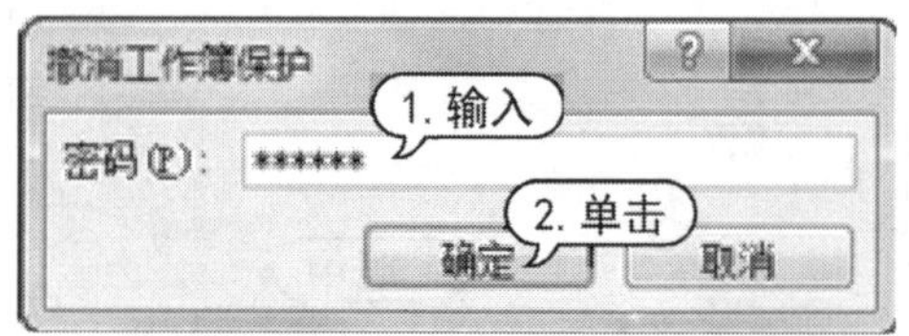

9.3 工作表基本操作

工作表是工作簿文档窗口的主体，也是进行操作的主体，它是由若干个行和列组成的表格。对工作表的基本操作主要包括工作表的选定、插入、删除、移动与复制等。

9.3.1 选定工作表

由于一个工作簿中往往包含多个工作表，因此操作前需要选定工作表。选定工作表的常用操作包括以下几种。

- 选定一张工作表：直接单击该工作表的标签即可，如下图所示为选定【Sheet2】工作表。

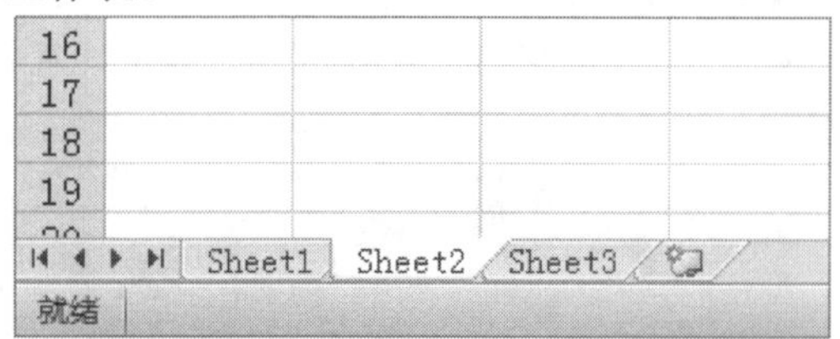

- 选定相邻的工作表：首先选定第一张工作表标签，然后按住 Shift 键不松并单击其他相邻工作表的标签即可，如右上图所示为同时选定 Sheet1 与 Sheet2 工作表。

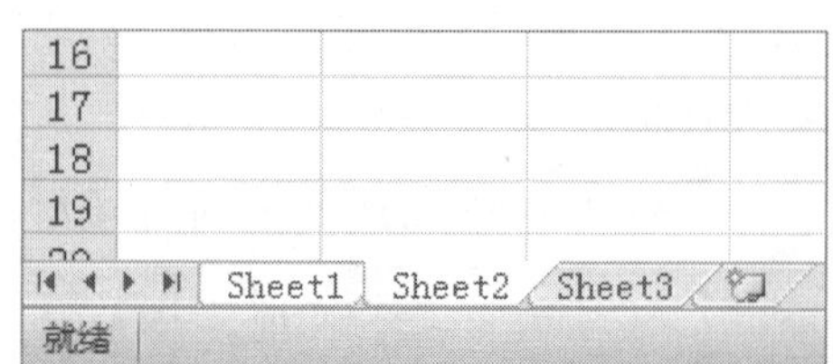

- 选定不相邻的工作表：首先选定第一张工作表，然后按住 Ctrl 键不松并单击其他任意一张工作表标签即可，如下图所示为同时选定 Sheet1 与 Sheet3 工作表。

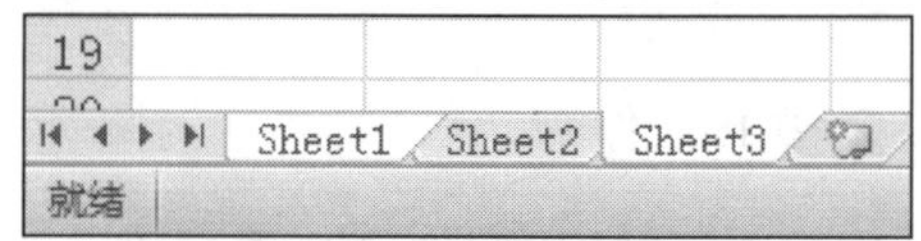

- 选定工作簿中的所有工作表：右击任意一个工作表标签，在弹出的菜单中选择【选定全部工作表】命令即可。

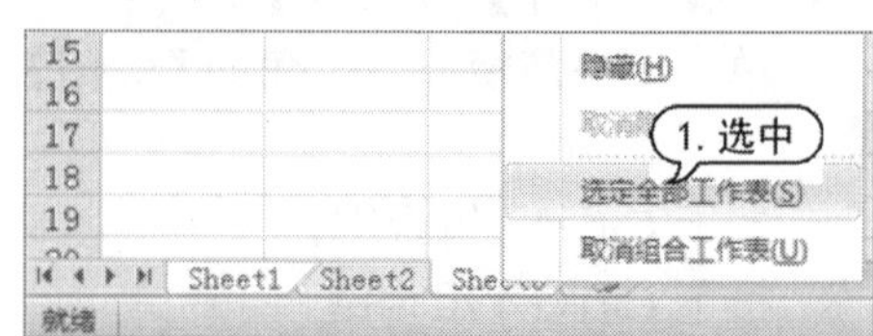

9.3.2 插入工作表

如果工作簿中的工作表数量不够，用户可以在工作簿中插入工作表，插入工作表的常用方法有以下 3 种。

- 单击【插入工作表】按钮：工作表切换标签的右侧有一个【插入工作表】按钮，单击该按钮可以快速新建工作表。
- 使用右键快捷菜单：右击当前活动的工作表标签，在弹出的快捷菜单中选择【插入】命令。打开【插入】对话框，在该对话框的【常用】选项卡中选择【工作表】选项，然后单击【确定】按钮。

- 选择功能区中的命令：选择【开始】选项卡，在【单元格】选项组中单击【插入】下拉按钮，在弹出的菜单中选择【插入工作表】命令，即可插入工作表。插入的新工作表位于当前工作表左侧。

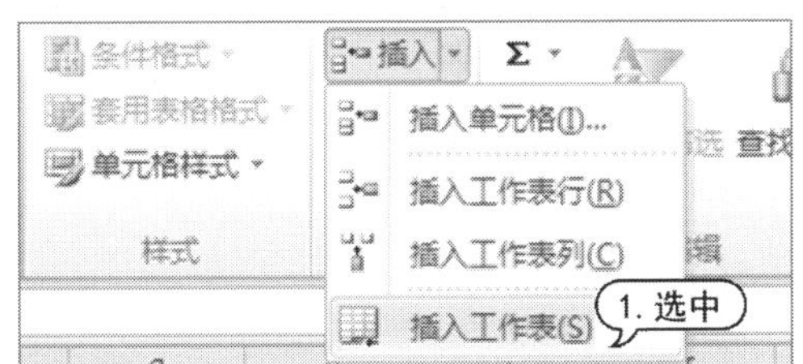

9.3.3 重命名工作表

Excel 2010 在创建一个新的工作表时，它的名称是以 Sheet1、Sheet2 等来命名的，这在实际工作中很不方便记忆和进行有效的管理。这时，用户可以通过改变这些工作表的名称来进行有效的管理。

要改变工作表的名称，只需双击选中工作表标签，这时工作表标签以反黑白显示(即黑色背景白色文字)，在其中输入新的名称并按下 Enter 键即可。

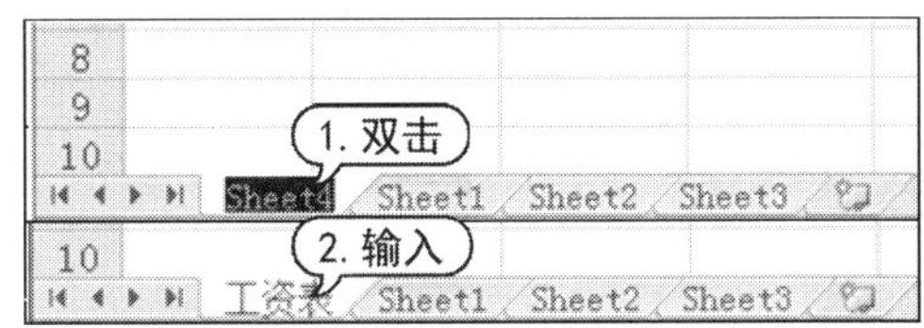

此外还可以先选中需要改名的工作表，打开【开始】选项卡，在【单元格】组中单击【格式】按钮，从弹出的菜单中选择【重命名工作表】命令，或者右击工作表标签，选择【重命名】命令，此时该工作表标签会处于可编辑状态，用户输入新的工作表名称即可。

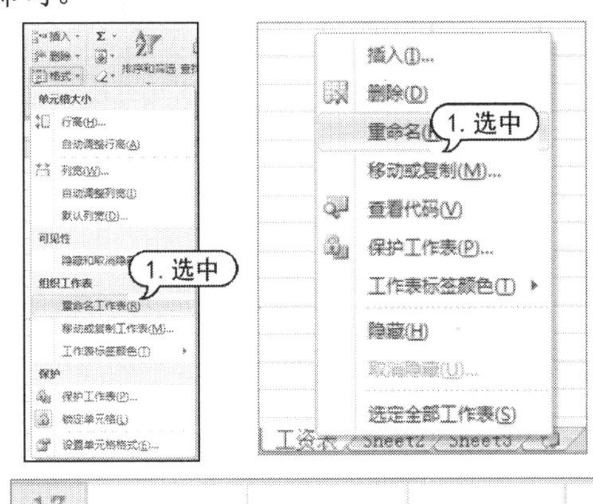

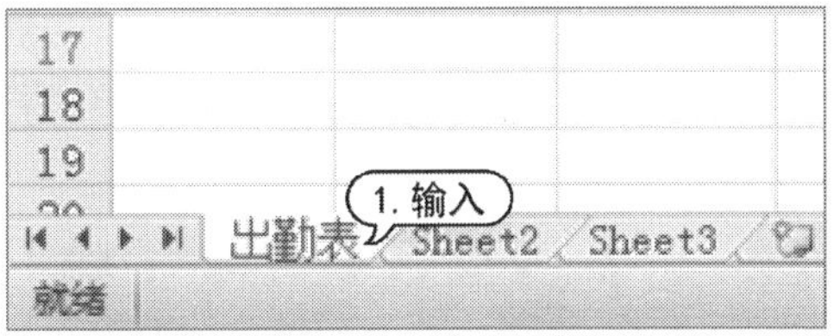

9.3.4 移动和复制工作表

在使用 Excel 2010 进行数据处理时，经常把描述同一事物相关特征的数据放在一个工作表中，而把相互之间具有某种联系的不同事物安排在不同的工作表或不同的工作簿中，这时就需要在工作簿内或工作簿间移动或复制工作表。

1. 在工作簿内移动或复制工作表

在同一工作簿内移动工作表的操作方法非常简单，只需选定要移动的工作表，然后沿工作表标签行拖动选定的工作表标签至目的地即可；如果要在当前工作簿中复制工作表，需要在按住 Ctrl 键的同时拖动工作表，并在目的地释放鼠标，然后松开 Ctrl 键即可，如下图所示。

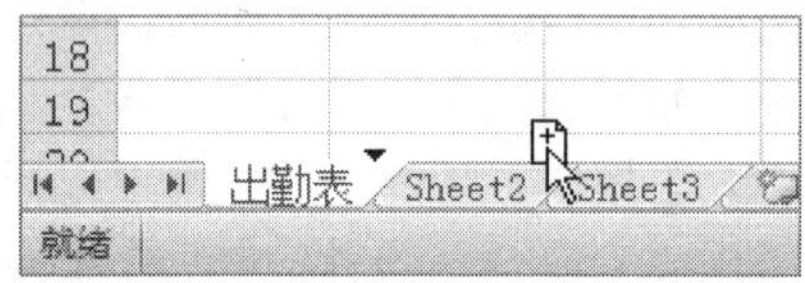

如果复制工作表，则新工作表的名称会在原来相应工作表名称后附加用括号括起来的数字，表示两者是不同的工作表。例如，源工作表名为 Sheet1，则第一次复制的工作表名为 Sheet1(2)，命名规则依次类推，如下图所示。

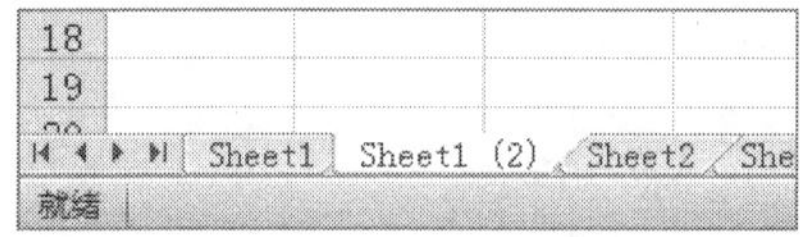

2. 在工作簿间移动或复制工作表

在两个或多个不同的工作簿间移动或复制工作表时，同样可以通过在工作簿内移动或复制工作表的方法来实现，不过这种方法要求源工作簿和目标工作簿同时打开。

9.3.5 删除工作表

根据实际工作的需要，有时可以从工作簿中删除不需要的工作表。要删除一个工作表，首先单击工作表标签，选定该工作表，然后在【开始】选项卡的【单元格】组中单击【删除】按钮后的倒三角按钮（删除），在弹出的快捷菜单中选择【删除工作表】命令，即可删除该工作表。此时，它右侧的工作表将自动变成当前的活动工作表。

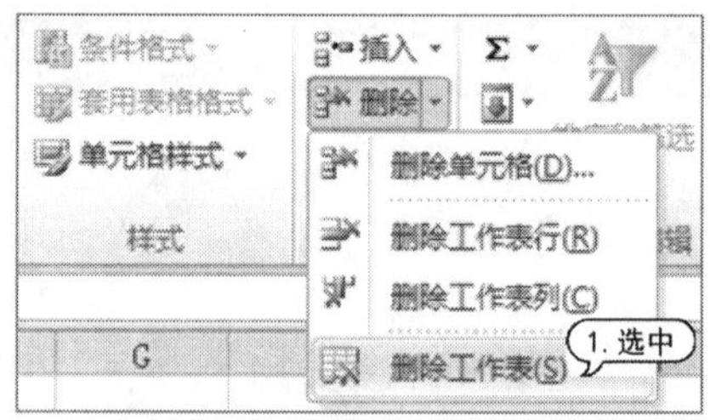

此外还可以在要删除的工作表的标签上右击，在弹出的快捷菜单中选择【删除】命令，即可删除选定的工作表。

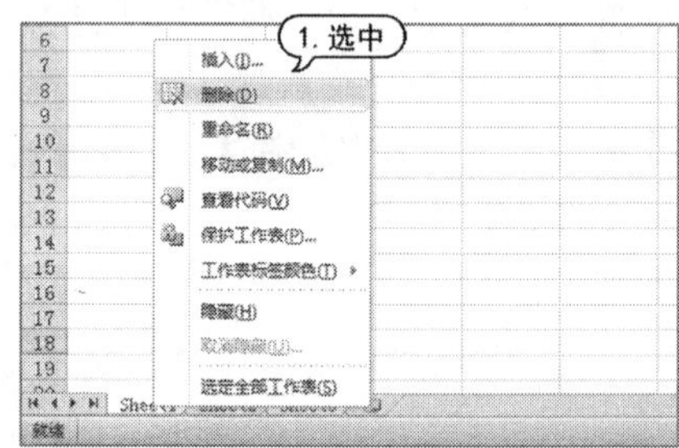

9.3.6 隐藏工作表

在 Excel 2010 中，不仅可以隐藏工作簿，也可以有选择地隐藏工作簿的一个或多个工作表。一旦一个工作表被隐藏，将不显示其内容。

需要隐藏工作表时，只需选定需要隐藏的工作表，然后在【开始】选项卡的【单元格】组中，单击【格式】按钮，在弹出的快捷菜单中选择【隐藏和取消隐藏】|【隐藏工作表】命令即可。

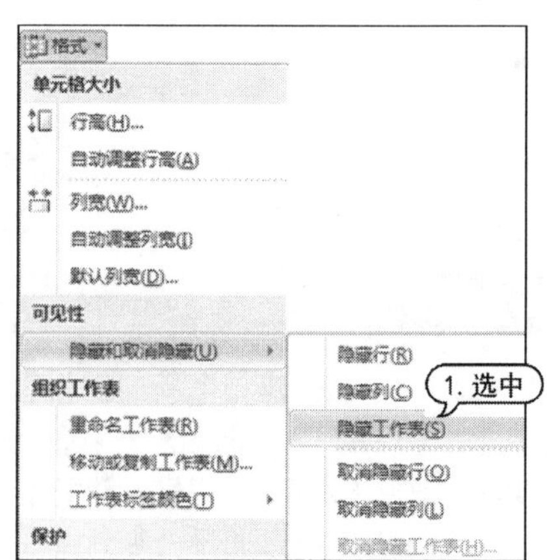

要在 Excel 2010 中重新显示一个处于隐藏状态的工作表，可单击【格式】按钮，在弹出的快捷菜单中选择【隐藏和取消隐藏】|【取消隐藏工作表】命令，在打开的【取消隐藏】对话框中选择要取消隐藏的工作表名称，然后单击【确定】按钮即可。

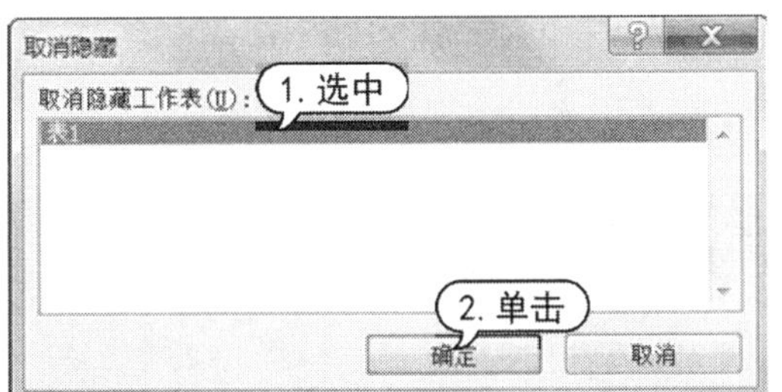

9.3.7 保护工作表

在 Excel 2010 中可以为工作表设置密码，防止其他用户私自更改工作表中的部分或全部内容。

【例 9-4】为工作表设置密码。
视频

step 1 启动 Excel 2010 程序，新建名为“工作簿 1”的文档。

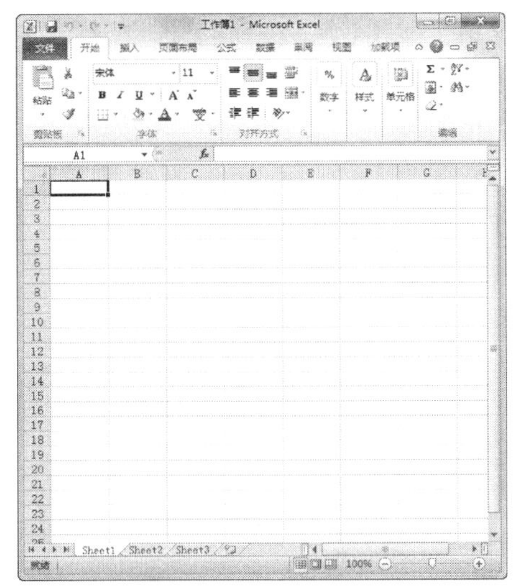

step 2 选择【审阅】选项卡，在【更改】组中单击【保护工作表】按钮，打开【保护工作表】对话框。

step 3 选中【保护工作表及锁定的单元格内容】复选框，然后在下面的密码文本框中输入工作表保护密码 123，在【允许此工作表的所有用户进行】列表框中选中【选定锁定单元格】与【选定未锁定的单元格】复选框，然后单击【确定】按钮。

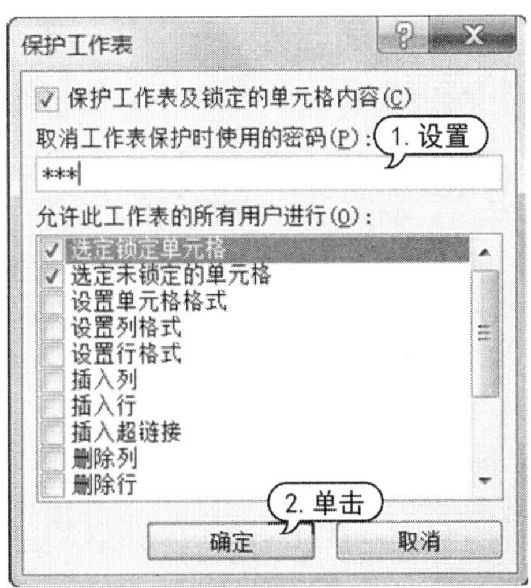

step 4 打开【确认密码】对话框，在该对话框中再次输入密码后，单击【确定】按钮即可完成保护工作表操作。

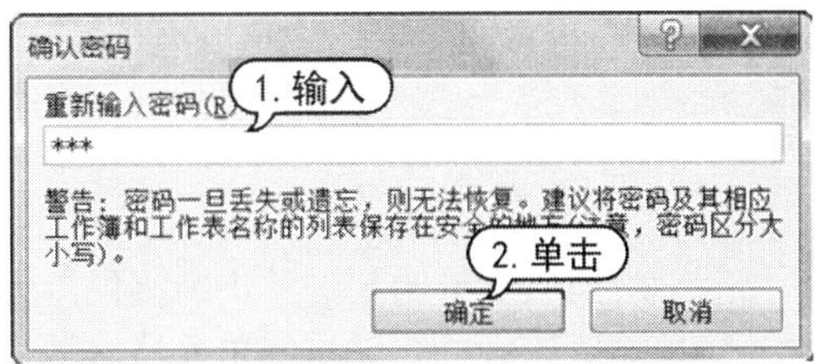

step 5 工作表被保护后，用户只能查看工作表中的数据和选定单元格，而不能进行任何修改操作。

step 6 若要撤消工作表保护，选择【审阅】选项卡，在【更改】组中单击【撤消工作表保护】按钮。

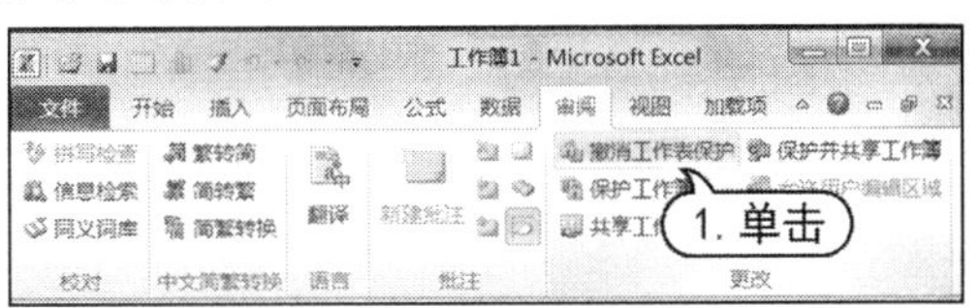

step 7 打开【撤消工作表保护】对话框，在【密码】文本框中输入密码，然后单击【确定】按钮即可撤消工作表保护。

9.4 单元格基本操作

单元格是构成电子表格的基本元素，因此绝大多数的操作都针对单元格来完成。在向单元格中输入数据前，需要对单元格进行选择、合并、拆分、移动和复制等基本操作。

9.4.1 选定单元格

要对单元格进行操作，首先要选定单元格。选定单元格的操作主要包括选定单个单元格、选定连续的单元格区域和选定不连续的单元格区域。

- 要选定单个单元格，只需单击该单元格即可。
- 按住鼠标左键拖动可选定一个连续的单元格区域，如下图所示。

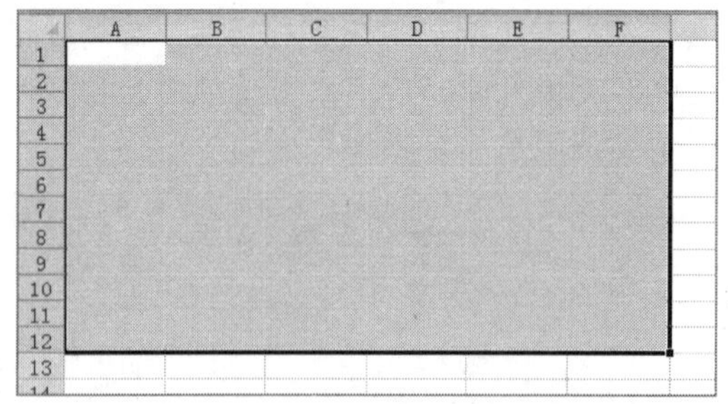

- 按住 Ctrl 键的同时单击所需的单元格，可选定不连续的单元格或单元格区域，如下图所示。

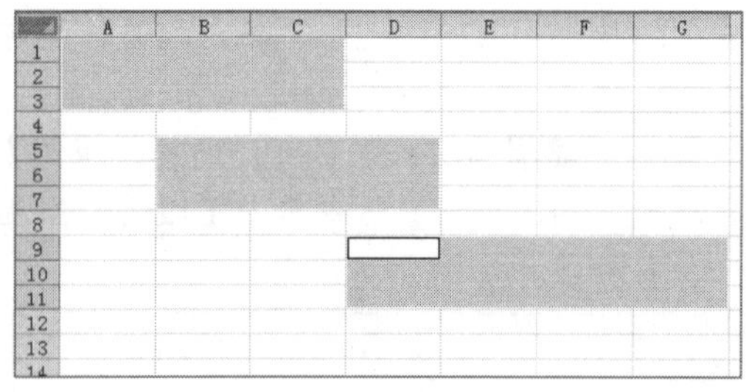

实用技巧

单击工作表中的行标，可选定整行；单击工作表中的列标，可选定整列；单击工作表左上角行标和列标的交叉处，即全选按钮，可选定整个工作表。

9.4.2 合并和拆分单元格

在编辑表格的过程中，有时需要对单元格进行合并或者拆分操作。

合并单元格是指将选定的连续的单元格区域合并为一个单元格，而拆分单元格则是合并单元格的逆操作。

要合并单元格，可采用以下两种方法。

第一种操作方法：选定需要合并的单元格区域，单击打开【开始】选项卡，在该选项卡的【对齐方式】选项区域中单击【合并后居中】按钮右侧的倒三角按钮，在弹出的下拉菜单中有 4 个命令，如下图所示。这些命令的含义分别如下。

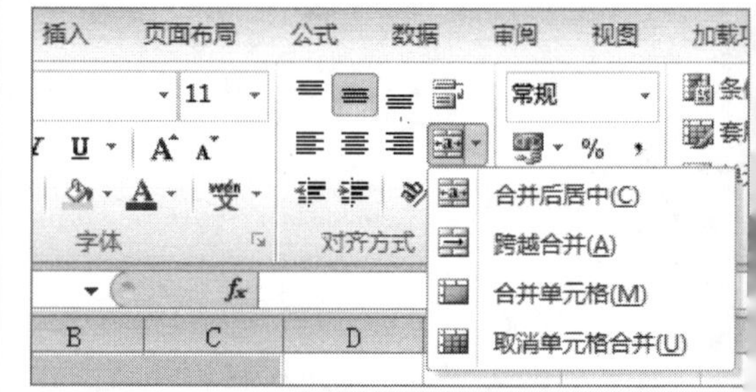

➢ 合并后居中：将选定的连续单元格区域合并为一个单元格，并将合并后单元格中的数据居中显示，如下图所示。

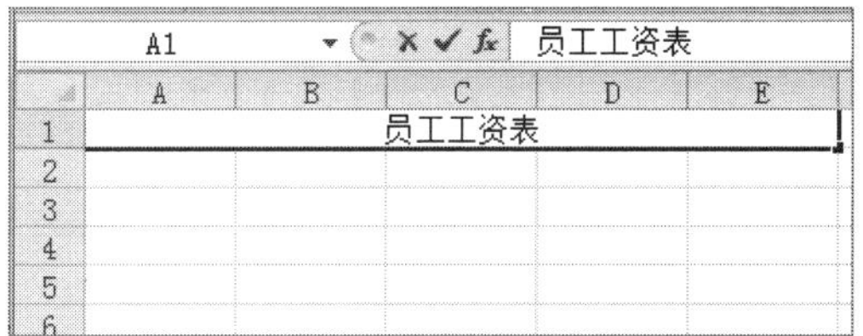

➢ 跨越合并：行与行之间相互合并，而上下单元格之间不参与合并，如下图所示。

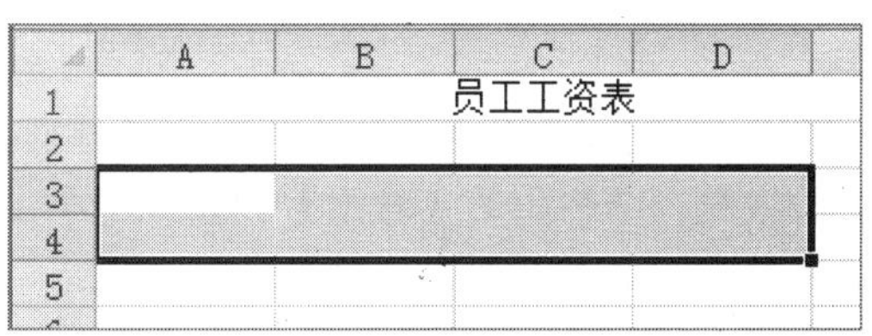

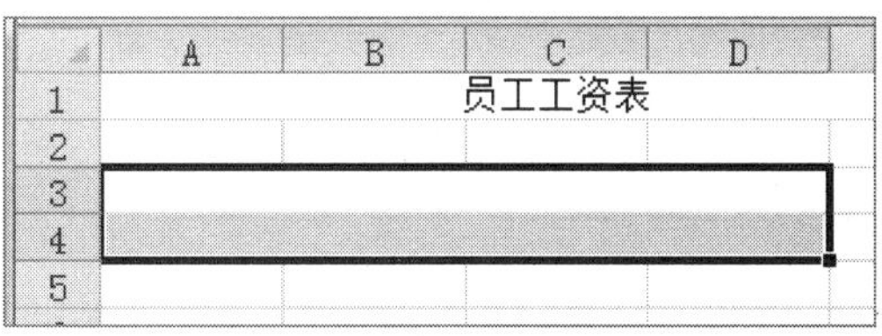

➢ 合并单元格：将所选的单元格区域合并为一个单元格。

➢ 取消单元格合并：合并单元格的逆操作，即拆分单元格。

第二种操作方法：选定要合并的单元格区域，在选定区域中右击，在弹出的快捷菜单中选择【设置单元格格式】命令。

打开【设置单元格格式】对话框，在该对话框【对齐】选项卡的【文本控制】选项区域中选中【合并单元格】复选框，单击【确定】按钮后，即可将选定区域的单元格合并。

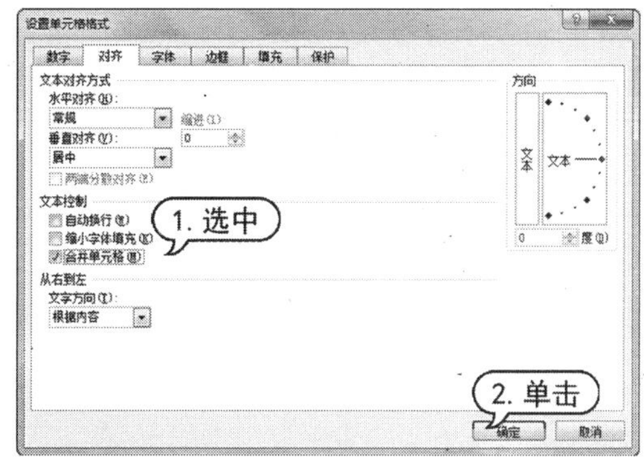

若要拆分已经合并的单元格，则选定合并单元格，然后单击【合并后居中】按钮旁的倒三角按钮，在弹出的菜单中选择【取消单元格合并】命令即可。

9.4.3　插入和删除单元格

在编辑工作表的过程中，经常需要进行单元格、行和列的插入或删除等编辑操作。

1. 插入行、列和单元格

在工作表中选定要插入行、列或单元格的位置，在【开始】选项卡的【单元格】组中单击【插入】下拉按钮，从弹出的下拉菜单选择相应命令即可插入行、列和单元格。若选择【插入单元格】命令，会打开【插入】对话框。在其中可以设置插入单元格后，向不同的方向移动原有的单元格。

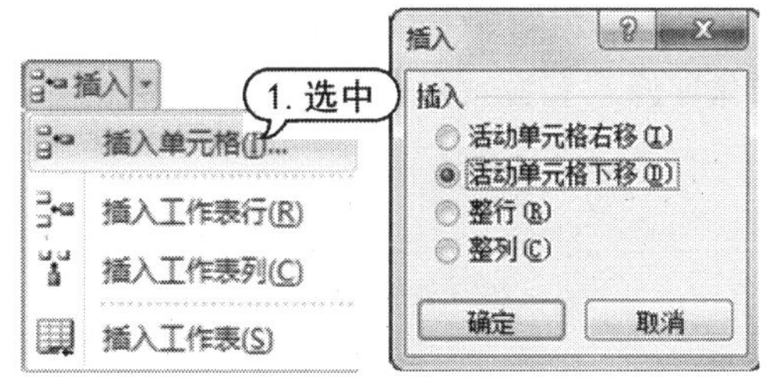

2. 删除行、列和单元格

如果工作表的某些数据及其位置不再需要时，则可以使用【开始】选项卡【单元格】组的【删除】命令按钮，执行删除操作。单击【删除】下拉按钮，从弹出的菜单中选择【删除单元格】命令，会打开【删除】对话框。在其中可以设置删除单元格，或设置其他位置的单元格移动。

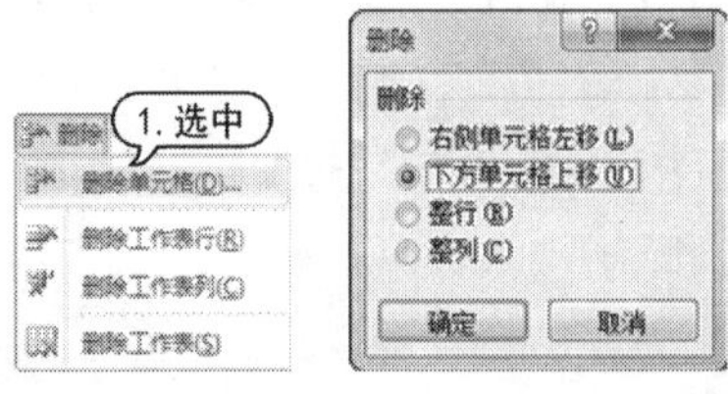

9.4.4 移动和复制单元格

编辑 Excel 工作表时，若数据位置摆放错误，必须重新录入，可将其移动到正确的单元格位置；若单元格区域数据与其他区域数据 相同，为避免重复输入，可采用复制单元格操作来编辑工作表。

【例 9-5】将【3 月第 1 周支出统计表】工作簿的【二周】工作表中的部分数据移动和复制到【四周】工作表中。

视频+素材 (光盘素材\第 09 章\例 9-5)

step 1 启动 Excel 2010 程序，打开【3 月第 1 周支出统计表】工作簿的【二周】工作表。

step 2 选中 A1 单元格，打开【开始】选项卡，在【剪贴板】选项组中单击【复制】按钮。单击【四周】标签，切换到该工作表中，在【剪贴板】选项组中单击【粘贴】下拉按钮，从弹出的【粘贴】列表框中单击【保留源列宽】按钮，粘贴单元格。

step 3 切换到【二周】工作表，选取 A2:E2 单元格区域，右击，从弹出的快捷菜单中选择【复制】命令。

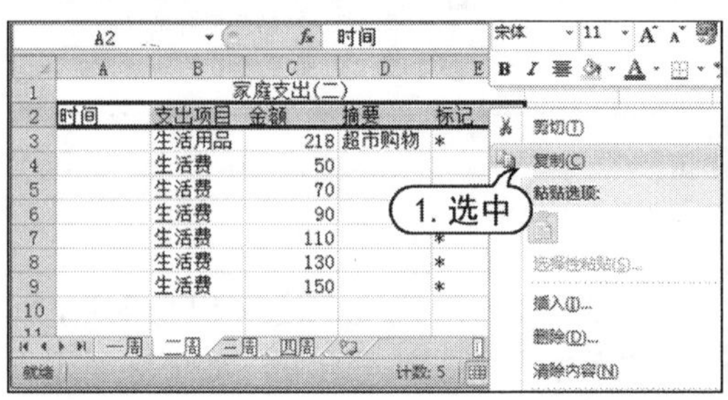

step 4 切换到【四周】工作表中，选择 A2 单元格，在【剪贴板】选项组中单击【粘贴】下拉按钮，从弹出的【粘贴】列表框中单击【保留源列宽】按钮，粘贴单元格区域。

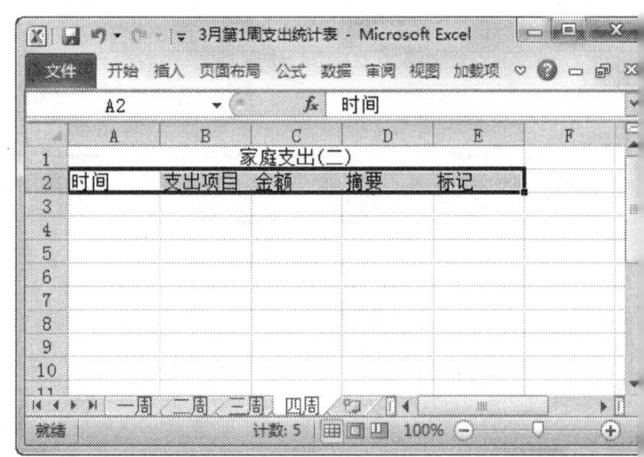

step 5 切换到【二周】工作表，选取 A3:A9 单元格区域，右击，从弹出的快捷菜单中选择【剪切】命令。

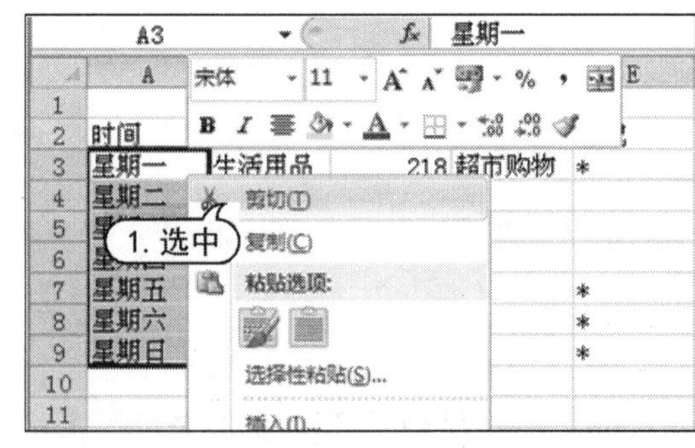

step 6 切换到【四周】工作表中，选择 A3 单元格，在【剪贴板】选项组中单击【粘贴】下拉按钮，从弹出的【粘贴】列表框中单击【粘贴】按钮，粘贴单元格区域，这就产生

了移动【二周】工作表单元格数据至【四周】工作表的效果。

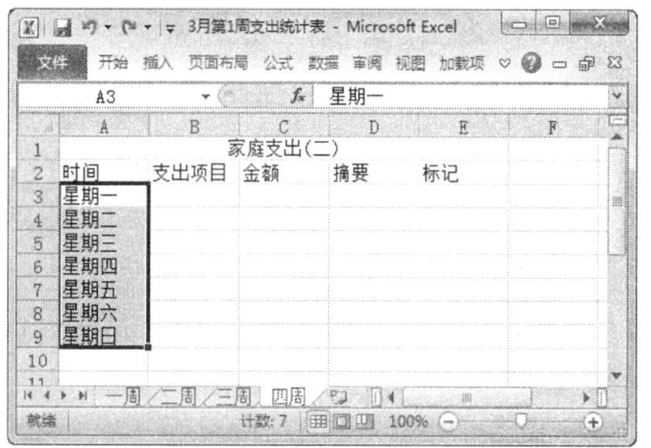

step 7 在快速访问工具栏中单击【保存】按钮，保存文档。

9.5 表格数据输入

创建完工作表后，就可以在工作表的单元格中输入数据。用户可以像在 Word 文档中一样，在工作表中手动输入文本、数字等，也可以使用 Excel 的自动填充功能快速填写有规律的数据。

9.5.1 输入文本型数据

在 Excel 2010 中，文本型数据通常是指字符或者任何数字和字符的组合。输入到单元格内的任何字符集，只要不被系统解释成数字、公式、日期、时间或者逻辑值，则 Excel 2010 一律将其视为文本。在 Excel 2010 中输入文本时，系统默认的对齐方式是左对齐。

在表格中输入文本型数据的方法主要有以下 3 种。

- 在数据编辑栏中输入：选定要输入文本型数据的单元格，将鼠标光标移动到数据编辑栏处单击，将插入点定位到编辑栏中，然后输入内容。
- 在单元格中输入：双击要输入文本型数据的单元格，将插入点定位到该单元格内，然后输入内容。
- 选定单元格输入：选定要输入文本型数据的单元格，直接输入内容即可。

【例 9-6】制作一个员工工资表，并输入表头。
视频+素材 (光盘素材\第 09 章\例 9-6)

step 1 启动 Word 2010 应用程序，新建一个名为“员工工资表”的文档。

step 2 合并 A1:I2 单元格区域，选定该区域，直接输入文本“员工工资表”。

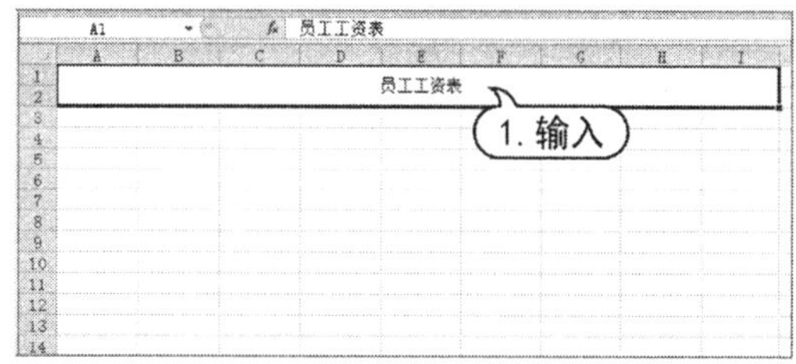

step 3 选定 A3 单元格，将光标定位在编辑栏中，然后输入文本“员工编号”。此时在 A3 单元格中同时出现“员工编号”4 个字，如下图所示。

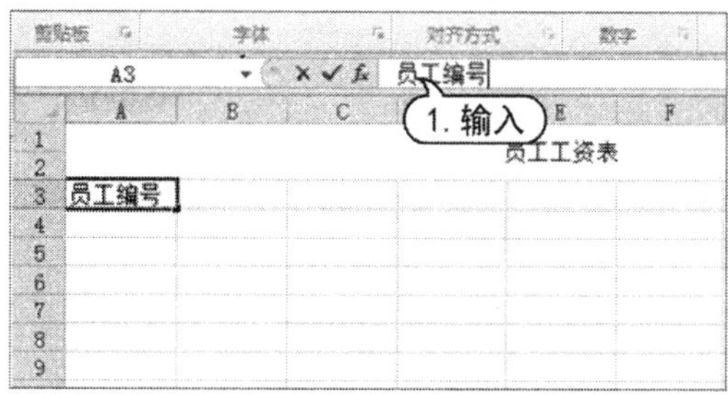

step 4 选定A4单元格，直接输入2015001，然后按照上面介绍的两种方法，在其他单元格中输入文本，表头效果如下图所示。

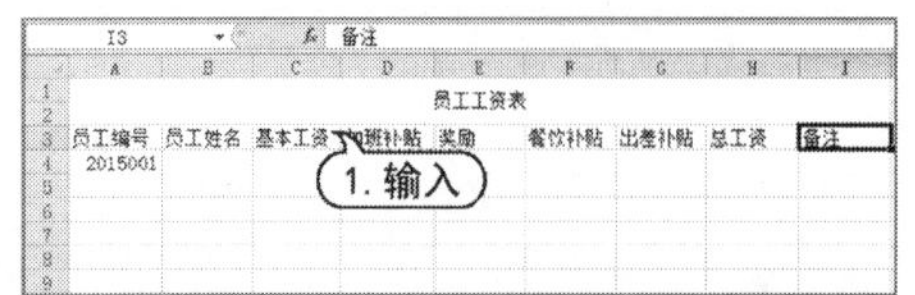

9.5.2 输入特殊符号

特殊符号的输入，可使用Excel提供的【符号】对话框实现。操作方法是：首先选定需要输入特殊符号的单元格，然后打开【插入】选项卡，在【符号】区域中单击【符号】按钮，打开【符号】对话框。

该对话框中包含有【符号】和【特殊字符】选项卡，每个选项卡下面又包含很多种不同的符号和字符。选择需要的符号，单击【插入】按钮，即可插入该符号。

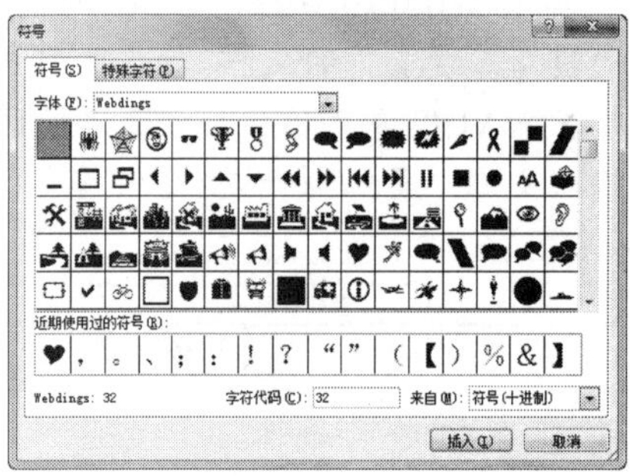

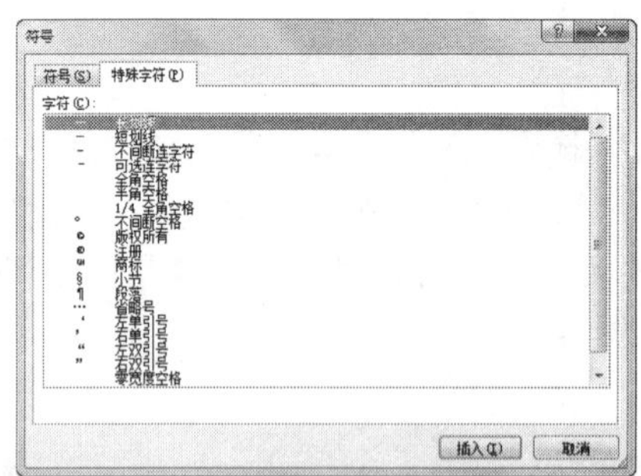

9.5.3 输入数字型数据

在Excel工作表中，数字型数据是最常见、最重要的数据类型。而且，Excel 2010强大的数据处理功能、数据库功能以及在企业财务、数学运算等方面的应用几乎都离不开数字、型数据。在Excel 2010中数字型数据包括数字、货币、日期与时间等类型，说明如下表所示。

类　型	说　明
数字	默认情况下的数字型数据都为该类型，用户可以设置其小数点格式与百分号格式等
货币	该类型的数字型数据会根据用户选择的货币样式自动添加货币符号
时间	该类型的数字数据可将单元格中的数字变为【00:00:00】的日期格式
百分比	该类型的数字数据可将单元格中的数字变为【00.00%】格式
分数	该类型的数字数据可将单元格中的数字变为分数格式，如将0.5变为1/2
科学计数	该类型的数字数据可将单元格中的数字变为【1.00E+04】格式
其他	除了这些常用的数字数据类型外，用户还可以根据自己的需要自定义数字数据格式

【例9-7】完善员工工资表，输入每个人每个月的各项工资。

视频+素材 (光盘素材\第09章\例9-7)

step 1 打开"员工工资表"工作簿，在B4:B15单元格区域输入员工姓名，然后选定C4:H15单元格区域。

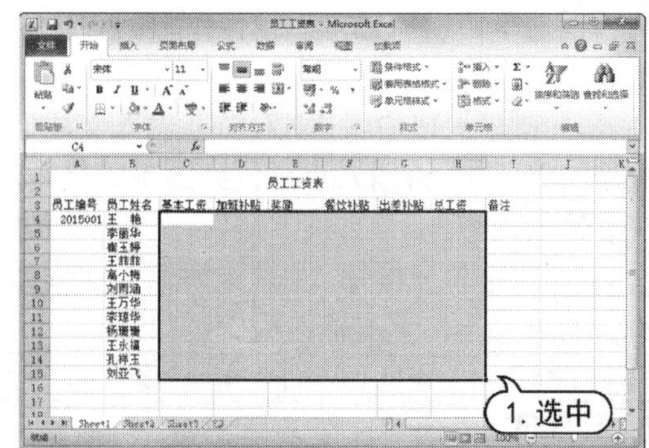

step 2 在【开始】选项卡的【数字】选项区域中，单击其右下角的【设置单元格格式：数字】按钮，打开【设置单元格格式】对话框的【数字】选项卡。

step 3 在左侧的【分类】列表框中选择【货币】选项，然后在右侧的【小数位数】微调框中设置数值为 2，【货币符号】选择￥，在【负数】列表框中选择一种负数格式，单击【确定】按钮。

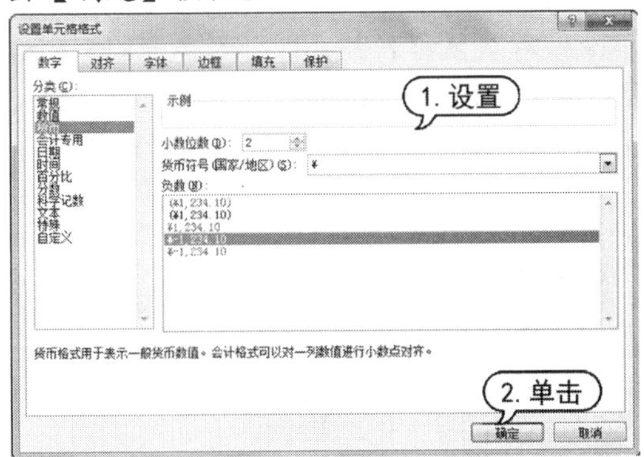

step 4 此时当在 C4:H15 单元格区域输入数字后，系统会自动将其转换为货币型数据，如下图所示。

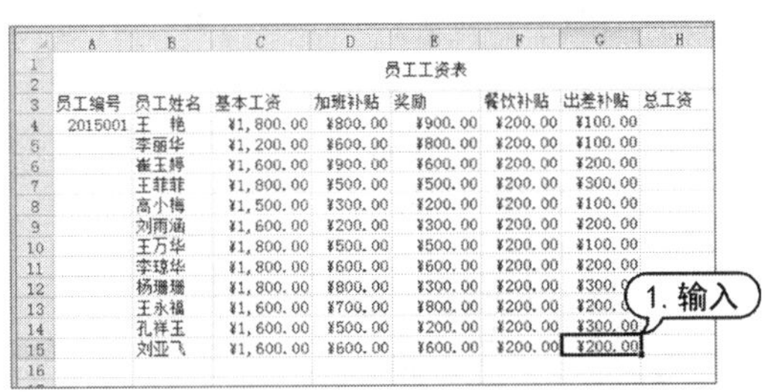

9.5.4 快速填充数据

当需要在连续的单元格中输入相同或者有规律的数据，可以使用 Excel 提供的快速填充数据功能来实现。

1. 使用控制柄填充相同的数据

选定单元格或单元格区域时会出现一个黑色边框的选区，此时选区右下角会出现一个控制柄，将鼠标光标移动置它的上方时会变成+形状，通过拖动该控制柄可实现数据的快速填充。

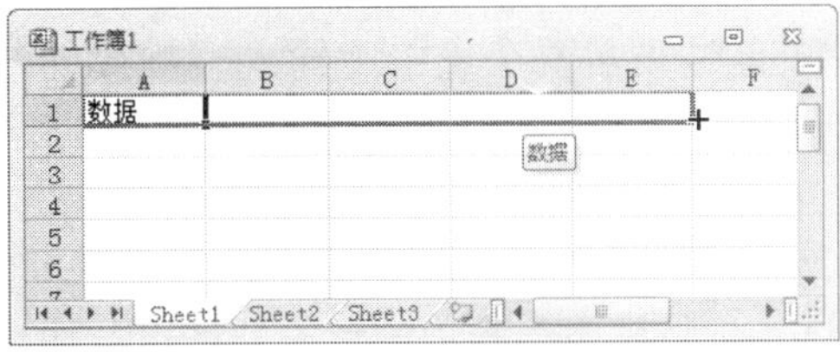

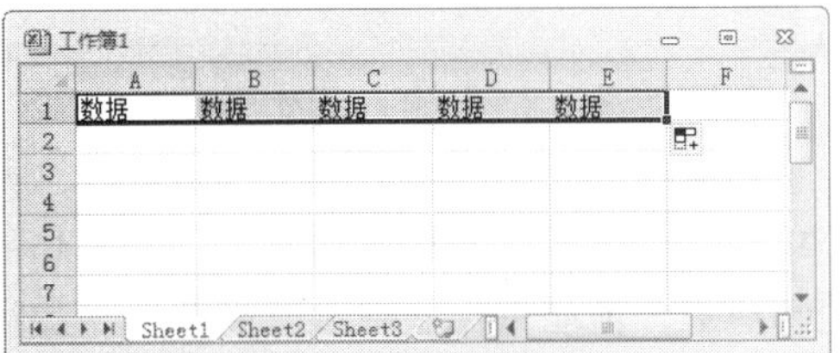

【例 9-8】在员工工资表的【备注】列中填充相同的文本。

视频+素材 (光盘素材\第 09 章\例 9-8)

step 1 打开"员工工资表"工作簿，然后选定 I4 单元格，输入文本"已发放"。

step 2 将鼠标指针移至 I4 单元格右下角的小方块处，当鼠标指针变为+形状时，按住鼠标左键不放并拖动至 I15 单元格。

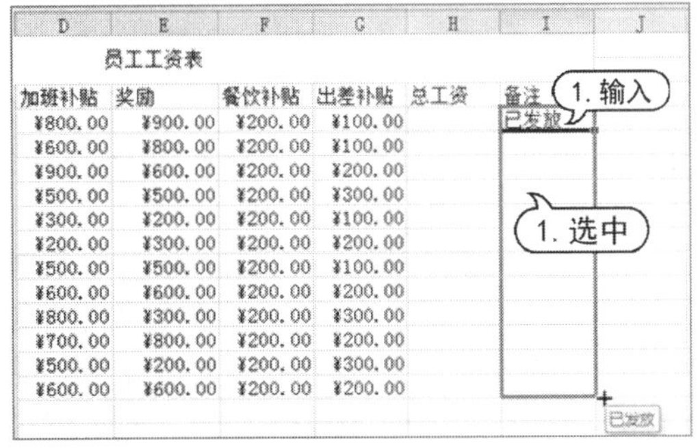

step 3 此时释放鼠标左键，在 I4:I15 单元格区域中即可填充相同的文本"已发放"，如下图所示。

2. 使用控制柄填充有规律的数据

有时候需要在表格中输入有规律的数字，例如“星期一、星期二……”，或“一员工编号、二员工编号、三员工编号……”以及天干、地支和年份等数据。此时可以使用 Excel 特殊类型数据的填充功能进行快速填充。

在起始单元格中输入起始数据，在第二个单元格中输入第二个数据，然后选择这两个单元格，将鼠标光标移动到选区右下角的控制柄上，拖动鼠标左键至所需位置，最后释放鼠标即可根据第一个单元格和第二个单元格中数据的特点自动填充数据。

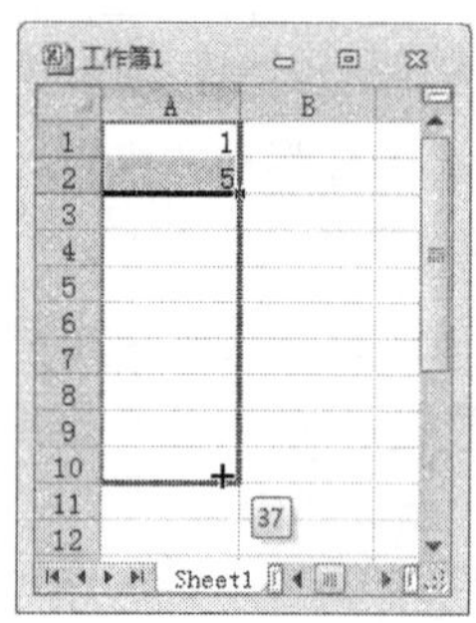

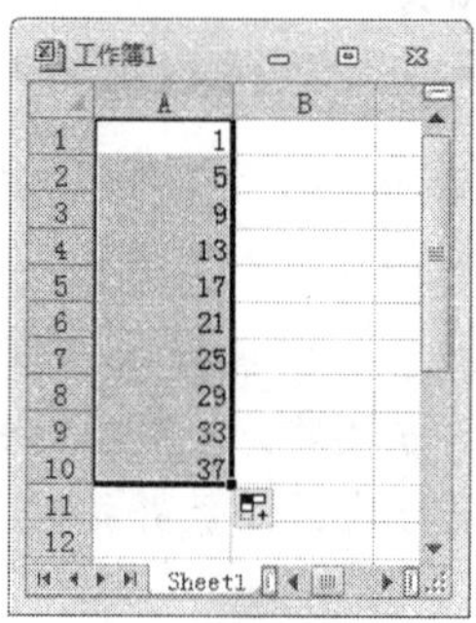

3. 填充等差数列

如果一个数列从第二项起，每一项与它的前一项的差等于同一个常数，这个数列就叫做等差数列，这个常数叫做等差数列的公差。在 Excel 中也经常会遇到填充等差数列的情况，例如员工编号 1、2、3 等，此时就可以使用 Excel 的自动累加功能来进行填充了。

【例 9-9】在员工工资表中填充员工编号。
视频+素材 (光盘素材\第 09 章\例 9-9)

step 1 打开“员工工资表.xlsx”工作簿，将鼠标指针移至 A4 单元格右下角的小方块处，当鼠标指针变为 + 形状时，左手按住 Ctrl 键，同时右手按住鼠标左键不放拖动鼠标至 A15 单元格中，如右上图所示。

A4 f_x 2015001

员工工资表

员工编号	员工姓名	基本工资	加班补贴	奖励	餐饮补贴
2015001	王　艳	¥1,800.00	¥800.00	¥900.00	¥200.00
	李丽华	¥1,200.00	¥600.00	¥800.00	¥200.00
	崔玉婷	¥1,600.00	¥900.00	¥600.00	¥200.00
	王菲菲	¥1,800.00	¥500.00	¥500.00	¥200.00
	高小梅	¥1,500.00	¥300.00	¥200.00	¥200.00
	刘雨涵	¥1,600.00	¥200.00	¥300.00	¥200.00
	王万华	¥1,800.00	¥500.00	¥500.00	¥200.00
	李琼华	¥1,800.00	¥600.00	¥600.00	¥200.00
	杨珊珊	¥1,800.00	¥800.00	¥300.00	¥200.00
	王永福	¥1,600.00	¥700.00	¥800.00	¥200.00
	孔祥玉	¥1,600.00	¥500.00	¥200.00	¥200.00
	刘亚飞	¥1,600.00	¥600.00	¥600.00	¥200.00

2015012

step 2 释放鼠标左键，即可在 A5:A15 单元格区域中填充等差数列：2015002、2015003、2015004、2015005……，如下图所示。

员工工资表

员工编号	员工姓名	基本工资	加班补贴	奖励	餐饮补贴
2015001	王　艳	¥1,800.00	¥800.00	¥900.00	¥200.00
2015002	李丽华	¥1,200.00	¥600.00	¥800.00	¥200.00
2015003	崔玉婷	¥1,600.00	¥900.00	¥600.00	¥200.00
2015004	王菲菲	¥1,800.00	¥500.00	¥500.00	¥200.00
2015005	高小梅	¥1,500.00	¥300.00	¥200.00	¥200.00
2015006	刘雨涵	¥1,600.00	¥200.00	¥300.00	¥200.00
2015007	王万华	¥1,800.00	¥500.00	¥500.00	¥200.00
2015008	李琼华	¥1,800.00	¥600.00	¥600.00	¥200.00
2015009	杨珊珊	¥1,800.00	¥800.00	¥300.00	¥200.00
2015010	王永福	¥1,600.00	¥700.00	¥800.00	¥200.00
2015011	孔祥玉	¥1,600.00	¥500.00	¥200.00	¥200.00
2015012	刘亚飞	¥1,600.00	¥600.00	¥600.00	¥200.00

此外，还可以在【开始】选项卡的【编辑】组中单击【填充】下拉按钮，在弹出的菜单中选择【系列】命令，打开【序列】对话框，在其中设置填充等差序列、等比序列、日期等特殊数据。

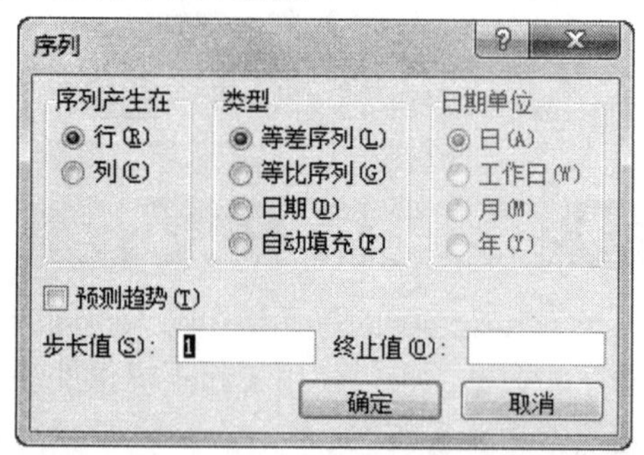

9.5.5 编辑输入的数据

如果在 Excel 2010 的单元格中输入数据时发生了错误，或者要改变单元格中的数据时，则需要对数据进行编辑。

1. 更改数据

当单击单元格使其处于活动状态时，单元格中的数据会被自动选取，一旦开始输入，单元格中原来的数据就会被新输入的数据所取代。

如果单元格中包含大量的字符或复杂的公式，而用户只想修改其中的一部分，那么可以按以下两种方法进行编辑：

- 双击单元格，或者单击单元格后按 F2 键，在单元格中进行编辑；
- 单击激活单元格，然后单击公式栏，在公式栏中进行编辑。

D2			单价
A	B	C	D
小陶陶瓷新品报价			
编号	货号	货品名称	单价

2. 删除数据

要删除单元格中的数据，可以先选中该单元格，然后按 Delete 键即可；要删除多个单元格中的数据，则可按 Ctrl 键同时选定多个单元格，然后按 Delete 键。

如果想要完全地控制对单元格的删除操作，只使用 Delete 键是不够的。在【开始】选项卡的【编辑】组中，单击【清除】按钮，在弹出的快捷菜单中选择相应的命令，即可删除单元格中的相应内容。

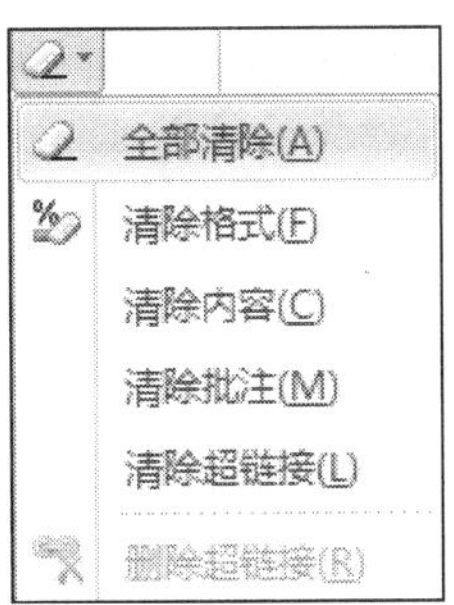

3. 移动和复制数据

移动和复制数据基本上和移动复制单元格的操作一样。此外还可以使用鼠标拖动法来移动或复制单元格内容。要移动单元格内数据，应首先单击要移动的单元格或选定单元格区域，然后将光标移至单元格区域边缘，当光标变为箭头形状后，拖动光标到指定位置并释放鼠标即可。

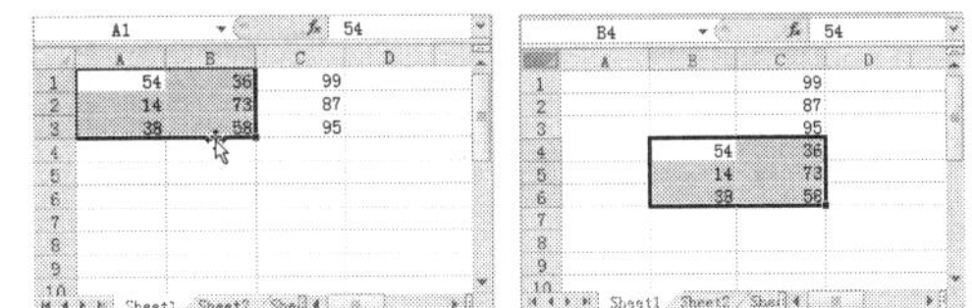

9.6 设置单元格格式

在 Excel 2010 中，用户可以根据需要设置不同的单元格格式，如设置单元格字体格式、单元格中数据的对齐方式以及单元格的边框和底纹等，从而达到美化单元格的目的。

9.6.1 设置字体格式

对不同的单元格设置不同的字体，可以使工作表中的某些数据醒目和突出，也使整个电子表格的版面更为丰富。

在【开始】选项卡的【字体】组中，使用相应的工具按钮可以完成简单的字体格式设置工作，若对字体格式设置有更高要求，可以打开【设置单元格格式】对话框的【字体】选项卡，在该选项卡中按照需要进行字体、字形、字号等进行详细设置。

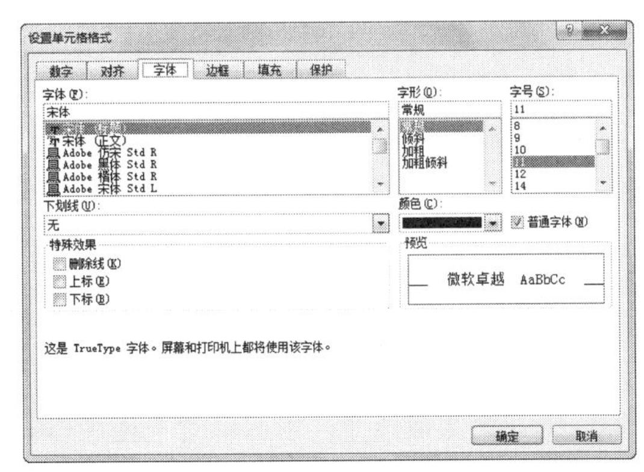

【例 9-10】在“员工信息表”工作簿中设置单元格中字体的格式。

视频+素材 (光盘素材\第 09 章\例 9-10)

step 1 启动 Excel 2010 应用程序，打开“员工信息表”工作簿的【基本资料】工作表。

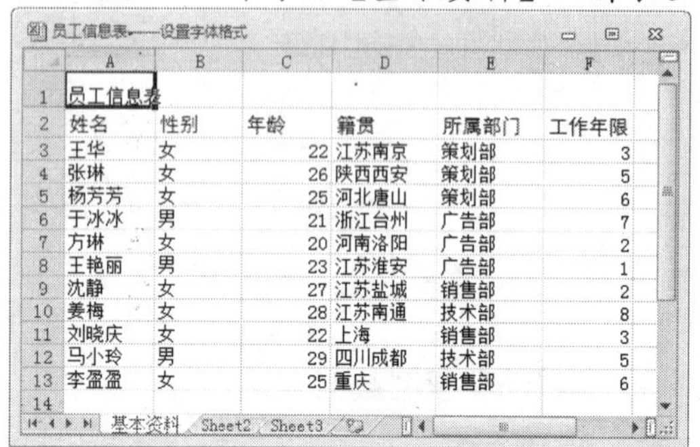

	A	B	C	D	E	F
1	员工信息表					
2	姓名	性别	年龄	籍贯	所属部门	工作年限
3	王华	女	22	江苏南京	策划部	3
4	张琳	女	26	陕西西安	策划部	5
5	杨芳芳	女	25	河北唐山	策划部	6
6	于冰冰	男	21	浙江台州	广告部	7
7	方琳	女	20	河南洛阳	广告部	2
8	王艳丽	男	23	江苏淮安	广告部	1
9	沈静	女	27	江苏盐城	销售部	2
10	姜梅	女	28	江苏南通	技术部	8
11	刘晓庆	女	22	上海	销售部	3
12	马小玲	男	29	四川成都	技术部	5
13	李盈盈	女	25	重庆	销售部	6
14						

step 2 选定 A1 单元格，在【开始】菜单中【字体】选项组的【字体】下拉列表框中选择【方正姚体】选项，在【字号】下拉列表框中选择 18，在【字体颜色】面板中选择【深蓝】色块，然后单击【加粗】按钮，各项设置如下图所示。

step 3 选择 A2:F2，单击【开始】选项卡【字体】组中的按钮，打开【设置单元格格式对话框，打开【字体】选项卡，在【字体】列表框中选择【华文细黑】选项，在【字号】列表框中选择 12，单击【确定】按钮。

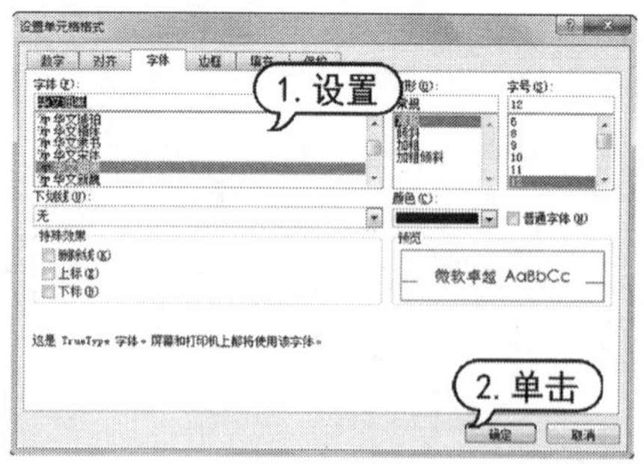

step 4 此时完成设置，表格如右上图所示。

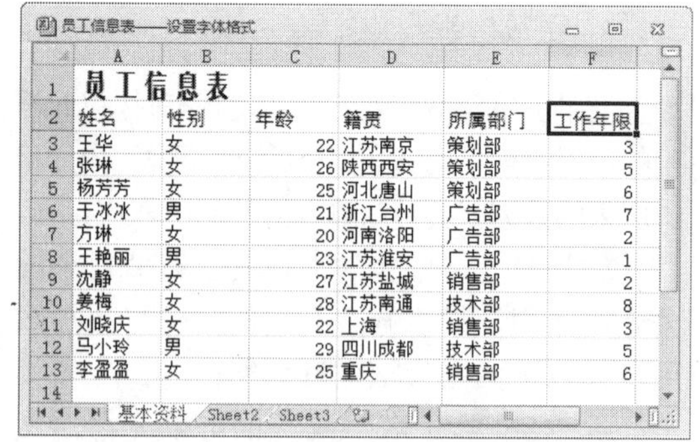

	A	B	C	D	E	F
1	员工信息表					
2	姓名	性别	年龄	籍贯	所属部门	工作年限
3	王华	女	22	江苏南京	策划部	3
4	张琳	女	26	陕西西安	策划部	5
5	杨芳芳	女	25	河北唐山	策划部	6
6	于冰冰	男	21	浙江台州	广告部	7
7	方琳	女	20	河南洛阳	广告部	2
8	王艳丽	男	23	江苏淮安	广告部	1
9	沈静	女	27	江苏盐城	销售部	2
10	姜梅	女	28	江苏南通	技术部	8
11	刘晓庆	女	22	上海	销售部	3
12	马小玲	男	29	四川成都	技术部	5
13	李盈盈	女	25	重庆	销售部	6
14						

9.6.2 设置对齐方式

对齐是指单元格中的内容在显示时，相对单元格上下左右的位置。默认情况下，单元格中的文本靠左对齐，数字靠右对齐，逻辑值和错误值居中对齐。通过【开始】选项卡的【对齐方式】组中的命令按钮，可以快速设置单元格的对齐方式，如合并后居中、旋转单元格中的内容等。

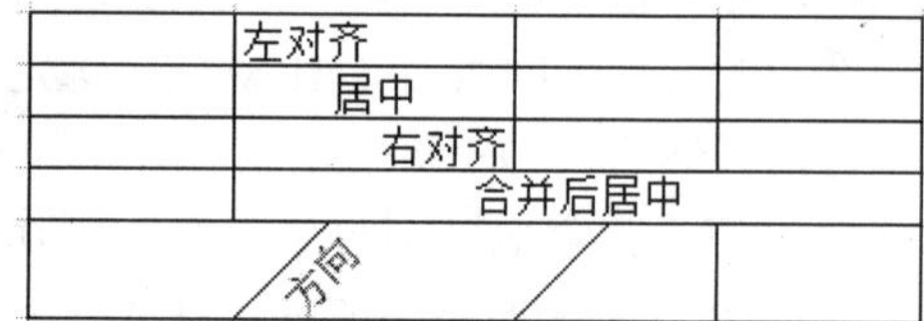

如果要设置较复杂的对齐操作，可以使用【设置单元格格式】对话框的【对齐】选项卡来完成，如下图所示。

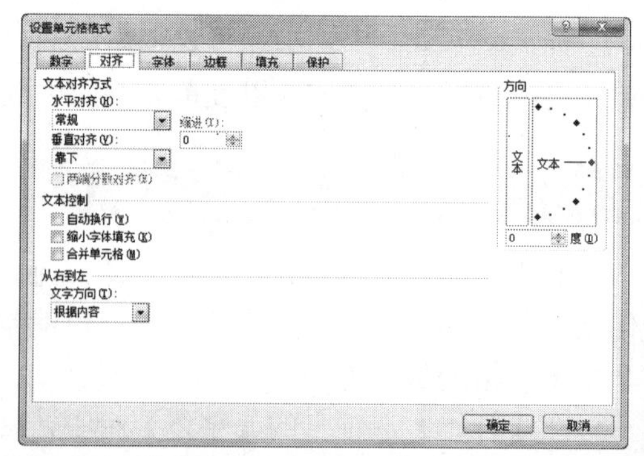

【例 9-11】在【基本资料】工作表中设置标题合并后居中，并且设置列标题自动换行和垂直居中显示。

视频+素材 (光盘素材\第 09 章\例 9-11)

step 1 启动 Excel 2010 应用程序，打开“员工信息表”工作簿的【基本资料】工作表，选择要合并的 A1:F1 单元格区域。

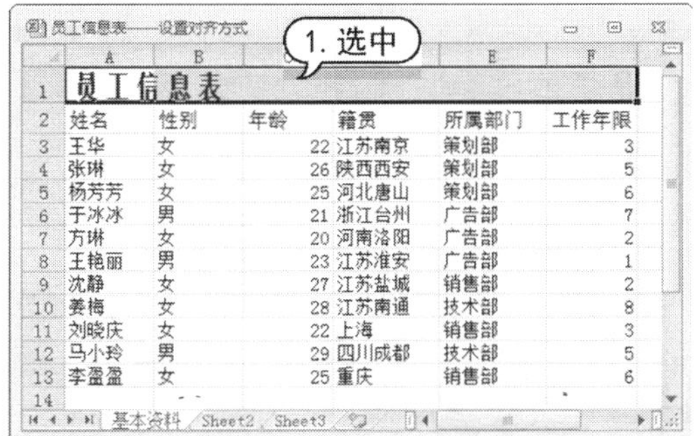

step 2 在【对齐方式】选项组中单击【合并后居中】按钮，即可合并并居中对齐标题。

员工信息表

姓名	性别	年龄	籍贯	所属部门	工作年限
王华	女	22	江苏南京	策划部	3
张琳	女	26	陕西西安	策划部	5
杨芳芳	女	25	河北唐山	策划部	6
于冰冰	男	21	浙江台州	广告部	7
方琳	女	20	河南洛阳	广告部	2
王艳丽	男	23	江苏淮安	广告部	1
沈静	女	27	江苏盐城	销售部	2
姜梅	女	28	江苏南通	技术部	8
刘晓庆	女	22	上海	销售部	3
马小玲	男	29	四川成都	技术部	5
李盈盈	女	25	重庆	销售部	6

step 3 选择列标题单元格区域 A2:F2，然后在【对齐方式】选项组中单击【垂直居中】按钮和【居中】按钮，将列标题单元格中的内容水平并垂直居中显示，如下图所示。

员工信息表

姓名	性别	年龄	籍贯	所属部门	工作年限
王华	女	22	江苏南京	策划部	3
张琳	女	26	陕西西安	策划部	5
杨芳芳	女	25	河北唐山	策划部	6
于冰冰	男	21	浙江台州	广告部	7
方琳	女	20	河南洛阳	广告部	2
王艳丽	男	23	江苏淮安	广告部	1
沈静	女	27	江苏盐城	销售部	2

step 4 右击 A2:F2 单元格区域，在打开的快捷菜单中选择【设置单元格格式】命令。

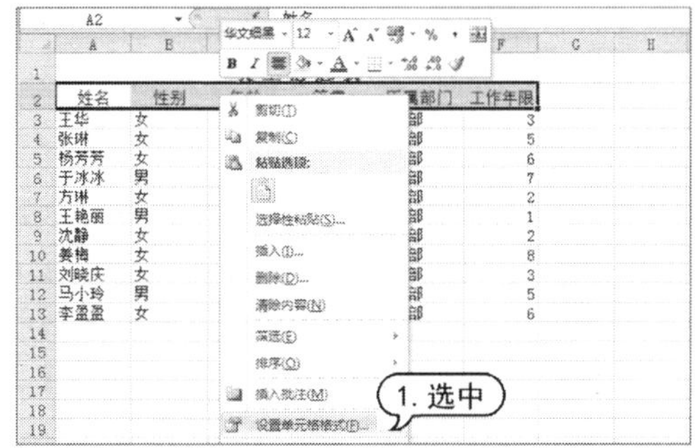

step 5 打开【设置单元格格式】对话框的【对齐】选项卡，在【文本控制】区域选中【自动换行】复选框，然后单击【确定】按钮。

step 6 在 F2 单元格中添加文本，并调整行高和相关字体大小，效果如下图所示。

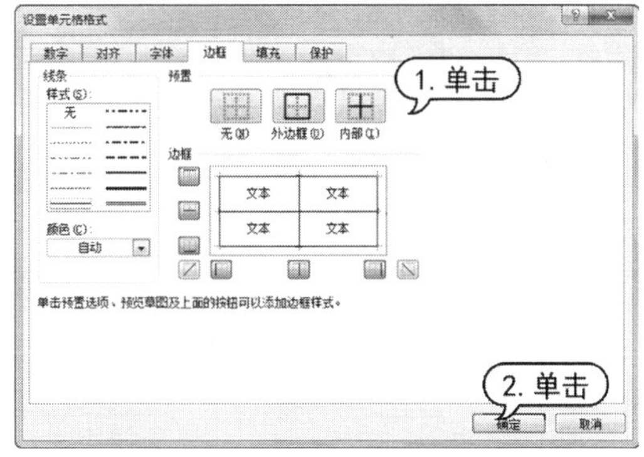

9.6.3 设置边框

默认情况下，Excel 并不为单元格设置边框，工作表中的框线在打印时并不显示出来。但在一般情况下，用户在打印工作表或突出显示某些单元格时，都需要手动添加一些边框以使工作表更美观和容易阅读。

【例 9-12】在【基本资料】工作表中添加边框。

视频+素材 (光盘素材\第 09 章\例 9-12)

step 1 启动 Excel 2010 应用程序，打开“员工信息表”工作簿的【基本资料】工作表。

step 2 选定 A1:F13 单元格区域，打开【开始】选项卡，在【字体】选项组中单击【边框】下拉按钮，从弹出的菜单中选择【其他边框】命令。

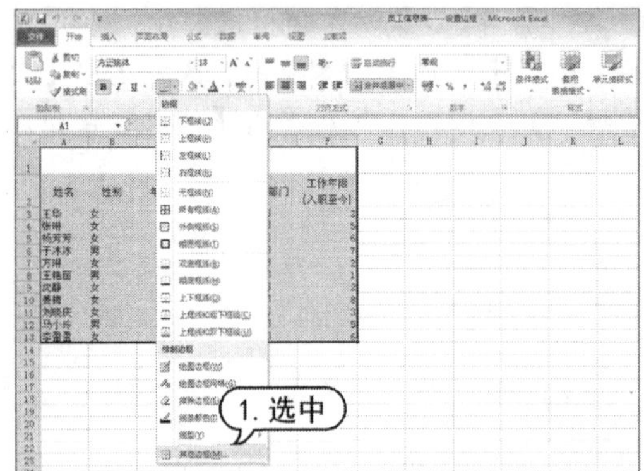

step 3 打开【设置单元格格式】对话框的【边框】选项卡，在【线条】选项区域的【样式】列表框中保持默认设置，在【预置】选项区域中分别单击【外边框】和【内部】按钮，然后单击【确定】按钮。

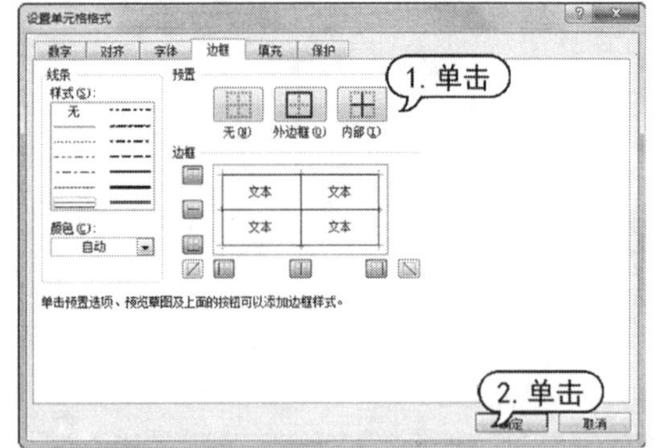

step 4 此时即可为选定单元格区域添加外边框和内边框，如右上图所示。

员工信息表					
姓名	性别	年龄	籍贯	所属部门	工作年限(入职至今)
王华	女	22	江苏南京	策划部	3
张琳	女	26	陕西西安	策划部	5
杨芳芳	女	25	河北唐山	策划部	6
于冰冰	男	21	浙江台州	广告部	7
方琳	女	20	河南洛阳	广告部	2
王艳丽	男	23	江苏淮安	广告部	1
沈静	女	27	江苏盐城	销售部	2
姜梅	女	28	江苏南通	技术部	8
刘晓庆	女	22	上海	销售部	3
马小玲	男	29	四川成都	技术部	5
李盈盈	女	25	重庆	销售部	6

9.6.4 设置背景颜色和底纹

为单元格添加背景颜色与底纹，可以使电子表格突出显示重点内容，区分工作表不同部分，使工作表显得更加美观和容易阅读。

【例 9-13】在【基本资料】工作表中为标题单元格添加底纹颜色，为列标题单元格添加背景颜色。

视频+素材 (光盘素材\第 09 章\例 9-13)

step 1 启动 Excel 2010 应用程序，打开“员工信息表”工作簿的【基本资料】工作表。

step 2 选定 A1:F1 单元格区域，右击打开快捷菜单，选择【设置单元格格式】命令，打开【设置单元格格式】对话框的【填充】选项卡，在【图案样式】下拉列表框中选择一种底纹样式，在【图案颜色】下拉列表框中选择【橙色】，然后单击【确定】按钮，如下图所示。

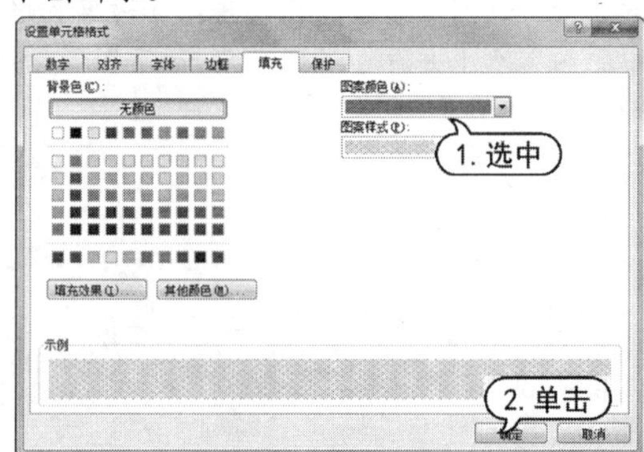

step 3 返回电子表格，即可查看标题单元格添加底纹后的效果，如下图所示。

员工信息表——设置背景颜色和底纹

员工信息表					
姓名	性别	年龄	籍贯	所属部门	工作年限（入职至今）
王华	女	22	江苏南京	策划部	3
张琳	女	26	陕西西安	策划部	5
杨芳芳	女	25	河北唐山	策划部	6
于冰冰	男	21	浙江台州	广告部	7
方琳	女	20	河南洛阳	广告部	2
王艳丽	男	23	江苏淮安	广告部	1
沈静	女	27	江苏盐城	销售部	2
姜梅	女	28	江苏南通	技术部	8
刘晓庆	女	22	上海	销售部	3
马小玲	男	29	四川成都	技术部	5
李盈盈	女	25	重庆	销售部	6

基本资料 Sheet2 Sheet3

step 4 选定 A2:F2 单元格区域，右击打开快捷菜单，选择【设置单元格格式】命令，打开【设置单元格格式】对话框的【填充】选项卡，在【背景色】选项区域中为列标题单元格选择【淡蓝色】，然后单击【确定】按钮。

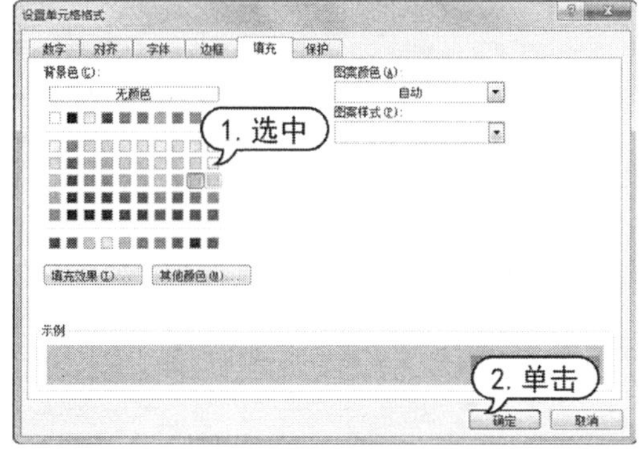

step 5 返回表格，即可查看为列标题单元格添加背景颜色后的效果，如下图所示。

员工信息表——设置背景颜色和底纹

员工信息表					
姓名	性别	年龄	籍贯	所属部门	工作年限（入职至今）
王华	女	22	江苏南京	策划部	3
张琳	女	26	陕西西安	策划部	5
杨芳芳	女	25	河北唐山	策划部	6
于冰冰	男	21	浙江台州	广告部	7
方琳	女	20	河南洛阳	广告部	2
王艳丽	男	23	江苏淮安	广告部	1
沈静	女	27	江苏盐城	销售部	2
姜梅	女	28	江苏南通	技术部	8
刘晓庆	女	22	上海	销售部	3
马小玲	男	29	四川成都	技术部	5
李盈盈	女	25	重庆	销售部	6

基本资料 Sheet2 Sheet3

9.6.5 设置行高和列宽

在向单元格输入文字或数据时，经常会出现这样的现象：有的单元格中的文字只显示了一半；有的单元格中显示的是一串#符号，而在编辑栏中却能看见对应单元格中全部的文字或数据。出现这些现象的原因在于单元格的宽度或高度不够，不能将其中的文字正确显示。因此，需要对工作表中的单元格高度和宽度进行适当的调整。

1. 直接更改行高和列宽

要改变行高和列高可以直接在工作表中拖动鼠标进行操作。比如要设置行高，用户在工作表中选中单行，将鼠标指针放置在行与行标签之间，出现黑色双向箭头时，按住鼠标左键不放，向上或向下拖动，此时会出现提示框，里面显示当前的行高，调整所需的行高后松开左键即可完成行高的设置，设置列宽方法与此操作类似。

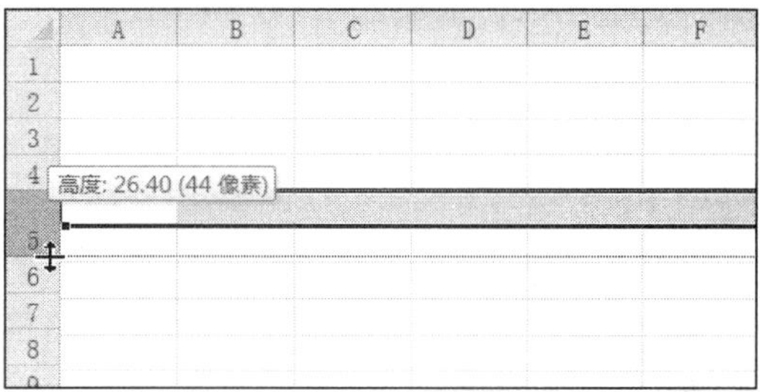

2. 精确设置行高和列宽

要精确设置行高和列宽，用户可以选定单行或单列，然后选择【开始】选项卡，在【单元格】选项组中，单击【格式】下拉按钮，选择【行高】或【列宽】命令，打开【行高】或【列宽】对话框，输入精确的数字，最后单击【确定】按钮完成操作。

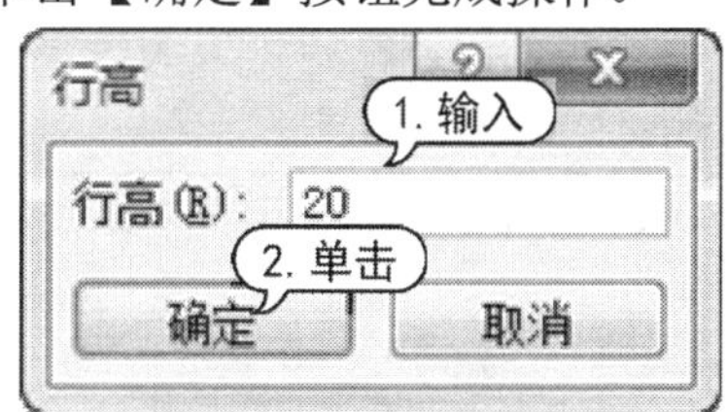

3. 最合适的行高和列宽

有时表格中多种数据内容长短不一，看上去较为凌乱，用户可以设置最适合的行高和列宽，来匹配数据内容和提高美观度。

在【开始】选项卡中单击【格式】下拉按钮，选择菜单中的【自动调整行高】命令或【自动调整列宽】命令即可为所选内容设置最合适的行高或列宽。

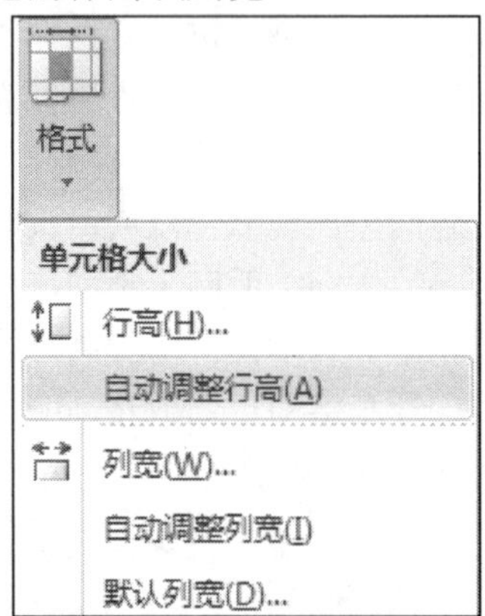

9.6.6 套用内置样式

样式就是字体、字号和缩进等格式设置特性的组合。Excel 2010 自带了多种单元格样式，用户可以对单元格方便地套用这些样式。

首先选中需要设置样式的单元格或单元格区域，在【开始】选项卡的【样式】选项组中单击【单元格样式】按钮，在弹出的【主题单元格样式】菜单中选择一种样式，例如选择【60%-强调文字颜色 1】选项。

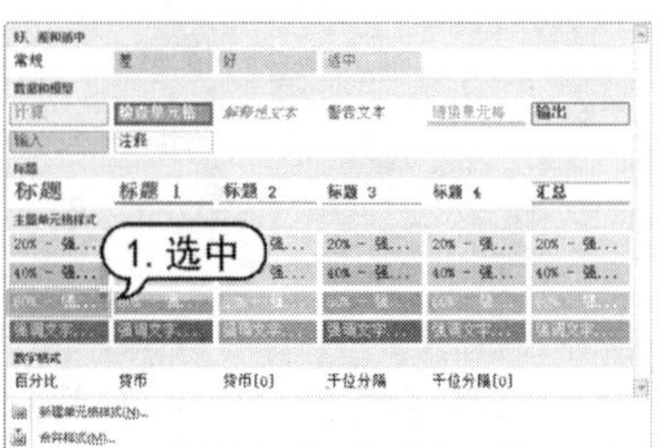

此时表格会自动套用【60%-强调文字颜色 1】样式。

编号	货号	货品名称	单价	评价	参考图片
1	ZS001	[illegible]	¥158.00	[illegible]	
2	ZS002	[illegible]	¥288.00	[illegible]	
3	ZS003	[illegible]	¥348.00	[illegible]	
4	ZS004	[illegible]	¥208.00	[illegible]	

知识点滴

除了套用内置的单元格样式外，用户还可以创建自定义的单元格样式：在【开始】选项卡的【样式】选项组中单击【单元格样式】按钮，从弹出菜单中选择【新建单元格样式】命令，打开【样式】对话框创建新样式以供单元格使用。

9.7 设置工作表样式

在 Excel 2010 中，用户还可以通过设置工作表样式和工作表标签颜色等来达到美化工作表的目的。

9.7.1 套用工作表样式

在 Excel 2010 中，预设了一些工作表样式，套用这些工作表样式可以大大节省格式化表格的时间。

【例 9-14】在【基本资料】工作表中套用预设的工作表样式。

视频+素材 (光盘素材\第 09 章\例 9-14)

step 1 启动 Excel 2010 应用程序，打开“员工信息表”工作簿的【基本资料】工作表。

员工信息表——套用工作表样式

员工信息表					
姓名	性别	年龄	籍贯	所属部门	工作年限(入职至今)
王华	女	22	江苏南京	策划部	3
张琳	女	26	陕西西安	策划部	5
杨芳芳	女	25	河北唐山	策划部	6
于冰冰	男	21	浙江台州	广告部	7
方琳	女	20	河南洛阳	广告部	2
[illegible]	男	23	江苏淮安	广告部	1
沈静	女	27	江苏盐城	销售部	2
[illegible]	女	28	江苏南通	技术部	8
[illegible]	女	22	上海	销售部	3
[illegible]	男	29	四川成都	技术部	5
[illegible]	女	25	重庆	销售部	6

基本资料 Sheet2 Sheet3

step 2 打开【开始】选项卡，在【样式】选项组里单击【套用表格格式】按钮，弹出工作表样式菜单，选择一种工作表样式。

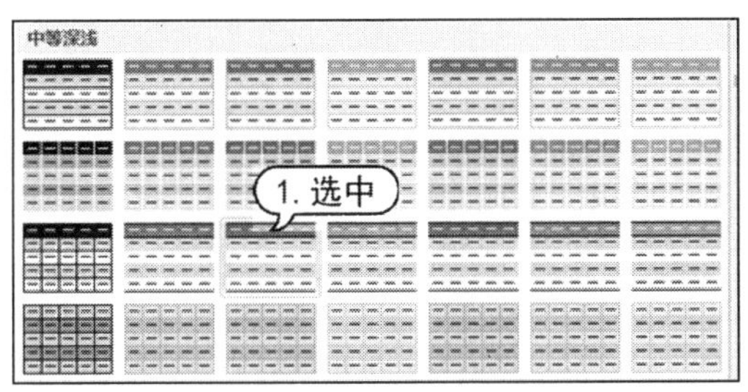

step 3 打开【套用表格式】对话框，单击文本框右边的按钮。

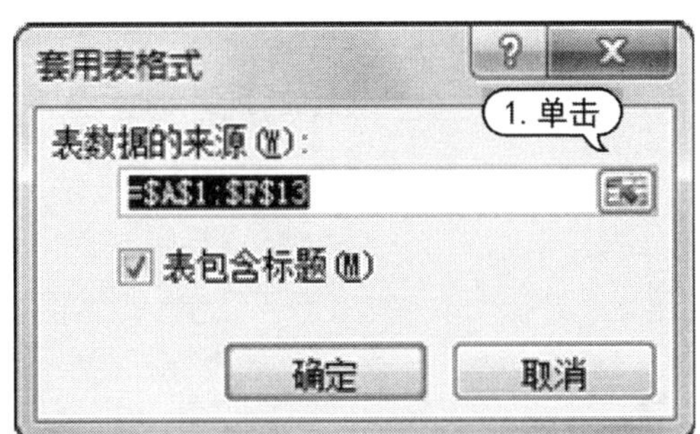

step 4 在表格中选定 A2:F13 单元格区域，然后单击右侧的按钮。

知识点滴

套用表格样式后，Excel 2010 会自动打开【表工具】的【设计】选项卡，在其中可以进一步设置表样式以及相关选项。

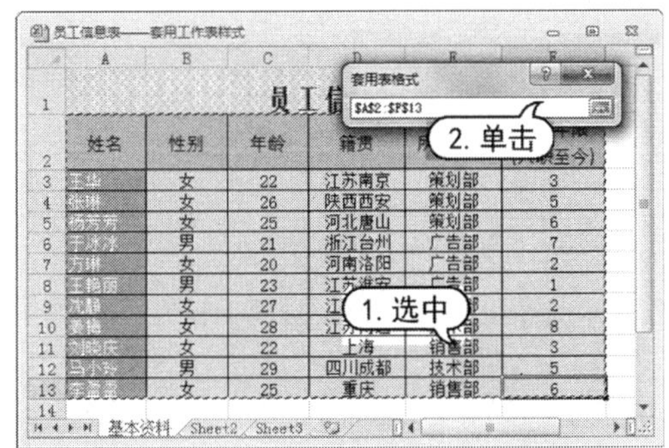

step 5 打开【创建表】对话框，然后单击【确定】按钮。

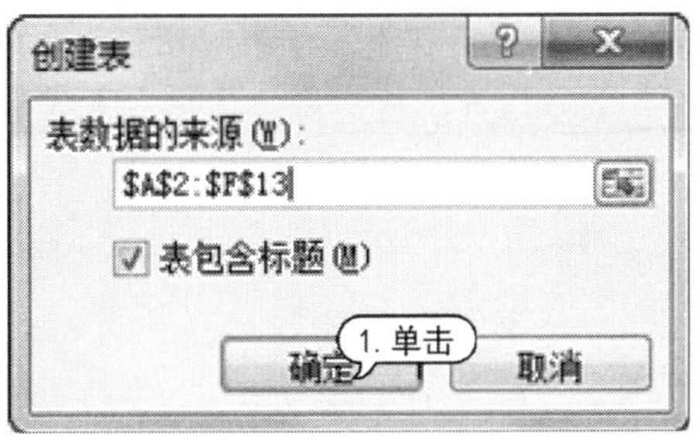

step 6 此时选定单元格区域将自动套用选定的工作表样式，如下图所示。

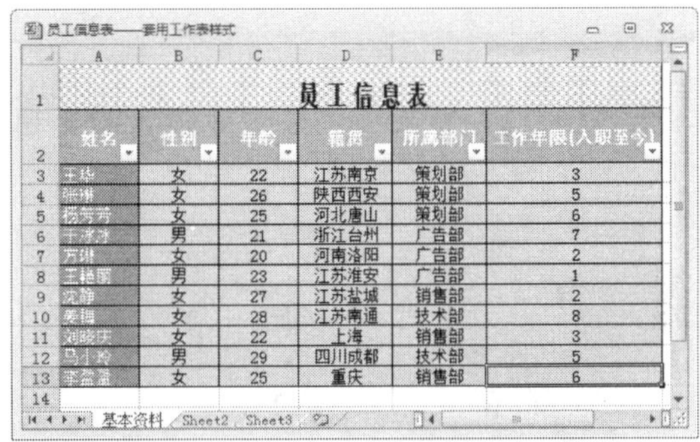

9.7.2 设置工作表背景

在 Excel 2010 中，用户可以为整个工作表添加背景效果，以达到美化工作表的目的。

【例 9-15】在【基本资料】工作表中添加背景图片。
视频+素材 (光盘素材\第 09 章\例 9-15)

step 1 启动 Excel 2010 应用程序，打开“员工信息表”工作簿的【基本资料】工作表。

step 2 打开【页面布局】选项卡，在【页面设置】组中单击【背景】按钮。

step 3 打开【工作表背景】对话框，选择要作为背景的图片文件，单击【插入】按钮。

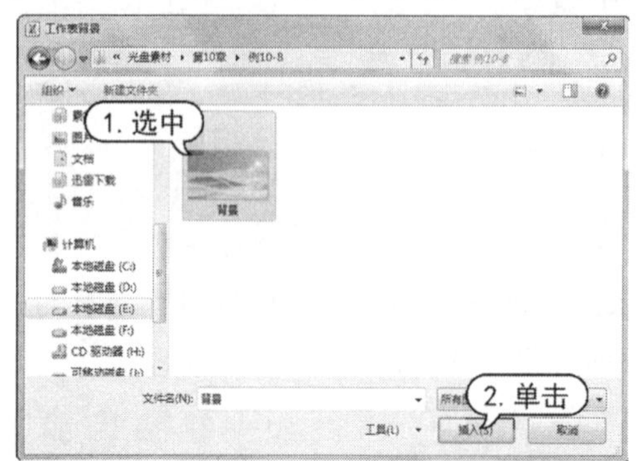

step 4 此时即可在工作表中添加该背景图片，效果如下图所示。

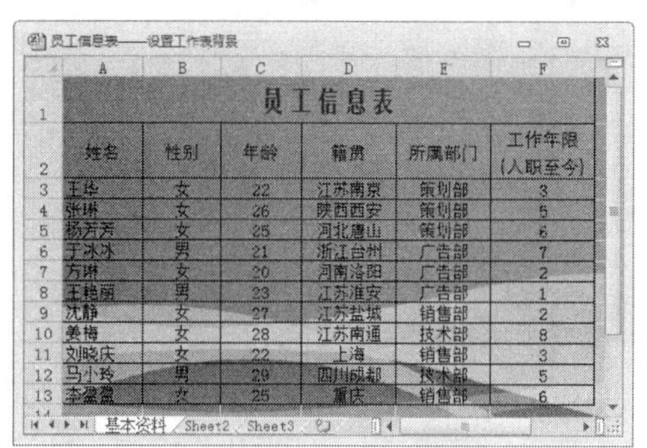

员工信息表					
姓名	性别	年龄	籍贯	所属部门	工作年限（入职至今）
王华	女	22	江苏南京	策划部	3
张琳	女	26	陕西西安	策划部	5
杨芳芳	女	25	河北唐山	策划部	6
于冰冰	男	21	浙江台州	广告部	7
方琳	女	20	河南洛阳	广告部	2
王艳丽	男	23	江苏淮安	广告部	1
沈静	女	27	江苏盐城	销售部	2
姜梅	女	28	江苏南通	技术部	8
刘晓庆	女	22	上海	销售部	3
马小玲	男	29	四川成都	技术部	5
李薇薇	女	25	重庆	销售部	6

9.7.3 改变工作表标签颜色

在 Excel 2010 中，可以通过设置工作表标签颜色，以达到突出显示该工作表的目的。

要改变工作表标签颜色，只需右击该工作表标签，从弹出的快捷菜单中选择【工作表标签颜色】命令，弹出子菜单，从中选择一种颜色即可，如下图所示。

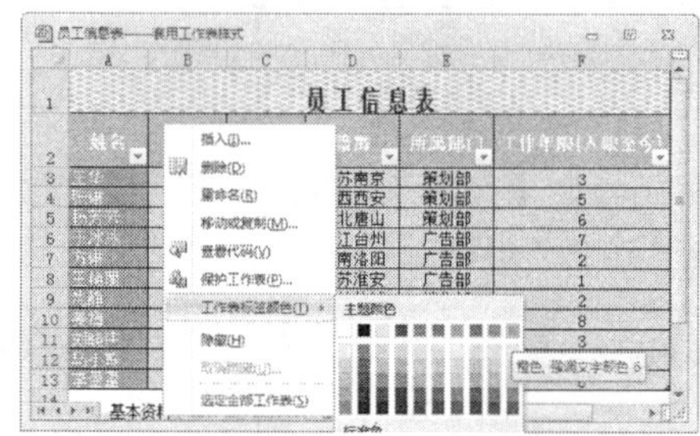

9.8 案例演练

本章的案例演练部分为设置表格格式并打印表格这个综合实例操作，用户通过练习从而巩固本章所学知识。

【例 9-16】对“员工通讯录”工作簿进行操作，要求：(1)对“员工通讯录”工作簿中的工作表进行格式化设置；(2)将该工作表打印 10 份，并要求打印出行号和列标。

视频+素材 (光盘素材\第 09 章\例 9-16)

step 1 启动 Excel 2010，打开“员工通讯录”工作簿，首先设置标题居中对齐。选中 A1:F1 单元格区域，然后在【开始】选项卡的【对齐方式】选项组中单击【合并后居中】按钮，合并 A1:F1 单元格区域，并使标题文本居中，如右图所示。

员工通讯录					
编号	姓名	性别	部门	职务	联系电话
AC001	范蕾	女	太平门店	分店经理	139××××7426
AC002	张昌林	男	张府园店	分店经理	139××××5747
AC003	万波	男	太平门店	分店经理助理	131××××2518
AC004	李瀚阳	男	张府园店	分店经理助理	130××××5486
AC005	王慧心	女	太平门店	营业员	138××××4314
AC006	程谨	女	太平门店	营业员	139××××2133
AC007	朱俊	男	太平门店	营业员	130××××6767
AC008	孔飞	男	太平门店	营业员	135××××3145
AC009	陆敏	女	太平门店	营业员	139××××5285
AC010	王磊	女	太平门店	营业员	135××××6885
AC011	刘莎	女	太平门店	营业员	137××××8325
AC012	夏晓丽	女	太平门店	营业员	131××××7214
AC013	朱德华	男	张府园店	营业员	139××××8402
AC014	杨婷	女	张府园店	营业员	135××××4025
AC015	王薇薇	女	张府园店	营业员	138××××5001
AC016	陈嫣然	女	张府园店	营业员	137××××9853
AC017	刘艳	女	张府园店	营业员	139××××5865

step 2 接下来设置标题文本字体格式，选中 A1:F1 单元格区域，在【开始】选项卡的【字

体】组中设置字体为【方正粗倩简体】，字号为 20，字体颜色为【橙色】，如下图所示。

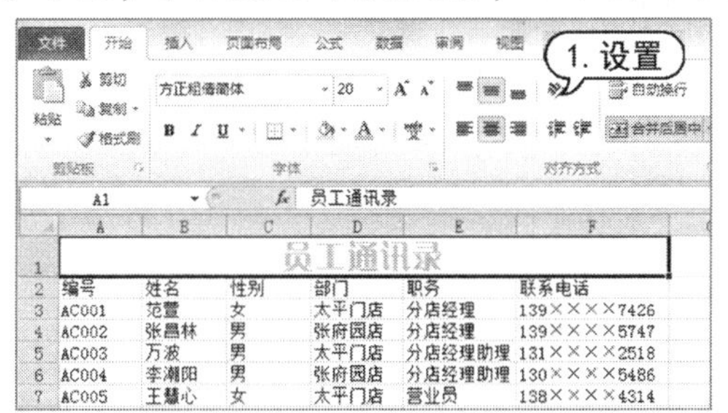

step 3 接下来为标题所在单元格设置填充颜色，保持选中合并后的单元格区域，在【开始】选项卡的【字体】组中单击【填充颜色】下拉按钮，为单元格区域设置填充颜色为【深蓝，文字 2，淡色 40%】。

step 4 使用同样的方法为其他单元格设置填充颜色，效果如下图所示。

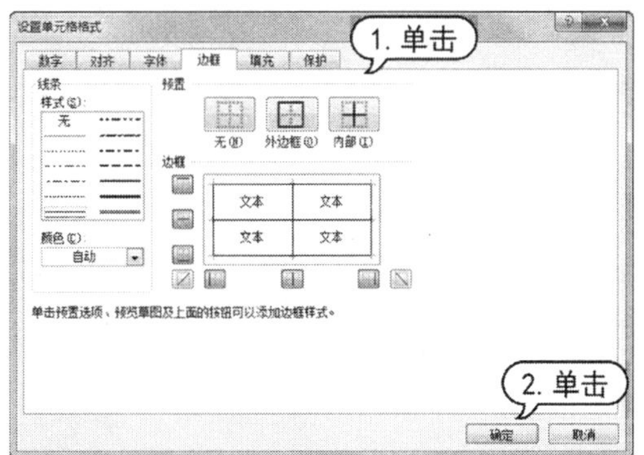

step 5 接下来为表格设置边框。选中 A1:F19 单元格区域，打开【开始】选项卡，在【字体】组中单击【边框】下拉按钮，从弹出的菜单中选择【其他边框】命令。

step 6 打开【设置单元格格式】对话框的【边框】选项卡，在【线条】选项区域的【样式】列表框中保持默认设置，在【预置】选项区域中分别单击【外边框】和【内边框】按钮，然后单击【确定】按钮。

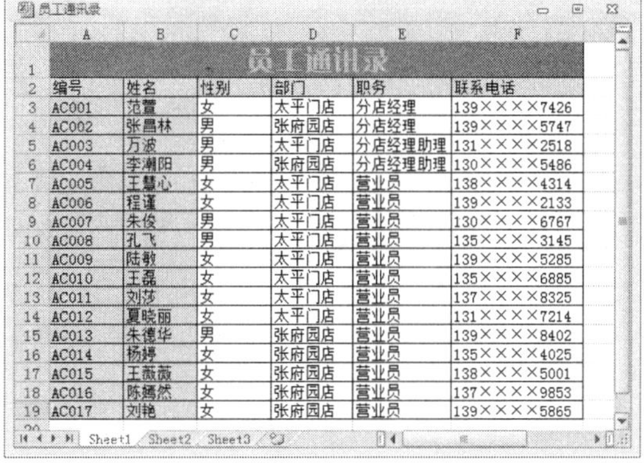

step 7 此时即可为选定单元格区域添加外边框和内边框，效果如下图所示。

step 8 接下来为单元格套用样式。选中 C3:F19 单元格区域，在【开始】选项卡的【样式】选项组中单击【单元格样式】按钮，在弹出的【主题单元格样式】菜单中选择【40%-强调文字颜色 1】选项。

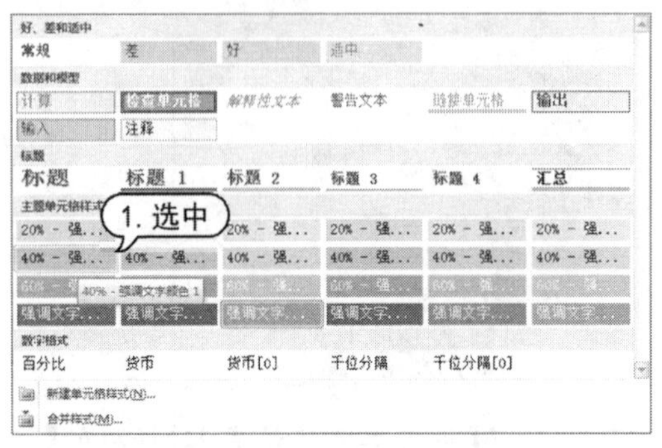

step 9 此时选定的单元格区域将自动套用该样式，效果如下图所示。

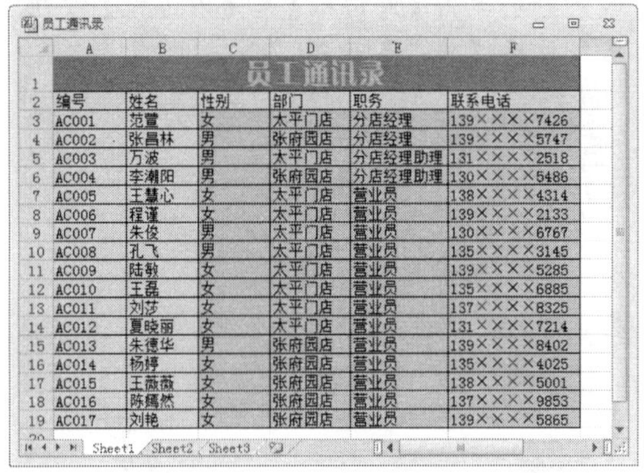

员工通讯录

编号	姓名	性别	部门	职务	联系电话
AC001	范萱	女	太平门店	分店经理	139××××7426
AC002	张昌林	男	张府园店	分店经理	139××××5747
AC003	万波	男	太平门店	分店经理助理	131××××2518
AC004	李潮阳	男	张府园店	分店经理助理	130××××5486
AC005	王慧心	女	太平门店	营业员	138××××4314
AC006	程谨	女	太平门店	营业员	139××××2133
AC007	朱俊	男	太平门店	营业员	130××××6767
AC008	孔飞	男	太平门店	营业员	135××××3145
AC009	陆毅	女	太平门店	营业员	139××××5285
AC010	王磊	女	太平门店	营业员	135××××6885
AC011	刘莎	女	太平门店	营业员	137××××8325
AC012	夏晓丽	女	太平门店	营业员	131××××7214
AC013	朱德华	男	张府园店	营业员	139××××8402
AC014	杨婷	女	张府园店	营业员	135××××4025
AC015	王薇薇	女	张府园店	营业员	138××××5001
AC016	陈嫣然	女	张府园店	营业员	137××××9853
AC017	刘艳	女	张府园店	营业员	139××××5865

step 10 接下来设置打印选项。打开【页面布局】选项卡，在【页面设置】组中单击按钮，打开【页面设置】对话框。

step 11 选择【工作表】选项卡，选中【打印】区域中的【行号列标】复选框，然后单击【确定】按钮。

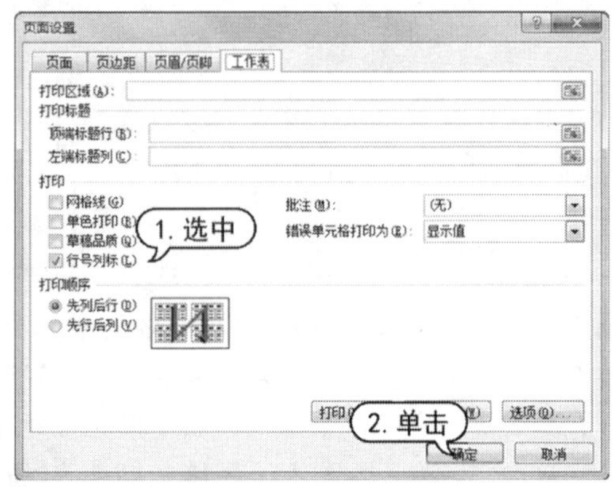

step 12 选择【文件】|【打印】命令，预览打印效果，显示行号和列标。

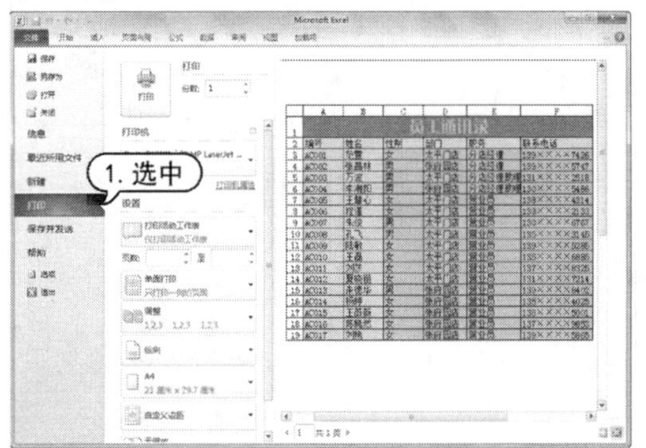

step 13 预览无误并正确连接打印机后，在【打印】区域的【份数】微调框中设置数值为 10，然后单击【打印】按钮，即可打印 10 份该工作表。

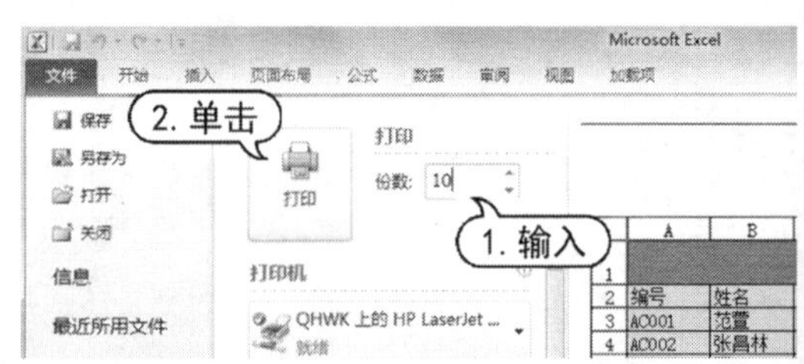

第10章

Excel 2010 高级应用

Excel 2010 具有强大的图形处理功能和数据计算功能。图形处理功能允许用户向工作表中添加图形以及制作图表等项目；数据计算功能是指使用公式和函数对工作表中的数据进行计算。本章将介绍 Excel 2010 中这些高级应用的相关内容。

对应光盘视频

例 10-1　输入公式
例 10-2　删除公式
例 10-3　相对应用公式
例 10-4　绝对应用公式
例 10-5　混合应用公式
例 10-6　插入函数
例 10-7　修改函数
例 10-8　应用数学函数
例 10-9　简单排序
例 10-10　多条件排序
例 10-11　自定义排序
例 10-12　快速筛选
例 10-13　高级筛选
例 10-14　模糊筛选
例 10-15　创建分类汇总
例 10-16　多重分类汇总
例 10-17　隐藏分类汇总
例 10-18　创建图表
例 10-19　编辑图表
本章其他视频文件参见配套光盘

10.1 使用公式

为了便于用户管理电子表格中的数据，Excel 2010 提供了强大的公式功能，在工作表中输入数据后，使用公式可以对这些数据进行自动、精确、高速的运算与分析。

10.1.1 公式的语法

Excel 2010 中的公式由一个或多个单元格的值和运算符组成，公式主要用于对工作表进行加、减、乘、除等的运算，类似于数学中的表达式。公式遵循一个特定的语法或次序：最前面是等号=，后面是参与计算的数据对象和运算符，即公式的表达式。

单元格引用　　运算符

=A3-SUM(A2:F6)+0.5*6

函数　　常量数值

公式由以下几个元素构成。

- 运算符：指对公式中的元素进行特定类型的运算，不同的运算符可以进行不同的运算，如加、减、乘、除等。
- 数值或任意字符串：包含数字或文本等各类数据。
- 函数及其参数：函数及函数的参数也是公式中的最基本元素之一，它们也用于计算数值。
- 单元格引用：指定要进行运算的单元格地址，可以是单个单元格或单元格区域，也可以是同一工作簿中其他工作表中的单元格或其他工作簿中某张工作表中的单元格。

10.1.2 运算符类型和优先级

运算符对公式中的元素进行特定类型的运算。Excel 2010 中包含算术运算符、比较运算符、文本连接运算符与引用运算符 4 种类型。运用多个运算符时还必须注意运算符的优先级。

1. 算术运算符

要完成基本的数学运算，如加法、减法和乘法，连接数据和计算数据结果等，可以使用如下表所示的算术运算符。

算术运算符	含 义
+(加号)	加法运算
-(减号)	减法运算或负数
*(星号)	乘法运算
/(正斜线)	除法运算
%(百分号)	百分比
^(插入符号)	乘幂运算

2. 比较运算符

比较运算符可以比较两个值的大小。当用运算符比较两个值时，结果为逻辑值，比较成立则为 TRUE，反之则为 FALSE。

比较运算符	含 义
=(等号)	等于
>(大于号)	大于
<(小于号)	小于
>=(大于等于号)	大于或等于
<=(小于等于号)	小于或等于
<>(不等号)	不相等

3. 文本连接运算符

使用和号(&)可加入或连接一个或多个文本字符串以产生一串新的文本。

文本连接运算符	含 义
&(和号)	将两个文本值连接或串连起来以产生一个连续的文本值

例如，A1 单元格中为“于冰冰”，A2 单元格中为“三月份”，A3 单元格中为“销售额统计”，那么公式“=A1&A2&A3”的

值应为“于冰冰三月份销售额统计”。效果如下图所示。

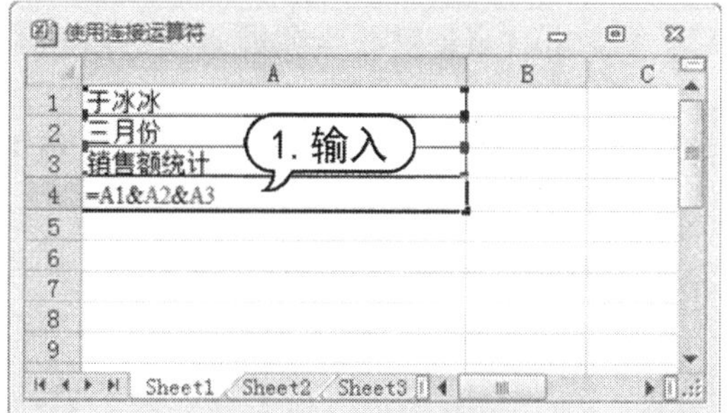

4. 引用运算符

单元格引用是用于表示单元格在工作表上所处位置的坐标集。使用如下表所示的引用运算符，可以将单元格区域合并计算。

比较运算符	含 义
:(冒号)	区域运算符，产生对包括在两个引用之间的所有单元格的引用
,(逗号)	联合运算符，将多个引用合并为一个引用
(空格)	交叉运算符，产生对两个引用共有的单元格的引用

例如，对于 A1=B1+C1+D1+E1+F1 公式，如果使用引用运算符，就可以把该公式写为：A1=SUM(B1:F1)。

5. 运算符的优先级

如果公式中同时用到多个运算符，Excel 2010 将会依照运算符的优先级来依次完成运算。如果公式中包含相同优先级的运算符，例如公式中同时包含乘法和除法运算符，则 Excel 将从左到右的次序进行计算。如下表所示的是 Excel 2010 中的运算符优先级。其中，运算符优先级从上到下依次降低。

运算符	含 义
:(冒号) (单个空格) ,(逗号)	引用运算符
–	负号
%	百分比
^	乘幂
* 和 /	乘和除
+ 和 –	加和减
&	连接两个文本字符串
= < > <= >= <>	比较运算符

10.1.3 公式基本操作

在学习应用公式时，首先应掌握公式的基本操作，包括在表格中输入、修改、显示、复制以及删除公式等。

1. 输入公式

在 Excel 2010 中，输入公式的方法与输入文本的方法类似，具体步骤为：选择要输入公式的单元格，然后在编辑栏中直接输入=符号，然后输入公式内容，按 Enter 键即可将公式运算的结果显示在所选单元格中。

【例 10-1】创建“热卖数码销售汇总”工作簿，手动输入公式。

视频+素材 (光盘素材\第 10 章\例 10-1)

step 1 启动 Excel 2010，创建一个名为“热卖数码销售汇总”工作簿，并在【Sheet1】工作表中输入数据。

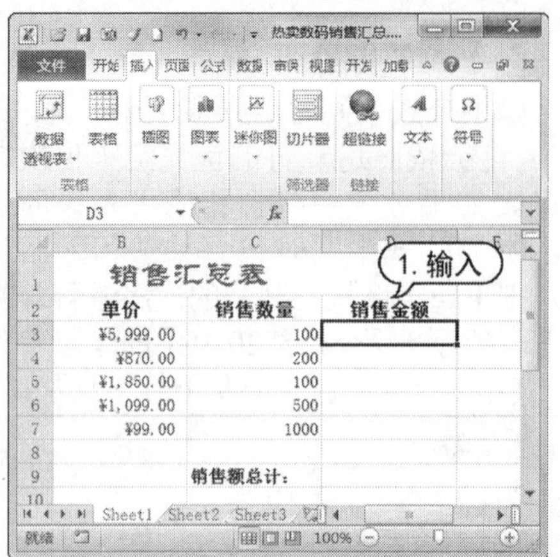

step 2 选定 D3 单元格，在单元格或编辑栏中输入公式“=B3*C3”。

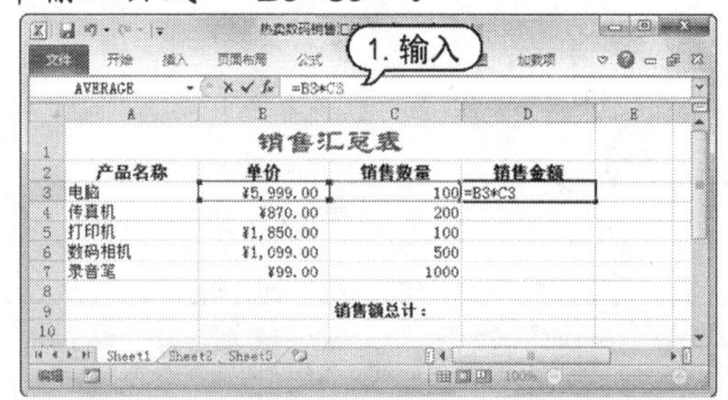

step 3 按 Enter 键或单击编辑栏中的【输入】按钮✓，即可在单元格中计算出结果。

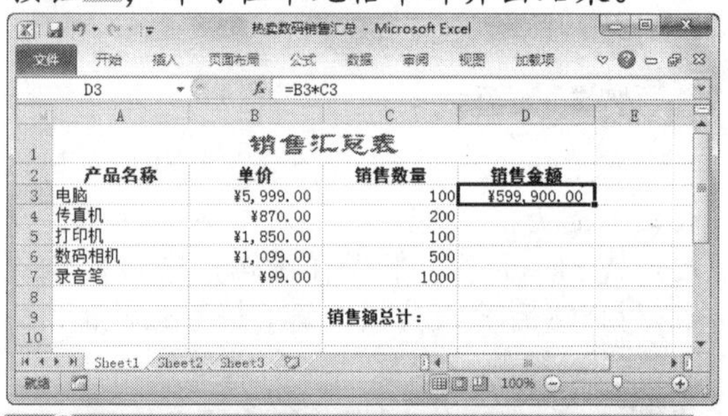

知识点滴

在输入公式时，被输入单元格地址的单元格将以彩色边框显示，方便用户确认输入是否有误，在得出计算结果后，彩色边框将自动消失。

2. 修改公式

修改公式操作是最基本的编辑公式操作之一，用户可以在公式所在的单元格或编辑栏中对公式进行修改。修改公式的方法主要有以下三种。

- 双击单元格修改：双击需要修改的公式单元格，选中出错的公式后，重新输入新公式，按 Enter 键即可完成修改操作。
- 编辑栏修改：选定需要修改公式的单元格，此时在编辑栏中会显示公式，单击编辑栏，进入公式编辑状态后进行修改。
- F2 键修改：选定需要修改公式的单元格，按 F2 键，进入公式编辑状态后进行修改。

3. 显示公式

默认设置下，在单元格中只显示公式计算的结果，而公式本身则只显示在编辑栏中。为了方便用户对公式进行检查，可以设置在单元格中显示公式。

用户可以在【公式】选项卡的【公式审核】组中，单击【显示公式】按钮，即可设置在单元格中显示公式。如果再次单击【显示公式】按钮，即可将显示的公式隐藏。

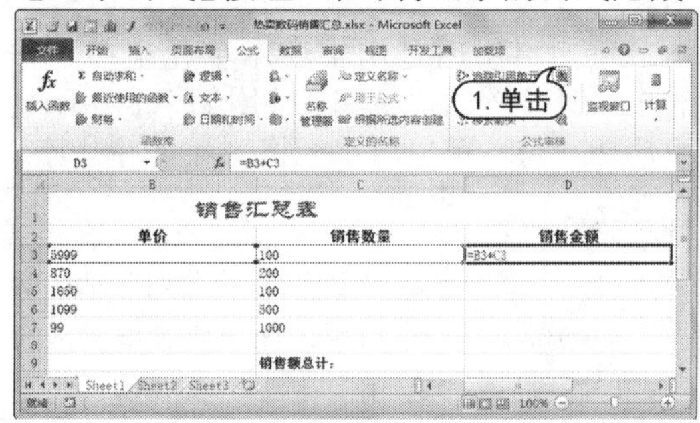

4. 删除公式

有些电子表格需要使用公式，但在计算完成后，又不希望其他用户查看计算公式的内容，此时可以删除电子表格中的数据，并保留公式计算结果。

【例 10-2】在“热卖数码销售汇总”工作簿中，将工作表的 D3 单元格中的公式删除。

视频+素材 (光盘素材\第 10 章\例 10-2)

step 1 启动 Excel 2010，打开“热卖数码销售汇总”工作簿。

step 2 右击 D3 单元格，在弹出的快捷菜单中选择【复制】命令，复制单元格内容。

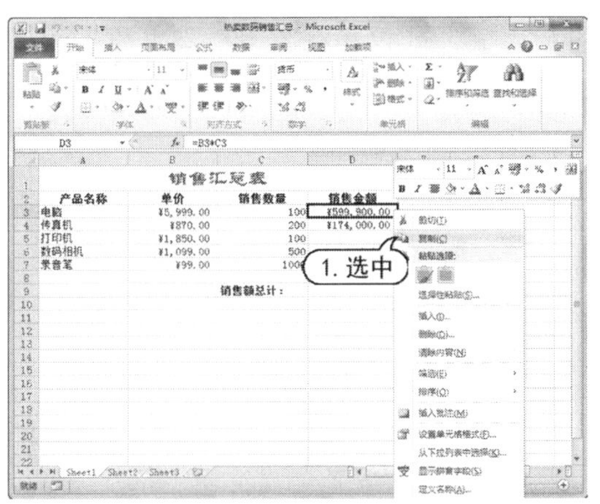

step 3　在【开始】选项卡的【剪贴板】选项组中单击【粘贴】按钮下方的倒三角按钮，在弹出菜单中选择【选择性粘贴】命令。

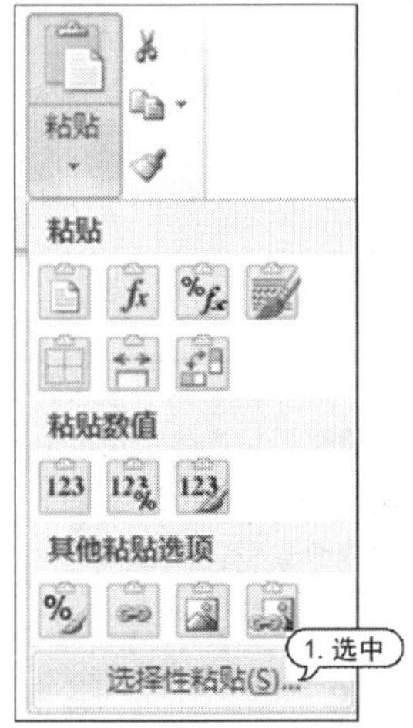

step 4　打开【选择性粘贴】对话框，在【粘贴】选项区域中选中【数值】单选按钮，然后单击【确定】按钮。

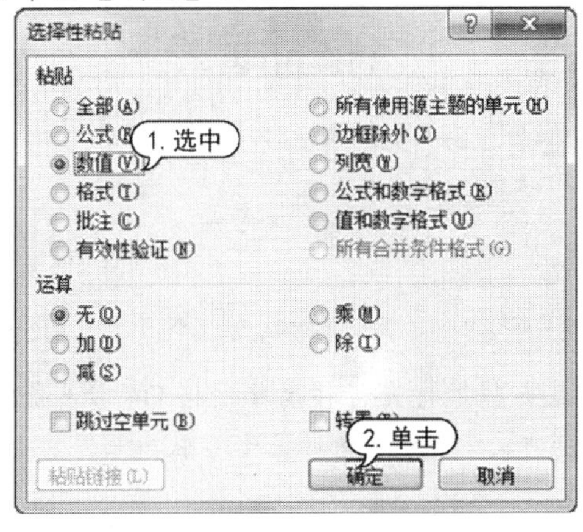

step 5　返回工作簿窗口，此时 D3 单元格中的公式已经被删除，但计算结果仍然保存在 D3 单元格中。

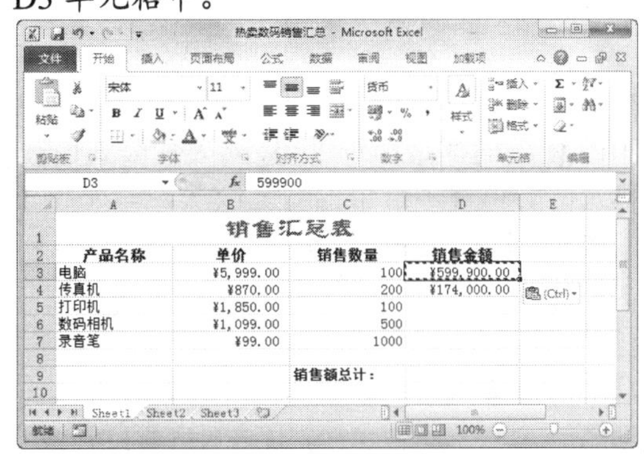

5. 复制公式

通过复制公式操作，可以快速地在其他单元格中输入公式。

复制公式的方法与复制数据的方法相似，右击公式所在的单元格，在弹出的菜单中选择【复制】命令，然后在选定目标单元格后，右击弹出菜单，在【粘贴选项】命令选项区域中单击【粘贴】按钮，即可成功复制公式。

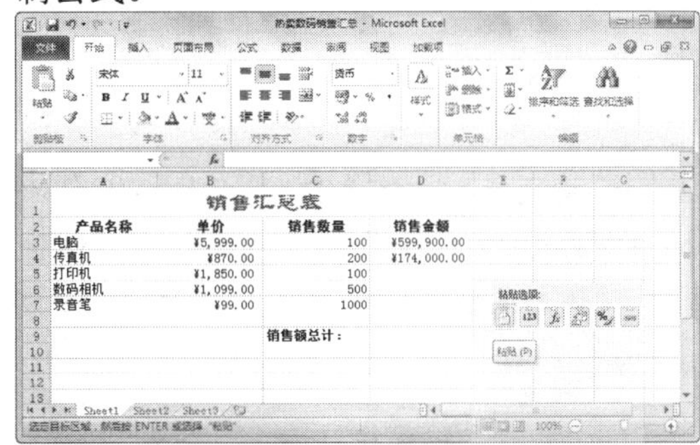

10.1.4　公式的引用

公式的引用就是对工作表中的一个或一组单元格进行标识，它告诉公式使用哪些单元格的值。通过引用，可以在一个公式中使用工作表不同部分的数据，或者在几个公式中使用同一单元格的数值。在 Excel 2010 中，常用引用单元格的方式包括相对引用、绝对引用与混合引用。

1. 相对引用

相对引用是通过当前单元格与目标单元格的相对位置来定位引用单元格的。

相对引用包含了当前单元格与公式所在单元格的相对位置。默认设置下，Excel 2010 使用的都是相对引用，当改变公式所在单元格的位置，引用也随之改变。

【例 10-3】在“销售统计表”工作簿的【Sheet1】工作表中，通过相对引用将 D4 单元格中的公式复制到 D5:D8 单元格区域中。

视频+素材 (光盘素材\第 10 章\例 10-3)

step 1 启动 Excel 2010，打开“销售统计表”工作簿的 Sheet1 工作表，然后选中 D4 单元格，并输入公式：“=B4*C4”，计算摄像头的销售总额。

销售统计表

	A	B	C	D
1	销售统计表			
2				
3	商品名称	单价	数量	销售总额
4	摄像头	66	30	=B4*C4
5	键盘	60	25	
6	鼠标	35	32	
7	移动硬盘	360	62	
8	U盘	88	58	

1. 输入

step 2 将鼠标光标移至 D4 单元格右下角的控制点■，当鼠标指针呈十字状态后，按住左键并拖动选定 D5:D8 单元格区域。

销售统计表

	A	B	C	D
1	销售统计表			
2				
3	商品名称	单价	数量	销售总额
4	摄像头	66	30	1980
5	键盘	60	25	
6	鼠标	35	32	
7	移动硬盘	360	62	
8	U盘	88	58	

step 3 释放鼠标，即可将 D4 单元格中的公式复制到 D5:D8 单元格区域中，并显示各自计算结果。此时查看 D5:D8 单元格区域中的公式，可以发现各个公式中的参数发生了变化。

销售统计表

	A	B	C	D
1	销售统计表			
2				
3	商品名称	单价	数量	销售总额
4	摄像头	66	30	1980
5	键盘	60	25	1500
6	鼠标	35	32	1120
7	移动硬盘	360	62	=B7*C7
8	U盘	88	58	5104

2. 绝对引用

绝对引用就是引用公式中单元格的精确地址，与包含公式的单元格的位置无关。绝对引用与相对引用的区别在于：复制公式时使用绝对引用，则单元格引用不会发生变化。绝对引用的方法是，在列标和行号前分别加上美元符号$。例如，$B$2 表示单元格 B2 的绝对引用，而$B$2:$E$5 表示单元格区域 B2:E5 的绝对引用。

【例 10-4】在“销售统计表”工作簿的 Sheet1 工作表中，通过绝对引用将 D4 单元格中的公式复制到 D5:D8 单元格区域中。

视频+素材 (光盘素材\第 10 章\例 10-4)

step 1 启动 Excel 2010，打开“销售统计表”工作簿的 Sheet1 工作表，然后选中 D4 单元格，并输入公式：“=$B$4*$C$4”，计算摄像头的销售总额。

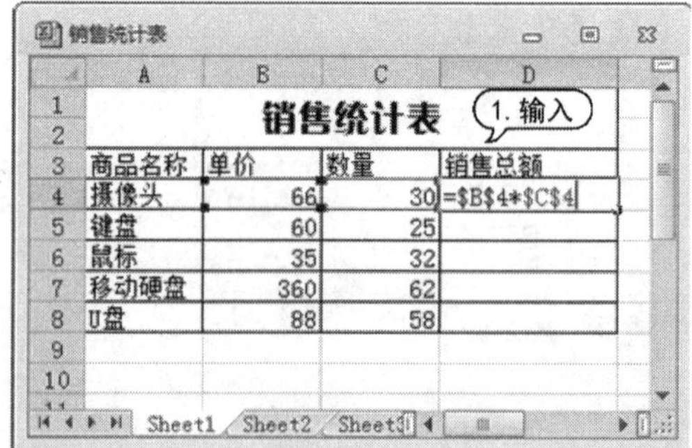

	A	B	C	D
1	销售统计表			
2				
3	商品名称	单价	数量	销售总额
4	摄像头	66	30	=$B$4*$C$4
5	键盘	60	25	
6	鼠标	35	32	
7	移动硬盘	360	62	
8	U盘	88	58	

step 2 将鼠标光标移至单元格 D4 右下角的控制点■，当鼠标指针呈十字状态后，按住

左键并拖动选定 D5:D8 区域。释放鼠标，将会发现在 D5:D8 区域中显示的引用结果与 D4 单元格中的结果相同。说明使用绝对引用时，公式和函数的参数不会随着单元格的改变而改变。

销售统计表

商品名称	单价	数量	销售总额
摄像头	66	30	1980
键盘	60	25	1980
鼠标	35	32	1980
移动硬盘	360	62	1980
U盘	88	58	1980

3. 混合引用

混合引用指的是在一个单元格引用中，既有绝对引用，同时也包含有相对引用，即混合引用具有绝对列和相对行，或具有绝对行和相对列。绝对引用列采用 $A1、$B1 的形式，绝对引用行采用 A$1、B$1 的形式。如果公式所在单元格的位置改变，则相对引用改变，而绝对引用不变。如果多行或多列地复制公式，相对引用自动调整，而绝对引用不作调整。

【例 10-5】在“销售统计表”工作薄的 Sheet1 工作表中，通过混合引用将 D4 单元格中的公式复制到 E5:E8 单元格区域中。

视频+素材 (光盘素材\第 10 章\例 10-5)

step 1 打开“销售统计表”工作簿的 Sheet1 工作表，然后完善工作表内容。选中 D4 单元格，输入公式“=$B4*$C4”,其中，$B4、$C4 是绝对列和相对行形式。

销售统计表

商品名称	单价	数量	销售总额	
摄像头	66	30	=$B4*$C4	
键盘	60	25		
鼠标	35	32		
移动硬盘	360	62		
U盘	88	58		

1. 输入

step 2 按下 Enter 键后即可得到计算结果，如下图所示。

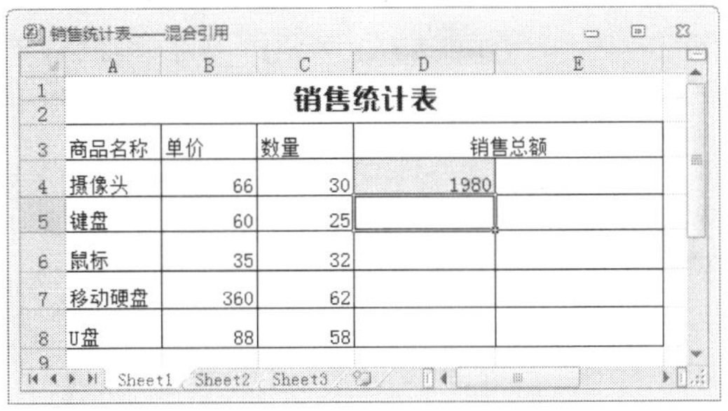

销售统计表

商品名称	单价	数量	销售总额	
摄像头	66	30	1980	
键盘	60	25		
鼠标	35	32		
移动硬盘	360	62		
U盘	88	58		

step 3 选中 D4 单元格，按 Ctrl+C 键复制，然后选中 E5 单元格，按 Ctrl+V 键粘贴，此时 E5 单元格中的公式如下图所示。从图中可以看出，绝对引用地址没有改变，仅相对引用地址发生改变。

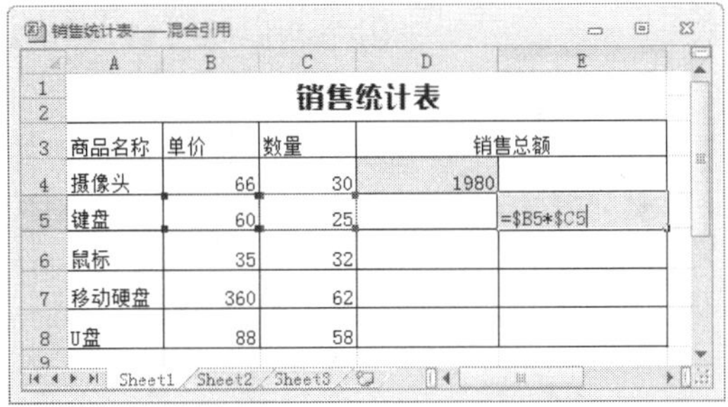

销售统计表

商品名称	单价	数量	销售总额	
摄像头	66	30	1980	
键盘	60	25		=$B5*$C5
鼠标	35	32		
移动硬盘	360	62		
U盘	88	58		

step 4 将鼠标光标移至单元格 E5 右下角的控制点■，当鼠标指针呈十字状态后，按住左键并拖动选定 E6:E8 单元格区域。释放鼠标，完成公式的混合引用操作。

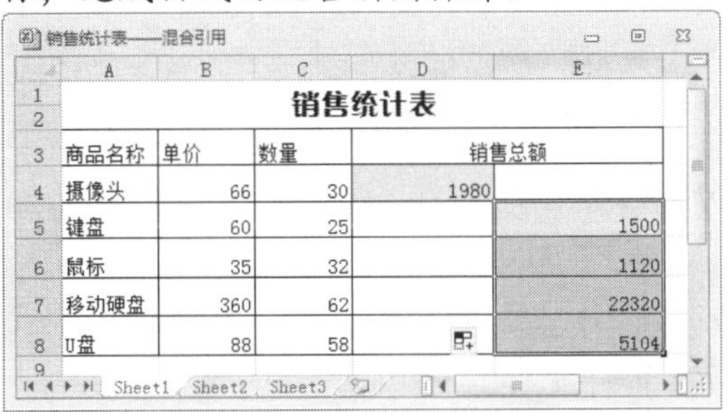

销售统计表

商品名称	单价	数量	销售总额	
摄像头	66	30	1980	
键盘	60	25		1500
鼠标	35	32		1120
移动硬盘	360	62		22320
U盘	88	58		5104

10.2 使用函数

公式是由用户自行设计的对单元格进行计算和处理的表达式，而函数则是在 Excel 中已经被软件定义好的公式。与直接使用公式进行计算相比较，使用函数进行计算的速度更快，同时减少了错误的发生。

10.2.1 函数的语法

函数是 Excel 中预定义的一些公式，它将一些特定的计算过程通过程序固定下来，使用一些称为参数的特定数值按特定的顺序或结构进行计算，将其命名后可供用户调用。

Excel 提供了大量的内置函数，这些函数可以有一个或多个参数，并能够返回一个计算结果，函数中的参数可以是数字、文本、逻辑值、表达式、引用或其他函数。函数的表达式如下图所示。

函数由如下几个元素构成。

- 连接符：包括“=”、“,”、“()”等，这些连接符都必须是英文状态下输入的符号。
- 函数名：需要执行运算的函数的名称，一个函数只有唯一的一个名称，它决定了函数的功能和用途。
- 函数参数：函数中最复杂的组成部分，它规定了函数的运算对象、顺序和结构等。参数可以是数字、文本、数组或单元格区域的引用等，参数必须符合相应的函数要求才能产生有效值。

Excel 函数包括【自动求和】、【最近使用的函数】、【财务】、【逻辑】、【文本】、【日期和时间】、【查找与引用】、【数学和三角函数】以及【其他函数】这 9 大类的上百个具体函数，每个函数的应用各不相同。

知识点滴

函数以函数名称开始，其参数则以(开始，以)结束。每个函数必定对应一对括号。函数中还可以包含其他的函数，即函数的嵌套使用。在多层函数嵌套使用时，尤其要注意一个函数一定要对应一对括号，用于在函数中将各个函数区分开。

10.2.2 函数基本操作

在 Excel 2010 中，所有函数操作都可以在【公式】选项卡的【函数库】组中完成，如下图所示。用户可以选择不同类型的函数进行插入、编辑的操作。

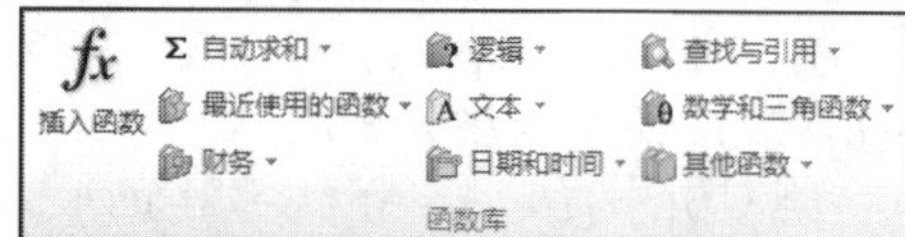

1. 插入函数

插入函数的方法十分简单，在【函数库】组中选择要插入的函数，然后设置函数参数的引用单元格即可。

【例 10-6】 在“销售统计表”工作簿的 Sheet1 工作表中，在 D9 单元格中插入求平均值函数，计算所有商品的平均销售额。

视频+素材 (光盘素材\第 10 章\例 10-6)

step 1 在 Excel 2010 中打开“销售统计表”工作簿的 Sheet1 工作表，然后选定 D9 单元格。

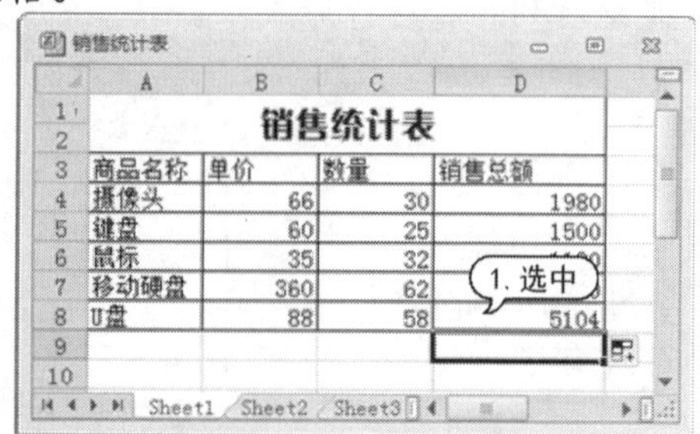

step 2　选择【公式】选项卡，在【函数库】选项组中单击【其他函数】按钮，选择【统计】|【AVERAGE】命令。

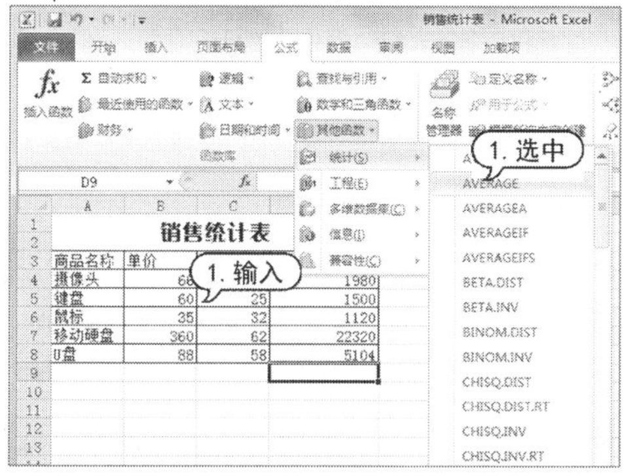

step 3　打开【函数参数】对话框，在AVERAGE 选项区域的 Number1 文本框中输入计算平均值的范围，这里输入 D4:D8。输入完成后，单击【确定】按钮。

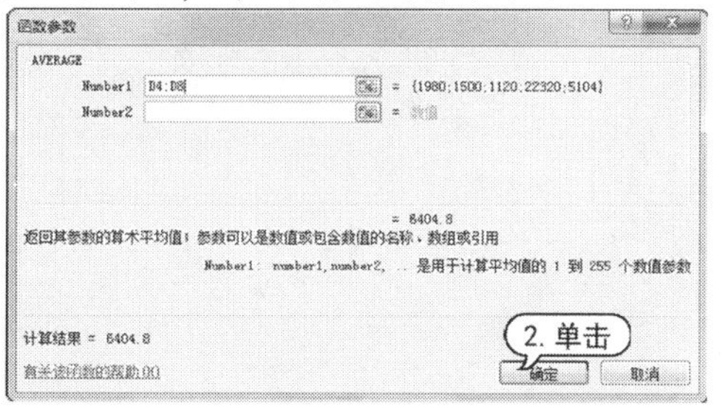

step 4　此时即可在 D9 单元格中显示计算结果，如下图所示。

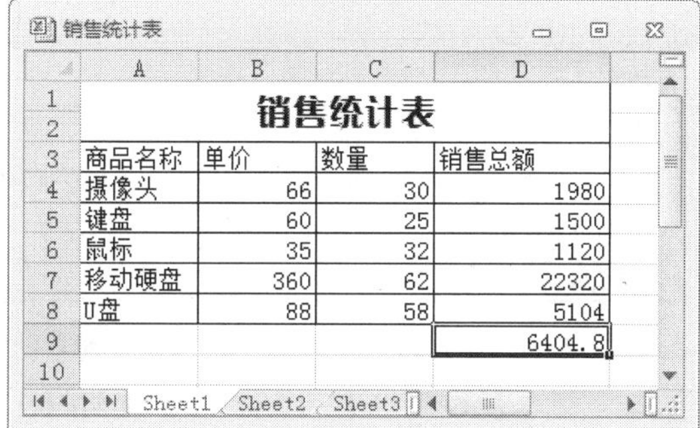

2. 编辑函数

用户在运用函数进行计算时，有时会需要对函数进行编辑，下面将用实例介绍说明。

【例 10-7】在"销售统计表"工作簿的【Sheet1】工作表中，修改 D9 单元格中的函数。
视频+素材 (光盘素材\第 10 章\例 10-7)

step 1　在 Excel 2010 中打开"销售统计表"工作簿的 Sheet1 工作表，然后选定 D9 单元格，单击【插入函数】按钮。

step 2　在打开的【函数参数】对话框中将 Number1 文本框中的单元格地址更改为 D5:D8，单击【确定】按钮。

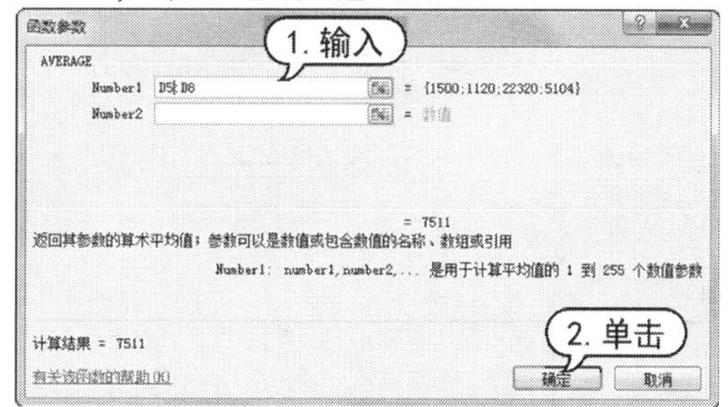

step 3　此时即可在工作表中的 D9 单元格内看到编辑后的结果。用户在熟悉了使用函数的情况下，也可以直接选择需要编辑的单元格，在编辑栏中对函数编辑。

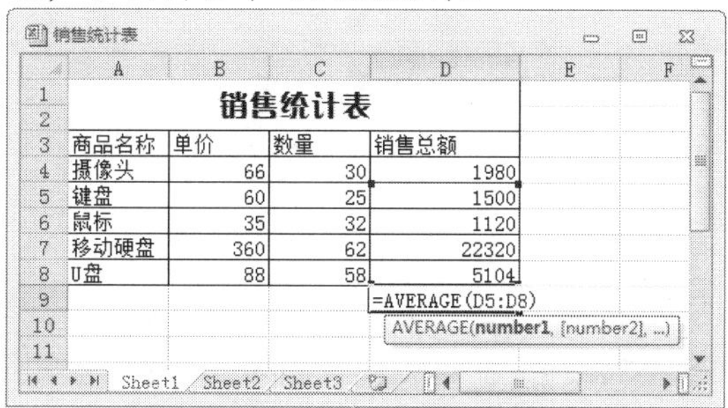

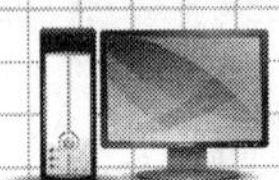

10.2.3 常用函数应用

Excel 2010 提供了多种函数进行计算和应用，比如数学和三角函数、日期和时间函数、查找和引用函数等。使用函数的嵌套功能可以将多种函数同时应用。

下面将以常用函数中的 SUM 函数、INT 函数和 MOD 函数计算为例，介绍一些数学函数的应用方法。

【例 10-8】新建“员工工资领取”工作簿，使用 SUM 函数、INT 函数和 MOD 函数计算总工资、具体发放人民币情况。

视频+素材 (光盘素材\第 10 章\例 10-8)

step 1 启动 Excel 2010，新建一个名为【员工工资领取】的工作簿，然后重命名 Sheet1 工作表为【工资统计与发放】，并在其中输入数据。

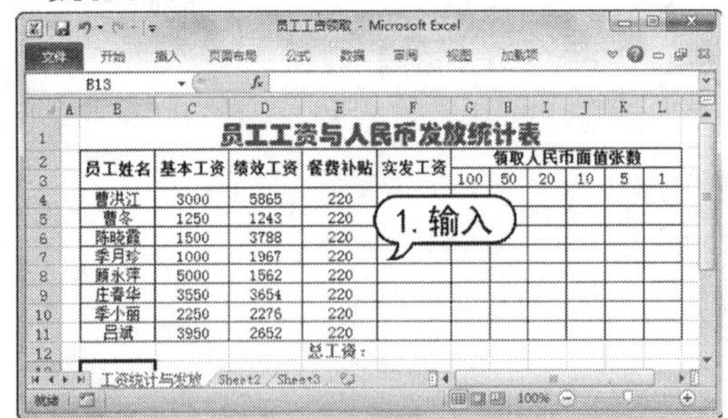

step 2 选中 F4 单元格，打开【公式】选项卡，在【函数库】组中单击【自动求和】按钮，插入 SUM 函数，并自动添加函数参数。

step 3 按 Enter 键，计算出员工“曹洪江”的实发工资。

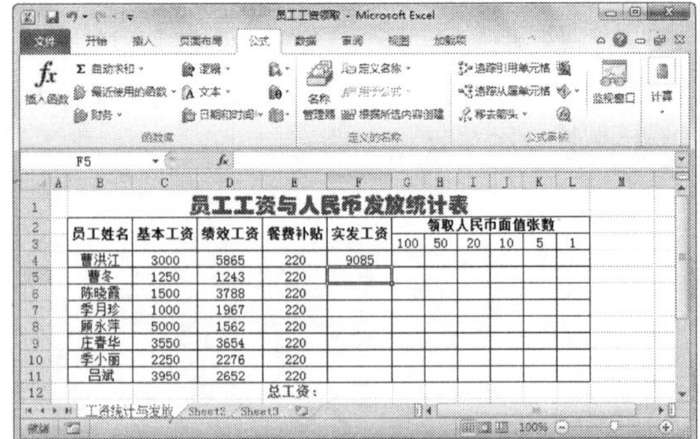

step 4 选中 F4 单元格，将光标移至 F4 单元格右下角，待光标变为十字箭头时，按住鼠标左键向下拖至 F11 单元格中，释放鼠标，进行公式的复制，计算出其他员工的实发工资。

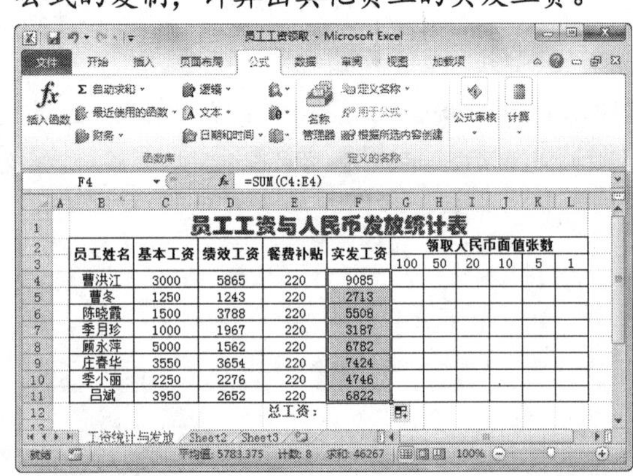

step 5 选中 G4 单元格，在编辑栏中使用 INT 函数输入公式“=INT(F4/$G$3)”。

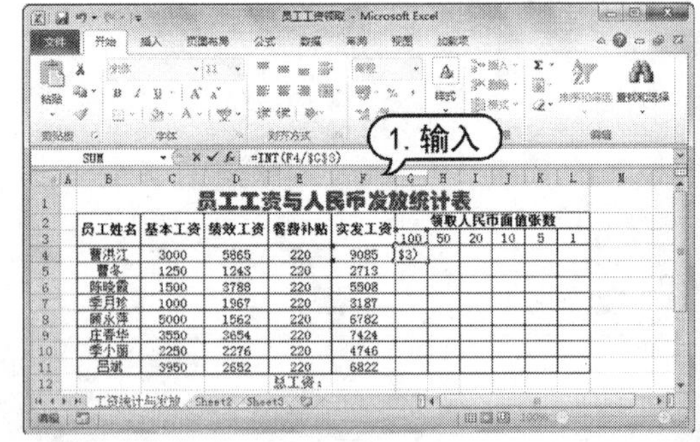

step 6 按 Ctrl+Enter 组合键，即可计算出员工“曹洪江”工资应发的 100 元面值人民币的张数。

step 7　使用相对引用的方法，复制公式到 G5:G11 单元格区域，计算出其他员工工资应发的 100 元面值人民币的张数。

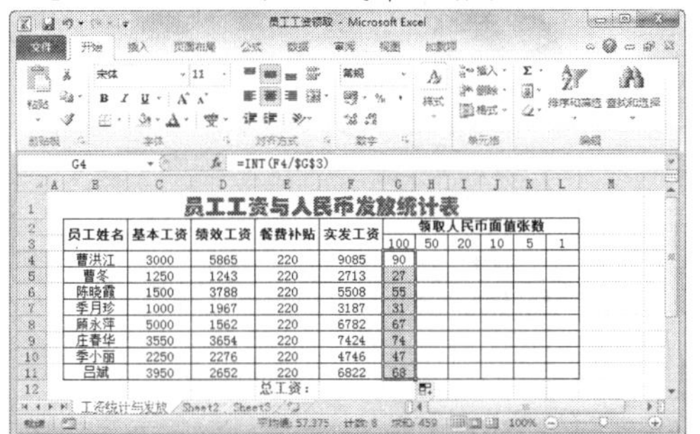

step 8　选中 H4 单元格，在编辑栏中使用 INT 函数和 MOD 函数输入公式“=INT(MOD(F4,$G$3)/$H$3)”。

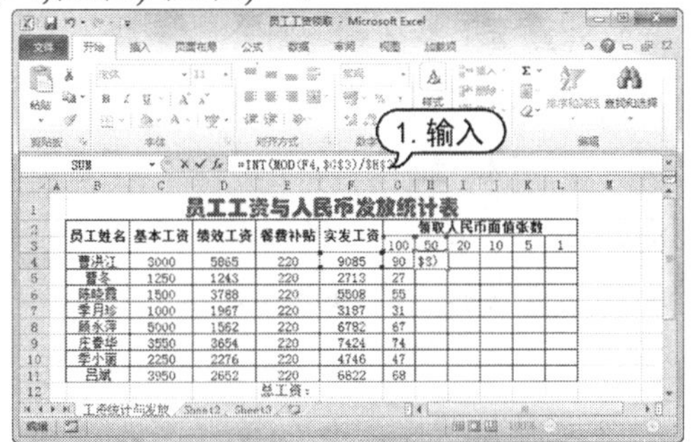

step 9　按 Ctrl+Enter 组合键，即可计算出员工“曹洪江”工资的剩余部分应发的 50 元面值人民币的张数。

step 10　使用相对引用的方法，复制公式到 H5:H11 单元格区域，计算出其他员工工资的剩余部分应发的 50 元面值人民币的张数。

step 11　选中 I4 单元格，在编辑栏中输入公式“=INT(MOD(MOD(F4,$G$3),$H$3)/$I$3)”。

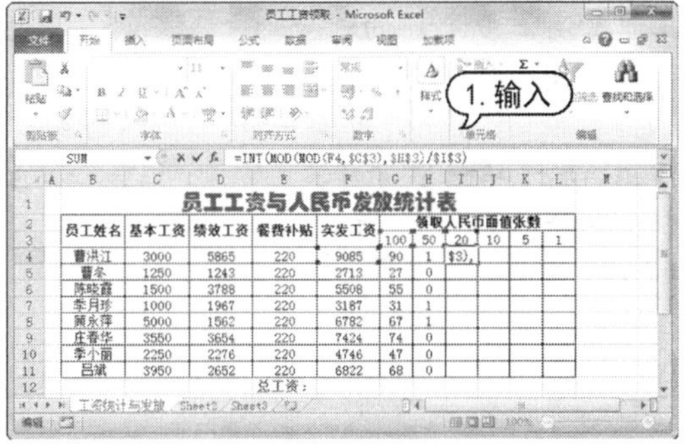

step 12　按 Ctrl+Enter 组合键，即可计算出员工“曹洪江”工资的剩余部分应发的 20 元面值人民币的张数。

step 13　使用相对引用的方法，复制公式到 I5:I11 单元格区域，计算出其他员工工资的剩余部分应发的 20 元面值人民币的张数。

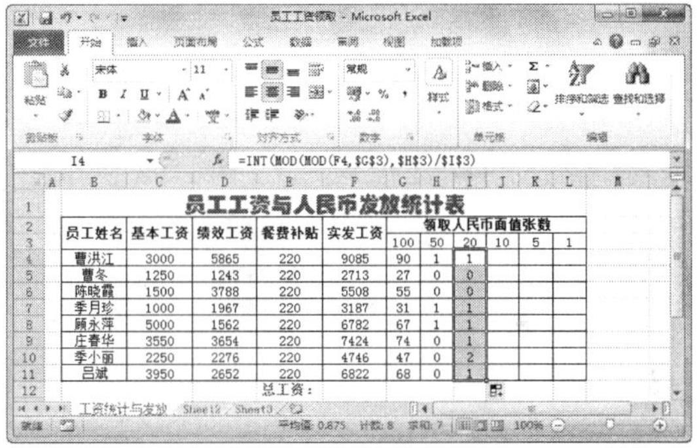

step 14　选中 J4 单元格，在编辑栏中输入“=INT(MOD(MOD(MOD(F4,$G$3),$H$3),$I$3)/$J$3)”。

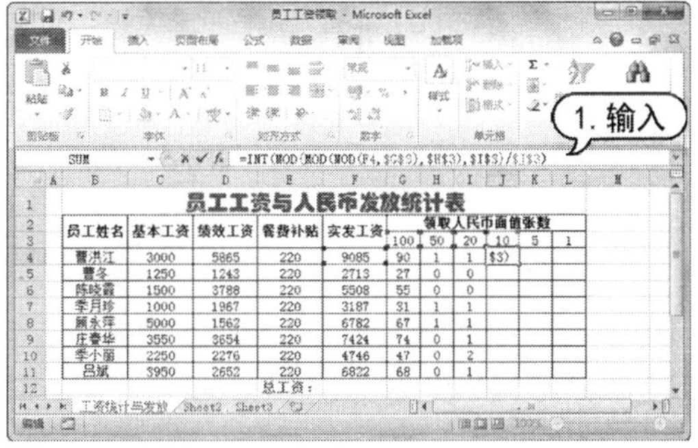

step 15 按 Ctrl+Enter 组合键，即可计算出员工“曹洪江”工资的剩余部分应发的 10 元面值人民币的张数。

step 16 使用相对引用的方法，复制公式到 J5:J11 单元格区域，计算出其他员工工资的剩余部分应发的 10 元面值人民币的张数。

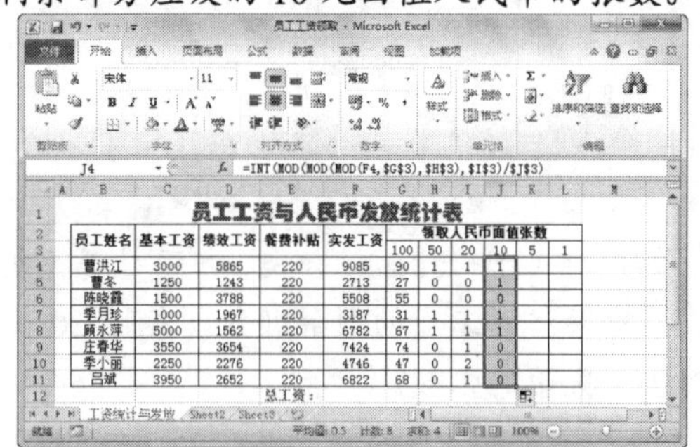

step 17 选中 K4 单元格，在编辑栏输入公式“=INT(MOD(MOD(MOD(MOD(F4,$G$3),$H$3),$I$3),$J$3)/$K$3)”。

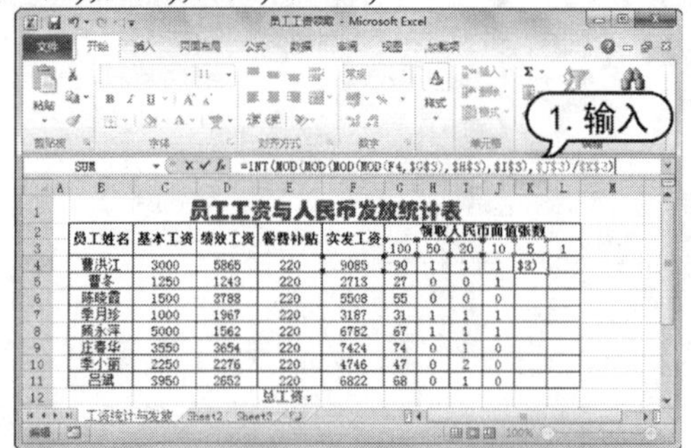

step 18 按 Ctrl+Enter 组合键，即可计算出员工“曹洪江”工资的剩余部分应发的 5 元面值人民币的张数。

step 19 使用相对引用的方法，复制公式到 K5:K11 单元格区域，计算出其他员工工资的剩余部分应发的 5 元面值人民币的张数。

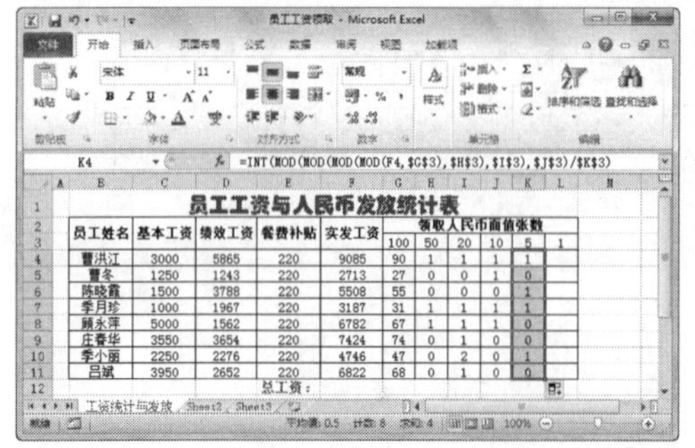

step 20 选中 L4 单元格，在编辑栏输入公式“=INT(MOD(MOD(MOD(MOD(MOD(F4,$G$3),$H$3),$I$3),$J$3),$K$3)/$L$3)”。

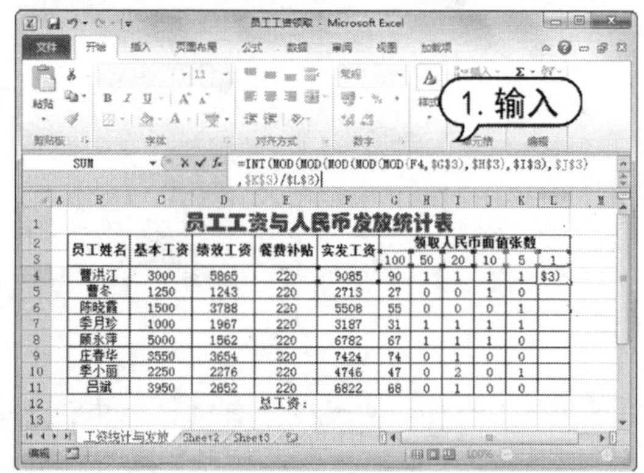

step 21 按 Ctrl+Enter 组合键，即可计算出员工“曹洪江”工资的剩余部分应发的 1 元面值人民币的张数。

step 22 使用相对引用的方法，复制公式到 L5:L11 单元格区域，计算出其他员工工资的剩余部分应发的 1 元面值人民币的张数。

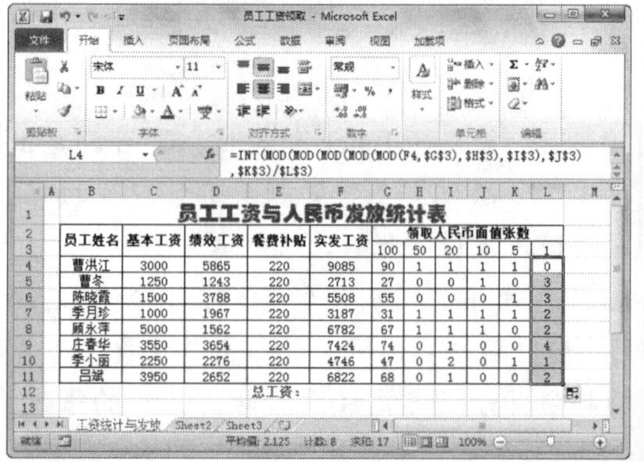

step 23 选定 F12 单元格，在编辑栏中输入公式“=SUM(F4:F11)”，按 Ctrl+Enter 组合键，计算出所有员工的总工资金额。

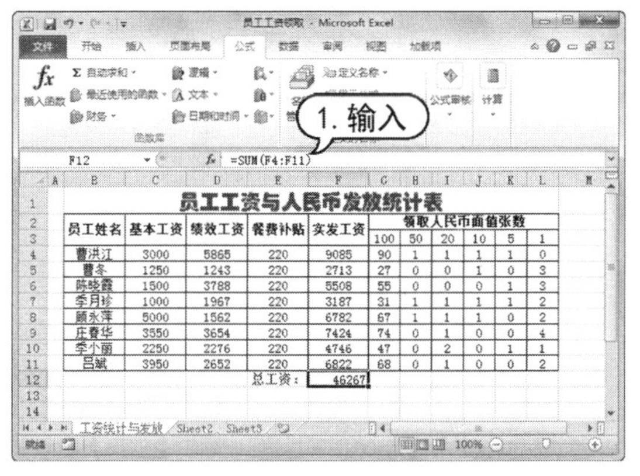

知识点滴

Excel 常用数学函数主要包括以下类型：ABS、SUM、INT、MOD、EXP、ROUND 等。Excel 常用日期和时间函数主要包括以下类型：DATE、DAY、EDATE、HOUR、NOW、TIME 等。Excel 常用财务和统计函数主要包括以下类型：IPMT、SLN、SYD、MAX、AVERAGE、RANK 等。Excel 常用查找和引用函数主要包括以下类型：AREAS、CHOOSE、ADDRESS、ROW、OFFSET、LOOKUP 等。

10.3　表格数据的排序

数据排序是指按一定规则对数据进行整理、排列，这样可以为数据的进一步处理做好准备。Excel 2010 提供了多种方法对数据清单进行排序，可以按升序、降序的方式，也可以由用户自定义排序。

10.3.1　简单排序

对 Excel 中的数据清单进行排序时，如果只需要按照单列的内容进行简单排序，则可以打开【数据】选项卡，在【排序和筛选】组中单击【升序】按钮或【降序】按钮即可。这种排序方式属于一种单条件排序。

【例 10-9】在“员工考核表”工作簿中，设置总成绩从高到低进行排列。

视频+素材 (光盘素材\第 10 章\例 10-9)

step 1　启动 Excel 2010 程序，打开“员工考核表”工作簿，选择 Sheet1 工作表，选中“总成绩”所在的 I3:I20 单元格区域。

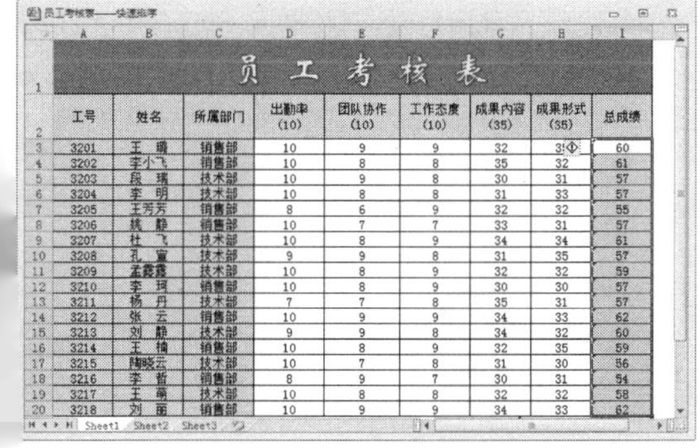

step 2　选择【数据】选项卡，在【排序和筛选】组中单击【降序】按钮。

step 3　打开【排序提醒】对话框，选中【扩展选定区域】单选按钮，单击【排序】按钮。

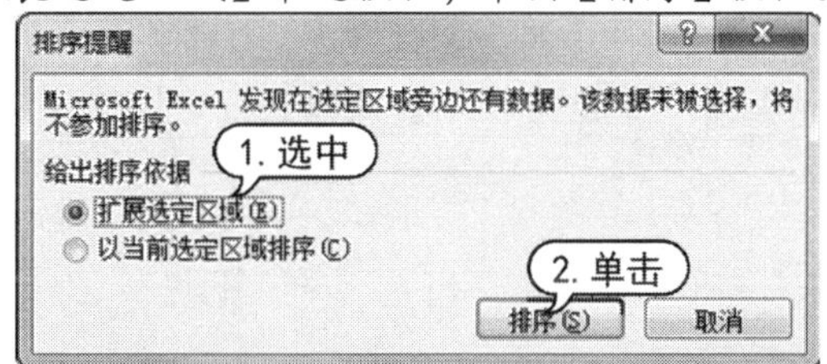

实用技巧

在【排序警告】对话框中，选中【以当前选定区域排序】单选按钮，然后单击【排序】按钮，Excel 2010 只会将选定区域排序，而其他位置的单元格保持不变。这里排序的数据与数据的记录不是对应的。

step 4 返回工作簿窗口，此时，在工作表中显示排序后的数据，即按照总成绩从高到低的顺序重新排列。

员工考核表——快速排序

工号	姓名	所属部门	出勤率(10)	团队协作(10)	工作态度(10)	成果内容(35)	成果形式(35)	总成绩
3212	张云	销售部	10	9	9	34	3	62
3218	刘丽	销售部	10	9	9	34	33	62
3202	李小飞	销售部	10	8	8	35	32	61
3207	杜飞	技术部	10	8	9	34	34	61
3201	王璐	销售部	10	9	9	32	35	60
3213	刘静	技术部	9	9	8	34	32	60
3209	孟露露	技术部	10	8	9	32	32	59
3214	王楠	销售部	10	8	9	32	35	59
3217	王萌	技术部	10	8	8	32	32	58
3203	段瑞	技术部	10	9	8	30	31	57
3204	李明	技术部	10	8	8	31	33	57
3206	姚静	销售部	10	7	7	33	31	57
3208	孔宣	技术部	9	9	8	31	35	57
3210	李珂	销售部	10	8	9	30	30	57
3211	杨丹	技术部	7	7	8	35	31	57
3215	陶晓云	技术部	10	7	8	31	30	56
3205	王芳芳	销售部	8	6	9	32	32	55
3216	李哲	销售部	8	9	7	30	31	54

10.3.2 多条件排序

在使用快速排序时，只能使用一个排序条件，为了满足用户的复杂排序需求，Excel 2010 提供了多条件排序功能。使用该功能，用户可设置多个排序条件，当排序主关键字的值相等时，就可以参考第二个关键字的值进行排序。

【例 10-10】在“员工考核表”工作簿中，按总成绩额从高到低排序表格数据，如果总成绩相同，则按工号从低到高排序。

视频+素材 (光盘素材\第 10 章\例 10-10)

step 1 启动 Excel 2010 程序，打开“员工考核表”工作簿的 Sheet1 工作表。

step 2 选择【数据】选项卡，在【排序和筛选】组中单击【排序】按钮。

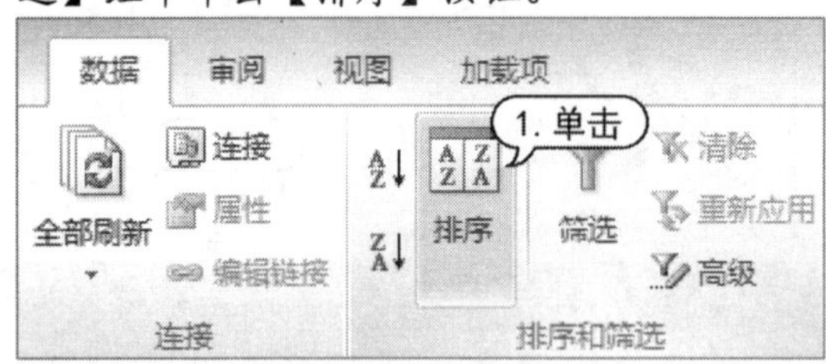

step 3 打开【排序】对话框，在【主要关键字】下拉列表框中选择【总成绩】选项，在【排序依据】下拉列表框中选择【数值】选项，在【次序】下拉列表框中选择【降序】选项，然后单击【添加条件】按钮。

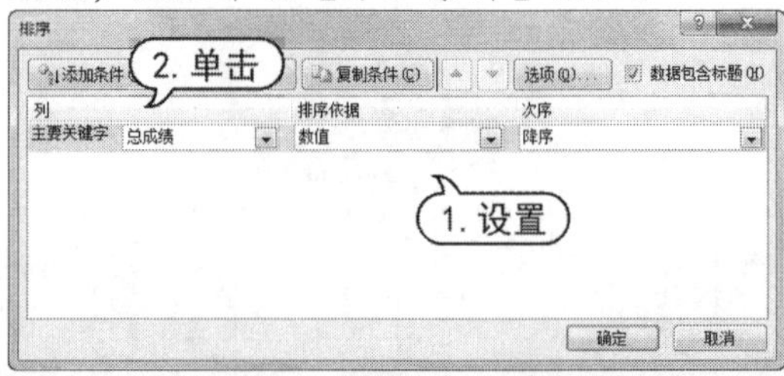

实用技巧

若要删除已添加的排序条件，则在【排序】对话框中选择该排序条件，然后单击上方的【删除条件】按钮即可。单击【选项】按钮，可以打开【排序选项】对话框，在其中可以设置排序方法。当添加多个排序条件后，可单击对话框里上下箭头按钮。

step 4 此时添加新的排序条件，在【次要关键字】下拉列表框中选择【工号】选项，在【排序依据】下拉列表框中选择【数值】选项，在【次序】下拉列表框中选择【升序】选项，单击【确定】按钮。

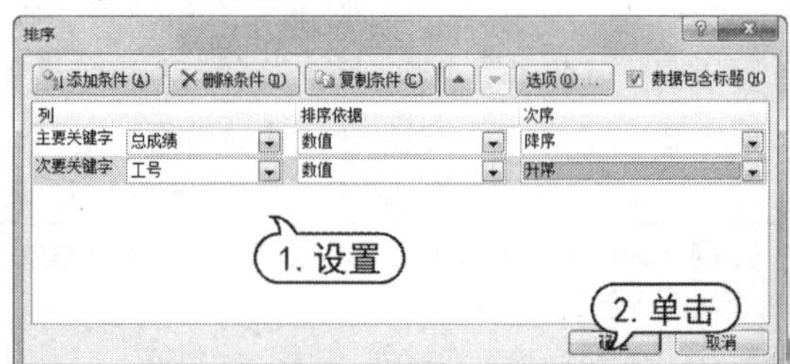

step 5 返回工作簿窗口，即可按照多个指定条件对表格中的数据进行排序，如下图所示。

员工考核表——多条件排序

工号	姓名	所属部门	出勤率(10)	团队协作(10)	工作态度(10)	成果内容(35)	成果形式(35)	总成绩
3212	张云	销售部	10	9	9	34	33	62
3218	刘丽	销售部	10	9	9	34	33	62
3202	李小飞	销售部	10	8	8	35	32	61
3207	杜飞	技术部	10	8	9	34	34	61
3201	王璐	销售部	10	9	9	32	35	60
3213	刘静	技术部	9	9	8	34	32	60
3209	孟露露	技术部	10	8	9	32	32	59
3214	王楠	销售部	10	8	9	32	35	59
3217	王萌	技术部	10	8	8	32	32	58
3203	段瑞	技术部	10	9	8	30	31	57
3204	李明	技术部	10	8	8	31	33	57
3206	姚静	销售部	10	7	7	33	31	57
3208	孔宣	技术部	9	9	8	31	35	57
3210	李珂	销售部	10	8	9	30	30	57
3211	杨丹	技术部	7	7	8	35	31	57
3215	陶晓云	技术部	10	7	8	31	30	56
3205	王芳芳	销售部	8	6	9	32	32	55
3216	李哲	销售部	8	9	7	30	31	54

10.3.3　自定义排序

Excel 2010 还允许用户对数据进行自定义排序，通过【自定义序列】对话框可以对排序的依据进行设置。

【例 10-11】在“员工考核表”工作簿中，自定义条件进行排序。

视频+素材 (光盘素材\第 10 章\例 10-11)

step 1 启动 Excel 2010 程序，打开“员工考核表”工作簿的 Sheet1 工作表。

step 2 选择【数据】选项卡，在【排序和筛选】组中单击【排序】按钮。

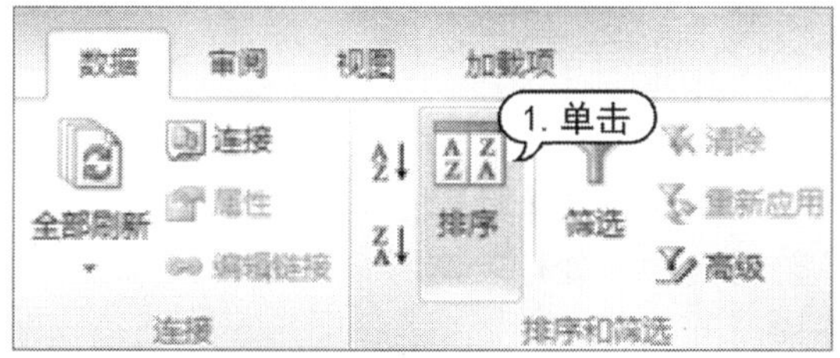

step 3 打开【排序】对话框，在【主要关键字】下拉列表框中选择【所属部门】选项，在【次序】下拉列表框中，选择【自定义序列】选项。

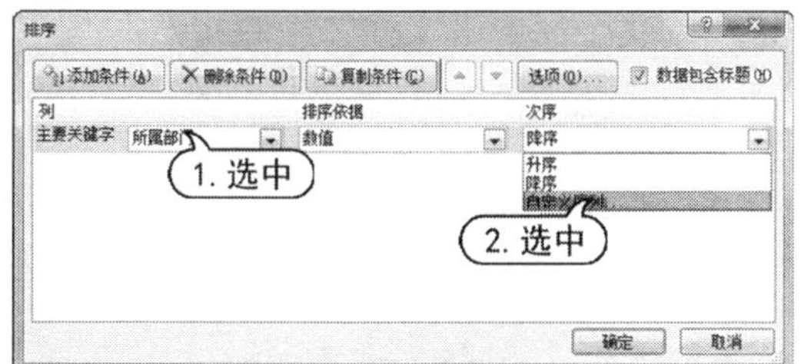

step 4 打开【自定义序列】对话框，在【输入序列】列表框中输入自定义序列内容“销售部”和“技术部”，然后单击【添加】按钮。

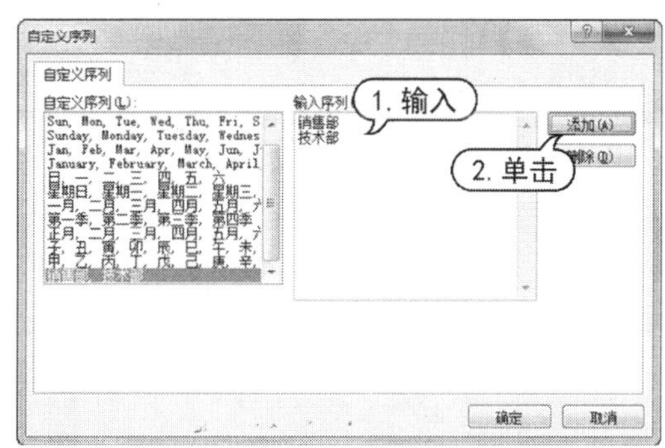

step 5 在【自定义序列】列表框中选择刚添加的“销售部”、“技术部”序列，单击【确定】按钮，完成自定义序列操作。

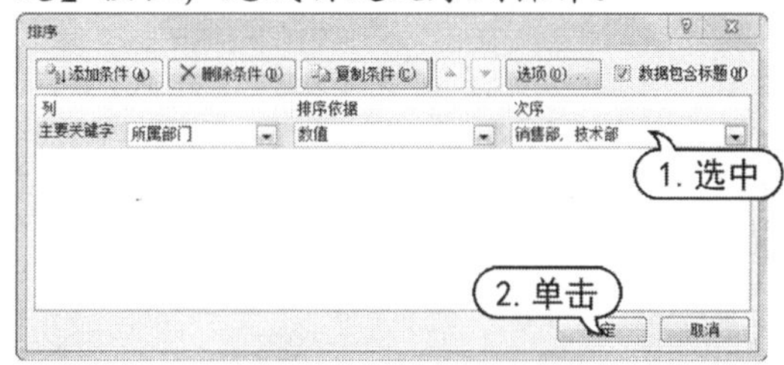

step 6 返回【排序】对话框，单击【确定】按钮，此时工作表数据将以所属部门“销售部”在前、“技术部”在后的顺序进行排序。

员工考核表

工号	姓名	所属部门	出勤率(10)	团队协作(10)	工作态度(10)	成果内容(35)	成果形式(35)	总成绩
3212	张　云	销售部	10	9	9	34	33	62
3218	刘　丽	销售部	10	9	9	34	33	62
3202	李小飞	销售部	10	8	8	35	32	61
3201	王　璐	销售部	10	9	9	32	35	60
3214	王　楠	销售部	10	8	9	32	35	59
3206	姚　静	销售部	10	7	7	33	31	57
3210	李　珂	销售部	10	8	9	30	30	57
3205	王芳芳	销售部	8	6	9	32	32	55
3216	李　哲	销售部	8	9	7	30	31	54
3207	杜　飞	技术部	10	8	9	34	34	61
3213	刘　静	技术部	9	9	8	34	32	60
3209	孟露露	技术部	10	8	9	32	32	59
3217	王　萌	技术部	10	8	8	32	32	58
3203	段　瑞	技术部	10	9	8	30	31	57
3204	李　明	技术部	10	8	8	31	33	57
3208	孔　亘	技术部	9	9	8	31	35	57
3211	杨　丹	技术部	7	7	8	35	31	57
3215	陶晓云	技术部	10	7	8	31	30	56

10.4　表格数据的筛选

表格数据的筛选功能是一种用于查找特定数据的快速方法。经过筛选后的数据清单只显示包含指定条件的数据行，以供用户浏览和分析。

10.4.1　快速筛选

使用 Excel 2010 自带的筛选功能，可以快速筛选表格中的数据。筛选为用户提供了从具有大量记录的数据清单中快速查找符合某种条件记录的功能。使用筛选功能筛选数据时，字段名称将变成一个下拉列表框的框名。

【例 10-12】在“员工考核表”工作簿中，自动筛选出总成绩最高的 3 条记录。

视频+素材 (光盘素材\第 10 章\例 10-12)

step 1 启动 Excel 2010 程序，打开“员工考核表”工作簿的 Sheet1 工作表。

step 2 选择【数据】选项卡，在【排序和筛选】组中单击【筛选】按钮。

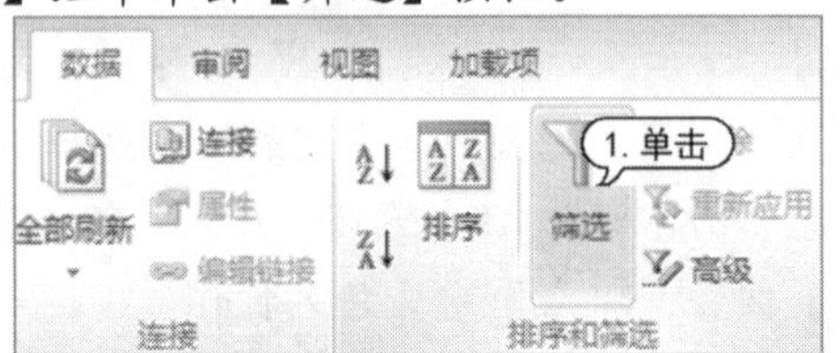

step 3 此时，电子表格进入筛选模式，列标题单元格中添加用于设置筛选条件的下拉菜单按钮，如下图所示。

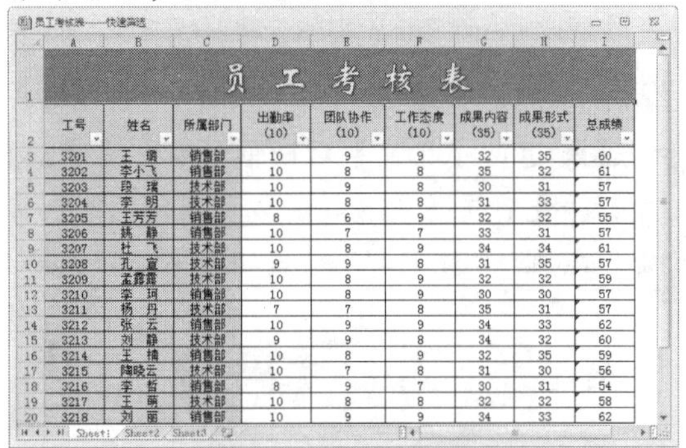

员 工 考 核 表

工号	姓名	所属部门	出勤率(10)	团队协作(10)	工作态度(10)	成果内容(35)	成果形式(35)	总成绩
3201	王 璐	销售部	10	9	9	32	35	60
3202	李小飞	销售部	10	8	8	35	32	61
3203	段 瑞	技术部	10	9	8	30	31	57
3204	李 明	技术部	10	8	8	31	33	57
3205	王芳芳	销售部	8	6	9	32	32	55
3206	姚 静	销售部	10	7	7	33	31	57
3207	杜 飞	技术部	10	8	9	34	34	61
3208	孔 宣	技术部	9	9	8	31	35	57
3209	孟露露	技术部	10	8	9	32	32	59
3210	李 珂	销售部	10	8	9	30	30	57
3211	杨 丹	技术部	7	7	8	35	31	57
3212	张 云	销售部	10	9	9	34	33	62
3213	刘 静	技术部	9	9	8	34	32	60
3214	王 楠	销售部	10	8	9	32	35	59
3215	陶晓云	技术部	10	7	8	31	30	56
3216	李 哲	销售部	8	9	7	30	31	54
3217	王 萌	技术部	10	8	8	32	32	58
3218	刘 丽	销售部	10	9	9	34	33	62

step 4 单击【总成绩】单元格旁边的下拉菜单按钮，在弹出的菜单中选择【数字筛选】|【10 个最大的值】命令。

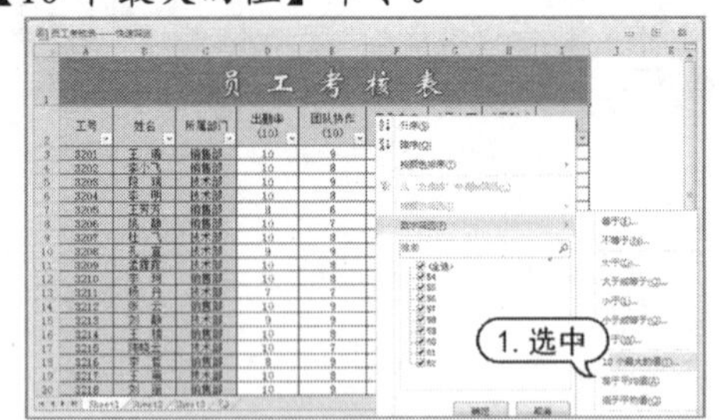

step 5 打开【自动筛选前 10 个】对话框，在【最大】右侧的微调框中输入 3，然后单击【确定】按钮。

step 6 返回工作簿窗口，即可筛选出考核总成绩最高的 3 条记录，即分数最高的 3 个员工的信息，如下图所示。

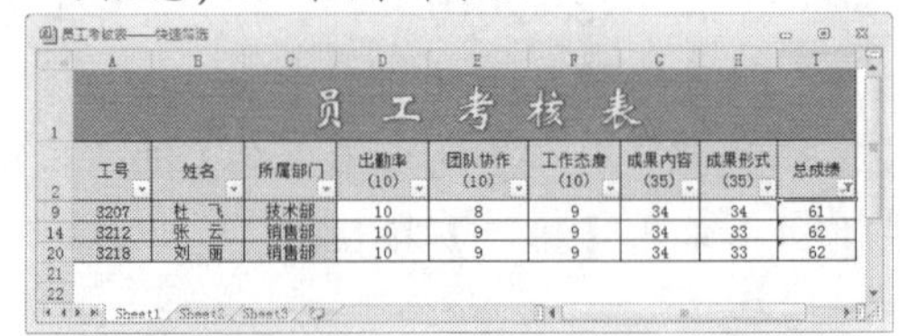

员 工 考 核 表

工号	姓名	所属部门	出勤率(10)	团队协作(10)	工作态度(10)	成果内容(35)	成果形式(35)	总成绩
3207	杜 飞	技术部	10	8	9	34	34	61
3212	张 云	销售部	10	9	9	34	33	62
3218	刘 丽	销售部	10	9	9	34	33	62

10.4.2 高级筛选

对筛选条件较多的情况，可以使用高级筛选功能来处理。使用高级筛选功能，必须先建立一个条件区域，用来指定筛选的数据所需满足的条件。条件区域的第 1 行是所有作为筛选条件的字段名，这些字段名与数据清单中的字段名必须完全一致。条件区域的其他行则是筛选条件。需要注意的是，条件区域和数据清单不能连接，必须用一个空行将其隔开。

【例 10-13】在“员工考核表”工作簿中，使用高级筛选功能筛选出总成绩低于 58 分的技术部员工的所有记录。

视频+素材 (光盘素材\第 10 章\例 10-13)

step 1 启动 Excel 2010 程序，打开“员工考核表”工作簿的【Sheet1】工作表。

step 2 在 A22:B23 单元格区域中输入筛选条件，要求【所属部门】等于“技术部”，【总成绩】<58，如下图所示。

18	3216	李 哲	销售部
19	3217	王 萌	技术部
20	3218	刘 丽	销售部
21			
22	所属部门	总成绩	
23	技术部	<58	

1. 输入

step 3　在工作表中选择 A2:I20 单元格区域，然后打开【数据】选项卡，在【排序和筛选】组中单击【高级】按钮。

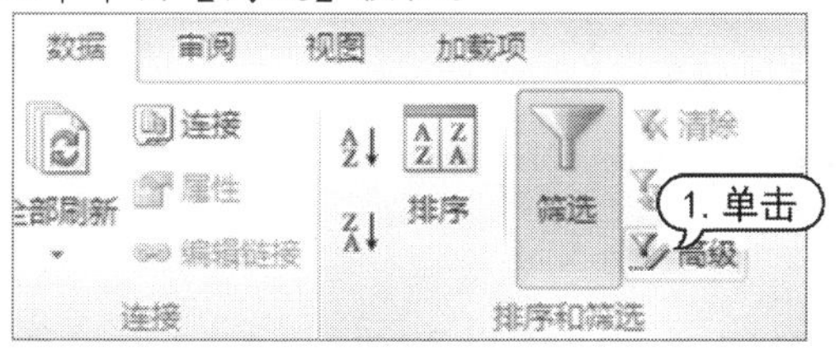

step 4　打开【高级筛选】对话框，单击【条件区域】文本框后面的按钮。

step 5　返回工作簿窗口，选择所输入筛选条件的 A22:B23 单元格区域，如下图所示。然后单击按钮展开【高级筛选】对话框。

step 6　在其中可以查看和设置选定的列表区域与条件区域，单击【确定】按钮。

step 7　返回工作簿窗口，筛选出总成绩低于 58 分的技术部员工的记录，结果如下图所示。

10.4.3　模糊筛选

有时筛选数据的条件可能不够精确，只知道其中某一个字或内容。此时用户可以用通配符来模糊筛选表格内的数据。

Excel 通配符为*和？，*代表 0 到任意多个连续字符，？代表仅且有一个字符。通配符只能用于文本型数据，对数值和日期型数据无效。

【例 10-14】在“员工考核表”工作簿中，筛选出姓“王”且名字是两个字的员工记录。

视频 (光盘素材\第 10 章\例 10-14)

step 1　启动 Excel 2010 程序，打开“员工考核表”工作簿的 Sheet1 工作表。选中任意一个单元格，单击【数据】选项卡中的【筛选】按钮，使表格进入筛选模式。

step 2　单击 B2 单元格中的下拉箭头，在弹出的菜单中选择【文本筛选】|【自定义筛选】命令。

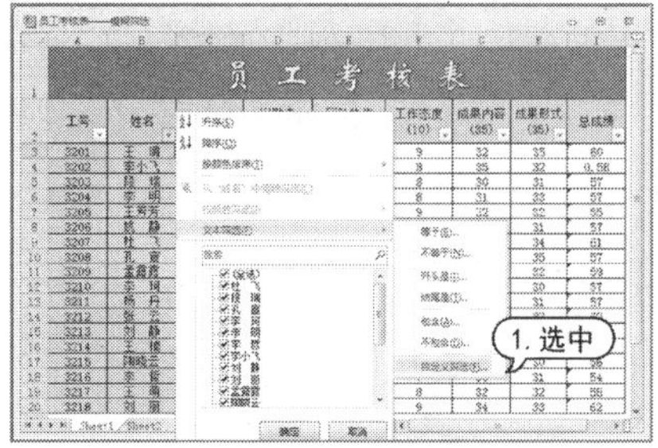

step 3　打开【自定义自动筛选方式】对话框，选择条件类型为【等于】，后面的文本框内输入“王？”，然后单击【确定】按钮。

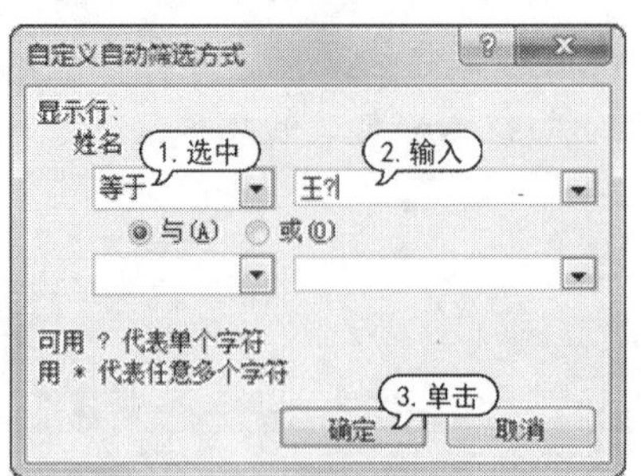

step 4 返回工作簿，此时筛选结果如下图所示。

工号	姓名	所属部门	出勤率(10)	团队协作(10)	工作态度(10)	成果内容(35)	成果形式(35)	总成绩
3201	王璐	销售部	10	9	9	32	35	60
3214	王楠	销售部	10	8	9	32	35	59
3217	王萌	技术部	10	8	8	32	32	58

所属部门	总成绩
技术部	<58

实用技巧

如果要清除各类筛选操作，重新显示电子表格的全部内容，只需在【数据】选项卡的【排序和筛选】组中单击【清除】按钮即可。

10.5 表格数据的分类汇总

分类汇总是对数据清单进行数据分析的一种方法。分类汇总对数据库中指定的字段进行分类，然后统计同一类记录的有关信息。

10.5.1 创建分类汇总

Excel 2010 可以在数据清单中自动计算分类汇总及总计值。用户只需指定需要进行分类汇总的数据项、待汇总的数值和用于计算的函数(例如求和函数)即可。

如果使用自动分类汇总，工作表必须组织成具有列标志的数据清单。在创建分类汇总之前，用户必须先对数据清单排序。

【例 10-15】在“模拟考试成绩汇总”工作簿中，将表中的数据按班级排序后分类，并汇总各班级的平均成绩。

视频+素材 (光盘素材\第 10 章\例 10-15)

step 1 启动 Word 2010 应用程序，打开“模拟考试成绩汇总”工作簿的 Sheet1 工作表。

step 2 选定【班级】列，选择【数据】选项卡，在【排序和筛选】组中单击【升序】按钮。

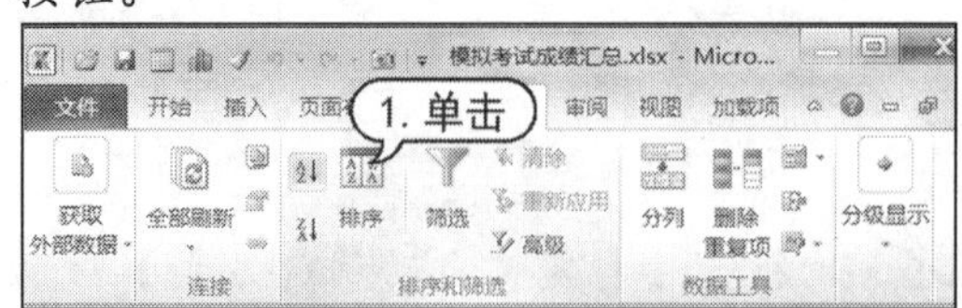

step 3 打开【排序提醒】对话框，保持默认设置，单击【排序】按钮，对工作表按【班级】升序进行分类排序。

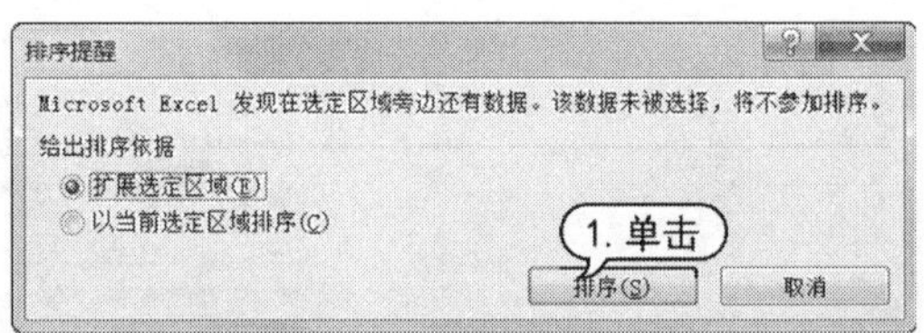

实用技巧

在分类汇总前，建议用户首先对数据进行排序操作，使得分类字段的同类数据排列在一起，否则在执行分类汇总操作后，Excel 只会对连续相同的数据进行汇总。

step 4 选定任意一个单元格，选择【数据】选项卡，在【分级显示】组中单击【分类汇总】按钮。

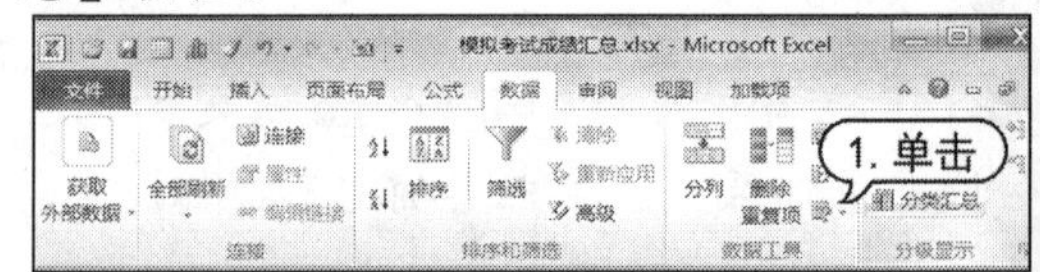

step 5 打开【分类汇总】对话框，在【分类字段】下拉列表框中选择【班级】选项；在【汇总方式】下拉列表框中选择【平均值】选项；在【选定汇总项】列表框中选中【成绩】复选框；选中【替换当前分类汇总】与【汇总结果显示在数据下方】复选框，单击【确定】按钮。

实用技巧

建立分类汇总后，如果修改明细数据，汇总数据将会自动更新。

step 6 返回工作簿窗口，即可查看表格分类汇总后的效果。

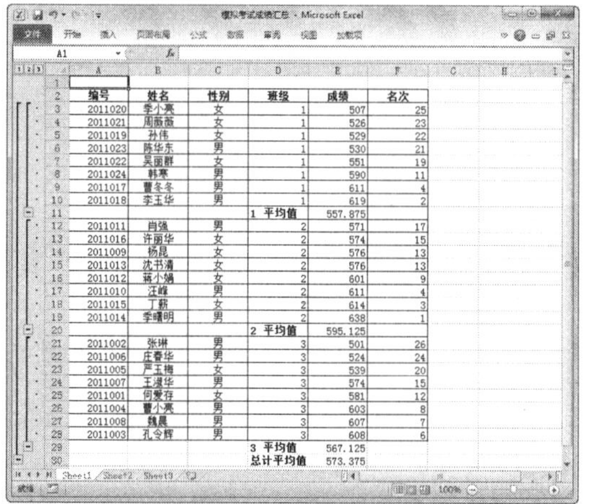

10.5.2 多重分类汇总

在 Excel 2010 中，有时需要同时按照多个分类项来对表格数据进行汇总计算，此时的多重分类汇总需要遵循以下 3 个原则：

- 先按分类项的优先级别顺序对表格中相关字段排序；
- 按分类项的优先级顺序多次执行【分类汇总】命令，并设置详细参数；
- 从第二次执行【分类汇总】命令开始，需要取消选中【分类汇总】对话框中的【替换当前分类汇总】复选框。

【例 10-16】在“模拟考试成绩汇总”工作簿中，对每个班级的男女成绩进行汇总。

视频+素材 (光盘素材\第 10 章\例 10-16)

step 1 启动 Word 2010 应用程序，打开“模拟考试成绩汇总”工作簿的 Sheet1 工作表。

step 2 选中任意一个单元格，在【数据】选项卡内单击【排序】按钮，在弹出的【排序】对话框中，选择【主要关键字】为【班级】，然后单击【添加条件】按钮。

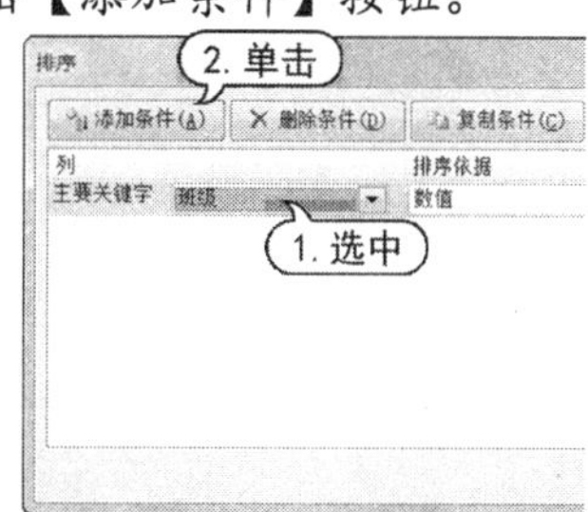

step 3 在【次要关键字】里选择【性别】选项，然后单击【确定】按钮，完成排序。

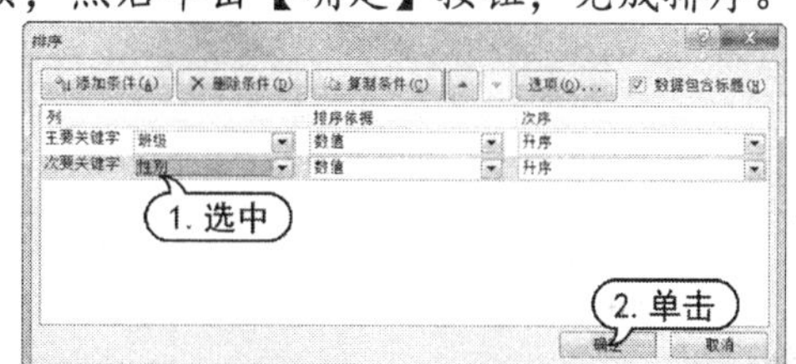

step 4 单击【数据】选项卡中的【分类汇总】按钮，打开【分类汇总】对话框，选择【分类字段】为【班级】，【汇总方式】为【求和】，选中【选定汇总项】的【成绩】复选框，然后单击【确定】按钮。

step 5 此时第一次汇总的效果如下图所示。

编号	姓名	性别	班级	成绩	名次
2011017	曹冬冬	男	1	611	6
2011018	李玉华	男	1	619	4
2011023	陈华东	男	1	530	21
2011024	韩寒	男	1	590	12
2011019	孙伟	女	1	529	22
2011020	季小亮	女	1	507	25
2011021	周薇薇	女	1	526	23
2011022	吴丽群	女	1	551	19
			1 汇总	4463	
2011010	汪峰	男	2	611	6
2011011	肖强	男	2	571	18
2011014	季曙明	男	2	638	3
2011009	杨昆	女	2	576	14

step 6 再次单击【数据】选项卡中的【分类汇总】按钮，打开【分类汇总】对话框，选择【分类字段】为【性别】，汇总方式为【求和】，选中【选定汇总项】的【成绩】复选框，取消选中【替换当前分类汇总】复选框，然后单击【确定】按钮。

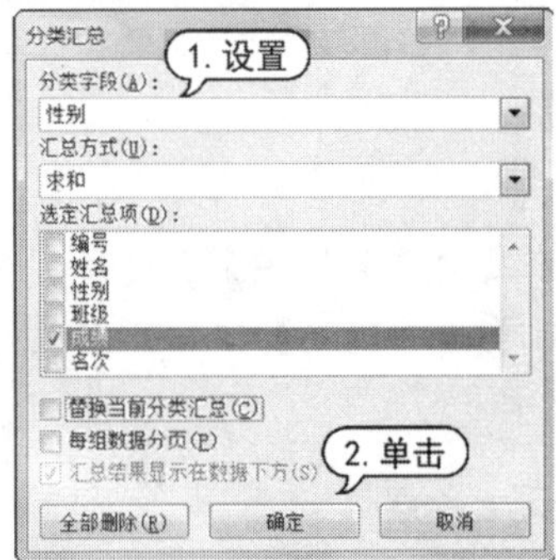

step 7 此时表格同时根据【班级】和【性别】两个分类字段进行了汇总，单击【分级显示控制按钮】中的 3，即可得到各个班级的男女成绩汇总。

编号	姓名	性别	班级	成绩	名次
		男 汇总		2350	
		女 汇总		2113	
			1 汇总	4463	
		男 汇总		1820	
		女 汇总		2941	
			2 汇总	4761	
		男 汇总		3417	
		女 汇总		1120	
			3 汇总	4537	
			总计	13761	

10.5.3 隐藏和删除分类汇总

用户可以对分类汇总进行隐藏和显示的操作，如果不用分类汇总还能将其删除。

1. 隐藏分类汇总

为了方便用户查看数据，可将分类汇总后暂时不需要使用的数据隐藏，从而减小界面的占用空间。当需要查看时，再将其显示。

【例 10-17】在“模拟考试成绩汇总”工作簿中，隐藏除汇总外的所有分类数据，然后显示 2 班的详细数据。

视频+素材 (光盘素材\第 10 章\例 10-17)

step 1 启动 Word 2010 应用程序，打开“模拟考试成绩汇总”工作簿的 Sheet1 工作表。

step 2 选定【1 平均值】所在的 D11 单元格，选择【数据】选项卡，在【分级显示】组中单击【隐藏明细数据】按钮，即可隐藏 1 班的详细记录。

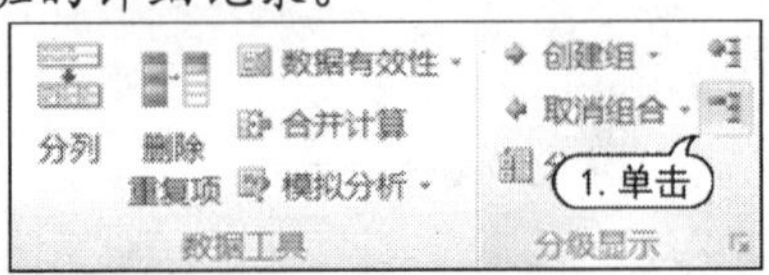

step 3 使用同样的方法，隐藏 2 班和 3 班的详细记录。

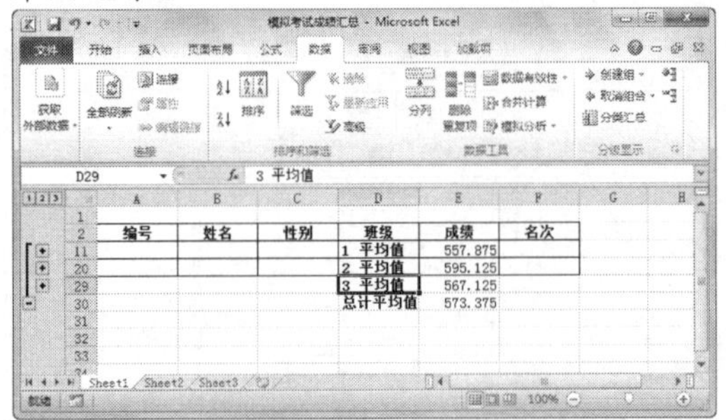

编号	姓名	性别	班级	成绩	名次
			1 平均值	557.875	
			2 平均值	595.125	
			3 平均值	567.125	
			总计平均值	573.375	

step 4 选定【2 平均值】所在的 D20 单元格，打开【数据】选项卡，在【分级显示】组中单击【显示明细数据】按钮，即可重新显示 2 班的详细数据。

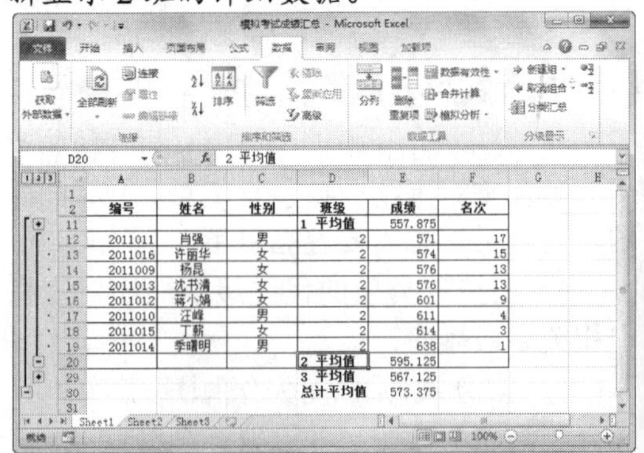

编号	姓名	性别	班级	成绩	名次
			1 平均值	557.875	
2011011	肖强	男	2	571	17
2011016	许丽华	女	2	574	15
2011009	杨昆	女	2	576	13
2011013	沈书清	女	2	576	13
2011012	蒋小娟	女	2	601	9
2011010	汪峰	男	2	611	4
2011015	丁薪	女	2	614	3
2011014	季曙明	男	2	638	1
			2 平均值	595.125	
			3 平均值	567.125	
			总计平均值	573.375	

2. 删除分类汇总

查看完分类汇总，当用户不再需要分类汇总表格中的数据时，可以删除分类汇总，将电子表格返回至原来的工作状态。

用户可以在【数据】选项卡的【分级显示】组中单击【分类汇总】按钮。打开【分类汇总】对话框，单击【全部删除】按钮，然后单击【确定】按钮，即可删除表格中的分类汇总，并返回工作簿中显示原来的电子表格。

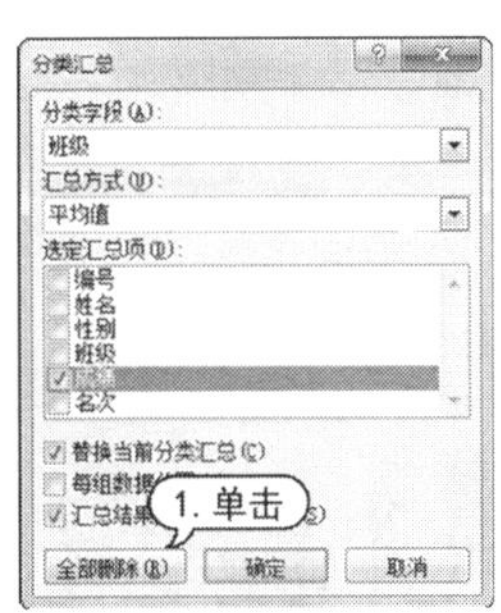

10.6 使用图表

为了能更加直观地表达表格中的数据，可将数据以图表的形式表示出来。使用 Excel 2010 提供的图表功能，可以更直观地表现表格中数据的发展趋势或分布状况，方便对数据进行对比和分析。

10.6.1 图表的结构和类型

图表的基本结构包括：图表区、绘图区、图表标题、数据系列、网格线和图例等，如右图所示。

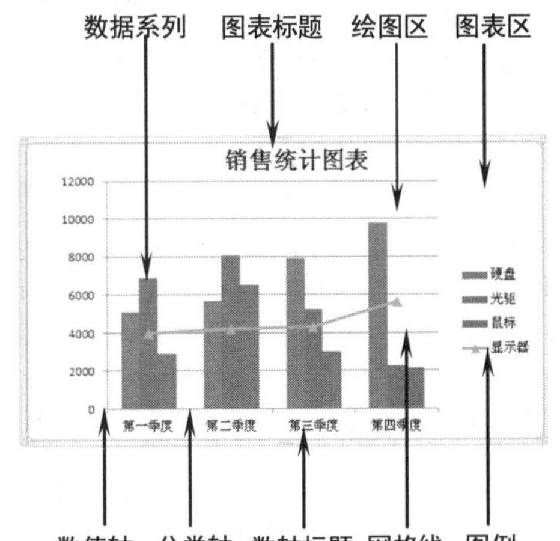

图表的各组成部分介绍如下。

- 图表标题：图表标题在图表中起到说明性的作用，是图表性质的大致概括和内容总结，它相当于一篇文章的标题并用来定义图表的名称。它可以自动与坐标轴对齐或居中排列于图表坐标轴的外侧。
- 图表区：在 Excel 2010 中，图表区指的是包含绘制的整张图表及图表中元素的区域。
- 绘图区：绘图区是指图表中的整个绘制区域。二维图表和三维图表的绘图区有所区别。在二维图表中，绘图区是以坐标轴为界并包括全部数据系列的区域；而在三维图表中，绘图区是以坐标轴为界并包含数据系列、分类名称、刻度线和坐标轴标题的区域。
- 数据系列：在 Excel 中，数据系列又称为分类，它指的是图表上的一组相关数据点。在 Excel 2010 图表中，每个数据系列都用不同的颜色和图案加以区别每一个数据系列分别来自于工作表的某一行或某一列。
- 网格线：和坐标纸类似，网格线是图表中从坐标轴刻度线延伸并贯穿整个绘图区的可选线条系列。网格线的形式有多种：水平的、垂直的、主要的、次要的，用户还可以根据需要对它们进行组合。
- 图例：在图表中，图例是包围图例项和图例项标示的方框，每个图例项左边的图例项标示和图表中相应数据系列的颜色与图案相一致。
- 数轴标题：用于标记分类轴和数值轴的名称，在 Excel 2010 默认设置下其位于图表的下面和左面。

Excel 2010 提供了多种图表，如柱形图、折线图、饼图、条形图、面积图和散点图等，各种图表各有优点，适用于不同的场合。

- 柱形图：可直观地对数据进行对比分析以得出结果。在 Excel 2010 中，柱形图又可细分为二维柱形图、三维柱形图、圆柱图和圆锥图等，如右上图所示为三维柱形图。

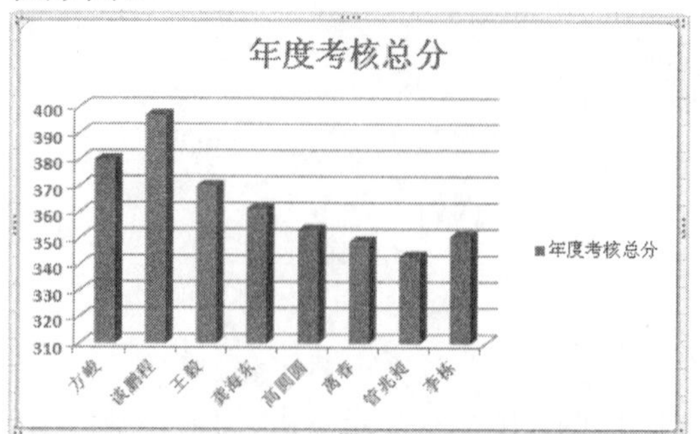

▶ 折线图：折线图可直观地显示数据的走势情况。在 Excel 2010 中，折线图又分为二维折线图与三维折线图，如下图所示为二维折线图。

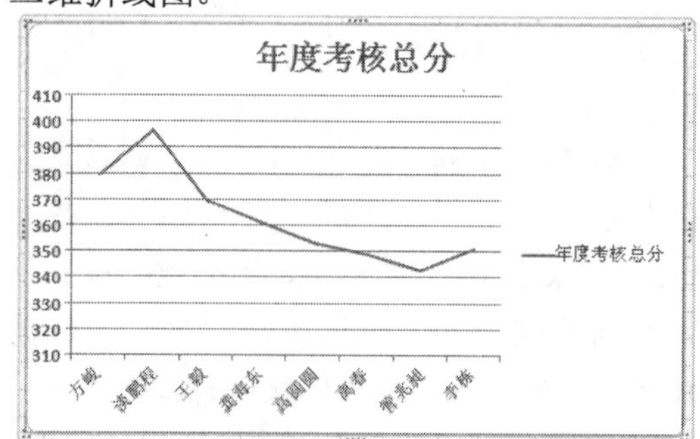

▶ 饼图：能直观地显示数据占有比例，而且比较美观。在 Excel 2010 中，饼图又可细分为二维饼图与三维饼图，如下图所示为三维饼图。

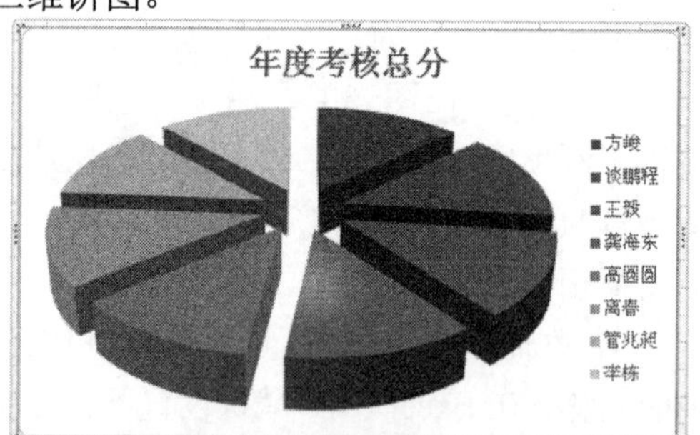

▶ 条形图：就是横向的柱形图，其作用也与柱形图相同，可直观地对数据进行对比分析。在 Excel 2010 中，条形图又可细分为二维条形图、三维条形图、圆柱图、圆锥图以及棱锥图，如下图所示为圆柱图。

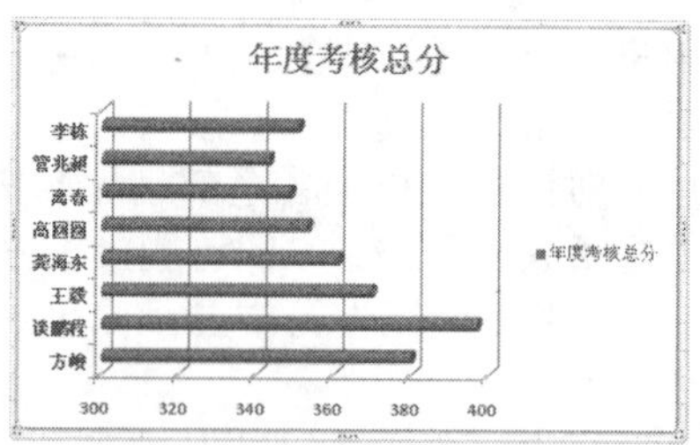

▶ 面积图：能直观地显示数据的大小与走势范围，在 Excel 2010 中，面积图又可分为二维面积图与三维面积图，如下图所示为三维面积图。

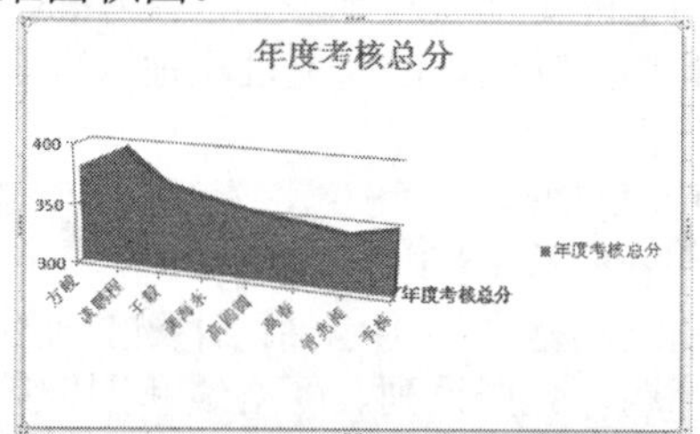

知识点滴

除了上面介绍的图表外，Excel 2010 还包括股价图、曲面图、圆环图、气泡图以及雷达图等类型图表。

10.6.2 创建图表

使用 Excel 2010 内置的图表类型，可以快速地建立各种不同类型的图表。

【例 10-18】打开【产品价格统计】素材工作簿，在【电器销售额统计】工作表中创建图表。

视频+素材 (光盘素材\第 10 章\例 10-18)

step 1 启动 Excel 2010 程序，打开【产品价格统计】工作簿的【电器销售额统计】工作表。

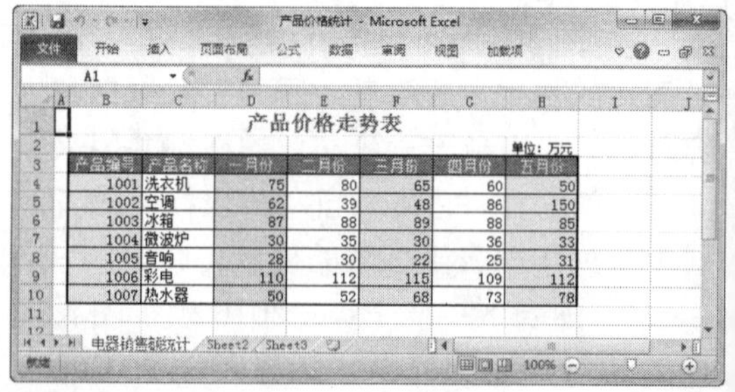

产品价格走势表

单位：万元

产品编号	产品名称	一月份	二月份	三月份	四月份	五月份
1001	洗衣机	75	80	65	60	50
1002	空调	62	39	48	86	150
1003	冰箱	87	88	89	88	85
1004	微波炉	30	35	30	36	33
1005	音响	28	30	22	25	31
1006	彩电	110	112	115	109	112
1007	热水器	50	52	68	73	78

step 2 选定 C3:H10 单元格区域，打开【插入】选项卡，在【图表】组中单击【条形图】

按钮，从弹出的菜单中选择【簇状条形图】选项。

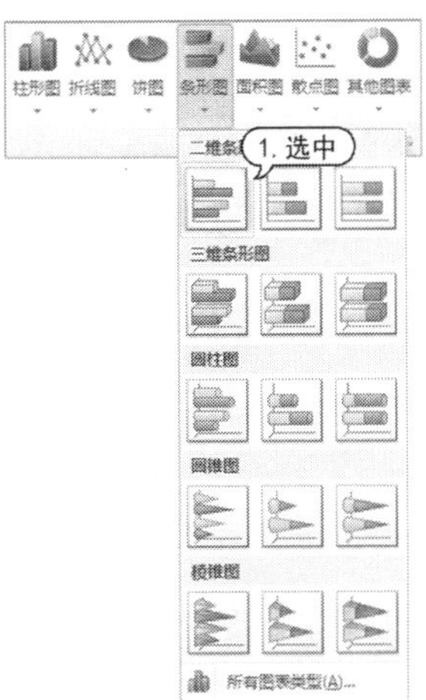

step 3 此时二维簇状条形图将自动被插入工作表中，如下图所示。

此外，还可以打开【插入】选项卡，在【图表】组单击对话框启动器按钮，打开【插入图表】对话框，在【柱形图】列表框中选择【簇状条形图】选项，单击【确定】按钮，同样可以插入二维簇状条形图。

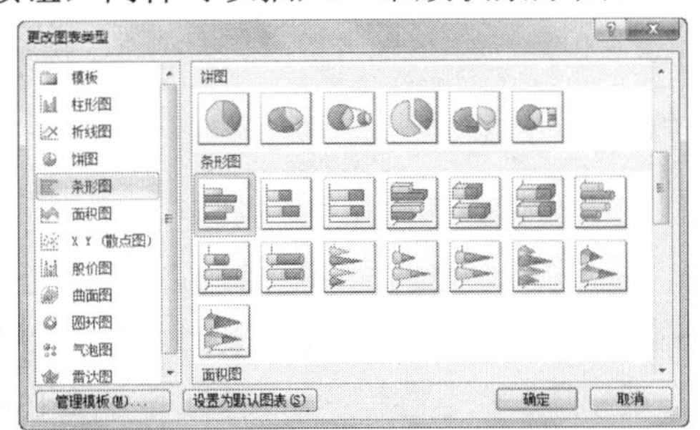

10.6.3 编辑图表

图表创建完成后，Excel 2010 会自动打开【图表工具】的【设计】、【布局】和【格式】选项卡，在其中可以设置图表的位置和大小、图表样式、图表的布局等操作，还可以为图表添加趋势线和误差线。

【例 10-19】在【电器销售额统计】工作表中编辑图表。

视频+素材 (光盘素材\第 10 章\例 10-19)

step 1 启动 Excel 2010 程序，打开【产品价格统计】工作簿的【电器销售额统计】工作表。

step 2 选定整个图表，按住鼠标左键并拖动图表，将虚线位置移动到合适的位置。释放鼠标，即可移动图表至新的位置。

step 3 打开【图表工具】的【格式】选项卡，在【大小】组中的【形状高度】和【形状宽度】文本框中分别输入“6 厘米”和“16 厘米”，快速调节其大小。

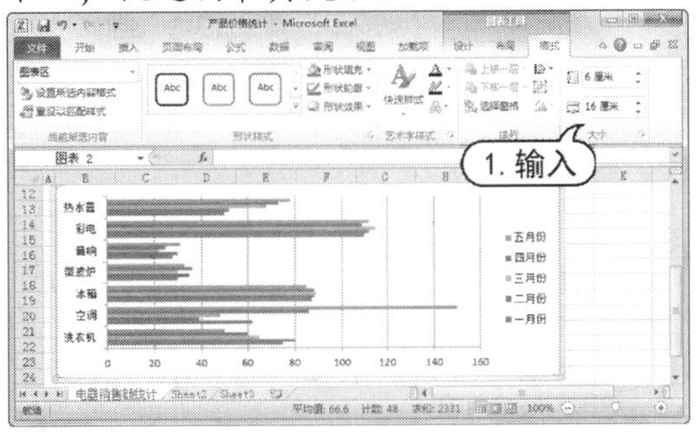

step 4 选定图表区，打开【图表工具】的【设计】选项卡，在【图表样式】组中单击【其他】按钮，在弹出的表样式列表选择【样式 26】选项，即可将其应用到图表中。

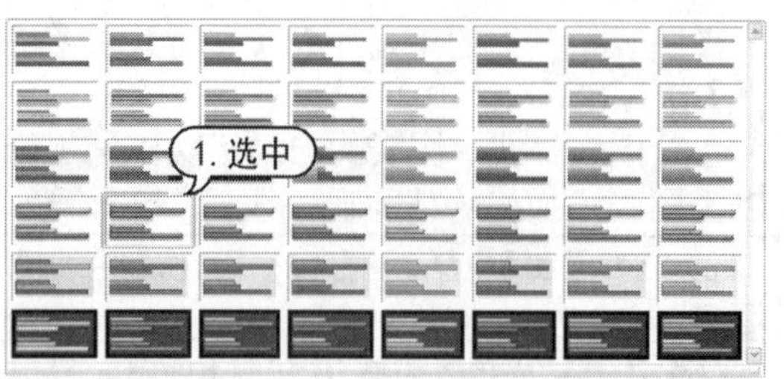

step 5 选中图表，打开【图表工具】的【布局】选项卡，在【标签】组中单击【图表标题】按钮，从弹出的菜单中选择【居中覆盖标题】命令。在图表中添加图表标题，并在【图表标题】文本框中输入文本“价格走势分析”。

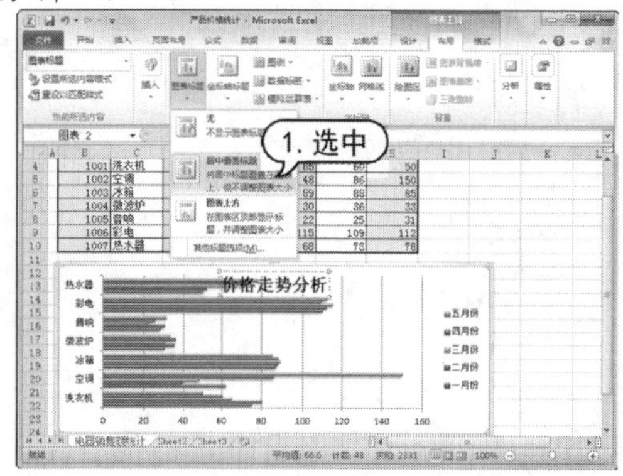

step 6 打开【图表工具】的【布局】选项卡，在【坐标轴】组中单击【网格线】按钮，从弹出的菜单中选择【主要横网格线】|【主要网格线】命令，为图表添加网格线。

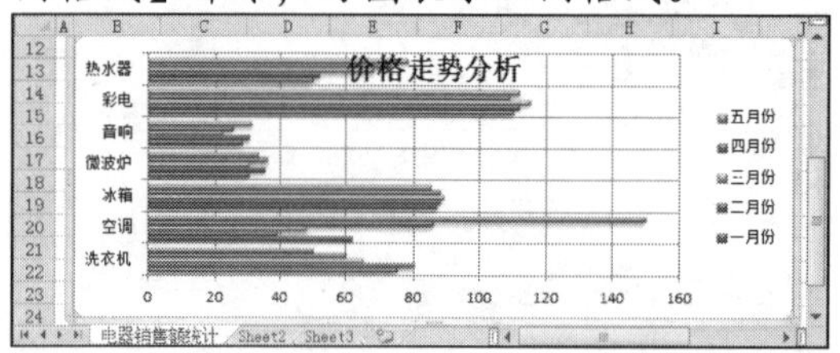

step 7 右击图表区，从弹出的快捷菜单中选择【设置图表区域格式】命令，打开【设置图表区格式】对话框。打开【填充】选项卡，选中【纯色填充】单选按钮，在【填充颜色】选项区域中单击【填充颜色】按钮，从弹出的颜色面板中选择【深蓝，文字 2，淡色 80%】色块，单击【关闭】按钮。

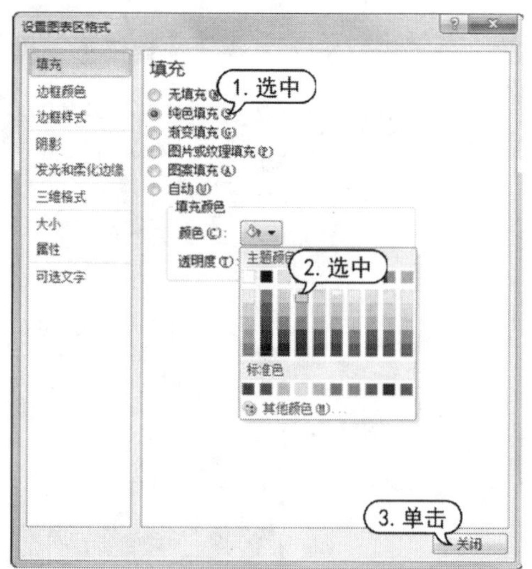

step 8 此时即可为图表区填充背景色，效果如下图所示。

step 9 使用同样的方法，设置绘图区的填充背景色。

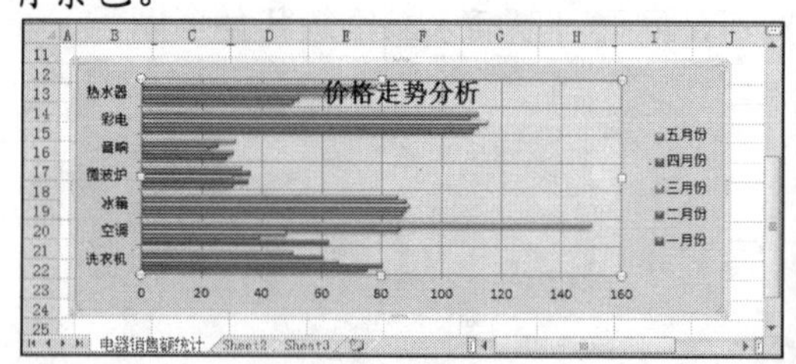

step 10 选中图表，打开【图表工具】的【格式】选项卡，在【艺术字样式】组中单击【其他】按钮，从弹出列表中选择一种样式。

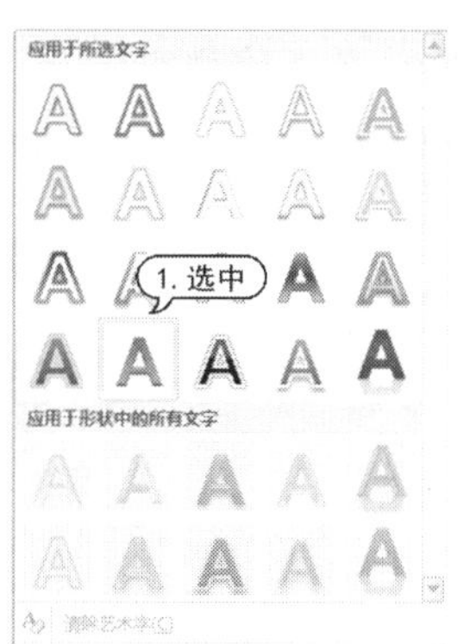

step 11 此时即可为图表中的文本快速应用该艺术字样式。

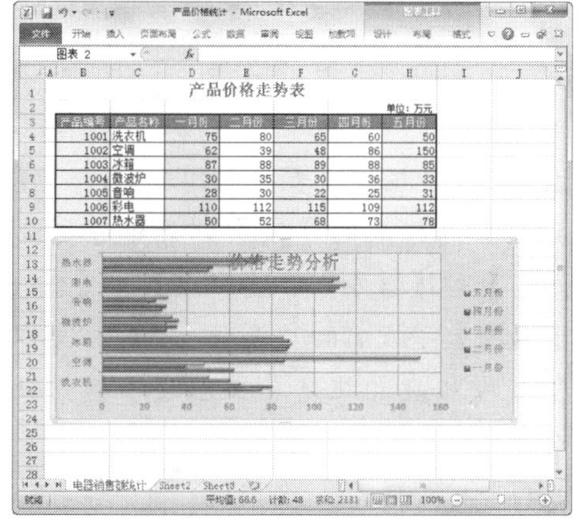

step 12 打开【图表工具】的【布局】选项卡，在【分析】组中单击【趋势线】按钮，从弹出的菜单中选择【线性趋势线】命令，打开【添加趋势线】对话框，选择【五月份】选项，然后单击【确定】按钮。

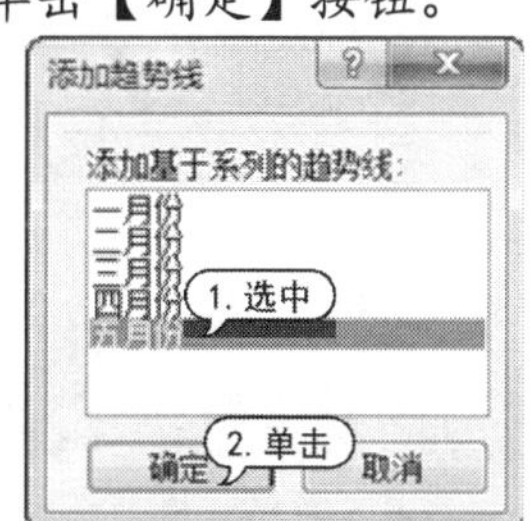

step 13 此时即可为图表添加五月份各个产品的价格趋势线。

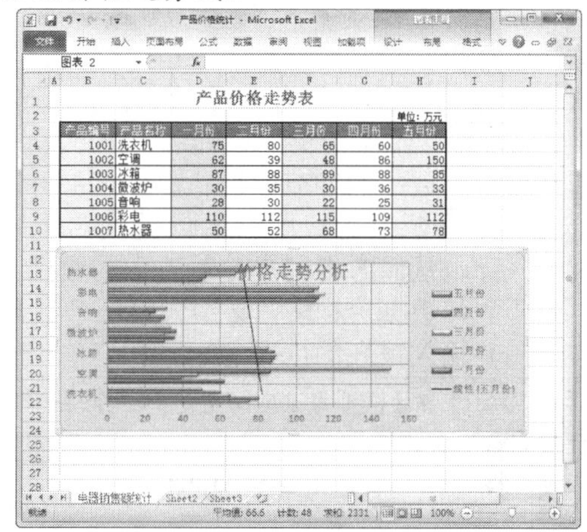

step 14 选中趋势线，打开【图表工具】的【格式】选项卡，在【形状样式】组中单击【其他】按钮，在弹出的形状样式列表框中选择【中等线-强度颜色 3】样式。

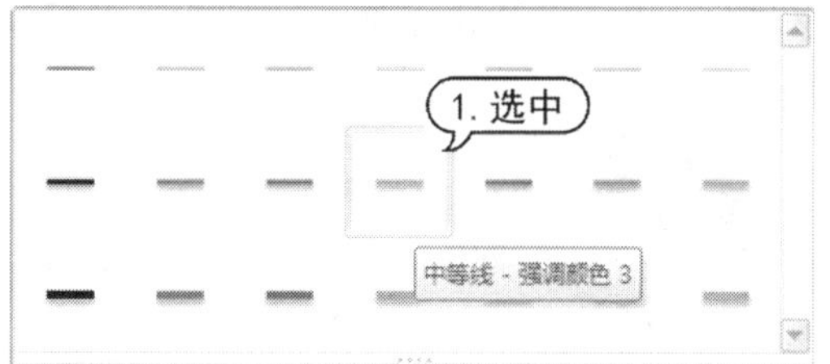

step 15 此时即可为趋势线应用该样式。

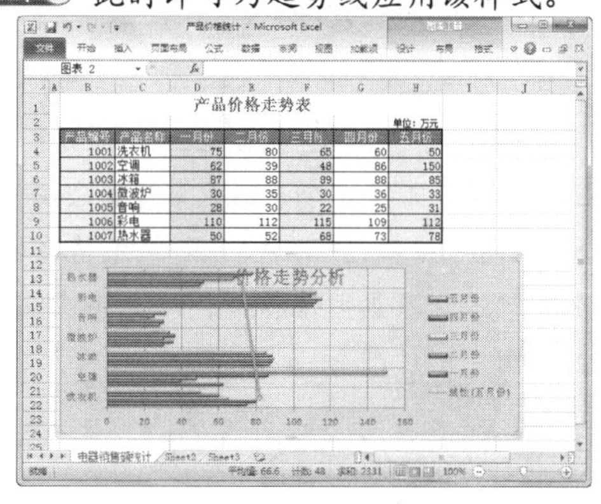

10.7　制作数据透视图表

Excel 2010 提供了一种形象实用的数据分析工具——数据透视表及数据透视图，使用该工具可以生动全面地对数据清单进行重新组织和统计。

10.7.1 创建数据透视表

数据透视表是一种对大量数据快速汇总和建立交叉列表的交互式表格，它不仅可以转换行和列以查看源数据的不同汇总结果，也可以显示不同页面以筛选数据或根据需要显示区域中的细节数据。数据透视表会自动将数据源中的数据按用户设置的布局进行分类，从而方便用户分析表中的数据。

要创建数据透视表，必须连接一个数据来源，并输入报表的位置。

【例 10-20】在【模拟考试成绩汇总】工作簿中创建数据透视表。

视频+素材 (光盘素材\第 10 章\例 10-20)

step 1 启动 Excel 2010 应用程序，打开【模拟考试成绩汇总】工作簿的 Sheet1 工作表。

step 2 选择【插入】选项卡，在【表格】组中单击【数据透视表】按钮，在弹出的菜单中选择【数据透视表】命令，打开【创建数据透视表】对话框。

step 3 选中【选择一个表或区域】单选按钮，然后单击按钮，选取 A2:F26 单元格区域；选中【新工作表】单选按钮，然后单击【确定】按钮。

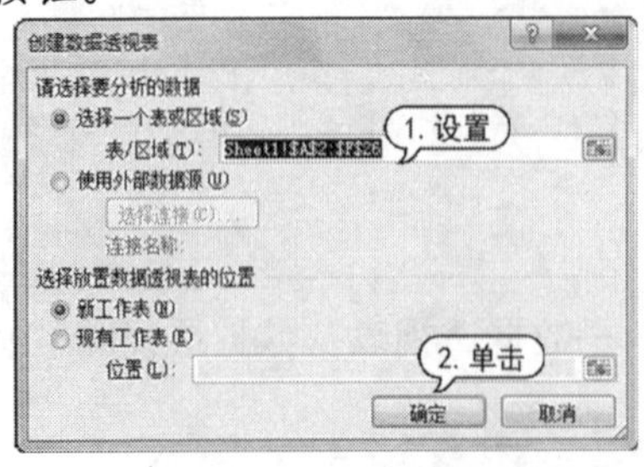

step 4 此时，在工作簿中添加一个新工作表，同时插入数据透视表，并将新工作表命名为“数据透视表”。

step 5 在【数据透视表字段列表】窗格的【选择要添加到报表的字段】列表中分别选中【姓名】、【性别】、【班级】、【成绩】和【名次】字段前的复选框，此时，可以看到各字段相应的统计结果已经添加到数据透视表中。

知识点滴

数据透视表与图表一样，可以对其样式进行设置。打开【数据透视表工具】的【设计】选项卡，在【数据透视表样式】组中单击【其他】按钮，从弹出的列表框中选择所需样式选项，即可在数据透视表中快速应用该样式。

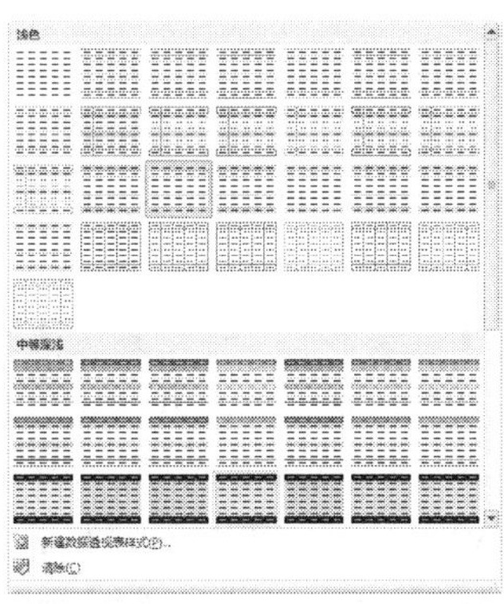

10.7.2 创建数据透视图

数据透视图可以看作是数据透视表和图表的结合，它以图形的形式表示数据透视表中的数据。在 Excel 2010 中，可以根据数据透视表快速创建数据透视图并对其进行设置。

通过创建好的数据透视表，用户可以快速简单地创建数据透视图。

【例 10-21】在【模拟考试成绩汇总】工作簿中，根据数据透视表创建数据透视图。

视频+素材 (光盘素材\第 10 章\例 10-21)

step 1 启动 Excel 2010 应用程序，打开【模拟考试成绩汇总】工作簿的【数据透视表】工作表。

step 2 选定 A5 单元格，打开【数据透视表工具】的【选项】选项卡，在【工具】组中单击【数据透视图】按钮。

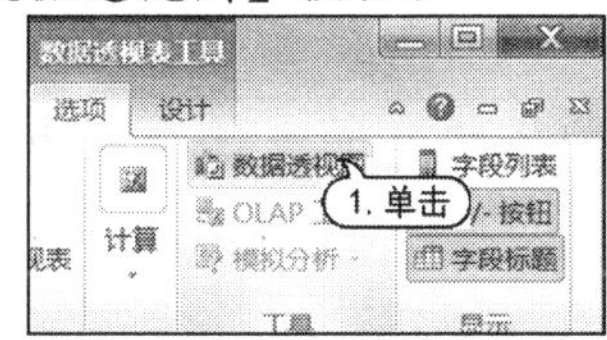

step 3 打开【插入图表】对话框，在【柱形图】选项卡里选择【三维簇状圆形图】选项，然后单击【确定】按钮。

step 4 此时，在数据透视表中插入一个数据透视图。

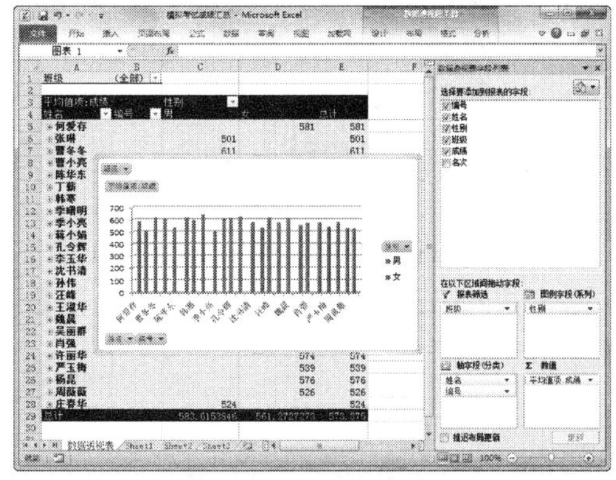

step 5 打开【数据透视图工具】的【设计】选项卡，在【位置】组中单击【移动图表】按钮，打开【移动图表】对话框。选中【新工作表】单选按钮，在其中的文本框中输入工作表的名称“数据透视图”，单击【确定】按钮。

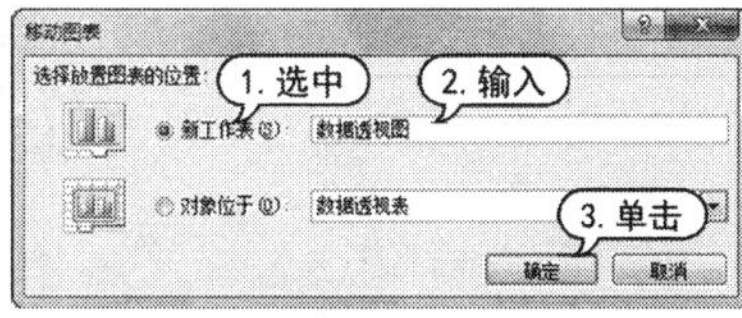

step 6 此时在工作簿中添加一个新工作表【数据透视图】，同时插入数据透视图。

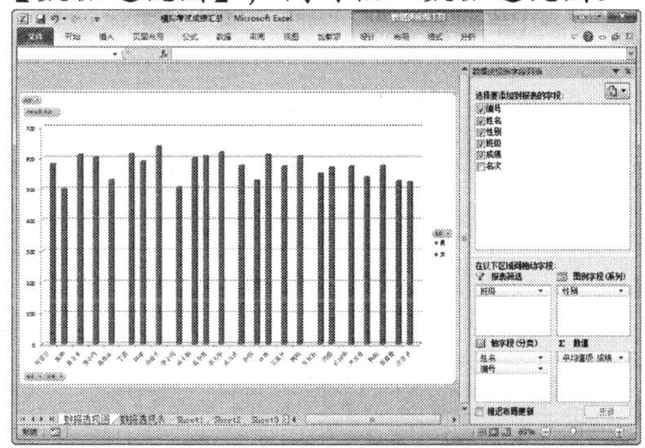

知识点滴

数据透视图也和图表一样，可以对其样式进行设置。打开【数据透视图工具】的【设计】、【格式】以及【布局】选项卡，选择其中的选项，可以为数据透视图设置样式、图表标题、背景墙和基底色等。

10.8 案例演练

本章的案例演练部分为使用公式和函数统计数据这个综合实例操作，用户通过练习从而巩固本章所学知识。

【例 10-22】在【公司考核表】工作簿中使用公式和函数统计数据。
视频+素材 (光盘素材\第 10 章\例 10-22)

step 1 启动 Excel 2010 应用程序，打开【公司考核表】工作簿的 Sheet1 工作表。

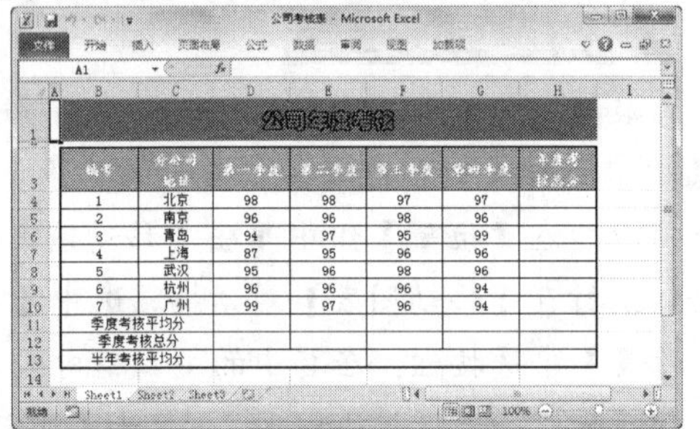

step 2 选择 H4 单元格，在编辑栏中输入公式"= D4+E4+F4+G4"。然后按 Enter 键，即可在 H4 单元格中显示公式计算的结果。

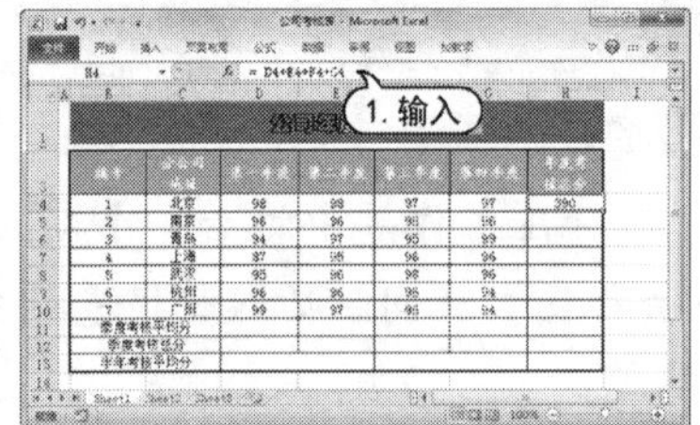

step 3 将光标移动至 H4 单元格边框，当光标变为+形状时，拖动鼠标选择 H5:H10 单元格区域，释放鼠标，即可将 H4 单元格中的公式相对引用至 H5: H10 单元格区域中。

step 4 选定 D11 单元格，打开【公式】选项卡，在【函数库】组中单击【插入函数】按钮，打开【插入函数】对话框。

step 5 在【或选择类别】下拉列表框中选择【常用函数】选项，然后在【选择函数】列表框中选择 AVERAGE 选项，表示插入平均值函数 AVERAGE，单击【确定】按钮。

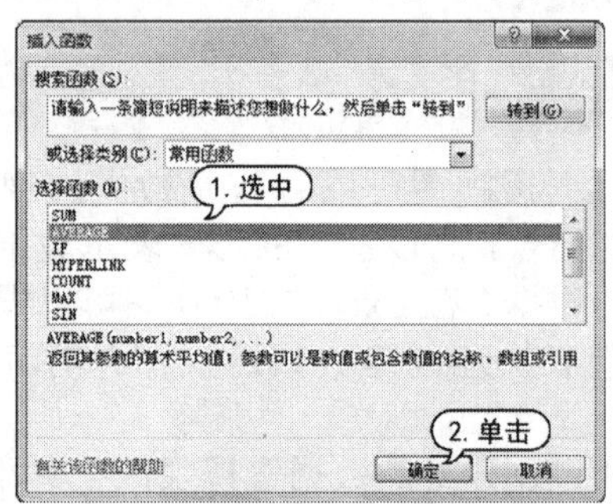

step 6 打开【函数参数】对话框，在 AVERAGE 选项区域的 Number1 文本框中输入计算平均值的范围，这里输入 D4:D10，单击【确定】按钮。

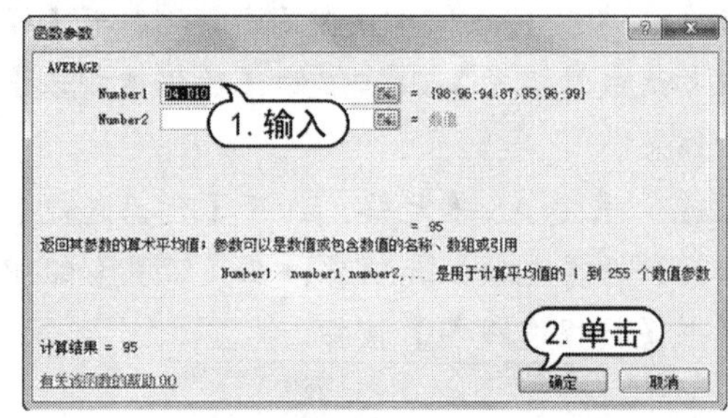

step 7 此时即可在 D11 单元格中显示计算结果。

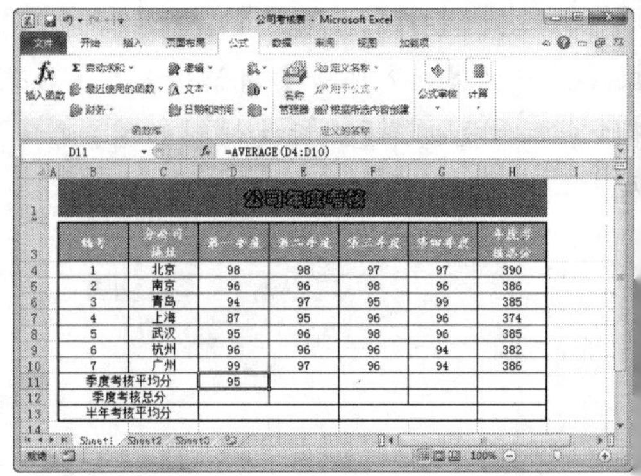

step 8 使用同样的方法，在 E11:G11 单元格区域中插入平均值函数 AVERAGE，计算平均值。

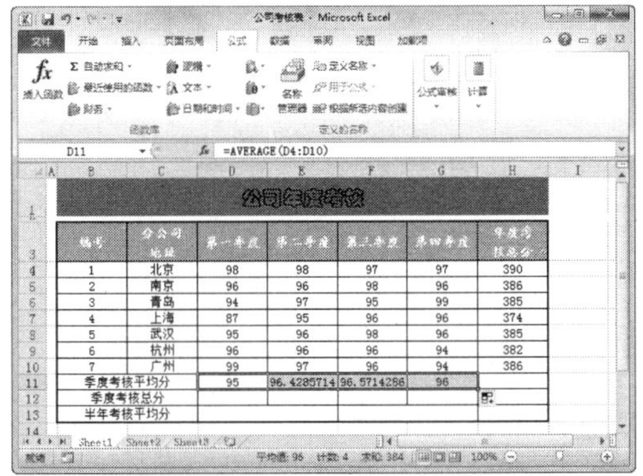

step 9 选定 D12 单元格，在编辑栏中单击【插入函数】按钮 *fx*，打开【插入函数】对话框。

step 10 在【或选择类别】下拉列表框中选择【常用函数】选项，然后在【选择函数】列表框中选择 SUM 选项，插入求和函数，单击【确定】按钮。

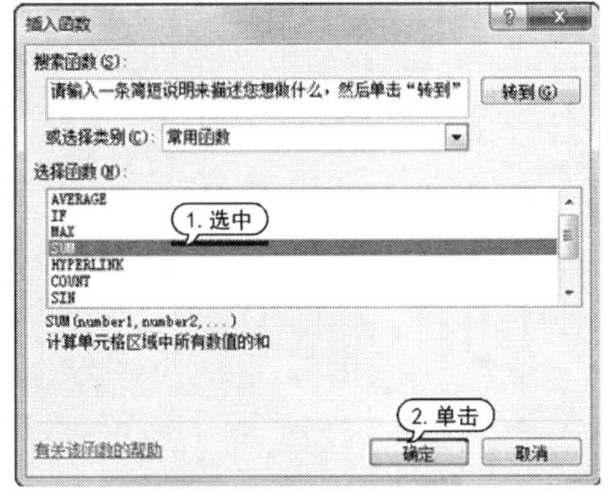

step 11 打开【函数参数】对话框，在 SUM 选项区域的 Number1 文本框中输入计算平均值的范围，这里输入 D4:D10，单击【确定】按钮。

step 12 使用同样的方法，在 E12:G12 单元格区域中插入求和函数 SUM，并计算出结果。

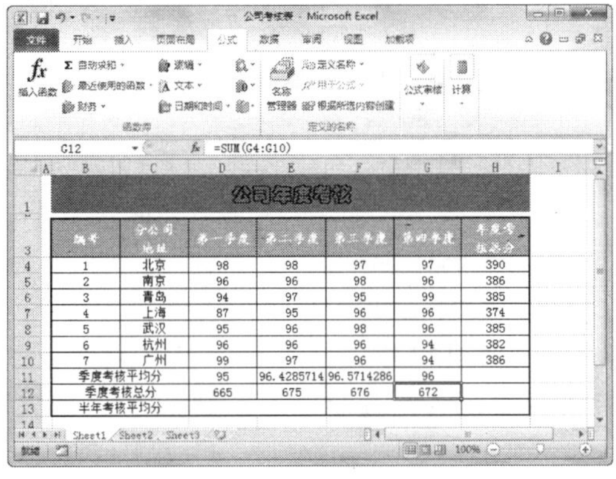

step 13 选定 D13 单元格，打开【公式】选项卡，在【函数库】组中单击【自动求和】下拉按钮，从弹出的下拉菜单中选择【平均值】命令，即可插入 AVERAGE 函数。

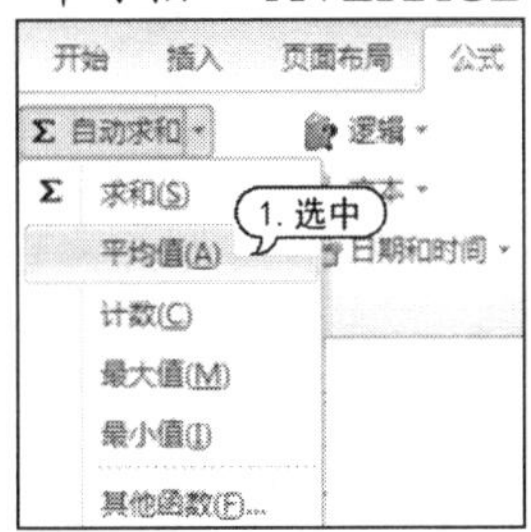

step 14 在编辑栏中，修改公式为“=AVERAGE(D4+E4,D5+E5,D6+E6,D7+E7,D8+E8, D9+E9, D10+E10)”。

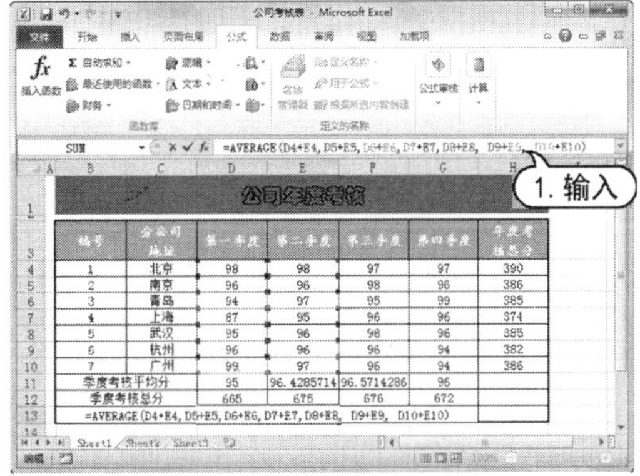

step 15 按 Ctrl+Enter 组合键，即可实现函数嵌套功能，并显示计算结果。

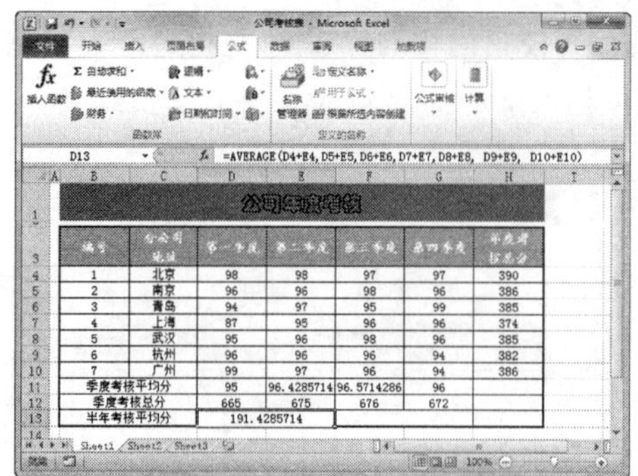

公司年度考核						
编号	分公司地址	第一季度	第二季度	第三季度	第四季度	年度考核总分
1	北京	98	98	97	97	390
2	南京	96	96	98	96	386
3	青岛	94	97	95	99	385
4	上海	87	95	96	96	374
5	武汉	95	96	98	96	385
6	杭州	96	96	96	94	382
7	广州	99	97	96	94	386
季度考核平均分		95	96.4285714	96.5714286	96	
季度考核总分		665	675	676	672	
半年考核平均分		191.4285714				

step 16 使用相对引用函数的方法计算下半年考核平均分，最后保存文档。

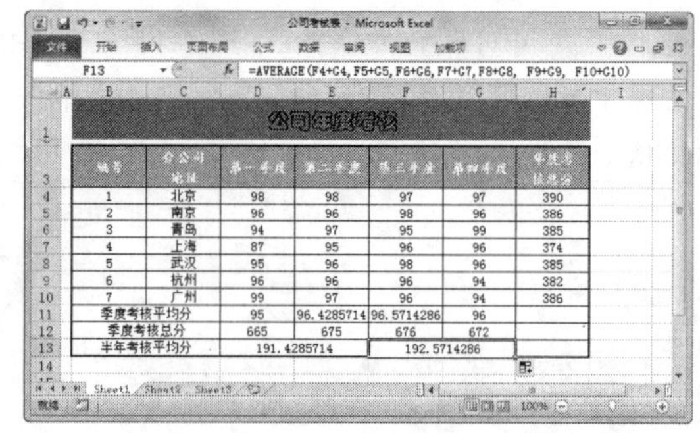

公司年度考核						
编号	分公司地址	第一季度	第二季度	第三季度	第四季度	年度考核总分
1	北京	98	98	97	97	390
2	南京	96	96	98	96	386
3	青岛	94	97	95	99	385
4	上海	87	95	96	96	374
5	武汉	95	96	98	96	385
6	杭州	96	96	96	94	382
7	广州	99	97	96	94	386
季度考核平均分		95	96.4285714	96.5714286	96	
季度考核总分		665	675	676	672	
半年考核平均分		191.4285714		192.5714286		

第11章

PowerPoint 2010 基础操作

PowerPoint 2010 是 Office 软件系列中制作演示文稿的软件，它可以制作出集文字、图形、图像、声音以及视频等多媒体元素为一体的演示文稿，让办公信息以更轻松、更高效的方式表达出来。本章将介绍 PowerPoint 2010 的制作演示文稿的基本操作内容。

对应光盘视频

例 11-1　根据模板创建演示文稿

例 11-2　移动幻灯片

例 11-3　输入文本

例 11-4　设置文本格式

例 11-5　设置段落格式

例 11-6　添加项目符号和编号

例 11-7　插入艺术字

例 11-8　插入图片

例 11-9　插入表格

例 11-10　插入音频和视频

例 11-11　制作旅游相册

例 11-12　制作演示文稿

11.1 PowerPoint 2010 办公基础

PowerPoint 2010 是制作演示文稿的办公软件，使用 PowerPoint 制作出来的整个文件叫演示文稿，而演示文稿中的每一页叫做幻灯片。

11.1.1 PowerPoint 办公应用

PowerPoint 2010 制成的演示文稿可以通过不同的方式播放：既可以打印成幻灯片，使用投影仪播放；也可以在文稿中加入各种引人入胜的视听效果，直接在计算机或互联网上播放。

PowerPoint 2010 在办公上主要有以下几种功能。

- 多媒体商业演示：PowerPoint 2010 可以为各种商业活动提供一个内容丰富的多媒体产品或服务演示的平台，帮助销售人员向用户演示产品或服务的优越性。如下图所示为商业演示幻灯片。

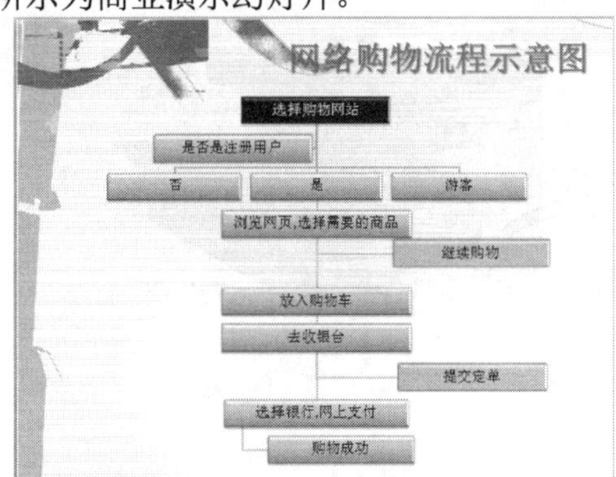

- 多媒体交流演示：PowerPoint 演示文稿是宣讲者的演讲辅助手段，以交流为用途，被广泛用于培训、研讨会、产品发布等领域。

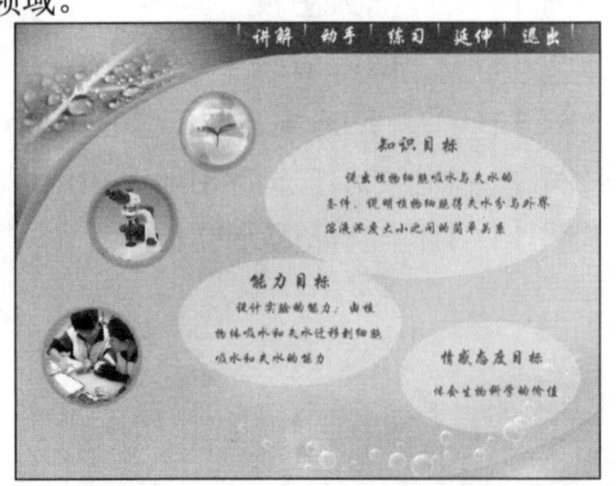

- 多媒体娱乐演示：由于 PowerPoint 支持文本、图像、动画、音频和视频等多种媒体内容的集成，因此，很多用户都使用 PowerPoint 来制作各种娱乐性质的演示文稿，例如手工剪纸集、相册等，通过 PowerPoint 的丰富表现功能来展示多媒体娱乐内容。

11.1.2 PowerPoint 工作界面

PowerPoint 2010 的工作界面主要由【文件】按钮、快速访问工具栏、标题栏、功能选项卡、功能区、大纲/幻灯片浏览窗格、幻灯片编辑窗口、备注窗格和状态栏等部分组成。

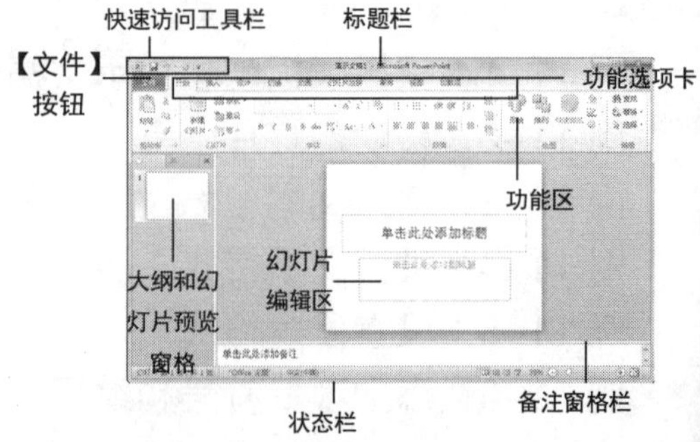

PowerPoint 2010 的工作界面中，除了包含与其他 Office 软件相同界面元素外，还有许多特有的组件，如大纲/幻灯片浏览窗格、幻灯片编辑窗口和备注窗格栏等。

- 大纲/幻灯片浏览窗格：位于操作界面的左侧，单击不同的选项卡标签，即可在对应的窗格间进行切换。在【大纲】选项卡中以大纲形式列出了当前演示文稿中各张幻灯片的文本内容；在【幻灯片】选项卡中列出了当前演示文档中所有幻灯片的缩略图。
- 幻灯片编辑窗口：它是编辑幻灯片内容的场所，是演示文稿的核心部分。在该区域中可对幻灯片内容进行编辑、查看和添加对象等操作。
- 备注窗格：位于幻灯片窗格下方，用于输入内容，可以为幻灯片添加说明，以使放映者能够更好地讲解幻灯片中展示的内容。
- 行号与列标：用来标明数据所在的行与列，也是用来选择行与列的工具。

11.1.3 PowerPoint 视图模式

PowerPoint 2010 提供了普通视图、幻灯片浏览视图、备注页视图、幻灯片放映视图和阅读视图 5 种视图模式。打开【视图】选项卡，在【演示文稿视图】组中单击相应的视图按钮，或者单击主界面右下角的快捷按钮，即可将当前操作界面切换至对应的视图模式。

- 普通视图：普通视图又可以分为两种形式，主要区别在于 PowerPoint 工作界面最左边的预览窗口，它分为幻灯片和大纲两种形式来显示，用户可以通过单击该预览窗口上方的切换按钮进行切换。

- 备注页视图：在备注页视图模式下，用户可以方便地添加和更改备注信息，也可以添加图形等信息。

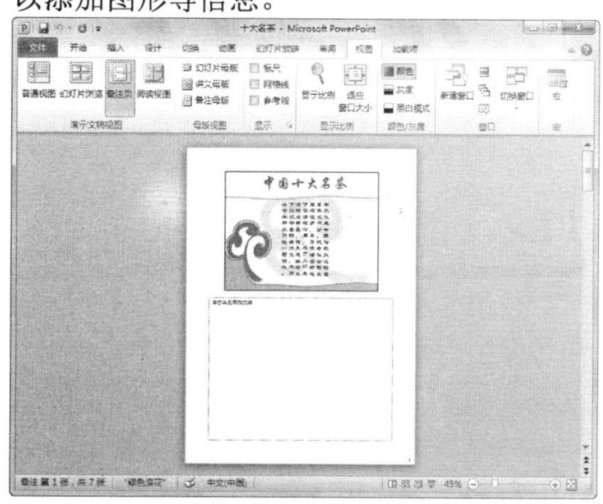

- 幻灯片浏览视图：使用幻灯片浏览视图，可以在屏幕上同时看到演示文稿中的所有幻灯片，这些幻灯片以缩略图方式显示在同一窗口中。

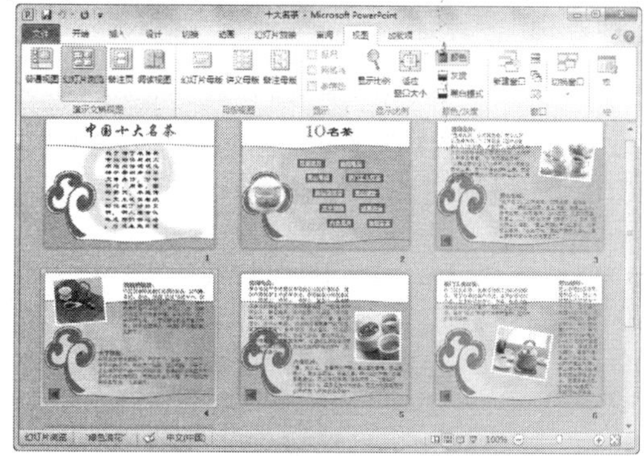

- 幻灯片放映视图：幻灯片放映视图是演示文稿的最终效果。在幻灯片放映视图下，用户可以看到幻灯片的最终效果。

▶ 阅读视图：如果用户希望在一个设有简单控件的审阅窗口中查看演示文稿，而不想使用全屏的幻灯片放映视图，则可以在自己的计算机中使用阅读视图。

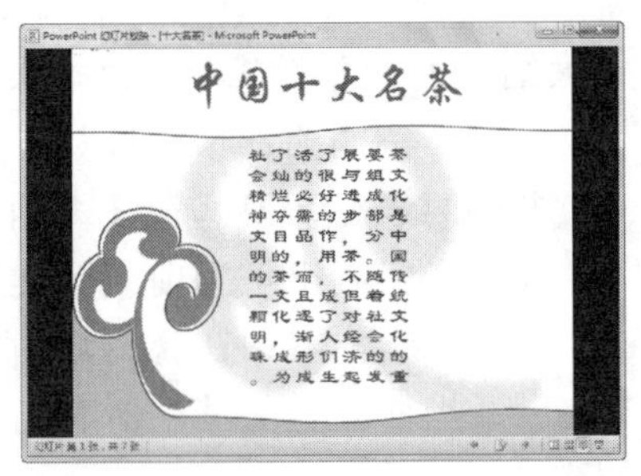

11.2 创建演示文稿

使用 PowerPoint 2010 可以轻松地新建演示文稿，其强大的功能为用户提供了便捷，本节将介绍多种创建演示文稿的方法。

11.2.1 创建空白演示文稿

空白演示文稿由带有布局格式的空白幻灯片组成，用户可以在空白的幻灯片上设计出具有鲜明个性的背景色彩、配色方案、文本格式和图片等。

创建空白演示文稿的方法主要有以下2种。

▶ 启动 PowerPoint 自动创建空演示文稿：无论是使用【开始】按钮启动 PowerPoint 2010，还是通过桌面快捷图标启动，都将自动打开空演示文稿。

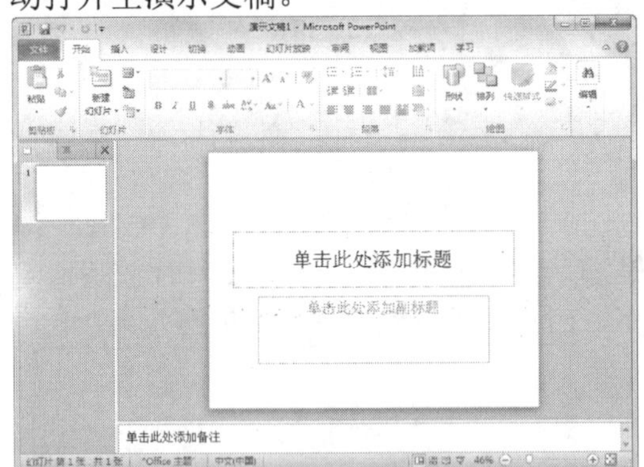

▶ 使用【文件】按钮创建空演示文稿：单击【文件】按钮，在弹出的菜单中选择【新建】命令。在中间的【可用的模板和主题】列表框中选择【空白演示文稿】选项，单击【创建】按钮，即可新建一个空演示文稿。

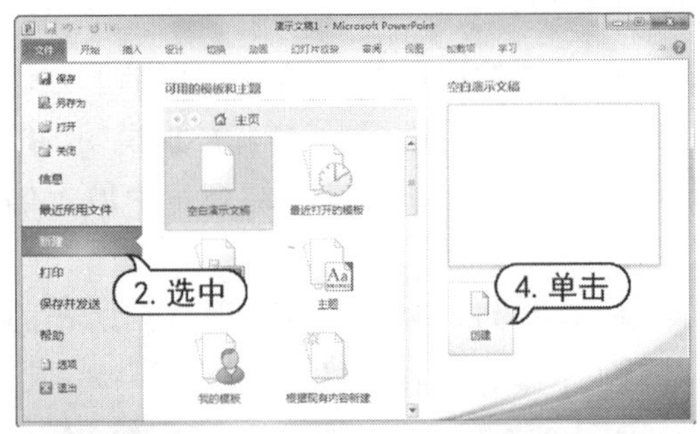

11.2.2 根据模板创建演示文稿

模板是一种以特殊格式保存的演示文稿，一旦应用了一种模板后，幻灯片的背景图形、配色方案等就都已经确定，所以套用模板可以提高新建演示文稿的效率。

PowerPoint 2010 提供了许多美观的设计模板，这些设计模板将演示文稿的样式、风格，包括幻灯片的背景、装饰图案、文字布局及颜色、大小等均预先定义好。用户在设计演示文稿时可以先选择演示文稿的整体风格，然后再进行进一步的编辑和修改。

【例 11-1】使用模板【PowerPoint 2010 简介】，创建一个演示文稿。
视频

step 1 单击【开始】按钮，从弹出的【开始】菜单中选择【所有程序】|【Microsoft Office】|【Microsoft PowerPoint 2010】命令，启动 PowerPoint 2010 应用程序。

step 2 单击【文件】按钮，在弹出的菜单中选择【新建】命令，在中间的【可用模板和主题】列表框中选择【样本模板】选项。

step 3 在打开的【样本模板】列表框中选择【PowerPoint 2010 简介】选项，单击【创建】按钮。

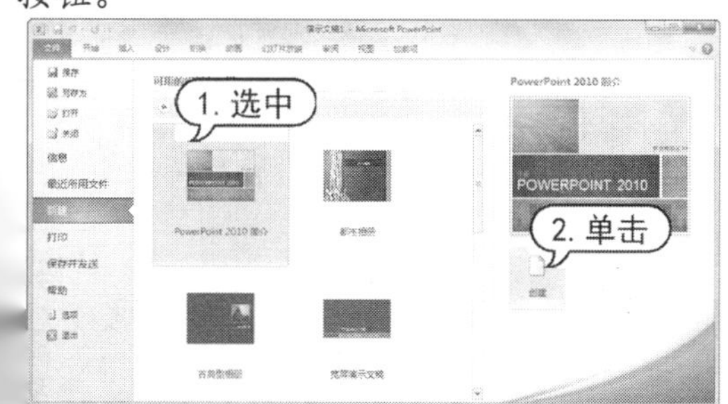

step 4 此时，即可新建一个名为【演示文稿】的演示文稿，将应用模板样式。

11.2.3 根据现有内容创建演示文稿

如果用户想使用现有演示文稿中的一些内容或风格来设计其他的演示文稿，就可以使用 PowerPoint 的【根据现有内容新建】功能。这样就能够快速得到一个和现有演示文稿具有相同内容和风格的新演示文稿，用户只需在原有的基础上进行适当修改即可。

单击【文件】按钮，选择【新建】命令，在【可用的模板和主题】列表框中选择【根据现有内容新建】选项。

打开【根据现有演示文稿新建】对话框，选择需要应用的演示文稿文件，单击【打开】按钮即可。

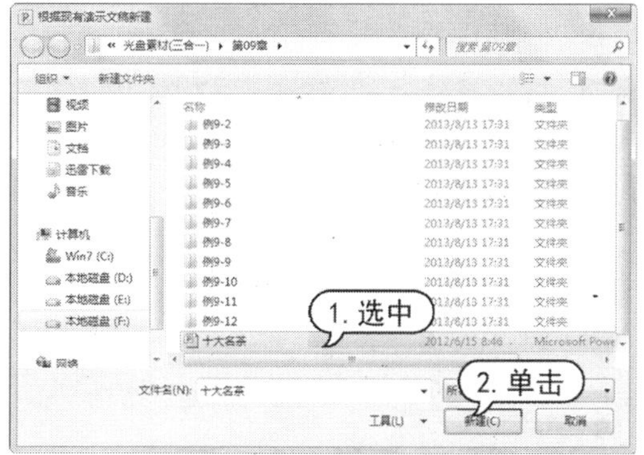

11.3 幻灯片基本操作

一个演示文稿通常包括多张幻灯片，用户可以对其中的幻灯片进行编辑操作，如选择、插入、复制、移动和删除幻灯片等操作。

11.3.1 选择幻灯片

在 PowerPoint 2010 中，用户可以选中一张或多张幻灯片，然后对选中的幻灯片进行操作。在普通视图中选择幻灯片的方法有以下几种。

- 选择单张幻灯片：无论是在普通视图还是在幻灯片浏览视图下，只需单击需要的幻灯片，即可选中该张幻灯片。
- 选择编号相连的多张幻灯片：首先单击起始编号的幻灯片，然后按住 Shift 键，单击结束编号的幻灯片，此时两张幻灯片之间的多张幻灯片被同时选中。

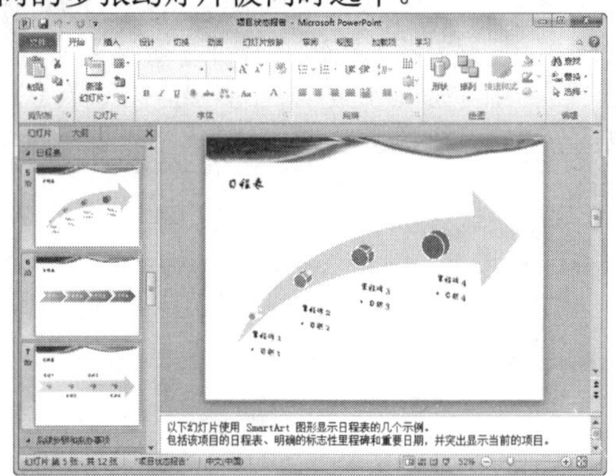

- 选择编号不相连的多张幻灯片：在按住 Ctrl 键的同时，依次单击需要选择的每张幻灯片，即可同时选中单击的多张幻灯片。在按住 Ctrl 键的同时再次单击已选中的幻灯片，则取消选中该幻灯片。

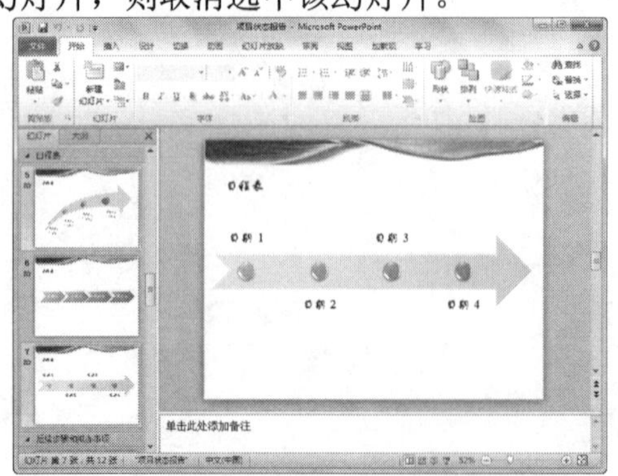

- 选择全部幻灯片：无论是在普通视图还是在幻灯片浏览视图下，按 Ctrl+A 组合键，即可选中当前演示文稿中的所有幻灯片。

11.3.2 插入幻灯片

在启动 PowerPoint 2010 应用程序后，PowerPoint 会自动建立一张新的幻灯片，随着制作过程的推进，需要在演示文稿中添加更多的幻灯片。

1. 通过【幻灯片】组插入

在幻灯片预览窗格中，选择一张幻灯片，打开【开始】选项卡，在功能区的【幻灯片】组中单击【新建幻灯片】按钮，即可插入一张默认版式的幻灯片。当需要应用其他版式时，单击【新建幻灯片】按钮右下方的下拉箭头，在弹出的版式菜单中选择【标题和内容】选项，即可插入该样式的幻灯片。

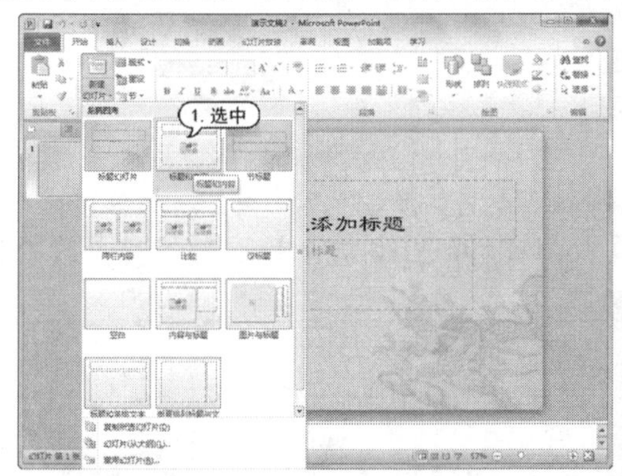

2. 通过右击插入

在幻灯片预览窗格中，选择一张幻灯片，右击该幻灯片，从弹出的快捷菜单中选择【新建幻灯片】命令，即可在选择的幻灯片之后插入一张新的幻灯片。

3. 通过键盘操作插入

通过键盘操作插入幻灯片的方法是最为快捷的方法。在幻灯片预览窗格中，选择一张幻灯片，然后按 Enter 键，即可插入一张新幻灯片。

11.3.3 移动和复制幻灯片

PowerPoint 2010 支持以幻灯片为对象的移动和复制操作，可以将整张幻灯片及其内容进行移动或复制。

1. 移动幻灯片

在制作演示文稿时，为了调整幻灯片的播放顺序，此时就需要移动幻灯片。

【例 11-2】在“项目状态报告”演示文稿中移动幻灯片。

视频+素材 (光盘素材\第 11 章\例 11-2)

step 1 启动 PowerPoint 2010 程序，打开“项目状态报告”演示文稿。

step 2 选中第 2 张幻灯片，在【开始】选项卡的【剪贴板】组中单击【剪切】按钮。

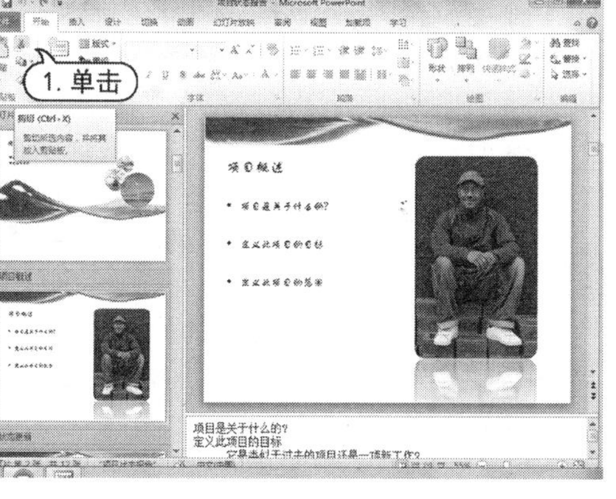

step 3 选中第 1 张幻灯片，在【剪贴板】组中单击【粘贴】按钮，即可将其移动到【默认节】窗格中。

step 4 选中第 3、4 张幻灯片，右击，从弹出的快捷菜单中选择【剪切】命令。

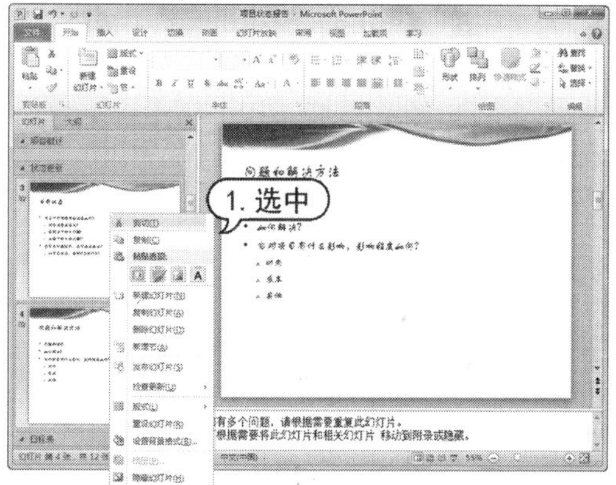

step 5 将光标定位在第 2 张幻灯片下的空隙处，右击，从弹出的快捷菜单中选择【粘贴选项】列表中的【保留源格式】选项，即可将指定的幻灯片移动到目标位置中。

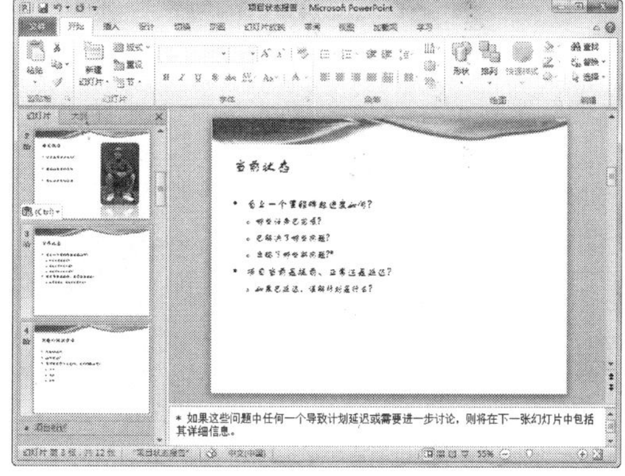

step 6 选中第5~7张幻灯片，按住鼠标左键不放向上拖动，此时光标变为形状，且光标对应位置有一条线，表示幻灯片移动后的位置。

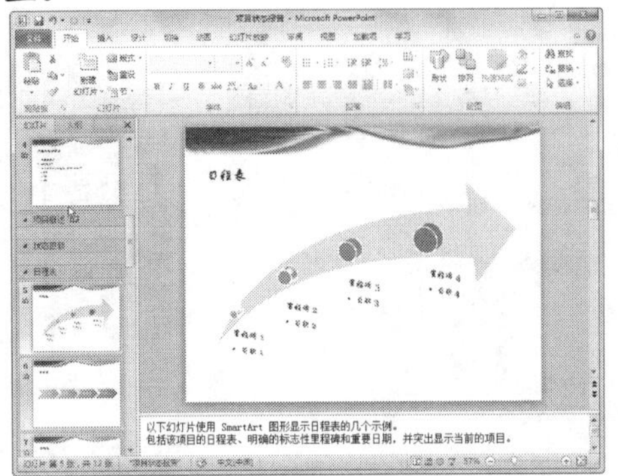

step 7 拖动第5-7张幻灯片至第4张幻灯片后，释放鼠标，移动后的幻灯片将自动重新编号。

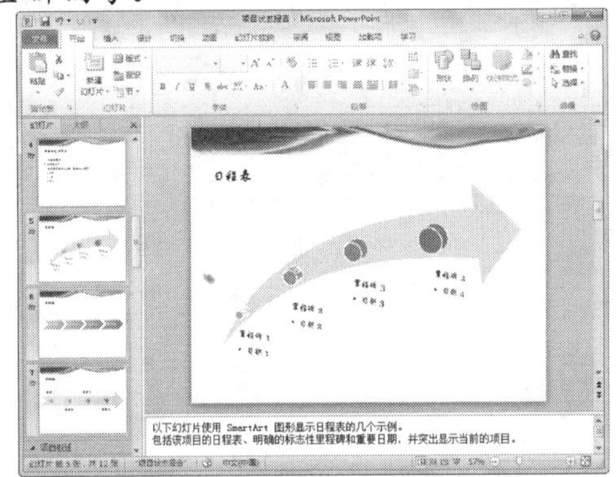

step 8 选中【后续步骤和拟办事项】节中的第8、9张幻灯片，按Ctrl+X快捷键，剪贴选定的幻灯片。将光标定位在第7张幻灯片下面的位置，按Ctrl+V快捷键，即可将指定幻灯片移动到目标位置。

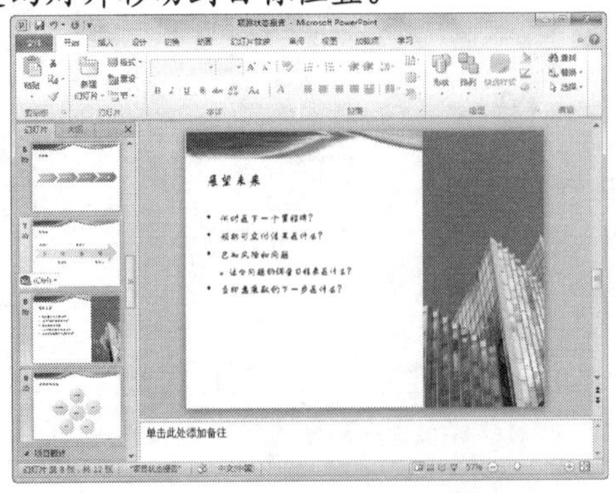

2. 复制幻灯片

PowerPoint 支持以幻灯片为对象的复制操作。在制作演示文稿时，为了使新建的幻灯片与已经建立的幻灯片保持相同的版式和设计风格(即使两张幻灯片内容基本相同)，可以利用幻灯片的复制功能，复制出一张相同的幻灯片，然后再对其进行适当的修改。

复制幻灯片的基本方法如下：选中需要复制的幻灯片，在【开始】选项卡的【剪贴板】组中单击【复制】按钮，或者右击选中幻灯片，从弹出的快捷菜单中选择【复制】命令。然后在需要插入幻灯片的位置单击，然后在【开始】选项卡的【剪贴板】组中单击【粘贴】按钮。

知识点滴

用户可以同时选择多张幻灯片进行上述操作。Ctrl+C、Ctrl+V快捷键同样适用于幻灯片的复制和粘贴操作。另外，用户还可以通过鼠标左键拖动的方法复制幻灯片：选择要复制的幻灯片，按住Ctrl键，然后按住鼠标左键拖动选定的幻灯片，在拖动的过程中，出现一条竖线表示选定幻灯片的新位置，此时释放鼠标左键，再松开Ctrl键，选择的幻灯片将被复制到目标位置。

11.3.4 隐藏和删除幻灯片

PowerPoint 2010 允许用户对幻灯片进行隐藏和删除的操作。

1. 隐藏幻灯片

制作好的演示文稿中有的幻灯片可能不是每次放映时都需要放出来，此时就可以将暂时不需要的幻灯片隐藏起来。

例如，在“项目状态报告”演示文稿的幻灯片预览窗口中选择第8张幻灯片缩略图，并右击，从弹出的快捷菜单中选择【隐藏幻灯片】命令，如下图所示。

此时，即可隐藏选中的幻灯片，在幻灯片预览窗口中隐藏的幻灯片编号上将显示标志。

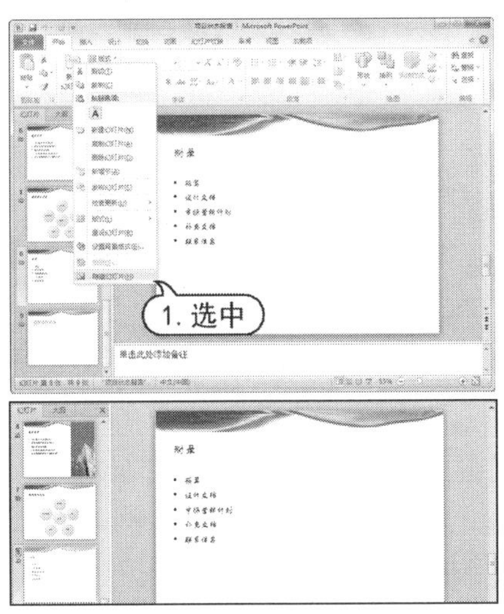

2. 删除幻灯片

在演示文稿中删除多余幻灯片是清除大量冗余信息的有效方法。

删除幻灯片的方法主要有以下几种：

- 选中需要删除的幻灯片，直接按下 Delete 键；
- 右击需要删除的幻灯片，从弹出的快捷菜单中选择【删除幻灯片】命令；
- 选中幻灯片，在【开始】选项卡的【剪贴板】组中单击【剪切】按钮。

11.4 编辑幻灯片文本

创建好幻灯片后即可在幻灯片中插入文本内容，文本对文稿中的主题、问题的说明与阐述具有其他方式不可替代的作用，用户还可以对文本进行编辑设置。

11.4.1 添加文本

在 PowerPoint 中，不能直接在幻灯片中输入文字，只能通过占位符或文本框来添加。

1. 占位符

占位符是由虚线或影线标记边框的框，是绝大多数幻灯片版式的组成部分。这种占位符中预设了文字的属性和样式，供用户添加标题文字、项目文字等。

在幻灯片中单击占位符边框，即可选中该占位符，在占位符中单击，进入文本编辑状态，直接输入文本。在幻灯片的空白处单击，退出文字编辑状态。

2. 文本框

文本框是一种可移动、调整大小的文字或图形容器，特性与占位符非常相似。使用文本框，可以在幻灯片中放置多个文字块，可以使文字按不同的方向排列，可以打破幻灯片版式的制约，实现在幻灯片中的任意位置添加文字信息的目的。

在 PowerPoint 中可以插入横排文字和竖排文字两种形式的文本框，可以根据自己的需要进行选择。打开【插入】选项卡，在【文本】组中单击【文本框】下拉按钮，从弹出的下拉菜单中选择【横排文本框】或【竖排文本框】命令，在幻灯片中按住鼠标左键拖动，绘制文本框，光标自动位于文本框中，此时就可以在其中输入文字。同样在幻灯片的空白处单击，即可退出文字编辑状态。

【例 11-3】新建“会计工作报告”演示文稿，并在其中输入文本。

视频+素材 (光盘素材\第 11 章\例 11-3)

step 1 启动 PowerPoint 2010 应用程序，单击【文件】按钮，在弹出的菜单中选择【新建】命令，打开 Microsoft Office Backstage 视图，在中间的【可用模板和主题】列表框中选择【我的模板】命令。

step 2 打开【新建演示文稿】对话框，在【个人模板】列表中选择【模板】选项，单击【确定】按钮。

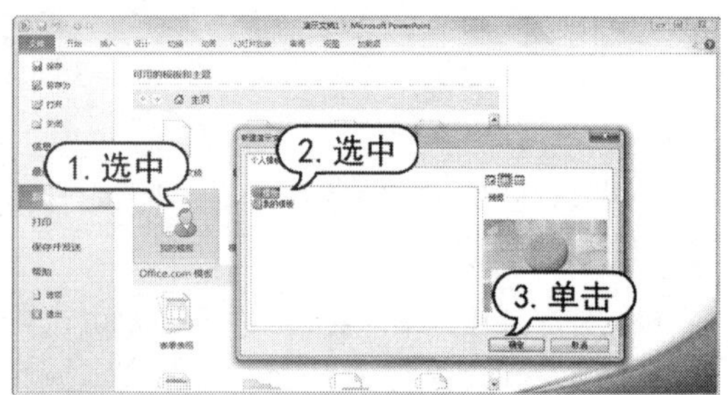

step 3 此时，新建一个新演示文稿，并应用【模板】样式。

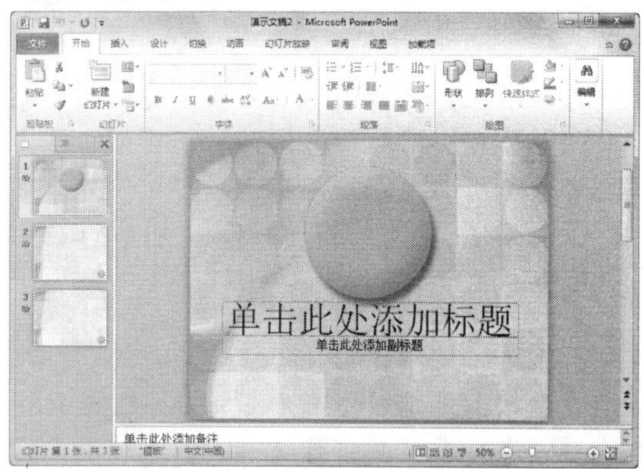

step 4 默认打开第 1 张幻灯片，单击【单击此处添加标题】文本占位符内部，此时占位符中将出现闪烁的光标，在占位符中输入文字“会计工作报告”；在【单击此处添加副标题】文本占位符中输入文字“——制作人 Miss Li”。

step 5 在幻灯片浏览窗格中选择第 2 张幻灯片，将其设置为当前幻灯片。使用同样的操作方法输入标题文本和正文文本。

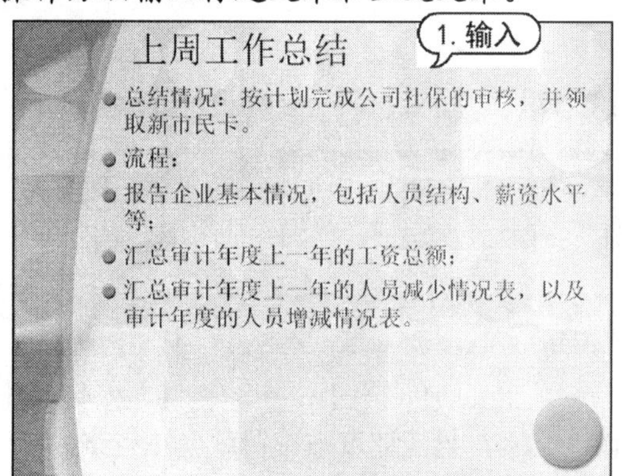

step 6 使用同样的操作方法，在第 3 张幻灯片中输入标题文本和正文文本。

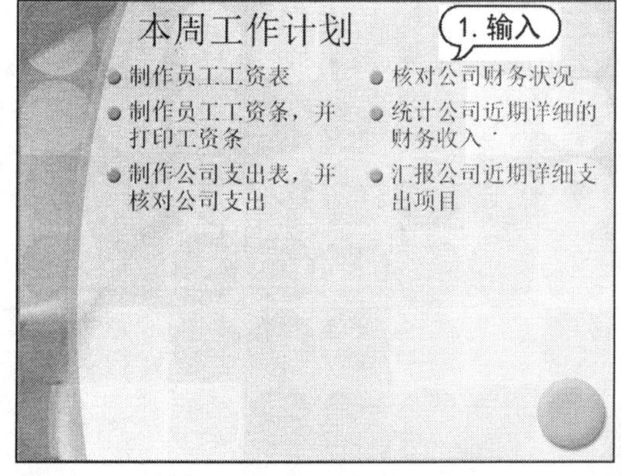

step 7 在幻灯片浏览窗格中单击第 1 张幻灯片，将其设置为当前幻灯片。

step 8　打开【插入】选项卡，在【文本】组中单击【文本框】下拉按钮，在弹出的下拉菜单中选择【横排文本框】命令。

step 9　移动鼠标指针到幻灯片的编辑窗口，当指针形状变为↓形状时，在幻灯片编辑窗格中按住鼠标左键并拖动，鼠标指针变成十字形状。当拖动至合适大小的矩形框后，释放鼠标完成横排文本框的插入。

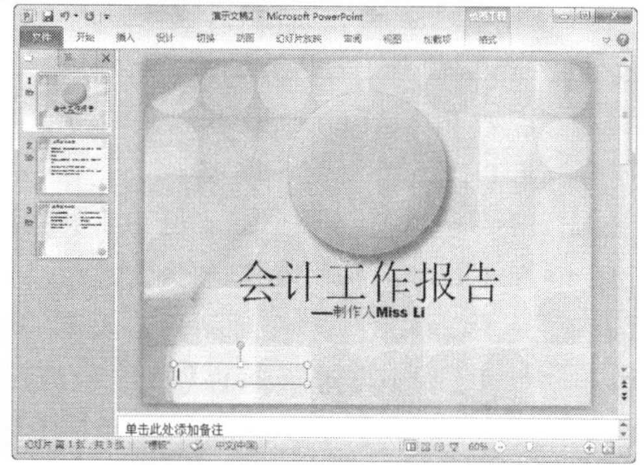

step 10　此时，光标自动位于文本框内，切换至搜狗拼音输入法，输入文本“天宇文化传媒有限公司”。

step 11　使用同样的方法在第 3 张幻灯片中绘制一个竖排文本框，并输入文本。

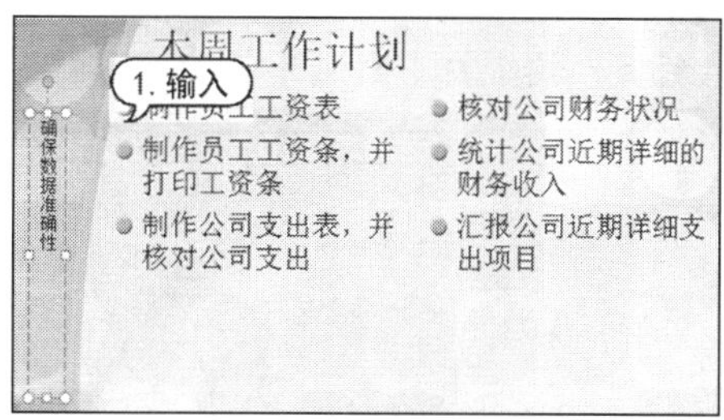

step 12　在快速工具栏中单击【保存】按钮，将“会计工作报告”演示文稿保存。

11.4.2　设置文本格式

在 PowerPoint 2010 中，当幻灯片应用了版式后，幻灯片中的文字也具有了预先定义的属性。但在很多情况下，用户仍需要按照自己的要求对文本格式重新进行设置。

【例 11-4】在“会计工作报告”演示文稿中，设置文本格式。

视频+素材 (光盘素材\第 11 章\例 11-4)

step 1　启动 PowerPoint 2010 应用程序，打开“会计工作报告”演示文稿。

step 2　在第 1 张幻灯片中，选中正标题占位符，在【开始】选项卡的【字体】选项组中，单击【字体】下拉按钮，从弹出的下拉列表框中选择【华文彩云】选项；单击【字号】下拉按钮，从弹出的下拉列表框中选择 80 选项；单击【字体颜色】下拉按钮，从弹出的颜色面板中选择【深蓝】选项。

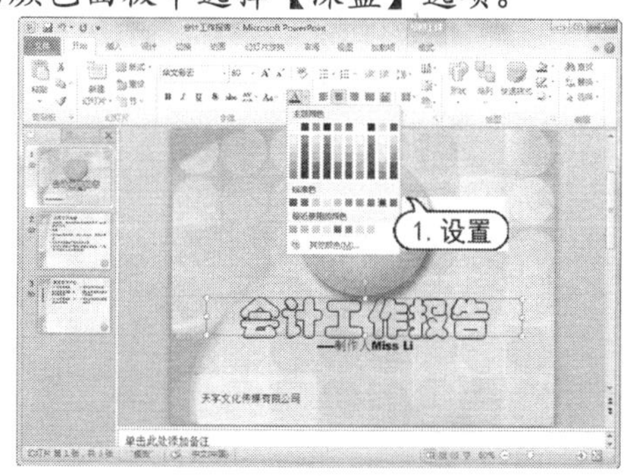

step 3　使用同样的方法，设置副标题占位符中文本字体为【华文行楷】，字号为 44，文

本右对齐；设置左下角文本框中文本字体为【楷体】，字号为20，字体颜色为【玫瑰红】。

step 4 分别选中正标题和副标题文本占位符，拖动鼠标调节其位置。

step 5 使用同样的方法，设置第2、3张幻灯片标题文本字体为【华文新魏】，字号为54，字形为【加粗、阴影】，字体颜色为【蓝色，强度文字2】。

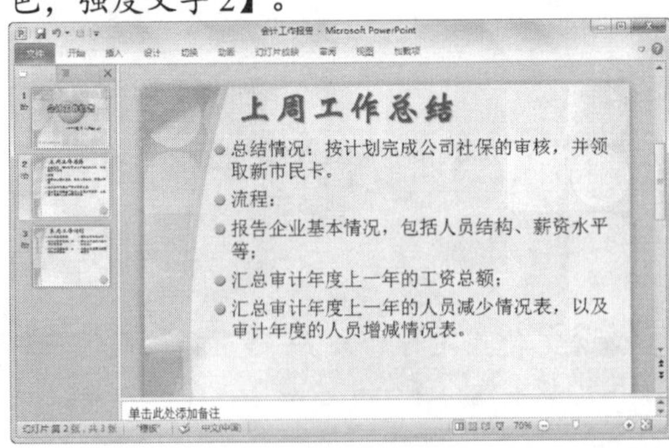

step 6 设置第3张幻灯片中文本框中字体为【华文隶书】，字号为24，字体颜色【绿色，强度文字颜色1】。

step 7 在快速工具栏中单击【保存】按钮，将“会计工作报告”演示文稿保存。

11.4.3 设置段落格式

为了使演示文稿更加美观、清晰，还可以在幻灯片中为文本设置段落格式，如缩进值、间距值和对齐方式。

【例 11-5】在“会计工作报告”演示文稿中，设置段落格式。

视频+素材 (光盘素材\第 11 章\例 11-5)

step 1 启动 PowerPoint 2010 应用程序，打开“会计工作报告”演示文稿。

step 2 切换至第2张幻灯片，选中【单击此处添加文本】占位符，在【开始】选项卡的【段落】选项组中，单击对话框启动器。

step 3 打开【段落】对话框的【缩进和间距】选项卡，在【行距】下拉列表框中选择【1.5倍行距】选项，单击【确定】按钮。

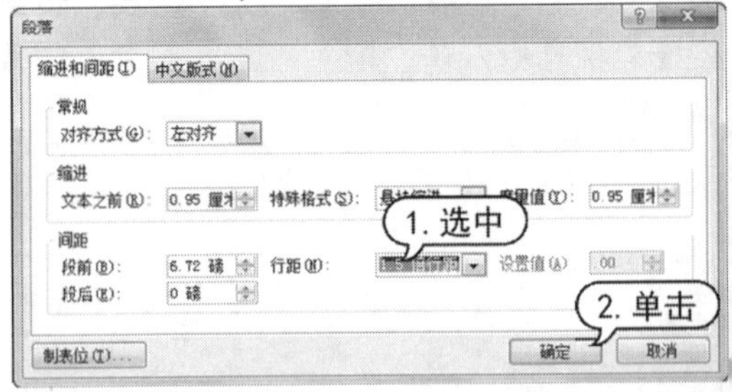

step 4 此时即可将段落行距设置为1.5倍行距，效果如下图所示。

上周工作总结

- 总结情况：按计划完成公司社保的审核，并领取新市民卡。
- 流程：
- 报告企业基本情况，包括人员结构、薪资水平等；
- 汇总审计年度上一年的工资总额；
- 汇总审计年度上一年的人员减少情况表，以及审计年度的人员增减情况表。

step 5 选择后 3 段项目文本，在【段落】组中单击【提高列表级别】按钮，增大段落缩进级别。

上周工作总结

- 总结情况：按计划完成公司社保的审核，并领取新市民卡。
- 流程：
  - 报告企业基本情况，包括人员结构、薪资水平等；
  - 汇总审计年度上一年的工资总额；
  - 汇总审计年度上一年的人员减少情况表，以及审计年度的人员增减情况表。

step 6 使用同样的方法，将第 3 张幻灯片中的【单击此处添加文本】占位符中的段落行距设置为固定值 40 磅。

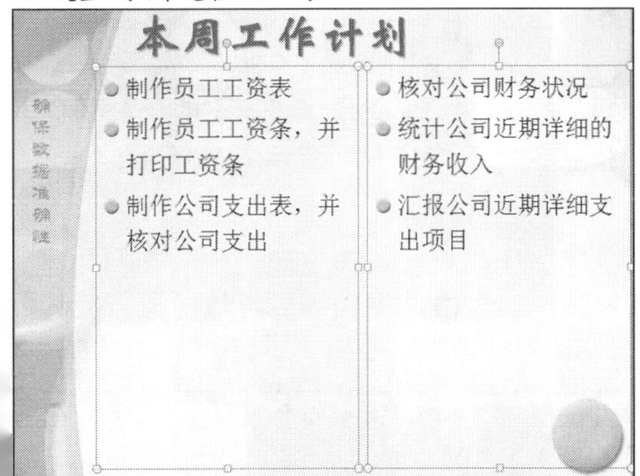

step 7 在快速工具栏中单击【保存】按钮，将“会计工作报告”演示文稿保存。

11.4.4 添加项目符号和编号

在演示文稿中，为了使某些内容更为醒目，经常要用到项目符号和编号。这些项目符号和编号用于强调一些特别重要的观点或条目，从而使主题更加美观、突出、分明。

【例 11-6】在“会计工作报告”演示文稿中，添加并设置项目符号和编号。

视频+素材 (光盘素材\第 11 章\例 11-6)

step 1 启动 PowerPoint 2010 应用程序，打开“会计工作报告”演示文稿。

step 2 在幻灯片预览窗口中选择第 2 张幻灯片缩略图，将其显示在幻灯片编辑窗口中。选择“流程”下的文本段，在【开始】选项卡的【段落】组中单击【编号】下拉按钮，从弹出的列表中选择【项目符号和编号】命令。

step 3 打开【项目符号】对话框的【编号】选项卡，选择一种样式，在【大小】微调框中输入 150，单击【颜色】按钮，在弹出的颜色面板中选择【红色】色块，单击【确定】按钮。

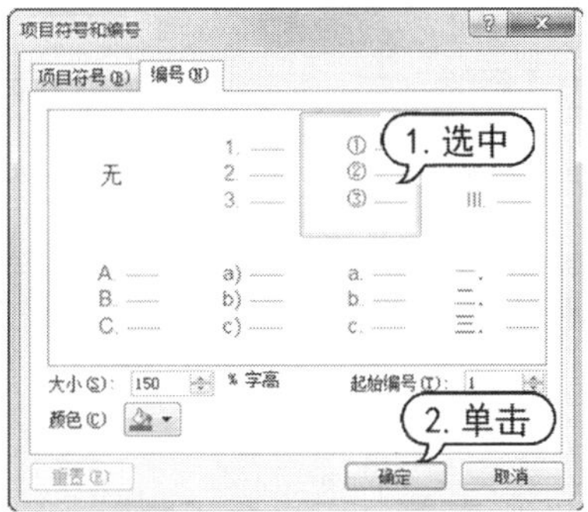

step 4 此时在所选段落上添加编号，效果如下图所示。

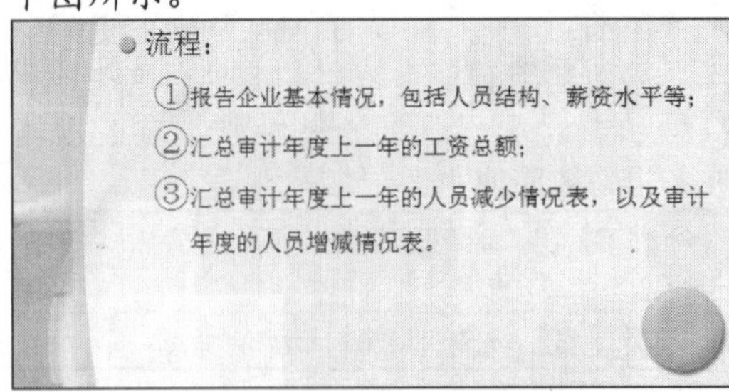

step 5 切换至第 3 张幻灯片，选中左侧占位符中的文本段，在【段落】组中单击【项目符号】下拉按钮，从弹出的列表中选择【项目符号和编号】命令。打开【项目符号】对话框的【项目符号】选项卡，单击【图片】按钮。

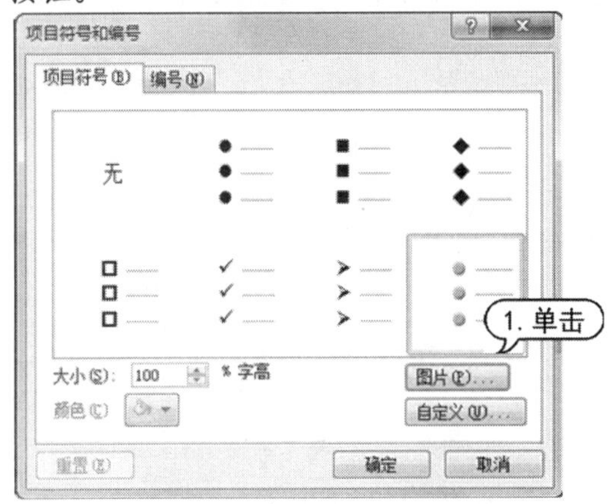

step 6 打开【图片项目符号】列表框，在该列表框中选择一种图片，单击【确定】按钮，即可为选中的段落应用图片项目符号。

step 7 使用同样的方法，设置右侧占位符中项目符号的样式。拖动鼠标调整左右两个文本占位符的大小和位置。

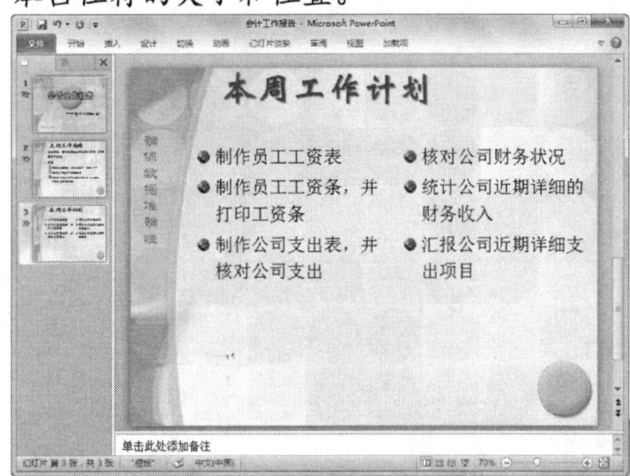

step 8 在快速工具栏中单击【保存】按钮，将“会计工作报告”演示文稿保存。

11.5 插入修饰元素

在 PowerPoint 2010 中，可以在幻灯片中插入图片、表格、视频等多媒体对象，使其页面效果更加丰富。

11.5.1 插入艺术字

艺术字是一种特殊的图形文字，常被用来表现幻灯片的标题文字。插入艺术字后，可以对艺术字进行编辑操作。

【例 11-7】创建“蒲公英介绍”演示文稿，在其中插入艺术字。

视频+素材 (光盘素材\第 11 章\例 11-7)

step 1 启动 PowerPoint 2010 应用程序，创建演示文稿，并将其以“蒲公英介绍”为名保存。

step 2 在幻灯片预览窗口中选择第 2 张幻灯片缩略图，将其显示在幻灯片编辑窗口中，按 Ctrl+A 快捷键，选中所有的占位符，按 Delete 键，删除占位符。

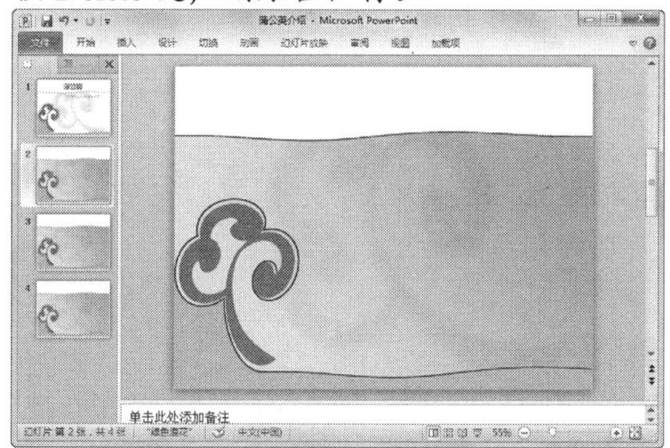

step 3 打开【插入】选项卡，在【文本】组中单击【艺术字】按钮，从弹出的列表框中选择第 6 行第 5 列中的艺术字样式，即可在第 2 张幻灯片中插入艺术字。

step 4 在【请在此处放置您的文字】占位符中输入文字，拖动鼠标调整艺术字的位置。

step 5 使用同样的方法，删除第 3 张幻灯片中的所有文本占位符，并在其中创建相同样式的艺术字。

step 6 切换至第 4 张幻灯片，在【单击此处添加标题】占位符中输入文本，设置其字体为【华文琥珀】，字号为 60，字体颜色为【绿色】。选中【单击此处添加文本】占位符，按 Delete 键，将其删除。

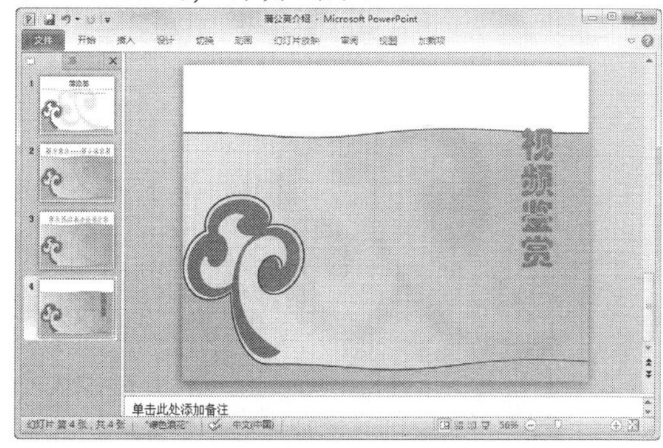

step 7 在快速工具栏中单击【保存】按钮，将“蒲公英介绍”演示文稿保存。

11.5.2 插入图片

在演示文稿中插入图片，可以更生动形象地阐述其主题和表达的思想。在插入图片时，要充分考虑幻灯片的主题，使图片和主题和谐一致。

1. 插入剪贴画

要插入剪贴画，可以在【插入】选项卡的【插图】组中，单击【剪贴画】按钮，打开【剪贴画】任务窗格，在剪贴画预览列表中单击剪贴画，即可将其添加到幻灯片中。

2. 插入截图

和其他 Office 组件一样，PowerPoint 2010 也新增了屏幕截图功能。打开要截取的图片所在的位置，切换至演示文稿窗口，打开【插入】选项卡，在【图像】组中单击【屏幕截图】按钮，从弹出的菜单中选择【屏幕剪辑】命令，此时将自动切换到图片视窗中，然后按住鼠标左键并拖动截取图片，释放鼠标，即可完成截图操作。

3. 插入计算机中的图片

要插入计算机中的图片，首先打开【插入】选项卡，在【图像】组中单击【图片】按钮，打开【插入图片】对话框，选择需要的图片后，单击【插入】按钮，即可将图片插入幻灯片中。

【例 11-8】在“蒲公英介绍”演示文稿中插入剪贴画和图片。

视频+素材 (光盘素材\第 11 章\例 11-8)

step 1 启动 PowerPoint 2010 应用程序，打开“蒲公英介绍”演示文稿，此时自动打开第 1 张幻灯片。

step 2 打开【插入】选项卡，在【图像】组中单击【剪贴画】按钮，打开【剪贴画】任务窗格。在【搜索文字】文本框中输入“蒲公英”，单击【搜索】按钮，即可在其下列表框中显示剪贴画，单击所需的剪贴画，将其添加到幻灯片中。

step 3 拖动鼠标调整剪贴画的大小和位置，效果如下图所示。

step 4　在幻灯片预览窗口中选择第 2 张幻灯片缩略图，将其显示在幻灯片编辑窗口中。

step 5　在【图像】组中，单击【图片】按钮，打开【插入图片】对话框，选中要插入的图片，单击【插入】按钮。

step 6　拖动鼠标调整剪贴画的大小和位置，效果如下图所示。

step 7　同时选中两张图片，打开【图片工具】的【格式】选项卡，在【图片样式】组中单击【其他】按钮，从弹出的列表框中选择一种样式。

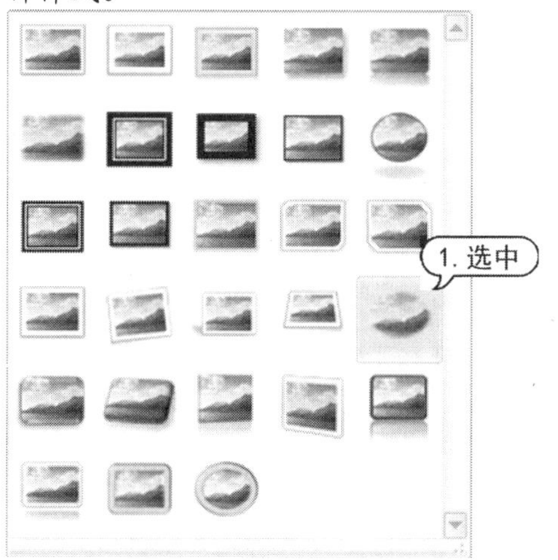

step 8　此时快速应用该样式，效果如下图所示。

step 9　在快速工具栏中单击【保存】按钮，保存“蒲公英介绍”演示文稿。

11.5.3　插入表格

使用 PowerPoint 制作一些专业型演示文稿时，通常需要使用表格，例如销售统计表、财务报表等。表格采用行列化的展现形式，它与幻灯片页面文字相比，更能体现出数据的对比性及内在的联系。

【例 11-9】在“蒲公英介绍”演示文稿中插入表格。
视频+素材 (光盘素材\第 11 章\例 11-9)

step 1　启动 PowerPoint 2010 应用程序，打开“蒲公英介绍”演示文稿。

step 2　在幻灯片预览窗口中选择第 3 张幻灯片缩略图，将其显示在幻灯片编辑窗口中。

step 3　打开【插入】选项卡，在【表格】组中单击【表格】下拉按钮，从弹出的菜单中选择【插入表格】命令。

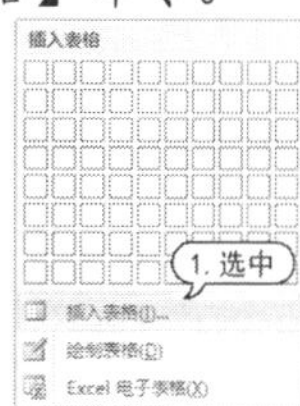

step 4　打开【插入表格】对话框，在【列数】和【行数】文本框中分别输入 2 和 5，单击【确定】按钮。

step 5 此时在幻灯片中输入 5 行 2 列表格，输入表格内容，并拖动鼠标调节其大小和位置。

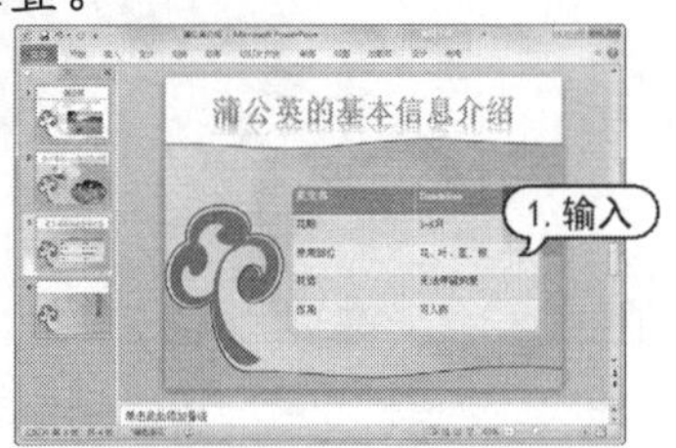

step 6 打开【表格工具】的【设计】选项卡，在【表格】组中单击【其他】按钮，在弹出的列表框中选择一种淡色表格样式。

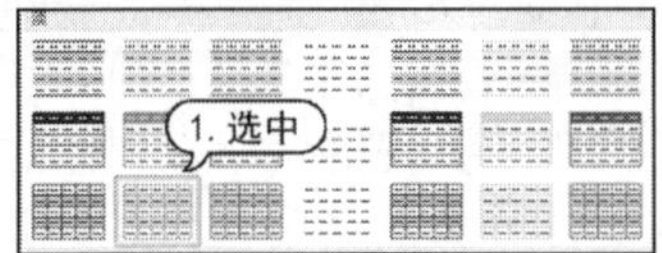

step 7 打开【表格工具】的【布局】选项卡，在【对齐方式】组中单击【居中】按钮和【垂直居中】按钮，设置表格文本居中对齐。

蒲公英的基本信息介绍

英文名	Dandelion
花期	3~8月
使用部位	花、叶、茎、根
花语	无法停留的爱
作用	可入药

step 8 在快速工具栏中单击【保存】按钮，保存“蒲公英介绍”演示文稿。

11.5.4 插入音频和视频

在 PowerPoint 2010 中可以方便地插入音频和视频等多媒体对象，使用户的演示文稿从画面到声音，多方位地向观众传递信息。

1. 插入音频

打开【插入】选项卡，在【媒体】组中单击【音频】下拉按钮，在弹出的下拉菜单中选择【剪辑画音频】命令。此时 PowerPoint 2010 将自动打开【剪贴画】任务窗格，该窗格显示了剪辑中所有的声音，单击某个声音文件，即可将该声音文件插入到幻灯片中。

用户还可以插入文件中的声音，可以在【音频】下拉菜单中选择【文件中的音频】命令，打开【插入音频】对话框，从该对话框中选择需要插入的声音文件，然后单击【确定】按钮，即可将其插入到幻灯片中。

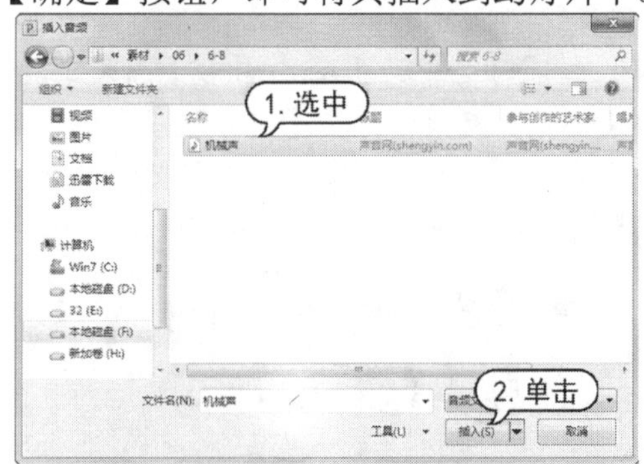

2. 插入视频

打开【插入】选项卡，在【媒体】选项组中单击【视频】下拉按钮，在弹出的下拉菜单中选择【剪贴画视频】命令，此时 PowerPoint 2010 将自动打开【剪贴画】任务窗格，该任务窗格显示了剪辑库中所有的视频或动画，单击某个动画文件，即可将该剪辑文件插入到幻灯片中。

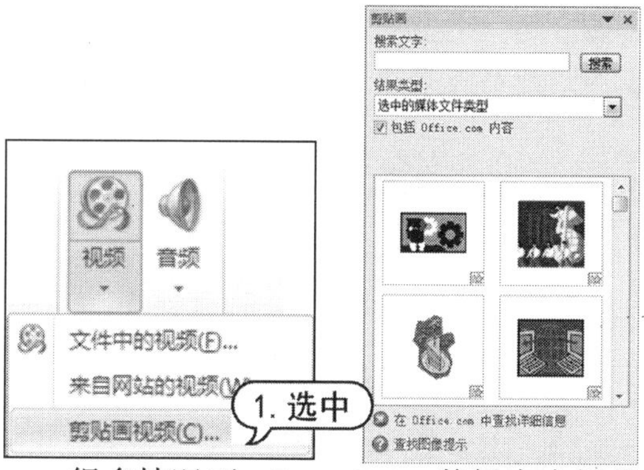

很多情况下，PowerPoint 剪辑库中提供的影片并不能满足用户的需要，这时可以选择插入来自文件中的影片。单击【视频】下拉按钮，在弹出的菜单中选择【文件中的视频】命令，打开【插入视频文件】对话框。选择视频文件，单击【插入】按钮即可。

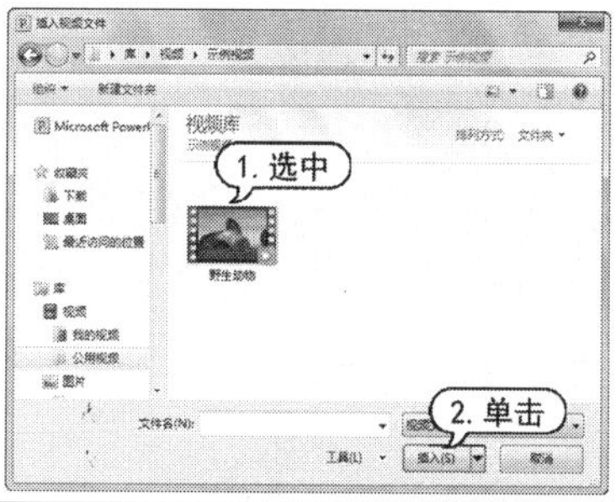

【例 11-10】在“蒲公英介绍”演示文稿中插入音频和视频。

视频+素材 (光盘素材\第 11 章\例 11-10)

step 1 启动 PowerPoint 2010 应用程序，打开“蒲公英介绍”演示文稿，自动打开第 1 张幻灯片。

step 2 打开【插入】选项卡，在【媒体】选项组中单击【音频】下拉按钮，从弹出的菜单中选择【文件中的音频】命令，打开【插入音频】对话框。选择需要插入的声音文件，单击【确定】按钮，即可插入声音。

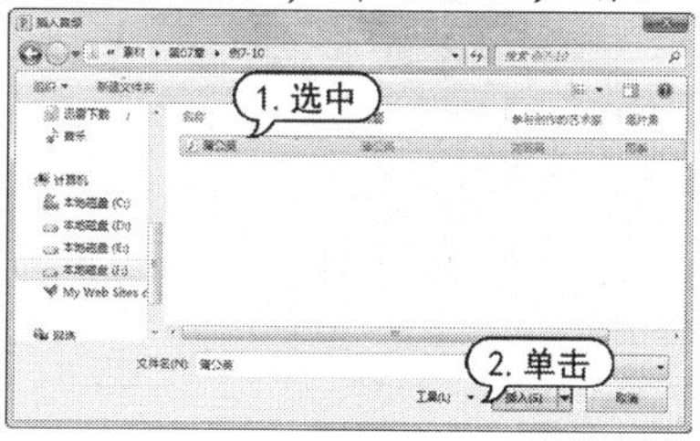

step 3 此时幻灯片中将出现声音图标，使用鼠标将其拖动到幻灯片的左下方。

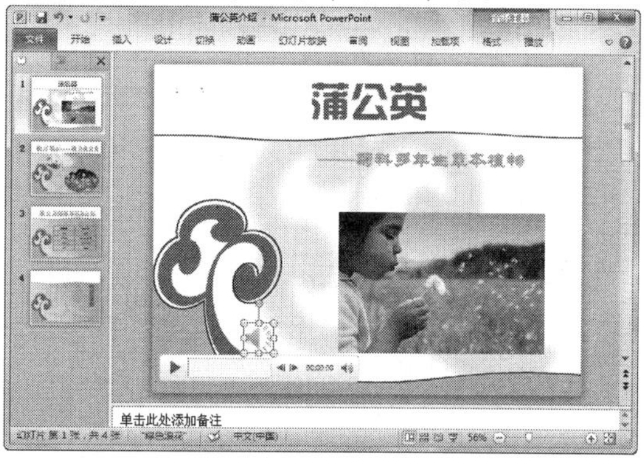

step 4 选择第 4 张幻灯片，打开【插入】选项卡，在【媒体】组中单击【视频】下拉按钮，从弹出的下拉菜单中选择【文件中的视频】命令，打开【插入视频】对话框。选择视频文件，然后单击【插入】按钮。

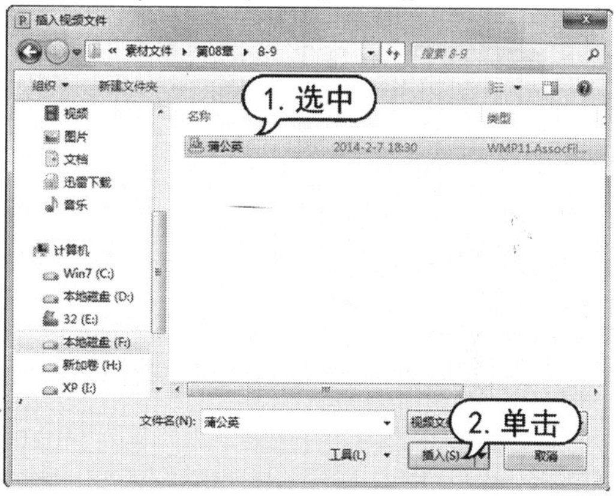

step 5 此时即可插入视频，并调节其大小和位置。

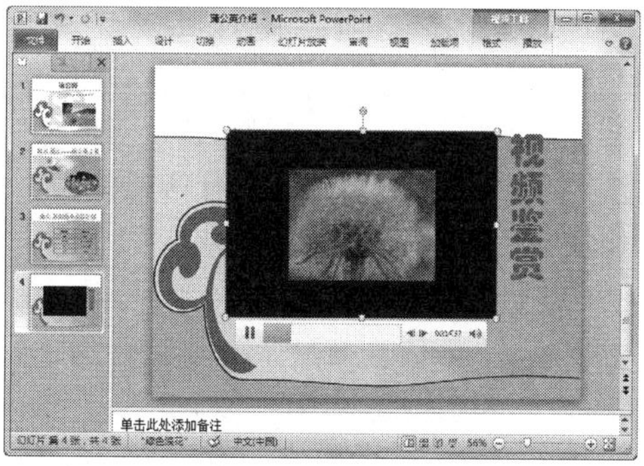

step 6 打开【视频工具】的【播放】选项卡，在【视频选项】组中单击【开始】下拉按钮，

从弹出的下拉列表中选择【自动】命令，为视频应用自动播放效果。

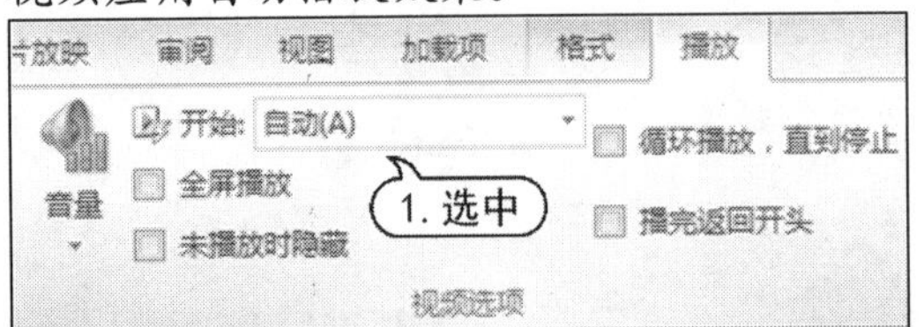

step 7 在快速工具栏中单击【保存】按钮，保存"蒲公英介绍"演示文稿。

11.6 案例演练

本章的案例演练部分为制作旅游景点相册和制作模拟飞行演示文稿两个综合实例操作，用户通过练习从而巩固本章所学知识。

11.6.1 制作旅游相册

用户可以使用 PowerPoint 的相册功能，制作旅游相册。

【例 11-11】在幻灯片中创建相册，制作旅游景点相册。

视频+素材 (光盘素材\第 11 章\例 11-11)

step 1 启动 PowerPoint 2010 应用程序，新建一个空白演示文稿。

step 2 打开【插入】选项卡，在【插图】选项组中单击【相册】按钮，打开【相册】对话框，单击【文件/磁盘】按钮。

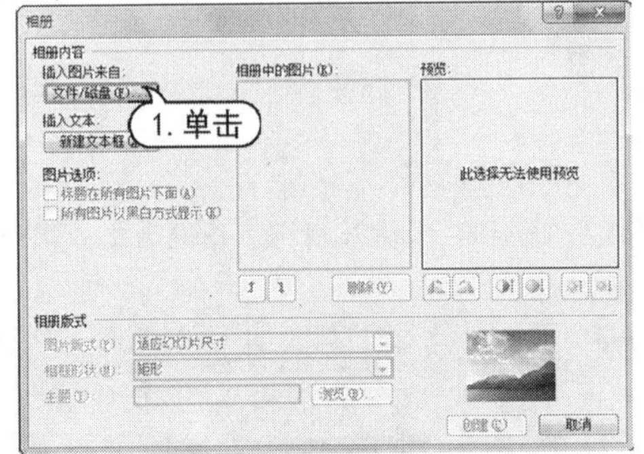

step 3 打开【插入新图片】对话框，选中需要的图片，单击【插入】按钮。

step 4 返回到【相册】对话框，在【相册中的图片】列表中选择图片名称为【景点 3Q】的选项，单击按钮，将该图片向上移动到合适的位置。

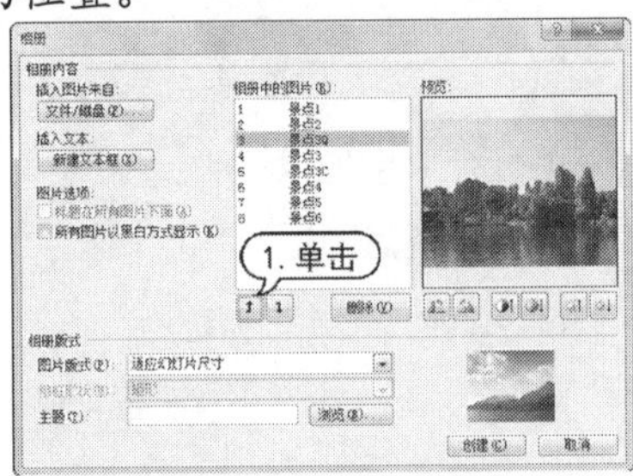

step 5 在【相册中的图片】列表框中选择图片名称为【景点 4】的图片，单击【减少对比度】按钮和【增加亮度】按钮，调整图片的对比度和亮度。

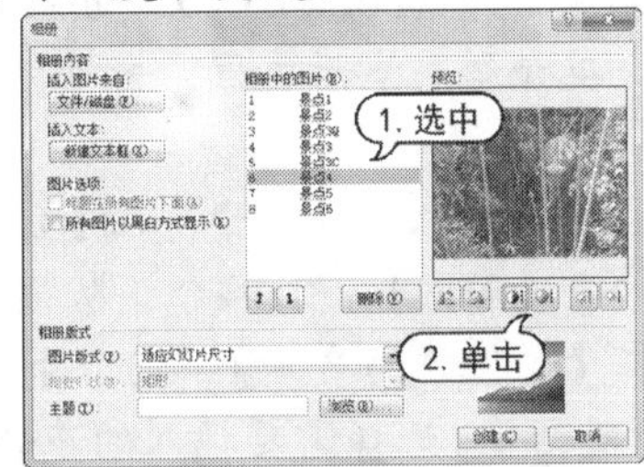

step 6 在【相册版式】选项区域的【图片版式】下拉列表中选择【2 张图片】选项，在【相框形状】下拉列表中选择【简单框架，白色】选项，单击【浏览】按钮。

step 7 打开【选择主题】对话框，选择所需的主题，单击【选择】按钮。

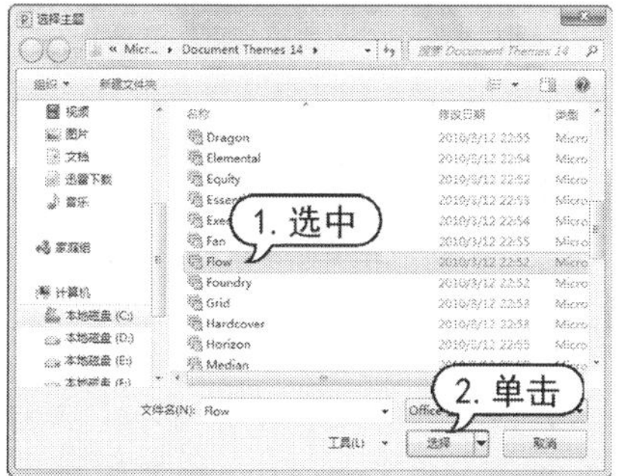

step 8 返回到【相册】对话框，单击【创建】按钮，创建包含 8 张图片的电子相册，此时演示文稿中显示相册封面和插入的图片，并将其命名为“旅游景点”。

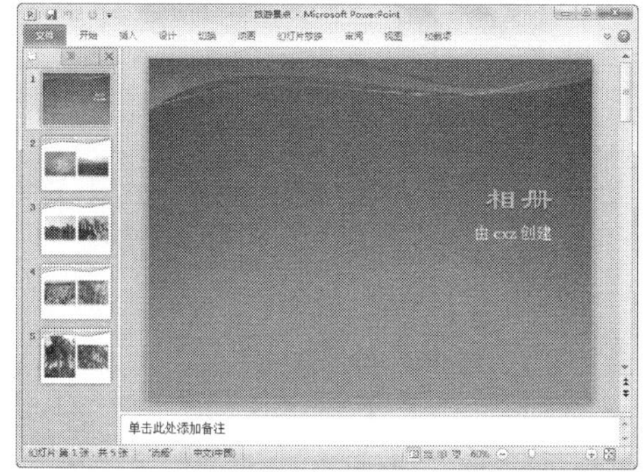

step 9 打开【插入】选项卡，在【插图】选项组中单击【相册】按钮，从弹出的菜单中选择【编辑相册】命令，打开【编辑相册】对话框。

step 10 在【相册版式】选项区域中设置【图片版式】属性为【1 张图片(带标题)】，并设置【相框形状】属性为【居中矩形阴影】，单击【更新】按钮。

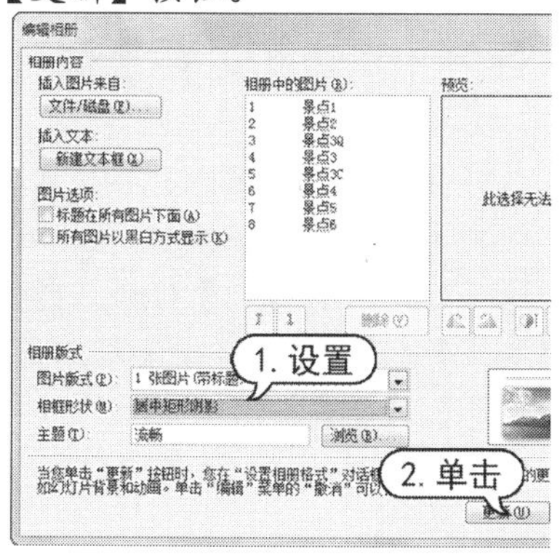

step 11 在每张图片幻灯片中添加标题文本，并修改第 1 张幻灯片的标题和副标题文本。

step 12 在快速工具栏中单击【保存】按钮，保存“旅游景点”演示文稿。

11.6.2　制作演示文稿

在幻灯片中插入视频和音频文件，制作多媒体集合的演示文稿。

【例 11-12】制作名为“模拟航行”演示文稿。
视频+素材 (光盘素材\第 11 章\例 11-12)

step 1 启动 PowerPoint 2010，新建一个空白演示文稿，并将其命名为【模拟航行】。

step 2 打开【设计】选项卡，在【主题】选项组中单击【其他】按钮，从弹出的【内置】列表框中选择【角度】样式。

step 3 此时将该模板应用到当前演示文稿中。

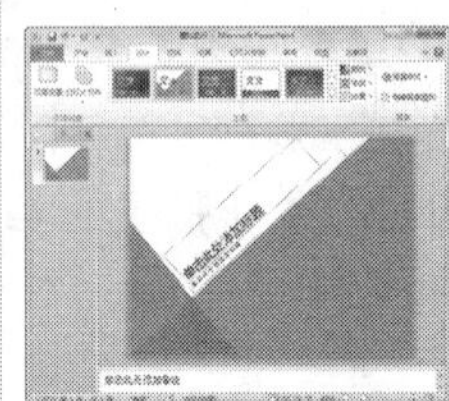

step 4 在【单击此处添加标题】文本占位符中输入文字“从虚拟到现实”，设置文本字体为【华文琥珀】，字号为60；在【单击此处添加副标题】文本占位符中输入文字“计算机模拟航行”，字号为24，字形为【加粗】。

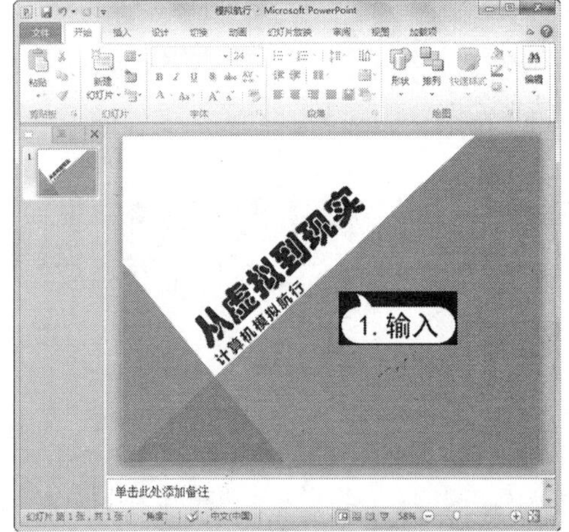

step 5 打开【插入】选项卡，在【媒体】选项组中单击【视频】下拉按钮，在弹出的菜单中选择【剪辑画视频】命令，打开【剪贴画】任务窗格。单击第1个剪辑，将其添加到幻灯片中，被添加的影片剪辑周围将出现8个白色控制点，使用鼠标调整该影片的大小和位置。

step 6 关闭【剪贴画】任务窗格，在幻灯片预览窗口中选择第 1 张幻灯片缩略图，按Enter键，添加一张新幻灯片。

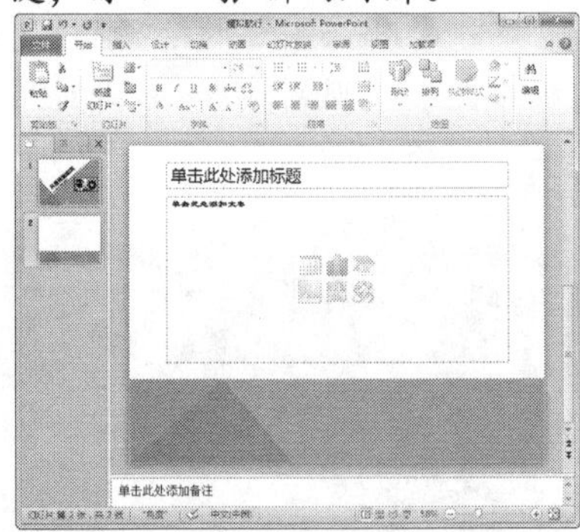

step 7 在【单击此处添加标题】文本占位符中输入文字，设置文字字体为【华文琥珀】，字号为44；在【单击此处添加文本】文本占位符中输入文字，设置字号为20，并将该占位符移动到幻灯片的适当位置。

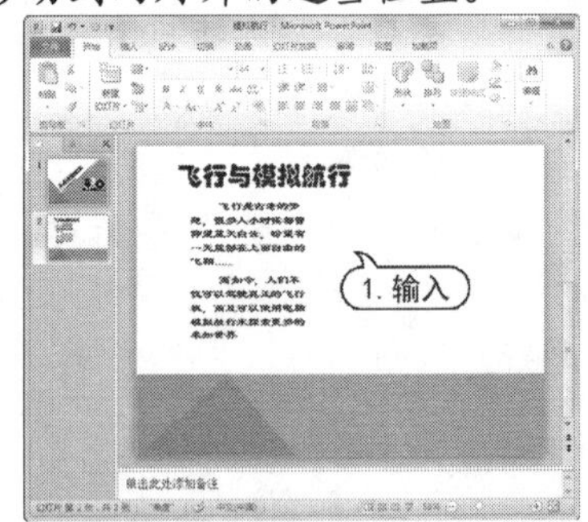

step 8 打开【插入】选项卡，在【媒体】选项组中单击【视频】下拉按钮，在弹出的菜单中选择【文件中的视频】命令，打开【插入视频文件】对话框。选择需要插入的文件单击【确定】按钮。

step 9 插入视频到幻灯片中，并调整其大小和位置。

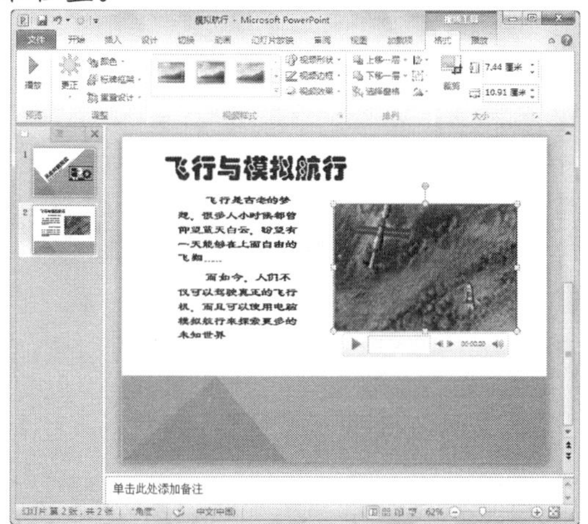

step 10 打开【视频工具】的【格式】选项卡，在【视频样式】选项组中单击【其他】按钮，从弹出的【中等】列表框中选择【中等复杂框架，黑色】选项。

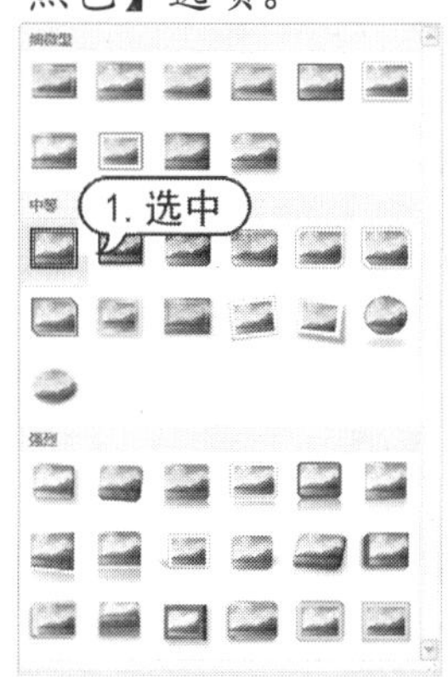

step 11 在【视频样式】选项组单击【视频效果】按钮，在弹出的菜单中选择【发光】|【青绿，18pt 发光，强调文字颜色 3】命令。

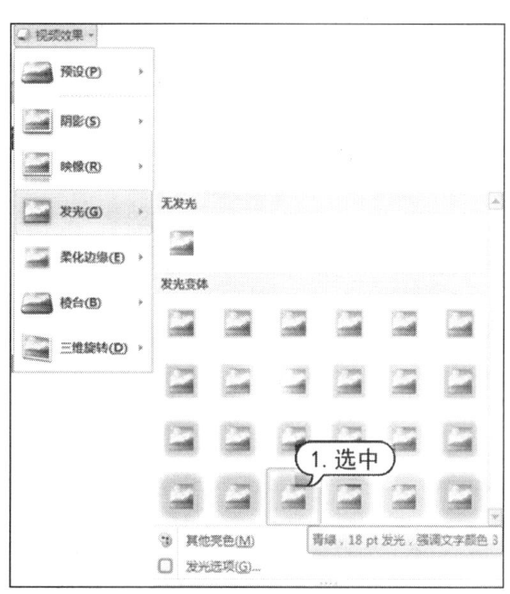

step 12 此时视频在幻灯片中的效果如下图所示。

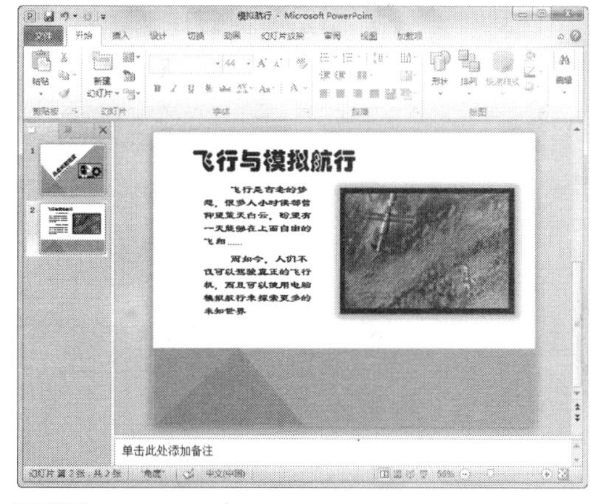

step 13 打开【插入】选项卡，在【媒体】选项组中单击【音频】下拉按钮，在弹出的菜单中选择【文件中的音频】命令。

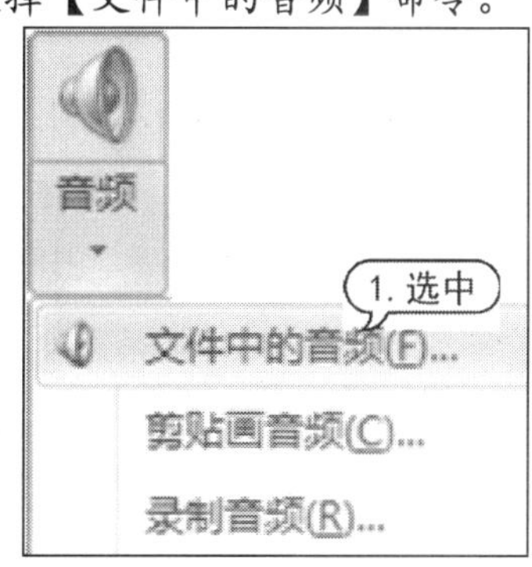

step 14 打开【插入音频】对话框，选择音频文件，单击【确定】按钮。

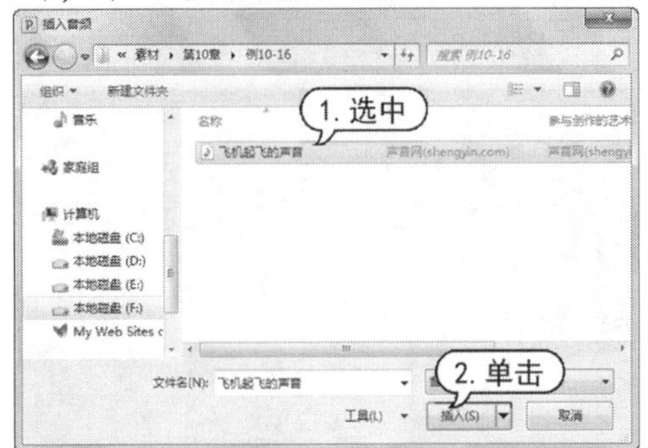

step 15 插入音频到幻灯片中，并调整其位置。

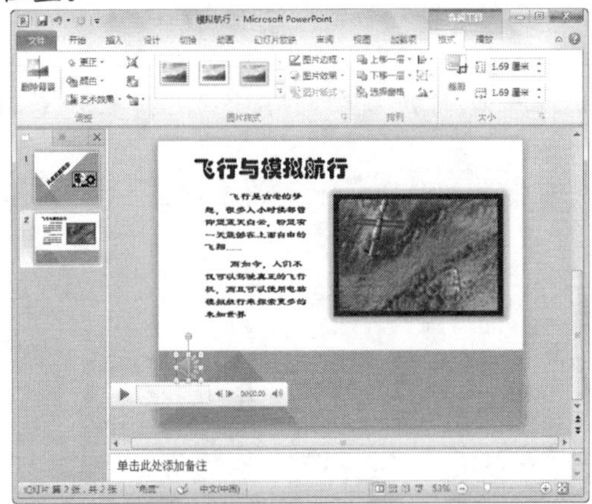

step 16 打开【音频工具】的【播放】选项卡，在【开始】下拉列表中选择【自动】选项，并选中【循环播放，直至停止】复选框。

step 17 在快速工具栏中单击【保存】按钮，保存【模拟航行】演示文稿。

第 12 章

PowerPoint 2010 高级应用

使用 PowerPoint 2010 创建演示文稿后，可以设计幻灯片外观和动画效果、设置幻灯片的放映方式等，这样能使幻灯片播放得更加顺畅和丰富。本章将介绍设置幻灯片母版、动画效果、放映演示文稿等高级操作内容。

对应光盘视频

例 12-1　设置母版版式
例 12-2　插入页脚
例 12-3　设置主题颜色
例 12-4　设置幻灯片背景
例 12-5　添加切换动画
例 12-6　设置切换动画选项
例 12-7　添加进入动画效果
例 12-8　添加强调动画效果
例 12-9　添加退出动画效果
例 12-10　动作路径动画效果
例 12-11　设置动画触发器
例 12-12　设置动画计时选项
例 12-13　添加超链接
例 12-14　添加动作按钮
例 12-15　设置排练计时
例 12-16　打包演示文稿
例 12-17　发布演示文稿
例 12-18　制作交互式演示文稿
例 12-19　输出演示文稿

12.1 设置幻灯片

为了使不同演示文稿展现不同的特色，需要为幻灯片中的对象设置不同颜色，搭配成不同的效果。PowerPoint 提供了大量的预设格式，例如幻灯片母版、主题和背景等。

12.1.1 设置幻灯片母版

母版是演示文稿中所有幻灯片或页面格式的底板，用于设置幻灯片的标题、正文文字等样式；也可以设置幻灯片的背景对象、页眉页脚等内容。用户可以在打开的母版中进行设置或修改，从而快速地创建出样式丰富的幻灯片，提高工作效率。

1. 母版的类型

PowerPoint 2010 提供了 3 种母版，即幻灯片母版、讲义母版和备注母版。

- 幻灯片母版：幻灯片母版是存储模板信息的重要元素。幻灯片母版中的信息包括字形、占位符大小和位置、背景设计和配色方案。用户通过更改这些信息，即可更改整个演示文稿中幻灯片的外观。打开【视图】选项卡，在【母版视图】选项组中单击【幻灯片母版】按钮，打开幻灯片母版视图，此时自动打开【幻灯片母版】选项卡。

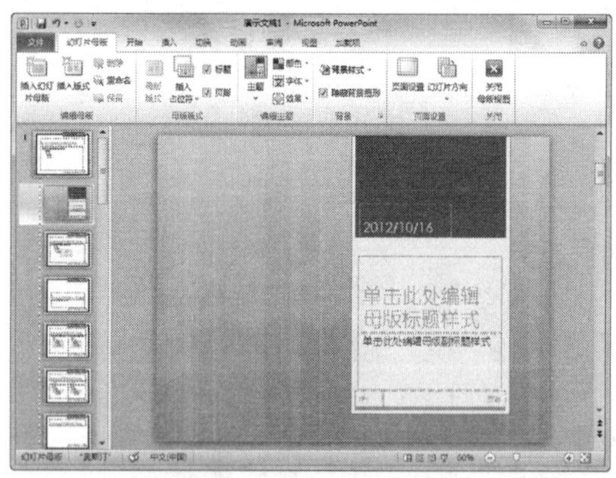

- 讲义母版：讲义母版是为制作讲义而准备的，通常需要打印输出，因此讲义母版的设置大多和打印页面有关。它允许设置一页讲义中包含几张幻灯片，设置页眉、页脚和页码等基本信息。在讲义母版中插入新的对象或者更改版式时，新的页面效果不会反映在其他母版视图中。打开【视图】选项卡，在【母版视图】组中单击【讲义母版】按钮，打开讲义母版视图，此时功能区自动打开【讲义母版】选项卡。

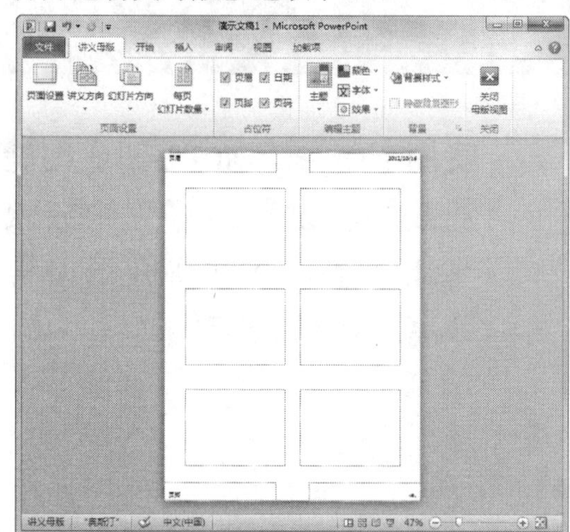

- 备注母版：主要用来设置幻灯片的备注格式，一般也是用来打印输出的，所以备注母版的设置大多也和打印页面有关。在备注母版视图中，可以设置或修改幻灯片内容、备注内容及页眉页脚内容在页面中的位置、比例及外观等属性。

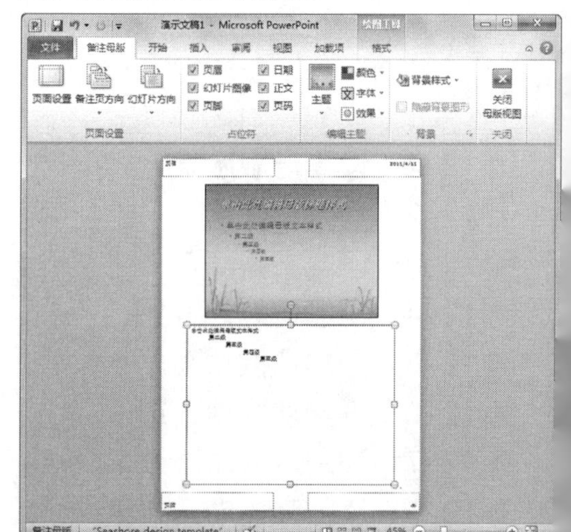

2. 设置版式

在 PowerPoint 2010 中创建的演示文稿都带有默认的版式，这些版式一方面决定了占位符、文本框、图片和图表等内容在幻灯片中的位置；另一方面决定了幻灯片中文本的样式。因此，用户可以按照自己的需求修改母版版式。

【例 12-1】创建"自定义模板"演示文稿，设置版式和文本格式，并调整母版中的背景图片样式。

视频+素材 (光盘素材\第 12 章\例 12-1)

step 1 启动 PowerPoint 2010 程序，新建名为"自定义模板"的演示文稿。

step 2 选中第一张幻灯片，按 4 次 Enter 键，插入 4 张新幻灯片。

step 3 打开【视图】选项卡，在【母版视图】组中单击【幻灯片母版】按钮，切换到幻灯片母版视图。

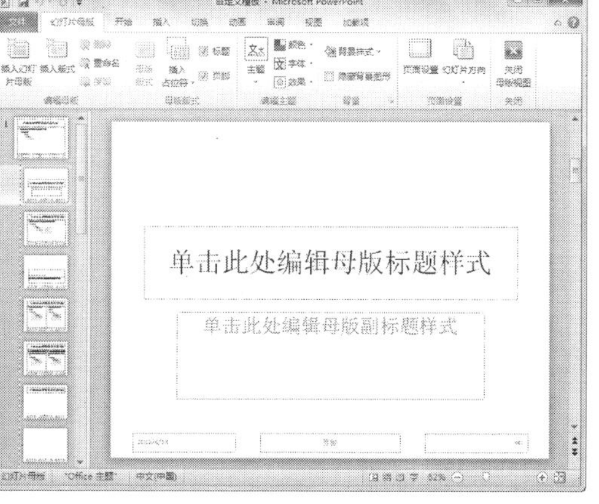

step 4 选中【单击此处编辑母版标题样式】占位符，右击其边框，在打开的浮动工具栏中设置字体为【华文隶书】，字号为 60，字体颜色为【橙色，强调文字颜色 6，深色 25%】，字形为【加粗】。

step 5 选中【单击此处编辑母版副标题样式】占位符，右击其边框，在打开的浮动工具栏中设置字体为【华文行楷】，字号为 40，字体颜色为【蓝色】色块，字形为【加粗】，并调节其大小。

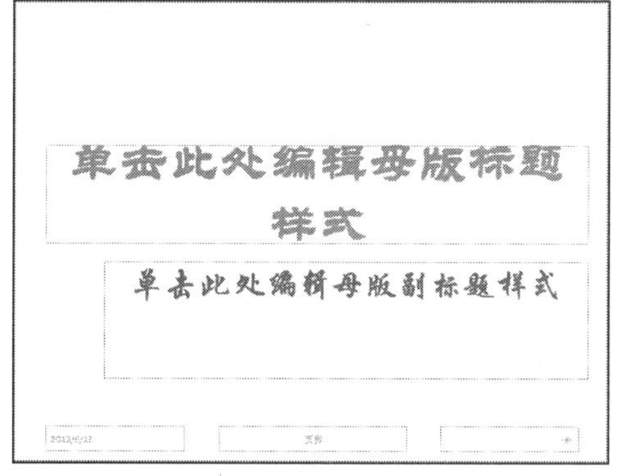

step 6 在左侧预览窗格中选择第 3 张幻灯片，将该幻灯片母版显示在编辑区域。

step 7 打开【插入】选项卡，在【图像】组中单击【图片】按钮，打开【插入图片】对话框，选择要插入的图片，单击【插入】按钮。

step 8 此时，在幻灯片中插入图片，并打开【图片工具】的【格式】选项卡，调整图片的大小和位置，然后在【排列】组中单击【下移一层】下拉按钮，选择【置于底层】命令。

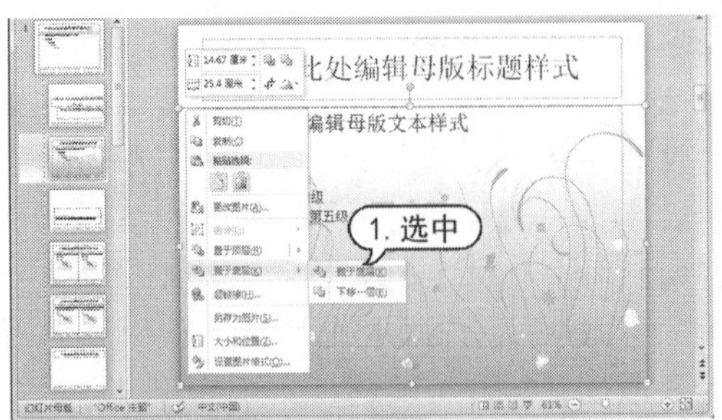

step 9 打开【幻灯片母版】选项卡，在【关闭】组中单击【关闭母版视图】按钮，返回到普通视图模式。

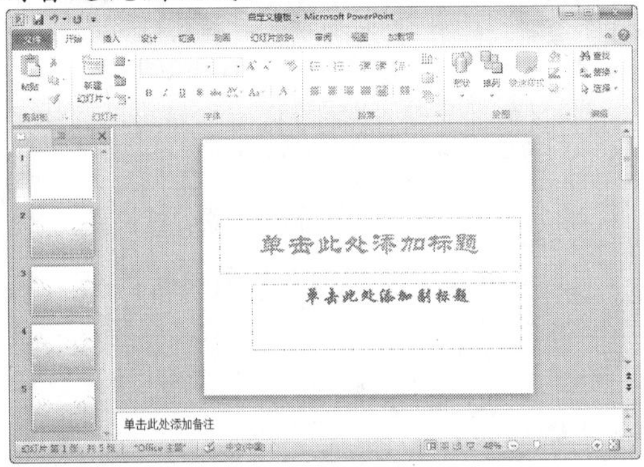

step 10 此时，除第 1 张幻灯片外，其他幻灯片中都自动带有添加的图片，在快速访问工具栏中单击【保存】按钮，保存创建的【自定义模板】演示文稿。

12.1.2 设置页眉和页脚

在制作幻灯片时，使用 PowerPoint 提供的页眉页脚功能，可以为每张幻灯片添加相对固定的信息。

要插入页眉和页脚，只需在【插入】选项卡的【文本】选项组中单击【页眉和页脚】按钮，打开【页眉和页脚】对话框，在其中进行相关设置即可。

插入页眉和页脚后，可以在幻灯片母版视图中对其格式进行统一设置。

【例 12-2】在“自定义模板”演示文稿中插入页脚，并设置其格式。

视频+素材 (光盘素材\第 12 章\例 12-2)

step 1 启动 PowerPoint 2010 程序，打开“自定义模板”演示文稿。

step 2 打开【插入】选项卡，在【文本】组中单击【页眉和页脚】按钮，打开【页眉和页脚】对话框。选中【日期和时间】、【幻灯片编号】、【页脚】、【标题幻灯片中不显示】复选框，并在【页脚】文本框中输入文本，单击【全部应用】按钮，为除第 1 张幻灯片以外的其他幻灯片添加页脚。

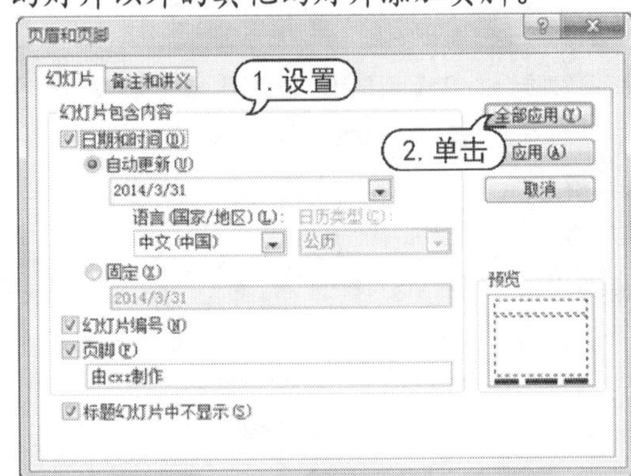

step 3 打开【视图】选项卡，在【母版视图】组中单击【幻灯片母版】按钮，切换到幻灯片母版视图，在左侧预览窗格中选择第 1 张幻灯片，将其显示在编辑区域。

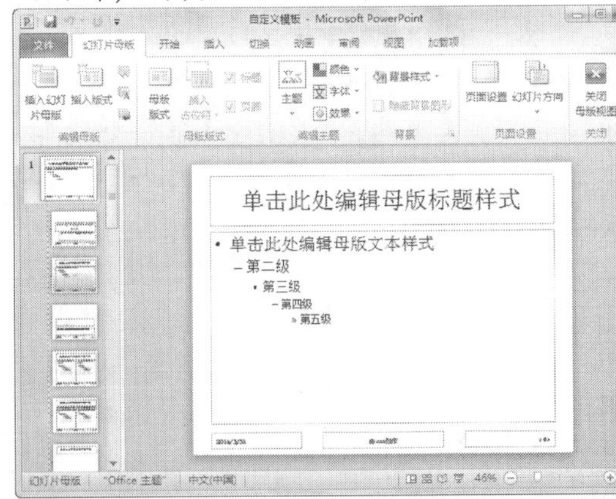

step 4 选中所有的页脚文本框，设置字体为【幼圆】，字型为【加粗】，字体颜色为【深蓝色，文字 2，深色 25%】。

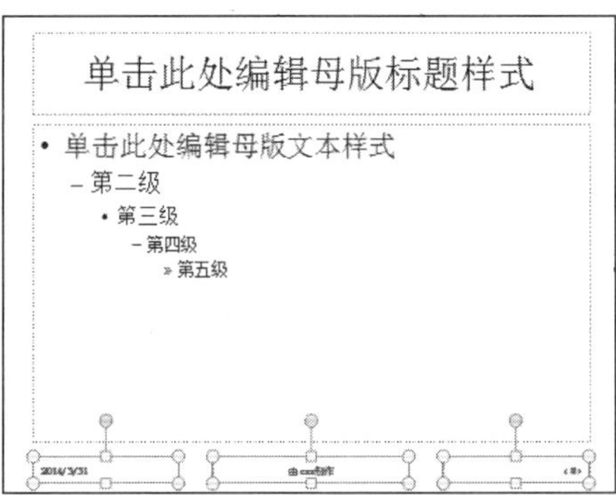

step 5 打开【幻灯片母版】选项卡，在【关闭】组中单击【关闭母版视图】按钮，返回到普通视图模式。

step 6 在快速访问工具栏中单击【保存】按钮，保存【自定义模板】演示文稿。

12.1.3 设置幻灯片主题

幻灯片主题是应用于整个演示文稿的各种样式的集合，包括颜色、字体和效果三大类。PowerPoint 2010 预置了多种主题供用户选择。

在 PowerPoint 2010 中，打开【设计】选项卡，在【主题】组中单击【其他】按钮，从弹出的列表中选择预置的主题即可。此外，用户还可以细化设置主题的颜色、字体以及效果等。

1. 设置主题颜色

PowerPoint 2010 提供了多种预置的主题颜色供用户选择。在【设计】选项卡的【主题】组中单击【颜色】按钮，在弹出的菜单中选择主题颜色。

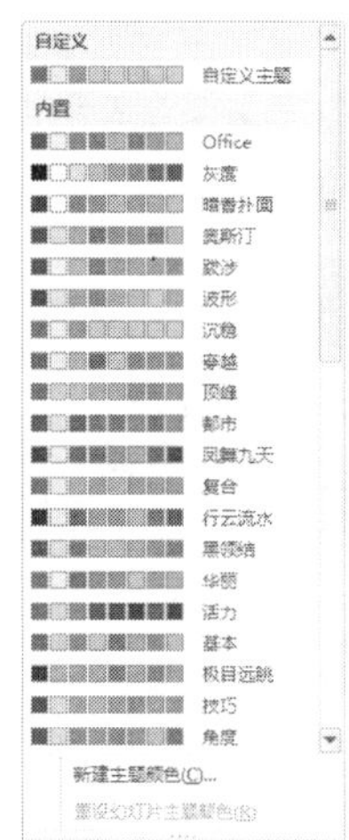

若选择【新建主体颜色】命令，打开【新建主题颜色】对话框。在该对话框中可以设置各种类型内容的颜色。设置完成后，在【名称】文本框中输入名称，单击【保存】按钮，将其添加到【主题颜色】菜单中。

【例 12-3】在“自定义模板”演示文稿中设置主题颜色。

视频+素材 (光盘素材\第 12 章\例 12-3)

step 1 启动 PowerPoint 2010 程序，打开“自定义模板”演示文稿。

step 2 打开【设计】选项卡，在【主题】组中单击【颜色】按钮，从弹出的主题颜色菜单中选择【沉稳】内置样式，为幻灯片应用该主题颜色。

step 3 在【主题】组中单击【颜色】按钮，从弹出的菜单中选择【新建主题颜色】命令，打开【新建主题颜色】对话框。在【文字/背景-深色 1】选项右侧单击颜色下拉按钮，从弹出的面板中选择【其他颜色】选项，打开【自定义】选项卡，在【红色】、【绿色】和【蓝色】微调框中分别输入 25、150 和 48，单击【确定】按钮。

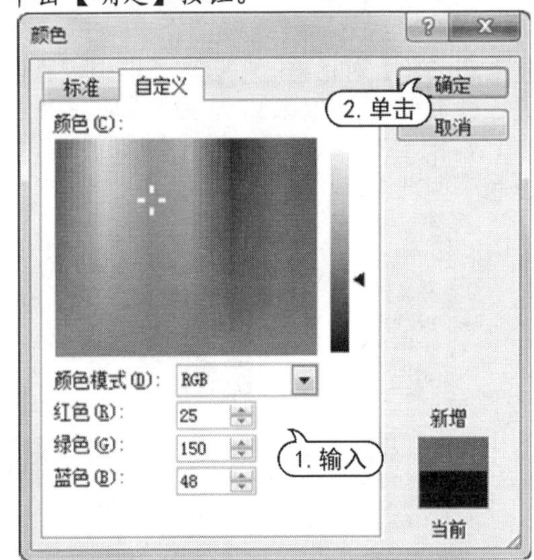

step 4 返回到【新建主题颜色】对话框，在【名称】文本框中输入“自定义主题”，单击【保存】按钮，完成自定义设置。

step 5 在【主题】选项组中单击【颜色】按钮，从弹出的主题颜色菜单中可以查看自定义的主题，选择该主题样式，将其应用到幻灯片中。

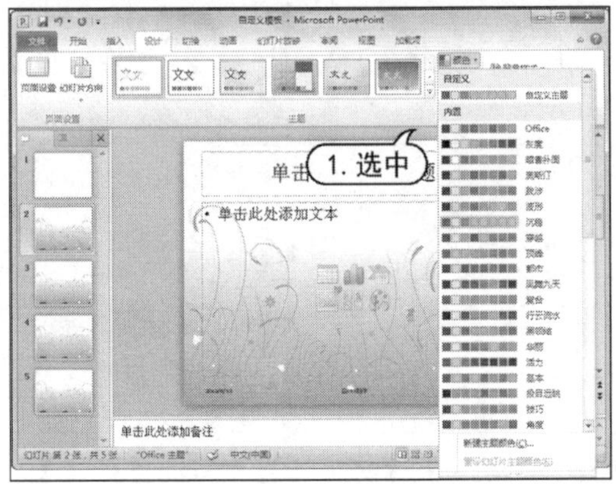

2. 设置主题字体

字体也是主题中的一种重要元素。在【设计】选项卡的【主题】组中单击【主题字体】按钮，从弹出的菜单中选择预置的主题字体。

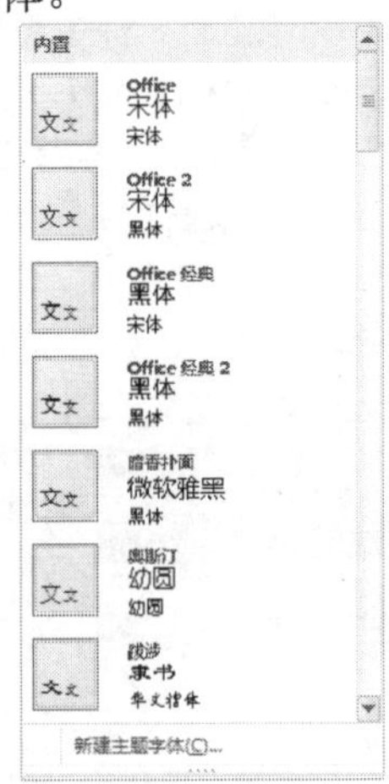

若选择【新建主题字体】命令，打开【新建主题字体】对话框，在其中可以设置标题字体、正文字体等。

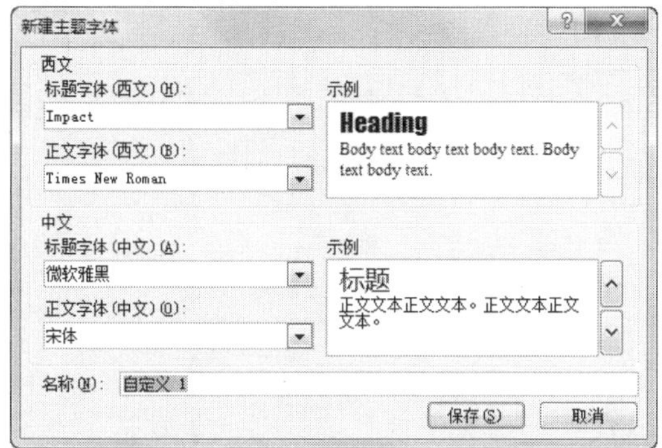

3. 设置主题效果

主题效果是 PowerPoint 预置的一些图形元素以及特效。在【设计】选项卡的【主题】组中单击【主题效果】按钮 效果，从弹出的菜单中选择预置的主题效果样式。

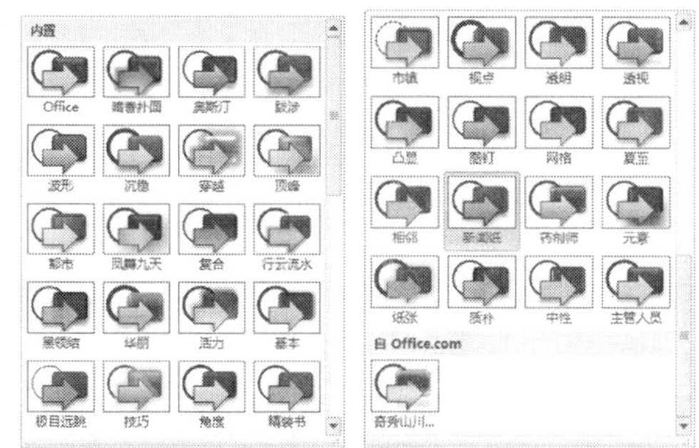

12.1.4　设置幻灯片背景

用户除了在应用模板或改变主题颜色时更改幻灯片的背景外，还可以根据需要任意更改幻灯片的背景颜色和背景设计，如添加底纹、图案、纹理或图片等。

打开【设计】选项卡，在【背景】组中单击【背景样式】按钮，在弹出的菜单中选择需要的背景样式，即可快速应用 PowerPoint 自带的背景样式。选择【设置背景格式】命令，打开【设置背景格式】对话框，在该对话框中可以设置背景的填充样式、渐变以及纹理、图案填充背景等。

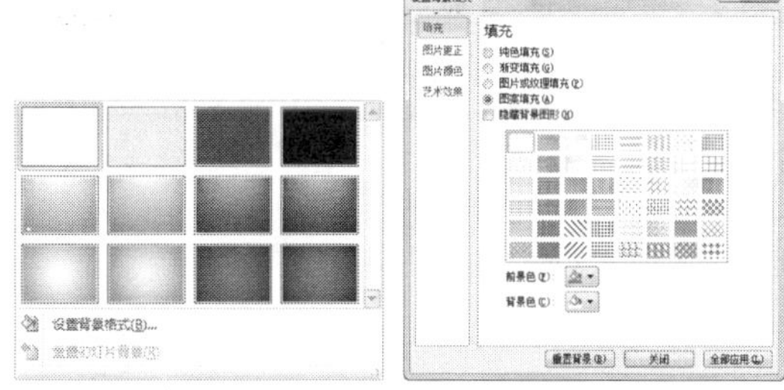

【例 12-4】在“自定义模板”演示文稿中设置幻灯片背景。

视频+素材 (光盘素材\第 12 章\例 12-4)

step 1 启动 PowerPoint 2010 程序，打开“自定义模板”演示文稿。

step 2 打开【设计】选项卡，在【背景】组中单击【背景样式】按钮，从弹出的背景样式列表框中选择【设置背景格式】命令。

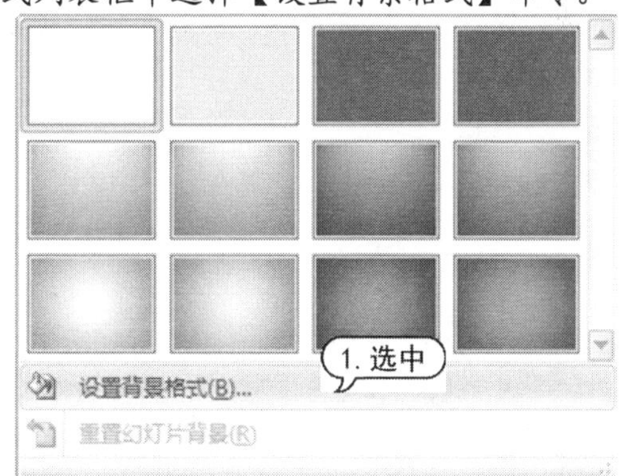

step 3 打开【设置背景格式】对话框，打开【填充】选项卡，选中【图案填充】单选按钮，在【前景色】颜色面板中选择【浅绿】色块，然后在【图案】列表框中选择一种图案样式，单击【全部应用】按钮。

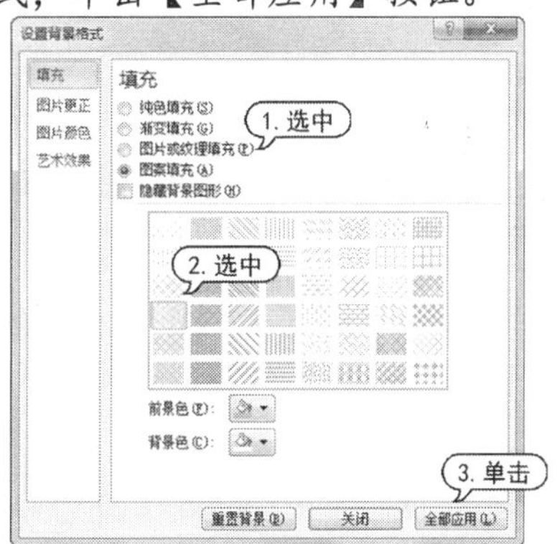

step 4 此时，即可将该图案背景样式应用到演示文稿中的每张幻灯片中。

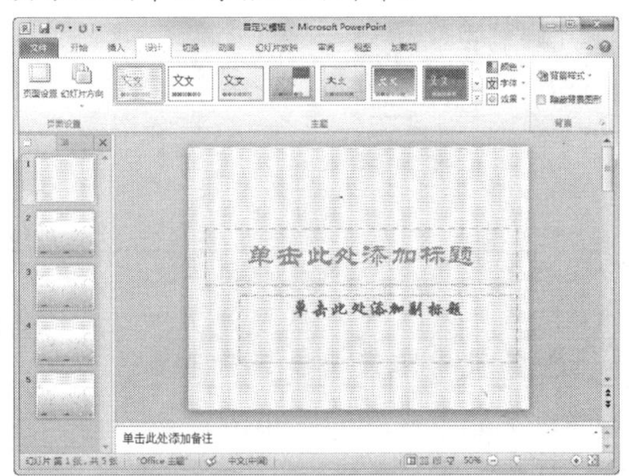

step 5 切换至【设置背景格式】对话框，选中【图片或纹理填充】单选按钮，单击【文件】按钮。

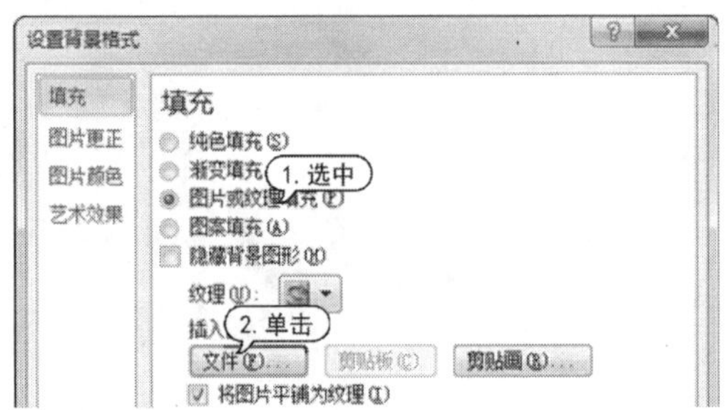

step 6 打开【插入图片】对话框，选择一种图片，单击【插入】按钮，将图片插入到选中的幻灯片。

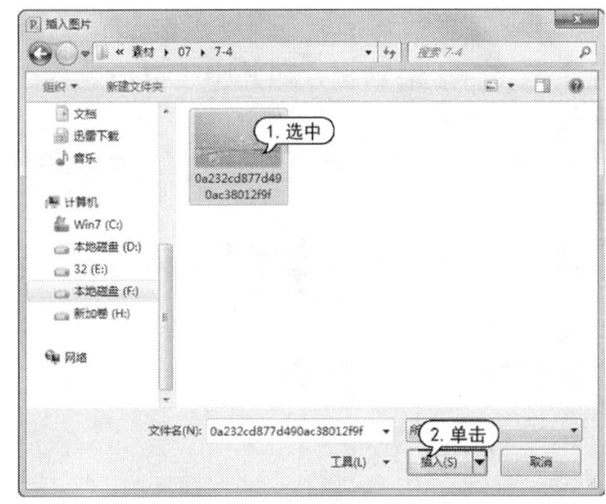

step 7 返回至【设置背景格式】对话框，单击【关闭】按钮，此时幻灯片背景图片如下图所示。

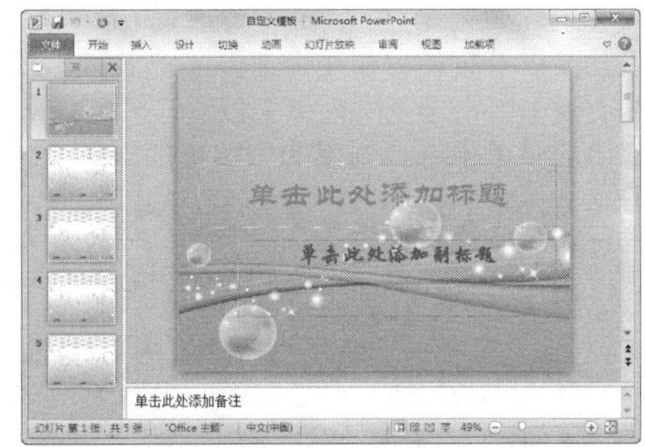

step 8 单击【保存】按钮，保存【自定义模板】演示文稿。

实用技巧

如果要忽略其中的背景图形，可以在【设计】选项卡的【背景】选项组中选中【隐藏背景图形】复选框。此外，在【设计】选项卡的【背景】选项组中单击【背景样式】按钮，从弹出的菜单中选择【重置幻灯片背景】命令，可以重新设置幻灯片背景。

12.2 设置幻灯片切换动画

幻灯片切换效果是指一张幻灯片如何从屏幕上消失，以及另一张幻灯片如何显示在屏幕上的方式。在 PowerPoint 2010 中，可以为一组幻灯片设置同一种切换方式，也可以为每张幻灯片设置不同的切换方式。

12.2.1 添加切换动画

要为幻灯片添加切换动画，可以打开【切换】选项卡，在【切换到此幻灯片】组中进行设置。在该组中单击按钮，将打开幻灯片动画效果列表。当鼠标指针指向某个选项时，幻灯片将应用该效果，供用户预览。

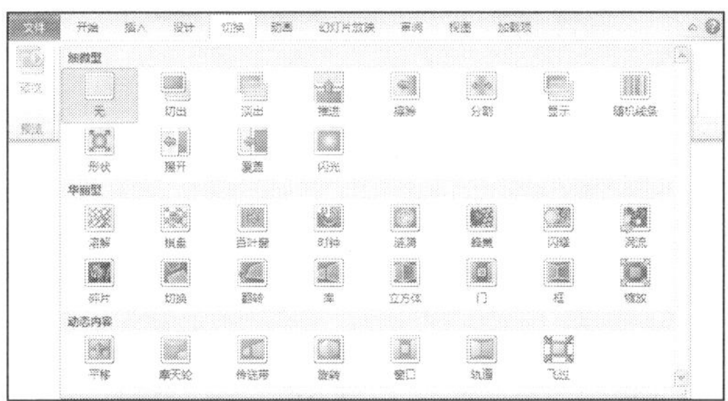

下面以具体实例来介绍在 PowerPoint 2010 中为幻灯片设置切换动画的方法。

【例 12-5】在“蒲公英介绍”演示文稿中，为幻灯片添加切换动画。

视频+素材 (光盘素材\第 12 章\例 12-5)

step 1 启动 PowerPoint 2010 程序，打开“蒲公英介绍”演示文稿。

step 2 选中第 1 张幻灯片，打开【切换】选项卡，在【切换到此幻灯片】组中单击【其他】按钮，从弹出的切换效果列表框中选择【门】选项，将该切换动画应用到第 1 张幻灯片中，并可预览切换动画效果。

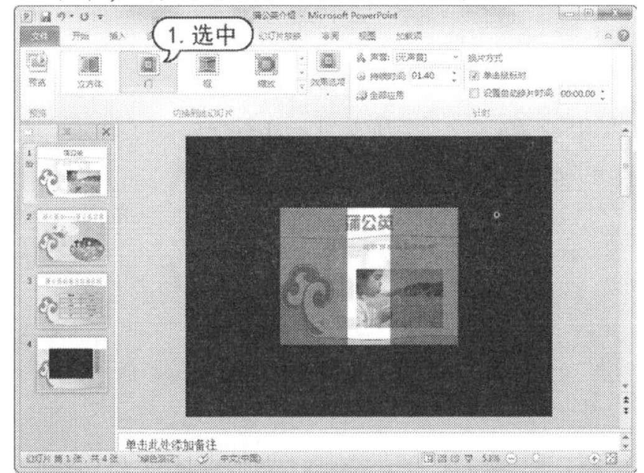

step 3 在【切换到此幻灯片】选项组中单击【效果选项】按钮，从弹出的菜单中选择【水平】选项。

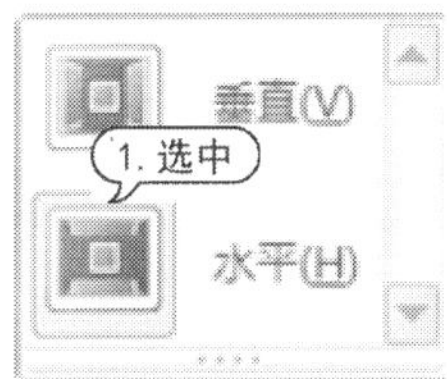

step 4 此时即可在幻灯片中预览第 1 张幻灯片的切换动画效果。

step 5 在幻灯片缩略图中选中第 2~4 张幻灯片，使用同样的操作方法，为其他幻灯片添加【库】效果切换动画。

step 6 在快速访问工具栏中单击【保存】按钮，保存“蒲公英介绍”演示文稿。

12.2.2 设置切换动画选项

添加切换动画后，还可以对切换动画进行设置，如设置切换动画时出现的声音效果、持续时间和换片方式等，从而使幻灯片的切换效果更为逼真。

【例 12-6】在“蒲公英介绍”演示文稿中，设置切换声音、切换速度和换片方式。

视频+素材 (光盘素材\第 12 章\例 12-6)

step 1 启动 PowerPoint 2010 程序，打开“蒲公英介绍”演示文稿。

step 2 打开【切换】选项卡，在【计时】选项组中单击【声音】下拉按钮，从弹出的下拉菜单中选择【照相机】选项，为幻灯片应用该效果的声音。

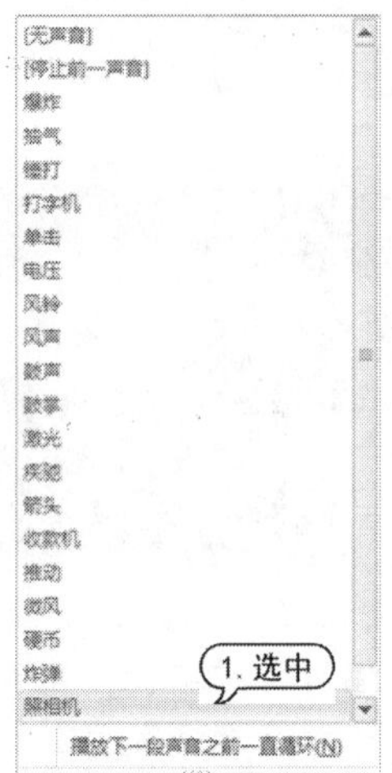

step 3 在【计时】组的【持续时间】微调框中输入 01.20，为幻灯片设置动画切换效果的持续时间，然后单击【全部应用】按钮，将设置好的计时选项应用到每张幻灯片中。

step 4 在快速访问工具栏中单击【保存】按钮，保存“蒲公英介绍”演示文稿。

实用技巧

打开【切换】选项卡，在【计时】组的【换片方式】区域中，选中【单击鼠标时】复选框，表示在播放幻灯片时，需要在幻灯片中单击鼠标左键来换片，而取消选中该复选框，选中【设置自动换片时间】复选框，表示在播放幻灯片时，经过所设置的换片时间后会自动切换至下一张幻灯片，无须单击鼠标。

12.3 添加幻灯片对象的动画效果

在 PowerPoint 2010 中，除了幻灯片切换动画这里之外，幻灯片本身也具有动画效果。所谓动画效果，是指为幻灯片内部各个对象设置的动画效果。用户可以对幻灯片中的文本、图形、表格等对象添加不同的动画效果，如进入动画、强调动画、退出动画和动作路径动画等。

12.3.1 添加进入动画效果

进入动画是为了设置文本或其他对象以多种动画效果进入放映屏幕。在添加该动画效果之前需要先选中对象。对于占位符或文本框来说，选中占位符、文本框，以及进入其文本编辑状态时，都可以为它们添加动画效果。

选中对象后，打开【动画】选项卡，单击【动画】组中的【其他】按钮，在弹出的【进入】列表框选择一种进入效果，即可为对象添加该动画效果。选择【更多进入效果】命令，将打开【更改进入效果】对话框，在其中可以选择更多的进入动画效果。在【高级动画】组中单击【添加动画】按钮，同样可以在弹出的【进入】列表框中选择内置的进入动画效果。

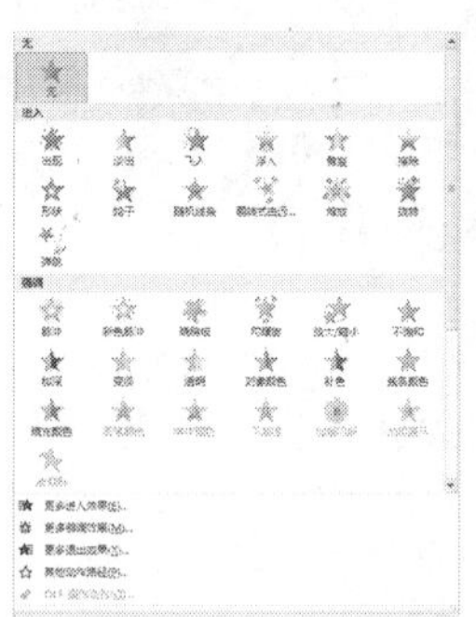

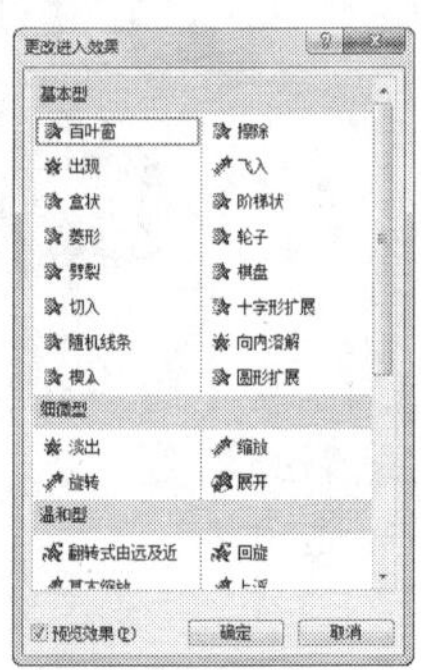

【例 12-7】为“旅游景点剪辑”演示文稿中的对象设置进入动画。

视频+素材 (光盘素材\第 12 章\例 12-7)

step 1 启动 PowerPoint 2010 程序，打开“旅游景点剪辑”演示文稿。

step 2 在打开的第 1 张幻灯片中选中标题占位符，打开【动画】选项卡，单击【动画】

组中的【其他】按钮，从弹出的【进入】列表框选择【弹跳】选项。

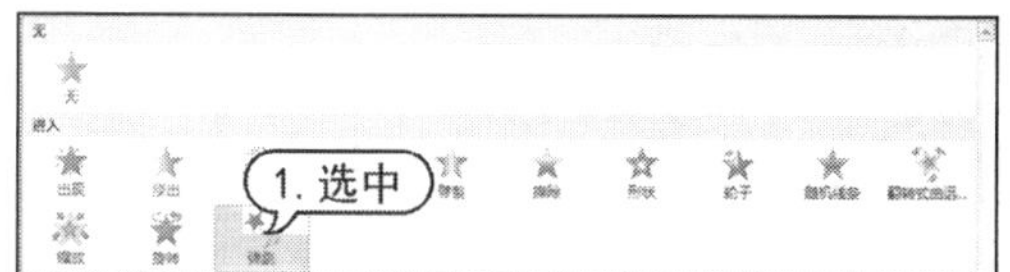

step 3 将正标题文字应用【弹跳】进入效果，同时预览进入效果。

step 4 选中副标题占位符，在【高级动画】组中单击【添加动画】按钮，从弹出的菜单中选择【更多进入效果】命令。

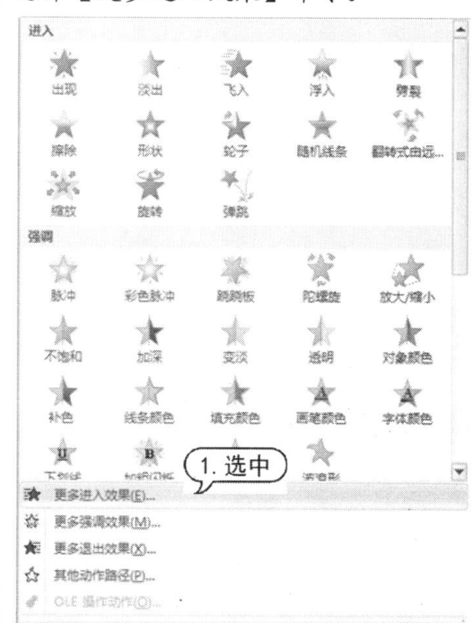

step 5 打开【添加进入效果】对话框，在【温和型】选项区域中选择【下浮】选项，单击【确定】按钮，为副标题文字应用【下浮】进入效果。

step 6 选中剪贴画图片，在【动画】组中单击【其他】按钮，从弹出的菜单中选择【更多进入效果】选项，打开【更改进入效果】对话框，在【基本形状】选项区域中选择【轮子】选项，单击【确定】按钮。

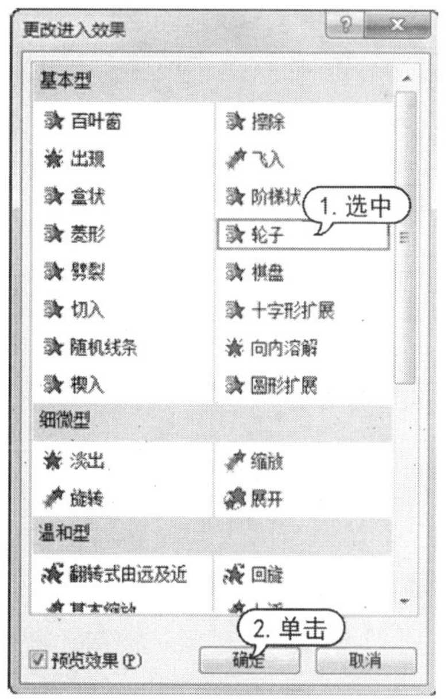

step 7 在【动画】组中单击【效果选项】下拉按钮，从弹出的下拉列表中选择【3 轮辐图案】选项，为轮子设置进入效果属性。

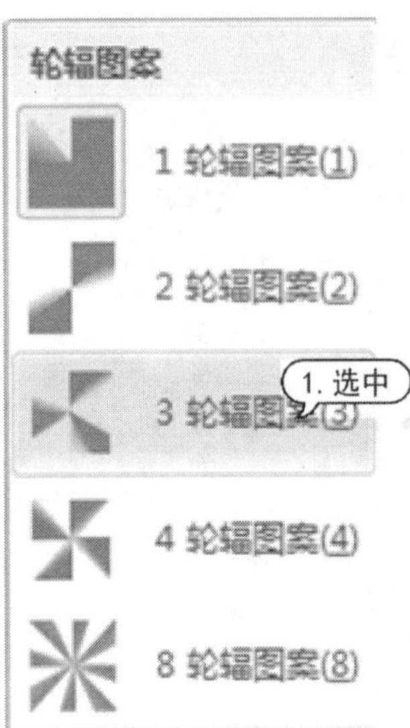

step 8 完成该幻灯片的动画设置，在幻灯片编辑窗口中的对象上显示标记编号。

step 9 在【动画】选项卡的【预览】组中单击【预览】按钮，即可查看第1张幻灯片中应用的所有进入效果。

step 10 在快递访问工具栏中单击【保存】按钮，保存设置进入效果后的“旅游景点剪辑”演示文稿。

12.3.2 添加强调动画效果

强调动画是为了突出幻灯片中的某部分内容而设置的特殊动画效果。添加强调动画的过程和添加进入效果大体相同，选择对象后，在【动画】组中单击【其他】按钮，在弹出的【强调】列表框选择一种强调效果，即可为对象添加该动画效果。选择【更改强调效果】命令，将打开【更改强调效果】对话框，在该对话框中可以选择更多的强调动画效果。

另外，在【高级动画】组中单击【添加动画】按钮，同样可以在弹出的【强调】列表框中选择一种强调动画效果。若选择【更多强调效果】命令，则打开【添加强调效果】对话框，在该对话框中同样可以选择更多的强调动画效果。

【例 12-8】为“旅游景点剪辑”演示文稿中的对象设置强调动画。

视频+素材 (光盘素材\第 12 章\例 12-8)

step 1 启动 PowerPoint 2010 程序，打开“旅游景点剪辑”演示文稿。

step 2 在幻灯片预览窗口中选择第2张幻灯片缩略图，将其显示在幻灯片编辑窗口中。

step 3 选中文本占位符，打开【动画】组中单击【其他】按钮，在弹出的【强调】列表框选择【画笔颜色】选项，为文本添加该强调效果。

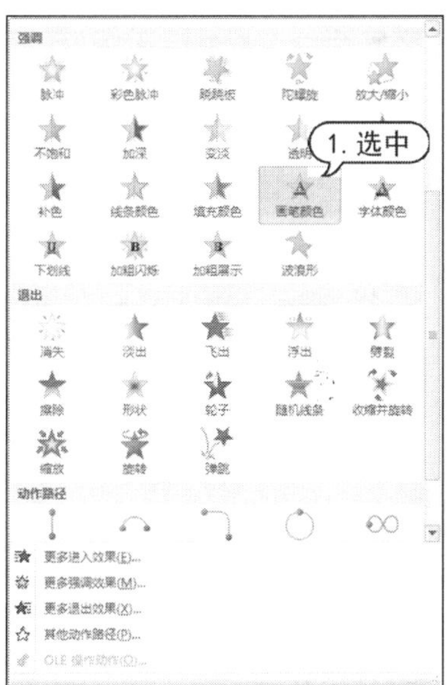

step 4 此时，为文本占位符中的每段项目文本自动编号。

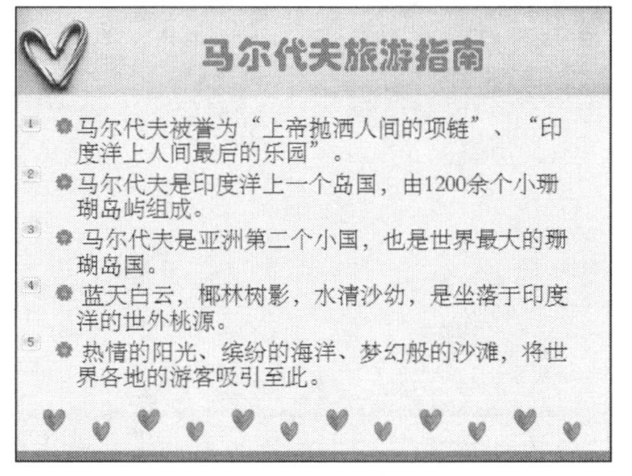

step 5 选中标题占位符，在【高级动画】组中单击【添加动画】按钮，在弹出的菜单中选择【更多强调效果】命令。

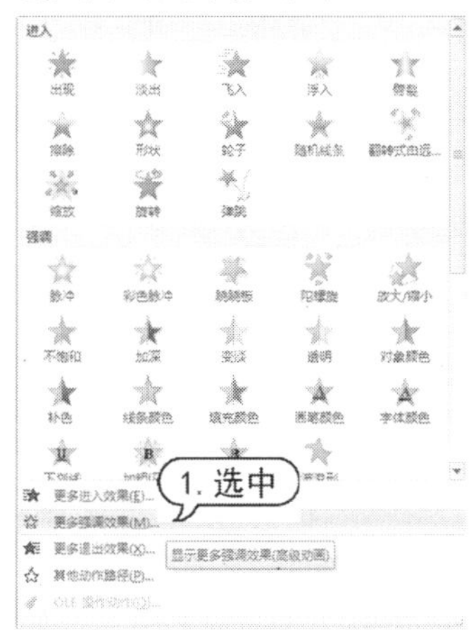

step 6 打开【添加强调效果】对话框，在【细微型】选项区域中选择【补色】选项，单击【确定】按钮，完成添加强调效果设置。

step 7 使用同样的操作方法，为第 3~6 张幻灯片的标题占位符应用【补色】强调效果。

step 8 在快速访问工具栏中单击【保存】按钮，保存演示文稿。

12.3.3　添加退出动画效果

退出动画是为了设置幻灯片中的对象退出屏幕的效果。添加退出动画的过程和添加进入、强调动画效果大体相同。

选中需要添加退出效果的对象，在【高级动画】组中单击【添加动画】按钮，在弹出的【退出】列表框中选择一种强调动画效果，若选择【更多退出效果】命令，则打开【添加退出效果】对话框，在该对话框中可以选择更多的退出动画效果。

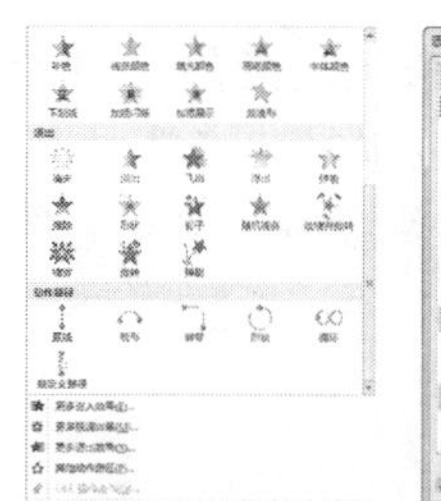

【例 12-9】为“旅游景点剪辑”演示文稿中的对象设置退出动画。

视频+素材 (光盘素材\第 12 章\例 12-9)

step 1 启动 PowerPoint 2010 程序，打开“旅游景点剪辑”演示文稿。

step 2 在幻灯片预览窗口中选择第 2 张幻灯片缩略图，将其显示在幻灯片编辑窗口中。

step 3 选中心形图形，在【动画】选项卡的【动画】组中单击【其他】按钮，在弹出的菜单中选择【更多退出效果】命令。

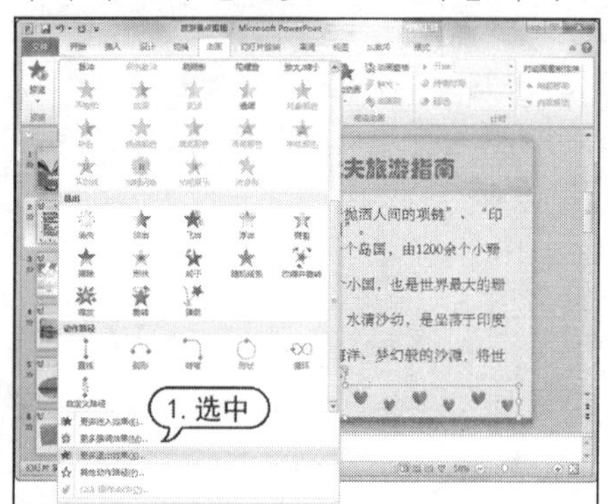

step 4 打开【更改退出效果】对话框，在【华丽型】选项区域中选择【飞旋】选项，单击【确定】按钮，完成设置。

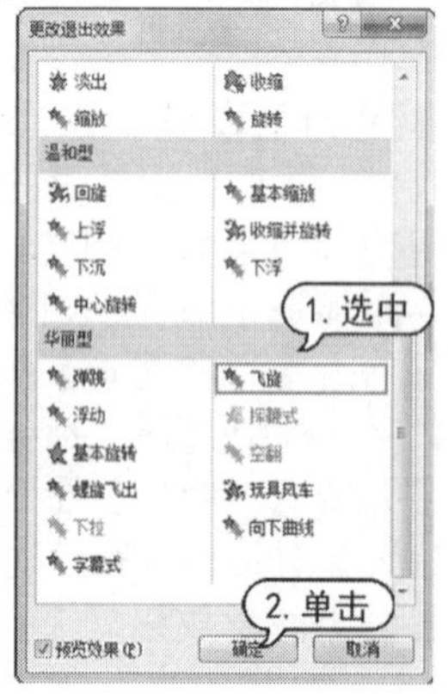

step 5 返回至幻灯片编辑窗口，此时在心形图形前显示数字编号。

step 6 在【动画】选项卡的【预览】组中单击【预览】按钮，查看第 2 张幻灯片中应用的所有动画效果。

step 7 在快递访问工具栏中单击【保存】按钮，保存演示文稿。

12.3.4 添加动作路径动画效果

动作路径动画又称为路径动画，可以指定文本等对象沿预定的路径运动。PowerPoint 中的动作路径动画不仅提供了大量预设路径效果，还可以由用户自定义路径动画。

添加动作路径效果的步骤与添加进入动画的步骤基本相同，在【动画】组中单击【其他】按钮，在弹出的【动作路径】列表框选择一种动作路径效果，即可为对象添加该动画效果。若选择【其他动作路径】命令，打开【更改动作路径】对话框，可以选择其他的动作路径效果。

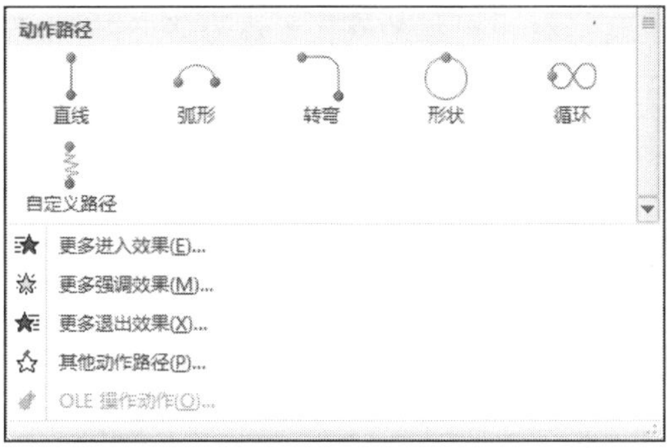

另外，在【高级动画】组中单击【添加动画】按钮，在弹出的【动作路径】列表框同样可以选择一种动作路径效果。选择【其他动作路径】命令，打开【更改动作路径】对话框，同样可以选择更多的动作路径。

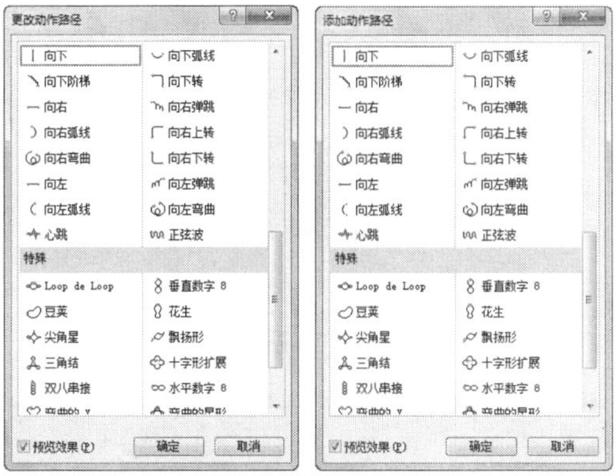

【例 12-10】为"旅游景点剪辑"演示文稿中的对象设置动作路径。

视频+素材 (光盘素材\第 12 章\例 12-10)

step 1 启动 PowerPoint 2010 程序，打开"旅游景点剪辑"演示文稿。

step 2 在幻灯片预览窗口中选择第 4 张幻灯片缩略图，将其显示在幻灯片编辑窗口中。

step 3 选中右侧的心形对象，打开【动画】选项卡，在【动画】组中单击【其他】按钮，在弹出的【动作路径】列表框选择【自定义路径】选项。

step 4 此时，将鼠标指针移动到心形图形附近，待鼠标指针变成十字形状时，拖动鼠标绘制曲线。

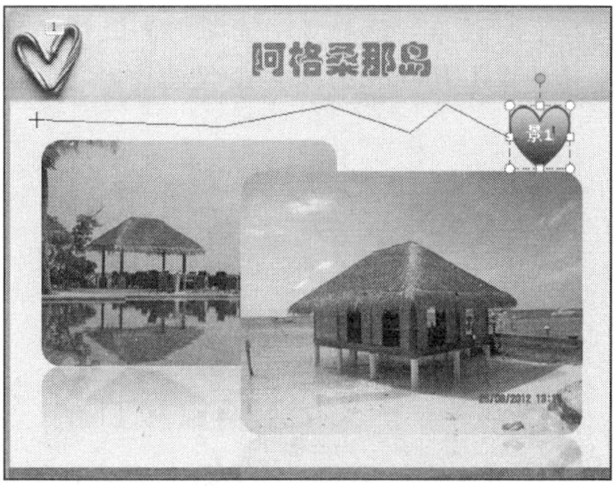

step 5 双击完成曲线的绘制，此时即可查看心形形状的动作路径。

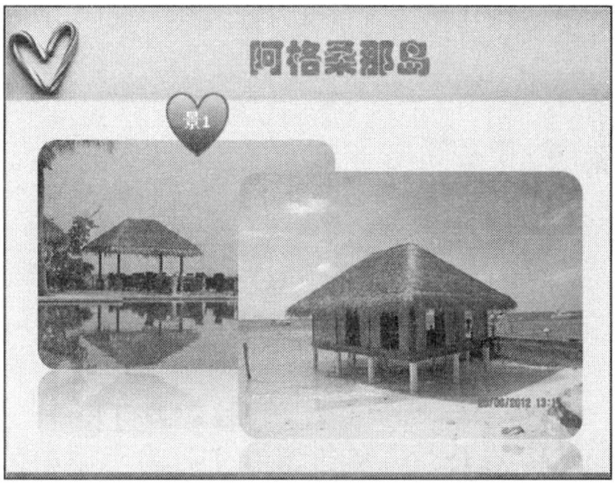

step 6 查看完成动画效果后，在幻灯片中显示曲线的动作路径，动作路径起始端将显示一个绿色的▶标志，结束端将显示一个红色的▶|标志，两个标志以一条虚线连接。

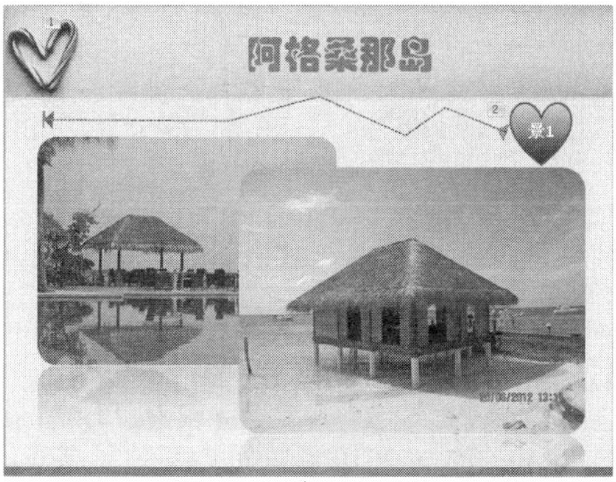

step 7 选中左侧的图片，在【高级动画】组单击【添加动画】按钮，在弹出的菜单中选择【其他动作路径】命令，打开【添加动作

路径】对话框，选择【向左弧形】选项，单击【确定】按钮，为图片设置动作路径。

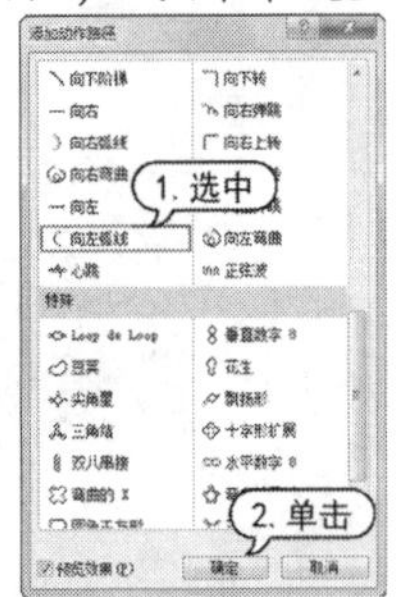

step 8 选择右侧图片，在【高级动画】组中单击【添加动画】按钮，在弹出的【动作路径】列表框中选择【形状】选项，为图片应用该动作路径动画效果。

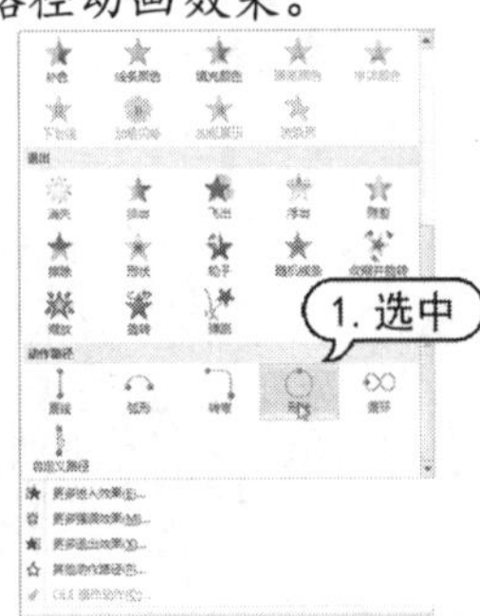

step 9 在幻灯片编辑窗口中将显示添加的动作路径。

step 10 使用同样的操作方法为第 5~6 张幻灯片中的对象设置动作路径动画效果。

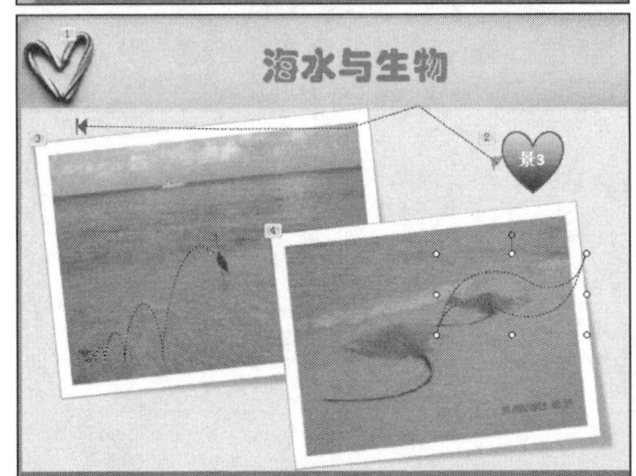

实用技巧

设置图片的动作路径动画效果分别为【弧形】、【直线】、【向左弹跳】和【飘扬形】。

step 11 在快递访问工具栏中单击【保存】按钮，保存演示文稿。

12.4 动画效果高级设置

PowerPoint 2010 新增了动画效果高级设置功能，如设置动画触发器、使用动画刷复制动画、设置动画计时选项等。使用该功能，可以使整个演示文稿更为美观，可以使幻灯片中的各个动画的衔接更为合理。

12.4.1 设置动画触发器

在幻灯片放映时，使用触发器功能，可以在单击幻灯片中的对象时显示动画效果。下面将以具体实例来介绍设置动画触发器的方法。

【例 12-11】在"旅游景点剪辑"演示文稿中设置动画触发器。

视频+素材 (光盘素材\第 12 章\例 12-11)

step 1 启动 PowerPoint 2010 应用程序，打开"旅游景点剪辑"演示文稿，自动显示第 1 张幻灯片。

step 2 打开【动画】选项卡，在【高级动画】选项组中单击【动画窗格】按钮。打开【动画窗格】任务窗格，选择第 3 个动画效果。

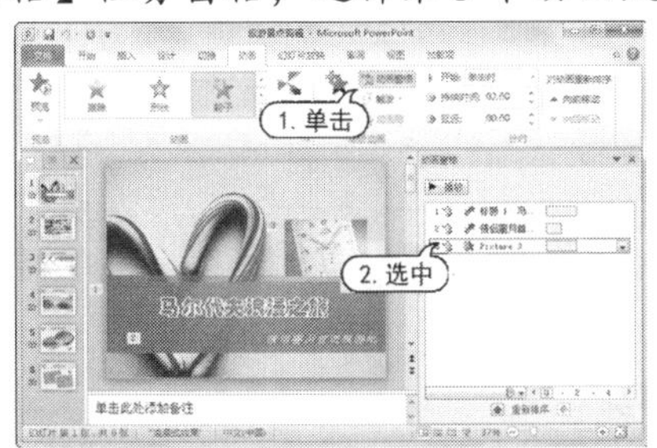

step 3 在【高级动画】选项组中单击【触发】按钮，从弹出的菜单中选择【单击】选项，然后从弹出的子菜单中选择【标题 1】对象。

step 4 此时 Picture3 对象上产生动画的触发器，并在任务窗格中显示所设置的触发器。当播放幻灯片时，将鼠标指针指向该触发器并单击，将显示设置的动画效果。

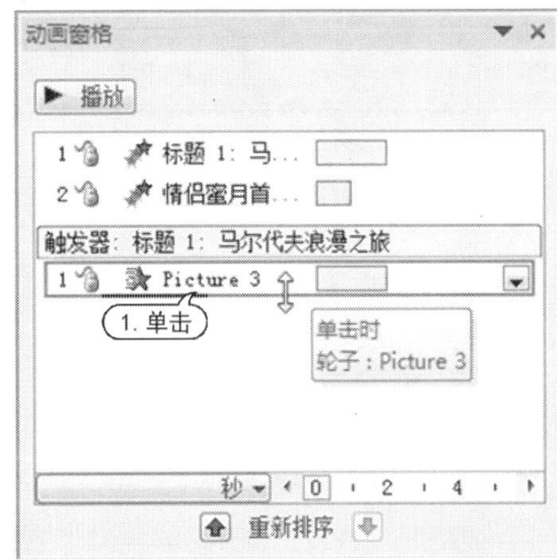

step 5 在快速访问工具栏中单击【保存】按钮，保存"旅游景点剪辑"演示文稿。

实用技巧

单击【动画窗格】中第 3 个动画效果右侧的下拉箭头，从弹出的下拉菜单中选择【计时】命令，然后在打开的对话框的【触发器】区域，可对触发器进行设置。

12.4.2 使用动画刷复制动画效果

在 PowerPoint 2010 中，用户经常需要在同一幻灯片中为多个对象设置同样的动画效果，这时在设置一个对象动画后，通过动画刷复制动画功能，可以快速地复制动画到其他对象中，这是最快捷、有效的方法。

在幻灯片中选择设置动画后的对象，打开【动画】选项卡，在【高级动画】选项组中单击【动画刷】按钮 动画刷。将鼠标指针指向需要添加动画对象时，此时鼠标指针变成指针加刷子形状时，在指定的对象上单击鼠标左键，即可复制所选的动画效果。

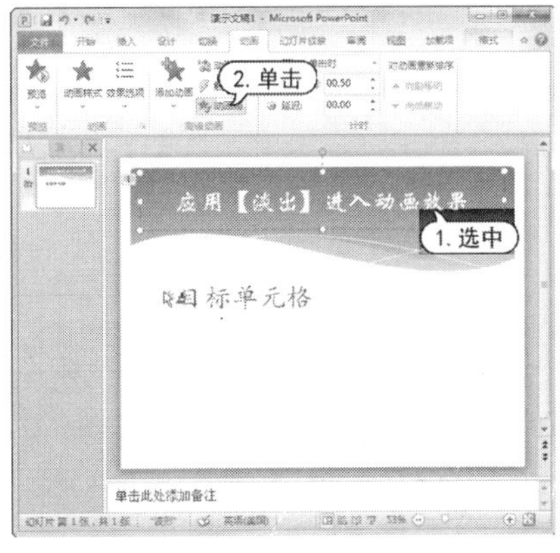

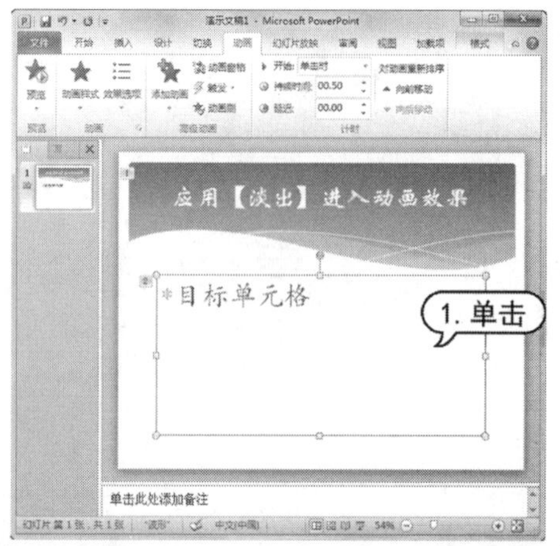

12.4.3 设置动画计时选项

为对象添加了动画效果后，还需要设置动画计时选项，如开始时间、持续时间、延迟时间等。

默认设置的动画效果在幻灯片放映屏幕中持续播放的时间只有几秒钟，同时需要单击鼠标时才会开始播放下一个动画。如果默认的动画效果不能满足用户实际需求，则可以通过【动画设置】对话框的【计时】选项卡进行动画计时选项的设置。

【例 12-12】在“旅游景点剪辑”演示文稿中设置动画计时选项。

视频+素材 (光盘素材\第 12 章\例 12-12)

step 1 启动 PowerPoint 2010 应用程序，打开“旅游景点剪辑”演示文稿。

step 2 在第 1 张幻灯片中，打开【动画】选项卡，在【高级动画】选项组中单击【动画窗格】按钮 动画窗格，打开【动画窗格】任务窗格，选中第 2 个动画并右击，从弹出的快捷菜单中选择【从上一项之后开始】选项。

step 3 此时，第 2 个动画将在第 1 个动画播放完后自动开始播放，无须单击鼠标。

step 4 在幻灯片预览窗口中选择第 2 张幻灯片缩略图，将其显示在幻灯片编辑窗口中。

step 5 在【动画窗格】任务窗格中选中第 2~5 个动画效果，在【计时】组中单击【开始】下拉按钮，从弹出的快捷菜单中选择【与上一动画同时】选项。

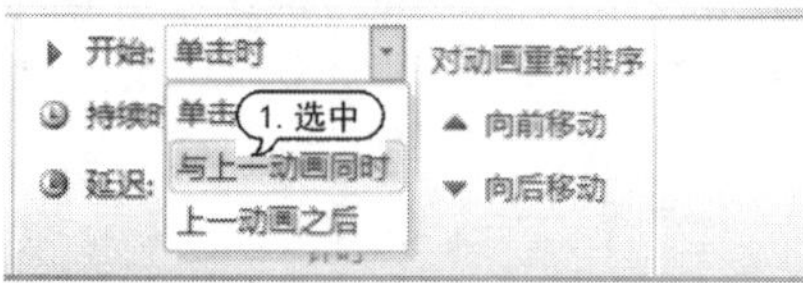

step 6 此时，原编号为 1~5 的这 5 个动画将合为一个动画。

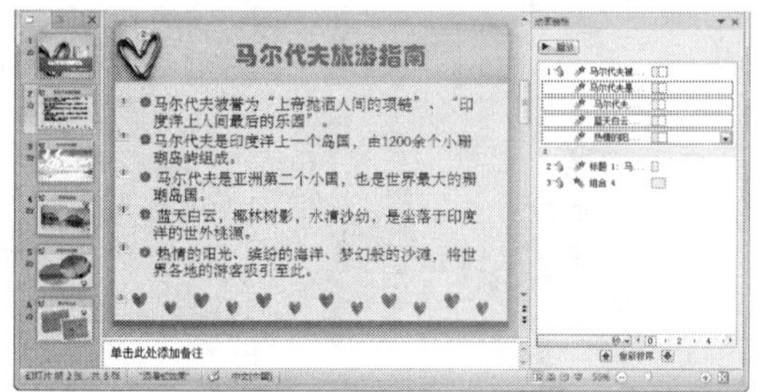

step 7 在【动画窗格】任务窗格中选中第 3 个动画效果，在【计时】选项组中单击【开始】下拉按钮，从弹出的快捷菜单中选择【上一动画之后】选项，并在【持续时间】和【延迟时间】文本框中输入 01.00。

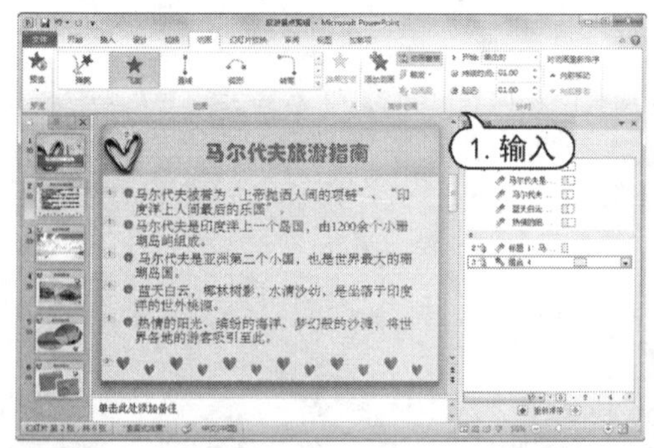

step 8 在【动画窗格】任务窗格中选中第 2 个动画效果，右击，从弹出的菜单中选择【计时】命令。

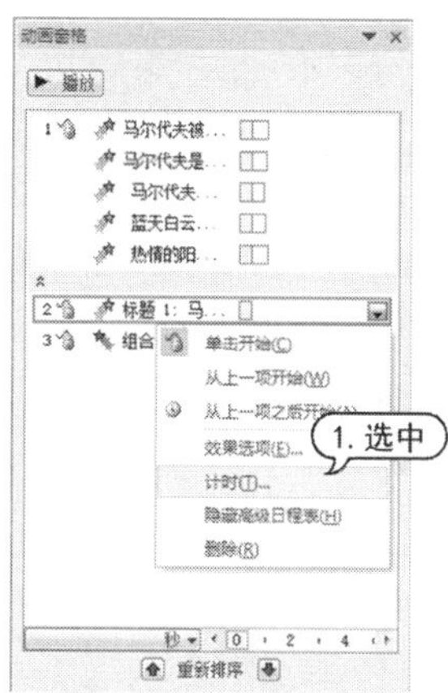

step 9 打开【补色】对话框的【计时】选项卡，在【期间】下拉列表中选择【中速(2 秒)】选项，在【重复】下拉列表中选择【直到幻灯片末尾】选项，单击【确定】按钮。

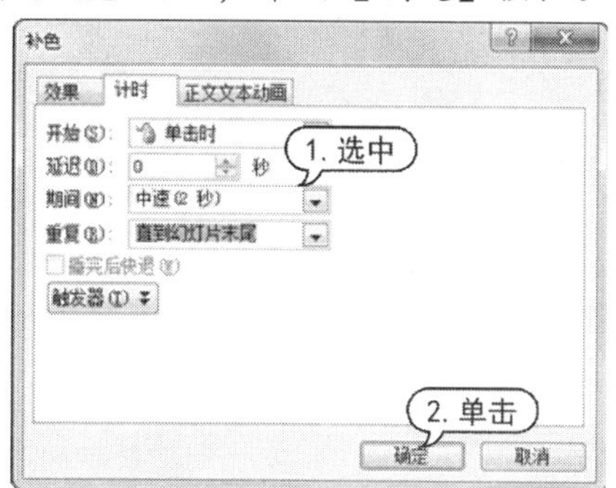

step 10 设置在放映幻灯片时不断放映标题占位符中的动画效果。

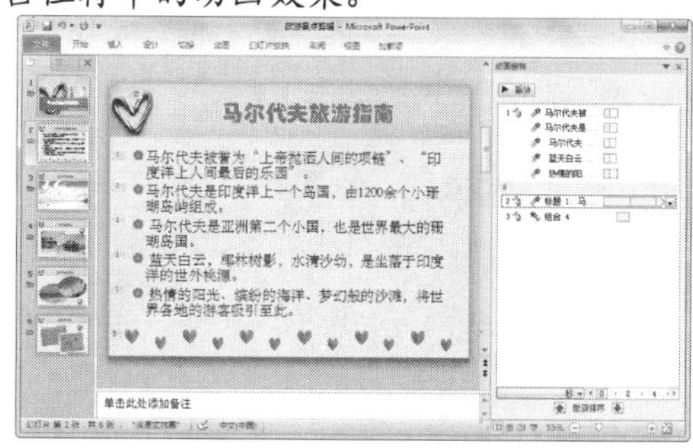

step 11 使用同样的方法，设置将第 4~6 张幻灯片中的第 3 个和第 4 个动画将合为一个动画；将第 3~6 张幻灯片的标题占位符动画设置为不断放映的动画效果。

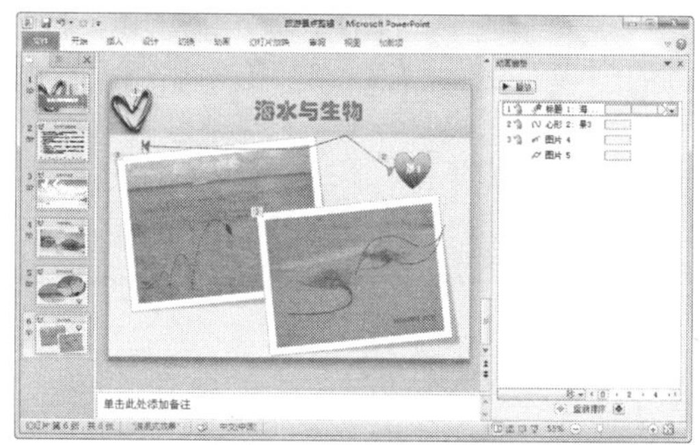

step 12 在快递访问工具栏中单击【保存】按钮，保存“旅游景点剪辑”演示文稿。

12.5　制作交互式幻灯片

在 PowerPoint 2010 中，可以为幻灯片中的文本、图像等对象添加超链接或者动作。当放映幻灯片时，可以在添加了超链接的文本或动作的按钮上单击，程序将自动跳转到指定的页面，或者执行指定的程序。演示文稿不再是从头到尾播放的线形模式，而是具有了一定的交互性。

12.5.1　添加超链接

超链接是指向特定位置或文件的一种连接方式，可以利用它指定程序的跳转的位置。超链接只有在幻灯片放映时才有效。在 PowerPoint 2010 中，超链接可以跳转到当前演示文稿中的特定幻灯片、其他演示文稿中特定的幻灯片、自定义放映、电子邮件地址、文件或 Web 页上。

【例 12-13】在“旅游景点剪辑”演示文稿中，为副标题文本添加超链接。
视频+素材 (光盘素材\第 12 章\例 12-13)

step 1 启动 PowerPoint 2010 应用程序，打开“旅游景点剪辑”演示文稿。

step 2 在打开的第 1 张幻灯片中选中【单击此处添加副标题】文本占位符中的文本“首选旅游地”，打开【插入】选项卡，在【链接】选项组中单击【超链接】按钮。

step 3 打开【插入超链接】对话框，在【本文档中的位置】列表框中选择【3. 马尔代夫全景】选项，在屏幕提示的文字右侧单击【屏幕提示】按钮。

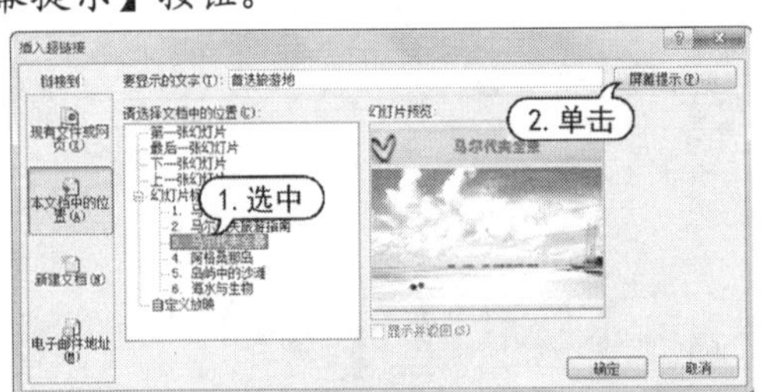

step 4 打开【设置超链接屏幕提示】对话框，在【屏幕提示文字】文本框中输入文本，单击【确定】按钮。

step 5 返回至【插入超链接】对话框，单击【确定】按钮，此时所选中的副标题文字变为蓝色且下方出现横线。

实用技巧

右击添加了超链接的文字、图片等对象，在弹出的快捷菜单中选择【编辑超链接】命令，打开与【插入超链接】对话框相似的【编辑超链接】对话框，在其中可以按照添加超链接的方法对已有的超链接进行修改。

step 6 在键盘上按 F5 键放映幻灯片，当放映到第 1 张幻灯片时，将鼠标移动到副标题文字超链接，此时鼠标指针变为手形，此时弹出一个提示框，显示屏幕提示信息。

step 7 单击超链接，演示文稿将自动跳转到第 3 张幻灯片。

step 8 按 Esc 键，退出放映模式，返回到幻灯片编辑窗口，此时第 1 张幻灯片中的超链接将改变颜色，表示在放映演示文稿的过程中已经预览过该超链接。

step 9 在快递访问工具栏中单击【保存】按钮，保存添加超链接后的"旅游景点剪辑"演示文稿。

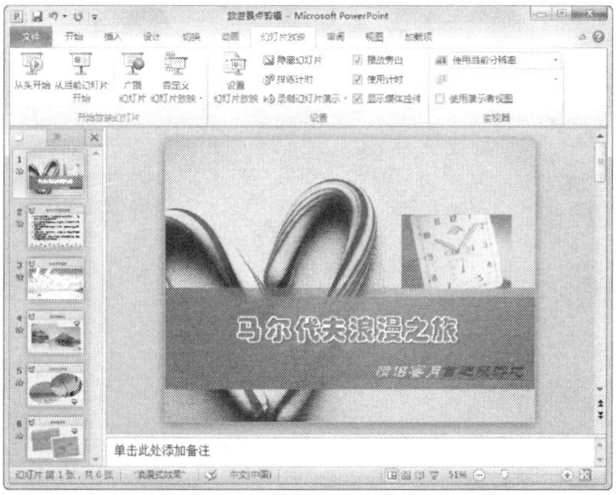

实用技巧

右击添加超链接，在快捷菜单中选择【取消超链接】命令，即可删除该超链接。

12.5.2 添加动作按钮

动作按钮是 PowerPoint 中预先设置好的一组带有特定动作的图形按钮，这些按钮被预先设置为指向前一张、后一张、第一张、最后一张幻灯片、播放声音及播放电影等链接，应用这些预置好的按钮，可以实现在放映幻灯片时跳转的目的。

动作与超链接有很多相似之处，几乎包括了超链接可以指向的所有位置，动作还可以设置其他属性，比如设置当鼠标移过某一个对象上方时的动作。设置动作与设置超链接是相互影响的，在【设置动作】对话框中所做的设置，可以在【编辑超链接】对话框中表现出来。

【例 12-14】在“旅游景点剪辑”演示文稿中，添加动作按钮。

视频+素材 (光盘素材\第 12 章\例 12-14)

step 1 启动 PowerPoint 2010 应用程序，打开“旅游景点剪辑”演示文稿。

step 2 在幻灯片预览窗口中选择第 3 张幻灯片缩略图，将其显示在幻灯片编辑窗口中。

step 3 打开【插入】选项卡，在【插图】组中单击【形状】按钮，在打开菜单的【动作按钮】选项区域中选择【后退或前一项】命令◁，在幻灯片的右上角拖动鼠标绘制形状。

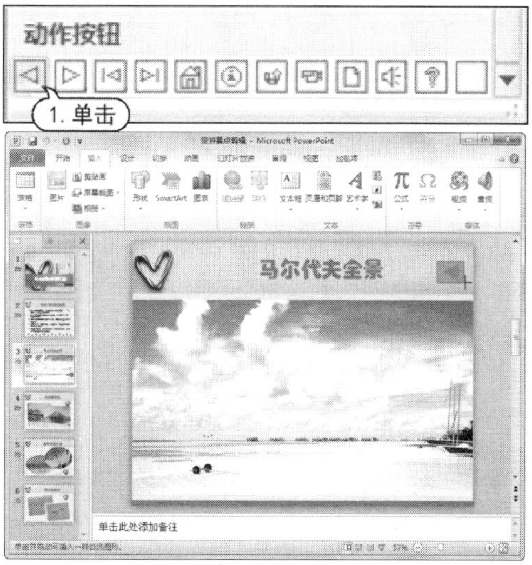

step 4 当释放鼠标时，系统将自动打开【动作设置】对话框，在【单击鼠标时的动作】选项区域中选中【超链接到】单选按钮，在【超链接到】下拉列表框中选择【幻灯片】选项。

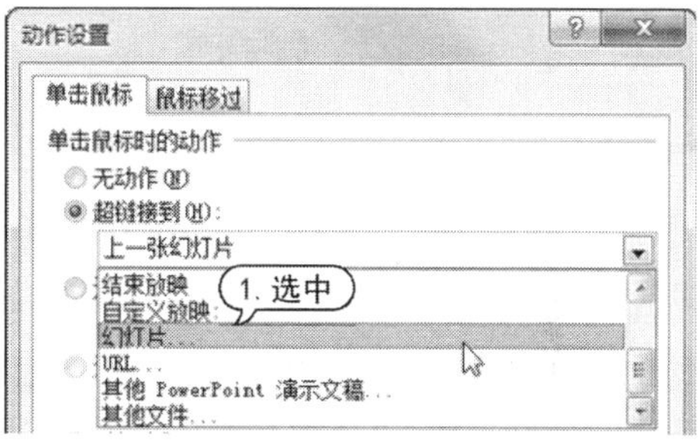

step 5 打开【超链接到幻灯片】对话框，在对话框中选择【幻灯片标题】选项区域的【2. 马尔代夫旅游指南】选项，单击【确定】按钮。

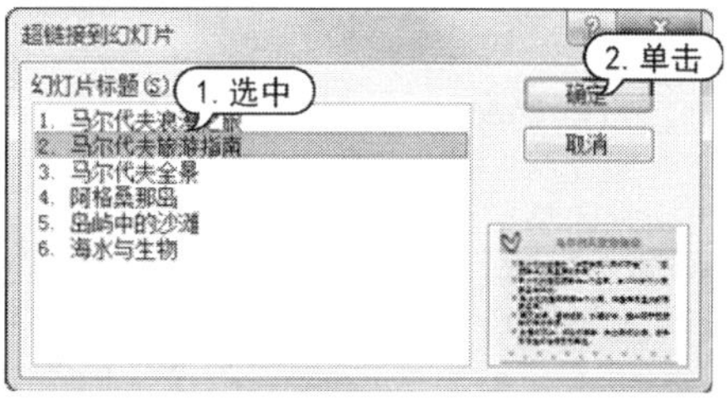

step 6 返回【动作设置】对话框，打开【鼠标移过】选项卡，在选项卡中选中【播放声音】复选框，并在其下方的下拉列表中选择【单击】选项，单击【确定】按钮，完成该动作的设置。

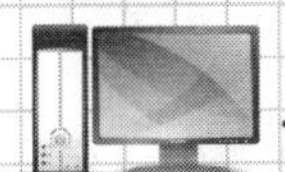

step 7 在幻灯片中选中绘制的图形，打开【绘图工具】的【格式】选项卡，单击【形状样式】组中的【其他】按钮，在弹出的列表框中选择第5行第3列样式。

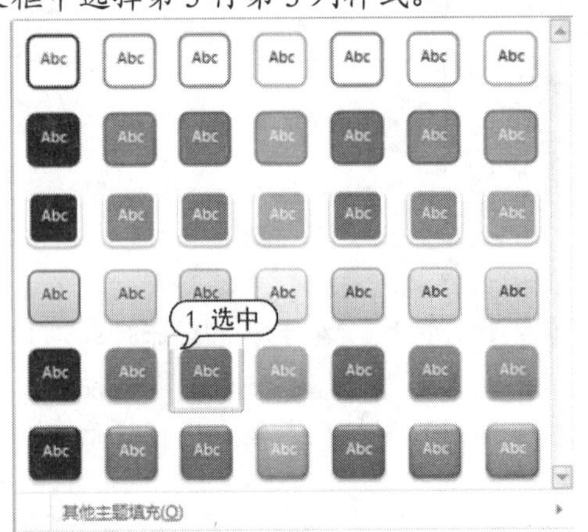

step 8 此时为动作按钮图形快速应用该形状样式。

step 9 在快递访问工具栏中单击【保存】按钮，将添加动作按钮后的“旅游景点剪辑”演示文稿保存。

12.6 放映幻灯片

幻灯片制作完成后，就可以放映了。在放映幻灯片之前可对放映方式进行设置，PowerPoint 2010提供了灵活的幻灯片放映控制方法和适合不同场合的幻灯片放映类型，用户可选用不同的放映方式和类型，使演示更为得心应手。

12.6.1 设置放映方式

PowerPoint 2010 提供了多种演示文稿的放映方式，最常用的是幻灯片页面的演示控制，主要有幻灯片的定时放映、连续放映、循环放映。

1. 定时放映

用户在设置幻灯片切换效果时，可以设置每张幻灯片在放映时停留的时间，当等待到设定的时间后，幻灯片将自动向下放映。

打开【切换】选项卡，在【计时】选项组中选中【单击鼠标时】复选框，则用户单击鼠标或按下Enter键和空格键时，放映的演示文稿将切换到下一张幻灯片；选中【设置自动换片时间】复选框，并在其右侧的文本框中输入时间(单位为秒)后，则在演示文稿放映时，当幻灯片等待了设定的秒数之后，将自动切换到下一张幻灯片。

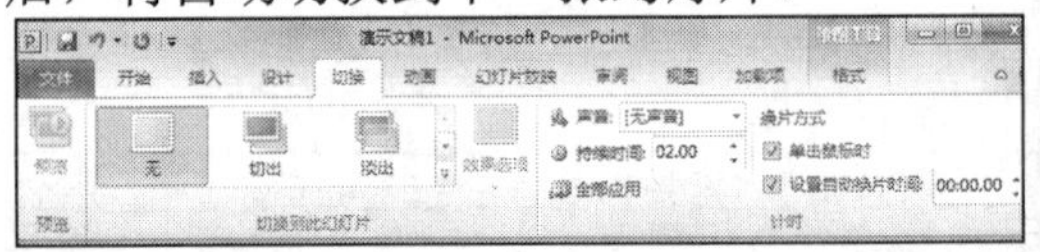

2. 连续放映

在【切换】选项卡的【计时】选项组选中【设置自动切换时间】复选框，并为当前选定的幻灯片设置自动切换时间，再单击【全部应用】按钮，为演示文稿中的每张幻灯片设定相同的切换时间，即可实现幻灯片的连续自动放映。

需要注意的是，由于每张幻灯片的内容不同，放映的时间可能不同，因此设置连续放映的最常见方法是通过【排练计时】功能完成。

3. 循环放映

用户将制作好的演示文稿设置为循环放映，可以应用于如展览会场的展台等场合，让演示文稿自动运行并循环播放。打开【幻灯片放映】选项卡，在【设置】组中单击【设置幻灯片放映】按钮，打开【设置放映方式】对话框。在【放映选项】选项区域中选中【循环放映，按 Esc 键终止】复选框，则在播放完最后一张幻灯片后，会自动跳转到第 1 张幻灯片，而不是结束放映，直到用户按 Esc 键退出放映状态。

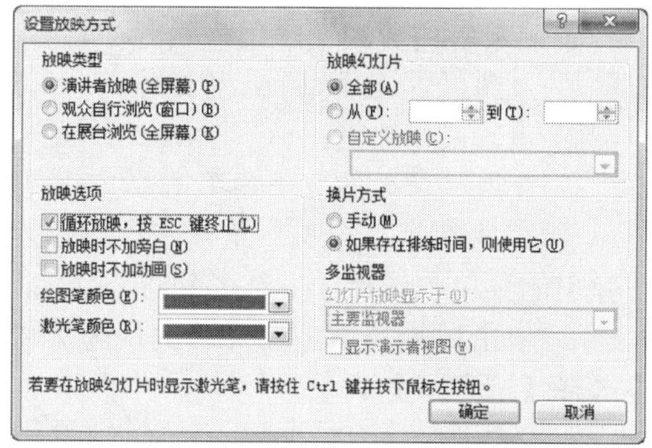

12.6.2 设置放映类型

在【设置放映方式】对话框的【放映类型】选项区域中可以设置幻灯片的放映模式。

- 【演讲者放映】模式(全屏幕)：该模式是系统默认的放映类型，也是最常见的全屏放映方式。在这种放映方式下，演讲者现场控制演示节奏，具有放映的完全控制权。用户可以根据观众的反应随时调整放映速度或节奏，还可以暂停下来进行讨论或记录观众即席反应，甚至可以在放映过程中录制旁白。一般用于召开会议时的大屏幕放映、联机会议或网络广播等。
- 【观众自行浏览】模式(窗口)：观众自行浏览是在标准 Windows 窗口中显示的放映形式，放映时的 PowerPoint 窗口具有菜单栏、Web 工具栏，类似于浏览网页的效果，便于观众自行浏览。
- 【展台浏览】模式(全屏幕)：采用该放映类型，最主要的特点是不需要专人控制就可以自动运行，在使用该放映类型时，如超链接等控制方法都失效。当播放完最后一张幻灯片后，会自动从第一张重新开始播放，直至用户按下 Esc 键才会停止播放。该放映类型主要用于展览会的展台或会议中的需要自动演示等场合。

知识点滴

使用【展台浏览】模式放映演示文稿时，用户不能对其放映过程进行干预，必须设置每张幻灯片的放映时间，或者预先设定演示文稿排练计时，否则可能会长时间停留在某张幻灯片上。

12.6.3 常用放映方法

幻灯片的常用放映方法很多，主要有从头开始放映、从当前幻灯片开始放映和以幻灯片缩略图放映等。

1. 从头开始放映

按下 F5 键，或者在【幻灯片放映】选项卡的【开始放映幻灯片】组中单击【从头开始】按钮，即可进入幻灯片放映视图，从第 1 张幻灯片开始依次进行放映。

2. 从当前幻灯片开始放映

在状态栏的幻灯片视图切换按钮区域中单击【幻灯片放映】按钮，或者在【幻灯片放映】选项卡的【开始放映幻灯片】组中单击【从当前幻灯片开始】按钮，即可从当前幻灯片开始放映。

3. 以幻灯片缩略图放映

幻灯片缩略图放映是指可以在屏幕的左上角显示幻灯片的缩略图，方便编辑时预览幻灯片效果。打开【幻灯片放映】选项卡，按住 Ctrl 键，在【开始放映幻灯片】组中单击【从当前幻灯片开始】按钮，即可显示放映效果。

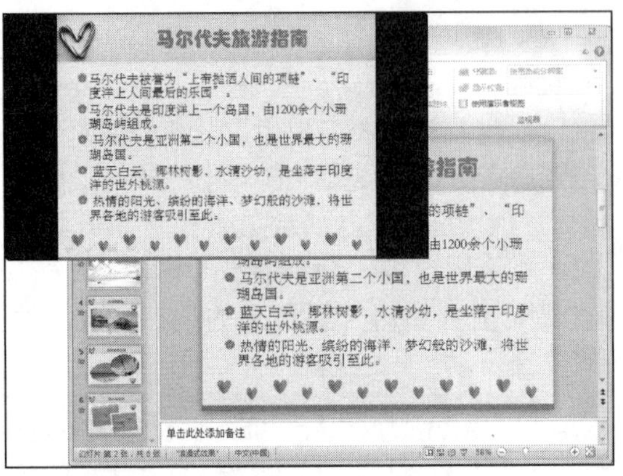

4. 自定义放映

自定义放映是指用户可以自定义演示文稿放映的张数，使一个演示文稿适用于多种观众，即将一个演示文稿中的多张幻灯片进行分组，以便该特定的观众放映演示文稿中的特定部分。用户可以用超链接分别指向演示文稿中的各个自定义放映，也可以在放映整个演示文稿时只放映其中的某个自定义放映。

打开【幻灯片放映】选项卡，单击【开始放映幻灯片】选项组的【自定义幻灯片放映】按钮，在弹出的菜单中选择【自定义放映】命令，打开【自定义放映】对话框，单击【新建】按钮。

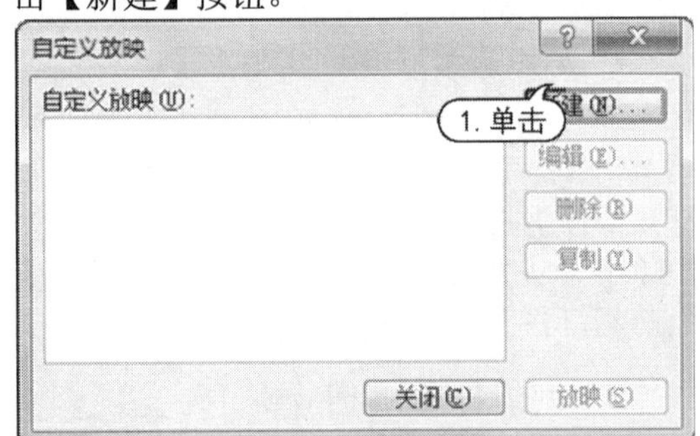

打开【定义自定义放映】对话框，在其中进行相关的自定义设置。

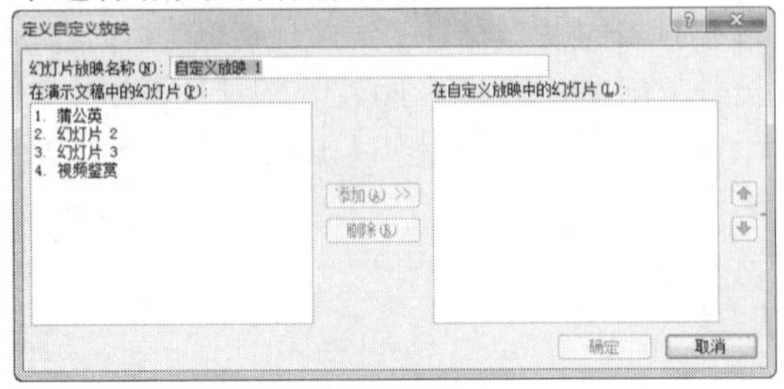

12.6.4 控制放映过程

在放映幻灯片的过程中，用户可以根据需要控制幻灯片的放映次序、快速定位幻灯片、为重点内容做上标记、使屏幕出现黑屏或白屏和结束放映等。

1. 切换和定位幻灯片

在放映幻灯片时，用户可以从当前幻灯片切换至上一张幻灯片或下一张幻灯片中，也可以直接从当前幻灯片跳转到另一张幻灯片。

如果需要按放映次序依次放映(即切换幻灯片)，则可以进行如下几种操作：

- 单击鼠标左键；
- 在放映屏幕的左下角单击按钮；
- 在放映屏幕的左下角单击按钮，在弹出的菜单中选择【下一张】命令；
- 单击鼠标右键，在弹出的快捷菜单中选择【下一张】命令。

如果不需要按照指定的顺序进行放映，则可以快速定位幻灯片。在放映屏幕的左下角单击按钮，从弹出的菜单中使用【定位至幻灯片】命令进行切换。

另外，单击鼠标右键，在弹出的快捷菜单中选择【定位至幻灯片】命令，从弹出的子菜单中选择要播放的幻灯片，同样可以实现快速定位幻灯片操作。

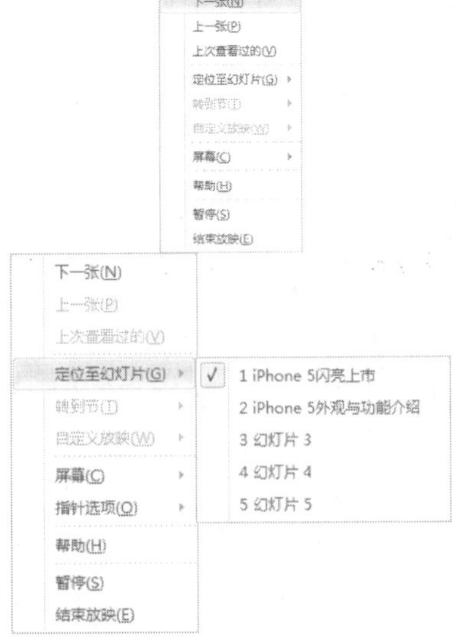

2. 为重点内容做上标记

使用 PowerPoint 2010 提供的绘图笔可以为重点内容做上标记。绘图笔的作用类似于板书笔，常用于强调或添加注释。用户可以选择绘图笔的形状和颜色，也可以随时擦除绘制的笔迹。

放映幻灯片时，在屏幕中右击鼠标，在弹出的快捷菜单中选择【指针选项】|【荧光笔】选项，将绘图笔设置为荧光笔样式，然后按住左键拖动鼠标即可绘制标记。

知识点滴

当用户在绘制注释的过程中出现错误时，可以在右键菜单中选择【指针选项】|【橡皮擦】命令，单击墨迹将其擦除；也可以选择【擦除幻灯片上的所有墨迹】命令，将所有墨迹擦除。

3. 使屏幕出现黑屏或白屏

在幻灯片放映的过程中，有时为了避免引起观众的注意，可以将幻灯片进行黑屏或白屏显示。具体方法为，在右键菜单中选择【屏幕】|【黑屏】命令或【屏幕】|【白屏】命令即可。

除了选择右键菜单命令外，还可以直接使用快捷键。按下 B 键，将出现黑屏；按下 W 键，将出现白屏。

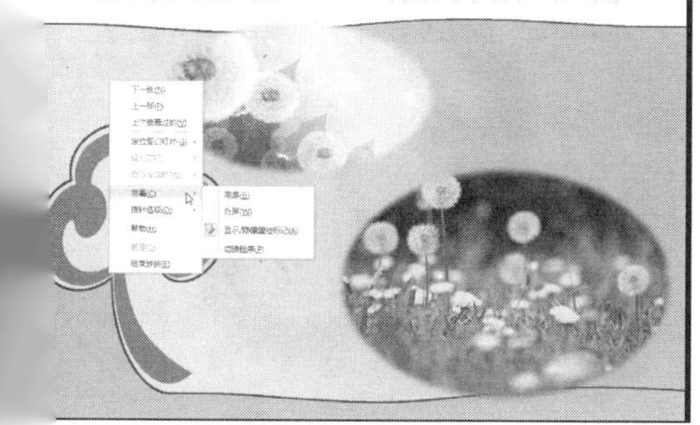

12.6.5 设置排练计时

当完成演示文稿内容制作之后，可以运用 PowerPoint 2010 的排练计时功能来排练整个演示文稿放映的时间。在排练计时的过程中，演讲者可以确切了解每一页幻灯片需要讲解的时间，以及整个演示文稿的总放映时间。

【例 12-15】使用排练计时功能排练“蒲公英介绍”演示文稿的放映时间。

视频+素材 (光盘素材\第 12 章\例 12-15)

step 1 启动 PowerPoint 2010 应用程序，打开“蒲公英介绍”演示文稿。

step 2 打开【幻灯片放映】选项卡，在【设置】选项组中单击【排练计时】按钮，演示文稿将自动切换到幻灯片放映状态，此时演示文稿左上角将显示【录制】对话框。

step 3 整个演示文稿放映完成后，系统将自动打开 Microsoft PowerPoint 对话框，该对话框显示幻灯片播放的总时间，并询问用户是否保留该排练时间，单击【是】按钮即可保留排练时间。

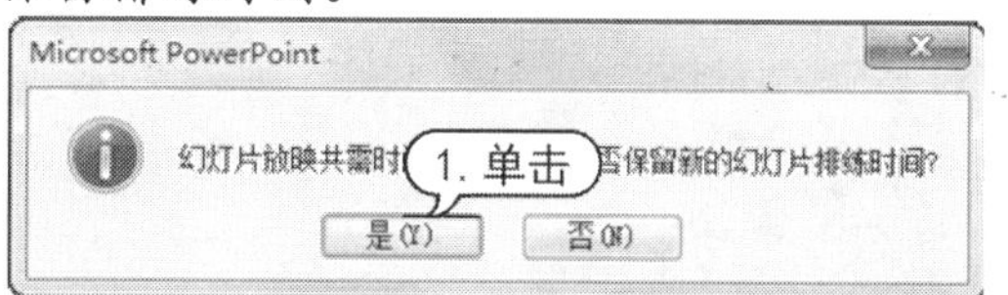

step 4 此时，演示文稿将切换到幻灯片浏览视图，从幻灯片浏览视图中可以看到每张幻灯片下方均显示各自的排练时间。

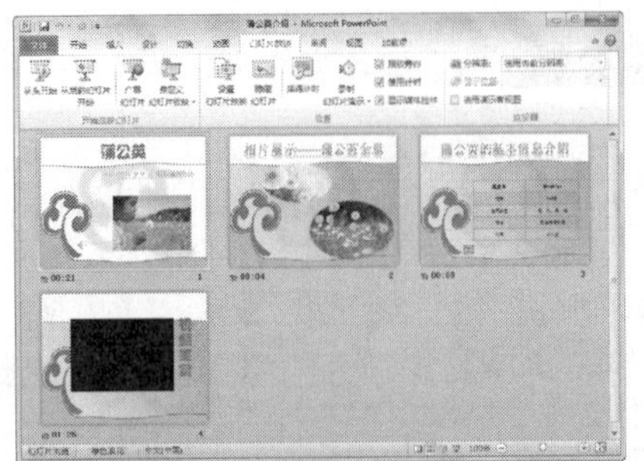

step 5 在快速访问工具栏中单击【保存】按钮，将修改后的演示文稿保存。

12.7 打包和发布演示文稿

将 PowerPoint 制作出来的演示文稿可以打包成 CD，供其他用户欣赏。发布演示文稿是将幻灯片存储到幻灯片库中，以达到共享和调用各个幻灯片的目的。

12.7.1 打包演示文稿

PowerPoint 2010 中提供了打包成 CD 功能，在有刻录光驱的计算机上可以方便地将演示文稿及其链接的各种媒体文件一次性打包到 CD 上，轻松实现演示文稿的分发或转移到其他计算机上进行演示。

【例 12-16】将演示文稿打包为 CD。
视频+素材 (光盘素材\第 12 章\例 12-16)

step 1 启动 PowerPoint 2010，打开“旅游景点剪辑”演示文稿。

step 2 单击【文件】按钮，在弹出的菜单中选择【保存并发送】命令，在中间窗格的【文件类型】选项区域中选择【将演示文稿打包成 CD】选项，并在右侧的窗格中单击【打包成 CD】按钮。

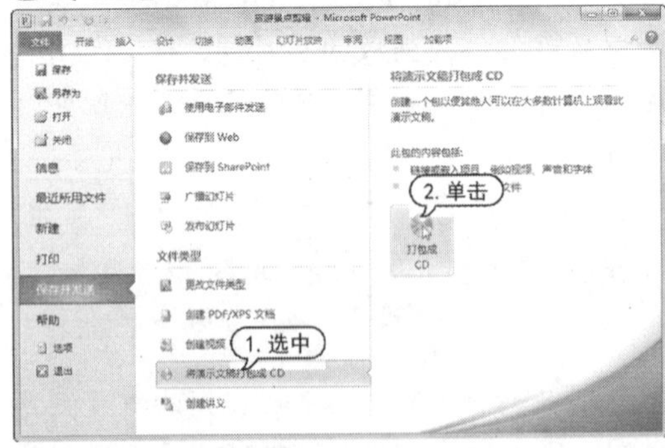

step 3 打开【打包成 CD】对话框，在【将 CD 命名为】文本框中输入“旅游景点 CD”，单击【添加】按钮。

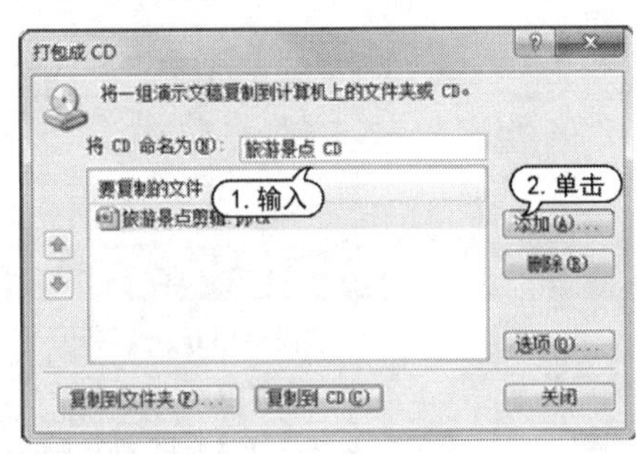

step 4 打开【添加文件】对话框，选择【励志名言】文件，单击【添加】按钮。

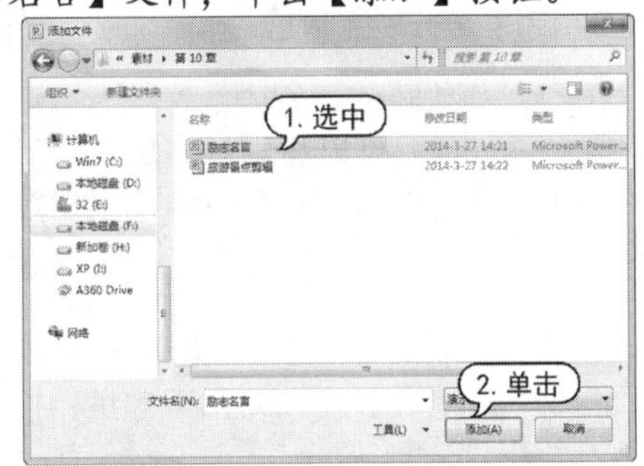

step 5 返回至【打包成 CD】对话框，可以看到新添加的幻灯片，单击【选项】按钮。

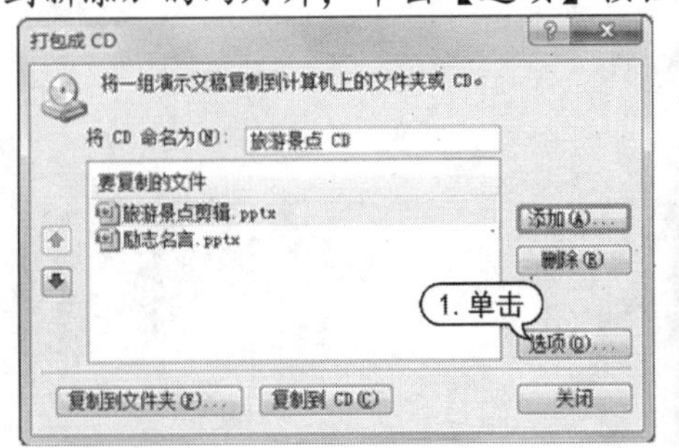

step 6 打开【选项】对话框，选择包含的文件，在密码文本框中输入相关的密码(这里设置打开密码为 123，修改密码为 456)，单击【确定】按钮。

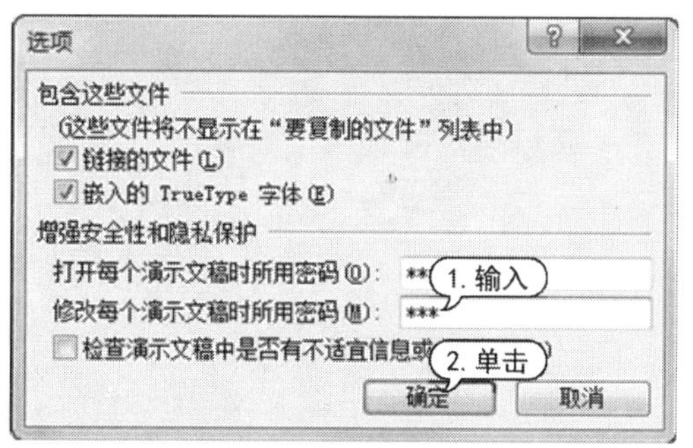

step 7 打开【确认密码】对话框中输入打开密码，单击【确定】按钮。

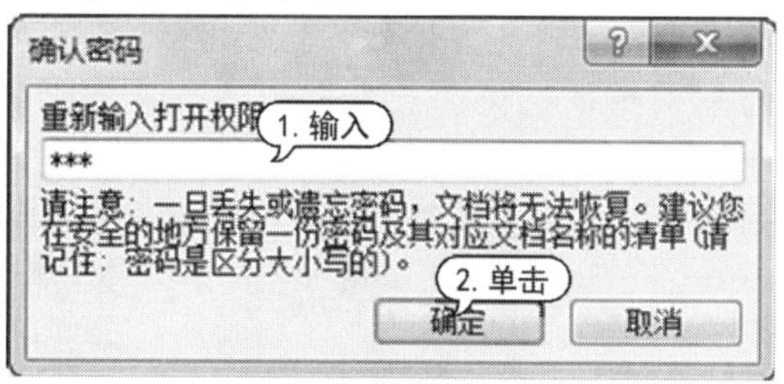

step 8 在打开的【确认密码】对话框输入修改密码，单击【确定】按钮。

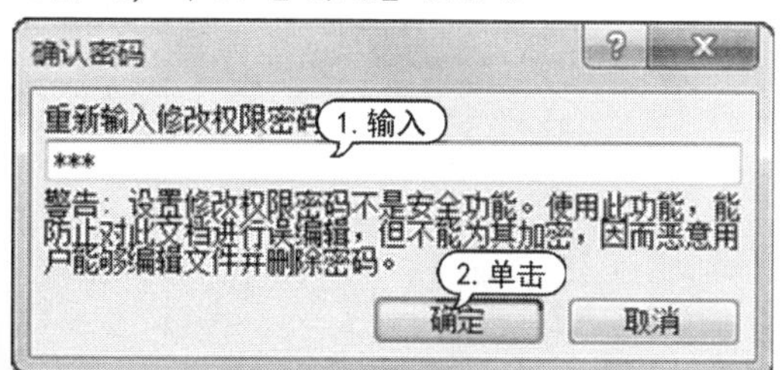

step 9 返回【打包成 CD】对话框，单击【复制到文件夹】按钮。

实用技巧

如果用户的计算机存在刻录机，可以在【打包成D】对话框中单击【复制到 CD】按钮，PowerPoint 检查刻录机中的空白 CD，在插入正确的空白刻录盘，即可将打包的文件刻录到光盘中。

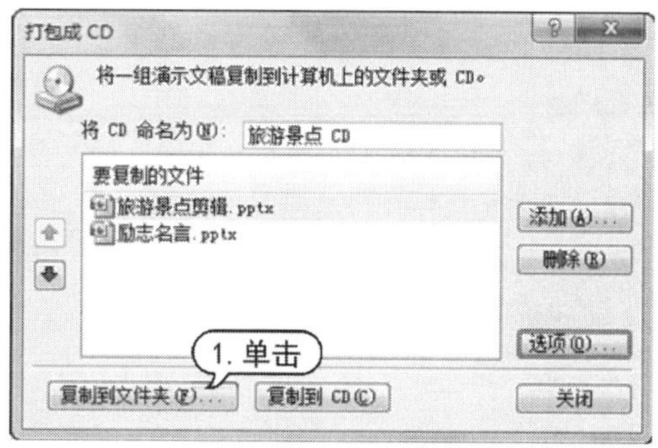

step 10 打开【复制到文件夹】对话框，在【位置】文本框右侧单击【浏览】按钮。

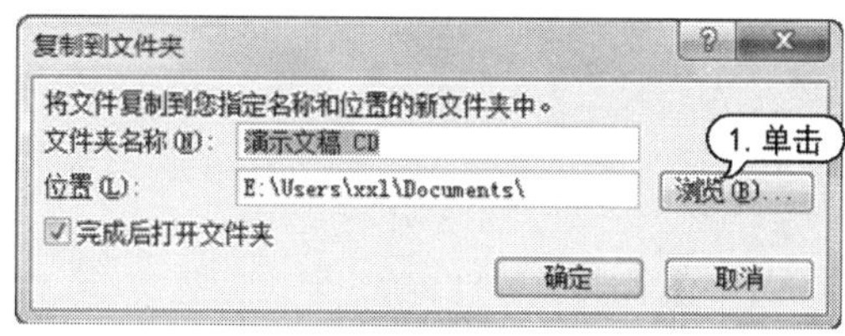

step 11 打开【选择位置】对话框，在其中设置文件的保存路径，单击【选择】按钮。

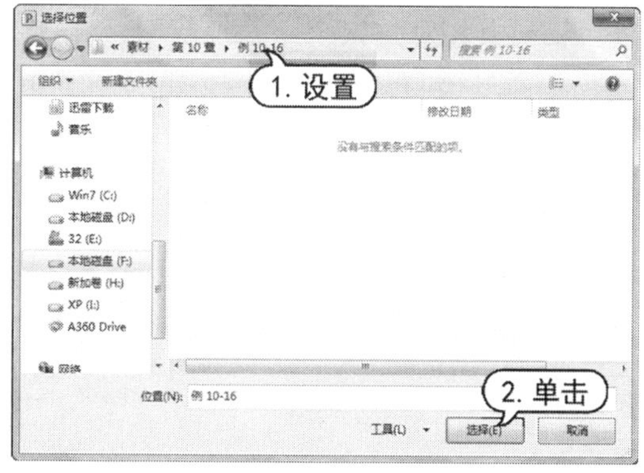

step 12 返回至【复制到文件夹】对话框，在【位置】文本框中查看文件的保存路径，单击【确定】按钮。

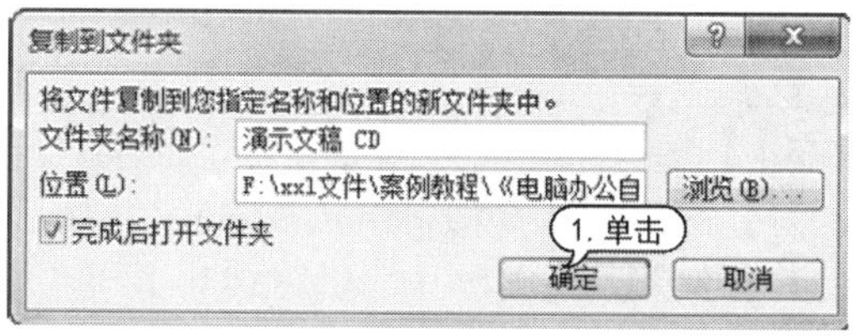

step 13 打开 Microsoft PowerPoint 提示框，单击【是】按钮，此时系统将开始自动复制文件到文件夹。

step 14 打包完毕后，将自动打开保存的文件夹【旅游景点 CD】，将显示打包后的所有文件。

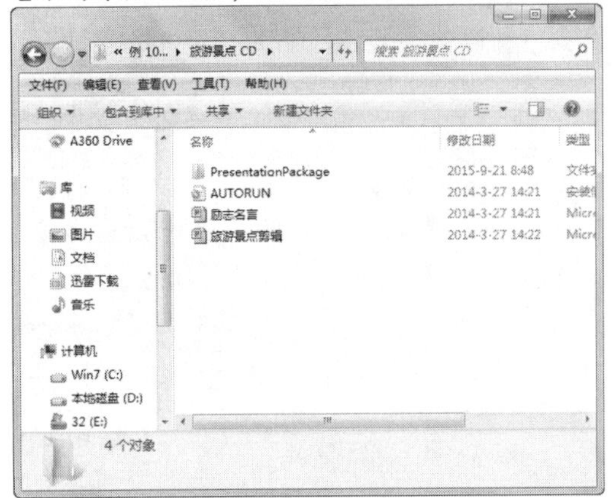

如果所使用的计算机上没有安装 PowerPoint 2010 软件，仍然需要查看幻灯片，这时就需要对打包的文件夹进行解包，才可以打开幻灯片文档，并播放幻灯片。

双击 PresentationPackage 文件夹中的 PresentationPackage.html 网页，可以查看打包后光盘自动播放的网页效果。

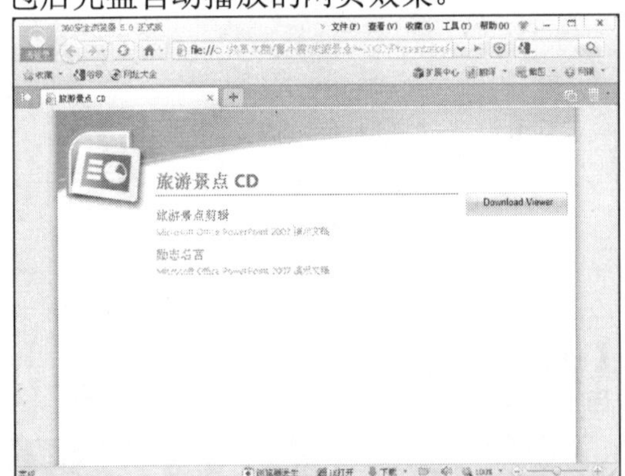

12.7.2 发布演示文稿

发布幻灯片是指将 PowerPoint 2010 幻灯片存储到幻灯片库中，以达到共享和调用各个幻灯片的目的。

【例 12-17】发布"旅游景点剪辑"演示文稿。

视频+素材 (光盘素材\第 12 章\例 12-17)

step 1 启动 PowerPoint 2010，打开"旅游景点剪辑"演示文稿。

step 2 单击【文件】按钮，在弹出的菜单中选择【保存并发送】命令，在中间窗格的【保存并发送】选项区域中选择【发布幻灯片】选项，并在右侧的【发布幻灯片】窗格中单击【发布幻灯片】按钮。

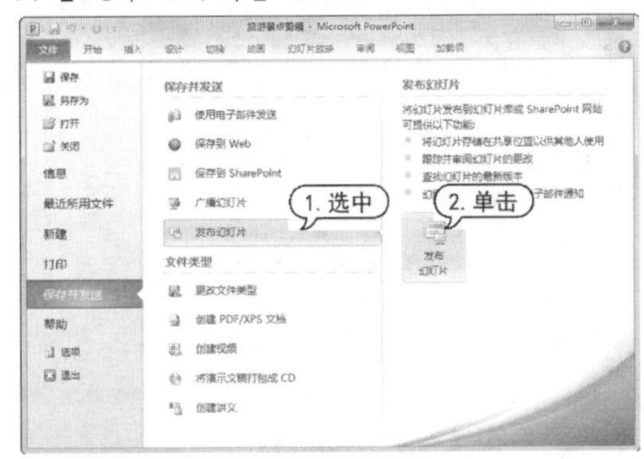

step 3 打开【发布幻灯片】对话框，在中间的列表框中选中需要发布到幻灯片库中的幻灯片缩略图前的复选框，然后单击【发布到】下拉列表框右侧的【浏览】按钮。

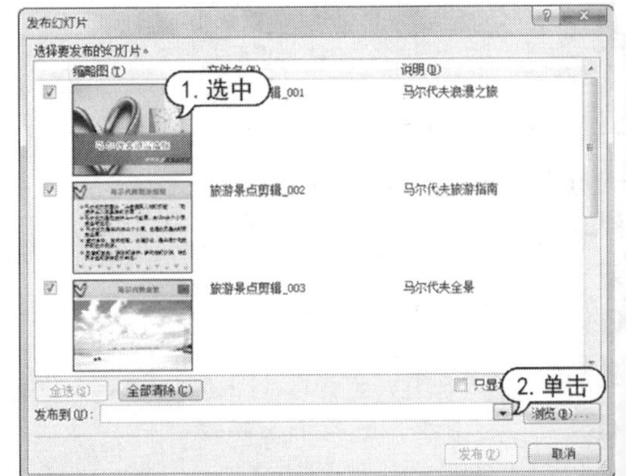

step 4 打开【选择幻灯片库】对话框，选择发布的位置，单击【选择】按钮。

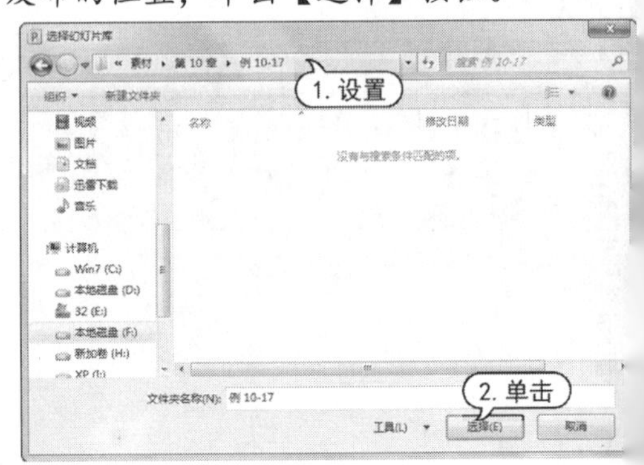

step 5　返回至【发布幻灯片】对话框，在【发布到】下拉列表框中显示发布到的位置，单击【发布】按钮。

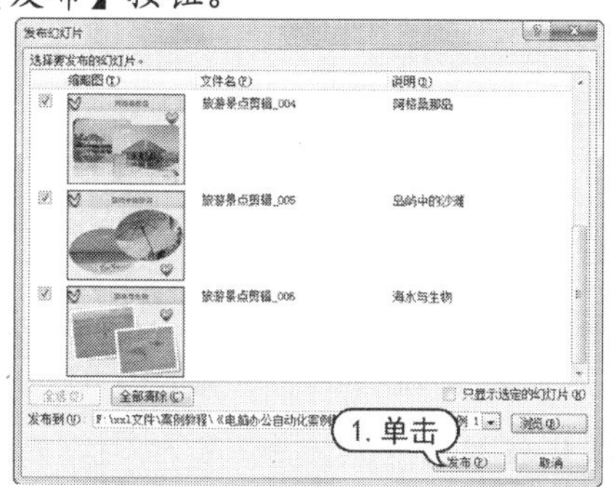

step 6　此时即可在发布的幻灯片库位置查看发布后的幻灯片。

12.8　案例演练

本章的案例演练部分为制作交互式“旅游行程”演示文稿和将演示文稿输出为图片文件两个综合实例操作，用户通过练习从而巩固本章所学知识。

12.8.1　交互式演示文稿

用户应用交互式功能制作演示文稿，可以增加幻灯片的互动性。

【例 12-18】应用超链接和动作按钮创建交互式“旅游行程”演示文稿。

视频+素材 (光盘素材\第 12 章\例 12-18)

step 1　启动 PowerPoint 2010 应用程序，新建一个空白演示文稿。

step 2　单击【文件】按钮，从弹出的菜单中选择【新建】命令，打开【可用模板和主题】视图窗格，在【可用模板】列表框中选择【我的模板】选项。

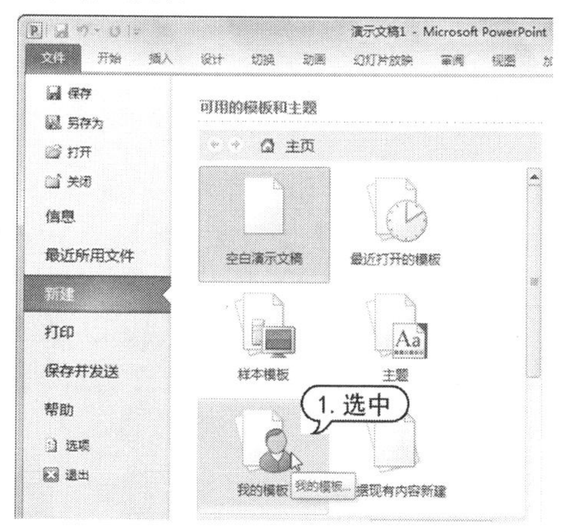

step 3　打开【新建演示文稿】对话框，在【个人模板】列表框中选择【设计模板】选项，单击【确定】按钮，将该模板应用到当前演示文稿中。

step 4　在【单击此处添加标题】文本占位符中输入标题文字“春游路线详细说明”，设置字型为【加粗倾斜】；在【单击此处添加副标题】文本占位符中输入副标题文字“——普陀一日游”，设置文字字号为 32，字型为【加粗】。

step 5　使用插入图片功能，在幻灯片中插入一张图片，并调整其大小和位置。

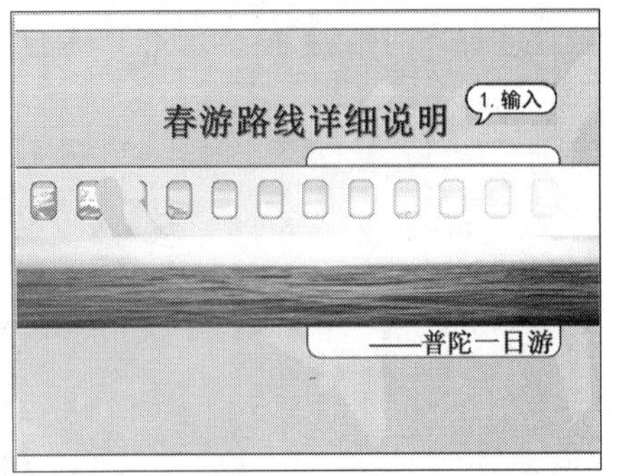

step 6 在幻灯片预览窗口中选择第2张幻灯片缩略图，将其显示在幻灯片编辑窗口中。

step 7 输入标题文字“行程(上午)”，设置字型为【加粗】和【阴影】；在【单击此出添加文本】文本占位符中输入文字，然后插入一张图片，并设置图片样式为【棱台形椭圆，黑色】。

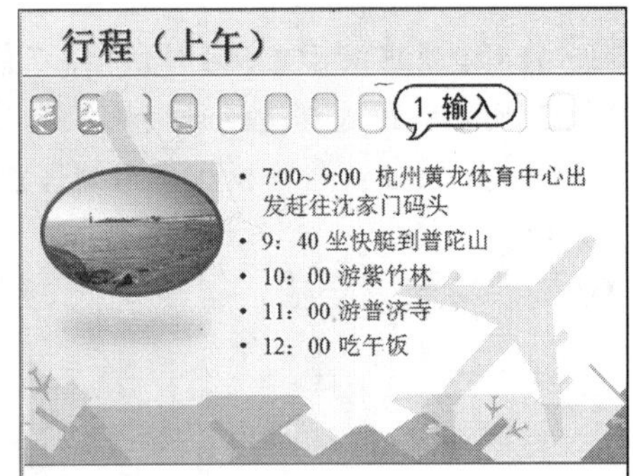

step 8 使用同样的方法，添加并设置其他4张幻灯片。

step 9 在幻灯片预览窗口中选择第2张幻灯片缩略图，将其显示在幻灯片编辑窗口中。

step 10 选中文字“紫竹林”，打开【插入】选项卡，单击【链接】组中的【超链接】按钮，打开【插入超链接】对话框。

step 11 在【链接到】列表中单击【本文档中的位置】按钮，在【请选择文档中的位置】列表框中单击【幻灯片标题】展开列表，选择【紫竹林】选项，单击【屏幕提示】按钮。

step 12 打开【设置超链接屏幕提示】对话框，在【屏幕提示文字】文本框中输入提示文字“紫竹林介绍”，单击【确定】按钮。

step 13 返回到【插入超链接】对话框，再次单击【确定】按钮，完成该超链接的设置。

step 14 使用同样的方法，为第3张幻灯片中的文字“南海观音”和“法雨寺”添加超链接，使它们分别指向第5张幻灯片和第6张幻灯片，并设置屏幕提示文字为“南海观音介绍”和“法雨寺介绍”。

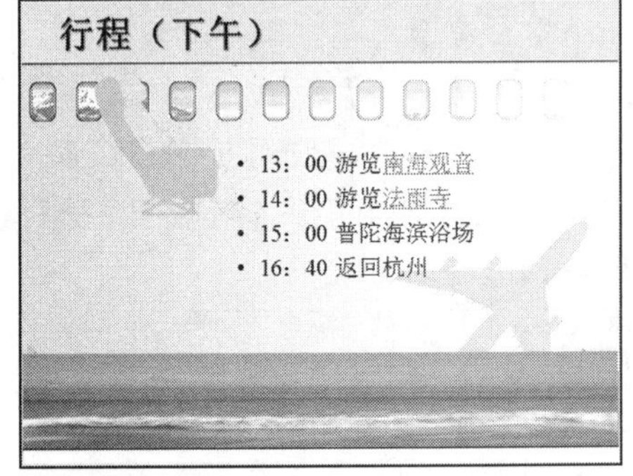

step 15 切换至第4张幻灯片，打开【插入选项卡，在【插图】组中单击【形状】按钮在打开的【动作按钮】列表中单击【动作钮：上一张】按钮，在幻灯片的右上角动鼠标绘制该按钮图形，当释放鼠标时，统自动打开【动作设置】对话框。

step 16 在【单击鼠标时的动作】选项区域选中【超链接到】单选按钮，此时在【超接到】下拉列表框中选择【幻灯片】选项，打开【超链接到幻灯片】对话框，在该对话框中选择【行程(上午)】选项，单击【确定】按钮，完成该动作的设置。

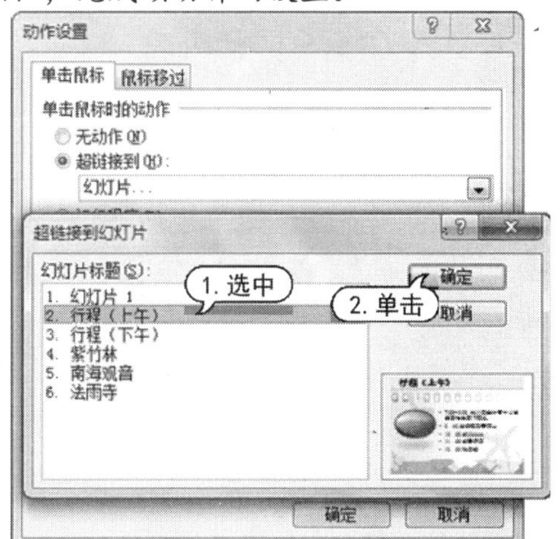

step 17 在幻灯片中选中该图形，在【绘图工具】的【格式】选项卡，单击【形状样式】组中的【形状填充】按钮，在弹出的面板中选择【黑色，文字 1】选项，填充颜色。

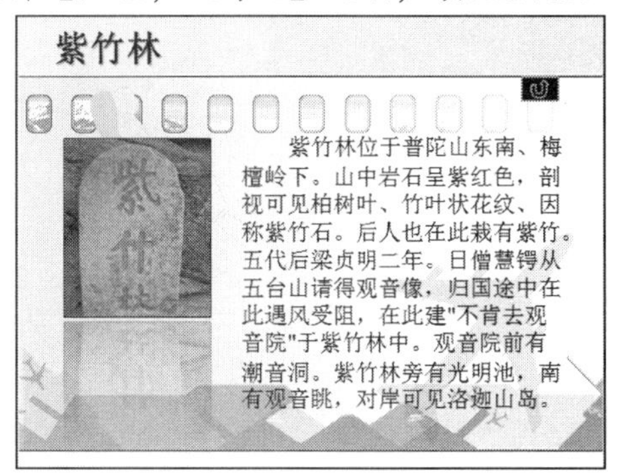

step 18 使用同样的操作方法，在第 5 张幻灯片和第 6 张幻灯片右上角绘制动作按钮，并将它们链接到第 3 张幻灯片。

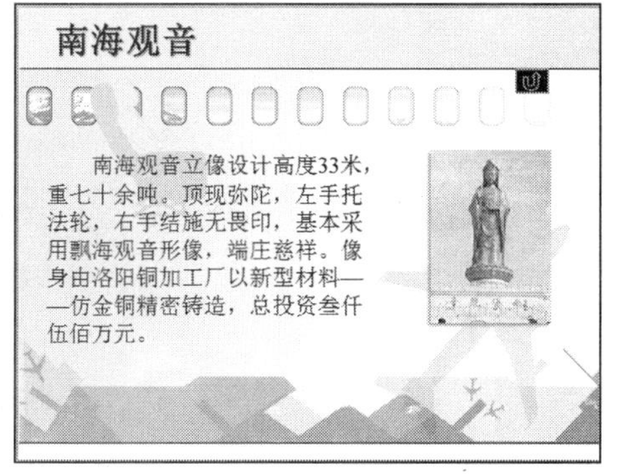

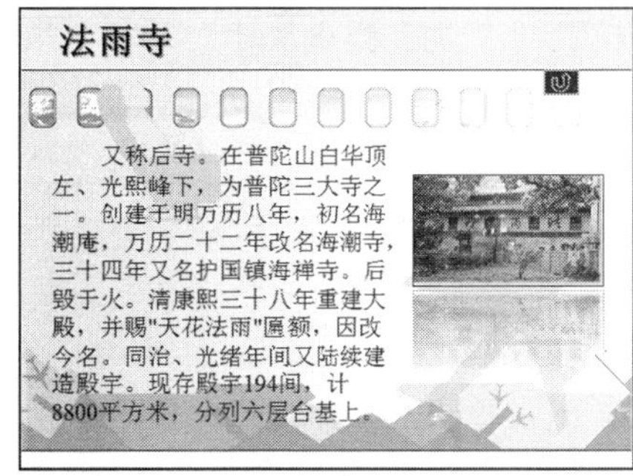

12.8.2 输出演示文稿

演示文稿可以输出为其他格式文件，以供其他软件打开观看。

【例 12-19】将"旅游行程"演示文稿输出为图片文件。

视频+素材 (光盘素材\第 12 章\例 12-19)

step 1 启动 PowerPoint 2010 应用程序，打开【旅游行程】演示文稿。

step 2 单击【文件】按钮，从弹出的菜单中选择【保存并发送】命令，在中间窗格的【文件类型】选项区域中选择【更改文件类型】选项。在右侧【更改文件类型】窗格的【图片文件类型】选项区域中选择【PNG 可移植网络图形格式】选项，单击【另存为】按钮。

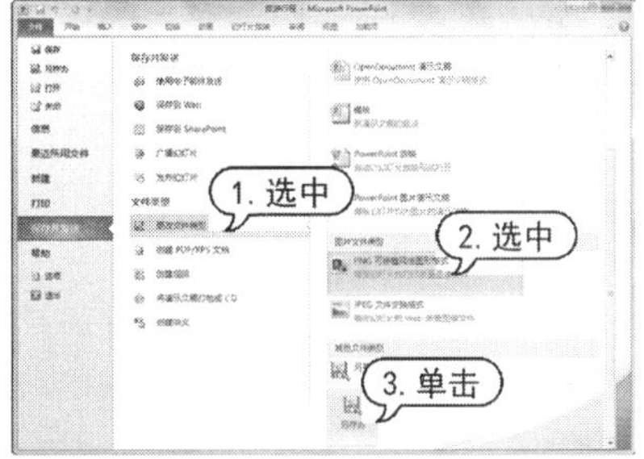

step 3 打开【另存为】对话框，设置存放路径，单击【保存】按钮。

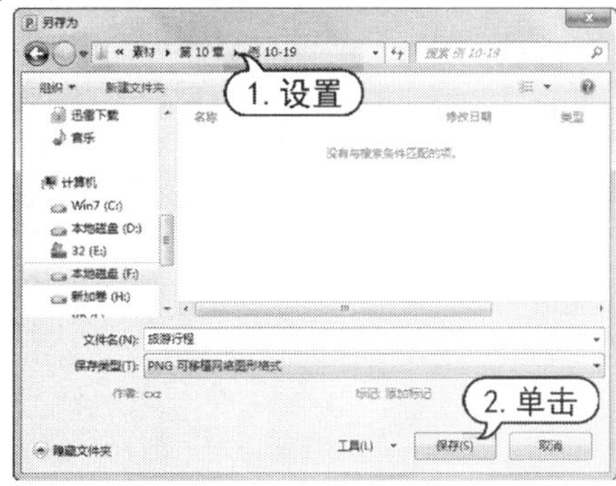

step 4 此时系统会弹出提示对话框，供用户选择需要输出为图片文件的幻灯片范围，单击【每张幻灯片】按钮，开始输出图片。

step 5 完成输出后，自动弹出提示框，提示用户每张幻灯片都以独立的方式保存到文件夹中，单击【确定】按钮即可。

step 6 双击打开保存的文件夹，此时 6 张幻灯片以 PNG 图像格式显示在文件夹中。

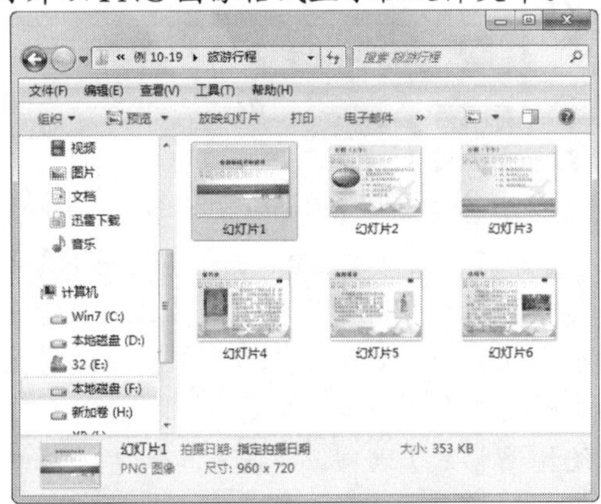

step 7 双击某张图片，打开并查看该图片。

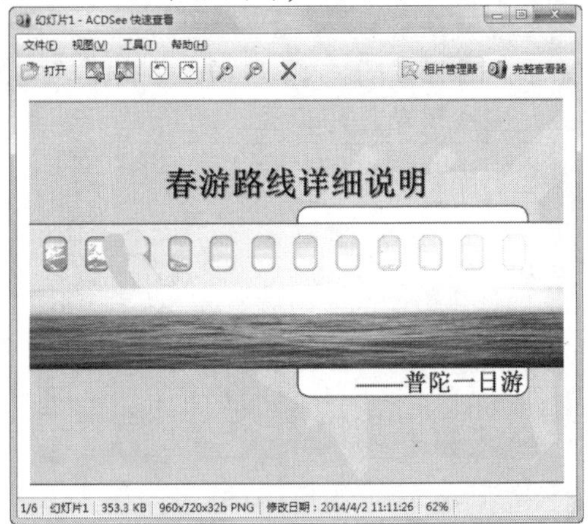

第 13 章

计算机的维护与优化

用户在使用计算机的过程中，若能养成良好的使用习惯并能对计算机进行定期维护和优化，将会延长计算机的工作寿命。本章将介绍计算机安全与维护方面的相关知识，帮助用户保护好自己的计算机工作环境。

对应光盘视频

例 13-1　开启 Windows 防火墙
例 13-2　开启自动更新
例 13-3　备份系统
例 13-4　还原系统
例 13-5　优化硬盘读写速度
例 13-6　优化硬盘传输速度
例 13-7　清理磁盘
例 13-8　整理磁盘碎片
例 13-9　调整开机时间
例 13-10　加快菜单显示速度

13.1 维护计算机系统

计算机在日常工作中和网络世界里，随时可能会产生危害系统的程序或病毒，而系统的稳定直接关系到计算机的操作。下面主要介绍计算机系统的维护和优化方法。

13.1.1 开启 Windows 防火墙

Windows 防火墙能够有效地阻止来自 Internet 中的网络攻击和恶意程序，维护操作系统的安全。在 Windows XP 操作系统的基础上，Windows 7 防火墙有了更大的改进，它具备监控应用程序入栈和出栈规则的双向管理，同时配合 Windows 7 网络配置的文件，可以保护不同网络环境下的网络安全。

【例 13-1】在 Windows 7 中开启防火墙。
视频

step 1 单击【开始】按钮，选择【控制面板】命令，打开【控制面板】窗口。

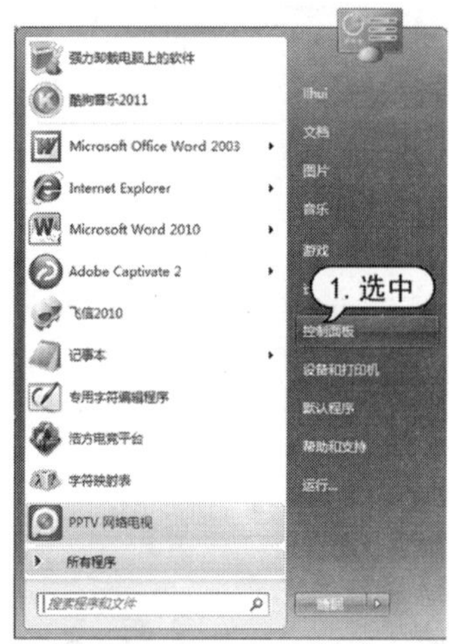

step 2 在 窗口中单击【Windows 防火墙】图标，打开【Windows 防火墙】窗口。

step 3 单击左侧列表中的【打开或关闭 Windows 防火墙】链接，打开【自定义设置】窗口。

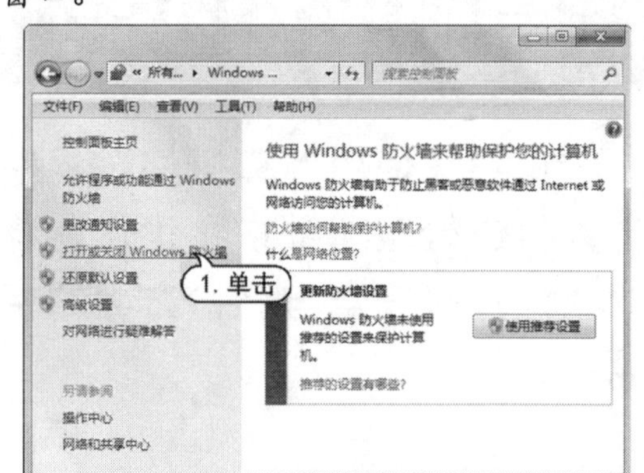

step 4 分别选中【家庭或工作(专用)网络位置设置】和【公用网络位置设置】选项区域中的【启用 Windows 防火墙】单选按钮，然后单击【确定】按钮，完成设置。

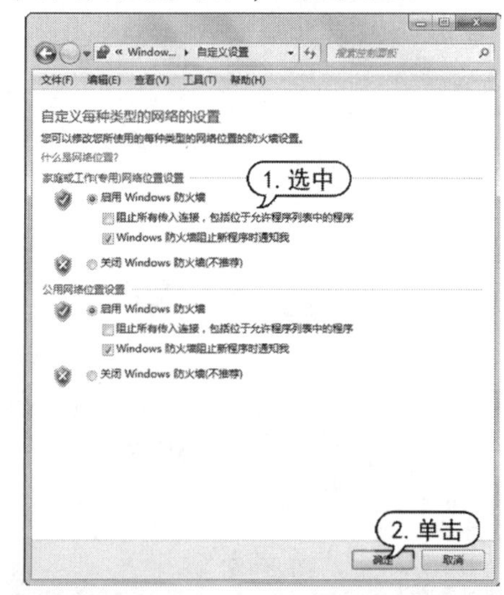

13.1.2 开启自动更新

任何操作系统都不可能做得尽善尽美，Windows 7 操作系统也一样。Microsoft 公司通过自动更新功能对日常发现的漏洞进行及时修复，以弥补操作系统的缺陷，从而确保系统免受病毒的攻击。

【例 13-2】在 Windows 7 中开启自动更新。
视频

ep 1 单击【开始】按钮，选择【控制面板】
令，打开【控制面板】窗口，单击 Windows
pdate 图标。

ep 2 打开 Windows Update 窗口，单击【更
设置】链接。

step 3 打开【更改设置】窗口，在【重要更新】下拉列表中选择【自动安装更新(推荐)】选项。选择完成后，单击【确定】按钮，完成自动更新的开启。

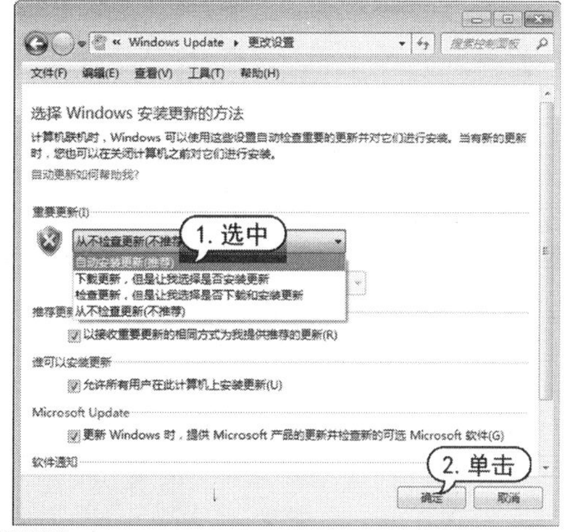

step 4 此时系统启动时会自动开始检查更新，并安装最新的更新文件。

3.2　系统的备份和还原

在 Windows 7 系统环境中，系统的备份与还原功能较其他版本的 Windows 系统而言，明显的提升。用户几乎无须借助第三方软件，即可对系统随时进行备份和还原保护。

3.2.1　备份系统

Windows 7 系统自带强大的数据备份能，巧妙地使用该功能，可以使用户在计算机出现问题时迅速地将系统恢复到正常状态。

【例 13-3】在 Windows 7 中手工创建一个系统还原点。
视频

step 1 桌面上右击【计算机】图标，选择【属性】命令，打开【系统】窗口。

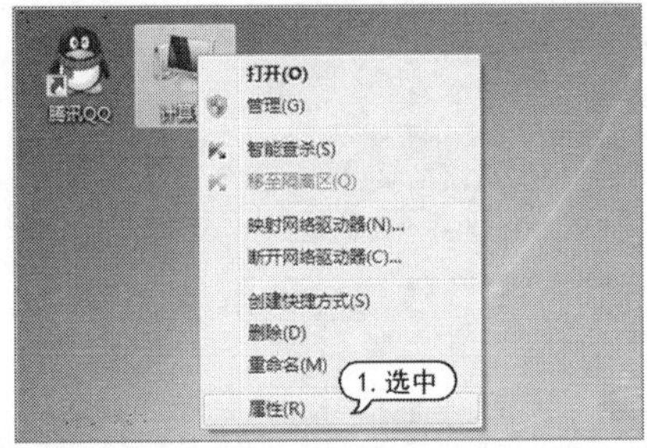

step 2 单击窗口左侧的【系统保护】链接，打开【系统属性】对话框。

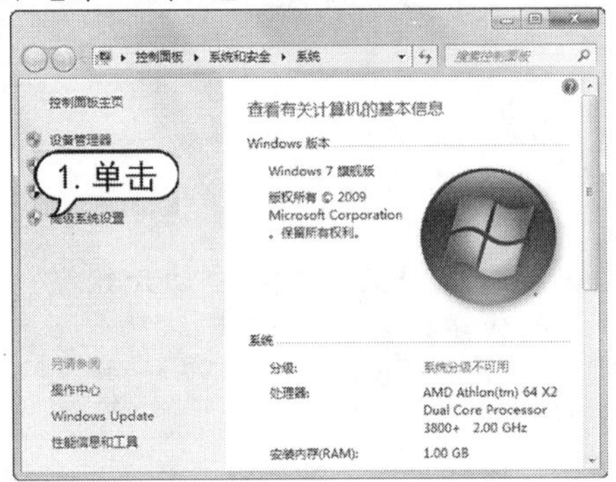

step 3 在【系统保护】选项卡中，单击【创建】按钮，打开【创建还原点】对话框。

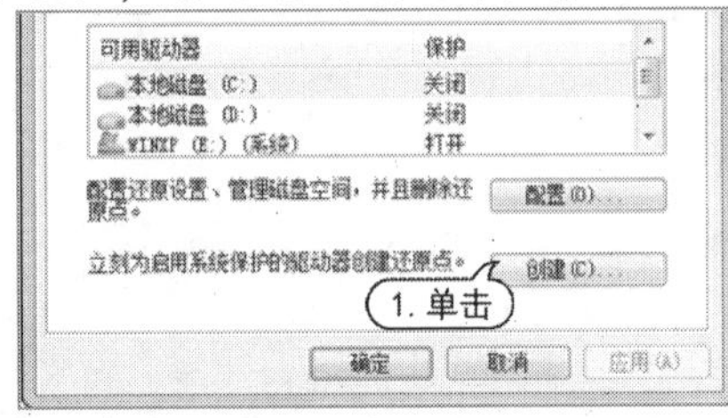

step 4 在【创建还原点】对话框中输入一个还原点名称后，单击【创建】按钮，开始创建系统还原点。

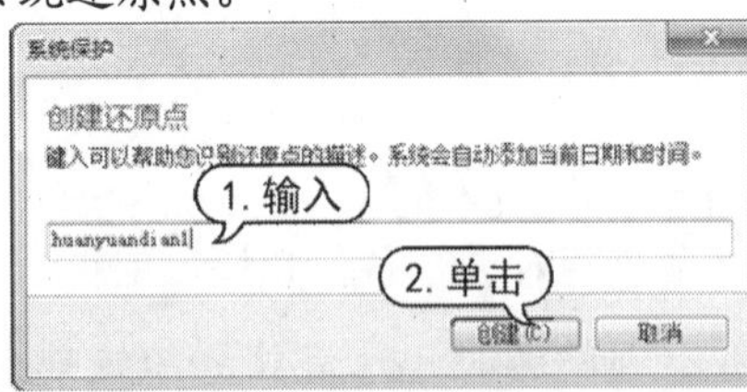

13.2.2 还原系统

创建了还原点后，用户就可以利用 Windows 7 系统的还原系统功能，将已备份的系统还原。

【例 13-4】使用 Windows 7 操作系统中自带的系统还原功能，还原操作系统。

视频

step 1 单击【开始】按钮，选择【控制面板】命令，打开【控制面板】窗口，然后单击该窗口中的【系统和安全】图标，打开【系统和安全】窗口。

step 2 在该窗口中单击【操作中心】图标，打开【操作中心】窗口。

step 3 在该窗口中单击【恢复】图标，打开【恢复】窗口。

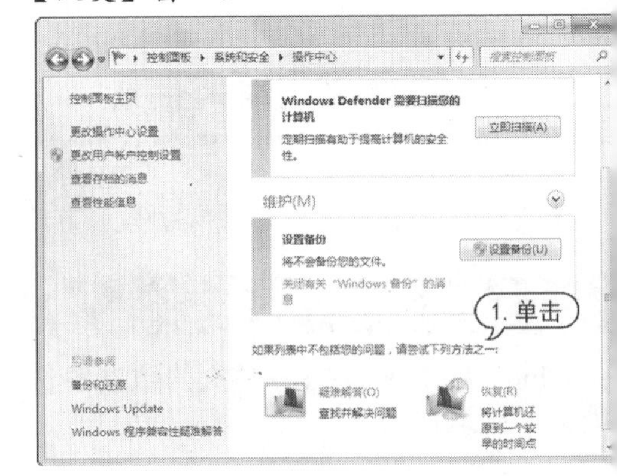

step 4 单击【打开系统还原】按钮，打开【还原系统文件和设置】对话框。

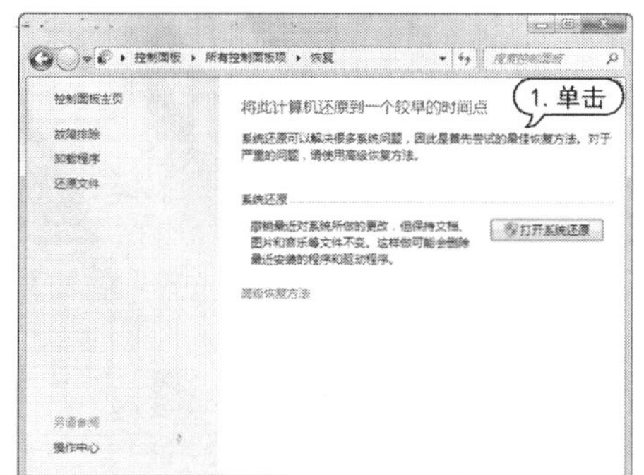

step 5 在该对话框中单击【下一步】按钮，打开【将计算机还原到所选事件之前的状态】对话框，在该对话框中选中一个还原点，然后单击【下一步】按钮。

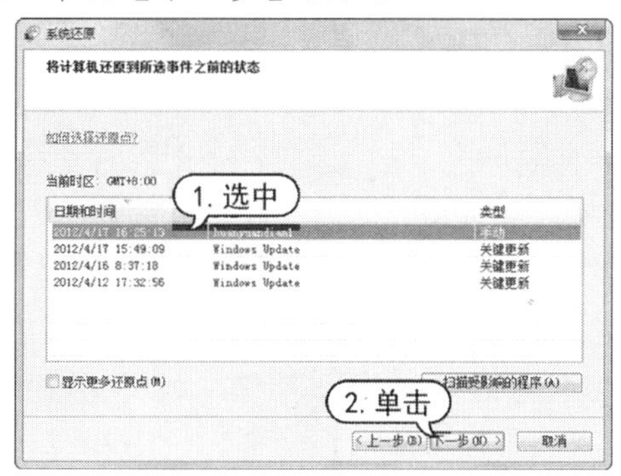

step 6 在打开的【确认还原点】对话框中确认所选的还原点，单击【完成】按钮。

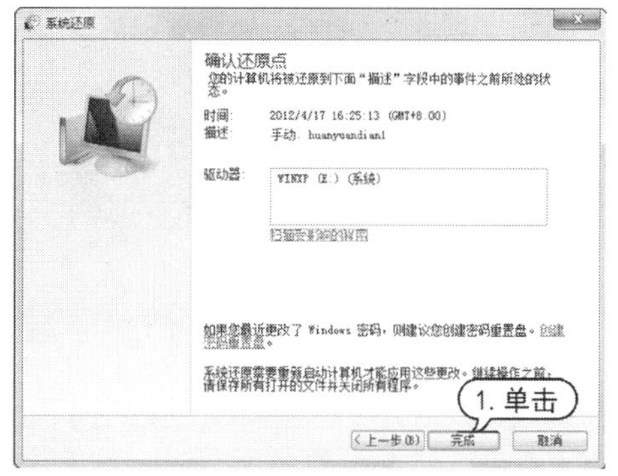

step 7 系统自动打开下图所示的对话框，单击【是】按钮，开始准备还原系统。

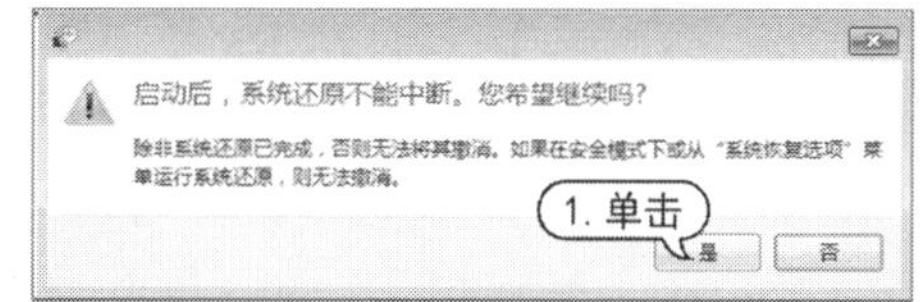

step 8 稍后系统将自动重新启动，并开始进行还原操作。当计算机重新启动后，如果还原成功，将打开提示对话框，在该对话框中单击【关闭】按钮，完成系统还原操作。

13.3 优化磁盘

计算机的磁盘是使用最频繁的硬件之一，磁盘的外部传输速度和内部读写速度决定了硬盘的读写性，优化磁盘速度和清理磁盘可以大大延长计算机的使用寿命。

13.3.1 优化磁盘读写速度

优化硬盘的外部传输速度和内部读写速度，可以有效地提升硬盘的读写性能。

1. 优化内部读写速度

硬盘的内部读写速度是指从盘片上读取数据，然后存储在缓存中的速度，是评价硬盘整体性能的决定性因素。

【例 13-5】优化硬盘内部读写速度。
视频

step 1 右击【计算机】图标，在弹出的快捷菜单中选择【属性】命令。

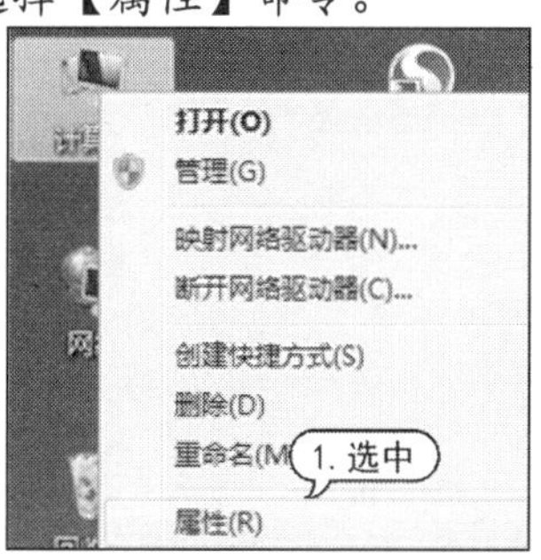

step 2 打开【系统】窗口，单击【设备管理器】链接。

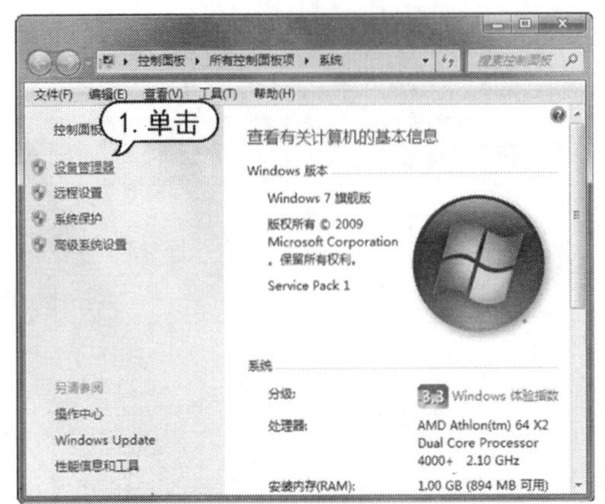

step 3 打开【设备管理器】窗口，在【磁盘驱动器】选项下展开当前硬盘选项，右击后选择【属性】命令。

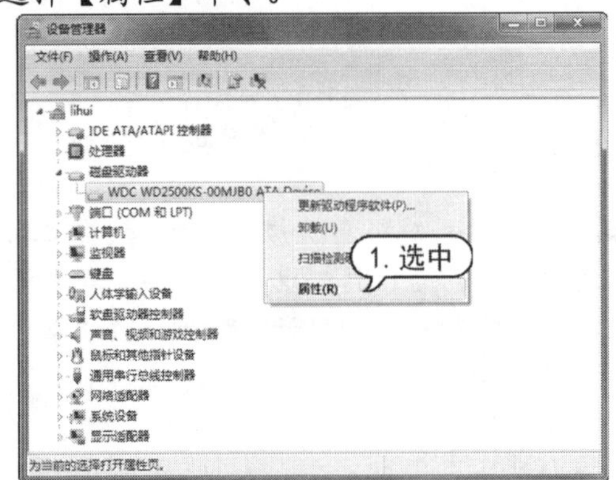

step 4 打开磁盘的【属性】对话框，选择【策略】选项卡，选中【启用磁盘上的写入缓存】复选框，然后单击【确定】按钮，完成设置。

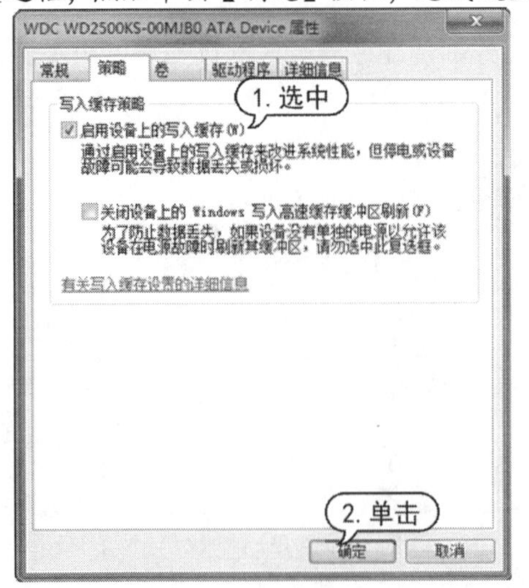

2. 优化外部传输速度

硬盘的外部传输速度是指硬盘的接口速度，可以优化数据传输速度。

【例 13-6】优化硬盘外部传输速度。
视频

step 1 右击【计算机】图标，在弹出的快捷菜单中选择【属性】命令。打开【系统】窗口，单击【设备管理器】链接。

step 2 打开【设备管理器】窗口，右击【IDE ATA/ATAPI 控制器】选项里的 ATA Channel 1 选项，选择【属性】命令。

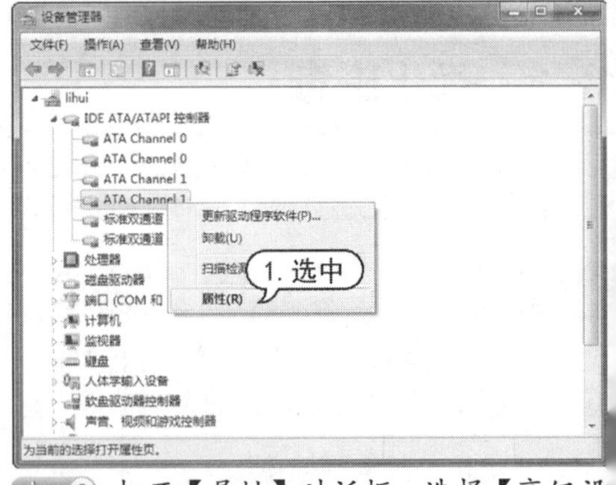

step 3 打开【属性】对话框，选择【高级设置】选项卡，选中【启用 DMA】复选框，然后单击【确定】按钮，完成设置。

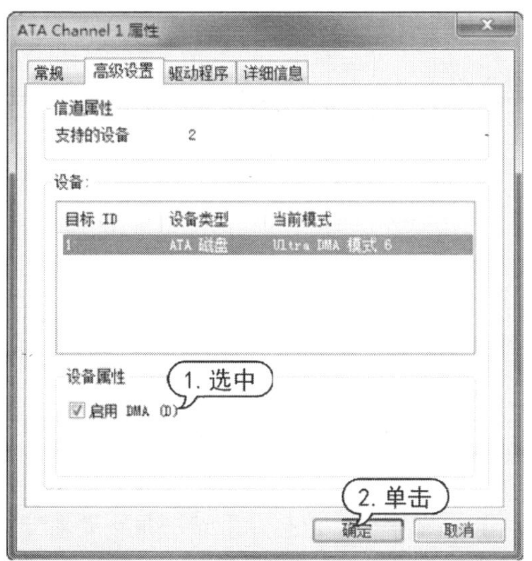

13.3.2　清理磁盘

随着各种应用程序的安装与卸载以及软件运行，系统会产生一些垃圾冗余文件，这些文件会影响到笔记本计算机的性能。磁盘清理程序是系统自带的用于清理磁盘冗余内容的工具。

【例 13-7】清理 D 盘中的冗余文件。
视频

step 1　单击【开始】按钮，弹出【开始】菜单，选择【所有程序】|【附件】|【系统工具】|【磁盘清理】命令，打开【磁盘清理：选择驱动器】对话框。

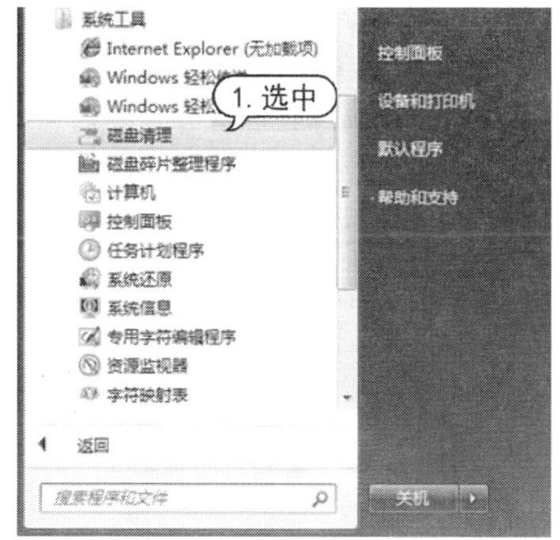

step 2　在该对话框的下拉列表中选择驱动器 D 盘，然后单击【确定】按钮。

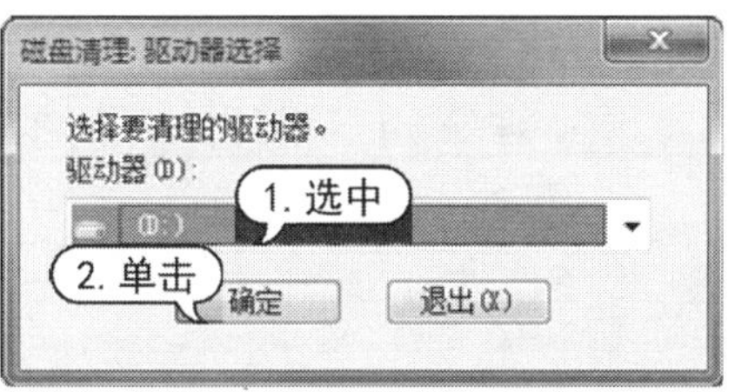

step 3　打开【磁盘清理】对话框开始分析 D 盘冗余内容。

step 4　分析完成后，在对话框上面显示了分析后的结果。选中所需删除的内容对应的复选框，然后单击【确定】按钮。

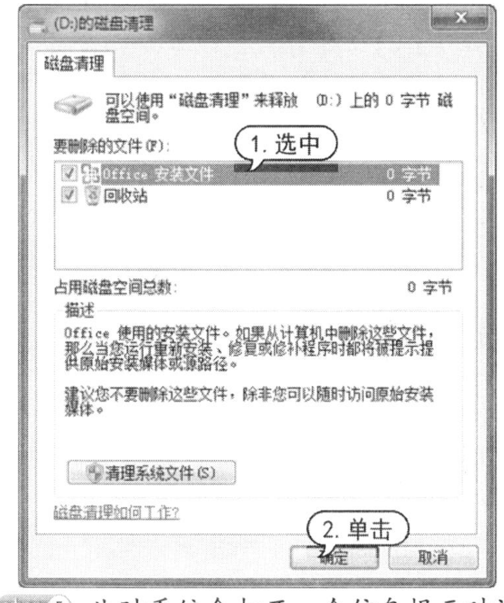

step 5　此时系统会打开一个信息提示对话框，单击【删除文件】按钮。

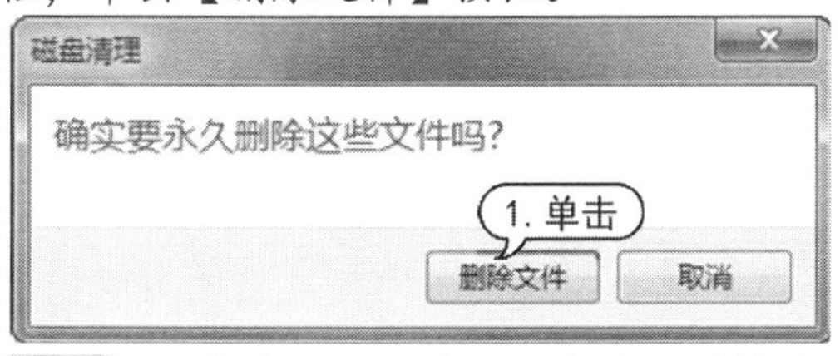

step 6　此时系统即可进行磁盘清理的操作。

磁盘清理

"磁盘清理"实用程序正在清理机器上不需要的文件。

正在清理驱动器 (D:)。

取消

正在清理：回收站

13.3.3 整理磁盘碎片

计算机在使用过程中不免会有很多文件操作，这些操作会在硬盘内部产生许多磁盘碎片，影响系统往硬盘写入或读取数据的速度，而且由于写入和读取数据不在连续的磁道上，也加快了磁头和盘片的磨损速度，因此定期对磁盘碎片进行整理，对维护系统的运行和硬盘保护都具有很大实际意义。

【例 13-8】在 Windows7 中整理磁盘碎片。

视频

step 1 单击【开始】按钮，在菜单中选择【所有程序】|【附件】|【系统工具】|【磁盘碎片整理程序】命令。

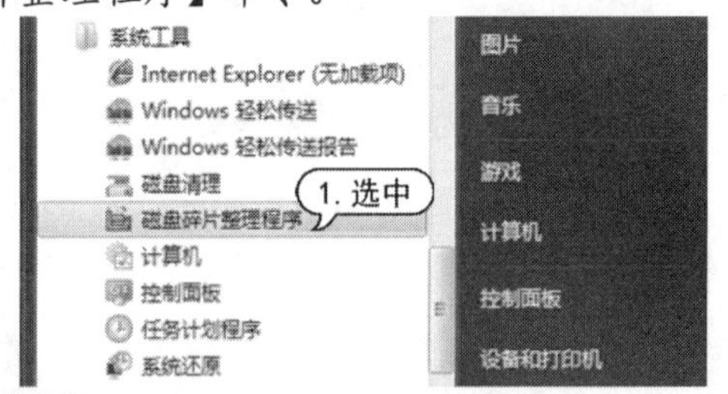

step 2 打开【磁盘碎片整理程序】对话框，选择一个磁盘，然后单击【分析磁盘】按钮。

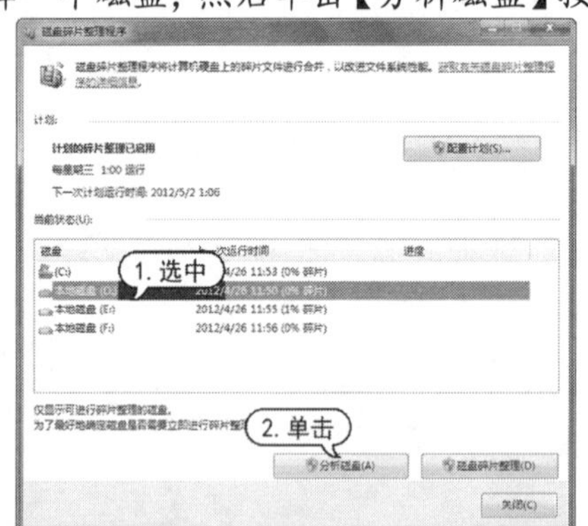

step 3 系统即会对选中的磁盘自动进行分析。分析完成后，系统会显示分析结果。如果需要对磁盘碎片进行整理，可单击【磁盘碎片整理】按钮，系统即可自动进行磁盘碎片整理。

step 4 为了省去手动进行磁盘碎片整理的麻烦，用户可设置让系统自动整理磁盘碎片。在【磁盘碎片整理程序】对话框中单击【配置计划】按钮。

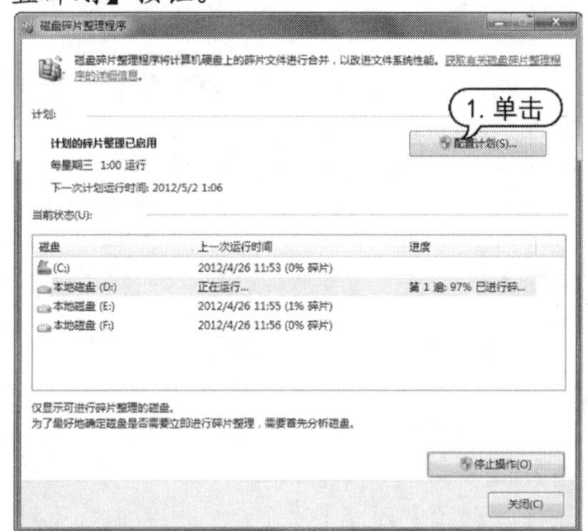

step 5 打开【磁盘碎片整理程序：修改计划】对话框，在该对话框中用户可预设磁盘碎片整理的时间，例如可设置为每周三的中午 12 点进行整理，单击【确定】按钮，即可设置计算机按照指定计划来整理磁盘碎片。

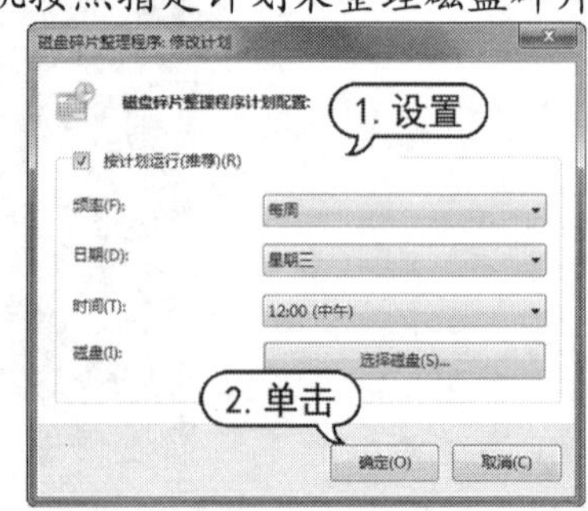

13.4　案例演练

本章的案例演练部分为调整开机时间和加快显示菜单显示速度两个综合实例操作，用户通过练习从而巩固本章所学知识。

13.4.1　调整开机时间

如果计算机有多个操作系统，选择系统可以根据需求设置默认等待时间。

【例 13-9】将选择操作系统时的默认等待时间设置为 5 秒。
视频

step 1 计算机中安装了多个操作系统后，在启动时会显示多个操作系统的列表，系统默认等待时间是 30 秒，用户可以根据个人需求对系统默认等待时间进行调整。在桌面上右击【计算机】图标，选择【属性】命令。

step 2 在打开的【系统】窗口中，单击左侧的【高级系统设置】链接。

step 3 打开【系统属性】对话框，在【高级】选项卡的【启动和故障恢复】区域单击【设置】按钮。

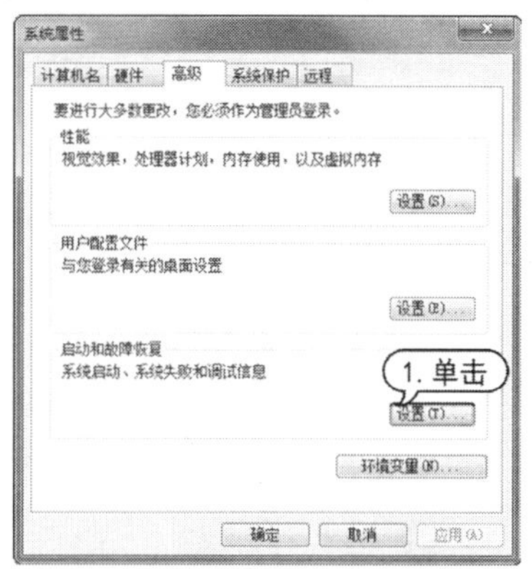

step 4 打开【启动和故障恢复】对话框。在【显示操作系统列表的时间】微调框中设置时间为 5 秒，然后单击【确定】按钮即可完成设置。

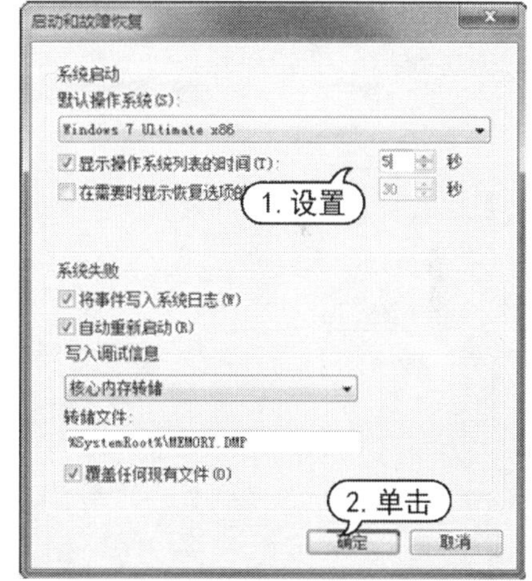

13.4.2　加快菜单显示速度

通过对注册表信息的修改，可以加快 Windows 7 操作系统中菜单的显示速度，从而优化计算机的反应速度。

【例 13-10】通过修改注册表，加快菜单显示速度。
视频

step 1 单击【开始】按钮，选择【运行】命令，打开【运行】对话框。

step 2 输入命令 regedit，然后单击【确定】按钮，打开【注册表编辑器】对话框。

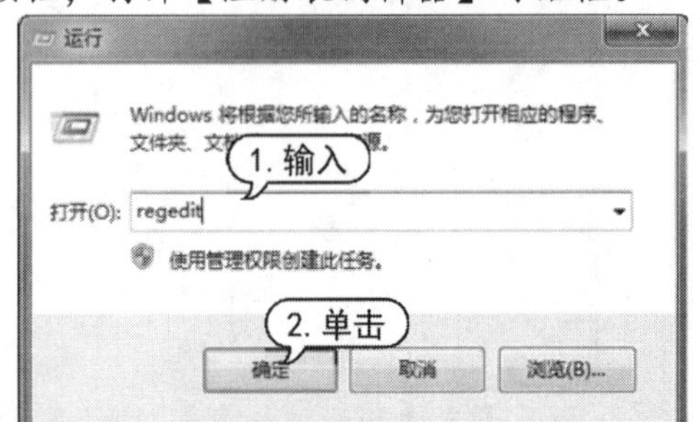

step 3 在左侧的窗格中依次展开 HKEY_CURRENT_USER\Control Panel\Desktop 注册表项，在【注册表编辑器】窗口的右侧，双击 MenuShowDelay 选项，打开【编辑字符串】对话框。

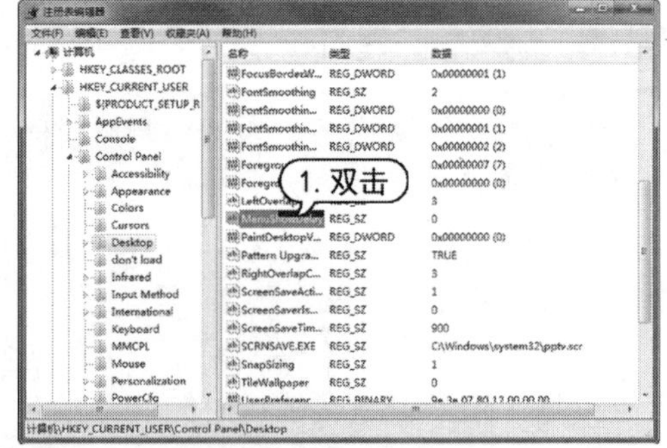

step 4 在【数值数据】文本框中输入 100，然后单击【确定】按钮，完成设置。

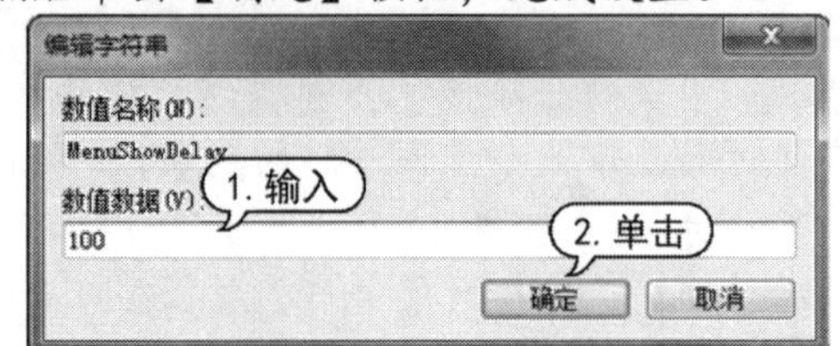